Journal
für
die Baukunst.

In zwanglosen Heften.

Herausgegeben

von

Dr. A. L. Crelle.

Königlich-Preufsischem Geheimen-Ober-Baurathe, Mitgliede der Königlichen Akademie der Wissenschaften zu Berlin, Correspondenten der Kaiserlichen Akademie der Wissenschaften zu St. Petersburg und der Königlichen Akademieen der Wissenschaften zu Neapel und Brüssel, auswärtigem Mitgliede der Königlichen Akademie der Wissenschaften zu Stockholm, Ehrenmitgliede der Hamburger Gesellschaft zur Verbreitung der mathematischen Wissenschaften.

Vier und zwanzigster Band.

In vier Heften.

Mit funfzehn Figurentafeln.

Berlin.

Bei G. Reimer.

1847.

Inhalt des vier und zwanzigsten Bandes.

Erstes Heft.

Zweites Heft.

Drittes Heft.

Viertes Heft.

Journal

für

die Baukunst.

In zwanglosen Heften.

Herausgegeben

von

Dr. A. L. Crelle,

Königlich-Preufsischem Geheimen-Ober-Baurathe, Mitgliede der Königlichen Akademie der Wissenschaften zu Berlin, Correspondenten der Kaiserlichen Akademie der Wissenschaften zu St. Petersburg und der Königlichen Akademieen der Wissenschaften zu Neapel und Brüssel, auswärtigem Mitgliede der königlichen Akademie der Wissenschaften zu Stockholm, Ehrenmitgliede der Hamburger Gesellschaft zur Verbreitung der mathematischen Wissenschaften.

Vier und zwanzigster Band.

Erstes Heft.

Mit eilf Figurentafeln.

Berlin.

Bei G. Reimer.

1846.

1.

Von der Berechnung der Kosten des Bauens aus Quadersteinen.

Mit besonderer Rücksicht auf Eisenbahnen.

(Von dem Herrn Oberbaumeister *Engelhard* zu Cassel in Hessen.)

Bei keiner Art von Bauwerken kommt es so sehr auf Ersparung an, als bei Eisenbahnen; denn Alles geht dort ins Grofse und Vielfache, und Eisenbahnen müssen rentiren.

Zu den kostspieligsten Constructionen bei den Eisenbahnen gehören auch Brücken und Viaducte, die sich selten ohne Quadersteine machen lassen; so dafs die Berechnung der Kosten solcher Constructionen nach richtigen, für den Bauherrn und den Bauprofessionisten und Arbeiter gleich billigen Grundsätzen, insbesondere für das Eisenbahnwesen ungemein wichtig und wesentlich ist.

Es ist also sehr nothwendig, bei diesen Berechnungen nach einer klaren Einsicht zu verfahren; denn es pflegen eine Menge „Ortsgewohnheiten" (us et coutumes) dabei statt zu finden, die, weil sie zwar auf manche Fälle, nicht aber auf alle passen, vielfältige Irrthümer veranlassen können.

In den Lehrbüchern der Baukunst findet sich über diese Berechnung nur Weniges, und nur Ungenügendes: in den ältern, wie in den neuern. In *Penthers* Bau-Anschlag z. B. heifst es unter dem Artikel „Quadersteine": „Die Bezahlung geschieht nach Cubikfufsen derer aus dem gröbsten ausge- „hauenen Stücken, und giebt man vor jeden in einem Stücke befindlichen Cubik- „fufs 16 bis 20 Pf. Brecherlohn und $1\frac{1}{2}$ bis 2 Ggr. Hauerlohn. Ist Simswerk „auszuhauen, giebt man vor den Fufs $2\frac{1}{2}$ bis 3 Ggr. Hauerlohn, nachdem das „Simswerk stark erhaben ist. Sind es Bauzierden, wird jeder Cubikfufs des „aus dem gröbsten gehauenen Steins, wenn die Arbeit ins reine gebracht, mit „$\frac{1}{3}$ Thlr. und mehr, ja wohl mit 1 Thlr. und darüber bezahlt, nach Beschaffen- „heit der Arbeit und Geschicklichkeit des Künstlers." Solche Angaben sind offenbar so ungenügend und ungründlich, dafs sie eigentlich gar keine sind. Den Preis für das Versetzen der Quadern z. B. hat *Penther* ganz vergessen, und die angegebenen Preise sind überhaupt unbestimmt, indem nicht gesagt ist, nach welchen Regeln sie berechnet und modificirt werden müssen.

Spätere deutsche Bauschriftsteller, z. B. ***Huth,*** in seinem, sonst so sehr practischen Handbuch für Bau-Anschläge, ***Gilly*** u. a., geben auch kein eigentliches System der Berechnung der Bau-Arbeiten von Quadersteinen, sondern begnügen sich, für einige Quaderstein-Arbeiten, wie sie am häufigsten in den Gebäuden, zu deren Ausführung sie Anleitung geben, vorkommen, einige Localpreise aufzustellen; was aber für andere, verschiedene Örtlichkeiten wenig Nutzen hat.

Triest behandelte unter den Deutschen Bauschriftstellern zuerst den Gegenstand gründlicher, und seine Schriften enthalten nützliche, aber doch meistens nur locale, auf gewisse Stein-Arten passende Angaben; und so die übrigen neuern Deutschen Lehrbücher über Bau-Anschläge.

Viel schärfer schon haben die Französischen Schriftsteller über die Baukunst den Gegenstand ins Auge gefafst und seine Wichtigkeit erkannt. Besonders hat ihn in neuerer Zeit ***Gauthey*** wissenschaftlich und systematisch behandelt.

Kurhessen ist sehr reich an Quadersteinen; abgesehn von dem schönen Sandstein, welcher in der Grafschaft Schaumburg bei Obernkirchen bricht und höchst dauerhaft und so feinkörnig ist, dafs zarte Bildhauer-Arbeiten daraus verfertigt werden können, weshalb er auch weit und breit versendet wird. Das Amsterdamer Rathhaus z. B. ist aus demselben erbaut. Besonders Niederhessen hat einen grofsen Reichthum an vortrefflichen, leicht zu brechenden und zu bearbeitenden Quadersandsteinen; die denn auch zu ansehnlichen Gebäuden reichlich verwendet werden.

Der Verfasser hat Gelegenheit gehabt, Quadersteinbaue sehr im Grofsen ausführen zu lassen, und ist also genöthigt gewesen, aus fremden und eigenen Erfahrungen feste Grundsätze dafür abzuleiten. Es scheint ihm nützlich, diese Grundsätze hier mitzutheilen.

Zu bevorworten ist, dafs es nicht meine Absicht sein kann, die Genauigkeit der Berechnung der Kosten einer Quaderconstruction auf ***Veranschlagungen*** gröfserer Bauwerke, namentlich also auch nicht auf Eisenbahnbaue auf die Weise angewendet wissen zu wollen, dafs man z. B. bei einer Brücke, die nach einer zusammengesetzten Bogenlinie aus Quadern gewölbt werden soll, die verschiedenen Motive der Kosten jedes verschiedenen Gewölbsteines angebe und danach rechne; was zu einer endlosen und, bei jeder Modification des Projects, zu einer vergeblichen Weitläuftigkeit führen würde; wozu weder Zeit noch Kosten gegeben werden möchten. Bei ***Veranschlagungen*** genügen *summarische Berechnungen:* hoch genug, um den Bauherrn gegen Überschreitungen zu sichern, und doch auch nicht so hoch, um ihn von einer soliden Construction zurückzuschrecken. Ein Anschlag ist keine Baurechnung. Bei der Feststellung *dieser* aber kann man, *wirklich unnütze* Weitläuftigkeiten vermeidend, nicht genau genug sein. Ich setze voraus, dafs der Verding einer Construction nicht in Bausch und Bogen, sondern, wie es wohl jetzt überall geschieht, nach den zu berechnenden Quantitäten der verschiedenen Arbeiten geschlossen worden sei; also Rechnungen nöthig seien. Dann ist auch die *specielle* Beurtheilung des Werths der Arbeiten eben zunächst zum Leitfaden beim Abschlufs der Verdinge, so wie hernach zur Feststellung der Rechnungen nothwendig.

Die Kosten einer Quadersteinconstruction beruhen auf den Kosten des Materials, des Transports desselben, der Bearbeitung des Materials, des Geschirrs zur Bearbeitung, des etwaigen Gerüsts zu der Aufstellung, und der Aufstellung selbst.

Zunächst kommen also die Kosten des Steins im Bruch in Betracht. Diese bestimmt die Ortsgewohnheit, und es ist leicht, sich darüber zu unterrichten, indem dabei, als bei einer offenkundigen Sache, kein Betrug oder Irrthum Statt finden kann. Da, wo ein so grofser Reichthum an Steinen ist, wie in Kurhessen, sind die Kosten der Steine selbst sehr gering, indem der Inhaber eines Steinbruchs gewöhnlich dem Staat für die Benutzung des ganzen Bruchs, aus welchem er in Einem Jahre viele Tausend Cubikfufs Quadern brechen kann, nur wenige Thaler Pacht zahlt. Diese Kosten werden daher dort gar nicht besonders berechnet, sondern der Steinbrecher betrachtet das Pachtgeld als eine Art Steuer oder Abgabe an den Staat und berechnet nur den Arbeitslohn für das Brechen des Steins.

Dieses Brecherlohn ist verschieden; nach der Gröfse des Steins.

In dem fünf Stunden von Cassel entfernten Balhornwalder Steinbruche, wo ein bunter Sandstein von mittlerem Korne in so günstiger Lagerung bricht, dafs man sehr grofse Steine von genau vorgeschriebenen Maafsen haben kann, ist der altherkömmliche Preis zwei Silbergroschen (eigentlich früher nur $1\frac{1}{2}$ Ggr.) für den Cubikfufs, wenn der Stein weniger als zwanzig Cub. Fufs. hält; über zwanzig Cubikfufs wird ein Viertel zugesetzt, also der Preis auf $2\frac{1}{2}$ Sgr. erhöht; weiterhin, bei *sehr* grofsem Cubik-Inhalt, entscheidet auch die Gestalt des Steins über den Zusatz; was natürlich nicht oft vorkommt.

Nach diesem Preise richtet sich ziemlich auch der Preis in andern Steinbrüchen von Niederhessen; so jedoch, dafs da, wo die Lagerung des Steins nicht gestattet, denselben genau nach dem Maafse zu brechen, für Das, was der Stein über das Maafs hat, eine Entschädigung bezahlt wird.

Der Kurhessische Werkschuh ist Eilf Rheinländische Zoll lang, also hält der Cubikfufs 1331 Rheinländische Cubikzoll. Der Cubikfufs Balhornwalder Quadersteine wiegt etwa $\frac{3}{4}$ Centner Cöllnisch Gewicht, wenn der Stein frisch aus dem Steinbruche kommt.

Fuhrlohn bis Cassel wird für den Cubikfufs 3 Sgr. bezahlt; wobei zu bemerken ist, dafs die 5 Stunden Weges vom Balhorner Walde bis Cassel gröfstentheils *bergab* gehn und chaussirt sind.

Aufserdem wird es häufig vorkommen, dafs der Steinbrecher, besonders bei gröfsern Lieferungen, wie zu Eisenbahnen, eine Vergütung für einen etwa vorkommenden aufserordentlichen und beträchtlichen *Abraum* in Anspruch nimmt. In der Regel sind die Kosten davon in dem erwähnten Brecherlohn mitbegriffen, und es kann auch insofern keine besondere Vergütung dafür gefordert werden, als bei einem gröfsern Abraum auch wieder gröfserer Gewinn durch eine bedeutende Lieferung erlangt wird. Dem Steinbrecher fehlt es aber oft an den nöthigen Mitteln zu den Kosten des Abraums; was dann der Grund ist, dafs oft so unvorsichtig gebrochen wird, dafs Unglücksfälle entstehn. Meistentheils wird der Steinbrecher mit einem Vorschusse zu dem Abraume zufrieden sein. Der Mangel an Mitteln, der bei dem Handarbeiter überhaupt nicht selten vorkommt, ist Ursache einer Bedingung, die sich gewöhnlich in den Contracten der Pächter der Steinbrüche mit dem Staate findet und welche für grofse Staatsbauten sehr wichtig ist und darin besteht, dafs für den Fall, dafs der Pächter nicht im Stande sein sollte, die für Staatsbaue bestellten Quadern schnell genug, in genügender Menge und zu den taxenmäfsigen Preisen zu liefern, der Staat sich das Recht vorbehält, selbst in seinem Bruche den fehlenden Bedarf brechen zu lassen. Von dieser Bedingung ist schon wesentlicher Gebrauch gemacht worden.

Der Quaderstein mufs immer so gebrochen werden und rauh so bossirt sein, dafs das bestellte Maafs vollständig herauskommt. Ist dies nicht der Fall, so kann die Annahme des Steins zurückgewiesen werden. Damit nun in einem solchen Falle keine Weitläuftigkeit wegen des Fuhrlohns entstehe, ist der Steinbrecher gewöhnlich zugleich Unternehmer des Transports; so dafs an ihn Brecherlohn und Fuhrlohn zugleich bezahlt wird, wenn der Stein gut ist; und keins von beiden, wenn er unrichtig im Maafse, oder fehlerhaft ist. Ist der Stein unganz, oder stichig, oder hat offene Lager, oder grofse sogenannte Sandlöcher, kann er ebenfalls zurückgewiesen werden.

Die nächste Arbeit, nachdem der Quaderstein auf dem Bauplatz oder in der Hütte abgeladen worden, ist das sogenannte Aufbänken, d. h. die Auflagerung auf hölzerne Klötze oder andere Steine, um ihn bequem bearbeiten zu können. Es ist nicht üblich, dies besonders zu berechnen und zu bezahlen, sondern gehört zu der Arbeit des Steinmetzen oder Steinhauers, der es nach seiner Bequemlichkeit einrichtet und verändert.

Alle Arbeiten, die nun weiter an dem Quadersteine gemacht werden, bis er liegt, werden entweder von dem Steinmetzen und Steinhauer, oder von dem Maurer gemacht. Erstere besorgen die Bearbeitung des Steins selbst: die Maurer sorgen, dafs er an seinem bestimmten Platze im Gebäude in gehörigem Mörtel niedergelegt werde, oder das sogenannte „Versetzen."

Steinmetzen und Steinhauer unterscheiden sich von einander dadurch, dafs Erstere eine besondere, mit Kaiserlichen Privilegien belehnte Gilde ausmachen und keine Maurer-Arbeit verfertigen, während die Steinhauer zugleich Maurer sind.

Das nächste Geschäft des Steinmetzen (was von diesen gesagt wird, gilt auch vom Steinhauer) ist, dem Quadersteine, der im Bruch vierkantig gebrochen ist, durch rauhe Bearbeitung im allgemeinen die Form zu geben, die er bekommen soll, oder, wie der technische Ausdruck heifst: „den Stein in diese Form zu bossiren." Man unterscheidet Abbossiren und Ausbossiren (abattage et refouillement).

Nach *Gauthey's* Erfahrung ist für das blofse Abbossiren eines Cubikfufses Stein zehnmal so viel Zeit nöthig, wie für das Abspitzen und Abflächen (Krehndeln) eines Quadratfufses Oberfläche desselben Steins.

Für das Ausbossiren eines cubischen Meters Stein, welches auf dem Lager geschieht, rechnet *Gauthey:*

1. Wenn die Quadratfläche des Durchschnitts der Aushöhlung weniger als 0,0025 eines Quadratmeter beträgt, 100mal die Zeit, welche nothwendig ist, um einen Quadratmeter äufsere Häupter rauh zu bearbeiten;

2. Wenn der Durchschnitt der Aushöhlung zwischen 0,0025 und 0,0100 eines Quadratmeter beträgt, 50mal jene Zeit;

3. Wenn der Durchschnitt der Aushöhlung über 0,01 Quadratmeter ausmacht, 20mal jene Zeit.

Wird die Aushöhlung auf den Spalt des Steins gemacht, so ist $\frac{1}{10}$ Zeit mehr nöthig.

Hierbei ist nur auf bossirte innere Oberflächen gerechnet. Müssen dieselben rein bearbeitet werden, so ist dies besonders verhältnifsmäfsig zu berechnen.

Zu der auf das Ab- und Ausbossiren folgenden Bearbeitung der Oberflächen braucht nach *Gauthey* der Arbeiter:

Zu einem Quadratfufs mit der Spitze und der Fläche (oder dem Krehndel) bearbeiteten Stein . . . . 10 Theile Zeit.

Zu dergleichen gekrehndelt (scharrirt) und abgeschliffen $17\frac{1}{2}$ - -

Zu einem Quadratfufs Lagerfuge . . . . 3 - -

Zu einem Quadratfufs Stofsfuge . . . . 8 - -

Zu einem Quadratfufs runder Oberfläche, wenn die zu einer eben so grofsen geraden Fläche erforderliche Zeit $= T$, der Radius der Krümmung $= r$ und die stehende Zahl $\frac{3}{4} = m$ ist, die gesuchte Zeit für die runde Fläche aber $= T'$, ist die Zeit $T' = \left(1 + \frac{m}{r}\right) T$ nöthig; also ist, wenn z. B. $r = 16$ wäre, $T' = 1\frac{3}{64} \cdot T$, oder in dem obigen ersten Fall von 10 Theilen Zeit für die gerade Oberfläche, $10\frac{15}{32}$ Theile Zeit, während bei einem Radius von 2 F. das gesuchte $T' = 13\frac{3}{4}$ Theile Zeit wäre.

Ist der Stein fertig bearbeitet, so wird er auf einen vierrädrigen Blockwagen geladen, oder, wenn er nicht schwer ist, auf einen zweirädrigen offenen Karrn, welcher von Menschen gezogen wird.

Nach *Gauthey* kann ein Arbeiter an einem Blockwagen ungefähr 0,055 Cubikmeter Steine, deren specifisches Gewicht $= 2$ ist, ziehn, während man zum Aufladen und Abladen der Quadern nicht leicht mehr als sechs Arbeiter nöthig haben wird. Diese sechs Menschen werden auch zum Zuge des Blockwagens hinreichen, wenn der Cubik-Inhalt des fortzuschaffenden Steins nicht mehr als 0,33 Cubikmeter beträgt. Ist der Stein schwerer, so würde man eine gröfsere Zahl Arbeiter annehmen müssen, die dann beim Auf- und Abladen und auf dem Rückwege unbeschäftigt wären. Da es nun verhältnifsmäfsig wohlfeiler ist, Pferde zum Ziehen zu nehmen, als Menschen, so hat man, nach Verhältnifs der Ladung, Menschen oder Pferde zu wählen; wobei zur Grundlage angenommen werden kann, dafs Ein Pferd 0,4 cubische Meter ziehen kann. Für die Zeit des Aufladens und Abladens nimmt *Gauthey* bei Quadern, welche 0,75 Cubikmeter halten, auf den cubischen Meter 0,75 Stunde für 1,2 Wagen an, der von sechs Menschen, einem Pferde und dem Führer des Pferdes bedient wird. Um damit einen Weg von 100 Metern hin und her zurückzulegen wird 0,06 Stunde angenommen, wenn der Transport auf ebenem Wege geschieht.

Ferner ist nach *Gauthey* auf einen Cubikmeter zum Einschnüren und Ablösen des Seils 0,50 Stunde von 1,2 Hebegeschirren, das von zwei erfahrenen Arbeitern und sechs Handlangern bedient wird, nothwendig, und 0,80 Stunde von 1,2 Hebegeschirren, um den Cubikmeter Stein 8 Meter hoch zu heben, nach dem Verhältnisse von 0,1 Stunde auf den Meter Höhe.

Sodann werden, um einen Cubikmeter zu *versetzen*, für drei Maurer (un poseur et deux contreposeurs) und einen Handlanger 3 Stunden, und um den Fugen Kalk zu geben, 2 Stunden Zeit gerechnet.

Die Quantität des Kalks in den Fugen schätzt *Gautheg* vom zehnten bis zum zwanzigsten Theile des Mauerwerks; welches für Quaderconstructionen sehr viel wäre und von der nicht nachahmenswerthen Französischen Methode, die Lager der Steine etwas auszuhöhlen, so dafs der Stein blofs auf den Kanten ruht, herrühren dürfte.

In unsern Gegenden werden die zu versetzenden Werkstücke selten eingeschnürt; vielmehr wird meistens ein Zangenloch in jeden Stein gehauen und so mittels der Befestigung des Seils an der eingekeilten Zange der Stein wo möglich unmittelbar vom Karrn oder Blockwagen in die Höhe gezogen. Die Fugen werden bei Quadern nicht übertüncht; dagegen wird ein sogenannter *Druck*, nemlich ein schwacher Ablauf, an den Lagerfugen angearbeitet und da, wo die Stofsfugen nicht ganz genau passen, werden dieselben mit der Säge nachgeschnitten. Wenn die Quadern eine Zeitlang versetzt gewesen sind, ist von jenem Ablauf der Lagerfugen, besonders wenn sie schwer belastet sind, nichts mehr zu sehn; die Fugen schliefsen dann ganz dicht und ohne dafs ein Zwischenraum oder eine Mörtelfuge sichtbar wäre. Wäre der *Druck* nicht angearbeitet, so würden bei unsern Sandsteinquadern die Kanten abspringen.

Ist der Quaderstein gehörig angepafst, so dafs nichts mehr an demselben nachzuarbeiten ist, so wird dem Lager desselben kein Mörtel, sondern nur eine sehr dünne Lage reiner Fliefskalk gegeben, der durchaus nicht auftragen darf, sondern nur bestimmt ist, die kleinsten Zwischenräume der Lagerfugenflächen des obern und des untern Steins auszufüllen. Die Steine werden so gleichsam aufeinander geleimt; der Bedarf an Kalk zu dieser Verbindung ist so gering, dafs er gegen die beträchtlichen übrigen Kosten der Quadersteinconstructionen kaum in Betracht kommt. Die nach *Gauthey's* Berechnung erforderlichen 0,001 Cubikmeter Mörtel, auf den *laufenden* Meter Fugen, sind *viel* mehr, als nöthig ist. Bei $1\frac{1}{4}$ bis $1\frac{1}{2}$ Fufs dicken Quadern reichen 0,02 des cubischen Inhalts der Quadern an Fliefskalk, also auf 100 Cubikfufs Quadern 2 Cubikfufs Fliefskalk völlig hin.

Für das Nacharbeiten der Quadersteine beim Versetzen, nimmt *Gauthey* den vierten Theil der Zeit an, die für die erste Bearbeitung einer gleich grofsen Fläche nöthig war. Wenn man voraussetzt, dafs ungefähr der fünfte Theil der Oberflächen nachzuarbeiten sei, so bedarf es zu dem Nacharbeiten im Ganzen ungefähr den zwanzigsten Theil der Zeit, die zu der ersten ganzen Bearbeitung nöthig war.

Diesen Grundsätzen sind einige Erläuterungen beizufügen, um Mifsverständnisse zu verhüten.

Zunächst mufs man das Abbossiren einzelner Theile eines Quadersteins von dem sogenannten Abschroten ganzer Stücke wohl unterscheiden. Bei dem Abbossiren wird vorausgesetzt, der Quaderstein sei in derjenigen parallelopipedischen Form gebrochen, die der Gestalt des nachmals bearbeiteten Steins am nächsten kommt, so dafs also nicht gröfsere Stücke abzubossiren sind, als nöthig ist, um den Stein aus der parallelopipedischen Form in die vorgeschriebene zu bringen. Wo z. B. aus Quadern Werkstücke verfertigt werden, die so sehr viel kleiner sind, dafs ganze und halbe Fufse abgeschrotet werden müssen, würde die oben angegebene Regel für die Kosten des Abbossirens ein viel zu grofses Resultat geben.

Ferner ist zu bemerken, dafs, wer die obigen Regeln direct auf die Weise anwenden wollte, dafs er z. B. einen Steinhauer auf Probe arbeiten liefse und, wenn danach einige Resultate abstrahirt sind, nun im Ganzen die Rechnung auf eine solche Basis gründete, leicht durch die Invidualität des auf Probe beschäftigt gewesenen Arbeiters und durch andere Zufälligkeiten in Irrthum gerathen könnte. Es müssen also die Proben mehrmals wiederholt und die Ergebnisse mit den currenten Preisen verglichen werden; welche letztere, wenn sie eine gewisse Sicherheit angenommen haben, überhaupt zuverlässiger zum Leitfaden dienen; jedoch mit den nach den erörterten Grundsätzen nöthigen Modificationen.

Endlich sind noch besondere Regeln für die Berechnung *gegliederter Arbeiten*, z. B. von Gesimsen und Ausladungen aller Art zu beobachten, die ich weiterhin erörtern werde.

Ein Beispiel, wie die currenten Preise zum Leitfaden der Specialberechnungen dienen können, wäre folgendes:

Es kann als eine hier in Cassel sehr gangbare Regel angenommen werden, dafs von einem 8 Fufs langen, $1\frac{1}{2}$ Fufs hohen und $1\frac{1}{3}$ Fufs breiten Balhornwalder Quaderstein, von welchem das 8 F. lange und $1\frac{1}{2}$ F. hohe Haupt rein bearbeitet und geschliffen wird und aufserdem die beiden Lagerfugen und die beiden Stofsfugen bearbeitet werden, das hintere Haupt aber, welches an gewöhnliche Bruchsteinmauer stöfst, blofs bossirt ist, der Quadratfufs rein bearbeitetes Haupt, einschliefslich der Lager- und Stofsfugen, mit drei Silbergroschen bezahlt werde; woraus sich denn Folgendes nach den obigen Grundsätzen ergiebt.

Wenn t die Zeittheile für jede besondere Arbeit bedeutet, so sind erforderlich:

			Erste Arbeit.	Nach-Arbeit.
Für das reine Haupt	$= 12$ Q. F. $\cdot 17\frac{1}{2}$	$=$	$210t$ und	$10\frac{1}{2}t$;
- die Lagerfugen	$= 21\frac{1}{3}$ Q. F. $\cdot 3$	$=$	$64t$ und	$3\frac{1}{5}t$;
- die Stofsfugen	$= 4$ Q. F. $\cdot 8$	$=$	$32t$ und	$1\frac{3}{5}t$;
		Zusammen	$306t$ und	$15\frac{1}{10}t$,

und es würden t Zeit $\frac{432}{321}$ Heller kosten (12 Heller machen einen Silbergroschen, 30 auf den Thaler).

Also kostet der Q. F. reines Haupt allein	2 Sgr.	-	-
- - - - - Lagerfugen -	—	-	4 Hlr.
- - - - - Stofsfugen -	—	-	11 -
- - die Nacharbeit den 20ten Theil der ersten Arbeit.			
Ferner kostet nach dem angegebenen Verhältnifs der Quadratfufs blofs gespitztes und geflächtes (gekrehndeltes) Haupt allein	1	-	2 -
Und da nach *Gauthey's* Erfahrung zum Abbossiren eines Cubikfufses Steins zehnmal so viel Zeit nöthig ist, als zum Abspitzen und Abflächen eines Quadratfufs Oberfläche desselben Steins, so würde der Cubikfufs Balhornwalder Quadern abzubossiren kosten	11	-	8 -

Diese Preise würden, auf einen Gewölbstein einer geraden, halbkreisförmig gewölbten Brücke von 20 Fufs Weite im Durchmesser angewendet, welcher Stein vier Fufs lang, zwei Fufs hoch, unten $1\frac{1}{2}$ Fufs und oben $1\frac{7}{8}$ Fufs breit sein soll, folgende Kostenberechnung geben:

Der Stein, an Brecherlohn und
Transport . . $= 4 \cdot 1\frac{7}{8} \cdot 2 = 15$ Cub. F. zu 5 Sgr. = 75 Sgr.
Das Abbossiren zur
Keilform . . $= 4 \cdot \frac{1}{5} \cdot 2 = 1\frac{2}{3}$ - - zu 11 - = 18 - 8 Hlr.
Bearbeitung des
Haupts . . . $= 1\frac{5}{8} \cdot 2 = 3\frac{1}{4}$ Quadr. F. zu 2 - = 6 - 6 -
Bearbeitung der untern runden
Fläche . . $= 4 \cdot 1\frac{1}{2} \cdot 1\frac{3}{80} = 6\frac{9}{40}$ - - zu 2 - = 12 - 5 -
Bearbeitung der obern
Lagerfuge . . $= 4 \cdot 1\frac{7}{8} = 7\frac{1}{2}$ - - zu 4 Hlr. = 2 - 6 -
Berbeitung der
Stofsfugen $(1\frac{5}{8} \cdot 2) + (2 \cdot 4 \cdot 2) = 19\frac{1}{4}$ - - zu 11 Hlr. = 17 - 7 -
Die Nacharbeiten, $\frac{1}{20}$ der ersten Bearbeitung, . . . = 2 - — -
Das Versetzen, . $= 4 \cdot 1\frac{5}{8} \cdot 2 = 13$ Cub. F. zu 2 Sgr. = 26 - — -
Zusammen 5 Thlr. 10 Sgr. 8 Hlr.

Interessant ist es, diesen Preis mit den Kosten eines Gewölbsteins zu einer *schiefen* halbkreisförmigen Brücke zu vergleichen, deren Axe die Brückenbahnlinie in einem Winkel von 45 Graden durchschneidet, und welche Brücke, rechtwinklig auf ihre Axe gemessen, ebenfalls 20 Fufs Weite im Durchmesser hat, während der Stein auch 2 Fufs hoch, unten $1\frac{1}{2}$ Fufs und oben $1\frac{7}{8}$ Fufs breit sein, die Länge desselben aber ebenfalls nur vier Fufs in der Breite der Bahn messen soll (der diagonal laufende Stein ist länger). Dies giebt Folgendes:

Der Stein, an Brecherlohn und
Transport $= 7\frac{1}{2} \cdot 1\frac{7}{8} \cdot 2 = 28$ Cub. F. zu 5 Sgr. = 140 Sgr.
Das Abbossiren
$(7\frac{1}{2} \cdot \frac{1}{5} \cdot 2) + (1\frac{7}{8} \cdot 1\frac{3}{4} \cdot 2) = 9\frac{3}{4}$ - - zu 11 - = 113 - 9 Hlr.
Die Bearbeitung des
Haupts . . . . $2\frac{3}{8} \cdot 2 = 4\frac{3}{4}$ Q. F. zu 2 - = 9 - 6 -
Die Bearbeitung der untern runden
Fläche . . $5\frac{5}{8} \cdot 1\frac{1}{2} \cdot 1\frac{3}{80} = 8\frac{3}{4}$ - - zu 2 - = 17 - 6 -
Die Bearbeitung der
Lagerfugen . . $5\frac{5}{8} \cdot 1\frac{7}{8} = 10\frac{1}{2}$ - - zu 4 Hlr. = 3 - 6 -
Die Bearbeitung der Stofs-
fugen $(2\frac{3}{8} \cdot 2) + (2 \cdot 5\frac{5}{8} \cdot 2) = 27\frac{1}{4}$ - - zu 11 Hlr. = 24 - 11 -
Bis hierher 309 Sgr. 2 Hlr.

	Bis hieher 309 Sgr. 2 Hlr.
Die Nacharbeiten, $\frac{1}{20}$ der ersten Bearbeitung, ...	4 - 7 -
Das Versetzen, $5\frac{5}{8}\cdot 2\cdot 1\frac{5}{8} = 18\frac{1}{4}$ Cub. F. zu 2 Hlr. . . .	36 - 9 -
Zusammen	11 Thlr. 20 Sgr. 3 Hlr.

Dieses Ergebnifs ist auffallend, da der eine und der andere Stein nach ganz gleichen Preisen berechnet sind und beide ein gleich grofses Stück Brückenbahn liefern, nemlich $7\frac{1}{2}$ Quadratfufs: die Ursache ist die rhomboïdale Gestalt des Gewölbsteins der schiefen Brücke, welche viel mehr Stein und viel mehr Arbeit erfordert, als die rechtwinklig parallelopipedische Form. Es folgt daraus, dafs es, *Erstens,* sehr gut sei, schiefe Brückengewölbe so viel als möglich zu vermeiden; dafs, *Zweitens,* kleinere schiefe Brücken, wo gutes Eichenbauholz nicht allzu kostbar ist (auch selbst dessen Vergänglichkeit berücksichtigt) möglicherweise vortheilhafter Bahnen von Holz als von Quadersteinwölbungen bekommen werden, und dafs es, *Drittens,* selbst kommen kann, dafs es weniger kostspielig ist, einer Brücke, die von Stein über einen nicht allzu schief laufenden Strom gewölbt werden mufs, eine so weite Öffnung zu geben, dafs der Strom auch beim höchsten Wasserstande in schiefer Richtung zwischen schiefen Ufern unter der Breite durchziehn kann, und dann der Brückenbogen mit seinen Widerlagen gerade sei.

Für diese Vergleiche sind Specialberechnungen, wie die vorstehenden, von besonderem Nutzen. Es ist aber nochmals zu erinnern, dafs ich nicht voraussetze, jeder einzelne Stein einer Brücke solle auf die obige Weise berechnet werden; was endlose Weitläuftigkeit machen und von keinem Practiker verlangt werden würde. Dagegen kann nichts einzuwenden sein, wenn man *einige* Steine bei jeder Art von Wölbung speciell berechnet und daraus einen Durchschnittspreis des Cubikfufses der Wölbung abstrahirt. Indessen würde es auch wieder sehr ungründlich sein, wenn man wieder einen und denselben Durchschnittspreis für alle Wölbungs-Arten annehmen, oder in einer Rechnung Wölbung, Widerlagsmauer, Ausfüllungsmauer u. s. w. nach einem und demselben Preise ansetzen wollte.

Die obige Berechnung giebt für den Quadratfufs Brückenbahn, mit einer Quaderstein-Überwölbung von der angegebenen Art, wenn die Brücke *gerade* ist, 21 Sgr. 5 Hlr. und wenn sie *schief* ist und die Bahn in einem Winkel von 45 Graden durchschneidet, für den Quadratfufs Bahn 1 Thlr. 16 Sgr. 2 Hlr.

Dafs ich *Gauthey's* Erfahrungen mit meinen eigenen verglichen und jene bewährt gefunden habe, ist nicht erst zu bemerken nöthig. Nur bei dem

Abbossiren läfst sich, in Folge der Beschaffenheit der hiesigen Sandsteine, bei einigermaafsen grofsen Abbossirungen sparen. Ich habe jedoch an dem Obigen nichts ändern wollen, weil es bei andern Steinen weniger Unterschied macht, und der Steinmetz, wenn er auch bei sehr schiefwinkligen Steinen weniger rechnet, wahrscheinlich auch wieder für den Quadratfufs schiefe Bearbeitung mehr verlangen wird, als für die gerade, wenngleich es nicht mehr Mühe macht, eine Schmiege an einen Stein zu machen, als einen rechten Winkel.

Es ist nun noch übrig, die Art der Berechnung *gegliederter* Steinhauer-Arbeit anzugeben. Hierbei giebt es fast so viel Methoden, als Steinhauermeister; und ich bin deshalb um so mehr genöthigt gewesen, die hiesigen Observanzen für mich in ein System zu bringen.

Dafs zunächst ein Gesimsstein so grofs bestellt, also auch so grofs veranschlagt werden müsse, dafs die ganze Ausladung des Gesimses herauskommt und doch der Stein noch ein genügendes Auflager behält, auch der Stein, der in horizontalen Lagern bricht, nicht so gedreht werden dürfe, dafs die Lager nicht horizontal versetzt werden, versteht sich von selbst; ebenso wie, dafs bei dem Versetzen nur der wirkliche Cubik-Inhalt des Steins berechnet werde. Die Bezahlung der Bearbeitung aber, wird folgendermaafsen ermittelt.

1. Lagerfugen und Stofsfugen werden besonders berechnet; nach den oben erörterten Maafsgaben.
2. Um die Gliederungen wird ein Faden oder Bandmaafs gelegt und ihr Umfang gemessen.
3. Zu diesem Umfange wird für denjenigen Theil einer Gliederung, der in der ersten Fläche vor dem Haupt liegt, eben so wenig etwas zugesetzt, wie für diejenigen Theile der Gliederungen, die der obern oder der untern Lagerfläche gemäfs liegen: aber für jede Abweichung von der vorhergehenden Richtung, wenn sie nicht mit einer schon berechneten ganz gleich liegt, sei sie gerade, oder rund, setzt man drei Zoll dem Umfange zu. Aufserdem werden für jede einfach-gerundete Gliederung (z. B. für einen Viertelstab) drei Zoll und für jedes zweifach gerundete Glied sechs Zoll zugesetzt. Mit der auf diese Weise vergröfserten Ummessungszahl wird nun die Länge des Gesimses multiplicirt und die so gefundene Zahl Quadratfufse wird nach dem Preise berechnet, welchen man für das rein bearbeitete Haupt des Steins bezahlt.

Nach dieser Regel kann der ausführende Architekt einen Durchschnittspreis für den laufenden Fufs des Gesimses berechnen und dann, um sich gegen alle Nachforderungen aus unverständigen Observanzen zu sichern, den Verding nach laufenden Fufsen schliefsen.

Unter den unverständigen Observanzen ist besonders eine nachtheilig und sehr verbreitet, nemlich die Gewohnheit, alle runde Steinhauer-Arbeit, ohne Rücksicht auf den Radius der Rundung, $1\frac{1}{2}$mal im Werth zu rechnen. Dies macht z. B. bei einem Gesimse um ein rundes Gebäude, einen sehr bedeutenden Zusatz, wenn die Gliederungen zugleich in der Ummessung mitgerechnet werden und der dadurch vergröfserte Umfang dann noch ein und halb mal gerechnet wird; was dann ein grofser Fehler ist. Zusätze für runde Arbeit wird man immer am besten, mit Rücksicht auf ihren Radius, nach der oben angegebenen Regel berechnen; denn bei langen Radien müssen sie geringer sein, wie bei kurzen, weil dort weniger Stein abzubossiren ist, als bei diesen, und was eigentlich nur den wesentlichen Unterschied in der Arbeit macht; denn aufserdem mufs es dem Steinhauer in der Arbeit ziemlich gleich sein, ob er ein gerades Richtscheit oder einen ausgerundeten *Bug* (technische Benennung der *Lehre* für die Rundung) an den zu bearbeitenden Stein legt.

Cassel, im Januar 1846.

2.

Die Girardsche Schiffschleuse mit Schwimmer.

(Schlufs der Abhandlung No. 1. im 1ten, No. 7. im 2ten, No. 9. im 3ten und No. 14. im 4ten Heft vorigen Bandes.)

Gekuppelte Schleusen mit drei Kammern.

93. **D**a hier die Kammern während der gesammten Bewegung des Schwimmers ganz von den Canaltheilen ober- und unterhalb abgesondert sind, so kommt die Ausdehnung dieser Theile nicht mehr in den Grundgleichungen vor und sie haben keinen Einflufs weiter, wenn nicht zwischen zwei auf einander folgenden Bewegungen die Wasserstände in denselben etwa aus äufsern Ursachen sich verändert haben. Doch, wie dem auch sei, die Gleichungen (§. 79. etc.) gehen hier in folgende über:

$$189.\quad \boldsymbol{A''}=\boldsymbol{A'}=\boldsymbol{A},\quad \boldsymbol{B}=(\sqrt{2}-1)\boldsymbol{A}=0{,}414\,\boldsymbol{A},\quad k=k_1=1,$$
$$i=\tfrac{1}{2}(\sqrt{2}-1)=0{,}207,$$

woraus zufolge (§. 17. und 80.) unmittelbar folgt:

$$190.\quad \begin{cases} \boldsymbol{Q}_1''=\boldsymbol{Q}_1'=(1-\tfrac{1}{2}\sqrt{2})\boldsymbol{A}v_1=0{,}293\boldsymbol{A}v_1,\ \mathrm{x}'=\mathrm{x}''=0{,}707\boldsymbol{H}_m,\ y_1=\boldsymbol{H}; \\ \mathrm{H}'=\mathrm{H}''=0{,}293\boldsymbol{H},\ \mathrm{H}=0{,}414\boldsymbol{H},\ \mathrm{C}'=\mathrm{C}''=0{,}293\,\boldsymbol{C},\ \mathrm{C}=0{,}414\,\boldsymbol{C}; \\ \mathrm{z}'=0{,}707\,\boldsymbol{H}_m-\boldsymbol{T}_i,\quad \mathrm{z}=\mathrm{z}'+\mathrm{C}'\ \text{etc.} \end{cases}$$

Sodann erhält man nach (§. 29.) für die auf die Regulirung der Wasserstände in den verschiedenen Becken bezüglichen Bedingungen:

$$191.\quad h_1=1{,}707\cdot\frac{q}{A}-h_0',\quad h_1'=h_0'\quad\text{und}\quad h_0''=h_1.$$

Hieraus zeigt sich unmittelbar, dafs die Vortheile der Vorrichtung in Rücksicht auf den Wasser-Ergufs und die Verminderung der Gröfse der Fläche des Schwimmers noch bedeutender sind, als in den vorigen Fällen. Man kann also für die Vereinfachung der Anordnung hier ebenfalls die Bedingung machen, dafs die Durchmesser der Heber gleich sein sollen; was dann, wenigstens näherungsweise,

$$192.\quad h_0''=h_0'=h_1''=h_1'=0{,}854\cdot\frac{q}{A}\ \text{giebt.}$$

94. Setzen wir hier z. B. $\boldsymbol{L'}=\boldsymbol{L''}=102$ F. $\mathrm{L}'=\mathrm{L}''=51$ F., was für ein Gefälle von $25\frac{1}{2}$ F. passend ist, so erhält man im Allgemeinen nach (§. 81.):

$$193.\quad a''=a'=\frac{0{,}0231}{\boldsymbol{D'}}\quad\text{und}\quad b''=b'=1{,}0822+\frac{0{,}8892}{\boldsymbol{D'}}.$$

Setzen wir ferner, wie in dem vorigen Fall doppelter Kammern, $A = 2030$ Q. F. und $v = 9$ Linien, um die Zeitdauer der Bewegung abzukürzen, so ergiebt sich

194. $h''_0 = h'_0 = h''_1 = h'_1 = 3\frac{1}{4}$ Zoll, $Q'_1 = Q''_1 = 37$ C. F., $D'' = D' = 48$ Z.

Da die Höhe des Laufs des Schwimmers ungefähr dem ganzen Gefälle gleich ist, so werden darauf, für $25\frac{1}{2}$ F. Gefälle und eine Geschwindigkeit von 9 Linien, 400 Secunden oder etwa 7 Minuten vergehen. Da aber für die drei Kammern der Schleuse die Bewegung dreimal nöthig ist, so würde das Durchschleusen überhaupt 1200 Sec. oder 20 Minuten dauern. Dies ist freilich beinahe eben so viel, als bei dem gewöhnlichen Durchschleusen ohne Schwimmer; indessen läfst sich die Zeit abkürzen, wenn man den gemeinsamen Durchmesser der Heber angemessen vergröfsert, oder einen etwas stärkern Aufwand von Wasser gestattet, der hier kaum den 25ten Theil des gewöhnlichen Bedarfs beträgt.

Setzt man $q = 0{,}2\,A$, $v_1 = 13\frac{3}{4}$ Linien, so findet sich

195. $h''_0 = h'_0 = h''_1 = h'_1 = 6\frac{1}{2}$ Zoll, $Q'_1 = Q''_1 = 56$ C. F., $D'' = D' = 49$ Zoll.
Die Zeitdauer der Durchschleusung ist aber dann nur noch $\frac{2}{3} \cdot 1200 = 800$ Sec. oder etwa 14 Minuten.

Andrerseits folgt aus den Näherungsformeln (§. 93.), dafs die Tiefe Z' des Brunnens unter dem Boden des untern Beckens sich auf 0,707mal das stärkste Gefälle reducirt (wovon die geringste Tiefe des Unterwassers abgeht) also auf etwa $13\frac{1}{4}$ F., für ein Gefälle von $25\frac{1}{2}$ F. und eine Wassertiefe von $4\frac{3}{4}$ F.; was wenig mehr ist, als oben in (§. 91.) für zwei Kammern.

Diese verschiedenen Umstände lassen auf die Ausführbarkeit und die Vortheile der folgenden trefflichen Einrichtung schliefsen, welche ebenfalls Herr ***Girard*** vorgeschlagen hat.

Schleusen mit drei Kammern, deren mittlere zum Sammelplatz der Schiffe bestimmt ist.

95. Man setze die beiden äufsern Becken gleich grofs und das mittlere von der dreifachen Gröfse; was hinreichend sein wird zur Begegnung zweier einander entgegenkommender Schiffe, die durch eine einzige Bewegung des Schwimmers, das eine gehoben, das andere gesenkt worden sind. Dann geben die Grundgleichungen

196. $A = 3A'' = 3A'$, $B = (\sqrt{7} - 2)A' = 0{,}646\,A'$, $k = k_1 = 1$,
$i = \frac{1}{6}(\sqrt{7} - 2) = 0{,}323$,

und dies führt auf folgende fernere Ausdrücke:

$$197. \begin{cases} Q_1'' = Q_1' = \frac{1}{6}(5-\sqrt{7})A'v_1 = 0{,}392A'v_1; \; x' = x'' = \frac{1}{6}(\sqrt{7}+1) = 0{,}608H_m; \\ H' = H'' = \frac{1}{6}(5-\sqrt{7})H = 0{,}392H; \; H = \frac{1}{3}(\sqrt{7}-2)H = 0{,}215H; \\ y_1 = H; \; C' = C'' = 0{,}392C; \; C_1 = 0{,}215C; \; Z' = 0{,}608H_m - T_i: \\ Z = Z' + C' \text{ etc.} \end{cases}$$

Die Gleichungen (67. 68. 69. §. 29.) geben, vermöge der Werthe von B, A, k, k_1 und i:

$$198. \quad h_0'' = h_0' = h_1'' = h_1' = \frac{1}{12}(\sqrt{7}+5)\frac{q}{A'} = 0{,}637\frac{q}{A'}.$$

96. Man setze, wie oben, $A' = 2030$ Q.F. $L' = L'' = 102$ F. $L' = L'' = 51$ F., $q = 0{,}2A'$, $v_1 = q$ Linien, mit welcher Geschwindigkeit der Schwimmer in weniger als 7 Minuten die ganze Höhe y_1 von $25\frac{1}{2}$ F. durchlaufen kann, so erhält man

199. $h_0'' = h_0' = h_1' = h_1'' = 4\frac{3}{4}$ Zoll, $Q_1' = Q_1'' = 50\frac{1}{2}$ C. F. $D' = D'' = 51$ Zoll; welche Maafse sehr passend sind, und welches zeigt, dafs sich auch noch ohne Schwierigkeit die Zeitdauer der drei Bewegungen des Schwimmers auf zwei Dreittheile der obigen, also auf etwa 14 Minuten abkürzen lassen würde, wenn man $v_1 = 13\frac{3}{4}$ Linien setzte; was dann einen Durchmesser der Heber von $61\frac{1}{2}$ Zoll erfordert.

Die Höhe $x' = x'' = 0{,}608H_m$ der beiden Schwimmertheile und die Tiefe Z' des Brunnens unter dem Boden des obern Beckens sind, wie man sieht, ein wenig kleiner als in dem Fall (§. 93.) gleich grofser Becken; aber dieser Gewinn wird gewissermaafsen wieder durch die nöthige Vergröfserung der Heberdurchmesser und besonders der Grundfläche des Schwimmers aufgewogen.

Schleusen mit drei Becken und einem Sparbecken.

97. Diese Einrichtung liefse sich mit jeder der vorigen verbinden; was dann eine Menge verschiedener Anordnungen geben würde. Wir wollen nur den Fall betrachten, wo die drei Schleusenkammern und das Sparbecken gleich grofs sind, so dafs $A' = A'' = A''' = A$ ist. Verfährt man dann wie in (§. 77. und 80.), wo $B' = B'' = B''' = B$, $\delta = 0$ etc. gesetzt wurde, so findet man durch die Gleichungen und Ausdrücke von (§. 66. 67. und 71.)

$$200. \quad B = (\sqrt{3}-1)A = 0{,}732A, \quad k = k_1 = k' = 1, \quad \frac{1}{i_1} = 3+2\sqrt{3} = 6{,}466,$$

was zunächst näherungsweise, vermöge (§. 17. und 68. 32. oder 73.),

$$201. \quad Q_1''' = Q_1'' = Q_1' = (1-\tfrac{1}{3}\sqrt{3}) = 0{,}423Av_1,$$
$$M = \tfrac{1}{2}(3-\sqrt{3}) = 0{,}634. \quad y_1 = MH = 0{,}638H$$

giebt. Sodann erhält man durch die Formeln (§. 77. und 33.), wenn die letzten Glieder weggelassen werden,

202. $$\begin{cases} \mathrm{x}''' = \mathrm{x}'' = \mathrm{x}' = \frac{1}{2}(\sqrt{3}-1)\boldsymbol{H}_m = 0{,}366\boldsymbol{H}_m, \quad \mathrm{H}' = \mathrm{H}'' = 0{,}286\boldsymbol{H}, \\ \mathrm{H} = 0{,}464\boldsymbol{H}, \quad \mathrm{Z} = 0{,}366\boldsymbol{H}_m - \boldsymbol{T}_i \text{ etc.} \end{cases}$$

und endlich aus (§. 72.), ohne etwas wegzulassen,

203. $$\begin{cases} h_1''' = -1{,}289\frac{q}{A} + h_0'' + h_0'; \\ h_1'' = 1{,}577\frac{q}{A} - h_0'', \\ h_1' = 1{,}577\frac{q}{A} - h_0', \\ h_0''' = 1{,}867\frac{q}{A} - h_0'' - h_0'. \end{cases}$$

98. Da in diesen letzten Gleichungen zwei Druckhöhen unbestimmt bleiben, wenn man den Gröfsen ν_m', ν_m'', P und E'' etc. Werthe giebt, die den Bedingungsgleichungen (§. 38. 74. und 76.) genugthun, so kann man in diesem allgemeinen Fall noch die Bedingung machen, dafs die Durchmesser der Heber *gleich* sein sollen. Setzt man ferner, um die Rechnung zu vereinfachen, $L' = L'' = L''' = 102$ F., und für die Zuleitungscanäle $\mathrm{L}' = \mathrm{L}'' = \mathrm{L}'''$ $= 51$ F., wie oben, desgleichen, dafs der Zusammenziehung der Stralen in den Mündungen der verschiedenen Canäle so viel als möglich vorgebeugt werde, was nach (§. 81.)

204. $$a''' = a'' = a' = \frac{0{,}0231}{D'} \quad \text{und} \quad b''' = b'' = b' = 1{,}0822 + \frac{0{,}8892}{D'}$$

giebt, so folgen aus der Gleichheit der Wasser-Ergüsse Q_1', Q_1'', Q_1''' und aus der Form der Ausdrücke (47. und 49. §. 22.) die Bedingungsgleichungen

205. $$h_1''' = h_1'' = h_1' \quad \text{oder} \quad h_0'' = h_0' \quad \text{und} \quad 2h_0' - 1{,}289\frac{q}{A} = 1{,}577\frac{q}{A} - h_0';$$

aus welchen sich für die Berechnung der Druckhöhen unter den angenommenen Bedingungen

206. $$h_1''' = h_1'' = h_1' = 0{,}622\frac{q}{A}, \quad h_0'' = h_0' = 0{,}955\frac{q}{A} \quad \text{und} \quad h_0''' = -0{,}0466\frac{q}{A}$$

findet.

Der negative Werth von h_0''' giebt, zufolge der obigen Bemerkungen in (§. 90.) bei dem Fall von zwei gekuppelten Becken, ebenfalls eine Auflösung der Aufgabe; hier entsteht daraus auch keine Schwierigkeit für die Standfestigkeit des Schwimmers. Setzt man also die obigen Werthe von A, q und v_1, so findet sich aus dem hiesigen Ausdrucke und aus denen (§. 22.

und 82.), wegen $Q_1''' = Q_1'' = Q_1' = 54$ C.F.,

207. $\begin{cases} h_1''' = h_1'' = h_1' = 2\frac{1}{3} \text{ Zoll}; \quad h_0'' = h_0' = 3\frac{2}{3} \text{ Zoll}; \quad h_0''' = -1 \text{ Linien}; \\ D''' = D'' = D' = 61 \text{ Zoll}; \end{cases}$

welche Werthe ganz passend sind. Blofs D ist etwas grofs, läfst sich aber auf $0,84 \cdot 61 = 51$ Zoll reduciren, wenn man q doppelt so grofs annimmt, während v_1 Dasselbe bleibt; es würde $= 63$ Zoll werden, wenn man q doppelt so grofs und $v_1 = 1\frac{1}{7}$ Zoll annähme, um die Zeitdauer der Bewegung abzukürzen.

Die Höhen der Vorrichtung werden, wie aus der Vergleichung der Formeln im Anfange von (§. 95.) mit dem analogen (§. 93.) zu sehen, beträchtlich geringer; wie schon im Bericht bemerkt.

Beispiel in Zahlen.

99. Die bisherigen Anwendungen geben nur Annäherungen, um erst im Allgemeinen über den gegenseitigen Einflufs der Maafse der Vorrichtung auf einander zu urtheilen. Wir wollen nun noch ein Beispiel geben, in welchem auch Das berücksichtigt ist, worauf bis jetzt nicht geachtet wurde. Wir nehmen den Fall (§. 93.) eines zweistöckigen Schwimmers an, bestimmt, Schiffe durch drei übereinander liegende, gleich grofse Becken zu heben. Wir behalten die obigen allgemeinen Voraussetzungen bei und ziehen nun noch auch die Dicke der Wände und die bisher aufser Acht gelassenen, aber unentbehrlichen verschiedenen Spielräume in Betracht.

100. Wir fanden oben näherungsweise

208. $A = 2030$ Q. F., $H_m = 25\frac{1}{2}$ F., $q = 0,765\,A$ C.F., $v_1 = 1,147$ Zoll.

Die letztern Werthe sind äufserste Grenzen. Die Heberdurchmesser waren $D'' = D' = 49$ Zoll; wir nehmen für den äufsern Durchmesser der beweglichen Scheide 49,7 Zoll an (§. 54. und 61.). Dieses giebt näherungsweise nach (§. 93.) für den horizontalen Querschnitt des Schwimmers, nach Abzug der Fläche (§. 13.), welche an seinem Boden dem Drucke des Wassers von aufsen nicht ausgesetzt ist, und dann für das Gewicht des Wassers, welches äufserstenfalls auf den Boden des obern Stockwerks des Schwimmers drückt,

209. $\begin{cases} B = 0,414\,A = 841 \text{ Q. F.}, \\ \varepsilon B x_m'' \text{ oder } \varepsilon B x'' = 66 \cdot 841 \cdot 0,707\,H_m = 99990 \text{ Pfd.} \end{cases}$

Die gesammte, zum Durchgang der Heber und ihrer beweglichen Scheiden bestimmte Fläche ist $\frac{1}{2}\pi \cdot 49,7^2$ Q. Z. $= 26,9$ Q. F.; also ist die gesammte Grundfläche des Schwimmers $= 841 + 26,9 = 867,9$ Q. F. Sein Umfang ist 104,4 F., sein Halbmesser 16,6 F.; welches für den Spielraum um den Schwimmer herum, wenn man ihn 6,88 Zoll breit annimmt, 59,9 Q. F. giebt, so dafs also in (§. 13.) $\delta = 0{,}07$ ist.

Andrerseits vertheilt sich das Gewicht von 99990 Pfd. auf die 841 Q. F. Bodenfläche, und da die Träger von hohlem Eisen unter dem untern Boden mit wenigstens 20 000 Ctr. Kraft auf den Quadratfufs widerstehen, so wird ihr Querschnitt höchstens 0,471 Q. F. betragen müssen. Der Querschnitt der äufsern Wand des Schwimmers, welche 1,376 Linien dick anzunehmen ist, beträgt auf 104,4 F. Umfang 0,997 Q. F. Endlich beträgt die Fläche, welche innerhalb des Schwimmers die Heberscheiden einnehmen, 27,32 Q. F., also 0,42 Q. F. mehr als aufserhalb. Daraus folgt, dafs $\boldsymbol{B}$ nun

210. $0{,}471 + 0{,}997 + 0{,}42 = 1{,}888$ Q. F. oder um $\frac{1}{416}$ kleiner ist als $\boldsymbol{B}_1$.

Die andere Fläche $\boldsymbol{B}''$ würde von $\boldsymbol{B}'$ um 0,471 Q. F. und um die 26,9 Q. F. Fläche der beweglichen Scheide des untern Schwimmertheils verschieden sein, wenn nicht nach (§. 41.) in dem andern Schwimmertheil zur Ausgleichung eine leere Röhre angebracht wäre, die gerade auf die Mündung des untern Hebers zutreffen mufs.

101. Zufolge dieser verschiedenen Annahmen setze man nun in die Grundgleichung (31. §. 15.)

211. $\boldsymbol{B}'' = \boldsymbol{B}' = 0{,}998\,\boldsymbol{B}, \quad \boldsymbol{A}'' = \boldsymbol{A}' = \mathrm{A}, \quad \boldsymbol{A} = \mathrm{A} + \delta \boldsymbol{B} = \mathrm{A} + 0{,}07\,\boldsymbol{B}$,

welches vermöge der Gleichung, wie folgt, ganz durch Zahlen,

212. $\dfrac{2\,\mathrm{A}}{B + 1{,}00\,\mathrm{A}} = \dfrac{\mathrm{A} + 1{,}07\,B}{\mathrm{A} + 0{,}07\,B}$, also $\dfrac{B}{A} = 0{,}119$ und dann $\boldsymbol{B}' = 0{,}418\,\mathrm{A}$

giebt; statt $0{,}414\,A$ in (§. 93.), indem hier A statt $\boldsymbol{A}$, also $= 2030$ Q. F. gesetzt werden mufs; was das Resultat einer zweiten Näherungsrechnung nur unmerklich ändert.

Die Formeln (34. 35. 40. 53. 54. und 67. 68. 69. §. 15. 17. 25. und 29.) geben jetzt

213. $k_1 = k = 1, \quad i = 0{,}204, \quad Q_1'' = Q_1' = 0{,}295\,\mathrm{A}\,v_1, \quad h_1'' = h_0',$

$$h_0'' = h_1' = 1{,}69\,\frac{q}{\mathrm{A}} - h_0'.$$

Zufolge der obigen Werthe (208.) von $\boldsymbol{A}'$, v_1 und q und der Bedingung der Gleichheit der Heberdurchmesser findet sich weiter nach (§. 28.)

214. $$\begin{cases} Q_1'' = Q' = 57{,}25 \text{ C. F.}, \quad h_0'' = h_1'' = h_1' = h_0' = 0{,}845\,\dfrac{q}{\mathrm{A}} = 6{,}46 \text{ Zoll}, \\ u_1 = 0{,}69\,\dfrac{q}{\mathrm{A}} = 5{,}35 \text{ Zoll}, \quad u_1'' = u_1' = \dfrac{q}{\mathrm{A}} = 7{,}65 \text{ Zoll}. \end{cases}$$

Alles dieses ist so wenig von den Ergebnissen (§. 94.) verschieden, dafs es fast unnöthig ist, einen zweiten Näherungswerth für die Heberdurchmesser zu suchen.

102. Setzt man die Werthe von $\boldsymbol{A}=1{,}07\,\mathrm{A}$ von $\boldsymbol{B}, \boldsymbol{B}'', q, h_0$ etc. in die Ausdrücke von (§. 30. etc.), so findet sich

$$215.\quad \begin{cases} \boldsymbol{M}=1{,}003,\ \boldsymbol{N}=1{,}71\,\mathrm{F.},\ y_1=1{,}003(\boldsymbol{H}-1{,}71\,\mathrm{F.})=1{,}003\boldsymbol{H}-1{,}72\,\mathrm{F.}, \\ \mathrm{H}=0{,}408\boldsymbol{H}-0{,}255\,\mathrm{F.},\quad \mathrm{H}''=\mathrm{H}'=0{,}297\boldsymbol{H}-0{,}127\,\mathrm{F.}, \\ \qquad x''_m=x'_m=0{,}707\boldsymbol{H}_m-1{,}211\,\mathrm{F.}=16{,}823\,\mathrm{F.},\quad y_m=23{,}86\,\mathrm{F.} \end{cases}$$

Ferner findet sich in (§. 38. und 40.)

$$216.\quad \begin{cases} \mathrm{x}'=16{,}823\,\mathrm{F.}+\boldsymbol{E}'_m+\nu'_m+e'',\quad \mathrm{x}''=16{,}823\,\mathrm{F.}+\boldsymbol{E}''+\nu''_m, \\ \nu'_m=\boldsymbol{H}_m-y_m-\text{etc.}=0{,}988\,\mathrm{F.}-\boldsymbol{E}''-e'', \\ h'_0 \text{ oder } 0{,}54\,\mathrm{F.}=\dfrac{\boldsymbol{P}}{83800}+0{,}998\boldsymbol{E}''-e', \end{cases}$$

wenn man in der letzten Gleichung die Glieder mit dem sehr kleinen Factor $\boldsymbol{B}-\boldsymbol{B}'$ wegläfst.

103. Gemäfs dem näherungsweisen Werth der Höhe des Schwimmers $\mathrm{x}'+\mathrm{x}''=33{,}646$ F. (216.) kann man für das Gewicht desselben etwa 34150 Pfd. annehmen. Um dieses Gewicht in die Gleichung für das hydrostatische Gleichgewicht statt $\boldsymbol{P}$ setzen zu können, müfste, wenn man $\boldsymbol{E}''=1{,}91$ Zoll annimmt (§. 42.), die reducirte Dicke e'' des innern Bodens des Schwimmers gerade $=2{,}752$ Zoll sein; was nicht anzunehmen ist, ungeachtet der Träger dieses Bodens, falls man sie nicht aus leichtem Holz sehr dick machen und den ganzen Boden mit Holz belegen wollte.

Setzt man so die mittlere oder reducirte Dicke des Bodens e' blofs 1,52 Zoll, so findet sich aus der erwähnten Gleichung $\boldsymbol{P}=28457$ Pfd., also um 5693 Pfd. geringer, als das wirkliche Gewicht des Schwimmers; welche 5693 Pfd. ist, folglich durch Gegengewichte getragen werden müssen; was hier leicht ist. Sollte das Übergewicht fast dem ganzen Gewicht des Schwimmers gleich sein, was der Fall sein würde, wenn die anfängliche Druckhöhe h_0 nach (§. 90.) fast Null wäre, so müfste gleichwohl der Bedingung des Gleichgewichts durch Gegengewichte genügt werden, welche man dann dadurch vermindern würde, dafs man noch mehr die anfängliche Wasserschicht $\boldsymbol{E}''$ verringert und dafs man, wie vorhin bemerkt, den Zwischenboden des Schwimmers ganz mit Bohlen bekleidet, worauf die Dicke e' dieses Bodens = 3 bis 4 Zoll gesetzt werden kann.

104. Setzt man jetzt, um die Berechnung der Höhe des Schwimmers zu vollenden, die Werthe von $E'_m = 3{,}82$ Zoll, $E'' = 1{,}91$ Zoll, $e'' = e' = 1{,}53$ Zoll, $\nu''_m = 1{,}15$ Zoll, so findet sich nach (§. 102.)

217. $\nu'_m = 0{,}841$ Zoll, $x' = 17{,}97$ F., $x'' = 17{,}08$ F. $x' + x' = 35{,}05$ F.

Setzt man endlich, um die Lage der verschiedenen Böden zu bestimmen,

218. $\nu_m = 7{,}65$ Zoll, $C = 24{,}21$ F., $T_{\prime} = 4{,}142$ F., $T'_m = T''_m = 5{,}416$ F.

wie es der Voraussetzung $H_m = 25\frac{1}{2}$ (208.) angemessen ist, so geben die Formeln (§. 48. 49. 57. und 63.)

219. $\begin{cases} C = 9{,}61 \text{ F.}, \; C'' = C' = 7{,}10 \text{ F.}, \; Z' \text{ oder } Z' = 14{,}24 \text{ F.}, \; Z = 21{,}25 \text{ F.}, \\ \qquad Z'' = 30{,}91 \text{ F.}, \; Z'' = 37{,}94 \text{ F.}, \\ \lambda' = 17{,}27 \text{ F.}, \; l' = 7{,}35, \; \varrho' = 9{,}24 \text{ F.}, \; \lambda'' = 12{,}93 \text{ F.}, \; l'' = 13{,}25 \text{ F.}, \\ \qquad \varrho'' = 5{,}48 \text{ F.} \end{cases}$

Die letzten dieser Werthe sind nach (§. 55. und 62.) die Maafse der Scheiden und lothrechten Arme der Heber, welche das Wasser in die verschiedenen Stockwerke des Schwimmers leiten. Die Maafse von ϱ' und ϱ'' zeigen, dafs die Gipfel der Heber-Arme lange nicht die abgerundeten Theile ihrer Scheiden erreichen (was in (§. 59.) zu fürchten war), so dafs sich recht gut der Werth von ∂_m auch vergröfsern und folglich der feste Theil des Hebers unterhalb auch auf Kosten seiner beweglichen Scheide λ' verlängern läfst.

Wir führen diese Rechnungen, die wir nur auf Begehren hergesetzt haben, nicht weiter fort. Es bleibe Denen, welche eine solche Vorrichtung zu bauen haben, überlassen, die Maafse der verschiedenen Theile derselben nach den Umständen angemessen weiter zu ermitteln.

Zusammenstellung der Ergebnisse, und allgemeine Folgerungen.

105. Wir glauben zum Schlufs etwas Nützliches zu thun, wenn wir hier eine Art von Tafel der voraus berechneten Hauptmaafse der Vorrichtung für die verschiedenen oben gedachten Fälle hersetzen, aus welcher sich die Ergebnisse übersehen lassen werden und in vorkommenden Fällen die Wahl der Anordnung entschieden werden kann.

Wasserbecken.	Maafse des Schwimmers.		Höhe der einzelnen Stockwerke des Schwimmers			Theilweise Gefälle		
	Fläche B =	Höhe $x'+x''$ =	x =	x' =	x'' =	H =	H' =	H'' =
Erster Fall. Einfache Schleusenkammer und $A'=A''=\infty$.	$1{,}000A$	$2{,}000H_m$	....	$1{,}000H_m$	$1{,}000H_m$	$1{,}000H$	...	...
Zweiter Fall. Zwei Schleusenkammern und $A'=\infty$, $A''=\infty$.	$0{,}618A$	$1{,}618H_m$	....	$1{,}000H_m$	$0{,}618H_m$	$0{,}618H$	...	$0{,}382H$
Dritter Fall. Drei Schleusenkammern und $A'=A''=A$.	$0{,}414A$	$1{,}414H_m$	....	$0{,}707H_m$	$0{,}707H_m$	$0{,}414H$	$0{,}293H$	$0{,}293H$
Vierter Fall. Drei Schleusenkammern und ein Hafenbecken und $A'=A''=\frac{1}{3}A$.	$0{,}646A'$	$1{,}216H_m$	....	$0{,}608H_m$	$0{,}608H_m$	$0{,}215H$	$0{,}392H$	$0{,}392H$
Fünfter Fall. Drei Schleusenkammern und ein Sparbecken und $A'=A''=A'''=A$.	$0{,}732A$	$1{,}098H_m$	$0{,}366H_m$	$0{,}366H_m$	$0{,}366H_m$	$0{,}464H$	$0{,}268H$	$0{,}268H$
Numero	**1.**	**2.**	**3.**	**4.**	**5.**	**6.**	**7.**	**8.**

Tiefe des [..]nnens unter [d]em untern Wasser.	Gesammter Wasser-Aufwand q, in Cub. F.	Geschwindigkeit der Bewegung des Schwimmers in Linien auf die Secunde.	Gleiche Durchmesser der Heber, für A' oder $A = 2030$ Q. F., in Zollen.	Ganzes Gefälle H in Fußen.	Zeitdauer der Bewegung in Secunden.	Ersparung an Wasser. pro cent.	Ersparung an Zeit. pro cent.
	0,6372A	2,294	48,56	6,37	400	90	0
,000H_m	0,6372A	4,588	67,28	12,74	400	95	20
	1,2745A	4,588	56,21	12,74	400	90	20
	0,3186A	4,588	50,47	15,93	1000	96	0
,000H_m	0,3186A	9,176	71,45	15,93	500	96	50
	0,6372A	13,764	73,41	15,93	333	92	67
	0,3186A	9,176	47,79	25,49	1200	92	20
,707H_m	0,6372A	9,176	40,15	25,49	1200	85	20
	0,6372A	13,764	48,94	25,49	800	85	47
	0,3186A'	9,176	60,41	25,49	1200	94	20
608H_m	0,6372A'	9,176	50,94	25,49	1200	88	20
	0,6372A'	13,764	62,32	25,49	800	88	47
	0,3186A	9,176	60,45	31,86	950	94	37
866H_m	0,6372A	9,176	51,22	31,86	950	88	37
	0,6372A	13,764	62,70	31,86	634	88	58
9.	**10.**	**11.**	**12.**	**13.**	**14.**	**15.**	**16.**

106. Es bezeichnen hier, wie man sich erinnern wird,

B den horizontalen Querschnitt des Schwimmers;

A den horizontalen Querschnitt derjenigen Schleusenkammer, mit welcher der Schwimmerbrunnen an seinem Boden in Verbindung steht;

A' und A'' die horizontalen Querschnitte der Wasserbecken unterhalb und oberhalb A;

A''' den horizontalen Querschnitt des Sparbeckens;

H_m das gröfste Maafs des gesammten Gefälles;

H das Gefälle in einem beliebigen Augenblick;

H′, H und H″ die partiellen Gefälle der einzelnen Wasserbecken A', A und A''.

Nach dieser Erinnerung werden die Angaben der Tafel deutlich sein. Blofs die Spalten No. 10. 15. und 16. erfordern vielleicht noch einige Erläuterung, damit man die eingeschriebenen Zahlen nicht unrichtig deuten möge. Diese Zahlen drücken einerseits die nöthige Zeit zum Durchschleusen und zum Anfüllen des Schwimmers aus, andrerseits den Wasser-Aufwand für eine Bewegung des Schwimmers, die ihn wieder in die vorige Lage bringt und zum Durchschleusen einzelner Schiffe nöthig ist, ohne die erste Bewegung des Schwimmers benutzen zu können.

Die Spalten 15. und 16. insbesondere geben die Ersparung gegen eine *gewöhnliche* Durchschleusung *ohne* die *Girard*sche Vorrichtung an; mit der Annahme, dafs zu dieser *eine ganze* Schleusenkammer voll Wasser gehört, wenn die Schleuse nur *eine* Kammer hat, eine *halbe* Kammer voll (für das *ganze* Gefälle berechnet), wenn sie *zwei* Kammern hat, und ein *Drittheil* einer Kammer voll (für das *ganze* Gefälle genommen), wenn sie *drei* Kammern hat. In allen drei Fällen ist die ganze Zeitdauer zum Durchgange der Schiffe der Zahl der Schleusenfälle proportional genommen.

107. Die Zahlen der Spalten 15. und 16. sind übrigens nur näherungsweise richtig; sie können sich mit der Einrichtung und der Handhabung der Vorrichtung ändern. Die Ersparung, welche sie ausdrücken, ist in dem Fall gekuppelter Schleusen gröfser, wenn mehrere Schiffe nach einander durchzuschleusen sind; denn der Wasser-Aufwand reicht dann je für zwei Schiffe hin; was bei den gewöhnlichen Schleusen keineswegs der Fall ist [?]. Noch gröfser ist der Gewinn bei drei Schleusenkammern, und besonders in dem Fall, wenn die einander entgegenkommenden Schiffe in der mittleren Kammer sich begegnen.

Diese Vorzüge des *Girard*schen Systems nehmen den gewöhnlichen gekuppelten Schleusen ihre wesentlichen Übelstände, wegen deren man sie öfters zu vermeiden sucht, ungeachtet der Erleichterungen, die sie beim Übersteigen von Wasserscheiden zu gewähren geeignet sind, indem man durch sie die sonst vielleicht nöthigen Stollen für den Canal erspart und die Hindernisse, welche bei einfachen Schleusen mit geringem Gefälle häufig und zerstreut sind, mehr auf einen Punct vereinigt. Es ist mit Canälen, wie mit Eisenbahnen: wo man einzusehen anfängt, dafs es vortheilhaft sei, unvermeidliche Abhänge *auf einmal* zu übersteigen.

108. Die schwächste Quelle, der kleinste Teich oben auf der Wasserscheide wird hinreichen, um eine Schleuse von mehreren Kammern mit *Girard*schem Schwimmer zu speisen. Unterhalb, wo das Wasser weniger fehlt, selbst für einen lebhaften Verkehr auf dem Canal, kann man starke Gefälle noch zu andern Zwecken benutzen. Endlich läfst sich, wie in dem Bericht bemerkt, durch den *Girard*schen Schwimmer ein Theil des jetzigen Wasserbedarfs der Schleusen, der jetzt ohne Nutzen verloren geht und dessen unrichtige Anwendung eine Haupt-Ursach des Ruins der Schleusen ist, zum Nutzen des Ackerbaus ersparen.

Diese verschiedenen Umstände begründen die Hoffnung, dafs die Regierung und die einzelnen Verwaltungen die Benutzung dieser Vorrichtung, nachdem sie darauf aufmerksam geworden sind, ernstlich berücksichtigen werden.

Nachschrift. Wir hatten die Absicht, auf den vorstehenden Aufsatz noch die Untersuchungen folgen zu lassen, die wir über die *Veränderlichkeit* der Bewegung der Vorrichtung und über die Schätzung der Widerstände und desjenigen Verlustes an lebendiger Kraft angestellt haben, welchen die Trägheit der von dem Schwimmer in Bewegung zu setzenden Wassermasse verursacht; welche Berücksichtigung wir hier oben übergangen haben, um die Ausdrücke nicht allzu verwickelt zu machen. Die Ausdehnung, welche schon das Vorstehende bekommen hat, so wie Mangel an Zeit, bewegen uns indessen, die Mittheilung dieser mehr wissenschaftlichen als practischen Untersuchungen aufzuschieben.

Wir nehmen noch die Gelegenheit wahr, um Herrn *Yvon Villarceau,* vormals Schüler der Centralschule für Gewerbe und Fabriken, der sich schon durch nützliche und interessante, in No. 1. 2. 6. und 9. der „Revue générale de l'Architecture et des travaux publics" vom Jahre 1844 aufgenommene Untersuchungen über die Theorie der Gewölbe bekannt gemacht hat, für die

Gefälligkeit und den Eifer öffentlich unsern Dank zu sagen, mit welchem er, ganz uneigennützig, die Correcturen des Drucks dieser Abhandlung und die Prüfung der Zahlen und Buchstabenrechnungen in derselben übernommen und ausgeführt hat.

Einige Bemerkungen des Herausgebers des Baujournals.

Der Herr Verfasser hat schon in dem Bericht an die Pariser Akademie verschiedener Erinnerungen gegen die practische Ausführbarkeit der *Girard*-schen Vorrichtung gedacht, und Mittel angegeben, die Bedenken zu heben. Wir wollen Beidem noch Einiges hinzufügen.

1. Der Schwimmer wird in sehr vielen Fällen eine sehr ansehnliche *Gröfse* bekommen. Für eine Schleusenkammer von 2030 Q. F. Fläche, also von etwa 100 F. lang und 20 F. breit, wie sie im Text angenommen wird, und die noch nicht zu den gröfsten gehört, mufs der Schwimmer, wenn man ihm auch nur 8 Zoll Spielraum an den Brunnenwänden giebt, schon etwa 53 F. im Durchmesser bekommen und, wenn z. B. das Schleusengefälle 10 F. hoch ist, über 20 F. hoch sein. Rechnet man, wie im Text, etwa 500 Ctr. für das Gewicht des leeren Schwimmers, so wird er, mit Wasser gefüllt, an 27 000 Ctr. wiegen. Dafs selbst noch ein so grofses und schweres Gebäude mit einer Wandbekleidung aus *Blech* sich dauerhaft und wasserdicht bauen lassen werde, ist nicht zu bezweifeln, denn man macht ja noch viel gröfsere *Schiffe* aus zusammengenieteten Blechen, welche den Stöfsen der Meereswellen von aufsen und der Wirkung mächtiger Dampfmaschinen von innen widerstehen, während hier der Schwimmer in fast stillem Wasser sich befindet. Aber grofser Gefahr scheint doch der Schwimmer ausgesetzt zu sein, wenn er mit seinem ungeheuren Gewicht auf irgend eine Weise in Bewegung gerathen und an die Brunnenwände *anstofsen* sollte; was in der That wohl geschehen könnte. Denn durch Flutungen in der Schleusenkammer kann das Wasser im Brunnen, und mit ihm der Schwimmer, in Schwankungen gerathen; und noch eher können ihn starke *Stürme* dazu bringen: nicht dafs sie den Schwimmer selbst unmittelbar in Bewegung setzten, aber sie können das Wasser in dem obern offnen Stockwerk nach einer Seite treiben, und dann mufs der Schwimmer nothwendig bedeutend schwanken; wovon ihn auch wohl die Gegengewichte nicht zurück halten dürften. Geschieht aber das, so kann er auch gegen die Brunnenwände anstofsen. Die Gefahr von starken *Stürmen* ist die

bedeutendste; die andere ist nur gering; aber diese gröfsere Gefahr dürfte sich auch, wie es scheint, leicht abwenden lassen. Statt nemlich den Schwimmer oben *offen* zu lassen, gebe man ihm eine dünne, durchlöcherte blecherne Decke: so können Luftströme nicht mehr auf die Oberfläche des Wassers wirken und nunmehr, wenigstens nicht mehr durch das *Wasser*, den Schwimmer in Bewegung bringen.

2. Aber immer wird es noch nöthig sein, den Schwimmer zu hindern, dafs er sich anders als lothrecht, und dies möglichst geradlinig, auf- und abbewege.

Dafs man ihn nicht mit Rollen an Leitstangen auf- und absteigen lassen dürfe, ist wohl klar. Will man eine so ungeheuer schwere Masse möglichst strenge in ihrer Bahn erhalten, so scheint es könne und dürfe es nur durch Leitungen geschehen, die auf irgend eine Weise *elastisch* und auf *diese* Weise besser jedem *Stofs* gewachsen sind, und deren Widerstand stetig mit dem Drucke zunimmt. Vielleicht also wäre folgendes Mittel anwendbar. Man lasse den Schwimmer mit röhrenförmigen, eisernen, inwendig geglätteten, an den Mündungen ausgerundeten, gleichmäfsig auf seinen Umfang vertheilten *Hülsen*, so lang als der Schwimmer hoch ist, sehr starke, in lothrechter Richtung ausgespannte *Seile*, 8, 10 bis 12 an der Zahl, umfassen; die also durch die Hülsen hindurchgehen und deren untere Enden dann auf dem Boden des Brunnens, die obern an der Brunnenmauer befestigt sind. Die Brunnenmauer würde zu dem Ende bis über den höchsten Stand der Oberfläche des Schwimmers zu erhöhen sein; was zugleich auch noch den Schwimmer gegen die Wirkung von Stürmen vollends schützen würde. Dafs die Seile, wenn sie nur hinreichend stark sind, etwa 2 Zoll im Durchmesser, kräftig genug sein werden, den Schwimmer in seiner Bahn zu erhalten, wird man nicht bezweifeln können, wenn man sich erinnert, welcher ungemein viel stärkern Gewalt Ankertaue grofser Schiffe ausgesetzt sind, und wirklich widerstehen. Auch könnte man, wenn man fürchtet, die Seile würden nicht sehr dauerhaft sein, *Ketten* statt der Seile nehmen; eben wie man Ankerketten statt der Ankerseile hat. Es kommt nur darauf an, dafs die Seile, oder Ketten, oben und unten stark genug *befestigt* werden; was aber jedenfalls möglich ist.

3. Ungeachtet der Leitung des Schwimmers durch Seile oder Ketten, und ungeachtet der von Herrn *Poncelet* vorgeschlagenen Gegengewichte, die immer an sich nöthig sind, um den Schwimmer nöthigenfalls zu *heben*, scheint es aber doch noch gut, den Spielraum zwischen dem Schwimmer und der

Brunnenmauer etwas gröfser als 8 Zoll, etwa wenigstens 2 Fufs breit zu machen. Der Schwimmer mufs dann freilich *noch* etwas gröfser sein; auch geht dann etwas mehr Wasser verloren; jedoch ist der Unterschied nicht bedeutend. In dem obigen Beispiele einer Schleusenkammer von 2030 Q. F. Grundfläche mufs der Schwimmer, wenn man ihm 2 F. statt 8 Zoll Spielraum giebt, etwa 55 F. statt 53 F. im Durchmesser bekommen, und während bei 8 Zoll Spielraum und 2 Zoll Druckhöhe für den Ein- und Ausflufs des Wassers in den Schwimmer und aus dem Schwimmer, zuletzt statt einer ganzen Schleusenkammer voll Wasser bei den gewöhnlichen Schleusen ohne Schwimmer, hier eine Schicht von 8,5 Zoll hoch Wasser verloren geht, beträgt der Verlust bei 2 F. Spielraum eine Schicht von 9,3 Zoll hoch Wasser von der Grundfläche der Schleusenkammer; welcher Unterschied wenig bedeutet.

4. Eine ganz besondere Schwierigkeit scheinen mir auch die zur Verbindung des Schwimmers mit dem obern und untern Wasser bestimmten *umgekehrten Heber* zu machen. Auch ihretwegen ist es wohl unumgänglich nöthig, dafs der Schwimmer bei seiner Bewegung nicht schwanke, und nicht aus seiner lothrechten Bahn komme. Starke Abweichungen von der Bahn könnten leicht die Leitungsröhren aus den Hebern *zerbrechen;* und auch selbst, wenn nur geringe Schwankungen Statt finden, ist kaum einzusehen, wie die Verliederung der Röhren *wasserdicht* bleiben könne; was doch unumgänglich nöthig ist. Unter diesen Umständen scheint es mir doch fast rathsamer, den Schwimmer mit dem obern und untern Wasser nicht durch umgekehrte, *nach unten* gebogene Heber, sondern, ungefähr nach der frühern Idee des Herrn *Girard,* durch *eigentlich* sogenannte, *nach oben* gebogene Heber in Verbindnng zu setzen, die dann an *den Schwimmer* befestigt werden und mit ihm zugleich sich hinauf und hinunter bewegen. Damit sie nicht Luft schöpfen und ihre Wirkung dadurch unterbrochen werde, müfsten natürlich ihre Enden *niemals* aus dem Wasser hervortreten und also die Enden am Schwimmer in etwas unter seine Böden hinunterreichende röhrenförmige Vertiefungen eintauchen, welche *stets* voll Wasser bleiben. Die andern Enden lasse man *nicht* frei in das obere und untere Wasser tauchen, sondern ebenfalls in röhrenförmige, in diesen Wassern stehende geschlossene Vertiefungen, zwischen welchen und den Heber-Enden der nöthige Spielraum bleibt. Diese Vertiefungen im Canalwasser sind es dann, nicht die Heber selbst, zu welchen dem Wasser der Zutritt durch Ventile geöffnet und verschlossen wird; wovon die Einzelnheiten der Anordnung nicht schwierig sind. Die Heber könnten dann aus leich-

tem Blech gemacht werden, und für den Fall, dafs dennoch einmal Luft eindringt, müfsten sie an ihren Gipfeln kleine Luftpumpen haben, durch welche die Luft, welche sich immer an den höchsten Puncten sammeln wird, entfernt werden könnte. Freilich würden dann nicht blofs zwei Heber genügen, wie wenn sie nach unten gebogen sind, weil man nicht gut 5 bis 6 F. im Durchmesser haltende Röhren, die dem Texte zufolge nöthig sind, aus Blech machen kann: es hindert aber gerade nichts, statt zweier, auch 10 bis 12 Heberröhren zu machen, die dann jede nur etwa 2 F. im Durchmesser bekommen; was aus Blech ausführbar ist. Man könnte auch je die halbe Zahl dieser Röhren, an den beiden Seiten des Schwimmers, dicht neben einander stellen, ja selbst mit einander sie verbinden und ihnen dann *quadratische* Querschnitte geben.

5. Ganz nothwendig ist es, dafs die Stemmthore der Schleuse *sehr dicht* schliefsen; denn nicht allein, dafs, wenn es nicht der Fall ist, ein neuer Wasserverlust entsteht, würde auch, falls etwa durch das eine Thor mehr Wasser dringt, als durch das andere, die Bewegung des Schwimmers wesentlich verändert werden, und es kann, wenn z. B. das obere Thor der Schleusenkammer mehr Wasser zuführt, als durch das andere abzieht, der Schwimmer bei seiner Hinabbewegung zum Stillstand kommen, oder, wenn das Umgekehrte geschieht, seine Bewegung zu sehr beschleunigt werden.

6. *Welche* Druckhöhe endlich zu der Verbindung des Wassers im Canal mit dem im Schwimmer nöthig sein werde, kann wohl allein erst die Erfahrung, nicht an einem Modell, sondern im Grofsen, ergeben. Dafs 2 Zoll Druckhöhe hinreichend sein werden, dürfte zweifelhaft sein.

7. Wenn aber nun auch die Einrichtung, welche dem Schwimmer zu geben ist, im Voraus als völlig ins Reine gebracht betrachtet wird, so bleibt doch noch rücksichtlich seiner Anwendung auf die *Canalschiffahrt* die Hauptfrage übrig, ob, unter welchen Umständen, und wieviel etwa durch denselben in den Fällen, wo es an Wasser zum Durchschleusen der Schiffe fehlt, gegen die Kosten des alsdann ohne den Schwimmer nur allein übrig bleibenden Mittels, das herabgeflossene Wasser durch Dampfmaschinen bei den Schleusen von unten nach oben zu heben, zu ersparen sein dürfte.

Freilich werden die Kosten des einen und des andern Mittels gar sehr von den örtlichen Umständen abhangen, und für die gleiche Wirkung gar sehr verschieden sein. *Ungefähr* aber dürften sie sich doch wohl wie folgt schätzen lassen; besonders da es nicht auf die Höhe selbst der Kosten des einen und des andern Mittels ankommt, sondern nur auf eine *Vergleichung;*

weshalb denn auch *beliebige* örtliche Preise angenommen werden können. Wir nehmen diejenigen von Berlin an.

8. Die Anlagekosten von Dampfmaschinen steigen nicht in geradem Verhältnifs mit der Kraft der Maschine, sondern stärkere Maschinen sind *verhältnifsmäfsig* wohlfeiler, als schwächere. Setzt man die Kosten einer Dampfmaschine von 1 Pferdekraft $= K$, so werden diejenigen einer Maschine von n Pferdekräften so ziemlich näherungsweise durch $n^{\frac{2}{3}}K$ ausgedrückt, wo $K =$ 1000 Thlr. zu setzen ist. Dieser Ausdruck giebt nemlich z. B. für die Kosten einer Maschine von 8 Pferden Kraft $8^{\frac{2}{3}} \cdot 1000 = 4000$ Thlr., für 27 Pferdekräfte $27^{\frac{2}{3}} \cdot 1000 = 9000$ Thlr., für 125 Pferdekräfte $125^{\frac{2}{3}} \cdot 1000 = 25\,000$ Thlr.; was so ziemlich der Wirklichkeit gemäfs ist. Für Maschinen von 1, 2, 3 Pferdekräften pafst der Ausdruck zwar weniger gut, aber so schwache Maschinen werden auch nicht leicht vorkommen.

Mit den Kosten der nöthigen Pumpen und Röhrenleitungen, so wie der Maschinengebäude, wird es sich ähnlich verhalten. Auch sie werden nicht in geradem Verhältnifs mit der Kraft der Maschinen, sondern *weniger* zunehmen. Man wird sich vielleicht nicht zu weit von der Wahrheit entfernen, wenn man auch dafür den Ausdruck $n^{\frac{2}{3}}K$ beibehält und dann sogleich *alles* Nöthige dadurch umfafst, dafs man für K etwa die Hälfte mehr, also $K = 1500$ Thlr. setzt.

Auch der Bedarf an Feuerung, Talg, Öl und Schmier nimmt bei Dampfmaschinen nicht in geradem Verhältnifs der Kraft der Maschine, sondern ebenfalls nur in einem *ähnlichen* Verhältnifs zu. Setzt man die Kosten dieses Bedarfs auf den Tag, und wenn die Maschinen ununterbrochen Tag und Nacht arbeiten sollen, wie es immer am besten ist, $= k = 2\frac{1}{2}$ Thlr. für eine Maschine von 1 Pferdekraft, so drückt so ziemlich $n^{\frac{2}{3}}k$ die Kosten für stärkere Maschinen aus. Der Ausdruck giebt nemlich für Maschinen von 8 Pferdekräften $8^{\frac{2}{3}} \cdot 2\frac{1}{2}$ Thlr. $= 10$ Thlr. (also für die Pferdekraft 1 Thlr. $7\frac{1}{2}$ Sgr.), für Maschinen von 27 Pferdekräften $27^{\frac{2}{3}} \cdot 2\frac{1}{2}$ Thlr. $= 22\frac{1}{2}$ Thlr. (also für die Pferdekraft 25 Sgr.), für Maschinen von 64 Pferdekräften $64^{\frac{2}{3}} \cdot 2\frac{1}{2}$ Thlr. $= 40$ Thlr. (also für die Pferdekraft 19 Sgr.) u. s. w.; was wieder so ziemlich der Wirklichkeit gemäfs ist.

Die Bedienung der Maschinen wird der Schleusenwärter allein wohl niemals besorgen, sondern dabei nur Hülfe leisten können; jedenfalls wird, wenn auch vielleicht nicht bei jeder Schleuse ein eigner Maschinist, so doch wenigstens, auch bei der kleinsten Maschine, ein Heizer, und dann vielleicht für mehrere Schleusen noch ein Maschinist nöthig sein. Gröfsere Maschinen werden einen eignen Maschinisten mit einem oder mehreren Gehülfen nöthig haben. Auch hiervon steigen aber die Kosten wieder nicht im geraden Verhältnifs der Kraft der Maschinen, sondern schwächer; und auch hier wird man nicht zu weit fehlen, wenn man die Kosten in $n^{\frac{2}{3}}k$ unter k mitbegreift. Setzt man für 1 Pferdekraft jährlich 100 Thlr. an, so beträgt dies, angenommen, dafs die Canalschiffahrt 250 Tage im Jahr dauert, also die Maschinen jährlich 250 Tage lang zu bedienen sind, auf den Tag 12 Sgr. Dieses macht den 5ten Theil des Obigen aus, also für Maschinen von resp. 8, 27 und 64 Pferdekräften 1 Thlr. 18 Sgr., 3 Thlr. 18 Sgr. und 6 Thlr. 12 Sgr. täglich auf 250 Tage lang im Jahr, und jährlich resp. 390, 890 und 1600 Thlr. jährlich; welche Zahlen, wenigstens für Maschinen von *mittlerer* Kraft, nicht unpassend sein dürften; so dafs also nun oben für k, statt 2 Thlr. 15 Sgr., 2 Thlr. 27 Sgr. zu setzen sind.

9. Dieses vorausgeschickt, sei die Höhe des Schleusengefälles $= h$ F. und der horizontale Querschnitt der Schleusenkammer $= A$ Q. F.: so sind für *jede* Durchschleusung mhA C. F. Wasser h F. hoch zu heben, wenn m derjenige Theil von der Schleusenkammer voll Wasser ist, der *ohne* Schwimmer *mehr* abwärts fliefst, als *mit* Schwimmer.

Eine Pferdekraft hebt, 8 Stunden lang täglich, 110 Pfd. oder $1\frac{2}{3}$ C. F. Wasser in der Secunde $3\frac{1}{3}$ F. hoch, also $3\frac{1}{3}\cdot 1\frac{2}{3} = 5\frac{5}{9}$ C. F. Wasser 1 F. hoch und folglich täglich $8\cdot 60\cdot 60\cdot 5\frac{5}{9} = 160\,000$ C. F. Wasser 1 F. hoch. Diese Wirkung, welche durch p bezeichnet werden mag, würde die einer Dampfpferdekraft sein.

Demnach würden, um die mhA C. F. Wasser h F. hoch zu heben, zu *einer* Durchschleusung täglich $\frac{mh^2A}{p}$ Pferdekräfte nöthig sein. Aber da die Pumpen nur etwa 70 pr. c. Nutz-Effect haben, so mufs man noch mit $\frac{10}{7}$ multipliciren. Es ergiebt sich daraus, wenn die Zahl der im Durchschnitt täglich nöthigen Durchschleusungen μ ist, für die Zahl der Pferdekräfte, welche die Maschine haben mufs:

$$1.\quad n = \frac{10m\mu h^2A}{7p}.$$

10. Dies giebt weiter nach (§. 8.) für die Anlagekosten der Maschine, welche durch M bezeichnet werden mögen,

$$2.\quad M = n^{\frac{2}{3}}K \text{ Thlr., wo } K = 1500 \text{ Thlr. ist,}$$

und für die Bedienung und Heizung etc. der Maschine, welche $= N$ sein mag, auf 250 Tage jährlich,

$$3. \quad N = 250 n^{\frac{2}{3}} k \text{ Thlr.}, \quad \text{wo} \quad k = 2 \text{ Thlr. } 27 \text{ Sgr. ist.}$$

Der Zinsfufs, mit Einschlufs eines Überschusses, welcher hinreicht, um das Anlagecapital in etwa 40 Jahren durch Zins von Zins wieder einzubringen, sei λ, wo man $\frac{1}{20}$ oder 5 pro cent für λ setzen kann. Für die Kosten der Erhaltung der Maschinen kann man jährlich $\nu = 8$ pr. c. das Anlagecapitals setzen. Dies giebt für die gesammten jährlichen Kosten, für den Fall *ohne* Schwimmer:

$$4. \quad (\lambda+\nu)M + N = n^{\frac{2}{3}}[(\lambda+\nu)K + 250k];$$

welche Kosten nun mit den jährlichen Kosten des Schwimmers, nemlich mit den Kosten der Verzinsung und Amortisation seiner Anlagekosten, unter Hinzurechnung seiner Erhaltungskosten, zu vergleichen sind.

11. Wir wollen als Beispiel eine Schleuse von $h = 8$ F. Gefälle und mit einer Kammer von $A = 2000$ Q. F. horizontalen Querschnitt annehmen, und es sollen während der 250 Tage im Jahr, welche sie durchfahren wird, 2500, also täglich im Durchschnitt $\mu = 10$ Kammern voll Wasser nöthig sein. Der Schwimmer erspare, der obigen Abhandlung gemäfs, $m = \frac{9}{10}$ dieses Wassers. Dann giebt (1.) für diesen Fall:

$$5. \quad n = \frac{10 \cdot \frac{9}{10} \cdot 10 \cdot 8^2 \cdot 2000}{7 \cdot 160000} = 10\tfrac{2}{7};$$

also wäre hier eine Maschine von 10 bis 11 Pferdekräften nöthig. Dieses giebt weiter nach (2.) und (3.)

$$6. \quad M = 10\tfrac{2}{3}^{\frac{2}{3}} \cdot 1500 = 4{,}69 \cdot 1500 = 7035 \text{ Thlr.},$$

$$7. \quad N = 10\tfrac{2}{3}^{\frac{2}{3}} \cdot 2 \text{ Thlr. } 27 \text{ Sgr.} = 3400 \text{ Thlr.},$$

und nach (4.) für die gesammten *jährlichen* Kosten:

$$8. \quad (0{,}05 + 0{,}08) 7035 + 3400 = 4314 \text{ Thlr.}$$

Rechnet man diesem gegenüber für die Anlagekosten des Schwimmers nach der obigen Abhandlung 16 000 Thlr., so giebt dies für Verzinsung und Amortisation des Anlage-Capitals, zu 5 pro cent wie oben, 800 Thlr. Hat nun der Schleusenwärter bei der Handhabung des Schwimmers *keine* Hülfe nöthig, so kommen blofs noch die Erhaltungskosten der Vorrichtung hinzu, die vielleicht 200 Thlr. jährlich betragen werden, so dafs die jährlichen Ausgaben zusammen nur auf 1000 Thlr. sich belaufen. Hier in diesem Beispiel würden also die *Anlagekosten* des Schwimmers *höher* sein als die der Maschine, nemlich 16000 Thlr. statt 7035 Thlr.: dagegen würden die *jährlichen Ausgaben* noch nicht den 4ten Theil betragen, nemlich nur 1000 Thlr. statt 4314 Thlr.

Für eine weniger lebhafte Schiffahrt würde das Ergebnifs für den Schwimmer weniger günstig, für eine noch lebhaftere Schiffahrt, so wie für höhere Schleusengefälle, noch günstiger sein. Indessen sind allerdings die obigen Kostenschätzungen sehr unsicher, und es ist natürlich ganz nöthig, dafs man die Kosten beider Arten von Schleusen in jedem besondern Falle vorher möglichst genau berechne, ehe man sich für oder gegen den Schwimmer entscheidet. Inzwischen giebt die obige Schätzung wenigstens einigermaafsen eine Bestätigung der Wahrscheinlichkeit, dafs es möglich sei, durch den Schwimmer Ausgaben, und bedeutende Ausgaben, zu ersparen.

Die obigen zusätzlichen technischen Bemerkungen und Vorschläge haben übrigens keineswegs den Zweck, nur noch fernere Bedenken gegen die ***Girard***sche Idee zu erheben. Sie gehen vielmehr ebenfalls von einem angelegentlichen Interesse für den Gegenstand aus, und von dem Wunsche, denselben bestens gefördert und die interessante Erfindung benutzt zu sehen.

Berlin, im November 1845.

3.

Des Grafen v. Pambour „Theorie der Dampfmaschinen."

(Nach der zweiten Auflage dieses Werkes von 1844; möglichst kurz; und mit einigen Anmerkungen des Herausgebers dieses Journals.)

(Fortsetzung der Abhandlung No. 8. im 3ten und No. 12. im 4ten Hefte vorigen Bandes.)

Dritter Abschnitt.
Beschreibung der verschiedenen Theile der Dampfmaschinen.

127.

Wir werden in diesem Abschnitt die *einzelnen* Theile der verschiedenen Arten von Dampfmaschinen und das übrige Zubehör derselben von dem practischen Gesichtspunct aus beschreiben, damit wir, wenn dann in den folgenden Abschnitten von den verschiedenen Arten der Maschinen selbst die Rede sein wird, nur auf die hier folgende Beschreibung ihrer einzelnen Theile verweisen können, ohne sie dort erst einschalten zu müssen. Da indessen das gegenwärtige Werk mehr die Wirkung der Maschinen als ihre Zusammensetzung zum Gegenstande hat, so wird sich die hier folgende Beschreibung der einzelnen Theile der Maschinen nur mehr auf die Form und Bestimmung derselben beziehen, nicht eine ganz specielle Auseinandersetzung der Art ihrer Anordnung und ihrer Verfertigung geben.

128.

Wie bekannt, mufs der Dampf für eine Dampfmaschine in einem abgesonderten Gefäfs, *Kessel* genannt, durch ein gleichförmiges Feuer und stets von gleicher Spannung erzeugt, auch das Wasser im Kessel stets auf gleicher Höhe erhalten werden. Darauf wird der Dampf nach dem Dampfstiefel geleitet, und zwar abwechselnd nach der einen und der andern Seite des Kolbens hin, damit er den Kolben *hin und her* treibe. Der Kolben mufs sich genau nach der Richtung der Axe des Stiefels bewegen. Während der Dampf den Kolben forttreibt, mufs der noch an der andern Seite des Kolbens befindliche Dampf aus dem Stiefel hinausgeschafft werden, damit er den Kolben nicht aufhalte. Endlich mufs die Bewegung der Maschine ganz *gleichförmig* sein; auch müssen

Vorrichtungen vorhanden sein, um die Geschwindigkeit und die Kraft der Bewegung der Maschine zu *messen.*

Die verschiedenen Haupttheile einer Dampfmaschine sind also: der ***Kessel,*** mit den Vorrichtungen, um ihn mit Wasser zu *speisen* und das Wasser darin beständig auf gleicher Höhe zu erhalten, damit der Kessel nicht zersprengt werde; so wie mit der Vorrichtung, um die Verdampfung zu *regeln;* ferner die Vorrichtung, um den Dampf dem Stiefel regelmäfsig *zuzuführen* und diese Zuführung durch die Maschine selbst lenken zu lassen; sodann die Lenkung der *Kolbenstange* während der durch den Kolben hervorgebrachten Auf- und Niederbewegung des grofsen Wagebalkens (balancier); weiter die Vorrichtung zum *Niederschlag* des Dampfs, welcher seine Dienste gethan hat, durch kaltes Wasser, und zur Ausschöpfung des aus dem Dampf entstandenen heifsen Wassers; die Vorrichtungen, um die Bewegung der Maschine *gleichförmig* zu machen, und endlich, die, nicht nothwendig mit der Maschine selbst verbundene Vorrichtung, um ihre Geschwindigkeit und Kraft zu *messen.* Diese verschiedenen Theile einer Dampfmaschine sollen nun einzeln beschrieben werden; und zwar möglichst aufser Beziehung zu der einen oder der andern besondern Art von Maschinen.

I. *Von den verschiedenen gebräuchlichen Dampfkesseln; nämlich den Kesseln mit hohlem Boden, den walzenförmigen Kesseln, den Kesseln mit Essen im Innern und mit Kochern, und den Kesseln für Dampfwagen und für Dampfschiffe.*

129.

Es giebt verschiedene Arten von *Dampfkesseln* für die verschiedene Bestimmung der Maschinen. Im Allgemeinen mufs der Dampfkessel so fest und so wohlfeil als möglich sein, und dabei möglichst wenig Heizstoff erfordern.

Für Maschinen von *niedrigem Druck,* wo der Kessel keine sehr bedeutende Dampfspannung auszuhalten hat, sucht man ihn nur möglichst wohlfeil und möglichst leicht-heizbar zu machen.

Für Maschinen mit *hohem Druck* sucht man ihm insbesondere eine grofse Festigkeit zu geben; wozu sich vorzüglich die Walzenform eignet.

Für Dampfmaschinen *auf Schiffen* sieht man darauf, dafs der Kessel möglichst wenig Brennstoff erfordere und so wenig als möglich *Raum* im Schiffe einnehme.

Bei ***Dampfwagen*** endlich kommt Alles auf möglichst schnelle Erzeugung des Dampfs an.

Diese verschiedenen Zwecke werden insbesondere durch die ***Gestalt*** des Kessels erreicht und es giebt folgende *sechs* verschiedene Formen.

130.

Erstlich. Kessel mit aufwärts gebogenem Boden, oder sogenannte Frachtwagen-Kessel. Diese Kessel heifsen so, weil sie ungefähr die Gestalt eines beladenen Frachtwagens haben. Fig. 11. und 12. Taf. No. 2. stellen sie vor. *a* ist der Rost der Esse, auf welchen der Brennstoff gelegt wird. *b*, *b'*, *b''* sind die Züge für die Flamme und die heifsen Gase. Sie liegen unter dem Boden des Kessels und ziehen sich dann um denselben herum nach dem Schornstein hin. Die Decke des Kessels ist nach oben gebogen: der Boden, damit das Feuer um so stärker auf ihn wirke, ebenfalls. Zunächst streicht das Feuer unter den Boden des Kessels seiner ganzen Länge nach hin. Von da strömt es durch den Zug *b* in den Seitenzug *b'* nach der vordern Seite des Kessels, und dann durch den Seitenzug *b''* wieder zurück und in den Schornstein. So durchläuft die Hitze dreimal die Länge des Kessels und setzt also an denselben möglichst viel Wärmestoff ab.

Wenn ein solcher Kessel sehr grofs ist, so hat er zuweilen noch inwendig, nach Fig. 13., eine ***Röhre.*** Dann strömt erst wieder das Feuer unter den Boden des Kessels hin und von da in der wagerechten innern Röhre *b* zurück; immer unter der Oberfläche des Wassers. Hierauf theilt sich die Flamme für die Züge *b'*. *b''* und geht in den Schornstein.

Die Kessel mit aufwärts gebogenem Boden sind wohlfeil, lassen sich leicht ausbessern und bieten dem Feuer viel Fläche dar. Sie sind daher für stehende Maschinen von niedrigem Druck gebräuchlich; also für ***Watt***sche Maschinen von einfacher und doppelter Wirkung, und für Luftdruck-Maschinen.

131.

Zweitens. Walzenförmige Kessel mit der Esse unter sich. Diese Art von Kesseln Fig. 14. Taf. No. 2. ist der vorigen in so weit ähnlich, dafs das Feuer zunächst unter den Boden und dann an beide Seiten des Kessels hinstreicht, von wo es in den Schornstein gelangt: der Unterschied ist nur, dafs dieser Kessel die Gestalt einer Walze hat, und zuweilen, nicht wie die vorige Art mit zwei Ebenen, sondern mit zwei Kugel-Abschnitten zu Stirnen. *a* ist der Feuerrost, *b*, *b'*, *b''* sind die Züge, *c* ist der Körper des Kessels und *h* die Dampfröhre.

Zuweilen haben diese Kessel auch nach Fig. 15. *zurücklaufende Röhren.* Nachdem hier das Feuer unter den Boden des Kessels hingestrichen ist, kehrt es in einer oder in mehreren Röhren *a*, welche ganz im Wasser liegen, nach der Esse zurück; dann theilt es sich und gelangt in den Zügen zur Seite nach dem Schornstein. Es giebt noch andere Veränderungen dieser Kessel-Art, die aber im Wesentlichen auf das Beschriebene zurückkommen.

Diese Kessel sparen eben nicht sehr den Brennstoff, aber sie sind die einfachsten, wenn es auf grofse Festigkeit ankommt. Man bedient sich ihrer für Maschinen von hohem Druck und für *Evans*sche Maschinen, so wie auch für Schiffdampfmaschinen mit hohem Druck.

132.

Drittens. Walzenförmige Kessel, mit der Esse im Innern. Diese Art von Kesseln Fig. 18. Taf. No. 3. hat einen wagerecht liegenden walzenförmigen Körper, welcher das zu verdampfende Wasser enthält und durch welchen eine wagerecht liegende grofse Röhre der ganzen Länge nach hindurchstreicht, die für das Feuer bestimmt, aber noch ganz von dem Wasser bedeckt ist. Am vordern Ende nimmt die Röhre den Brennstoff auf. Zu dem Ende befindet sich dort, in der Mitte der Höhe, ein wagerechter Feuerrost *c, c* für den Brennstoff. Die obere Hälfte der Röhre ist der Feuerraum; derselbe ist vorn durch eine Thür verschlossen, welche nur um nachzuheizen geöffnet wird. Die untere Hälfte *f* ist der Aschenfall. Derselbe ist vorn offen, für den Luftzug, hinten aber, am Ende des Rosts, durch Mauerwerk verschlossen. Von da ab geht die innere Röhre weiter durch den Kessel hindurch nach den Seitenzügen hin. Die Luft streicht durch den Rost und die Glut; die Flamme strömt zunächst in der innern Röhre durch den Kessel, kommt darauf durch den Seitenzug *g* nach vorn zurück, umströmt die vordere Stirn des Kessels und begiebt sich dann durch den andern Seitenzug *h* in den Schornstein.

Die innere Röhre kehrt auch wohl nach Fig. 19. erst innerhalb des Kessels und des Wassers nach vorn zurück, in eine oder mehrere Röhren, und begiebt sich erst dann in die Seitenzüge und durch sie in den Schornstein. In Fig. 19. ist *a* die innere Heerdröhre und *b* die innere zurückführende Röhre.

Zuweilen hat die Esse im Innern des Kessels *Schenkel* nach unten; das heifst: der Raum über dem Feuer senkt sich an den Seiten mehr oder weniger tief hinunter, ohne jedoch das Feuer ganz zu umgeben, so wie vorhin. Weiterhin, vom Ende der Esse ab, streicht die Flamme wieder durch die innere Röhre hin, nach den Zügen, kommt in dem einen Zuge nach vorn zurück und strömt dann durch den andern Zug nach dem Schornstein. Fig. 16. 17. und 20. stellen diese Art von Kesseln vor. In Fig. 16. und 17. sind *n, n* die Schenkel, *a* ist die Esse, *b* die innere Röhre. Am Ende derselben tritt die Flamme in den Querzug *c*, strömt darauf in die Seitenzüge *d* und *g* und endlich in *e*, unter den Kessel hindurch, in den Schornstein.

Auch verbindet man diese Art der Einrichtung mit der nächst folgenden durch eine Kochröhre in der Mitte der Esse, wie es Fig. 21. und 22. vorstellen. *a* ist die Esse in der innern Röhre, gleich der obigen, *b, b* ist die mit Wasser gefüllte *Kochröhre*, in der Mitte der innern Röhre liegend. Sie ist durch zwei kleine senkrechte Röhren *c* und *d* nach unten und nach oben mit dem Wasser im Kessel verbunden, so daſs das Wasser vom Boden des Kessels in die Kochröhre, und das Wasser oder der Dampf aus dieser nach dem obern Theile des Kessels gelangen kann. Die Flamme, von der Esse sich erhebend, streicht in *e, e* zunächst ganz um die Kochröhre *b* herum und tritt, an das Ende des Kessels gelangt, in die Seitenzüge *f, f* welche sie wieder nach vorn führen. Darauf begiebt sie sich in die Züge *g, g* *unter* den Kessel, und endlich in den Raum *h*, aus welchem sie in den Schornstein entweicht. In diesen Raum mündet noch eine andere Röhre ein, welche das zur Speisung des Kessels bestimmte Wasser enthält. Um den Kessel gegen die Einwirkung der kalten Luft zu schützen, bedeckt man ihn ganz mit einer dicken Lage *k* von Asche oder Sägespänen. Die Flamme durchströmt also erst das Innere des Kessels, streicht dann an beiden Seiten und darauf noch unter den Boden hin; dabei umspült sie die Kochröhre, welche ein Theil des Kessels selbst ist, und endlich heizt sie, noch ehe sie in den Schornstein gelangt, das Speisewasser für den Kessel.

Noch andere Veränderungen der Anordnung kommen im wesentlichen auf die beschriebene zurück.

Die walzenförmigen Kessel mit der Esse im Innern sparen viel Brennstoff und sind dabei sehr fest. Sie sind für die Maschinen von Cornwallis von einfacher und doppelter Wirkung allgemein üblich. Die zuletzt beschriebene Art ist unter andern bei den Gruben von Fowley-Consols in England von zwei der geschicktesten Ingenieurs von Cornwallis, den Herrn *West* und *Petherick*, ausgeführt worden.

133.

Viertens. Die walzenförmigen Kessel mit Kochröhren. Dieselben haben, statt der Essen im Innern, in der Mitte der Esse mit Wasser gefüllte

Kochröhren. Fig. 23. und 24. Taf. No. 4. stellen sie vor. *a, a* sind zwei Kochröhren, welche das zu verdampfende Wasser enthalten und durch zwei lothrechte Röhren *b, b* mit dem eigentlichen Kessel *c* in Verbindung stehen. Statt zweier, macht man auch drei und noch mehrere Kochröhren. Zwischen den beiden Kochröhren befindet sich eine Scheidung oder flaches Gewölbe *d,* und darüber eine kleine senkrechte Mauer, die bis unter den walzenförmigen Kessel reicht, so dafs der Raum unter dem Körper des Kessels in drei Theile *e, f, g* getheilt ist, welche zu den Zügen dienen. Die Esse *e* befindet sich unter den Kochröhren an der vordern Stirn. Nachdem die Flamme unter die Kochröhre ihrer ganzen Länge nach hingestrichen ist, tritt sie in den Zug *f,* kommt in demselben nach vorn zurück, streicht durch die Röhren *h, h* in den Zug *g,* und in diesem nach dem Schornstein.

Der Hauptvortheil dieser Anordnung ist, dafs hier der Kessel aus zwei Theilen besteht, von welchen blofs der eine, die Kochröhren, unmittelbar der Wirkung des Feuers ausgesetzt ist, und der sich dann leicht und mit wenigen Kosten ausbessern läfst, während der andere Theil, der eigentliche Körper des Kessels, nicht an das Feuer kommt, und so nur seltener und nur geringer Herstellungen bedarf. Die Kessel mit Kochern ersparen ebenfalls viel Brennstoff und sind allgemein für die *Woolf*schen Maschinen üblich.

Zuweilen sind der Kochröhren *sehr viele,* und sie sind nur klein. Sie sind dann an ihren Enden durch weite Querröhren verbunden, welche ihnen das zu verdampfende Wasser zu- und den erzeugten Dampf abführen. Diese Einrichtung ist der der *Dampfwagenkessel* ähnlich; nur sind hier die Kochröhren mit *Wasser* gefüllt, während bei den Dampfwagenkesseln das *Feuer* durch die Kochröhren streicht, welche gegentheils ganz von dem Wasser umgeben sind. Das letztere hat den Vorzug, dafs das Feuer aus der Mitte stärker auf die dasselbe umgebende Fläche wirkt, und dafs man die Zahl der Röhren beliebig vergröfsern, also die dazwischen sich befindenden Wasserschichten nach Belieben verkleinern kann.

134.

Fünftens. Die vielröhrigen Dampfwagenkessel. Sie sind in Fig. 25. und 26. Taf. No. 4. vorgestellt. *a, a* ist die Esse, welche den Brennstoff aufnimmt und von allen Seiten von dem in den Räumen *b, b* enthaltenen Wasser umgeben ist. Die von dem Feuer sich erhebende Flamme tritt in die Röhren *t, t ....* und streicht in ihnen nach der ganzen Länge des Kessels hin. Die Röhren haben zusammen eine bedeutende äufsere Fläche, in welcher das Wasser sie berührt.

In *C* angekommen, strömt die Flamme frei in den Schornstein aus. Gleichwohl ist wegen der bedeutenden Länge der Röhren die ausströmende Hitze nie mehr so stark, dafs sie den Schornstein an seinem Fufse glühend machte, wie es bei den ältern Dampfwagen geschah, welche Kessel mit inwendigen Essen und mit einer oder zwei zurückkehrenden Röhren hatten.

In den vielröhrigen Dampfwagenkesseln würden die Röhren viel weiter sein müssen und folglich weniger zahlreich sein können, wenn man sich hier mit dem eigenen Zuge des Feuers begnügte. Aber man bringt bei den Dampfwagen noch einen künstlichen und sehr kräftigen Zug dadurch hervor, dafs man den verlorengehenden Dampf in den *Schornstein* leitet, in welchen er sich stofsweise und durch eine sehr enge Durchgangs-Öffnung stürzt. Diese stofsweise Dampfströmung wirkt, die Luft ansaugend, durch das Feuer hindurch und vertritt die Stelle eines Gebläses. Man könnte auch statt ihrer einen Ventilator machen.

Die vielröhrigen Kessel sind zwar insbesondere für Dampfwagen üblich; doch findet man sie auch für stehende Maschinen von hohem Druck benutzt. Sie erforden viel Brenntoff und Erhaltungskosten; aber sie verdampfen schnell eine Menge Wasser. Deshalb haben sie für *Dampfwagen* den Vorzug.

135.

Sechstens. Die Kessel mit lothrechten Kammern, für Dampfschiffe. Fig. 27. und 28. Taf. No. 4. stellen sie vor. *a, a* ist die Esse. Sie hat zwei, und öfters drei Theile, für jeden Kessel einen. *h, h* ist der Raum für den Dampf. Die von dem Feuer aufsteigende Flamme strömt der Reihe nach durch die Züge *b, c, d, e* und *f;* der letzte Zug *f* steigt in den Zug *g* empor, durch welchen die Flamme in den Schornstein gelangt. Hier ist das Wasser in sehr engen Kammern dem Feuer ausgesetzt, so dafs die Heiz*fläche* verhältnifsmäfsig sehr grofs ist. Diese Kessel nehmen also im Schiffe wenig Raum ein, sind leicht auszubessern, haben eine starke Verdampfungskraft und erfordern wenig Brennstoff. Indessen sind sie nur für Dampfschiffmaschinen von *niedrigem* Druck üblich. Für *hohen* Druck würden sie nicht fest genug sein, und dann bedient man sich der schon beschriebenen *walzenförmigen* Kessel.

136.

Aufser diesen verschiedenen Arten von Kesseln giebt es noch andere, von verschiedenen Ingenieurs vorgeschlagene und auch ausgeführte Arten. Da sie aber noch nicht allgemein üblich sind, so übergehen wir ihre Beschreibung. Das

Vorstehende wird für die weiter unten folgende Beschreibung der Dampfmaschinen selbst hinreichen.

Wir bemerken nur noch, dafs jede Dampfmaschine [die Dampfwagen ausgenommen D. H.] immer *zwei* Dampfkessel hat, deren ***jeder einzeln*** für das Bedürfnifs der Maschine ausreichend ist, damit die Arbeit der Maschine nicht unterbrochen werden dürfe, wenn der Kessel auszubessern ist. ***Jeder*** der beiden Kessel hat einzeln alle die Nebenvorrichtungen, welche weiterhin werden beschrieben werden.

137.

[„Wahrscheinlich werden auch wohl an den Dampfkesseln mit der Zeit „noch gar mannichfache Vervollkommnungen sich ergeben; denn durch die Wände „und die Decke des Kessels, durch das Mauerwerk der Züge und durch den „Schornstein geht noch eine Menge von Hitze unbenutzt verloren. Die Be- „deckung der Kessel mit einer dicken Schicht Asche oder Sägespänen bei den „*Cornwallis*schen Maschinen (§. 132.) ist schon ein Anfang solcher Vervoll- „kommnungen. Vielleicht wird man dahin gelangen, das Feuer in den Zügen „durch eine Luftschicht, oder ebenfalls durch eine Aschenschicht, von dem Mauer- „werk, oder dieses von der äufsern Luft abzusondern und dann vielleicht auch „noch die jetzt durch den Schornstein entströmende heifse Luft zu benutzen: „entweder zur Erwärmung von Wasser, oder, indem man sie, wenigstens zum „Theil, in die Esse zurückleitet, wo sie, das Feuer anblasend, weniger Wärme- „stoff wegnehmen würde, als die kalte Luft. Die möglichste Benutzung des „Wärmestoffs, nicht blofs hier, sondern fast in allen Feuerungen, ist noch zu „finden." D. H.]

II. Von den Vorrichtungen an den Dampfkesseln, um sie mit Wasser zu speisen und das Wasser stets auf gleicher Höhe zu erhalten; von der Sicherheitspfeife und der Sicherheitsklappe; von der Stellklappe und der Schornsteinklappe.

Von der Vorrichtung, um den Kessel mit Wasser zu speisen und das Wasser stets auf gleicher Höhe zu erhalten.

138.

Diese sehr nothwendige Vorrichtung ist verschiedener Art bei Maschinen von niedrigem und von hohem Druck. Denn bei letzteren ist eine ***Druckpumpe*** nöthig, um das Wasser gegen die spannenden Dämpfe in den

Kessel zu treiben, während es bei ersteren hinreicht, das Speisebecken einige Fufs hoch über den Kessel zu setzen, indem dann schon der Druck der Wassersäule von einigen Fufs hoch die Spannung der Dämpfe überwindet.

139.

Die Speisevorrichtung für Maschinen von niedrigem Druck stellen Fig. 11. und 12. Taf. No. 2. vor. Sie besteht in einer eisernen Röhre *l*, von 8 bis 10 Fufs lang, welche an der äufsern Fläche des Kessels befestigt ist und fast bis zu dem Boden desselben hinunterreicht. Oben auf der Röhre ist ein kleines Wasserbecken *k*, das *Heifswasserbecken* genannt, welches von der Maschine selbst voll gehalten wird. Diesem Becken wird mittels der Röhre *t* das Wasser zugeführt, welches sich aus dem Niederschlage der Dämpfe erzeugt hat und folglich schon sehr heifs ist. Im Boden des Heifswasserbeckens, oben *seitwärts*, um die Mitte frei zu lassen, ist nach der Röhre *t* hin eine Öffnung, mit einer, nur nach aufsen sich öffnenden Klappe *u*. Hebt keine äufsere Kraft diese Klappe auf, so drückt ihr Gewicht und das Wasser im Becken sie an, und es fliefst kein Wasser in die Röhre *t*. Dies geschieht nur dann, wenn die Klappe *u* gehoben wird. Ein Schwimmer *m*, welcher mit dem Wasser im Kessel auf- und absteigt, ist an den einen Arm eines kleinen Hebels angehängt, dessen anderer Arm die Klappe *u* in die Höhe zieht und öffnet, sobald das Wasser im Kessel *sinkt*. Das Wasser strömt also dann aus dem Heifswasserbecken in den Kessel, so lange, bis es in diesem so hoch gestiegen ist, dafs die Klappe mittels des Schwimmers wieder verschlossen wird.

So also wird der Kessel *von der Maschine selbst* mit Wasser gespeiset und der Maschinist hat nur darauf zu sehen, dafs die Speisevorrichtung gehörig in Gang bleibe, damit das Wasser im Kessel sich auf der gehörigen Höhe erhalte. Dieserhalb heifst diese Einrichtung die *Selbstspeisung* des Kessels. Der in der Figur angedeutete Schwimmer *o* in der Speiseröhre bezieht sich auf den Schornsteinverschlufs; wie wir es weiterhin sehen werden.

Für Maschinen mit *niedrigem* Druck steigt die Spannung des Dampfs im Kessel selten über 2 bis 3 Pfd. auf den Quadratzoll Überschufs über den Gegendruck der Luft; also ist es, wie oben bemerkt, hinreichend, wenn die Speiseröhre 8 bis 9 F. hoch ist; was etwa ein Viertheil der Höhe einer dem Luftdruck das Gleichgewicht haltenden Wassersäule ist und also schon mehr als einer Spannung von 4 Pfd. auf den Quadratzoll entspricht. Dagegen für Maschinen mit *hohem* Druck, von mehreren Atmosphären, würde die Speiseröhre zu hoch werden, wenn sie das Wasser blofs durch sein ***Gewicht*** in den Kessel treiben sollte. Hier also ist eine ***Saug- und Druckpumpe*** nöthig.

140.

Die Speisevorrichtung für Maschinen von hohem Druck stellt Fig. 35. auf Taf. No. 5. vor. *a* ist der Pumpenstiefel und *b* der *feste* Pumpenkolben. *c* ist die Saugröhre nach dem Speisebecken hin; *d* die Druckröhre nach dem Kessel hin; *e* die Saugklappe, durch welche, wenn sie gehoben ist, das Wasser in den Pumpenstiefel gelangt; *f* die Druckklappe, durch welche, wenn sie gehoben ist, das Wasser aus dem Pumpenstiefel in den Kessel getrieben wird.

Wenn die Maschine den Pumpenkolben *b hebt,* so verdünnt sich die Luft in dem Pumpenstiefel, und *beide* Klappen werden nach dem Innern des Stiefels hin getrieben; die Saugklappe *e* wird durch den Druck der Luft gehoben und geöffnet, die Druckklappe *f* wird durch die Spannung im Kessel niedergedrückt und verschlossen: also *steigt* das Speisewasser in den Pumpenstiefel hinein. Wird der Pumpenkolben *b* von der Maschine wieder *niedergedrückt,* so prefst er das Wasser durch die Röhre *g,* zwischen den beiden Klappen, in den Kessel hinein, indem er die Saugklappe *e* verschliefst und die Druckklappe *f* aufdrückt. *k* ist ein Biegel mit einer Druckschraube, um den Kopf der Pumpe öffnen und die Klappen untersuchen zu können. Durch den Hahn *i* in der Saugröhre *c* kann das Speisewasser, und durch den Hahn *h* in der Druckröhre das heifse Wasser im Kessel abgesperrt werden, wenn die Wirkung der Vorrichtung unterbrochen werden soll. Der Hahn *i* mufs früher als der Hahn *h* zum Verschlufs gebracht werden, weil sonst die Pumpe die Röhren sprengen würde.

Diese Pumpe wird, wie gesagt, von der Maschine selbst in Bewegung gesetzt; sie macht also eben so viele Schläge, als der Kolben der Dampfmaschine selbst. Die Gröfse des Pumpenstiefels ist so abgemessen, dafs die Pumpe, schon wenn der Hub des Kolbens *die Hälfte* der Höhe des Stiefels beträgt, das Wasser, welches verbraucht wird, in den Kessel schafft, und dafs sie dagegen, mit der *vollen* Hubhöhe, den Kessel *sehr bald* füllt. Zu diesem Ende wirkt die Maschine auf den Pumpenkolben mittels eines Hebels mit zwei verschiedenen Angriffspuncten. Durch den einen wird der *halbe* Hub hervorgebracht, für den *gewöhnlichen* Gang der Maschine, durch den andern der *ganze* Hub, sobald die Wirkung der Maschine *verstärkt* werden soll, der Kessel mehr Wasser nöthig hat und also das Wasser im Kessel bei der Wirkung des halben Hubes abnimmt.

141.

Diesemnach wird diese Speisevorrichtung für hohen Druck nicht von der Dampfmaschine selbst regulirt, wie die für niedrigen Druck. Zwar giebt es verschiedene Mittel, auch diese Pumpe durch die Maschine selbst, so bewegen zu lassen, dafs sie, wie bei niedrigem Druck, das Wasser im Kessel immer auf gleicher Höhe erhält; aber da diese Einrichtungen so verwickelt sind, dafs sie leicht den Dienst versagen, und zuviel Aufmerksamkeit erfordern, so zieht man es vor, den Wasserstand im Kessel durch den Maschinisten häufig beobachten und ihn nach Bedürfnifs die Wirkung der Pumpe reguliren zu lassen.

[„Es scheint indessen doch nicht eben schwierig zu sein, die Pumpe „so einzurichten, dafs sie ohne Zuthun des Maschinisten mehr Wasser in den „Kessel schafft, wenn der Wasserspiegel in demselben sinkt, und weniger, „wenn er steigt; und zwar auf eine sehr einfache Weise. Wenn man nemlich „z. B. den Pumpenkolben immer *denselben* Hub machen liefse, und dagegen „den *Hahn i* Fig. 35. Taf. No. 5. mit einem Schwimmer *m* im Kessel Fig. 11. „Taf. No. 2. so in Verbindung brächte, dafs der Hahn *mehr geöffnet* wird, „wenn der Schwimmer *sinkt,* und *mehr verschlossen,* wenn der Schwimmer „*steigt,* so würde im ersten Fall *mehr* Wasser in den Pumpenstiefel gelangen „und folglich von der Pumpe *mehr* Wasser in den Kessel getrieben werden, „als im zweiten Fall; worauf es ankommt. Der Pumpenkolben könnte ohne „Bedenken immer denselben Hub machen, wenn nur der *Hahn h* offen ist: „der Hahn *i* kann selbst *ganz* verschlossen sein; denn in diesem Fall verdünnt „und verdichtet sich blofs die *Luft* in dem Pumpenstiefel und in der Röhre, „ohne dafs *Wasser* geschöpft wird; und das hat für die Pumpe keine Gefahr. „Es kommt nur darauf an, dafs der Schwimmer im Kessel Kraft genug habe, „den Hahn *i* zu *drehen.* Er müfste hier nicht an einer Schnur oder Kette „hängen, sondern an einer steifen Stange sich befinden." D. H.]

Um die Höhe des Wassers im Kessel zu *erkennen,* dienen verschiedene Mittel: *Schwimmer, gläserne Zeigerröhren, Hähne* und *Pfeifen.*

Vorrichtungen, um die Höhe des Wassers im Kessel zu beobachten.

142.

Der *Schwimmer* auf dem Wasser im Kessel hängt an einem durch eine Stopfbüchse gehenden Draht, der in eine Kette endigt, welche über eine Rolle läuft und an ihrem Ende ein Gegengewicht trägt. Die Rolle hat an ihrem Umfange zwei Merkpuncte, welche in der Wage stehen, wenn das Wasser im Kessel die richtige Höhe hat. Sinkt das Wasser, und also der Schwimmer, so dreht sich die Rolle und der Merkpunct zunächst dem Schwimmer sinkt, der andere steigt. So zeigt die Vorrichtung das Sinken des Wassers im Kessel an; aber da sie zu weit von dem Maschinisten entfernt sich befindet, so ist sie weniger zweckmäfsig als die folgende.

143.

Die gläserne Zeigeröhre Fig. 4. Taf. No. 1. besteht in einer senkrechten Röhre *mn*, welche oben und unten in zwei metallne Dillen gesteckt ist, die mit dem Innern des Kessels durch zwei wagerechte Röhren in Verbindung stehen. Die obere wagerechte Röhre geht nach dem Theile des Kessels, welcher stets voll Dampf sein mufs, die untere Röhre nach demjenigen Theile, welcher stets Wasser enthalten soll. Das Wasser mufs daher in der lothrechten Röhre immer *zwischen* der obern und der untern wagerechten Röhre stehen. Und da es in der lothrechten Röhre und im Kessel immer *gleich hoch* steht, so kann man die Höhe des Wasserstandes im Kessel mit einem Blick erkennen. Jede der beiden wagerechten Röhren hat einen Hahn *r*, damit man sie sperren könne, wenn etwa die gläserne Röhre Schaden nimmt. Der kleine Hahn *s* dient, das Wasser aus der Röhre ablassen zu können.

144.

Die *Zeigerhähne* sind zwar weniger bequem, als die Zeigerröhre, aber sie sind weniger dem Zerbrechen ausgesetzt; deshalb bringt man sie immer an. Zwei Röhren *e, e* Fig. 11. Taf. No. 2. reichen, die eine bis in das Wasser im Kessel, die andere nur bis in den Dampf. Jede hat einen Hahn. Je nachdem man also den einen oder den andern Hahn öffnet, mufs *Wasser* oder *Dampf* ausströmen. Geben *beide Dampf*, so steht das Wasser im Kessel zu tief: geben sie *beide Wasser*, zu hoch. Die Hähne bringt man öfters dicht an der Heizthür unter den Augen des Maschinisten an.

145.

Die *Sicherheitspfeife* ist bestimmt, den Maschinisten aufmerksam zu machen, wenn er etwa zu lange versäumt hat, den Wasserstand im Kessel zu beobachten. Eine enge Röhre reicht von aufsen in den Kessel hinab und hat oben eine gewöhnliche Pfeife. Ein kleiner Schwimmer auf dem Wasser verschliefst die untere Mündung der Röhre, und öffnet sie, sobald das Wasser zu tief sinkt. Der Dampf dringt alsdann in die Röhre und bringt ein durchdringendes Pfeifen hervor. Diese kleine Vorrichtung wird auf verschiedene Arten gemacht, die aber zu einfach sind, um einer weitern Beschreibung zu bedürfen.

146.

Diese verschiedenen Vorrichtungen dienen, den Wasserstand im Kessel *anzuzeigen,* damit es ihm nie an Wasser fehlen möge. Denn ereignete es sich, dafs ein Theil der Kesselfläche, auf welche unmittelbar das Feuer wirkt, nicht von innen mit Wasser bedeckt wäre, so könnte derselbe glühend werden, und der Kessel könnte zerspringen: theils durch die zu grofse Ausdehnung gegen die angrenzende Fläche, theils durch die plötzliche Abkühlung und durch die Wirkung der grofsen Masse Dampf, welche entstehen würde, wenn nun wieder plötzlich Wasser die glühend gewordene Stelle bedeckte. Die oben beschriebenen Vorrichtungen sind also sehr nothwendig. Aber da auch, noch selbst wenn das Wasser im Kessel immer ganz auf die gehörige Höhe erhalten wird, der Dampf, ohne dafs der Maschinist es bemerkt, eine so starke Spannung annehmen könnte, dafs der Kessel in Gefahr käme, so sind auch *dagegen* Vorrichtungen nöthig.

Vorrichtung, um die Spannung des Dampfs im Kessel anzuzeigen und den Kessel gegen Zersprengung zu sichern.

147.

Sie besteht insbesondere in der *Sicherheitsklappe.* Dieselbe ist eine kreisförmige, mit einem Gewicht belastete Scheibe, welche eine Öffnung im obern Theile des Kessels bedeckt. So lange die Spannung des Dampfs das Gewicht nicht zu heben vermag, bleibt die Öffnung verschlossen: übersteigt sie das Gewicht, so wird die Klappe gehoben, und der Dampf strömt aus.

Die gewöhnliche Sicherheitsklappe Fig. 36. und 37. Taf. No. 5. besteht aus einer am Kessel in *rs* befestigten Ansatzröhre, an deren Mündung ein Ring ist, in welchen sich die Klappe *a* legt, wenn sie die Röhre verschliefst. Die Klappe ist etwas kegelförmig, damit sie besser anschliefse und nicht sich ansauge. Unten ist eine kleine Stange *b,* welche durch eine an dem Fufs der Röhre feste Dille geht und welche die Klappe stets an ihren gehörigen Ort führt. Gewöhnlich ist das Ganze mit einer senkrechten Röhre *d* verbunden, die seitwärts eine Röhre *c* hat, durch welche der Dampf ausströmen kann.

Der Druck von aufsen auf die verschlossene Sicherheitsklappe wird auf verschiedene Art hervorgebracht. Entweder streift man über eine Stange an der Klappe, die nach oben geht, eine oder mehrere schwere Ringe, wie es Fig. 36. vorstellt: oder man hängt nach unten in den Kessel hinab ein metallnes Gewicht an die Klappe: oder man läfst von oben gegen die Klappe eine Schneckenfeder sich stemmen, wie bei dem *Watt*schen Dampfspannungsmesser Fig. 8. und 9. Taf. No. 1.: oder auch einzelne zangenförmige Federn gegen einander, in einer Kapsel, die alsdann länglich statt kreisrund ist. Aber, da immer viel Kraft nöthig ist, um bei diesen Einrichtungen die Sicherheitsklappe *mit der Hand* zu öffnen, um zu sehen, ob sie gehörig wirkt, so bringt man bei Hochdruckmaschinen lieber, auf folgende Weise, einen Hebel an.

148.

In Fig. 11. Taf. No. 2. sieht man bei *f* eine Sicherheitsklappe mit Hebel. *i* ist die lothrechte Stange, welche die Klappe von oben andrückt; *p* ist ein fester Punct, um welchen sich der Hebel *pg* in einer Gabel *h* dreht, die oben verriegelt ist, damit der Hebel nicht hinausgeworfen werden könne. Am andern Ende des Hebels hängt ein Gewicht *g*, welches mittels der Stange *i* die Klappe so stark niederdrückt, als es nöthig ist. Je nachdem man das Gewicht auf den Hebel, welcher eine Scale hat, vom Ruhepuncte abrückt, läfst sich der Druck auf die Klappe verstärken, und aus dem Gewicht und der Fläche der Klappe läfst sich die Spannung des Dampfs auf die Einheit der Fläche berechnen, welcher die Klappe zu widerstehen vermag.

149.

Man läfst auch zuweilen auf eine Sicherheitsklappe mit Hebel eine Feder wirken, wie in Fig. 2. und 3. Taf. No. 1. *C* ist der Drehpunct des Hebels, *S* die senkrechte Stange, welche die Klappe verschliefst, und *CB* der Druckhebel. Am Ende desselben ist eine gewöhnliche Federwage *LP*, deren Fufs *P* an den Kessel befestigt ist. Wenn man die bewegliche Schraube *B* anzieht, wird die Feder der Wage zusammengedrückt und bringt auf den Punct *S* einen im Verhältnifs der beiden Hebel-Arme *BC* und *AC* stärkeren Druck hervor. Bei dieser Hebelklappe mufs man, um ihren Widerstand zu finden, nicht blofs auf die Hebel-Arme *BC* und *AC* und auf den eigentlichen Durchmesser der Klappe, sondern auch auf die Kraft Rücksicht nehmen, mit welcher das Eigengewicht des Hebels, der Schraube und des obern Theils der Wage auf den Punct *S* drückt; wie wir dies im 3ten Abschnitt unserer Schrift über Dampfwagen des Weitern auseinandergesetzt haben.

150.

Die Sicherheitsklappen sind bestimmt, zu verhindern, dafs die Spannung des Dampfs im Kessel nicht zu stark werde. Zu noch mehrerer Sicherheit bringt man an die Kessel auch noch *schmelzbare Tafeln* an. Es sind runde Scheiben, aus einem in geringer Hitze schmelzenden Metall. Sie sind an eine der Kesselröhren angesetzt, mit einem Metallnetz bedeckt und werden durch einen eisernen Biegel gehalten. Sobald der Dampf eine zu starke Spannung und die damit im Verhältnifs stehende Hitze erlangt, schmilzt die eingesetzte Tafel, und der Dampf strömt aus.

151.

Aufser der Sicherheitsklappe befindet sich an den Kesseln auch noch eine *umgekehrte Klappe n* Fig. 11. Taf. No. 2. Dieselbe läfst sich nur von aufsen nach innen öffnen. Bei dem gewöhnlichen Gange der Maschine wird diese Klappe durch die Spannung des Dampfs und durch ein kleines Gegengewicht von innen verschlossen: aber wenn der Gang der Maschine unterbrochen und der Dampf im Kessel erkältet und niedergeschlagen ist, drückt die Luft sie von aufsen nieder und dringt so in den Kessel. Bei Maschinen mit niedrigem Druck ist diese Klappe ganz nothwendig, weil die Kessel nur so stark sind, dafs sie dem Druck von einer Viertel-Atmosphäre widerstehen, und also von der Luft zusammengedrückt werden könnten, wenn der Dampf im Kessel niedergeschlagen wird.

Die Schornsteinklappe.

152.

Diese Klappe, welche bestimmt ist, das Feuer zu mäfsigen, besteht aus einem beweglichen Schieber, mittels dessen sich der Weg von der Esse nach dem Schornstein mehr oder weniger verschliefsen und also der Zug des Feuers mäfsigen läfst. In der That darf man nur, wenn das Feuer zu stark wirkt, den Rauch in der Esse und deren Zügen durch die Klappe zurückhalten, um dadurch den zum Verbrennen nöthigen Luftstrom zu schwächen. Die Schornsteinklappe, aus Blech oder Gufs-Eisen, läfst sich in senkrecht stehenden Pfalzen mittels einer Kette und eines Hebels mit der Hand schieben und, damit ihr Gewicht nicht zu schwer dazu sei, ist ein Gegengewicht angebracht, welches an einer über eine Rolle gehenden Kette hängt. Die Schornsteinklappe dient auch, die Hitze im Kessel und im Ofen während der Nacht und während anderer Unterbrechungen der Arbeit zurück zu halten.

153.

Zuweilen läfst man auch die Dampfmaschine selbst die Schornsteinklappe nach ihrem Bedürfnifs in Bewegung setzen. Zu diesem Ende steht auf dem Kessel eine an beiden Enden offene Röhre *l* Fig. 11. und 12. Taf. No. 2. Diese Röhre reicht im Innern des Kessels bis unter den Wasserspiegel hinunter, oben ist sie nach der Luft hin offen. Durch die Spannung des auf das Wasser im Kessel drückenden Dampfs wird dieses Wasser in der Röhre so weit in die Höhe getrieben, bis der Druck der Wassersäule mit dem Überschufs der Spannung des Dampfs über den Druck der Luft im Gleichgewicht ist. Nun geht von dem Schwimmer *o* eine Kette *q, q, q* nach der Schornsteinklappe *r*: also, wenn die Spannung des Dampfs im Kessel zunimmt und den Schwimmer *o* hebt, senkt sich die Schornsteinklappe; und umgekehrt. So regelt die Maschine selbst das Feuer. Aber die Vorrichtung ist nur für Maschinen mit *niedrigem* Druck anwendbar, weil eine hohe Dampfspannung eine zu hohe, stehende Röhre erfordern würde. Für Hochdruckmaschinen hat man daher verschiedene andere Mittel vorgeschlagen, die aber noch zu unsicher sind; weshalb man denn auch dort die Schornsteinklappe lieber durch den Maschinisten handhaben läfst. Bei Maschinen mit niedrigem Druck bringt man den Schwimmer für die Schornsteinklappe gewöhnlich in der *Speiseröhre* des Kessels an; was ohne Schwierigkeit angeht, da nur die Speiseklappe *u* nicht in der Mitte, sondern an der Seite des Speisebeckens sein und aufserdem in dem Speisebecken eine kleine, aufwärts gehende Röhre vorhanden sein darf, durch welche die Kette des Schwimmers in der Mitte der Speiseröhre nach dem Schwimmer gelangen kann, ohne dafs durch sie Wasser aus dem Speisebecken abfliefsen könnte; auf die Weise, wie es Fig. 11. Tafel No. 2. vorstellt.

III. Von den Stellklappen (Regulatoren), Hähnen, Schiebeklappen und Schliefsklappen.

Nachdem wir in den vorhergehenden Paragraphen die Vorrichtungen beschrieben haben, welche sich auf die *Erzeugung des Dampfs* beziehen, kommen wir zu denen, welche bestimmt sind, ihn nach dem Dampfstiefel unter und über den Kolben zu leiten. Wir werden hier wiederum nur die *gebräuchlichsten* Vorrichtungen beschreiben und die Zeichnungen der gesammten Maschinen, weiter unten, werden die Beschreibung weiter vervollständigen.

Die Stellklappe. (Der Regulator.)

154.

Die Dampfstellklappe besteht aus zwei auf einander liegenden kreisförmigen Scheiben, deren Mittelpuncte zusammentreffen, jeder mit der nöthigen Durchgangs-Öffnung für den Dampf. Eine dieser Scheiben ist fest, die andere um den Mittelpunct beweglich. Dreht man die bewegliche Scheibe über der festen so, dafs die Öffnungen der beiden Scheiben aufeinander treffen, so kann der Dampf hindurchströmen: dreht man sie so, dafs die Öffnung der beweglichen Scheibe auf die feste Fläche der andern Scheibe trifft, so ist dem Dampf der Durchgang verschlossen. Die Spannung des Dampfs selbst drückt die beiden Scheiben so fest auf einander, dafs kein Dampf entweichen kann, wenn die Stellklappe verschlossen ist. Zuweilen macht man auch statt voller Scheiben nur Kreis-Ausschnitte, und dann ist nur die feste Scheibe durchbrochen, die andere nicht. Diese letztere bedeckt dann beim Verschlufs die Öffnung in der festen Scheibe. Die Figuren 55. und 56. Taf. No. 8. stellen diese Einrichtung vor. *AB* ist die feste Scheibe und *aa' bb'* die Öffnung in derselben; *dd* ist der nicht durchbrochene Kreis-Ausschnitt, welcher jene Öffnung verschliefst und öffnet. *cc* ist die Achse, um welche die bewegliche Scheibe mittels der Handhabe *p* gedreht wird. Diese Handhabe wird von der Maschine selbst in Bewegung gesetzt. Diese Art von Stellklappen ist fast nur bei den *Luftdruck-Dampfmaschinen* gebräuchlich.

Der Hahn mit vier Gängen.

155.

Derselbe ist ein einfaches Mittel, den Dampf in dem Stiefel abwechselnd nach der einen oder der andern Seite des Kolbens zu leiten. Die Figuren 29. 30. und 31. Taf. No. 5. stellen ihn vor. Er besteht in einem Hahne mit zwei in rechten Winkeln gegen einander gebogenen Gängen, wie es Fig. 30. zeigt. Der Hahn kann mittels der Handhabe *h*, welche von der Maschine in Bewegung gesetzt wird, um seine Achse gedreht werden; und je nachdem man ihn dreht, öffnet sich für den Dampf der Weg von dem Kessel, entweder nach der einen Seite des Kolbens im Stiefel, oder der Weg nach der Ausströmungsröhre. In Fig. 29. 30. 31. ist *s* die Dampfröhre, *e* die Ausströmungsröhre; *a* und *b* sind die Eingänge für den Dampf über und unter den Kolben. Wenn der Hahn so steht, wie er in Fig. 29. und 30. gezeichnet ist, so öffnet sein Gang 1, 2 dem Dampfe den Weg vom Kessel durch die Röhren *s* und *b'* *unter* den Kolben hin, und *zugleich* der Gang 3, 4 den Weg von *oberhalb* des Kolbens nach der Ausgangsröhre *e* hin. Wird der Hahn von hier um einen rechten Winkel gedreht, und steht nun so wie in Fig. 30., so eröffnet sein Gang 3, 4 dem Dampfe den Weg vom Dampfkessel durch die Röhre *s* nach *oberhalb* des Kolbens hin, und *zugleich* der Gang 1, 2 den Weg von unterhalb des Kolbens durch *b'* nach der Ausgangsröhre *e*.

Diese Vorrichtung zur Leitung des Dampfs nach dem Stiefel hin ist, wie man sieht, sehr einfach; aber sie hat den Übelstand, dafs der Hahn, wenn er nicht unförmlich grofs sein soll, nur wenig Dampf durchläfst; auch bald sich abnutzt, und dann Dampf verloren geht. Deshalb ist er nur für kleine Hochdruckmaschinen üblich, die man so leicht und einfach als möglich zu machen sucht.

Die Schiebeklappen.

156.

Dieselben bestehen aus einem in einer sogenannten ***Dampfbüchse*** eingeschlossenen ***Schieber,*** der, so wie er hin- und hergezogen wird, dem Dampfe den Weg aus dem Kessel nach der einen oder nach der andern Seite des Dampfkolbens hin öffnet. Fig. 32. und 33. Taf. No. 5. stellen eine der gebräuchlichsten Arten dieser Schieber vor. s die Dampfröhre, e die Ausströmungsröhre, und a und b sind die beiden Mündungen für den Dampf nach oberhalb und nach unterhalb des Kolbens. $mnop$ ist die ***Dampfbüchse,*** und das hohle Stück x ist die ***Schiebeklappe.*** Dieselbe wird durch die Stange t, welche von der Maschine in Bewegung gesetzt wird, hin- und hergeschoben. Die Dampfbüchse ist von allen Seiten dicht verschlossen, und der Durchgang für die Stange t ist, auf die Weise wie der der Kolbenstange im Dampfstiefel, mit Werg verdichtet. Der Schieber bewegt sich auf der Fläche np hin und her; welche geglättet ist, so dafs der Schieber, von dem Dampf aus s her stark angedrückt, ganz dicht aufliegt. Der Schieber gelangt abwechselnd aus der Lage x Fig. 33. in die Lage x' Fig. 32. In der Lage x Fig. 33. öffnet er dem aus dem Kessel durch die Röhre s hereinströmenden Dampf den Weg b nach ***unterhalb*** des Kolbens, so dafs also dann der Dampf den Kolben ***in die Höhe treibt,*** während ***zugleich*** für den Dampf ***oberhalb*** des Kolbens, der seine Dienste gethan hat, der Weg a nach der Ausströmungsröhre e hin offen ist, durch welche er, je nach der Art der Maschine, entweder in das Niederschlaggefäfs (condensator), oder in die freie Luft gelangt. In der Lage x' Fig. 32. dagegen hat der Schieber dem Dampfe aus dem Kessel den Weg a nach ***oberhalb*** des Kolbens geöffnet, so dafs nun der Dampf den Kolben ***hinunter treibt,*** während ***zugleich*** für den Dampf unterhalb des Kolbens, der jetzt seine Dienste gethan hat, der Weg b nach der Ausströmungsröhre e hin offen ist. Dieser Schieber leitet also den Dampf auf die verlangte Weise sehr einfach; aber er ist für ***grofse*** Maschinen nicht ganz passend, weil bei der Anfüllung der Leitröhren a und b Dampf verloren geht, den man zu sparen suchen mufs.

157.

Der *lange oder Dförmige Schieber*, Fig. 40. 41. und 42. Taf. No. 6., leitet besser den Dampf bis zu den Eingängen des Stiefels selbst, und vermindert also jenen Verlust. *S* ist hier die Dampfröhre vom Kessel her, und *e* die Ausströmungsröhre. Die Dampfbüchse *mnop* ist wieder von allen Seiten fest verschlossen und die Stange *t* geht durch eine mit Werg verdichtete Büchse. Die Schiebeklappe *digh*, welche Fig. 40. abgesondert vorstellt, ist der gewöhnlichen obigen ähnlich, aber länger, und wird in ihrer ganzen Länge von einer Röhre mit halbkreisförmigem Querschnitt *cdfg* bedeckt, die an beiden Enden zum Eintritt des Dampfs offen ist. Die Dampfbüchse hat ebenfalls diese Gestalt, so dafs die Schiebeklappe mit ihrer Bedeckung hineinpafst, darin mit gelinder Reibung an die Wergverdichtung *k*, *k* hinstreift und durch das Werg auf die ebene Fläche *np* der Dampfbüchse angedrückt wird. Dadurch wird auch die starke Reibung des Schiebers auf dem Boden der Dampfbüchse vermindert, welche entsteht, wenn, wie bei der vorigen Art, der Dampf mit seiner ganzen Kraft die beiden glatten Flächen aufeinanderprefst. Wenn die hier beschriebene Klappe in der Lage Fig. 42. ist, so strömt der Dampf aus der Röhre *S* durch *b* *unter* den Kolben und treibt ihn *in die Höhe*, während der Dampf, welcher *über* dem Kolben seine Dienste gethan hat, durch *a* und *e* entweicht. In der Lage Fig. 41. dagegen strömt der Dampf aus *S* durch *a* *über* den Kolben und treibt ihn *hinunter*, während der Dampf *unter* dem Kolben, welcher seine Dienste gethan hat, durch *b* und *e* entweicht. [„Der „Unterschied ist, dafs hier nur der in den kurzen Röhren *Sb* Fig. 42. und *Sa* „Fig. 41. enthaltene Dampf, dagegen bei dem vorigen Schieber der Dampf, „welcher die längern Röhren *ae* Fig. 33. und *be* Fig. 32. füllt, verloren geht. „Wenn nemlich der D-Schieber aus der Lage Fig. 42. aufwärts sich bewegt, „um in die Lage Fig. 41. zu gelangen, so wird der Weg *b* zur *Ausströmung* „des Dampfs von unterhalb dem Kolben nach *e* hin nicht eher geöffnet, als bis „die untere Kante *h* des Schiebers Fig. 40. die untere Kante der Röhre *b* Fig. 42. „überschritten hat (einen Augenblick sind die Ausgänge *b* und *a* *beide* verschlos- „sen). Es strömt also *nur* der Dampf durch *e* aus, der sich im Stiefel unter „dem Kolben und in der kurzen Röhre *b* befindet, nicht der Dampf aus der „längern Röhre *sSs*; diese Röhre bleibt immer voll Dampf. Ähnlich verhält „es sich beim Niedergange des Schiebers." D. H.]

Da dieser D-Schieber ein bedeutendes Gewicht hat, und also die Maschine viel Kraft würde anwenden müssen, um ihn zu heben, so wird die

Stange *t* mit einem Hebel in Verbindung gebracht, mittels dessen ein ***Gegengewicht*** den Schieber hebt, so dafs die Maschine dann nur die ***Reibung*** der Klappe zu überwinden und beim Ab- und Aufsteigen derselben nur eine ***gleiche*** Kraft anzuwenden hat. Die gleiche Einrichtung findet sich auch bei andern gewichtigen Klappen.

158.

Fig. 46. Taf. No. 6. stellt eine ähnliche, aber doch etwas verschiedene Art *langen Schiebers* vor. *C* ist der Dampfstiefel, *S* die Ausmündung der Dampfröhre und *mnop* die Dampfbüchse. Der Schieber besteht hier aus einer platten Röhre *a′b′* (von welcher die Figur nur den Querschnitt zeigt), die in der andern Richtung viel breiter ist. An dem Ende dieser Röhre sind zwei kurze Ansätze *a′* und *b′*, deren Mündungen sich auf die obern und untern Eingänge des Dampfstiefels legen. Eine Feder *dd,* die in einen Pfalz auf dem Rücken des Schiebers trifft, drückt denselben auf die Gleitfläche *np* an, welche mit einer geglätteten metallnen Tafel bedeckt ist. Diese Gleitfläche *np* hat drei Öffnungen: eine oben für den Eingang *a* in den Stiefel: eine zweite unten für den Eingang *b* in den Stiefel, und eine dritte, ebenfalls unten, für die Ausströmungsröhre *e.* Der aus dem Kessel durch *S* ankommende Dampf füllt die ganze Dampfbüchse *mnop,* kann aber nicht in das Innere des Schiebers dringen, welcher hier nur dient, den wegzuschaffenden Dampf nach der Röhre *e* zu leiten. Wenn sich der Schieber in der in der Figur vorgestellten Lage befindet, so strömt der Dampf aus der Dampfbüchse durch *a* in den obern Theil des Dampfstiefels, und der Dampf aus dem *untern* Theile desselben strömt durch *b* aus, verbreitet sich in den Schieber und entweicht durch *e.* Der Kolben wird also jetzt nach unten getrieben. Ist hierauf der Schieber so weit hinabgestiegen, dafs der Ansatz *a′* gerade auf die Mündung *a* trifft, so strömt der Dampf aus dem *obern* Theile des Stiefels durch *a* aus, längs des ganzen Schiebers hin, und entweicht durch *e,* während durch das Hinabsteigen des Schiebers die Mündung *b* *aufserhalb* des Ansatzes *b′* gelangt ist und nun der Dampf durch *S* in die Mündung *b* tritt und den Kolben hebt. [„Es scheint hier in der Figur etwas zu fehlen, denn man sieht nicht deutlich, „wie der Dampf von *S* nach dem Raume gelangt, aus welchem er in den „Stiefel tritt." D. H.]

159.

Die *röhrenförmige Schieberklappe* ist ebenfalls eine Art dieser Klappen. Die Dampfbüchse *mnop* Fig. 43. Taf. No. 6. besteht hier in einer an den Enden genau ausgebohrten Röhre mit kreisförmigem Querschnitt; und zwei kleine Kolben *c* und *d*, an einer und derselben Stange *t*, vertreten die Stelle des Schiebers. Wenn dieser Schieber so steht, wie er gezeichnet ist, strömt der durch *S* anlangende Dampf durch *b* *unter* den Kolben und treibt ihn in die Höhe, während *zugleich* der Dampf aus dem *obern* Theile des Dampfstiefels durch *a* in die Ausströmungsröhre *e'e* tritt. Wenn dagegen der Schieber gehoben worden und der Kolben *c* über *a*, der Kolben *d* über *b* hinausgekommen ist, strömt der Dampf aus *S* durch *a* *über* den Kolben und drückt ihn nieder, während zugleich der Dampf aus dem *untern* Theile des Dampfstiefels durch *b* und *e''* entweicht.

160.

Die verschiedenen hier beschriebenen Schiebeklappen lassen sich auch für die *Absperrung* des Dampfs einrichten, das heifst für die Bedingung, dafs die *Einströmung* des wirksamen Dampfs in den Maschinenstiefel *eher* abgeschnitten werden soll, als die Ausströmung desjenigen Dampfs, welcher seine Dienste gethan hat, auf der andern Seite des Kolbens aufhört, oder ehe der Kolben von dem wirksamen Dampfe bis ans *Ende* seines Laufs getrieben worden ist. [„Man sehe hierüber auch die Auseinandersetzung im 3. Heft 22. Bandes „dieses Journals S. 227 §. 43. etc., nebst den zugehörigen Figuren." D. H.] Ein Mittel für diesen Zweck, welches für die verschiedenen Fälle zugleich pafst, ist, den Dampf in der Dampfröhre selbst, bei seinem Eintritt in die Dampfbüchse abzusperren, vermittels eines *Nebenschiebers*, oder eines Hahnes, oder einer Klappe, so dafs, während der Hauptschieber fortwirkt und die Mündungen offen hält, dennoch während der Absperrung kein Dampf in den Dampfstiefel treten kann, indem kein Dampf durch die Dampfröhre in die Dampfbüchse anlangt. Durch dieses Mittel läfst sich die *Absperrung* nach Belieben durch Anziehen einiger Schrauben verstärken, oder schwächen, ohne den Gang der Maschine zu unterbrechen.

161.

Die *platten Schieber* sind ebenfalls sehr gebräuchlich. Sie unterscheiden sich von den vorigen durch ihre Einfachheit, und durch die Leichtigkeit, den Dampf für einen beliebigen Theil des Kolbenlaufs *absperren* zu können. Solche Schieber stellt Fig. 53. Taf. No. 8. vor. Es sind vier Schieber: zwei für die Einlassung und zwei für die Auslassung des Dampfs vorhanden. Jeder der vier Schieber ist für eine Öffnung des Dampfstiefels bestimmt, so dafs also der Stiefel vier Öffnungen 1, 2, 3 und 4 hat. Der Dampf kommt aus dem

Kessel durch die Dampfröhre S an und breitet sich in die Einlafsröhre A aus. Oberhalb dieser Röhre ist die Öffnung 1, durch welche, wenn sie offen ist, der Dampf *über* den Kolben tritt; unterhalb ist die Öffnung 2, durch welche, wenn sie unbedeckt ist, der Dampf *unter* den Kolben dringt. Durch die beiden andern Öffnungen 3 und 4, an der andern Seite des Stiefels, kann der Dampf aus dem Stiefel nach der Ausströmungsröhre E gelangen: durch 3 von oberhalb, durch 4 von unterhalb des Kolbens. Für jede der vier Öffnungen ist ein metallner Schieber bestimmt, der mit gelinder Reibung auf einer geglätteten metallnen Tafel läuft, die sich an der der Zuströmung des Dampfs entgegengesetzten Seite befindet, so dafs der Schieber von dem Dampf fest und dicht angedrückt wird. Die beiden Einlafsschieber sind der Einfachheit wegen auf einen und denselben Wagen befestigt; und eben so die beiden Auslafsschieber. Die beiden Wagen können durch eine und dieselbe, oder auch durch zwei excentrische Scheiben in Bewegung gesetzt werden. In der Figur bedecken die Schieber *alle* Dampfmündungen. Aber wenn nun die excentrische Scheibe, indem sie auf die Hebel l und l' wirkt, den Wagen aa der Zulassungsschieber senkt und dann ee den Auslassungsschieber hebt, so wird die Mündung 1 geöffnet, während 2 fernerhin verschlossen bleibt. Der Dampf wird also *über* dem Kolben in den Dampfstiefel dringen. Gleichzeitig wird die Mündung 4 geöffnet werden, während 3 verschlossen bleibt. Der Dampf wird folglich durch 4 aus dem untern Theile des Stiefels ausströmen und mithin der Kolben von dem wirksamen Dampfe nach unten getrieben werden. Durch die entgegengesetzte Bewegung des Wagens werden 2 und 3 geöffnet und 1 und 4 verschlossen, und der Kolben wird also aufsteigen.

Wie leicht zu sehen, lassen sich durch die Verbindung der Zulassungsschieber mit der excentrischen Scheibe die Einlafsmündungen *für eine beliebige Stelle des Kolbenlaufs* verschliefsen: also für ein beliebiges Maafs der *Absperrung.* Zu noch mehrerer Bequemlichkeit, und um ohne Weiteres die Maschine mit oder ohne Absperrung arbeiten lassen zu können, stellt man auch die Schieber m und n für die *Nicht-Absperrung* ein, und fügt noch zwei andere platte Schieber zwischen m, n und dem Dampfstiefel hinzu, die mit ihrer excentrischen Scheibe so verbunden sind, dafs sie der verlangten *Absperrung* entsprechen. Soll dann die Maschine *ohne* Absperrung arbeiten, so braucht man nur die Nebenschieber auszuhaken; und sie wieder einzuhaken, wenn die Absperrung verlangt wird, während im letzten Fall die Hauptschieber fortwirken; denn obgleich diese die Mündungen offen halten, schneiden doch die Nebenschieber den Eintritt des Dampfs ab. Die verschiedenen Schieber werden durch Federn angedrückt, die, wenn man die Bewegung der Maschine *anhält,* die Wirkung des Dampfs vertreten. Auch sind zuweilen die Schieber nicht feste Tafeln, sondern haben Löcher für den Durchgang des Dampfs.

[„Diese sogenannten platten Schieber kommen im wesentlichen auf die „an dem oben in (§. 160.) angeführten Orte im Journal beschriebene Vor- „richtung hinaus, welche aber zum Theil noch einfacher sein dürfte." D. H.]

Die Dampfschliefsklappen.

Dieselben sind einfacher und sicherer, als die Schiebeklappen, und deshalb für grofse Maschinen passender. Es giebt kegelförmige Klappen, und Klappen mit doppeltem Lager.

162.

Die kegelförmigen Dampfklappen Fig. 44. Taf. No. 6. sind den gewöhnlichen kegelförmigen Klappen ähnlich, wie wir sie z. B. bei den Sicherheitsklappen der Dampfkessel in §. 147. bis 151. beschrieben haben. Da an jedem Ende des Dampfstiefels einer Maschine von *doppelter* Wirkung der Dampf ein- und *zugleich* am andern Ende ausgelassen werden mufs, so sind oben zwei und unten zwei Klappen nöthig. Jedes Paar befindet sich in einer und derselben Büchse. Für Maschinen von *einfacher* Wirkung, wo der Dampf aus dem Kessel nur nach einer Seite des Kolbens strömt und dann dieser Dampf von einem Ende des Stiefels nach dem andern übergehen mufs, sind nur drei Klappen nöthig: zwei für die *Ein-* und *Ausströmung* des Dampfs, und eine für die *Überströmung* des Dampfs, der auf der einen Seite des Kolbens gewirkt hat.

Die Klappen sind unten ein wenig kegelförmig und lagern sich in gleichgestaltete, genau abgedrehte und geglättete Öffnungen. Damit sie bei der Lagerung genau an ihren Ort gelangen, werden sie von einer Leitstange gelenkt, welche in Hülsen läuft und die man in der Figur im Durchschnitt sieht. Wenn sich die Klappe auf ihrem Lager befindet, auf welches sie von dem Dampf angedrückt wird, so verschliefst sie demselben gänzlich den Weg: aber so wie sie von der Maschine, oder von dem Maschinisten, durch einen Hebel aufgehoben ist, öffnet sie dem Dampfe den freien Durchgang. Man sieht dies in Fig. 44., welche die Klappen für eine Maschine von *doppelter* Wirkung vorstellt. Die oberste der beiden obern und die unterste der beiden untern Klappen sind offen, die andern zwei sind verschlossen.

Jede der beiden Klappenbüchsen hat drei Fächer 1, 2 und 3, welche durch die Böden für die Klappen von einander abgesondert sind. Die obersten Fächer 1, 1 sind in freier Verbindung mit der Dampfröhre *SS*, und folglich *immer* voll Dampf. Die untern Fächer 3, 3 sind durch die Röhre *ee* in Verbindung mit der äufsern Luft, oder mit dem Niederschlaggefäfs, also *immer* voll mehr oder weniger schon niedergeschlagenen Dampfs. Die mittleren Fächer 2, 2 sind mit den Öffnungen nach dem Dampfstiefel hin in Verbindung. Daraus folgt, dafs wenn die Klappe zwischen 1 und 2, welche die *Zulafsklappe* heifst, geöffnet wird, der Dampf vom Kessel her durch die Röhre *S* in den Cylinder strömt, und dafs gegentheils, wenn man die Klappe zwischen 2 und 3, die *Auslafsklappe* genannt, öffnet, der Dampf aus dem Stiefel durch die Röhre *ee* nach dem Niederschlaggefäfs hin entweicht. Dies geschieht in der obern und in der untern Dampfbüchse *gleichmäfsig*. Aber es darf nicht *gleichzeitig* geschehen, vielmehr müssen die obere Zulafsklappe und die untere Auslafsklappe, und umgekehrt die obere Auslafsklappe und die untere Zulafsklappe *gleichzeitig* geöffnet werden. So tritt z. B. in der Figur der Dampf aus *S* durch *a* in den *obern* Theil des Dampfstiefels *über* den Kolben, und *zugleich* aus dem *untern* Theil des Stiefels der Dampf, welcher dort seine Dienste gethan hat, durch *b* in die Ausströmungsröhre *ee*, und der Kolben wird also *niedergedrückt*. Damit nun diese gegenseitige Bewegung der Klappen erfolge, haben die obere Einlafs- und die untere Auslafsklappe ein und dieselbe Stange *oo*, und ebenso die obere Auslafs- und die untere Einlalsklappe ebenfalls eine und dieselbe, andere Stange *o'o'*. Die Leitstangen der obersten der beiden Klappenpaare sind hohl, und diejenigen der untern Klappen gehen durch sie, mit Hanf verdichtet, hindurch. Dies ist zwar sehr einfach, mufs aber sehr sorgfältig gemacht sein, damit die Klappen auf ihren Lagern genau schliefsen.

Weiter unten werden wir die gebräuchlichsten Mittel, die Stangen *oo* und *o'o' in Bewegung zu setzen,* beschrieben. Nach Fig. 44. geschieht es durch zwei excentrische Scheiben *h* und *i* auf der Achse *k*, die von dem Winkelrade *l* umgedreht werden, welches die Maschine in Bewegung setzt.

163.

Fig. 45. Taf. No 6. stellt die kegelförmigen Klappen für eine Maschine von *einfacher* Wirkung vor. *S* ist die Röhre für den einströmenden, *e* die Röhre für den ausströmenden Dampf. Die Klappen 1 und 3 bewegen sich gleichzeitig vermöge einer Verbindung der Stangen *t* und *t'*. Die Klappe 2, welche die *Gleichgewichtsklappe* heifst, ist verschlossen, wenn 1 und 3 offen sind. Sind also z. B. 1 und 3 offen, und ist 2 verschlossen, so tritt der Dampf aus dem Kessel durch *a über* den Kolben und treibt ihn hinab, während gleichzeitig durch *b* und durch die offene Klappe 3 der Dampf *unter* dem Kolben durch *e* nach dem Niederschlaggefäfs hin entweicht. Ist der Kolben unten angelangt, so schliefsen sich die Klappen 1 und 3, und 2 öffnet sich; so wie es die Figur vorstellt. Dann strömt der Dampf weder über den Kolben ein, noch unter dem Kolben nach *e* hinaus. Aber da jetzt die Klappe 2 offen ist, so verbreitet er sich durch den *ganzen* Stiefel über und unter den Kolben. Der Druck auf den Kolben von oben und von unten kommt also ins Gleichgewicht, und das *Gegengewicht* an der Maschine hebt den Kolben in die Höhe.

164.

Zuweilen läfst man die kegelförmigen Klappen, statt ihre Leitstangen durch einander hindurchgehen zu lassen, wie in (§. 162.) beschrieben, jede besonders durch einen kleinen Hebel bewegen, welcher auf die Leitstange der Klappe, entweder mittels eines Biegels, oder durch ein Stück gezahnten Rades wirkt; nach Fig. 34. Taf. No. 5.; was gleichmäfsig für Maschinen von doppelter und von einfacher Wirkung ausführbar ist. In Fig. 34. ist *S* die Dampfröhre vom Kessel her, *e* ist die Ausströmungsröhre, *a* die Mündung nach dem Dampfstiefel hin. Die Zulafsklappe ist durch den Hebel *cd*, welcher sich um die Achse *c* dreht und durch die Dampfbüchse hindurchgeht, gehoben. Gleichzeitig ist die Auslafsklappe durch den Hebel *of*, welcher sich um *o* dreht, verschlossen. Die beiden Stangen *dg* und *fh* an den Hebeln werden von der Maschine, oder gelegentlich auch von dem Maschinisten, in Bewegung gesetzt, und immer werden die obere Zulafs- und die untere Auslafsklappe von einer und derselben Stange gehoben; und ebenso die obere Auslafs- und die untere Zulafsklappe. [„Die Stangen müssen doch wahrscheinlich in der Dampfbüchse „eingeschlossen sein, weil sonst Dampf entweichen würde, da, wo die Hebel „in der Zeichnung durch die Wände gehen." D. H.] Übrigens ist zu bemerken, dafs bei allen diesen Einrichtungen die Auslafsklappen immer einen Augenblick *vor* der Öffnung der Zulafsklappen verschlossen werden müssen, weil sonst der Dampf, wenn er alle Klappen offen fände, entweichen würde, ohne auf den Kolben zu wirken.

165.

Die Dampfklappen mit doppeltem Lager heifsen so, weil sie in zwei Puncten auf der Öffnung, welche sie verschliefsen sollen, aufliegen. Sie heifsen auch *Kronklappen,* ihrer Gestalt im Ganzen wegen. Fig. 38. und 39. Taf. No. 5. stellen eine solche Klappe einzeln vor. Sie besteht aus einem *festen* Theile *abcd* und einem beweglichen Theile *efgh.* Der feste Theil ist eine oben verschlosssene kreisförmige Röhre, mit Öffnungen in ihrer Seitenfläche, zum Durchgange des Dampfs. In der Mitte dieser Röhre ist eine Dille für einen Bolzen, mittels dessen die Röhre an der Querstange *ik* über der Klappen-Öffnung befestigt ist. Der bewegliche Theil, oder die eigentliche Klappe, ist gegentheils in seiner Umfangswand fest, und dagegen an der Decke offen. Er hat ebenfalls im Mittelpunct eine Dille, in welcher die Stange *t* zur Bewegung der Klappe fest ist. Die Dille ist an einem Kreuz nach den Wänden hin befestigt. Wenn man die beiden Figuren 38. und 39. vergleicht, so wird man sehen, dafs die Klappe, wenn der bewegliche Theil der Vorrichtung hinuntergesenkt ist (wie in Fig. 38.), die Öffnung völlig verschliefst, dafs aber dagegen, so wie der bewegliche Theil auch nur ein wenig sich hebt, für den Dampf sogleich eine *beträchtliche* Durchgangs-Öffnung entsteht, weil die Öffnungen in der Seitenwand des festen Theils *sogleich ganz frei werden,* theils über, theils unter den Ohren *g, h.* Dieses ist ein *grofser* Vortheil. Aber ein zweiter, nicht geringerer Vortheil ist der, dafs der Dampf von dem beweglichen Theile der Vorrichtung nur die schmalen Ränder *ab* und *cd* prefst, so dafs nur eine geringe Kraft nöthig ist, um die Klappe zu öffnen; was mit der Hand für eine kegelförmige Klappe schwer sein würde, da diese in ihrer *ganzen* Fläche angedrückt wird. Diese Kronklappen sind bei den *Cornwallis*schen Dampfmaschinen üblich. Sie sind dort wegen der Gröfse der Maschinen und wegen der sehr starken Spannung des Dampfs nothwendig; aber sie würden auch für andere Maschinen vortheilhaft sein. [„Z. B. auch für Pumpen. In der „That sind diese Klappen ungemein sinnreich; nur werden sie auch sehr genau „und sauber verfertigt werden müssen, damit sie *dicht* schliefsen." D. H.]

IV. Von den excentrischen Scheiben und der Steuerung der Maschinen.

166.

Wir haben nun zu beschreiben, wie die Vorrichtungen zur Vertheilung des Dampfs von der Maschine selbst in Bewegung gesetzt werden. Man bedient sich der *excentrischen Scheiben, oder eines Hebelwerks* zur *Steuerung* der

Klappen. Die ersten passen, weil sie eine ***drehende*** Bewegung erfordern, fast nur für Maschinen von doppelter Wirkung, welche zu dieser Art der Bewegung benutzt werden. Das Hebelwerk pafst für Maschinen von doppelter und einfacher Wirkung gleichmäfsig; aber für erstere zieht man meistens die excentrischen Scheiben ihrer Einfachheit wegen vor.

167.

Die ***excentrische Scheibe*** ist kreisförmig, und heifst so, weil die Axe, um welche sie gedreht wird, ***nicht durch ihren Mittelpunct geht.*** Sie dient so, die ***drehende*** Bewegung in eine ***hin- und hergehende*** zu verwandeln. Fig. 49. Taf. No. 7. stellt eine excentrische Scheibe vor, wie sie zur Bewegung einer gewöhnlichen Schiebeklappe, oder auch eines Hahnes, passend ist. *a* ist der Mittelpunct der Dreh-Achse und *c* der Mittelpunct der Scheibe. Die Scheibe wird mittels einer Schraube *d* an die Achse befestigt, so dafs sie sich mit ihr umdrehen mufs. Um die Scheibe legt sich ein Halsband *gihk,* aus weichem Eisen und aus zwei Hälften bestehend, die in *h* und *g* zusammengeschraubt werden. Das Halsband mufs nicht zu stark auf der Scheibe sich reiben, damit sich dieselbe frei in ihm drehen könne. Die Schrauben *g* und *h* befinden sich an zwei Stangen *gb* und *hb,* die sich gabelförmig bei *b* in eine einzige Stange *bl* vereinigen. So zieht, wie leicht zu sehen, die Scheibe, wenn ihre Achse sie herumdreht, die Gabel hin und her, während das Halsband auf ihrem Umfange gleitet. Der Punct *c* beschreibt einen Kreis um *a;* er befindet sich also abwechselnd um die Entfernung *ac* der Mittelpuncte diesseits und jenseits von *a;* die Scheibe, und folglich die Stange *bl,* wird also ebenfalls um die doppelte Entfernung *ac* hin- und hergezogen.

[„Die ***excentrische Scheibe*** hat ***denselben*** Zweck und leistet auch ganz „***Dasselbe,*** wie eine ***Kurbel;*** nemlich sie verwandelt, wie diese, eine hin- und „hergehende Bewegung in eine drehende, oder umgekehrt. Aber ihre Ähn„lichkeit mit der Kurbel ist, wie auch aus der obigen Beschreibung erhellet, „noch gröfser, als es vielleicht beim ersten Anblick scheint. Der Kurbelbug „nemlich, welchen die Bläuel- oder Lenkstange erfafst, ist im Querschnitt eben„falls ***kreisrund*** und nichts anders als ebenfalls ein ***excentrische Scheibe,*** „nur ***kleiner.*** Der einzige ***wesentliche*** Unterschied ist, dafs der Mittelpunct „der Well-Achse bei der Kurbel in der Regel ***aufserhalb*** des Kreises der Scheibe „liegt, welche den Querschnitt des Kurbelbugs bildet: bei der sogenannten ex„centrischen Scheibe dagegen ***innerhalb*** ihres Kreises; weshalb denn bei der „Kurbel die Achse ***gebogen*** sein mufs, bei der excentrischen Scheibe aber keines

„Bugs bedarf, sondern *gerade* bleiben kann, in welchem Umstande der wesent- „liche *Vorzug* liegt, welchen die excentrische Scheibe vor der Kurbel hat: „nemlich dafs die Welle nicht durch eine Biegung *geschwächt* werden darf. „Es könnte an die Stelle *jeder* Kurbel eine excentrische Scheibe gesetzt wer- „den, wenn nicht für *bedeutendere* Längen der hin- und hergehenden Be- „wegung die Scheibe *gar zu grofs* nöthig und dann die *Reibung* an ihrem „Rande herum zu beträchtlich sein würde. Deshalb bedient man sich der ex- „centrischen Scheiben gewöhnlich nur da, wo Etwas, wie z. B. die Schiebe- „klappen, nur auf *einige Zoll* weit hin- und her zu bewegen ist. Aber im „Wesentlichen ist eine excentrische Scheibe immer nichts anders als eine *Kurbel:* „sie hat, wie gesagt, denselben Zweck und thut dieselben Dienste.

„Daraus nun ergiebt sich unter andern auch von selbst das *deutsche* „Wort, mit welchem eine *excentrische Scheibe* zu *benennen* ist. Sie mufs „*nothwendig Scheibenkurbel* heifsen, im Gegensatz von *Bugkurbel,* oder „blofs *Kurbel.* Soll die *Scheibe selbst* bezeichnet werden, so mufs sie *Kurbel-* „*scheibe* heifsen, im Gegensatz von *Kurbelbug,* welcher letztere von dem „*Kurbel-Arm* oder den *Kurbel-Armen* umhergetrieben wird. Wir werden „daher von hier ab statt des Französischen *excentrique* und *roue excentrique,* „und statt des Englischen *eccentric* und *eccentric-wheel, Scheibenkurbel* und „*Kurbelscheibe* setzen: denn die Benennung excentrische Scheibe ist weder „deutsch, noch französisch, noch englisch.

„Zu erinnern wäre hier noch, dafs bekanntlich Einige im Deutschen „einen Unterschied machen zwischen *Kurbel* und *Krummzapfen.* Sie bedienen „sich des ersten Worts, wenn die Kurbel mit der Hand umgedreht wird; des „letztern, wenn dies durch eine Bläuel- oder Lenkstange geschieht. Andere „machen den Unterschied nicht, und bedienen sich stets des Wortes *Kurbel.* „Diese Letztern haben auch wohl Recht; denn jener Unterschied ist nicht *wesent-* „*lich,* und das Wort Krummzapfen ist wenig passend; denn ein *Zapfen* kann „nie *krumm* sein, und ein Kurbelbug ist durchaus kein *Zapfen.* Wir bleiben „daher unsrerseits bei dem Worte *Kurbel.*" D. H.]

168.

Durch die wagerechte Hin- und Herbewegung der Stange bl wird nun mittels des Winkelhebels lzv die auf- und niedergehende Bewegung der Stange ox der Schiebeklappe hervorgebracht. Das Gewicht M, an dem Hebel-Arm $zy = zv$ ziehend, hält dem Gewichte der Klappe die Wage. Die Ausdehnung der Auf- und Niederbewegung der Stange ox, von v'' bis v''', hangt von der Länge des Hebel-Arms ***zv*** ab. Damit man nöthigenfalls die Klappe, auch unabhängig von der Scheibenkurbel, mit der Hand bewegen könne, fasset die Stange ***bp*** der Scheibenkurbel den Hebel-Arm ***zl*** bei ***l*** nur mit einer Klaue, und ***zl*** hat eine Gabel, durch welche ***bp*** hindurchgeht. So kann durch den Handgriff ***p*** die Scheibenstange ***bp*** ausgehoben werden; sie wirkt dann nicht mehr auf den Hebel ***zl***, und man kann die Schiebeklappe unabhängig von ihr handhaben. Die Stangen ***ox*** und ***yM*** gehen übrigens durch feste Dillen, um sie in der senkrechten Richtung zu erhalten und die Schwankungen des Gewichts ***M*** zu verhindern.

169.

Wenn die Vertheilung des Dampfs in der Maschine durch ***nur eine*** Schiebeklappe geschieht, so ist ***nur eine*** Klappenstange ***ox*** in Bewegung zu setzen nöthig. Aber wenn die Maschine, statt einer Scheibenklappe oder eines Hahns, Dampfklappen (§. 162 — 165.) hat, deren ***vier*** paarweise zu öffnen und zu verschliefsen sind, müssen ***zwei*** Stangen bewegt werden. Dieses ist dann ein wenig verwickelter. Es geschieht, wie es Fig. 50. Taf. No. 7. vorstellt. ***hlg*** ist die Stange der Scheibenkurbel, ***zl*** ist der Hebel-Arm mit der Gabel, welcher die Stange bei ***l*** fasset, und ***z*** ist die feste Achse. Bis dahin ist die Vorrichtung der obigen gleich. Aber statt des einen Hebels ***vy*** (Fig. 49.) sind hier (Fig. 50.) deren zwei ***vy*** und ***v'y'*** vorhanden: der eine Hebel ***vy*** setzt die Stange ***o*** für die Zulafsklappe oben und die Auslafsklappe unten (S. Fig. 44.), der andere ***v'y'*** die Stange ***o'*** für die Zulafsklappe unten und die Auslafsklappe oben in Bewegung. Dabei sind die Hebel ***vy*** und ***v'y'*** nicht auf der Achse ***z*** fest, sondern drehen sich um dieselbe. Sich selbst überlassen werden sie von den Gewichten ***M*** oder ***M'*** niedergezogen und in die Lage welche die Figur zeigt zurückgebracht. Die Gewichte ***M*** und ***M'*** sind auf die Stangen ***Mα*** und ***M'α*** hinaufgeschoben, welche sich um die festen Puncte ***α*** und ***α'*** drehen. Andrerseits befinden sich an dem gabelförmigem Arm ***zl*** zwei Knaggen mit Haken ***zn*** und ***zn'*** (Fig. 50. und 51.), welche sich bei jeder Hin- und Herbewegung der Stange ***hl*** heben und senken. Hinunter sich bewegend, fassen diese Hakenknaggen die beweglichen Hebel ***vy*** und ***v'y'*** und zwingen sie, der durch die Scheibenkurbel hervorgebrachten Bewegung zu folgen. Aber so wie die Bewegung von ***zl*** zurückgeht, lassen die Knaggen die Hebel wieder los, und die Gegengewichte ziehen sie zurück. So z. B., wenn der Hebel ***zl*** nach rechts getrieben wird, drückt der Knaggen ***zn*** den Hebel ***zv*** nieder und zieht folglich die Stange ***o*** ***nach unten.*** Bewegt sich darauf *zl* wieder nach ***links,*** so ***hebt*** sich der Knaggen *zn* und das Gegengewicht *M* zieht den Hebel *zv* ihm nach, so lange, bis die Stange *o* nicht mehr steigen kann: denn wenn der Knaggen *zn* noch weiter sich hebt, verläfst er den Hebel *zv;* wie man es in der Figur an dem andern Knaggen *zn'* und dem Hebel *zv'* sieht. Der Knaggen *zn,* in der aufsteigenden Bewegung, wirkt nun nicht mehr auf den Hebel *zv;* aber so wie *zl* hinreichend weit nach der Linken sich bewegt hat, fasset der andere Knaggen *zn'* den andern Hebel *zv'*, drückt ihn, bis zum Ende der Bewegung, nach der Linken nieder, überläfst ihn darauf bei der zurückgehenden Bewegung dem Gegengewicht *M'* und trennt sich dann von ihm, wie es *zn* mit *zv* that. So werden die Stangen *o* und *o'* von den Knaggen *zn* und *zn'* abwechselnd nach unten gezogen und von den Gegengewichten *M* und *M'* wieder hinauf, so lange die Schieberstange bei *l* eingehakt ist. Sobald man sie aushakt, treiben die Gegengewichte die Stangen *o* und *o'* in die Höhe, die Scheibenkurbel wirkt auf dieselbe nicht mehr, und der Maschinist kann nun die Maschine unabhängig von der Scheibenkurbel lenken. [„Diese Vorrichtung ist schon verwickelt und künstlich ge-„nug, und es wäre die Frage, ob sich ihr Zweck nicht einfacher erreichen „liefse." D. H.]

170.

Die *Steuerung* der Maschine durch ein ***Hebelwerk*** geschieht durch eine Zusammensetzung aus Gegengewichten, Hebel-Armen und Sperrhaken, welche zur Lenkung oder Steuerung der verschiedenen Klappen dient. Sie findet sich an Maschinen von doppelter und von einfacher Wirkung; aber doch meistens nur an den *Cornwallis*schen doppelt wirkenden und eine drehende Bewegung hervorbringenden Dampfmaschinen.

Die Fig. 47. und 48. Taf. No. 7. stellen ein Hebelwerk für eine Maschine von doppelter Wirkung vor. Man sieht hier vier Dampfklappen: zwei oben, für die Ein- und Auslassung des Dampfs *über* dem Kolben, und zwei unten, für die Ein- und Auslassung des Dampfs *unter* dem Kolben. Diese Klappen sind *paarweise* durch das Hebelwerk zu öffnen und zu verschliefsen, und zwar die obere Zulafs- und die untere Auslafsklappe *gleichzeitig,* und ebenso die untere Zulafs- und die obere Auslafsklappe, ebenfalls *gleichzeitig.* Die Klappen sind die in §. 165. beschriebenen *Kronklappen.* In Fig. 48. sind *a* und *a'* die beiden Zulafs- und *b* und *b'* die beiden Auslafsklappen. Der Dampf strömt aus dem Kessel durch die Röhre *SS* herzu und füllt dieselbe ganz an, bis zu den Einlafsklappen *a* und *a'*. So wie also eine derselben sich öffnet, dringt der Dampf in den Dampstiefel, auf diese oder auf jene Seite des Kolbens. *eeE* ist die Ausströmungsröhre; sie erstreckt sich ebenfalls von der einen Auslafsklappe *b* bis zur andern *b'*; und so wie eine derselben sich öffnet, strömt der Dampf aus und nach der Röhre *E* hin, welche ihn nach dem Niederschlaggefäfs führt. Endlich befindet sich zwischen den obern Ein- und Auslafsklappen *a* und *b'* ein Raum *d*, welcher von beiden verschlossen wird. Dieser Raum liegt an der Mündung der Röhre *D* (Fig. 47.) und führt folglich nach dem obern Eingange des Stiefels, welcher stets offen ist. Gleicherweise ist zwischen den beiden untern Klappen *a'* und *b* ein Raum *d'*, welcher durch beide verschlossen wird und durch die Röhre *D'* mit dem untern Eingange des Stiefels in Verbindung steht.

171.

A. Betrachtet man nun Fig. 47., mit beständiger Zuhülfenahme von Fig. 48., um darin Das aufzusuchen, was in Fig. 47. *bedeckt* ist, so wird eine kurze Erklärung die Art deutlich machen, wie die Klappen durch das Hebelwerk geöffnet und verschlossen werden. *c* Fig. 48. ist eine bewegliche Achse, an welcher *vier* auseinander laufende Arme fest sind und sich also mit der Achse drehen müssen. Der *erste* der vier Arme ist mittels des gekrümmten Biegels *m* mit der obern Zulafsklappe *a* in Verbindung, und öffnet und schliefst sie mittels eines Hebels *pr* und einer Stange *ll*, die in Fig. 47. bedeckt, aber den dort gezeichneten ähnlich sind. Der Biegel *m* wird zum Theil von der Stange *n'* bedeckt, von welcher alsbald die Rede sein wird; und auch die Klappe *a* ist durch die *b'* bedeckt; wie aus Fig. 48. zu sehen. Der *zweite* Hebel-Arm ist durch die Stange *n* mit der untern Auslafsklappe *b* in Verbindung und öffnet und schliefst sie durch den gebogenen Hebel *vu*. Der *dritte* Hebel-Arm trägt, an die Stange *o* gehängt, ein Gegengewicht, welches die Achse *c* umdreht und so die beiden Klappen öffnet; wie es aus der Figur zu sehen ist. Der *vierte* Hebel-Arm endlich ist der *P*, welcher, von oben nach unten getrieben, die Achse dem Gegengewicht entgegentreibt, also das Gegengewicht hebt und die beiden Klappen verschliefst. Aufser den vier Hebel-Armen befindet sich an der Achse *c*, und zwar an ihrem entferntesten Ende, noch ein *Viertelkreis*, dessen Bestimmung weiter unten sich zeigen wird.

Ganz ähnlich verhält es sich mit der *zweiten* Achse *c'* Fig. 48., welche bestimmt ist, die beiden andern Klappen, nemlich die Einlafsklappe *a'* und die Auslafsklappe *b'* zu verschliefsen und zu öffnen. An dieser Achse sind ebenfalls vier Hebel-Arme. Der *erste* dient, die Klappe a' mittels der Stange m' und des Hebels $m'u$ zu verschliefsen; der *zweite* dient, die obere Auslafsklappe b' mittels der geraden Stange n' und des Hebels pr zu verschliefsen; der *dritte* trägt ein Gegengewicht, welches unten an die Stange o' angehängt ist und welches die beiden Klappen a' und b' zugleich aufzieht; der *vierte* Arm endlich ist der P', welcher, von unten nach oben getrieben, die Achse c' umdreht, das Gegengewicht hebt und die beiden Klappen verschliefst. Endlich befindet sich an der Achse c' auch wieder ein *Viertelkreis*, wie an der Achse c.

B. Die Bestimmung der beiden *Viertelkreise* ist, abwechselnd die Gegengewichte an den Achsen festzuhalten, und loszulassen, so dafs in dem Augenblick, wo das Gegengewicht der einen Achse gehoben wird, das an der andern fallen kann, und umgekehrt; wie es die Figur zeigt. *Fällt* nemlich das Gegengewicht der Achse c, so dreht sich diese Achse mit ihrem Viertelkreise, und dieser gelangt *unter* den Viertelkreis der Achse c'. Die Achse c', obgleich durch ihr Gegengewicht getrieben, wird also aufgehalten und kann sich nicht drehen. So wie darauf, einen Augenblick später, das Gegengewicht o, auf P gestützt, sich hebt und die Achse c sich dreht, wird, sobald der obere Schenkel des Viertelkreises von c dem untern Schenkel des Viertelkreises von c' vorübergegangen ist, dieser letztere durch sein Gegengewicht gedreht. Dann gelangt der Viertelkreis an c' seinerseits unter den an c, und hindert ihn, seinem Gegengewichte nachzugeben. Durch die beiden Viertelkreise wird also das eine Gegengewicht gehoben, wenn das andere sinkt, und umgekehrt. [„Die „Viertelkreise streifen nemlich wechselseitig jeder mit seinem *Bogen* an den „*Schenkel* des andern hin." D. H.] Und da nun das Sinken des einen Gegengewichts zwei zusammengehörige Klappen zugleich öffnet, so folgt, dafs, um zwei Klappen zu öffnen, nur die beiden andern verschlossen werden dürfen. Es ist nun noch zu zeigen, wie das Verschliefsen der Klappen durch die Maschine geschieht.

C. Die Kolbenstange TT der Luftpumpe geht zwischen den beiden Armen P und P' hindurch, dicht daran vorbeistreichend, und bringt sie mittels der beiden daran festgeschraubten Knaggen t und t' in die angemessene Lage. Man setze, der Maschinist lasse das Gegengewicht der Achse c sinken, so öffnen sich die beiden Klappen a und b und der Dampf strömt oben durch a in den Stiefel und unten aus demselben durch b nach dem Niederschlaggefäfs hinaus: also bewegt sich der Dampfkolben von oben nach unten und die Kolbenstange TT ebenfalls. Wenn der Kolben fast am Ende seines Laufs angelangt ist, trifft der Knaggen *t* auf den Arm ***P***, welcher an derselben Seite der Stange befestigt ist und durch das Gegengewicht in die Höhe gehoben war. Der Knaggen drückt also den Arm ***P*** hinunter, dreht die Achse *c* um, hebt das Gegengewicht an *o* und verschliefst dadurch die beiden Klappen *a* und *b*. Nachdem die Achse *c* hinreichend weit gedreht worden ist, findet sich der Viertelkreis der andern Achse *c'* gelöset; sein Gegengewicht sinkt also und der Viertelkreis der Achse *c* wird in seiner Lage festgehalten, so dafs die beiden Klappen *a* und *b* geschlossen *bleiben*. Aber in dem Augenblick, wo das Gegengewicht der Achse *c'* sank, öffneten sich die beiden Klappen *a'* und *b'*, nemlich die untere Zulafs- und die obere Auslafsklappe: also fängt der Dampfkolben *aufzusteigen* an und setzt diese seine Bewegung fort. Ist er nahe am Ende seines Laufs angelangt, so trifft der Knaggen *t'*, welcher mit der Stange ***TT*** in die Höhe steigt, auf den Arm ***P'***, welchen das Gegengewicht hinuntergezogen hatte. Er hebt den Arm ***P'***, dreht die Achse *c'*, hebt das Gegengewicht von *o'* und verschliefst die beiden Klappen *a'* und *b'*. Da aber die Bewegung des obern Viertelkreises den untern Viertelkreis auslöset, so sinkt jetzt das Gegengewicht der Achse *c* und die beiden andern Klappen öffnen sich. Mithin kann jetzt der Dampfkolben wieder hinuntersteigen. Und so weiter.

D. Zuweilen macht man auch statt der Viertelkreise einen *Doppelsperrhaken*. Ein solcher Haken (Fig. 52. Taf. No. 7.) ist eine kleine eiserne Stange mit einem Einschnitt an jedem Ende. Sie ist um ihre Mitte beweglich und wird durch eine Feder *x* gedrückt. Ein solcher Haken wird gegen das Ende der beiden Achsen *c* und *c'* (Fig. 48. und 52.) angebracht. Wenn das Gegengewicht von *o'* durch die Umdrehung der Achse *c'* gehoben wird, so legt sich der Zahn *f'*, nachdem er auf die Krümme *y'* hingestreift ist, in seinen Einschnitt und wird von demselben aufgehalten. Aber eben dadurch löset sich der Zahn *f* aus seinem Einschnitt, und das an *o* hangende Gewicht fällt herab.

172.

An Maschinen mit *Dampf-Absperrung* ist die Dampfröhre durch eine Klappe unterbrochen, welche *Absperrungsklappe* heifst. Diese Klappe wird von der Maschine durch ein besonderes Hebelwerk in Bewegung gesetzt, welches sie beim Anfange des Kolbenlaufs öffnet, und schon wieder verschliefst, wenn der Kolben *erst einen Theil* seines Laufs zurückgelegt hat. Durch das Letztere wird der Zutritt des Dampfs in den Dampfstiefel abgeschnitten, obgleich die gewöhnliche Zulafsklappe offen bleibt. Das oben beschriebene Hebelwerk für die vier Klappen bleibt also aufserdem unverändert dasselbe. Man kann auch die vier Klappen, jede durch eine besondere Achse in Bewegung setzen lassen; auf die jetzt folgende Art. Dann ist für die Dampf-Absperrung keine besondere Sperrklappe nöthig.

173.

Fig. 68. Taf. No. 10. stellt das Hebelwerk zur Steuerung einer *Watt*schen Dampfmaschine von *einfacher* Wirkung vor, erbaut von Herrn *Wicksteed* für die Wasserhebung von *Oldford* zu *London.*

C ist der Dampfstiefel der Maschine, *d* die obere, *d'* die untere Mündung desselben. *S* ist der Querschnitt der Röhre, welche den Dampf von dem Kessel nach dem Stiefel führt; *a* ist die Einlafsklappe, auch *Absperrungsklappe* genannt; *e* ist die Auslafsklappe, *q* die Gleichgewichts- oder Vertheilungsklappe. Alle diese drei Klappen, welche wie oben beschrieben kegelförmig sind, öffnen sich durch *heben.* Die Stangen der Klappen *q* und *e* gehen durcheinander hindurch; nemlich die Stange von *q* ist hohl und die Stange von *e* geht, mit Werg verdichtet, durch sie hindurch; wie wir es oben in (III. dieses Abschnitts) beschrieben haben. Jede der drei Klappen wird durch ein Gegengewicht geöffnet und durch den Anstofs eines Knaggens verschlossen. Zu diesem Ende ist für jede Klappe eine wagerechte Achse vorhanden, die auf zwei senkrechten Ständern ruht und an welcher sich drei kleine, auseinander laufende Hebel befinden: der *eine* nach der Klappe gehend, der *andere* ein Gegengewicht tragend und der *dritte* für den Anstofs des Knaggens bestimmt; wie es sich sogleich zeigen wird.

174.

A. Die Achse *a'* ist für die *Einlafsklappe a* bestimmt. Es befinden sich daran wie gesagt *drei* Hebel-Arme. Der *erste* ist durch die Stange *a''* mit der Klappe *a* in Verbindung. So wie der Hebel-Arm auf- oder niederbewegt wird, schliefst oder öffnet sich die Klappe mittels der Stangen *a''* und *a'''*. An dem *zweiten* Hebel-Arme ist die Stange $a_{,}$, die das Gegengewicht *O* trägt. So wie dieses Gegengewicht *sinkt, öffnet* sich die Klappe. Der *dritte* Hebel-Arm hat die Klaue *A.* Er befindet sich an der andern Seite des Gegengewichts, so dafs er, wenn er niedergedrückt wird, das Gegengewicht *hebt* und die Klappe *a verschliefst.* Aufser diesen drei Hebel-Armen ist an der Achse noch ein *vierter,* der die Achse zurückhält, wenn das Gegengewicht gehoben ist. Wir werden sogleich weiter von demselben reden.

B. Die Achse *q'* ist für die *Gleichgewichts-* oder *Vertheilungsklappe* bestimmt. Sie hat ebenfalls drei Hebel-Arme. Der *erste* öffnet und schliefst mittels der Stangen q'' und q''' die Klappen; der *zweite* trägt ein Gegengewicht, welches man in der Figur nicht sieht und welches bestimmt ist, die Klappe zu *öffnen;* der *dritte* hat die Klaue *Q*, welche, wenn sie, wie in der Figur, *gehoben* ist, das Gegengewicht hebt, die Klappe dadurch verschliefst und einen Sperrhaken fafst, welcher die Achse in ihrer Lage festhält; wie sich weiter unten zeigen wird.

C. Endlich dient die Achse e' zum Öffnen und Verschliefsen der *Auslafsklappe e.* Sie steht mit derselben durch einen Hebel-Arm und eine Stange in Verbindung, welche in der Figur bedeckt ist; so wie durch eine zweite Stange, die man in e''' sieht. Sodann trägt ein zweiter Hebel-Arm an der Achse ein Gegengewicht, welches man in der Figur nicht sieht, und welches die Klappe *öffnet.* Endlich hebt ein dritter Hebelarm, mit der Klaue *E*, das Gegengewicht und fafst einen Sperrhaken, welcher die Achse festhält.

175.

Man sieht aus dieser Beschreibung, wie die drei Klappen durch die Gegengewichte *geöffnet* und durch die Gegenbewegung der Klauen *A*, *Q* und *E* *verschlossen* werden. Es ist nun noch zu sagen, wie die von der Klaue aufgehobenen Gegengewichte *zurückgehalten* werden, wieder zusinken, nachdem sie gehoben worden sind. Dies geschieht durch einen *Doppelsperrhaken* zwischen den beiden Achsen q' und e', ähnlich dem Fig. 52. Taf. No. 7., der aber hier wegen der Lage der Hebel-Arme die entgegengesetzte Richtung hat. An jeder Achse ist ein Dorn f und f', wie in Fig. 52., welcher sich, wenn die Achse hinreichend weit gedreht ist, in den Einschnitt des Sperrhakens legt. So wie dies geschehen, kann sich die Achse nicht zurückdrehen, und folglich kann das Gegengewicht nicht eher zurückfallen, bis der Dorn ausgehakt ist. Der Einrichtung des Doppelsperrhakens zufolge wird übrigens jedesmal der Dorn der einen Achse in demselben Augenblick eingehakt, wo sich der Dorn der andern Achse löset. Dies ist nöthig, damit sich, wie wir sehen werden, die eine der beiden Klappen gerade in dem Augenblick schliefse, wo die andere sich öffnet; und umgekehrt.

176.

Der Doppelsperrkaken zwischen q' und e' dient also, entweder die Achse der *Vertheilungs*klappe *q*, oder diejenige der *Aufslafs*klappe *e* zurückzuhalten. Die *Einlafsklappe a* soll sich mit der *Auslafs*klappe *e zugleich* öffnen: zu dem Ende sind die Achsen e' und a' durch eine senkrechte Stange verbunden, welche die Enden zweier kleinen gleichlaufenden Hebel-Arme der

Achsen fasset. Dadurch geschieht es, dafs, wenn die Achse e' durch das Niederdrücken der Klaue E von links nach rechts gedreht und darauf durch den Sperrhaken festgehalten wird, das Gleiche mit der Achse a' geschieht, die dann wegen jener Verbindungsstange der Achsen e' und a' nicht wieder zurück sich drehen kann. Die Achse a' kann also durch ihr Gegengewicht so lange nicht zurückgezogen werden, als der Dorn der Achse e' sich Dem widersetzt. Aber sobald derselbe ausgelöset ist, dreht sich die Axe e', die Verbindungsstange steigt wieder in die Höhe und das Gegengewicht von a' dreht die Achse a' und öffnet die Einlafsklappe.

177.

So also *öffnen* sich die beiden Klappen a und e nothwendig *gleichzeitig:* aber die Einlafsklappe a kann *eher verschlossen* werden, als die *Auslafsklappe e.* Zudem hat die Verbindungsstange der beiden Achsen an ihrem obern Ende einen senkrechten Schlitz, in welchem der Verbindungsbolzen des kleinen Hebel-Arms der Achse a' sich *hinunter* bewegen kann, ohne die Stange mitzuziehen und ohne folglich auf die Achse e' zu wirken. Man setze einen Augenblick, die beiden Klappen a und e seien durch ihre Gegengewichte geöffnet und die Verbindungsstange sei gehoben; darauf sei die Einlafsklappe a durch die Klaue A verschlossen worden: so wird, da die Verbindungsstange fortgesetzt gehoben und durch die untere Achse e' gehalten wird, der Verbindungsbolzen des kleinen Hebels der Achse a' in dem Schlitz hinabsteigen, ohne auf die Stange zu wirken, und die Klappe a wird also verschlossen sein, *ohne dafs e es wäre.* Weiterhin dann, wenn e verschlossen worden, wird die Verbindungsstange hinuntergezogen, das obere Ende des Schlitzes fasset den Verbindungsbolzen des Hebel-Arms von a', und nun wird die Achse a' aufgehalten, eben wie e'.

178.

Hat man sich das Vorstehende deutlich gemacht, so wird nur noch wenig nöthig sein, um die Erklärung dieses Hebelwerks zu vervollständigen.

A. Die Stange TT ist die Kolbenstange der Luftpumpe der Dampfschine. Sie hat zwei Knaggen t und t' an der vordern, und einen dritten an der hintern Seite, welcher in der Figur nicht sichtbar ist. Diese Knaggen dienen, die Klappen zu öffnen und zu verschliefsen. Sie sind an der Stange $TT_{,}$ oder doch an deren Futterung $PP_{,}$ mittels Schrauben und so befestigt, dafs sie nach Belieben höher oder niedriger gerückt werden können. Der Knaggen *t* dient, die Einlafsklappe *a* zu verschliefsen, wenn *TT* sich niederbewegt; der Knaggen hinter der Stange, welcher in der Figur nicht sichtbar ist, dient, die Aufslafsklappe *e* am Ende des Laufs von *TT* zu verschliefsen und zugleich die Vertheilungsklappe *q* zu öffnen, und der Knaggen *t'* ist bestimmt, die Vertheilungsklappe am Ende der Rückbewegung von *TT* zu verschliefsen und zugleich die beiden andern Klappen zu öffnen; und zwar auf folgende Weise.

B. Man setze, die Maschine befinde sich in der Lage, wie es die Figur vorstellt; nemlich der Dampfkolben am obern Ende des Dampfstiefels, und der Maschinist löse mit der Hand den Sperrdorn der Achse *e':* so sinken die Gegengewichte der Klappen *a* und *e*, und diese beiden Klappen öffnen sich, während die Vertheilungsklappe *q* noch verschlossen bleibt. Der Dampf aus dem Kessel strömt also durch *S, a* und *d* ***über*** den Dampfkolben, während zugleich der ***unter*** dem Kolben befindliche Dampf durch *d'*, *e* und *E'* in das Niederschlaggefäfs entweicht. Der Dampfkolben wird also ***hinunter*** getrieben, und mit ihm zugleich die Stange *TT*, welche an den Wagebalken angehängt ist. Nachdem der Dampfkolben ***einen gewissen Theil*** seines Laufs zurückgelegt hat, trifft der Knaggen *t* auf die Klaue *A*, hebt also das Gegengewicht *O* und verschliefst die Einlafsklappe *a*. Es strömt demnach kein Dampf weiter ***über*** den Dampfkolben, sondern der bis dahin eingeströmte Dampf fängt an sich ***auszudehnen,*** und treibt so den Dampfkolben ***weiter*** hinunter, ***mit stets abnehmender Spannung.*** Die Stange *TT* bewegt sich daher weiter nach unten; was durch die Klaue nicht gehindert wird, da sie gebogen ist und, weiter hinuntergedrückt, den Knaggen *t* vor ihr Ende ***vorbeigleiten*** läfst, wobei sie in ihrer letzten Lage ***bleibt,*** stets an den Knaggen sich anlegend, so dafs sie also nicht zurück sich bewegen kann und folglich die Einlafsklappe verschlossen ***bleibt,*** obgleich noch kein Sperrdorn eingehakt ist. Hat der Dampfkolben beinahe das Ende seines Laufs am Boden des Stiefels erreicht, so trifft der Knaggen hinter *TT*, welcher in der Figur nicht sichtbar ist, die Klaue *E* und drückt sie hinunter. Dadurch dreht sich die Achse *e'*, das Gegengewicht wird gehoben und die ***Auslafs***klappe *e* verschlossen. Der Sperrdorn der Achse *e'* hat den Einschnitt des Sperrhakens erreicht und stemmt sich in denselben ein. Dadurch wird die Achse *e'*, und folglich auch, vermöge der Verbindungsstange, die Achse *a'* festgehalten. Die beiden Klappen *a* und *e* für die Ein- und Ausströmung des Dampfs bleiben also nun von hier ab so lange verschlossen, bis der Sperrdorn, der die Achsen *a'* und *e'* festhält, wieder gelöset wird.

C. Aber, zufolge der Beschreibung des Doppelsperrhakens, wird in demselben Augenblick, wo der Sperrdorn von *e'* sich einstemmt, der von *q'* gelöset. Also wird in eben diesem Augenblick die *Vertheilungsklappe* durch das Gegengewicht an der Achse *q'* aufgezogen, und der Dampf, welcher sich *über* dem Dampfkolben befand, verbreitet sich durch den *ganzen* Dampfstiefel, kann indessen nicht nach dem Niederschlaggefäfs hin ausströmen, weil die Auslafsklappe *e* verschlossen ist. Es wird also nunmehr der Dampfkolben von dem Dampf von oben und von unten *gleich stark* gedrückt: also *hebt* ihn jetzt das an dem andern Ende des Wagebalkens der Maschine befindliche und dazu bestimmte Gegengewicht, welches beim Niedergange des Dampfkolbens gehoben war, und welches nun niedersinkt. Die Stange *TT* steigt mit dem Dampfkolben zugleich in die Höhe, und es trifft, wenn sie beinahe das Ende dieser ihrer aufsteigenden Bewegung erreicht hat, der Knaggen *t'* den Hebel *Q*, dreht die Achse *q'* und verschliefst dadurch die *Vertheilungs*klappe *q*; er hebt dessen Gegengewicht und setzt dessen Sperrdorn ein. Von hier ab bleibt die Vertheilungsklappe verschlossen. Aber zufolge der Einrichtung des Doppelsperrhakens ist auch, gleichzeitig mit dem Einsetzen des Sperrdorns von *q'*, der von *e'* gelöset worden. Die Achse *e'* wird also, und zugleich die Achse *a'*, von dem Gegengewicht gedreht, und die Klappen *a* und *e* für die Ein- und Ausströmung des Dampfs werden geöffnet. Dadurch ist die Maschine wieder in ihren anfänglichen Zustand zurückgebracht und die Bewegung wiederholt sich, wie beschrieben, bis der Maschinist alle Sperrdornen einstemmt und dadurch alle Klappen verschliefst.

179.

Das hier vorstehend beschriebene Hebelwerk ist das für *Watt*sche Maschinen von *einfacher* Wirkung. Um die allgemeine Beschreibung dieser Art von Vorrichtungen noch weiter zu vervollständigen, fügen wir noch die Zeichnung und Beschreibung des Hebelwerks von *Cornwallis*schen Maschinen von einfacher Wirkung bei.

C Fig. 70. 71. und 72. Taf. No. 11. ist der Dampfstiefel der Maschine. Er ist von einer metallnen Hülle *cc* (Fig. 72.) umgeben, welche sich mittels der kleinen Röhre *t* mit Dampf füllt. Diese metallne Hülle umgiebt eine andere *c'c'* von Holz, und der Zwischenraum zwischen beiden ist mit gesiebter Asche gefüllt: alles dies dient um die Erkältung des Dampfstiefels von aufsen zu verhindern.

Der Dampf kommt aus dem Kessel durch die Röhre *S* (Fig. 72.) herbei und dringt zunächst bis zur Stellklappe x. Diese Klappe, welche wir weiter unten beschreiben werden, ist kegelförmig und läfst um so mehr Dampf durchströmen, je höher sie gehoben wird. Die Stange x' derselben steht mit den Stangen x'', x''', $x_{\prime}$, $x_{\prime\prime}$, in Verbindung, welche nach der vordern Seite der Maschine hingehen und in eine Schraube sich endigen, mittels welcher der Maschinist die Stange $x_{\prime\prime}$ und folglich die Klappe heben und senken, oder mehr oder weniger Dampf zulassen kann. Ist die Klappe einmal gestellt, so bleibt sie fest und man ändert daran nur, wenn die Bewegung verstärkt oder gemäfsigt werden soll.

180.

A. Nachdem der Dampf die Stellklappe x passirt ist, gelangt er in die Dampfbüchse *V*, aus welcher er in den Stiefel dringt, sobald die Einlafsklappe *a* geöffnet ist. Diese Klappe steht durch die Stangen a''' und a'' mit der wagerechten Achse a' in Verbindung. Der Hebel-Arm $a_{\prime}$, an der Achse a', trägt ein Gegengewicht, welches, wenn es sinkt, die Klappe öffnet. Ein anderer Hebel-Arm an der Achse hat die Doppelklaue *A* und wirkt dem Gegengewicht entgegen, so dafs er also die Klappe verschliefst, wenn *A* niedergedrückt wird. Endlich hat die Achse an ihrem einen Ende einen kleinen Viertelkreis, den man in Fig. 71. bei a' sieht, ähnlich dem oben in §. 171. beschriebenen. Wenn *A* niedergedrückt wird, dreht sich die Achse mit dem Viertelkreise; aber so wie der obere Schenkel des Viertelkreises die Sperrung von α erreicht hat, fällt dieselbe nieder, und die Achse kann nun nicht eher wieder zurückgedreht werden, bis α wieder gehoben wird. Diese Vorrichtung ist der oben bei den Maschinen von doppelter Wirkung beschriebenen ähnlich.

B. e in Fig. 72. ist die Auslafsklappe. Sie steht mit der wagerechten Achse e' in Verbindung, an welcher sich wieder *drei* Hebel-Arme befinden. Der *eine* fasset die Klappe durch die Stangen e'' und e'''; der *andere* $e_{\prime}$ trägt das Gegengewicht *N* Fig. 70., welches immer die Klappe zu öffnen strebt: der *dritte* endigt in die Klaue *E*, durch welche das Gegengewicht gehoben und die Klappe verschlossen werden kann. Aufserdem wird die Achse e', wenn das Gegengewicht gehoben worden ist, durch einen Viertelkreis und eine Sperrung ϵ (Fig. 71.) am Zurückdrehen verhindert.

C. Endlich ist *q* (Fig. 72.) die Gleichgewichts- oder Vertheilungsklappe. Sie steht mit der Achse q' in Verbindung, an welcher sich, wieder wie für die vorigen Klappen, drei Hebel-Arme befinden. Der *eine* fasset die nach der Klappe gehende Stange q'', welche in q''' greift; der *zweite* trägt ein Gegengewicht M (Fig. 70.), welches stets die Klappe zu öffnen strebt; der *dritte* hat an seinem Ende die Klaue Q, welche, wenn sie aufwärts gezogen wird, das Gegengewicht hebt und die Klappe verschliefst.

181.

An der Kolbenstange TT der Luftpumpe sind Knaggen befestigt, welche auf die Klauen P und E wie bei dem vorhin beschriebenen Hebelwerk wirken; aber die Öffnung der Klappen geschieht hier *nicht* auf dieselbe Weise. Es ist dazu noch eine besondere Vorrichtung bestimmt, welche *Wassersturz* (*Cataract*) heifst und durch welche die *Zeitdauer* der Kolbenschläge des Dampfkolbens geregelt werden kann. Diese Vorrichtung, auf welche wir in VIII. dieses Abschnitts (§. 207.) zurückkommen werden, besteht in einem kleinen Becken voll Wasser (Fig. 63. Taf. No. 9.) mit einer lothrecht stehenden Pumpe p (Fig. 70.), deren Kolben oder Schwimmer bei jedem Kolbenhube durch einen Pflock, der auf den Hebel l drückt, gehoben und darauf wieder durch das Gegengewicht i niedergedrückt wird. Der Stiefel der Pumpe p hat zwei Klappen. Die eine, *am Boden* des Stiefels, öffnet sich von aufsen nach innen, und läfst also das Wasser aus dem Becken in den Pumpenstiefel dringen, wenn der Schwimmer gehoben wird: die andere, *an der Seite*, öffnet sich von innen nach aufsen, und das Wasser kann durch dieselbe aus der Pumpe in das Becken fliefsen, wenn der Schwimmer hinabsteigt. Aufserdem befindet sich an der Ausflufsröhre für das Wasser ein Hahn, durch welchen man die *Zeit* des Ausflusses nach Belieben regeln kann.

182.

Wendet man sich nun wieder zu Fig. 70. Taf. No. 11. und betrachtet zuerst den Wassersturz *rechts*, welcher bestimmt ist, die Zu- und Auslafsklappen zu öffnen, so wird man sehen, dafs bei jedem Niedergange des Dampfkolbens der Pflock $t_{,}$, auf den Hebel l wirkend und gleitend, das Gegengewicht i des Sturzes nebst dem Schwimmer hebt, so dafs Wasser in den Pumpenstiefel *aufgesogen wird*. Beim Wieder-Aufsteigen des Dampfkolbens dagegen drückt das Gegengewicht i den Schwimmer nieder, aber nur in dem Maafs, als derselbe durch die Klappe zur Seite und durch den Hahn das Wasser aus dem Pumpenstiefel wieder hinauszutreiben vermag. Zugleich hebt sich, so wie das Gegengewicht i sinkt, die Stange m, und wenn sie genugsam gestiegen ist, löset sie die Sperrbaken und öffnet die beiden Klappen. Je nachdem man also den *Ausflufshahn* weiter öffnet (was durch die Stange y geschieht), läfst sich das Aufsteigen der Stange *m* verlängern; und also auch die *Zeit* bis zum Wieder-Öffnen der Klappen, mithin die *Zeit* der Kolbenhube der Maschine, da dieselben nicht eher anfangen, als bis die Klappen geöffnet sind.

183.

So verhält es sich mit dem Wassersturz *rechts*. Der für die *Vertheilungs*klappe bestimmte Sturz, *links*, wirkt eben so; aber im entgegengesetzten Sinne. Die Kette wickelt sich auf die Rolle x' in entgegengesetzter Richtung, und der Pflock $t_{\prime\prime}$, an der Stange *TT*, ergreift den Hebel *l' von unten:* also *hebt* sich der Schwimmer des Wassersturzes beim *Aufsteigen* des Dampfkolbens und wird vom Gegengewicht *i'* wieder hinuntergezogen, wenn der Dampfkolben *nach unten* sich bewegt. Die Stange *m'* wird daher *aufwärts* getrieben, wenn der Dampfkolben *nieder*steigt, und sie öffnet gegen das Ende dieser Bewegung die Vertheilungsklappe. Mithin füllt sich der Stiefel des Wassersturzes für die Zulassung des Dampfs während des Niederganges des Dampfkolbens, und leert sich während seines Steigens, worauf denn die Zulafsklappe geöffnet wird und also nun Dampf in den Dampfstiefel einströmen kann: der Wassersturz für die Vertheilung des Dampfs im Stiefel dagegen füllt sich während des *Aufsteigens* des Damfpkolbens, und leert sich während seines *Niederganges*, gegen dessen Ende die Vertheilungsklappe geöffnet wird und nun der Dampf, welcher über dem Kolben seine Dienste gethan hat, unter den Kolben strömt.

184.

Dieses Alles erwogen, wird jetzt das Spiel der gesammten Vorrichtung leicht einzusehen sein. Setzen wir, *alle* Klappen wären verschlossen und der Dampfkolben befinde sich an der Decke des Dampfstiefels, wo er sich nothwendig beim Schlufs der Arbeit der Maschine *immer* befinden wird, weil das Gegengewicht am Wagebalken der Maschine ihn in die Höhe zieht, sobald der Dampf zu wirken aufgehört hat. Nun hebe der Maschinist den Sperrhaken der Auslafsklappe *e*, so dafs das Gegengewicht frei und die Klappe aufgethan wird: so wird gleichzeitig der Hahn für die Einspritzung von Wasser in das Niederschlaggefäfs durch die Stange *rr* (Fig. 70.) geöffnet, welche mit der Achse *e'* verbunden ist. Dadurch wird die Luft unter dem Kolben verdünnt. Hierauf hebt der Maschinist die Stange des Wassersturzes und löset zugleich die Sperrung der Zulafsklappe *a*, worauf deren Gegengewicht dieselbe sogleich aufzieht. Der Dampf dringt in den Stiefel *über* den Kolben ein, während unter demselben die Luft verdünnt worden ist. Also wird der Dampfkolben, da die Vertheilungsklappe noch geschlossen bleibt und also der Dampf von oben nicht unter den Kolben dringen kann, nach unten getrieben, und mit ihm die Stange *TT* der Luftpumpe. Hat der Kolben einen Theil seines Weges durchlaufen, so stöfst der Knaggen *t* (Fig. 72.) auf die Klaue *A* der Zulafsklappe *a*, welche von dem Gegengewicht durch Umdrehung der Achse *a'* gehoben worden war. Der Knaggen zieht also die Klaue fort, dreht dadurch die Achse *a'*, hebt das Gegengewicht, verschliefst die Zulafsklappe und stemmt deren Sperrdorn ein. Von jetzt an dringt kein Dampf weiter über den Kolben in den Stiefel, sondern der Dampf, welcher eingedrungen ist, treibt nun durch seine allmälige Ausdehnung den Kolben und die Stange *TT* weiter hinab. Gegen das Ende des Laufs derselben trifft der andere Knaggen *t'* auf die Klaue *E*, wie es in (Fig. 71.) vorgestellt ist, drückt sie nieder, hebt das Gegengewicht, schliefst die Auslafsklappe *e* und stemmt den Sperrdorn ein. Von jetzt an ist die Verbindung zwischen dem Dampfstiefel und dem Niederschlaggefäfs unterbrochen. Die Stange *m'* des Vertheilungsturzes, welche während des ganzen Niedergangs des Kolbens langsam von dem Gegengewicht *i'* (Fig. 70.) in die Höhe getrieben worden ist, erreicht nun die Sperrung der Vertheilungsklappe und löset sie: das Gegengewicht wird dadurch frei und öffnet die Klappe. Alsbald verbreitet sich der Dampf durch den ganzen Stiefel, und der Kolben wird von oben und von unten nur noch *gleich stark* gedrückt. Indessen setzt er seine Bewegung vermöge der Beharrungskraft noch einen Augenblick fort, und *vollendet* seinen Lauf. Aber bald hält ihn das starke Gegengewicht am Ende des Wagebalkens der Maschine auf und treibt ihn nun wieder zurück, nach oben.

185.

So erfolgt die rückgängige Bewegung des Dampfkolbens und der Stange *TT*. Wenn der Kolben beinahe an der Decke des Stiefels angelangt ist, trifft der Knaggen $t_{,,}$, an der hintern Seite der Stange, die Klaue *Q*, die durch das Gegengewicht nach unten gezogen war, als die Vertheilungsklappe geöffnet wurde. Die Klaue wird also gehoben, und mit ihr das Gegengewicht; die Vertheilungsklappe wird verschlossen und ihre Sperrung eingestemmt. Der Dampfkolben steigt nun, vom Gegengewicht am Wagebalken getrieben, noch ein wenig höher, aber, da dadurch der Dampf über dem Kolben *zusammengeprefst* wird, so hört das Aufsteigen allmälig auf, bis der Kolben ganz *stillsteht*.

186.

Die Maschine wird jetzt *stillstehen bleiben,* weil der Kolben nicht eher wieder nach unten sich bewegen kann, bis die Zu- und Auslafsklappen offen sind. Aber die Stange des Zulafssturzes, welcher allmälig von dem Gegengewicht nach oben getrieben worden ist, trifft auf die Sperrung der Auslafsklappe und hebt sie. Zu dem Ende nemlich geht der Sperrhaken durch einen Biegel oder Schlitz in der Stange hindurch, so dafs letztere einige Zeit steigt, ohne auf den Sperrhaken zu wirken. Aber so wie die untere Kante des Schlitzes bis zu dem Sperrhaken gelangt ist, hebt sie ihn, macht das Gegengewicht frei, und die Auslafsklappe öffnet sich. Darauf steigt die Stange des Wassersturzes noch ein wenig höher, bis ihr Kopf die Sperrung der Zulafsklappe erreicht, sie hebt, das Gegengewicht frei macht und durch dasselbe die Zulafsklappe geöffnet wird. Dann ist Alles wieder in den anfänglichen Stand zurückgekehrt. Der Kolben wird wieder hinabgetrieben und hernach vom Gegengewicht wieder hinauf; hierauf erfolgt ein kurzer *Stillstand,* bis der Zulafssturz die Klappen für einen neuen Niedergang des Kolbens geöffnet hat; u. s. w.

187.

Das hier beschriebene Hebelwerk ist dasjenige an den durch Herrn *M. T. Wicksteed* bei den Wasserwerken von Oldford zu London erbauten *Cornwallis*schen Maschinen von einfacher Wirkung. Herr *Wicksteed* hat zuerst die *Cornwallis*schen Maschinen aufserhalb dieses Theils von England bekannt gemacht und durch eine Reihe schöner Versuche die bis dahin bestrittenen Vorzüge derselben bewiesen. Die Hebelwerke Taf. No. 11. und 10. sind aus den Zeichnungen des Herrn *Wicksteed* genommen, welche seiner Beschreibung der beiden Maschinen zu Oldford, deren eine von *Watt* ist, beigefügt sind.

[„Auch an diesen verschiedenen Hebelwerken, sammt Cataracten, hat „sich, wie man sieht, die Erfindungs- und Zusammenfügungskunst der Mecha„niker schon sehr geübt und auf eine glänzende Weise gezeigt; allein die „schwierigste Aufgabe scheint auch hier noch nicht gelöset, nemlich die: „eine *einfachere* Steuerung der Dampfklappen zu finden. Eine solche ist noch „zu wünschen; nicht blofs, um die Kosten der Maschinen zu vermindern, son„dern, noch mehr, weil jede Maschine in der Regel um so *dauerhafter* ist und „um so *sicherer* wirkt, je *einfacher* sie ist. Es ist auch nicht zu zweifeln, „dafs, so wie schon an den Dampfmaschinen gegen ihre ältere Einrichtung so „Vieles vereinfacht wurde, auch diese Aufgabe noch werde gelöset werden.

„Sie scheint, an sich selbst betrachtet, eben nicht schwierig. Die an den Wage-„balken der Maschine zu hängenden Stangen werden von dem Balken auf- und „niedergezogen: die verschiedenen Dampfklappen sind ebenfalls auf- und nieder-„zubewegen: nur nicht *allmälig*, so wie die Stangen auf- und abgehen, son-„dern *plötzlich*; wobei die Wirkung der *Kron*klappen sehr zu Hülfe kommt. „Es käme also nur darauf an, durch die *allmälig* auf- und abgehende Be-„wegung der Stangen ein *plötzliches Heben* der Klappen hervorzubringen, „und dann die Klappen eine bestimmte Zeit *offen zu halten*. Zum plötzlichen „*Niederdrücken* derselben dient auch jedes Gewicht. Und vielleicht ist alles „Dies noch einfacher möglich, als es jetzt geschieht." D. H.]

V. *Von dem Dampfkolben und den Vorrichtungen, um die Kolbenstange in der Richtung der Axe des Dampfstiefels zu halten, oder dem Lenkparallelogramm.*

188.

Der *Dampfkolben* ist aus zwei kreisförmigen Scheiben von Metall zusammengesetzt, welche durch Schrauben vereinigt sind und zwischen welchen sich entweder eine Lage von Hanf befindet, die nach allen Seiten gegen die Wand des Kolbens geprefst wird; oder auch eine Lage metallner Ringe, die denselben Zweck hat.

189.

Fig. 66. Taf. No. 10. stellt einen Dampfkolben mit Hanfverdichtung vor. *a* ist der Körper des Kolbens. Sein Durchmesser ist ein wenig kleiner als der des Stiefels. *b* ist der Deckel des Kolbens, von gleichem Durchmesser. Er wird mit dem Körper des Kolbens durch Schrauben verbunden, die den zwischen beide gelegten Hanf fest- und hinauspressen. Der hinausgeprefste Hanf mufs so dicht an die Stiefelwand schliefsen, dafs kein Dampf entweichen kann. Dies ist schwierig zu erlangen, da der Hanf zu dem Ende sehr stark zusammengeprefst werden mufs. Auch mufs man den Kolben oft untersuchen, ob er dicht schliefse. Aus diesen Gründen sind die Kolben, *ganz aus Metall*, besser. In der Figur ist *d* der Fufs der Kolbenstange. Sie ist unten kegelförmig und kann also durch Anziehen des Keils *f* immer sehr fest mit dem Kolben verbunden erhalten werden.

190.

An der Decke des Dampfstiefels geht die Kolbenstange durch eine Büchse mit Werg. Diese Büchse ist eine kreisförmige Röhre, welche mit dem

Deckel aus einem Stück gegossen ist und in welcher sich eine gegen die Kolbenstange sehr festgeklemmte Lage von Hanf befindet, um das Entweichen des Dampfs zu verhindern. Zu dem Ende ist die Öffnung in dieser Röhre unten gerade nur so weit, dafs die Kolbenstange hindurch gehen kann; oben erweitert sich innerhalb die Öffnung, um den ganzen, an die Kolbenstange anzupressenden Hanf aufzunehmen. Oben darauf ist ein ringförmiger Deckel, welcher zum Theil in das Innere dringt und den Hanf zusammenprefst. Durch den Deckel und einen an dem Oberstück befindlichen Rand gehen Schrauben, mittels welcher der Hanf weiter angeprefst werden kann, so wie er abgenutzt wird. Man sieht diese Anordnung in den Figuren 45. 46. und 47. Taf. No. 6. und 7. Der Boden und der Deckel der Hanfbüchse haben inwendig einen kupfernen Ring, um dort die Reibung der Kolbenstange möglichst zu vermindern.

191.

Fig. 67. Taf. No. 10. stellt einen Kolben *ganz aus Metall* vor. *a* ist der Körper desselben, *b* sein Deckel. Beider Durchmesser ist ein wenig kleiner als der des Dampfstiefels. Der Körper des Kolbens hat über dem Boden eine ringförmige Erhöhung *c, c,* welche mit ihm aus einem Stück gegossen ist, mit drei hinaustretenden Armen *d, d, d.* Der Ring ist bestimmt, die Kolbenstange durchgehen zu lassen und sie zu fassen. Sie wird, wie in (§. 189.) beschrieben, vermittels des Keils *f* befestigt. Durch die Arme *d, d, d* hindurch wird der Deckel des Kolbens an dessen Körper angeschraubt. Zwischen den Deckel und den Boden sind drei Ringe von Metall gelegt, welche die Verdichtung des Kolbens geben, also deshalb ein wenig vor den Boden und den Deckel vortreten müssen und an die Wand des Dampfstiefels anzupressen sind. Von den drei Ringen ist der innere *e, e* so hoch, als der Zwischenraum zwischen Boden und Deckel; die beiden andern *g* und *h* sind nur halb so hoch und miteinander durch einen kreisförmigen Falz verbunden. Beim Abdrehen dieser Ringe giebt man ihnen genau den Durchmesser des Dampfstiefels. Dann schlägt man sie von innen etwas auseinander; was ihnen ein Bestreben giebt, sich zu *öffnen,* so, dafs, wenn hernach diese Ringe in drei Stücke zerschnitten werden, die Stücke *federn* und sich geradezubiegen, also gegen die Stiefelwand sich anzupressen streben. Nun werden die Ringe wieder zusammengesetzt und zwischen den Boden und den Deckel des Kolbens gebracht; und zwar mit bedeckten Fugen, damit der Dampf, der durch eine Fuge dringt, nicht weiter entweichen könne. Anfangs ist das Federn der Ringe hinreichend, sie an die Stiefelwand dicht anzupressen: aber damit diese Dichtigkeit *bleibe*, auch nachdem die Abnutzung der Ringe begonnen hat, sind zwischen den Armen *d, d, d* drei Federn *k* angebracht, so hoch als der Kolben, welche durch die Schrauben *l* mehr und mehr an die Ringe angedrückt werden können. Die Schrauben stemmen sich einerseits gegen den Körper des Kolbens *c*, andrerseits gegen die Federn *k*. Zuweilen bringt man auch die Schrauben anders an, und verändert überhaupt die Anordnung des Kolbens; doch bleibt dieselbe in der Hauptsache die nemliche; weshalb wir uns dabei nicht weiter aufhalten, sondern zu den Mitteln übergehen, die Kolbenstange immer genau in der Richtung der Axe des Dampfstiefels zu erhalten.

192.

Meistens bewegt die Kolbenstange einer Dampfmaschine einen Wagebalken an dem einen Ende auf und nieder, der dann seinerseits mit seinem andern Ende das Werk, für welches die Dampfmaschine bestimmt ist, in Bewegung setzt. Da die Enden des Wagebalkens *Kreisstücke* beschreiben, so würde die Kolbenstange, wenn sie blofs durch ein Gelenk an den Wagebalken angehängt wäre, und selbst wenn sie noch ein zweites Gelenk oder Knie weiter unten hätte, abwechselnd rechts und links gedrängt werden und also bei ihrem Durchgange durch die Decke des Stiefels sehr stark sich reiben; die Öffnung dort würde dadurch bald erweitert werden, und dann Dampf entweichen. Es ist daher wesentlich nothwendig, dafs die Kolbenstange immer genau *in der Richtung der Axe* des Dampfstiefels gehalten werde; was auf zweierlei Art geschieht, nemlich entweder durch das *Wattsche Vierseitgelenk (Parallelogramm)*, oder durch *gleichlaufende (parallele) Lenkungen.*

193.

Das *Wattsche Vierseitgelenk* ist eine Verbindung mehrerer eiserner Stangen mit der Stange des Dampfkolbens, die, auf einen festen Punct aufserhalb der Maschine und deren Wagebalken gegenüber sich stützend, die Kolbenstange in Richtungen hin- und hertreiben, welche denen entgegengesetzt sind, in welchen sie der Wagebalken allein treiben würde, und aus welcher Gegenwirkung dann die verlangte geradlinig-senkrechte Bewegung der Kolbenstange hervorgeht.

Fig. 58. Taf. No. 8. zeigt auf die einfachste Art diese Lenkung. Die Stange ***CB*** ist um den festen Punct ***C*** und die *gleich* lange Stange ***OD*** um den festen Punct ***O*** beweglich, so, dafs also die Puncte ***B*** und ***D*** *gleiche Kreisbogen* beschreiben und die Kolbenstange ***MQ***, wenn sie unmittelbar an

B oder an *D* befestigt wäre, hin- und herziehen würden. Verbindet man nun *B* und *D* durch eine dritte Stange *BD* und hängt die Kolbenstange *MQ* an die *Mitte M* von *BD*, so wird sie *beinahe* in senkrechter Richtung bleiben, weil die Abweichungen der Puncte *B* und *D* von dem Loth sich ausgleichen. Auch können *CB* und *OD* *ungleich* lang sein, wenn man *M* nicht in der *Mitte* von *BD*, sondern so annimmt, dafs $\frac{MD}{MB} = \frac{OD}{BC}$ ist. In der That wird der an die *längere* der beiden Stangen *BC* und *OD* stofsende Theil der Verbindungsstange *BD* weniger von der lothrechten Richtung abgelenkt, als der andere, und mufs also der *kürzere* sein. Es bleibt aber *M* auf diese beiden Arten *nicht genau* in dem Loth. Ein Mittel, die Abweichung möglichst zu vermindern, ist auch, die Stangen so zu legen, dafs die Linie *M'MM''* von dem Loth *B'B''* durch die *äufsersten* Puncte *B'* und *B''*, welche *B* erreicht und von dem Loth, welches durch *B* geht, gleich weit entfernt sei, weil sie dann schon ein Mittel hält zwischen den äufsersten Abweichungen, die Statt finden würden, wenn die Verbindungsstange *BD* nicht vorhanden wäre.

Will man wissen, welche Abweichung noch bei diesen drei verschiedenen Arten der Anordnung der Stangen bleibt, so mufs man die Aufgabe analytisch-geometrisch untersuchen; was aber hier in dieser technischen Schrift zu weitläuftig sein würde. [„Die Untersuchung ist in der That so weitläuftig, und ihre Ergebnisse sind so wenig für die Ausübung brauchbar, dafs sie hier „nicht am Orte sein würde." D. H.] Es genügt hier an einer Auflösung durch *Zeichnung*. Man ziehe aus *C* und *O* die Kreisbogen *B'BB''* und *D'DD''* mit den Halbmessern *CB* und *OD*, dieselben mögen gleich oder ungleich sein, setze mit dem Cirkel die Linie *BD* an mehreren Puncten in diese Kreisbogen, so, dafs der eine Fufs des Cirkels in dem einen, der andere in dem andern Kreisbogen steht: so geben die verschiedenen Orte, an welche der mit der Linie *BD* übertragene Punct *M* derselben gelangt, die Linie *M'MM''*, welche *M* beschreibt. [„Dieses Verfahren ist in der That *für die Ausübung* „besser." D. H.] Die Linie ist nicht völlig eine *lothrechte Gerade* durch *M*, aber sie kommt ihr, wenn *M* in *BD* nach einer der obigen Regeln angenommen wird, für die Ausübung nahe genug, da die Schwingungen des Wagebalkens der Maschine keinen sehr grofsen Winkel durchlaufen.

194.

Die Verbindung von *drei Stangen* Fig. 58. ist die einfachste für die Anwendung. Fig. 59. Taf. No. 8. zeigt die üblichste Art ihrer Anwendung.

CBA ist der Wagebalken der Dampfmaschine, an welchen zwei Kolbenstangen *PQ* und *MN* in *A* und *B* angehängt sind, die in lothrechter Richtung gehalten werden sollen. Zu dem Ende bringt man zunächst an *B* die in Fig. 58. vorgestellte Stangenverbindung an, nemlich man läfst um einen festen Punct *O* aufserhalb der Maschine eine Stange *OD* sich drehen, welche so lang ist als *CB*, und verbindet darauf die beiden Puncte *B* und *D* durch die Stange *BD*, an welche man in *M* die Kolbenstange *MN* anhängt. So ist dann diese Stange genau in dem Fall wie die in Fig. 58. [„*C* liegt blofs in Fig. 58. rechts, in „Fig. 59. links." D. H.] Nun bringt man ferner an *A* eine Stange *AP* an, so lang als *BD*, und verbindet die beiden Puncte *P* und *D* durch eine bewegliche Stange, so lang als *AB*. Endlich hängt man an *P* die zweite Kolbenstange *PQ*. Vorausgesetzt dann, dafs die Kolbenstange *MN* in *lothrechter* Richtung gehalten werde, geschieht das Gleiche auch mit der Stange *PQ*. In der That ist *APBD*, wegen *AB* = *PD* und *AP* = *BD*, ein *Parallelogramm:* und also bleiben *AP* und *BD* immer miteinander *parallel*, in welcher Lage sich auch der Wagebalken der Maschine befinden mag. Zieht man daher durch *C* und *D* die Gerade *CDE*, bis sie *AP* in *E* schneidet, so sind die Dreiecke *CBD* und *CAE*, weil *BD* und *APE* Parallelen sind, stets einander *ähnlich*. Also werden in allen verschiedenen Stellungen der Stangenverbindung alle ähnlich liegenden Puncte der beiden Dreiecke eine ähnliche Lage haben, und folglich werden die *Mitten M* und *P* von *BD* und *AE* ähnliche und ähnlich liegende Linien durchlaufen, und wenn *M* ein Loth durchläuft, wird *P* ebenfalls ein Loth beschreiben. [„Da *M* die *Mitte* von *BD* sein soll, und *APE* „mit *BMD* gleichlaufend ist, so wird auch *P* in der Mitte zwischen *A* und *E* „liegen und folglich *CM* verlängert durch *P* gehen; und die Dreiecke *BCM* „und *ACP* sind *ähnlich*. Daraus folgt, dafs *CP* in jeder Lage des Wage„balkens das nemliche Vielfache von *CM* sein wird, welches *CA* von *CB* ist, „also stets *dasselbe* Vielfache; und hieraus folgt weiter, dafs, welche gerade „Linie auch *M* beschreiben mag, die Linie, welche *P* beschreibt, ebenfalls „gerade und mit der Bahn von *M gleichlaufend* sein wird." D. H.]

Die verschiedenen Anordnungen des Vierseitgelenks kommen im wesentlichen immer auf die Art Fig. 59. hinaus. Z. B. bei den Maschinen für Dampf*schiffe* hat die Anordnung blofs die umgekehrte Lage, weil dort der Wagebalken *unter* der zu lenkenden Kolbenstange liegt. Wir geben hier keine weitern Figuren von diesen Veränderungen, da sich Beispiele davon genug bei den weiter unten zu beschreibenden Maschinen darbieten werden.

195.

Gleichlaufende Leitstangen stellen Fig. 73. und 74. Taf. No. 12. vor. An den Kopf der Kolbenstange *D* ist ein Querstück *d* befestigt, welches an den Enden Dillen *d''*, *d''* hat, die, mit Werg gefüttert, die Leitstangen *d'*, *d'* umfassen und daran auf- und abgleiten. Diese Leitstangen sind nur bei kleinen Maschinen und bei Dampfwagen üblich.

VI. Vom Niederschlaggefäfs oder dem Kühlfasse (condensator) und den Pumpen für das kalte, für das warme Wasser und für die Luft.

196.

Wenn man die *ganze* Spannkraft des Dampfs benutzen will, so läfst man den Dampf, der unter dem Kolben sich befindet, sich niederschlagen, um dadurch eine Luftleere zu erzeugen. Das Gefäfs, in welchem dieser Niederschlag hervorgebracht wird, heifst *Niederschlaggefäfs* oder *Kühlfäfs (condensator)* und es gehören zu demselben eine Pumpe, um kaltes Wasser in das Gefäfs zu schaffen, eine Luftpumpe, um aus dem Kühlgefäfs das Wasser, welches sich darin gebildet hat, die daraus entwickelte Luft und den etwa nicht niedergeschlagenen Dampf zu ziehen, und endlich noch eine Pumpe, um das von der Luftpumpe geschöpfte heifse Wasser, ehe es sich weiter abkühlt, in den Kessel oder in das Speisebecken des Kessels zu schaffen.

197.

Das Kühlgefäfs ist eine metallene walzenförmige Röhre *A* Fig. 60. Taf. No. 9. Dieselbe ist ganz in kaltes Wasser getaucht und in ihren Deckel mündet die Röhre *E* ein, durch welche der Dampf, der in der Maschine seine Wirkung gethan hat, zu ihr herbeigeführt wird. Gegen die Mitte seiner Höhe mündet in das Kühlgefäfs eine kleine Röhre *d*, mit einer Brause, wie an Sprengkannen. Diese kleine Röhre *d* taucht in das Wassergefäfs mit einer unten offenen Mündung, so, dafs das Wasser mittels des Übergewichts des Luftdrucks über die Spannung im Kühlgefäfs in dasselbe durch die Brause hineingesprengt wird. Durch einen Hahn, mit der Handhabe *r*, kann der Durchgang durch die Röhre nach Bedürfnifs verengt und erweitert werden. So wird in dem Kühlgefäfs beständig eine fast gänzliche Luftleere erhalten, weil aller Dampf, so wie er eindringt, durch die Berührung mit den Wänden des Gefäfses und durch das eingespritzte kalte Wasser niedergeschlagen wird. Also, wenn durch Öffnung der zugehörigen Klappe von der obern oder untern Seite des Dampfkolbens her der Dampf in das Kühlgefäfs dringen kann, entsteht *auch im Dampfstiefel* eine fast eben solche Leere, wie im Kühlgefäfs. Am Boden des Kühlgefäfses ist eine kleine Röhre *e*, welche nach aufsen führt. Diese Röhre dient, die Luft auszutreiben, welche bei Unterbrechungen der Bewegung in das Kühlgefäfs und sonst in die Maschine gedrungen sein möchte. Sie hat zu dem Ende eine Klappe, *Blaseklappe* genannt, welche sich nach aufsen öffnet. So wie die Maschine in Bewegung gesetzt werden soll, öffnet man alle Durchgänge zugleich, und der Dampf, welcher heftig hindurchströmt, treibt die Luft durch die Klappe *e* aus. Damit durch dieselbe nicht Luft zurückströmen könne, ist sie mit einer dünnen Wasserschicht bedeckt, welche sie luftdicht verschliefst.

198.

Die *Luftpumpe B* (Fig. 60.) ist, wie schon oben gesagt, bestimmt, aus dem Kühlgefäfs das Wasser, welches zum Niederschlagen des Dampfs diente, das aus dem Dampf niedergeschlagene Wasser, den etwa nicht niedergeschlagenen Theil des Dampfs, so wie die Luft auszuschöpfen, welche sich in dem Wasser im Kessel vor seiner Verdampfung befand und bei der Verdampfung entwickelte. Diese Pumpe besteht aus einem ausgebohrten Stiefel, mit einem Klappenkolben, für dessen Stange die Öffnung im Deckel des Stiefels mit Werg verdichtet ist. Die Kolbenstange wird von dem grofsen Wagebalken der Maschine auf- und nieder bewegt. Wird der Kolben *niedergedrückt*, so wird die Luft über dem Kolben verdünnt und der Druck der Luft auf das heifse Wasser in dem Becken *M* verschliefst die Klappe *m*, welche sich *nur* nach aufsen öffnet. Ebenso wird die Klappe *f*, welche *nur* nach dem Innern der Pumpe sich öffnet, angedrückt: dagegen die Klappen *n, n* im Kolben heben sich, so wie die Spannung der Luft unter dem Kolben stärker wird, als über dem Kolben. Also dringt nun Alles, was sich unter dem Kolben befindet, durch die Klappen *n, n* über denselben. Wird jetzt der Kolben von dem Wagebalken der Maschine wieder *gehoben*, so entsteht, umgekehrt, eine stärkere Spannung über und eine verminderte Spannung unter dem Kolben: die Klappe *m* wird aufgestofsen, und Alles, was sich über dem Kolben befindet und was er gehoben hat, wird in das Gefäfs *M* getrieben. So geht es abwechselnd weiter, und die Luftpumpe schöpft also aus dem Kühlgefäfs Alles aus, was darin sich befindet: Wasser, Dampf und Luft.

199.

Die *Kaltwasserpumpe C* (Fig. 60.) hebt das Wasser aus einem Brunnen und schaffet es mittels der Röhre *h* in das das Kühlgefäfs umgebende Becken. Da dies eine gewöhnliche Pumpe ist, so bedarf sie keiner besondern Beschreibung. Ihre Kolbenstange wird ebenfalls durch den grofsen Wagebalken der Maschine in Bewegung gesetzt, und sie mufs *mehr* Wasser heben, als zum Niederschlagen des Dampfs nöthig ist, so dafs das Wasser zum Theil ungenutzt wieder abfliefst. [„Nemlich, damit in das Kühlgefäfs immer möglichst kaltes Wasser gelange." D. H.]

200.

Die *Heifswasserpumpe* Fig. 60. hebt das in *M* sich sammelnde heifse Wasser in das Speisebecken des Kessels. Da das Becken *M*, welches übrigens von dem Kaltwasserbecken für das Kühlgefäfs getrennt ist, dasjenige Wasser aufnimmt, welches die Luftpumpe schöpft, und welches aus einer Mischung des in das Kühlgefäfs eingespritzten Wassers mit dem Dampf aus dem Stiefel entsteht, so hat das Wasser in *M* eine *bedeutende* Wärme, die um so gröfser ist, je mehr Spannung, und folglich Hitze, der wirkende Dampf hat. Dieses Wasser ist also zur Speisung des Kessels besonders gut geeignet. Es wird durch die Pumpe *D* nach dem Speisebecken des Kessels geschafft. Diese Pumpe, deren schon oben bei der Beschreibung der Speisung des Kessels gedacht wurde, ist eine *Saugpumpe* bei Maschinen von *niedrigem* Druck, und eine *Druckpumpe* bei *Hochdruckmaschinen*. Der Überschufs von heifsem Wasser, welchen die Luftpumpe haben möchte, fliefst aus *M* durch einen Überlauf ab.

Von noch andern Einrichtungen des Kühlgefäfses und seines Zubehörs werden sich unten bei den einzelnen Maschinen Beispiele finden.

VII. Von den Regelungsvorrichtungen an Maschinen von doppelter Wirkung; nemlich dem Schwungrade, der Stellklappe und den Schwungkugeln.

201.

Offenbar ist es eine wesentliche Bedingung für Dampfmaschinen, dafs ihre Bewegung völlig *gleichförmig* sei. Diese Gleichförmigkeit hervorzubringen, dienen gewisse Vorrichtungen, welche für Maschinen von doppelter und von einfacher Wirkung *verschieden* sind. Sie sind hienach zu unterscheiden. Diejenigen für Maschinen von *doppelter* Wirkung (welche Maschinen in der Regel eine drehende Bewegung hervorbringen und von welchen der gegenwärtige Paragraph handeln soll), sind das *Schwungrad*, die *Kehlklappe* und die *Schwungkugeln;* wozu noch, wie sich weiter unten zeigen wird, die Anzeigen des Quecksilberspannungmessers kommen.

202.

Das Schwungrad G Fig. 73. Taf. No. 12. ist ein grofses, auf der Welle der Maschine befestigtes und von derselben mit umgedrehtes Rad aus gegossenem Eisen. Seines grofsen Gewichts wegen würde eine bedeutende Kraft nöthig sein, um die Geschwindigkeit, welche das Schwungrad einmal erlangt hat, zu ändern; es überwindet also die kleinen Hindernisse, welche aus der veränderlichen Verdampfung, oder aus etwaigen Veränderungen der Widerstände entstehon können, ohne dafs dieselben einen merklichen Einflufs auf seine Bewegung hätten. Indessen geschieht dies offenbar nur, wenn die Hindernisse nicht sehr grofs und nicht dauernd sind. Ist es anders, so reicht das Schwungrad nicht mehr aus, sondern es sind andere Mittel dagegen nöthig.

203.

Ein solches anderes Mittel gewährt die *Kehlklappe* in der Dampfröhre Fig. 54. Taf. No. 8. Sie kann mittels einer aus der Röhre hinausreichenden Handhabe nach Erfordern so gedreht werden, dafs dem Dampfe mehr oder weniger vom Querschnitt der Röhre zum Durchgange geöffnet werde: vom gänzlichen Verschlufs an, bis zur fast vollen Öffnung. Ist also eine gewisse mittlere, schräge Stellung hinreichend, um für den regelmäfsigen Gang der Maschine hinreichenden Dampf durchzulassen, so darf man nur die Klappe mehr oder weniger öffnen, wenn etwa die Verdampfung ab- oder zunimmt, oder die Widerstände zu- oder abnehmen.

Aber, statt dafs der Maschinist mit der Hand die Klappe mehr oder weniger öffne, kann man auch durch folgende Vorrichtung machen, dafs die Maschine, ganz nach Bedürfnifs, es selbst thue.

204.

Diese Vorrichtung mit *Schwungkugeln* stellt Fig. 61. Taf. No. 9. vor. Die lothrechte Achse *a* wird von der Welle des Schwungrades mittels zweier in einander greifender Keilräder und eines um die Rolle *m* gehenden Seils ohne Ende umgedreht: also mit einer Geschwindigkeit, welche die Maschine selbst giebt und bestimmt. An der Achse *a* sind zwei, mit ihr sich herumschwingende Arme *b, b,* die sich in Gelenken an der Achse drehen können, und an dem freien Ende jedes Arms ist eine metallene Kugel. Dreht sich die Achse, und folglich das Schwungrad, *schnell* herum, so ist die Schwungkraft der Kugeln *stark:* sie werden von der Achse hinweggetrieben und *heben* folglich die Arme *in die Höhe.* Dreht sich das Schwungrad *langsam,* so *nähern* sich die Kugeln der Achse, und die Arme *sinken.* Nun ist ein Halsbald oder Ring *c* um die Achse, welches darauf frei auf- und abgleiten kann, mittels zweier Stangen *e, e* mit den Armen *b, b* verbunden: das Halsband hebt und senkt sich also, wenn sich die Arme heben oder senken, folglich je nachdem das Schwungrad sich schnell oder langsam bewegt. Das Halsband oder den Ring *c* fasset mittels einer Gabel ein Hebel *d,* und dieser Hebel steht mittels anderer Hebel oder Stangen mit der Handhabe der *Kehlklappe* (§. 203.) so in Verbindung, dafs diese Klappe *mehr* verschlossen wird, wenn die Schwungkugeln sich *heben,* also die Geschwindigkeit des Schwungrades zunimmt, so dafs sie nie zu stark werden kann, und dafs die Klappe mehr *geöffnet* wird, wenn sich die Kugeln *senken* oder die Geschwindigkeit des Schwungrades *abnimmt.* So also erhält sich die Maschine selbst ihre richtige Geschwindigkeit.

Um die Schwungkugeln beim *Anfange* der Bewegung zu regeln, nimmt man erst die Verbindungsstange der Stellklappe ab. Wenn darauf die Spannung des Dampfs im Kessel das richtige Maafs erreicht hat und die Verdampfung in regelmäfsigem Gange ist, stellt man *mit der Hand* die Stellklappe so, dafs die verlangte Geschwindigkeit erlangt wird, und bleibt; darauf bringt man die Stellklappe in dieser Lage mit den Schwungkugeln in Verbindung. Damit die Klappe in jeder nöthigen Lage an die Schwungkugeln gehängt werden könne, besteht die Verbindungsstange aus zwei Stücken, welche durch eine bewegliche Schraubenmutter, mit zwei entgegengesetzten Schrauben, einander genähert oder von einander entfernt werden können, so dafs sich die Stange verkürzen und verlängern läfst, je nachdem es die Lage der Stellklappe erfordert. Darauf wird die Klappe durch die Schwungkugeln immer in derselben Lage erhalten werden. Die Schwungkugeln wirken indessen bei der Mäfsigung oder Verstärkung der Geschwindigkeit nur bis zu einer gewissen Grenze, nemlich nur bis der Ring oder Halsband *c* einen der Knaggen *r, r* an der Achse erreicht hat. Genügt dies noch nicht, so mufs der Maschinist die Verbindung der Kugeln mit der Stellklappe lösen und die Klappe mit der Hand weiter drehen.

Damit die Schwungkugeln *verschiedene* Geschwindigkeiten des Schwungrades *bleibend* erhalten können, hat die Rolle *m* mehrere Rinnen von verschiedenen Durchmessern, und je nachdem man das Seil ohne Ende in die eine oder die andere Rinne legt, wird die Umdrehungs-Geschwindigkeit der Schwungkugeln verstärkt oder gemindert.

VIII. Von den Regelungs-Vorrichtungen für Maschinen von einfacher Wirkung, nemlich der Stellklappe und dem Wassersturz.

205.

Die Maschinen von *einfacher* Wirkung läfst man in der Regel *nicht* eine drehende Bewegung hervorbringen; so dafs sie also auch *kein* Schwungrad haben. Aber diese Maschinen erfordern zwei Regelungen. Einerseits mufs der Dampfkolben genau die ihm bestimmte Länge seines Wegs durchlaufen; andrerseits mufs er in einer bestimmten Zeit die bestimmte *Zahl* von Schlägen machen. Dieses zu erlangen dienen die *Stellklappe* und der *Wassersturz.*

206.

Die *Stellklappe* Fig. 57. Taf. No. 8. dient, den Lauf des Dampfkolbens zu regeln. Die Klappe ist wie gewöhnlich kegelförmig und am Ende der Dampfröhre angebracht, und so, dafs der Dampf nothwendig durch sie strömen mufs, um zu der Einlafsklappe des Dampfstiefels zu gelangen. *t* ist die Dampfröhre vom Kessel her, *a* die Öffnung nach der Einlafsklappe hin. Die Stellklappe *r* wird durch einen Hebel *l* gehoben und gesenkt, welcher sich um den festen Punct *o* dreht. Dieser Hebel, und also durch ihn die Stellklappe selbst, wird vom Maschinisten mittels der Stange *m* und zweier Schrauben, eine unter und eine über einer festen Hülse, gestellt, durch welche die Stange hindurchgeht. Da nun die Einlafsklappe immer eine bestimmte Zeit offen bleibt, so kann man durch mehr oder weniger Öffnen der Stellklappe machen, dafs in dieser Zeit mehr oder weniger Dampf in den Dampfstiefel gelangt. Wenn daher etwa das Feuer unter dem Kessel so nachläfst, oder sonst die Bewegung so verzögert wird, dafs der Dampfkolben nicht mehr seinen vollen Weg durchläuft, oder wenn im Gegentheil der Dampfkolben so stark getrieben wird, dafs er auf den Boden des Stiefels aufstöfst, so darf man nur, um Dem abzuhelfen, die Stellklappe mehr oder wenig aufschrauben.

An Maschinen, welche keine Stellklappe haben, verlängert oder verkürzt man den Lauf des Dampfkolbens dadurch, dafs man das Lager der Einlafsklappe hebt oder senkt, damit diese Klappe längere oder kürzere Zeit offen bleibe. Dieses Mittel ist aber weniger bequem, sicher und genau, als die Stellklappe. Die Stellklappe regelt übrigens nur den Lauf des Dampfkolbens, wenn auf ihn der *Dampf* wirkt. Die Wirkung des *Gegengewichts* auf den Kolben wird durch Verlegung der Angriffspuncte geregelt; wie es weiter unten bei den einzelnen Maschinen näher sich zeigen wird.

207.

Der *Wassersturz (Cataract)* (S. oben §. 181.) dient, die *Zahl* der Dampfkolbenschläge zu regeln. Nachdem der Kolben durch den Dampf nach unten und durch das Gegengewicht wieder nach oben getrieben worden ist, beginnt er *nicht sogleich* wieder seinen Lauf nach unten; wie es geschehen würde, wenn, wie gewöhnlich, die Einlafsklappe gleich nach seiner Ankunft oben, durch den Knaggen an einer aufsteigenden Stange der Maschine geöffnet würde. Die Einlafsklappe kann, nachdem der Dampfkolben oben angelangt ist, immer noch verschlossen bleiben, wenn noch kein anstofsender Knaggen sie öffnet. Der Kolben *steht* dann während einer gewissen Zeit, die vom *Wassersturz* abhängt, *still*. Nur dieser erst öffnet die Einlafsklappe durch Lösung des Gegengewichts, welches die Klappe hebt. Erst nachdem dies geschehen, bewegt sich der Kolben nach unten, und dieser Bewegung folgt dann auch *sogleich* wieder ein Aufsteigen. Darauf wartet der Kolben wieder die Öffnung der Klappe durch den Wassersturz ab; und so weiter. Demnach läfst sich durch den Wassersturz, zwar nicht die Zeitdauer der *Kolbenschläge selbst*, wohl aber die Zeit der *Ruhe* zwischen den einzelnen Kolbenschlägen regeln.

208.

Der Wassersturz wird auf verschiedene Arten eingerichtet. Eine derselben stellt Fig. 62. Taf. No. 9. vor. Ein offener Eimer *a* bewegt sich an einem Arm um die wagerechte Achse *c*. In den Eimer fliefst ununterbrochen ein Wasserstrahl, der durch den Hahn *r* herbeiströmt. Durch den Winkelhebel *bc* und die Kette *bd* steht der Eimer mit der Einlafsklappe für den Dampf in Verbindung. Wenn der Eimer leer ist, wird sein Arm durch das Gewicht des Winkelhebels und der Kette in der senkrechten Lage gehalten; aber so wie er sich allmälig mit Wasser füllt, gelangt, vermöge seiner Gestalt, sein Schwerpunct immer mehr aus dem Loth durch die Dreh-Achse *c* hinaus, bis endlich plötzlich der Eimer nach der punctirten Stelle hin sich bewegt, die Kette anzieht, das Gegengewicht löset und die Einlafsklappe in den

Stiefel dem Dampfe öffnet. Sobald aber in der punctirten Stellung das Wasser aus dem Eimer wieder hinausgeflossen ist, zieht ihn das Gewicht des Hebels und der Kette wieder bis zu dem Halt *n* zurück und der Sperrhaken der Einlafsklappe kommt wieder an seinen vorigen Ort, wo dann von der Maschine das Gegengewicht wieder eingehakt wird, welches nunmehr die Einlafsklappe verschlossen hält, bis die allmälige Anfüllung des Eimers von Neuem den *Fall des Wassers* zur Folge hat (von welchem *Fall* man der Vorrichtung den Namen *Wassersturz (Cataract)* gegeben hat). Je nachdem man den Hahn *r* mehr oder weniger öffnet, kann man die Anfüllung des Eimers mit Wasser beschleunigen oder verzögern und folglich die Zahl der Kolbenhube in der Minute vergröfsern oder verringern. Durch die Röhre *f* rinnt das aus dem Eimer geflossene Wasser aus dem Kasten ab.

209.

Die *neuere Art von Wasserstürzen* besteht aus einem kleinen Pumpenstiefel, welcher sich während des Niederganges des Dampfkolbens mit Wasser füllt und dann durch einen besondern Hahn wieder leert, so dafs der Taucher oder Kolben der Pumpe langsam wieder hinabsteigt, bis er, unten angelangt, mittels einer Stange den Sperrhaken der Einlafsklappe für den Dampf löset und so einen neuen Lauf des Dampfkolbens vorbereitet. Fig. 63. Taf. No. 9. macht diese Anordnung vorstellig. *p* ist der Pumpenstiefel, der in einem Gefäfs voll Wasser steht. Die Ständer *n* tragen einen Hebel, der sich um die Achse *h* dreht. An das eine Ende des Hebels ist ein Gewicht *i* gehängt, welches den Taucher oder Kolben *k* der Pumpe nach unten drückt. Am andern Ende zieht der Hebel an eine Kette, welche sich um die Rolle *x* wickelt. Auch wirkt der Hebel auf die Stange *m*, welcher die Dampf-Einlafsklappe öffnet. An die Achse der Rolle *x* ist ein langer Hebel *l* befestigt, der, wenn man ihn niederdrückt, die Kette aufrollt und also das Gewicht *i* hebt. Am Boden des Pumpenstiefels ist eine kleine Klappe *u*, die sich nach innen öffnet; an der Seite des Stiefels ist eine andere Klappe *v*, die nach aufsen aufgeht. So wird das Wasser, wenn der Kolben *k* aufsteigt, in den Pumpenstiefel durch *u* eingesogen und wenn der Kolben niedersteigt durch *v* wieder ausgetrieben; aber durch den Hahn *z* an der Stange *y* läfst sich die Zeit zur Austreibung des Wassers nach Belieben regeln.

Die Wirkung dieser Vorrichtung ist folgende. Ein Knaggen an der Luftpumpenstange drückt den Hebel *l* nieder, wickelt die Kette auf die Rolle, hebt das Gewicht *i*, und folglich den Kolben *k:* also füllt sich der Pumpenstiefel *p* während des *Niederganges* des Dampfkolbens. So wie der Dampfkolben wieder *aufsteigt,* ist der Wassersturz ganz sich selbst überlassen. Es wirkt jetzt nur das Gewicht *i* auf ihn und drückt den Kolben *k* hinunter; was aber nur in dem Maafs geschehen kann, wie der Hahn *z* den Ausflufs des Wassers aus dem Pumpenstiefel gestattet. Durch mehreres Verschliefsen des Hahns *z* läfst sich die Zeit verlängern, welche das Gewicht *i* nöthig hat, hinabzusinken und die Stange *m* bis zu ihrer höchsten Stelle emporzuheben. Daraus folgt, dafs der Dampfkolben der Maschine, nachdem er oben im Dampfstiefel angelangt ist, *stehen bleiben und abwarten mufs,* bis die Stange *m* ganz hinaufgestiegen ist und wieder die Einlafsklappe für den Dampf geöffnet hat. Ist endlich der Taucher *k* bis auf den Boden, und die Stange *m* oben angelangt, so hebt sie den Sperrhaken der Einlafsklappe, löset ihr Gegengewicht, die Klappe öffnet sich, der Dampf strömt in den Stiefel und der Dampfkolben beginnt nun einen neuen Niedergang. Die Zeit des Stillstandes des Dampfkolbens zwischen seinen Auf- und Niedergängen hängt also von der Stellung des Hahns des Wassersturzes ab, und wenn man will, dafs keine Stillstände erfolgen, mufs man den Hahn so stellen, dafs die Stange *m* eben so schnell in die Höhe steigt, als der Dampfkolben.

210.

So läfst sich durch diese Vorrichtungen die Geschwindigkeit der Bewegung der Maschine und die Zahl der Kolbenschläge in der Minute regeln. Diese Regelung hat noch den Nutzen, dafs sich, wenn man die Zahl der Kolbenschläge vermindert, auch der Aufwand an *Brennstoff* mäfsigen läfst. Wenn z. B. eine Maschine zehn Kolbenschläge in der Minute machen würde, falls der Wassersturz *nicht da* wäre (also *ohne* Ruhezeiten zwischen den einzelnen Schlägen), und man verminderte nun mittels des Sturzes die Zahl der Schläge auf die Hälfte, so ist nur noch halb so viel Dampf nöthig, als vorhin, weil bei gleichem Widerstande jetzt nur fünf Stiefel voll Dampf von der gleichen Spannung verbraucht werden. Der Maschinist darf also nur das Feuer so mäfsigen, dafs in gleicher Zeit nur halb so viel Dampf erzeugt wird, weil sonst immerfort Dampf durch die Sicherheitsklappe entweichen würde. Folglich erspart der Wassersturz *Brennstoff:* in demselben Verhältnifs, wie man weniger Kolbenschläge verlangt.

XI. *Von den Vorrichtungen, die Wirkung der Maschinen zu messen; nemlich vom Zähler, vom Kraftzügel, vom Wattschen und dem steten Spannungsmesser.*

211.

Der *Zähler* ist ein Uhrwerk, welches die *Zahl* der Kolbenschläge der Maschine in einem bestimmten Zeitraume anzeigt. Es befindet sich in einer verschlossenen Büchse, die an den grofsen Wagebalken der Dampfmaschine befestigt wird und mit ihm auf und nieder sich bewegt. In der Büchse ist ein kurzes und schweres Pendel, das aber nicht, wie an den gewöhnlichen Pendel-Uhren, senkrecht aufgehängt ist, sondern auf einer senkrecht auf den Wagebalken wagerechten Ebene sich befindet. Das bewegliche Ende des Pendels liegt auf einer geglätteten, mit dem Wagebalken gleichlaufenden [?] Stange, und so wie der Wagebalken sich nach der einen Seite hin neigt, macht das Gewicht des Pendels ihn auf der Stange gleiten, und es bewegt sich nach der zugehörigen Seite der Stange. Hebt sich darauf der Wagebalken in der entgegengesetzten Richtung, so gleitet das Pendel nach der andern Seite. Bei jeder vollen Schwingung des Wagebalkens macht also das Pendel ebenfalls eine volle Schwingung. Dann befinden sich in der Büchse mehrere in einander greifende gezahnte Räder, die der Reihe nach 1 auf 10 und 1 auf 100 Umdrehungen machen. An jedem Rade ist ein Zeiger auf einem Zifferblatte. So zählt dieses Uhrwerk die Kolbenschläge, selbst während eines ganzen Jahres. Die Büchse wird mit mehreren Schlüsseln verschlossen, welche diejenigen Personen in Verwahrung nehmen, welche dabei betheiligt sind. Die Schrauben, welche die Büchse an den Wagebalken befestigen, können nur von innerhalb der Büchse gelöset werden. Auch befestigt man den Zähler nicht an den Wagebalken der Maschine, sondern an eine besondere Stange, welche Schwingungen wie ein gewöhnliches Pendel macht.

212.

Der Pronysche Zügel (Frein dynamometrique) dient, die Kraft der Maschine zu messen, *während sie im Gange ist.* Die Vorrichtung besteht in einem Ringe *aa* Fig. 64. und 65. Taf. No. 9. aus gegossenem Eisen, der sich genau um den Wellbaum der Maschine legt und mit demselben herumdreht. Der Ring wird von einer durch die Schrauben *d* und *g* angezogenen Kette gegen einen Klotz *e* aus hartem Holze angeprefst, welcher an einen tannenen Balken *l* befestigt ist, an dessen Ende eine Wagschale hängt. Läfst man die

Maschine frei sich bewegen, nemlich ohne dafs sie auf die Widerstände wirkt, welche sie arbeitend zu überwinden hat, so kann man, wenn die Schrauben *d* und *g* hinreichend stark angezogen werden, die Widerstände durch eine *Reibung* ersetzen, welche ihnen gleich ist, sobald die Maschine unter dieser Reibung eben so viele Kolbenschläge in der Minute macht, als wirksam arbeitend. Legt man dann auf die Wagschale so viel Gewichte, als nöthig, um den Balken *l* in wagerechter Stellung, also jener Reibung das Gleichgewicht zu halten, so *messen* diese Gewichte die Kraft der mit der bestimmten Geschwindigkeit arbeitenden Maschine.

213.

Um den Ring auf den Wellbaum der Maschine zu befestigen, legt man um letztern erst eine hölzerne Hülse *m*, mit starken Reifen beschlagen. Auf die Hülse befestigt man den aus zwei Stücken zusammengesetzten Ring *aa* mittels langer Schrauben *c, c, c*, deren Muttern sich in Ohren befinden, die an den Ring angegossen sind (Fig. 64.). *Zwischen* den Schrauben *c, c, c* wird der Ring *aa* gegen die Hülse mit doppelten, gegen einanderlaufenden Keilen, deren Oberflächen genau gleichlaufend mit der Axe sind, angekeilt. Auf solche Weise erlangt man, dafs der Mittelpunct der äufsern Oberfläche des Ringes *aa*, welche geuau abgedreht ist, genau in die Axenlinie gelangt. Der Klotz *e* ist in den Balken *l* verkämmt und hat mehrere Löcher, um das Öl zum Schmieren seiner Berührungsfläche mit dem Ringe durchzulassen. Die Kette, welche den Ring umfafst, hat flache, durch Gelenke verbundene Glieder, und an ihren Enden sind Schraubenspindeln, über welche die Muttern *d* und *g* mittels eines Schlüssels angezogen werden. Damit der Hebel *l* nicht in die Höhe geschnellt werde, oder hinunter fallen könne, wenn etwa die Schrauben *d* und *g* zu stark oder zu schwach angezogen sind, wird er oben und unten, mit einigem Spielraum, durch Querhölzer gehalten.

214.

Ist die Vorrichtung geordnet, so legt man auf die Wagschale zunächst so viel Gewicht, als *wahrscheinlich* der Hebel *l* tragen wird. Dann zieht man die Schrauben *d* und *g* allmälig weiter an, bis der Hebel wagerecht steht, oder doch zwischen seinen Haltpuncten nur noch einige Schwingungen macht. Hat die Maschine noch nicht die rechte Geschwindigkeit erlangt, so vermehrt oder vermindert man die Gewichte auf der Wagschale, und wenn nun endlich die bestimmte Geschwindigkeit erlangt ist und die Gewichte derselben gemäfs sind, so *messen* dieselbe die Kraft der Maschine. Denn alsdann ist die *Reibung* des Klotzes *e* an dem Ringe *a* den Widerständen gleich, welche die Maschine mit der bestimmten Geschwindigkeit zu überwinden vermag. Das Gewicht *P* auf der Wagschale aber mifst die Reibung, weil die Wagschale sinken oder steigen würde, wenn die Reibung schwächer oder stärker wäre. Es ist nur nöthig, dafs die Geschwindigkeit völlig *gleichförmig* bleibe; und dann mufs man auch das Gewicht der Wagschale und des Wagebalkens (welches durch eine gewöhnliche Schnellwage gefunden wird) in Rechnung bringen.

215.

Aus dem Gewicht *P*, mit Einschlufs dessen der Wagschale und des Balkens genommen, welches Gewicht im Puncte *n* wirkt, findet sich leicht die Wirkung an einem andern Puncte, weil sich die verschiedenen Wirkungen umgekehrt wie die Hebel-Arme oder wie die *Geschwindigkeiten* verhalten. Ist *V* die Geschwindigkeit, welche der Punct *n* annehmen würde, und *v* die Geschwindigkeit des von der Maschine zu überwindenden Widerstandes, so ist dieser Widerstand $= \frac{PV}{v}$, und da nun das *Moment* der Wirkung gleich dem Widerstande multiplicirt mit der Geschwindigkeit ist, so ist dieses Moment

$$84. \quad = \frac{PV}{v} \cdot v = PV.$$

Wenn z. B. das Gewicht *P*, sammt dem der Wagschale und des Wagebalkens, 300 Pfd. wäre, der Wellbaum der Maschine machte 30 Umläufe in der Minute und die Länge des Hebel-Arms *sn* wäre 10 F., so dafs die Geschwindigkeit *V* des Punctes $n = 30 \cdot 2\pi \cdot 10 = 1885$ F. in der Minute sein würde, so würde die Kraft der Maschine $PV = 300 \cdot 1885 = 565500$ sein: das heifst, sie würde 565500 Pfd. in der Minute 1 F. hoch zu heben vermögen. Betrüge nun die von der Maschine dem Widerstande zu gebende Geschwindigkeit 200 F. in der Minute, so würde dieser Widerstand $\frac{565500}{20}$ $= 2827\frac{1}{2}$ Pfd. sein dürfen. So findet man durch diese Vorrichtung die *Nutzwirkung* der Maschine unmittelbar.

Für Dampfmaschinen von geringer oder mittler Kraft ist der Pronysche Kraftmesser sehr bequem; nicht aber für grofse Maschinen, weil dort die zur

Messung der Kraft nöthige Reibung des Klotzes zu stark sein würde. Für solche Maschinen sind andere Kraftmesser nöthig.

216.

Der weiter oben beschriebene *Wattsche Spannungsmesser* giebt den mittlen wirksamen Druck des Dampfs auf den Dampfkolben während eines Kolbenschlages; also die Kraft des Kolbens. Multiplicirt man demnach diese Kraft mit der Hubhöhe, und dann noch mit der Zahl der Kolbenschläge in einer Minute, so erhält man ebenfalls das Moment der Kraft der Maschine auf die Minute. Zeigte z. B. der Spannungsmesser einen mittlen Druck des Dampfs von 15 Pfd. auf den Quadratzoll, betrüge die Fläche des Dampfkolbens 900 Q. Z., die Hubhöhe 8 F. und die Zahl der Kolbenschläge in der Minute 30, so würde das Moment der Maschine $= 15 \cdot 900 \cdot 8 \cdot 30 = 3240000$ sein: dafs heifst, die Maschine würde 3240000 Pfund in der Minute 1 F. hoch zu heben vermögen.

Der *Watt*sche Spannungsmesser, den wir schon weiter oben in (§. 119 bis 123.) beschrieben haben, leistet also ähnliche Dienste, wie der *Prony*sche Kraftmesser. Er giebt indessen nicht, wie letzterer, die *Nutzwirkung* der Maschine, sondern nur die *Gesammtwirkung*, von welcher noch die Reibung in der Maschine abgeht. Auch giebt er die Wirkung nur für einen bestimmten Kolbenhub: also mufs man, um ein mittles Gesammt-Ergebnifs zu finden, während der Bewegung der Maschine *mehrere* Beobachtungen anstellen.

217.

Der *stete Kraftmesser* ist ein von Herrn *H. Moseley* erfundenes, sehr nützliches Werkzeug. Er mifst die Kraft des Dampfkolbens in jedem Augenblick, und verzeichnet sie; so dafs man die Gesammtwirkung der Maschine während eines beliebigen Zeitraums findet; und zwar nach dem sinnreichen Verfahren, welches Herr *Poncelet* auf die Kraftmesser überhaupt angewendet hat.

Das Werkzeug besteht aus zwei kleinen Röhren von 4 Zoll im Durchmesser, deren eine mit dem obern, die andere mit dem untern Theile des Dampfstiefels der Maschine in Verbindung steht. In jeder der beiden kleinen Röhren ist ein Kolben. Beide Kolben haben eine gemeinschaftliche Stange, die, so wie der Dampf den Dampfkolben abwärts oder aufwärts treibt, ebenfalls nach entgegengesetzten Richtungen sich bewegt, und die also von ähnlicher Kraft getrieben wird, wie der Dampfkolben der Maschine. Die Stange drückt auf eine bogenförmige Feder, und biegt sie. Andrerseits setzt die Kolbenstange der Dampfmaschine mittels eines Seils über Rollen einen Kegel in eine drehende Bewegung. Endlich ist an die Stange der beiden kleinen Röhrenkolben ein, gleich einer gewöhnlichen Rolle bewegliches Rad befestigt, welches nicht der Länge nach gleiten kann und gegen welches der Kegel stets durch eine Spiralfeder, die sich in seinem Innern befindet, angedrückt wird, so, dafs das Rad mit dem Kegel zugleich umgedreht wird. Das Rad senkt sich oder steigt längs des Kegels, je nachdem die Biegung der Feder schwächer oder stärker ist. So wie nun das Rad längs des Kegels emporsteigt, berührt es einen gröfsern Umfang desselben. Also nimmt, wenn die Bewegung des Kegels völlig gleichförmig ist, der von dem Umfange des Rades durchlaufene Weg im Verhältnifs der Biegung der Feder zu, mithin im Verhältnifs der Kraft des Dampfkolbens der Maschine. Andrerseits wird die Bewegung des Kegels durch die des Dampfkolbens geregelt: folglich würde, wenn das Rad an derselben Stelle des Kegels bliebe, der von seinem Umfange durchlaufene Raum sich wie der verhalten, welchen der Dampfkolben durchläuft. Mithin verhält sich der Weg, welchen der Umfang des Rades zurücklegt, zugleich wie die Kraft und wie die Geschwindigkeit des Dampfkolbens, folglich wie das Product dieser beiden, und also wie das *Moment* der Wirkung der Maschine. Es kommt demnach nur darauf an, den Weg zu messen, welchen der Umfang des Rades durchläuft. Zu dem Ende ist an dem Rade ein Drehling, welcher in ein dem oben beschriebenen ähnliches Zähler-Uhrwerk greift, dessen Zeiger die Umläufe des Rades und folglich die Wirkung der Maschine anzeigen. Das Werkzeug befindet sich auf einem versetzbaren Gestell und der bewegliche Kegel steht auf diesem Gestell, mit seinem Schenkel, der Längenbewegung der Kolbenstange der beiden kleinen Röhren gleichlaufend.

Das Werkzeug giebt wieder nicht die *Nutzwirkung* an, sondern, wie der *Watt*sche Spannungsmesser, die Kraft der Maschine *mit Einschlufs* der Reibung. Da dasselbe ziemlich zusammengesetzt ist und zur Schätzung seiner Wirkungen einige Rechnungen nöthig sind, so haben wir uns hier begnügt, seine Einrichtung blofs anzudeuten und verweisen des Nähern wegen auf die ausführliche Beschreibung, welche davon Herr *Moseley* in einem Aufsatz gegeben hat, der „Report of a committee appointed at the tenth meeting of the British Association for the advancement of science, on the construction of a constant indicator for steam-engines. London 1842" betitelt ist. [„Man findet diese Schrift, mit einer perspectivischen Zeichnung, in Report of the

„eleventh meeting of the British Association for the adv. of sc. held at Plymouth in Juli 1841, London 1842, S. 307 — 325. In dem folgenden „Report, London 1843, von der *zwölften* Versammlung der British-Association, „zu Manchester, im Juli 1842, finden sich noch S. 98—104 Nachrichten von „Versuchen mit dem *Moseley*schen Werkzeug. Man mufs diese Berichte, „welche zu ausgedehnt sind, um hier eingeschaltet zu werden, und nicht füglich „auszugsweise gegeben werden können, an den angezeigten Orten nachlesen, „wenn man eine nähere Kenntnifs von dem Werkzeuge verlangt." D. H.]

(Die Fortsetzung folgt.)

Inhaltsverzeichnifs des ersten Hefts vier und zwanzigsten Bandes.

Berlin, gedruckt bei G. Reimer.

Journal

für

die Baukunst.

In zwanglosen Heften.

Herausgegeben

von

Dr. A. L. Crelle,

Königlich-Preufsischem Geheimen-Ober-Baurathe, Mitgliede der Königlichen Akademie der Wissenschaften zu Berlin, Correspondenten der Kaiserlichen Akademie der Wissenschaften zu St. Petersburg und der Königlichen Akademieen der Wissenschaften zu Neapel und Brüssel, auswärtigem Mitgliede der Königlichen Akademie der Wissenschaften zu Stockholm, Ehrenmitgliede der Hamburger Gesellschaft zur Verbreitung der mathematischen Wissenschaften.

Vier und zwanzigster Band.

Zweites Heft.

Mit einer Carte.

Berlin.

Bei G. Reimer.

1846.

4.

Auswahl von Abhandlungen berühmter niederländischer Wasserbaukundiger über die Wasserbaue, welche in Holland an den Hauptströmen zum Schutze gegen Verwüstung nöthig sein werden.

(Aus dem Holländischen übersetzt und mit einer Einleitung und Anmerkungen begleitet von Herrn Dr. *Reinhold,* Königl. Hannöverschem Wasserbau-Inspector; so wie mit einigen Anmerkungen des Herausgebers dieses Journals.)

Vorbemerkung des Herausgebers dieses Journals.

Kein Land, wenigstens in Europa, hat so viele Kämpfe gegen das Wasser zu bestehen, als *Holland.* Von der einen Seite wird es unausgesetzt vom Meere bedroht, von der andern und im Innern von seinen Strömen, unter welchen die *Maas* und einer der gröfsten Ströme Europas, der *Rhein* ist, der sich, wie bekannt, in mehrere Rinnsäle getheilt, durch Holland ins Meer ergiefst. Dazu kommt noch ein reichlicher Niederschlag aus der Luft, der zum Theil keinen natürlichen Abflufs findet, sondern, nebst dem sonst eingedrungenen Wasser, durch Maschinen fortgeschafft werden mufs. Grofse Landflächen liegen tiefer als der Meeresspiegel, selbst bei der Ebbe; andere ausgedehnte Flächen tiefer als der Wasserspiegel der Ströme, sobald sie nur einigermaafsen angeschwollen sind. Gegen alle diese, höher als das Land stehenden Wasser kann sich dasselbe nur durch Deiche schützen, und das durch den Druck eingedrungene Quellwasser, so wie der Niederschlag aus der Luft, mufs durch Schöpfwerke weggeschafft werden; auch wenn die Deiche nicht durchbrechen. Geschieht aber letzteres, so wird das niedrige Land in einen See verwandelt, und das Eigenthum, selbst das Leben der Bewohner, kommt nur zu sehr in Gefahr. Holland nennt sich mit Recht einen *Wasserstaat.*

Deshalb ist denn die *Wasserbaukunst* für kein Land in Europa wichtiger als für Holland, und Holland ist das wahre Vaterland dieses Theils der Technik geworden; denn die Noth war die Lehrmeisterin. In der That hangt das Wohl und selbst die Bewohnbarkeit eines namhaften Theils des Landes, und die Existenz seiner Bewohner, von dem Wirken der Wasserbaumeister ab, und davon, dafs sie die *rechten* Mittel ergreifen.

Dieses letztere ist, besonders bei der Vertheidigung gegen die Gewalt der von oben in das Land sich hineinstürzenden Ströme, nicht eben geschehen; wenigstens nicht in ältern Zeiten; und es ist dadurch eine Gefahr entstanden, die nach der Natur der Dinge mit der Zeit noch immerfort zunimmt und die nachgerade schon eine Höhe erreicht hat, dafs 20, 30 und mehrere Quadratmeilen des fruchtbarsten und dicht bevölkerten Landes die Aussicht haben, wenn wirksame Gegenmittel länger ausbleiben, ein Raub der Fluthen und unbewohnbar zu werden.

Es ist leicht zu erachten, dafs es in einer solchen Lage nicht an Bemühungen im Lande gefehlt hat, Abhülfe zu finden, und nicht an Vorschlägen dazu und an Schriften darüber. Dergleichen sind in Menge vorhanden: denn wo es sich um die ***Existenz*** eines Theils des Landes und des Volks handelt, rührt sich wohl Jeder, und man sieht auch wohl endlich ein, dafs gegen eine so grofse und dringende Gefahr nicht mehr vereinzelte Kräfte ausreichen, sondern dafs das Volk sich vereinigen und in Masse, also der Staat, herzutreten mufs, um dem furchtbaren Feinde Widerstand zu leisten.

Unter den vielen Schriften über den Gegenstand sind es, nach dem Urtheile des Herrn Wasserbau-Inspector ***Reinhold*** zu Leer in Ostfriesland, des geehrten fleifsigen Mit-Arbeiters an diesem Journal, welcher Holland nahe, in einem ähnlichen Lande wohnt und wirkt, und Holland selbst genau kennt, vorzüglich drei, die den Gegenstand und die Lage der Dinge am lebendigsten und gründlichsten schildern und die treffendsten Vorschläge zur Abwendung der Gefahr und zur gründlichen Abhülfe der Übel enthalten. Er hat diese drei Schriften, die eine von dem Grafen ***v. Rechteren,*** früher Gouverneur der Provinz Ober-Yssel, die zweite von dem verstorbenen Wasserbau-Ingenieur ***de Beer,*** die dritte von dem General-Inspecteur ***Blanken-Jansz,*** dem berühmten Erfinder der nach ihm benannten Schleusen mit fächerförmigen Thoren, ausgewählt, hat sie aus dem Holländischen ins Deutsche übersetzt und die Übersetzung dem gegenwärtigen Journale überlassen.

Da die oben angedeutete eigenthümliche Lage eines namhaften Theils eines reichen, wichtigen und berühmten Landes, und die gegen die Gefahr vorgeschlagenen und möglichen Mittel nicht blofs die Wasserbaumeister, sondern wohl Jedermann interessiren werden, die Vorschläge aber für die Baumeister ungemein wichtig und belehrend sein und ihr eigenes Nachdenken lebhaft anregen dürften, so glauben wir gar sehr im Interesse des gegenwärtigen Journals zu handeln, wenn wir die genannten drei Abhandlungen mit Recht berühmter, sachverständiger und mit dem Gegenstande innig vertrauter Männer hier der Reihe nach mit den zugehörigen Carten mittheilen. Am Schlusse werden wir uns erlauben, unsrerseits einige technische Bemerkungen über den Gegenstand und über die Mittel zur Abwendung der Gefahr beizufügen; insoweit sie sich aus den vorliegenden Schilderungen der Verhältnisse, zunächst ohne eigene örtliche Anschauung, ergeben und gleichsam aufdrängen. Auch wird der Herr Verleger des Journals besondere Abdrücke der drei Abhandlungen ausgeben, damit auch Diejenigen, welche das Journal nicht lesen, aber Interesse für den Gegenstand haben, sich mit demselben bekannt machen können.

Wie immer haben wir auch hier das fremde Maafs und Geld in Preufsisches übertragen, weil dieses in Deutschland dem Publicum geläufiger ist, als das Holländische, und ein näherer und unmittelbarer Begriff Dessen, was die *Zahlen* ausdrücken, ganz wesentlich und unumgänglich zum Verständnifs einer technischen Schrift nöthig ist.

Berlin im September 1846.

Vorwort des Übersetzers.

„On sait que la Hollande offre à l'oeil des observateurs une conquête „interessante de l'art sur la nature, et des contrées ravies par la main „des hommes à l'Océan, qu'ils ont fait réculer, en opposant à sa fureur „des digues, que les habitants entretiennent avec une persévérance égale „à celle que les flots en mettent à les attaquer."

Diese Worte eines der berühmtesten Wasserbaukundigen und Ingenieure des Königreichs der Niederlande, des verstorbenen Generallieutenants und ehemaligen Kriegsministers Baron *Krayenhoff*, werden durch die nachfolgenden Abhandlungen berühmter Männer bestätigt; wovon ich mich auf meinen Reisen in Holland überzeugt habe; weshalb ich denn hoffe, dafs die nachfolgende Übersetzung einiger Abhandlungen auch bei den Hydrotekten unsers deutschen Vaterlandes Beifall finden werde.

Leer in Ostfriesland, 1843.

Einleitung des Übersetzers.

Schon seit Jahrhunderten, und besonders in dem letztverflossenen, hat man in den Niederlanden die traurige Erfahrung gemacht, dafs die Betten und Mündungen der durch Holland in die Nordsee sich ergiefsenden Ströme, des ***Rheins, Leks,*** der ***Waal, Maas, Merwede*** und ***Yssel,*** durch die von den Strömen herabgeführten, so wie durch die von den täglichen Meeresfluthen in die See- und Strommündungen wieder einwärts geschwemmten Sinkstoffe, Steine, Sand, Moor, Klai und andere Erden, bedeutend sich erhöhen, Untiefen, Sandbänke, Inseln, Uferanwüchse und andere Beschränkungen der Ströme bilden und sogar die Mündungen einiger der Ströme verstopfen, oder schädlich beschränken; wie z. B. die Mündung des alten Rheins bei ***Katwyk op Zee,*** der ***Merwede,*** der ***Maas*** u. s. w.

Die Erhöhung der Strombetten ist ein grofses Übel, indem in Folge davon der Wasserstand verhältnifsmäfsig steigt, der Ablauf des Wassers immer mehr beschränkt wird, und die Entwässerung der an den Strömen liegenden eingedeichten Landstriche auf natürlichem Wege gar nicht mehr, sondern nur noch durch Schöpfmühlen mit grofsem und drückendem Kosten-Aufwande möglich ist. Auch müssen, der zunehmenden Erhöhung des Wasserstandes wegen, die Stromdeiche nach und nach verhältnifsmäfsig immer mehr erhöht und verstärkt werden, und diese Erhöhung und Verstärkung der Deiche fängt seit längerer Zeit schon an, das höchste Maafs des Möglichen zu erreichen; denn zum Theil vermag der sumpfige und moorige Boden die immer schwerer werdenden Deiche nicht mehr mit Sicherheit zu tragen, so dafs oft ganze Strecken zusammensinken und brechen: zum Theil ist es auch völlig unmöglich, die Deiche so hoch in die Höhe zu bauen, dafs sie den möglich-höchsten Wasserstand des von den Alpen in der ***Schweiz*** 6360 Fufs hoch nach ***Holland*** herabströmenden ***Rheins,*** besonders bei Eisstopfungen und Sturmfluthen, von den eingedeichten Gegenden für immer abhalten und dieselben gegen Überströmungen des Landes und Verwüstung der Städte und Dörfer schützen. Der Vorschlag zur Verstärkung und Erhöhung der Deiche, 4 Fufs hoch über den höchsten Wasserstand ist z. B. von Herrn ***von Wiebeking*** in seinen Schriften: „Von der Natur, oder den Eigenschaften der Flüsse, 1834" und „Mémoire sur la bonification du Waterstaat de la Hollande" gemacht, aber von der Stromregulirungs-Commission sowohl, wie von allen Holländischen Wasserbaukundigen, abgelehnt worden.

Durch die in den Strömen entstandenen Untiefen, Sandbänke, Inseln, Ufer-Anwächse und andere Beschränkungen haben sich ferner Strom-Engen, Buchten und Krümmen gebildet, die den Ablauf des Wassers hemmen, den Wasserstand erhöhen, und nicht allein die Entwässerung des Binnenlandes beschränken, sondern auch der Schiffahrt lästig und oft gefährlich sind.

Besonders ist die Gefahr und Verwüstung grofs, wenn im Winter in den Strömen Eisstopfungen und Eisdämme entstehen, die dann das Wasser so hoch aufstauen können, dafs die Deiche durchaus überströmt und durchbrochen werden müssen; wogegen weder eine Erhöhung der Deiche ausreichend, noch eine Verstärkung derselben haltbar ist. Schreckliche Verwüstungen und ungeheuere Verluste an Erndten, Vieh, Land, Wohnungen, Habe und Gut jeder Art, welche in grofsen, von der Natur gesegneten Landstrichen, in volkreichen Städten und Dörfern in den Niederlanden alsdann entstehen, und die oft viele Menschenleben hinwegraffen und Tausende in Armuth und Elend stürzen, sind die Folgen solcher Überströmungen und Deichbrüche. Besonders ist die Gefahr für die vielen tief liegenden Gegenden sehr grofs; namentlich für die Provinzen *Utrecht* und *Holland,* in der Mitte des Landes, welche durch hohe Sturmfluthen, Eisgänge, hohes Stromwasser, Deichbrüche und Überströmung in einen unausschöpfbaren See verwandelt werden und dem Meere wiedergegeben zu werden in Gefahr sind, welchem sie seit beinahe zwei Jahrtausenden durch viele Millionen Geldes und durch Aufopferung von Tausenden von Menschenleben entrungen wurden. Warlich ein schrecklicher Gedanke! der dann die Bewohner dieser Gegenden und der ganzen Niederlande auch wohl ermuntern mag, Hand ans Werk zu legen, so lange es noch Zeit ist, damit nicht in Erfüllung gehe, was ***Helvetius*** sagt: „Lorsque les peuples croyent les mèrs constamment enchainées dans leur „lit, le sage les voit successivement couvrir et submerger de vastes contrées, „et le vaisseau silloner les plaines, que naguères sillonoit la charue!" Die Niederländer werden aber, eingedenk ihres alten Ruhmes, ihres Fleifses und ihrer Erfahrung im Wasserbau, auch hier die empörte Natur durch die Kunst zu besiegen und auch jetzt, wie bisher, den Strömen und dem Meere Fesseln anzulegen wissen, um den Spruch zu bethätigen: *„Deus mare, Batavus „littora fecit!"*

Die Geschichte der Unglücksfälle und Verwüstungen, welche durch Deichbrüche und Überströmungen seit Jahrhunderten, namentlich von 1170 bis 1784, und besonders in den letzten 50 Jahren, in *Holland*, so wie auch in den Preufsischen Rheinprovinzen am Niederrhein, in Cleve etc. vorgekommen sind, findet man in der Kürze im zweiten Bande der allgemeinen Wasserbaukunst von *Wiebeking*, S. 91 — 125 geschildert. Die Fortsetzung davon findet sich in der Schrift des Niederländischen Generallieutenants, Baron *Krayenhoff:* „Verzameling van hydrographische en topographische Waarnemingen in *Hol-* „*land* etc. Amsterdam by Doormann en Comp. 1843." (Sammlung hydrographischer und topographischer Beobachtungen in Holland von *C. R. T. Krayenhoff* etc.) Seite 1 bis 62, wo die „Korte aantekeningen der merkwaardige „gebeurtenissen ten aanzien van den staat des hoofdrevieren van Holland" (Kurze Aufzeichnung der merkwürdigen Vorfälle in Beziehung auf den Zustand der Hauptströme in Holland) den Zustand in den Jahren 1782 bis 1810 darstellt. Von den späteren Jahren bis jetzt findet man sie zum Theil in den weiterhin genannten Schriften Niederländischer Hydrotekten. Der Kürze wegen beziehe ich mich darauf *).

Es bedarf keiner nähern Beweise über die bedauernswürdigen, stets zunehmenden Verwüstungen, die in *Holland* durch den fehlerhaften Zustand der Ströme, in Verbindung mit den Natur-Ereignissen, entstehen.

Die Verminderung und Abwendung dieser Gefahren und Unglücksfälle war nun schon seit vielen Jahren der Gegenstand der Betrachtung, Berathung und Sorge der Regierungen, der Sachverständigen und des ganzen Volks. Manches hat man gethan; noch mehr gewollt: die Ausführung der Hauptsache ist aber noch zurück.

Im Jahre 1809 sah sich die Holländische Regierung durch die schrecklichen Deichbrüche, Überströmungen und Verwüstungen im Januar jenes Jahres von Neuem veranlafst, durch die Decrete vom 21ten und 22ten Januar 1809 ein Central-Comité vom Waterstaat zu ernennen, bestehend aus den erfahrensten und wissenschaftlich-gebildetsten Sachverständigen von Holland (damals

*) Der Gouverneur der Provinz Over-Yssel, zu Zwolle, Graf *van Rechteren* bezieht sich in seiner, weiterhin folgenden Abhandlung über den Zustand des *Rheins*, der *Waal*, *Maas* und *Yssel*, Seite 66 auf das im Herzogthume *Cleve* bestehende Stromrecht, und stellt dieses als ein gutes Vorbild für *Holland* auf, indem er sagt: „Het Pruissische Waterregt voor het Hertogdom Cleve bevat daaromtrent belangryke aanwyzingen." (Das Preufsische Stromrecht im Herzogthume Cleve enthält hierüber wichtige Vorschriften u. s. w.) Es liegt auf der Hand, dafs die endliche Regulirung der Ströme in *Holland* auch für die Preufsischen Uferstaaten am Niederrhein, die ebenfalls viel durch Überströmungen leiden, wie z. B. *Cleve*, von der gröfsten Wichtigkeit für jene Provinzen ist und die gröfste Sorgfalt und Aufmerksamkeit ihrer landesväterlichen Regierung verdient.

unter der Regierung des Königs *Louis*), nemlich aus den Herren ***Blanken, Bruinings, van Deelen, Goudriaan, Krayenhoff, Raven, van Swinden*** und ***Lorenz,*** um Vorschläge zur gründlichen Abhülfe der Noth zu machen. Diese Decrete und Instructionen bezeugen ebenfalls die grofse Wassersnoth und Gefahr, welche Holland bedroht, so wie die Einsicht und Energie der Behörden, welche grofse Mittel zu den grofsen Zwecken ergriffen wissen wollte. In den Decreten, die sich nebst der Instruction unter den Beilagen der ***Krayenhoff***schen Schrift: „Proeve van een Ontwerp tot sluiting van den rivier den Nederrhyn en Lek etc., Nymegen 1821" befinden, heifst es unter andern, im Namen des damaligen Königs ***Louis:*** „Lorsque la sureté d'une nation est si prochai- „nement et si totalement menacée, il n'y a pas d'efforts trop grands pour une telle entreprise." Und ferner: „Il ne faut pas croire que nous sortirons de cet „état de crise sans un effort extraordinaire; ce n'est que par un ouvrage digne „des Romains, que nous pourrons nous tirer d'affaire." Der damalige König ***Louis*** stützte sich mit wohlgegründetem Vertrauen auf seine berühmten Sachverständigen, die das Beste ihres Vaterlandes vor Augen behalten würden, indem er sagte: „Mon but, en créant un Comité du Waterstaat, est de charger „et de me reposer entièrement sur les Savants les plus experts du Royaume, „pour connaître tout ce qu'il y a à faire dans cette partie .... rendant à cet „égard les membres du comité individuellement et collectivement responsables „aux yeux de la nation et de tous les savants de l'Europe, qui viendront les „visiter ou en entendrons les parler, etc."

Ihre grofse und schwierige Aufgabe haben die damaligen und nachherigen Mitglieder des Comité in ihren Schriften gröfstentheils und bis in soweit ehrenvoll gelöset, dafs nur noch die ***Auswahl*** des besten Projects und die ***Ausführung*** selbst, jetzt (nach 30 Jahren) noch übrig ist.

Nach den politischen Ereignissen von 1813 und 1814 ernannte wieder die landesväterliche Fürsorge des Königs der Niederlande für das Beste seines braven Volks, im Jahre 1821 eine Stromregulirungs-Commission, oder „Commissie tot de beste rivierafleidingen," aus achtungswerthen Sachkundigen bestehend, unter welchen auch mehrere der frühern Mitglieder, ***Krayenhoff, Blanken, Goudriaan,*** so wie der Gouverneur der Provinz Ober-Yssel, Graf ***J. H. von Rechteren*** und andere berühmte Niederländische Wasserbaukundige und hohe Staatsbeamte sich befanden, welche die Mittel und Wege zur gänzlichen Abhülfe der grofsen Übel erforschen, untersuchen und berathen sollten.

Von den Mitgliedern dieser Commission erschienen wieder nach und nach mehrere Schriften über den Gegenstand im Druck, die zum Theil auch von den gelehrten Gesellschaften in *Holland* veröffentlicht wurden, um auch die Meinung des *Publicums* und die etwaigen Einreden *Einzelner,* besonders betheiligter Städte, Gegenden und Personen, über die Vorschläge zu hören und etwaige Irrthümer zu berichtigen: ein in der That höchst loyales Verfahren einer Regierung; was allgemeinen Dank und Beifall fand. Auch die Commission liefs ihren an den König im Jahre 1825 erstatteten „Rapport aan Zyne Majesteit uitgebracht" drucken und unter ihre Mitglieder und die Gouverneurs der Provinzen vertheilen. Dieses veranlafste dann, theils mehrere Privat-Eingaben der bei den vorgeschlagenen Anlagen betheiligten Gegenden, Städte und Privaten, theils Bemerkungen in öffentlichen Blättern, theils besondere, in den Buchhandel gekommene Druckschriften Sachverständiger.

Die von den Mitgliedern der Commission seit dem Jahre 1817 bis jetzt über den Gegenstand herausgekommenen Druckschriften sind, insofern sie mir bekannt wurden und in meine Hände kamen, folgende.

Im Jahre 1817 veröffentlichte der General-Inspecteur *Blanken* eine Denkschrift über die Lage und das Gefälle der Wasserspiegel etc. in den hauptsächlichsten Canälen und Busen, in Beziehung auf den allgemeinen Wasserstand und insbesondere auf die damals von ihm vorgeschlagene Verlängerung der *Linge* von *Goudrichem* (*Gorcum*) nach *Steenenhoek;* welche Anlage auch im Jahre 1818 ausgeführt worden ist. Die Schrift hat den Titel: „Memorie „over het zoogenaande Verhang in den Waterspiegel van de voornaamste Kanalen en Boezems, mitsgaders over de ruimten der sluizen, etc. Tod nadere „Verklaring van het ontwerp ter verlenging van de zoogenaamde rivier de „*Linge* naar *Steenenhoek* etc. Door den Inspecteur-Generaal van den Water„staat en der publieke werken, *J. Blanken Jansz* Ridder etc. Te Uitrecht „by O. J. van Paddenburg en O. J. van Dyk, 1817." D. h. „Denkschrift über „den Abhang des Wasserspiegels der vorzüglichsten Canäle und Busen, so wie „über die Weite der Schleusen u. s. w. Zur nähern Erklärung des Entwurfs „zur Verlängerung des sogenannten *Linge*flusses nach *Steenenhoek* u. s. w. „von *J. Blanken* etc." Die Schrift handelt zwar nicht von dem ganzen grofsen Projecte, jedoch von einem Theile der zur Verbesserung der Ströme nöthigen Mittel, und enthält aufserdem lehrreiche Bemerkungen und Beobachtungen über den Wasserstand und die Schleusen in *Holland.*

Die darauf folgende Schrift desselben Verfassers bezieht sich unmittelbar auf das Project der allgemeinen Stromregulirung in den Niederlanden und wurde im Jahre 1819 durch das Niederländische Institut für die Wissenschaften, Literatur und schönen Künste in Druck gegeben. Dieser Schrift sind zugleich die Beurtheilungen derselben durch mehrere andere Mitglieder des Instituts, des General-Inspectors *Goudriaan*, der Herrn *Uttenhove*, *Moll* und *Donker-Curtius* (einen Rechtsgelehrten) beigefügt, welche von der ersten Classe des Instituts dazu eingeladen waren. Die Schrift ist betitelt: „*J. Blanken*, Beschouwing over de „uitstrooming der Opper-Rhyn- en Maas-Wateren tot in Zee. Benevens de „overwegingen dezer Beschouwing van de Heeren *Goudriaan*, *van Uttenhove*, „*Moll* en *Donker-Curtius*. Uitgegeven door de eerste Klasse van het Konink-„lyk Nederlandsche Institut van Wetenschappen, Letterkunde en schoone Kunsten. „Met Kaarten en Tafels. Te Amsterdam; ter Boek- en Kunstplaatdrukkery „van Piepers en Ipenbur. 1819." D. h. „*J. Blanken*, Betrachtung über die „Ausströmung des Oberrhein- und Maas-Wassers ins Meer. Nebst der Be-„urtheilung dieser Betrachtung der Herrn *Goudrian*, *v. Uttenhove*, *Moll* und „*Donker-Curtius*. Herausgegeben durch die erste Classe des Königl. Nieder-„ländischen Instituts der Wissenschaften, Literatur und schönen Künste. Mit „Karten und Tafeln etc." Herr *Blanken* schlägt hier vor, für den *Merwede*-flufs, bis zum Holländischen Diep, durch den sogenannten Biesbosch, eine neue Mündung zu graben, und ihn an beiden Seiten zu bedeichen, mithin von den Killen oder wilden Strom-Armen, die den Biesbosch, das Bergsche Feld, oder den sogenannten Südholländischen Waard (Werder) durchkreuzen, ihn gänzlich zu trennen. Der Südholländische Waard, welcher im Jahre 1421 durch die sogenannte Elisabeth-Sturmfluth mit 72 Städten und Dörfern ein Raub der Wellen wurde, soll nach diesem Projecte eingepoldert und künftig zu Ackerland benutzt und bewohnbar gemacht werden, statt dafs er jetzt zu Wiesen, Weideland und Holzwuchs benutzt wird, weil er nicht bedeicht ist und als Überlafs für das hohe Stromwasser für nöthig erachtet wird. Die Herrn *Goudriaan*, *v. Uttenhove*, *Moll* und *Donker Curtius* bemühen sich in ihren beigefügten Bemerkungen, die Vorschläge des Herrn *Blanken* zu widerlegen, und darzuthun, dafs die Bedeichung der *Merwede* und die Einpolderung des *Südholländischen* Waards der Abführung des Hochwassers der Ströme sehr hinderlich sein und die Senkung des Wasserspiegels in denselben nicht zur Folge haben werde.

In demselben Jahre 1819 erschien von Herrn *Blanken* die Beantwortung der *Goudriaan*schen Beurtheilung, Beschauung und Widerlegung seiner Vorschläge unter dem Titel: „Memorie ter verklaring van de grondbeginselen,

„waarop rustende zyn de beschouwing en de daarby voorgestelde ontwerpen etc. „Door etc. ***J. Blanken,*** to Amsterdam by Piper en Ippenbuur, 1819." D. h. Denk-„schrift zur Erläuterung der Grundsätze, auf welchen die „Betrachtung" und die „darin aufgestellten Entwürfe beruhen u. s. w. Der Verfasser vertheidigt hier seine Entwürfe mit vielen Erfahrungsgründen und mit Ortskenntnifs, und wiederholt seinen Vorschlag, der ***Merwede*** nach der beigelegten Carte einen neuen Durchstich von 300 Meter breit zu geben, sie an beiden Seiten zu bedeichen und den ***Südholländischen*** Waard einzupoldern. Er weicht durch diesen Vorschlag von den Vorschlägen, nicht allein des Herrn ***Goudriaan,*** sondern auch der Herren ***Krayenhoff*** und ***de Beer*** ab, welche gegen eine Bedeichung des ***Merwede***-Durchstichs und die Einpolderung des ***Südholländischen Waards,*** und dagegen für die stufenweise Einschränkung und langsame Schliefsung der vielen wilden Strom-Arme oder Killen sich erklären, und vorschlagen, die beiden Haupt-Nebenarme oder Killen, das sogenannte ***Steurgat*** und ***Bakkerskil,*** welche das stärkste Consumtionsvermögen besitzen, beizubehalten und sie durch Aufräumung zu verbessern. Die Stromregulirungs-Commission hat aber, zufolge Mittheilung in ihrer weiterhin vorkommenden Schrift, das Project ***Blankens*** als einen Theil des auszuführenden grofsen Plans wieder aufgenommen; womit auch ***Graf van Rechteren*** in seiner „Verhandling over den Staat van den „***Rhyn,*** de ***Waal,*** de ***Maas*** en den ***Yssel*** etc Seite 56" übereinstimmt, jedoch eine modificirte stufenweise Ausführung vorschlägt; was aber ***de Beer*** im 4ten Paragraph seiner hier unten mitgetheilten Schrift mifsbilligt.

Im Jahre 1821 erschien die Schrift des Herrn ***Krayenhoff:*** „Proeve „van een Ontwerp tot Sluiting van de rivier den ***Neder-Rhyn*** en ***Leck,*** en „het storten van derzelver Water op den ***Yssel.*** Door den Lieutenant-Generaal „Baron ***Krayenhoff.*** Nymegen by de Weduwe Vieweg en Zoon; 1821. Met „Kaarten en Planen." D. h. „Versuch eines Entwurfs zur Schliefsung des „***Niederrheins*** und ***Lecks***, und Ableitung derselben in die ***Yssel.*** Vom General-„Lieutenant Baron ***Krayenhoff*** etc.

Hierauf folgte von demselben Verfasser im Jahre 1823 der zweite Theil dieses Werkes: „Proeve van een ontwerp tot Scheiding der rivieren de ***Waal*** en de ***Boven-Maas,*** en het doen afloopen dezer laatste over hare oude bedding op het ***Bergsche Veld.*** Nymegen by de Weduwe Vieweg en Zoon. „1823." D. h. „Versuch eines Entwurfs zur Scheidung der ***Waal*** und der „***obern Maas,*** und zur Ableitung der letztern durch ihr altes Strombette im „***Bergschen Felde*** etc."

Die Vorschläge des Verfassers im ersten Theile seiner oben genannten Schrift von 1821 bestehen kürzlich in folgenden Veränderungen und Anlagen, die in einigen Strömen gemacht werden sollen. Die ***Yssel*** soll oberhalb ihrer jetzigen Einmündung eine neue Mündung bei ***Kyfwaard*** am ***Rhein*** erhalten und mittels eines Durchstiches, nach ***Bingerden*** und ***Doesburg*** hin, bedeutend geradegezogen werden; von da soll die alte Strombahn über ***Zütphen, Deventer*** und ***Kampen*** bis zum ***Südersee*** in den gröfsten Krümmungen und Serpentinen ebenfalls geradegezogen und durch Erweiterungen und Vertiefungen corrigirt werden, um diesem Strome eine gröfsere Wirksamkeit zu geben. Der ***Pannerdensche*** Canal soll neben der ***Sternschanze*** beim ***St. Nicolaas-Waard*** mittels eines Dammes und einer Schleuse mit zwei Kammern abgeschlossen werden; wovon die Kosten auf 241 194 Thaler Preufs. berechnet sind. Dann soll der ***Niederrhein*** und der ***Leck,*** der von ***Pannerden*** nach ***Arnheim, Wageningen*** u. s. w. nach ***Rotterdam*** in die ***Maas*** sich ergiefst, 9 Kastenschleusen, mehrere davon mit Blankenschen Waayer-Thoren, und alle mit zwei parallel nebeneinanderliegenden Kammern erhalten und durch 8 Canalstrecken aus einem fliefsenden Strome in einen Schiffahrts-Canal für grofse Rheinschiffe mit stehendem Wasser verwandelt werden. Die Schleuse bei der ***Sternschanze*** im ***Pannerdenschen*** Canal soll mit den Flügeln 262 Fufs und in den Kammern 175 Fufs lang werden und die lichte Thorweite der grofsen Kammer 32½ Fufs, die der kleinen Kammer 15 Fufs Rheinländisch sein. Von dieser Schleuse findet sich im 3ten Heft 14ten Bandes dieses Journals eine Abbildung und Beschreibung in meiner Abhandlung: „Beschreibung, Zeichnung und Kosten-Anschläge von „hölzernen und massiven Syhlen in ***Ostfriesland*** und von Holländischen Ent- „wässerungs und Schiffahrtsschleusen.” Bei ***Krimpen*** soll eine Schleuse mit drei nebeneinanderliegenden Kammern, ebenfalls mit Blankenthoren, erbaut werden, die zu 302 766 Thlr. Preufs. Courant veranschlagt ist. Die Ausführung dieser Strombaue an der ***Yssel,*** dem ***Rheine*** und dem ***Leck*** hat der Verfasser näherungsweise auf etwa 18⅓ Million Thaler Preufsisch angeschlagen. Er selbst sagt, diese Summe sei zurückschreckend, werde aber durch den grofsen Erfolg und Zweck wieder aufgewogen werden.

Mit diesem Entwurfe sind aber die andern Sachverständigen, ***Blanken, Goudriaan, de Beer*** und ***van Rechteren,*** keineswegs einverstanden. Herr ***Blanken*** gab nemlich nach Erscheinung dieses und des zweiten Theiles des ***Krayenhoffschen*** „Proeve” dessen wir sogleich gedenken werden, im

Jahre 1823 heraus: „Memorie, betrekkelyk den Staat der rivieren in opzigt „harer bedykingen, der dykbreuken en der overstroomingen van vroege tyden „tot die der laatste in het jaar 1821. Benevens de daarin opgeslootene aan- „merkingen op het Proef-Ontwerp tot sluiting van de rivieren, den *Neder-* „*rhyn* en *Leck*, en het storten derzelver water op den *Yssel*, door den Lieute- „nant-General, Baron *C. R. T. Krayenhoff* etc. Door den Inspecteur-Generaal „van den Waterstaat en der publieke werken. *J. Blanken, Iz.* Utrecht by „Paddenburg. 1823." D. h. „Denkschrift über den Zustand der Ströme in Hin- „sicht ihrer Bedeichungen, der Deichbrüche und Überströmungen, von früheren „Zeiten bis zu den letzten im Jahre 1821. Nebst Bemerkungen über den „*Krayenhoff*schen Versuch eines Entwurfs zur Schliefsung des *Niederrheins* „und des *Lecks* und der Ableitung in die *Yssel* etc. Von *Blanken* etc." In dieser Schrift widerlegt *Blanken* die Vorschläge *Krayenhoffs* zur Regulirung und Canalisirung der *Yssel* durch Dämme und Schleusen, des *Rheins* und des *Lecks* und zeigt, dafs die südlichen Ströme in den Niederlanden, die *Waal* und die *Maas*, ihrer natürlichen Lage und Beschaffenheit nach besser dazu einzurichten sind, als die nördlichen, die *Yssel* und der *Leck*.

Krayenhoff gab im Jahre 1823 den zweiten Theil seiner „Proeve" unter dem Titel heraus: „Proeve van een Ontwerp tot Scheiding der Rivieren, „de *Waal* en de *Boven-Maas* en het doen afloopen dezer laatste over haare „oude bedding op het *Bergsche Veld*, etc. Nymegen, by de Weduwe Vieweg, „1823. Mit Kaarten und Planen." Hier schlägt er zur Vervollständigung seines Planes vor (ohne von seinem ersten abzugehen), die *Maas*, welche jetzt bei *Woudrichem* in die *Waal* einmündet und beim Fort *St. Andries* mit ihr in Verbindung steht, mittels Schleusen etc. in der Stromstrecke beim Fort *St. Andries* von der *Waal* zu trennen und sie durch ihr altes, zu corrigi- rendes Bette vom *Helende* an, bei *Heusden*, *Doveren* und *Drongelen* vorbei, bis nach dem *Bergschen Velde*, oder dem *Südholländischen* Waard, in die *Amer* und das *Hollandsche Diep* abzuleiten. Die bedeutenden Krümmen der *Maas* zwischen *Alphen*, *Kessel*, *Maaren* uud *Witt* sollen geradegezogen und überhaupt soll das Strombett der *Maas* und der *Waal* corrigirt werden. Zu diesen Correctionen der *Waal* (welche unterhalb *Goudrichem* und *Har- dinxveld* die *Merwede*, auch *Merwe* heifst,) gehört dann auch insbesondere die langsame und stufenweise Einschränkung und Zudämmung der meisten wilden Strom- und Neben-Arme oder Killen im *Südholländischen* Waard, mit Ausnahme der *Dordrechtschen* Kille, wo Schiffahrt Statt findet. Die Durchstechung und Herstellung der *neuen Merwede* und die Eindeichung derselben, so wie die Einpolderung des *Südholländischen* Waards, welche *Blanken* vorschlägt, verwirft *Krayenhoff*, aus guten Gründen. *Blanken* tritt in seinem oben genannten „Memorie" *Krayenhoffs* Vorschlägen zur Correction der *Maas* und der Ableitung nach dem *Bergschen Velde* bei; womit auch *van Rechteren* und *de Beer* übereinstimmen.

Der General-Inspector *Goudriaan* gab nun im Jahre 1823 heraus: „Verhandeling tot onderzoek omtrent het vereischte Vermogen van zydelingsche „afleidingen ter Ontlasting der te hoog opzwellende of door het ys in afvoer „belemmerde rivieren etc. Door *A. F. Goudriaan* etc. Uitgegeven door de „eerste Klasse van het Institut van Wetenschappen etc. Amsterdam by Piper „en Ipenbuur, 1823." D. h. „Abhandlung zur Untersuchung des erforderlichen „Wasser-Ableitungs-Vermögens der Seitenflüsse zur Abführung des zu hoch „anschwellenden oder durch Eis am Abflusse gehinderten Stromwassers u. s. w." In dieser Schrift wird die wichtige Frage abgehandelt: Ob bei hohen Wasserständen und Eisstopfungen Seiten-Ableitungen durch Überlafsdeiche oder Überströmungsschleusen, und an welchen Puncten Eins oder das Andere zweckmäfsig und nöthig seien, um dem grofsen Nothstande, Deichbrüchen und Überströmungen vorzubeugen und genügende Sicherheit dagegen zu erlangen. Der Verfasser beantwortet diese Frage bejahend und erläutert seine Aufstellungen durch Beispiele und theoretische Berechnungen, nach Formeln, die aus Beobachtungen abgeleitet sind; so wie durch Zeichnungen, Carten und Kostenanschläge für beiderlei Anlagen; aus welchen hervorgeht, dafs Seiten-Ableitungen des hohen Stromwassers durch Überlafs-Deiche im Ganzen wirksamer und wohlfeiler sein würden, als die Schleusen, welche *Blanken*, nach seiner Bauart, dazu vorschlägt.

Nachdem 1825 der Bericht der 1821 ernannten Stromregulirungs-Commission an den König erstattet und im Druck erschienen war, kamen nach und nach wieder mehrere Schriften heraus, in welchen die Vorschläge jenes Berichts beurtheilt, theils gebilligt, theils andere an ihre Stelle gesetzt wurden. So erschien 1828 die Schrift des vor eigenen Jahren zu Gröningen verstorbenen Ober-Ingenieurs im Wasserstaat *C. de Beer*, unter dem Titel: „Vrymoedige gedachten op het rapport aan Zyne Majesteit den Koning uitge- „bragt door de Commissie der beste rivier afleidingen. Door *C. de Beer*, In- „genieur van den Waterstaat. Met eene Kaart. Dordrecht by Blussé en van „Braam. 1828." D. h. „Freimüthige Gedanken über den an Seine Majestät

„den König von der Commission der Strom-Ableitungen erstatteten Bericht; „von *C. D. de Beer* etc."

Diese Schrift enthält die allgemeine Beurtheilung des fehlerhaften Zustandes der Niederländischen Ströme, und der Ursachen desselben, so wie ein Urtheil über mehrere in den oben genannten Schriften enthaltenen Entwürfe anderer Sachverständigen und der Stromregulirungs-Commission, denen der Verfasser in allen Theilen nicht beistimmt, sondern sich veranlafst findet, seine freimüthigen Gedanken darüber vorzutragen. Insbesondere stimmt er nicht mit den Vorschlägen des Herrn *Krayenhoff* überein, der *Yssel* bei *Kyfwaard* am Rheine oberhalb des *Pannerdenschen* Canals eine neue Mündung zu geben, sie geradezuziehen, zu verbreiten und mit vielen Kosten zu reguliren. Auch nicht mit dem Vorschlage *Krayenhoffs*, den *Niederrhein* und den *Leck* in einen Canal mit Dämmen, Schleusen und stillstehendem Wasser zu verwandeln. Insbesondere verwirft er die frühern und spätern Vorschläge der Herren *Velzen, Brünings, Luitjen, Goudriaan, van Rechteren* und der Commission, bedeutende Überlässe nach ihrem Systeme so anzulegen, dafs dadurch das Binnenland überströmt wird; wovon er die schädlichen und höchst verderblichen Folgen mit vielen Erfahrungsgründen zu beweisen sucht. Dagegen schlägt er, als Hauptmittel, ein anderes System eines Überlasses vor, nach welchem das Binnenland nicht überströmt, beschädigt und verwüstet werden könne, da nach diesem System der Überlafs, so wie die ganze Seiten-Ableitung, von den zu entlastenden Strömen an bis zum Meere, zu beiden Seiten mit den Hauptdeichen der Ströme und am Meer in gleicher Höhe bedeicht und nur die Aus- und Einmündung des Überlasses am Meer und an den Strömen niedrigere Überlafsdeiche erhalten soll, um das Hochwasser der Ströme über die letztern frei aus- und einfliefsen zu lassen, ohne die Gegenden, durch welche das an den Seiten hinreichend hoch bedeichte Überlafsbette geht, zu überströmen und zu beschädigen. Auf diese Weise werde während der Wirksamkeit des Überlasses blofs das zwischen den Seitendeichen eingeschlossene Strombett überflossen werden; welches Land dann dazu bestimmt sei und von den Eigenthümern angekauft werden müsse. Wenn nach dem Vorschlage, und zufolge der Nachweisung des Verfassers, der entworfene Durch- oder Überlafs hinreichend breit, tief und abhängig gemacht wird, um die grofse Masse des die Ströme füllenden Hochwassers und Eises durchzulassen, und wenn überhaupt die Anlage den vom Verfasser vorgesetzten Zweck wirklich erreicht, so hat wohl, unter dieser Bedingung, dieses System allerdings vor den andern den Vorzug, weil dann nicht weite fruchtbare Gegenden überströmt, Wohnungen, Dörfer und Städte beschädigt und verwüstet, und also keine sehr grofsen Schäden und Verheerungen angerichtet werden können. Herr *de Beer* tritt auch nicht ganz unbedingt dem Plane des Herrn *Blanken* in der von diesem vorgeschlagenen Art bei, eine *neue Merwede* zwischen *Hardinxveld* und *Dordrecht* zu graben und zu bedeichen, und den *Südholländischen* Waard einzupoldern, sondern theilt vielmehr die Absicht *Krayenhoffs,* der allmäligen Beschränkung der Killen oder wilden Strom-Arme und der Erhaltung und Aufräumung der Haupt-Entwässerungs-Arme. Aufserdem ist er der Meinung, dafs die Querströme in der dortigen Gegend abgeschlossen und Schleusen für die Schiffahrt werden erhalten müssen. Dann schlägt er eine, Allem vorhergehende, allgemeine und genaue örtliche Untersuchung und planimetrisch-nivellitisch-hydrometrische Aufnahme der zu regulirenden Ströme vor, um danach die einzelnen Werke und Stromregulirungen erst näher im Zusammenhange bestimmter veranschlagen und dann ausführen zu können; wo sich dann sämmtliche Bedürfnisse und Gegenstände genauer ergeben würden, als jetzt; was denn auch wohl jedenfalls nöthig ist. Die Kosten des von dem Verfasser durch die *Betuwe* und *Veluwe* im *Gelderschen* Thale längs der *Waal* und dem *Rheine* bis zum *Südersee* entworfenen bedeichten Überlasses schlägt derselbe, einschliefslich der Grund-Entschädigung, auf etwa $7\frac{1}{3}$ Millionen Thaler an, setzt aber die Ausgaben für Grund-Entschädigung mit etwa $3\frac{1}{3}$ Millionen Thaler wieder ab, weil die anzukaufenden Grundstücke Eigenthum des Staats bleiben und zu Gras- und Heuland benutzt werden könnten, so dafs nur eine baare Ausgabe, für die wirklich auszuführenden Werke, von etwa 4 Millionen Thaler nöthig sein werde. Von den übrigen vorgeschlagenen Anlagen giebt er keine Kostenberechnungen, so dafs also obige Summe noch bei Weitem nicht alle nöthigen Ausgaben umfafst, wie in der Schrift des Herrn *von Rechteren,* nach welcher sich die zur Ausführung des *vollständig* angegebenen Planes nöthigen sämmtlichen Kosten schätzungsweise auf $7\frac{1}{3}$ Millionen Thaler belaufen würden.

Im Jahre 1830 erschien von dem Königlich-Niederländischen Gouverneur, Herrn Grafen *J. H. van Rechteren,* über den vorliegenden Gegenstand die Schrift: „Verhandeling over den Staat van den *Rhyn,* de *Waal,* de *Maas* „en den *Yssel,* en de langs deze rivieren gelegen polders. Benevens middelen „tot verbetering van dezelve, van *J. H. van Rechteren.* Nymegen by de „Weduwe J. O. Vieweg en Zoon. 1830." D. h. „Abhandlung über den Zu„stand des *Rheins,* der *Waal, Maas* und *Yssel* und der an diesen Strömen

„entlang gelegenen Polder; nebst Mittel zur Verbesserung derselben; von ***J. H.***
„*von Rechteren.*" Der Verfasser, welcher als Gouverneur der Provinz ***Ober-Yssel*** zu ***Zwolle,*** also als hoher Staatsbeamter und als Mitglied der Stromregulirungs-Commission, ein grofses Interesse für das Wohl seiner Administrirten und für die Erforschung der besten Mittel hat, beweiset in seiner Schrift sehr gründliche Kenntnisse der Hydrographie seines Vaterlandes und die Überzeugung von der dringenden Nothwendigkeit, das Land gründlich und möglichst bald gegen die durch Überströmungen entstehenden Verwüstungen und den drohenden Untergang eines bedeutenden Theils desselben, wobei die von ihm verwaltete Provinz ***Ober-Yssel*** besonders leiden würde, zu retten.

Die Schrift ist schon dieserhalb sehr schätzenswerth; aber noch mehr ist sie es, weil sie den ganzen Plan der Stromregulirungen in ***Holland,*** und die Vorschläge, sowohl einzelner Mitglieder, als der ganzen Regulirungs-Commission, berücksichtigt. Der Verfasser hat seine Abhandlung, wie er sagt, drucken lassen, „theils um seinen Mitcommissarien seine Ansichten über diese Angelegenheit „vorzulegen, theils um die Besitzer und Bewohner der Polder, die ein grofses „Interesse bei der Angelegenheit haben, in den Stand zu setzen, ihre Meinung „der Commission zu eröffnen."

Die erste Abtheilung der Schrift handelt von dem Zustande der Niederländischen Hauptströme und der an denselben liegenden Polder. Sie enthält die Beurtheilung der durch die Stromregulirungs-Commission zur Verbesserung der Ströme vorgeschlagenen Mittel.

Die zweite Abtheilung enthält die Vorschläge des Verfassers zur Abwendung der Gefahren, mit welchen die Ströme die Polder bedrohen; so wie zu den Mitteln zur Verbesserung der Ströme. Auch enthält sie den Überschlag der Baukosten der vorgeschlagenen Werke.

Die dritte Abtheilung sucht die etwaigen Beschwerden gegen die in den Vorschlägen enthaltenen Mittel zu heben, und zeigt die Vortheile, welche davon in Zukunft zu erwarten sein würden. Durch eine Carte ist der Vortrag möglichst erläutert.

Die in der zweiten Abtheilung vorgeschlagenen Mittel bestehen im Allgemeinen in Folgendem:

I. In Verbesserung der Strombetten selbst, durch Wegräumung der Hindernisse, Erweiterung der Strom-Engen, Beschränkung der zu grofsen Stromweite, Vertreibung der Untiefen, Bänke, Inseln und übermäfsig grofsen Anwächse; in Durchstichen der stärksten Krümmen oder deren Gradeziehung, in der *Waal*, *Maas* und *Yssel*, nach den Vorschlägen *Krayenhoffs* und anderer Hydrotekten. Ferner: In Verbesserung der Ausmündung der *Merwede* in das *Holländische Diep* zwischen *Hardinxveld* und *Dordrecht*, nach dem Plane *Blankens* und unter den von der Regulirungs-Commission und Herrn *v. Rechteren* vorgeschlagenen Modificationen.

II. In Anlage grofser Seiten-Ableitungen des hohen Stromwassers mittels Überlafsdeiche und Schleusen zur Entlastung der Ströme vom höchsten Wasser, besonders bei Eisstopfungen, und zum Schutze der Deiche gegen Durchbrüche und des Landes gegen Überströmung. Beim Vorschlage dieses Mittels nimmt der Verfasser das von *Goudriaan, Velzen, Luitjens* und von der Stromregulirungs-Commission vorgeschlagene System an, nach welchem das Binnenland vom Hochwasser mit überströmt werden soll: nicht das System *de Beers*, das Binnenland vor Überströmung und deren schädlichen Folgen zu schützen; wie vorhin bemerkt. Auf der, der Schrift des Herrn *von Rechteren* beigefügten Carte „Kaart van den loop der Rievieren de *Rhyn*, de *Leck*, de „*Whaal* enz. behoorende by de schets van een ontwerp, bevattende de mid„delen, die zullen strekken tot afwending van gevaren voor de Polders en ver„betering der Rivieren" sind die entworfenen Werke durch verschiedene Farben angedeutet.

III. Das dritte Mittel besteht in Verbesserung der Entwässerung der Polder zwischen dem *Rhein* und der *Waal*, der *Waal* und der *Maas* u. s. w.

IV. Das vierte Mittel ist die Sicherung der Wohnungen gegen Überströmung, durch Verlegung derselben nach erhöhten Hügeln (Noth- und Fluchthügeln), die Umdeichung von Wohnplätzen, Dörfern u. s. w., für die Zeit, wo durch die Überlässe das eingedeichte Binnenland unter Wasser kommt.

V. Das fünfte Mittel besteht in Verstärkung und Erhöhung derjenigen Deichstrecken, namentlich der *Norder-*, *Leck-* und *Linge-Deiche*, welche zur Sicherheit des Binnenlandes derselben bedürfen; was auch bereits ausgeführt sein wird.

Die Vorschläge des Verfassers schliefsen mit der Angabe der Kosten der Ausführung, die sich auf etwa $7\frac{1}{3}$ Millionen Thaler im Ganzen belaufen würden.

Vergleicht man hiemit die Summen, welche *Krayenhoff* und *de Beer* verlangen, so ergiebt sich Folgendes:

1. Nach ***Krayenhoff*** soll die Regulirung der ***Yssel*** und die Verwandlung des ***Rheins*** und ***Lecks*** in einen Canal mit Schleusen kosten	$18\frac{1}{3}$ Millionen Thaler.
2. Nach ***de Beer*** betragen die Kosten für den Überlaſs durch die ***Betuwe*** und ***Veluwe*** allein, ohne die Kosten für die übrigen von ihm vorgeschlagenen Stromregulirungen, ...	$7\frac{1}{3}$ Millionen Thaler,
und nach Abzug der Grund-Entschädigung von $3\frac{1}{3}$ Mill. etwa	4 Millionen Thaler.
3. Die von dem Herrn ***von Rechteren*** vorgeschlagenen sämmtlichen Anlagen dagegen sollen kosten	$7\frac{1}{3}$ Millionen Thaler.

Da im ***Krayenhoffschen*** Plane die Canalisirung des ***Rheins*** und des ***Lecks*** mittels Schleusen, so wie die bedeutenden Durchstiche der ***Yssel*** ungeheuer groſse Summen erfordern, von der Commission und von allen andern Sachverständigen, auſser ihm, diese Anlagen aber nicht wieder vorgeschlagen worden sind, so läſst sich wohl annehmen, daſs die Summe von $18\frac{1}{3}$ Millionen Thalern nie ganz nöthig sein werde; besonders wenn man die folgenden Summen für einzelne Theile der von dem Herrn ***von Rechteren*** vorgeschlagenen Mittel betrachtet. Dieselben sind:

1. Für die Regulirung der ***Waal,*** der ***Maas,*** der ***Yssel*** und des ***Rheins***	3 689 833	Thaler.
2. Für die Seiten-Ableitungen oder Überlaſsdeiche .	849 966	-
3. Für Verbesserung der Polder-Entwässerungen . .	1 550 222	-
4. Für die Sicherstellung der Wohnplätze gegen Wasserschäden in den bedeichten Poldern	866 889	-
5. Für Verstärkung und Erhöhung mehrerer Deichlinien	432 222	-
Zusammen	7 389 021	Thaler.

Da es hier das Sein oder Nichtsein des gröſsten Theils eines bedeutenden Staates und des zeitlichen Wohlstandes seiner Bewohner gilt, so kommt es auf die genauere Ausmittelung und Höhe der Kosten nicht an, sondern vielmehr nur auf die Erreichung des Zwecks selbst; wie denn auch die Regierung schon im Jahre 1809 selbst sagte: „daſs, wenn die Sicherheit eines ganzen „Volkes so nahe bedroht sei, für ein solches Unternehmen keine Anstrengungen „zu groſs wären."

Aus dieser kurzen Übersicht der verschiedenen Vorschläge, welche mehrere der berühmtesten Niederländischen Wasserbaukundigen und hohe Staats-

Beamten, so wie die aus ihnen gebildete Commission, mit Sach- und Ortskenntnifs, Vaterlandsliebe und Unpartheilichkeit nach ihrer besten Überzeugung gemacht und der Commission, so wie dem Publico zur Beurtheilung übergeben haben, ersieht man zunächst die Haupt-Übel, an welchen Holland leidet und durch welche ein bedeutender Theil desselben mit einem früher oder später unvermeidlichen Untergange durch Strom- und Meeresfluthen bedroht wird, je nachdem die Natur-Ereignisse dazu eintreten; und dann die Mittel, welche zur Verbesserung und Abhülfe der Gefahr und der Übel für die besten und nothwendigsten gehalten werden. Es fehlt jetzt nur noch die Entscheidung über die besten Mittel und Wege zur Erreichung der Zwecke, und dann deren Ausführung. Die Entscheidung ist bis jetzt noch nicht öffentlich bekannt, und der Anfang der Arbeiten ist noch zu erwarten.

So wie nun die Entwürfe der Niederländischen Wasserbaukundigen für den Hydrotekten wissenschaftlich lehrreich und anziehend sind: so wird es auch die dereinstige Ausführung derselben für sie und für die Regierungen und Bewohner aller Strom- und See-Ufer-Staaten Europas und namentlich Deutschlands sein. Auch in dieser Hinsicht ist zu wünschen, dafs die Ausführung recht bald, als Vorbild und zur Belehrung, erfolgen möge. Den kraftvollen, gewerbfleifsigen, ihrem Könige und dem Vaterlande so treuen Niederländern, die ihr Land dem Meere durch so grofsen Kosten-Aufwand und Ausdauer entrungen und sich auch dadurch, wie durch Handel, Schiffahrt und Gewerbfleifs, einen Ehrennamen in der Geschichte der Völker erworben haben, ist zu wünschen, dafs der grofsartige Plan bald ausgeführt werden und gelingen, und dafs dadurch das dauerhafte Bestehen ihres Vaterlandels bis in die fernsten Zeiten gesichert und Ackerbau, Schiffahrt, Handel, Gewerbe und Künste stets in Blüthe erhalten werden mögen. Die Niederländer werden, so ist zu hoffen, auch jetzt wieder bethätigen, was *Delille* von ihnen mit Recht sagte:

. . . . „Voyez le Batave
„Donner un frein puissant à l'Ocean esclave."

Leer in Ostfriesland, 1843.

Reinhold.

Erste Abhandlung.

Über den Zustand des Rheins, der Waal, Maas und Yssel, und der Polder längs dieser Ströme; so wie über die Mittel zur Verbesserung derselben.

Vom
Grafen *J. H. van Rechteren,*
Königl. Niederländischen Gouverneur der Provinz Ober-Yssel u. s. w.

„Die berühmtesten Wasserbaukundigen stimmen darin „überein, dafs die unvorsichtige Bedeichung der Ströme „die Zerstörungen vorbereitet haben, denen wir blofs-„gestellt sind . . . . Es kann daher nicht befremden, „dafs man vorschlägt, Dasjenige jetzt noch zu thun, „was, wie Velzen und Brünings urtheilten, schon „unsere Vorfahren gethan haben sollten."

Bericht der zur Strom-Ableitung angeordneten Commission, S. 28 und 29.

Vorbemerkung des Verfassers.

Da Seine Majestät geruht haben, mich zum Mitgliede einer Commission zu ernennen, welcher die Beurtheilung des Zustandes unserer Hauptströme, der daran grenzenden Polder und der zur Verbesserung derselben gemachten Vorschläge übertragen worden ist, so ist die Abhandlung, welche ich hier durch den Druck bekannt mache, ursprünglich in der Absicht geschrieben, meine Meinung über diesen wichtigen Gegenstand den Mitgliedern der genannten Commission mitzutheilen.

Das grofse Interesse der Grundeigenthümer und Bewohner der Polder hat mich demnächst zu dem Entschlusse gebracht, diese Schrift auch allgemeiner für das Publicum bekannt zu machen, damit die Betheiligten dadurch Gelegenheit bekommen, wenn sie es wünschen, ihre Ansichten der oben benannten Commission mittheilen zu können.

Inhalt.

Der Gesichtspunct, von welchem ich bei der Untersuchung des Zustandes der *Waal*, des *Rheins*, der *Maas* und *Yssel* ausgegangen bin, war:

Erstlich. Für die Polder, welche längs dieser Ströme, oder in deren Nähe liegen, eine jetzt nicht vorhandene Sicherheit gegen Durchbrüche, so wie eine bessere und schnellere Ableitung des Niederschlag- und Quellwassers zu erzielen.

Zweitens. Die Betten dieser Ströme ihrer Bestimmung angemessener einzurichten und dabei die Wiederherstellungsmittel, welche die Commission zufolge Königlichen Beschlusses vom 15ten März 1821 No. 105. vorgeschlagen hat, zu beurtheilen.

Zu diesem Zwecke habe ich den Gegenstand in drei Theile scheiden zu müssen geglaubt.

1. Zustand der Hauptströme und der längs derselben liegenden Polder, nebst Beurtheilung der durch die Commission vorgeschlagenen Mittel zur Wiederherstellung.
2. Skizze eines Entwurfs der Mittel, welche nach der Meinung des Verfassers zur Abwendung der Gefahren für die Polder und zur Verbesserung der Ströme unter Berücksichtigung der Schiffahrt dienen würden.
3. Widerlegung der Bedenken gegen die Vor- und Nachtheile des Entwurfs, welche in der Zukunft zu erwarten sind.

Erste Abtheilung.

Zustand der Hauptströme und der längs derselben liegenden Polder; nebst Beurtheilung der von der Commission vorgeschlagenen Herstellungsmittel.

Die Niederlande, welche an den Mündungen eines der gröfsten Ströme von Europa, des *Rheins,* liegen, der sich nach seinem Eintritte in Holland in drei Haupt-Arme theilt, durchschnitten von einem nicht unbedeutenden Flusse (die *Maas*), welcher aus Frankreich kommt und sich mit einem der Hauptarme des Rheins vereinigt, waren vor der Bedeichung der Polder der Willkür jener Ströme überlassen und haben ihnen einen ansehnlichen Theil ihrer Wohlfahrt zu verdanken; dabei aber auch die Erinnerung an wiederholte Verwüstungen.

Eine langjährige Erfahrung und die Schriften der Sachkenner lehren uns, dafs Gebrechen, welche durch Natur-Ereignisse entstehen, in unserm Lande wirklich vorhanden sind; wie solches auch von der Stromregulirungs-Commission auf Seite 19, 120, 121 ihres Berichts hinreichend auseinandergesetzt ist.

Wir wollen den physischen Zustand unserer Ströme kürzlich betrachten. [Man sehe die Carte Taf. XII.] Der Haupt-Arm des Oberrheins, die *Waal,* hat von ihrem Scheidepuncte bei *Pannerden* an bis *Dordrecht* einen Fall von 11,518 Ellen Niederl. oder 36,6 Duod. F. Preufs. *) Obgleich dieser Strom-Arm einen regelmäfsigeren Lauf als der *Rhein,* die *Yssel* und die *Maas* behalten hat, sind doch seine Querschnitte sehr unregelmäfsig. So z. B. ist die *Waal* bei *Nymwegen* 851 Fufs breit, während die Deiche 319 F. vom Ufer entfernt sind; dagegen ist sie, $1\frac{1}{2}$ Stunden stromabwärts, 2039 F. breit und die Bedeichung ist noch 850 F. vom Ufer entfernt; was also sehr verschieden von dem Profile bei *Nymwegen* ist, woselbst durch die *Ooy* oft eine grofse Wassermasse sich in die *Waal* stürzt.

*) Anm. des Übersetzers. Die Niederländische Elle *oder der Französische Meter* ist in Rheinländischem Duodecimalmaafse = 3 Fufs 2 Zoll 2,677 Linien lang. Die Elle hat 10 Palmen oder Decimeter, 100 Duimen oder Centimeter und 1000 Streepen oder Millimeter.

[Danach sind die Maafse in der Abhandlung auf Preufsische reducirt. D. H.]

Man vergleiche die Breite des Stromes bei *Wiesen*, *Tiel* und *Varik* miteinander.

	Es ist die Breite:	Die Entfernung der Deiche vom Ufer ist:
Zu *Wiesen*	1102 F.	2255 F.
Bei *Tiel*	2042 -	1965 -
Bei *Varik*	1900 -	793 -
Bei *Rossum*	2421 -	1303 -
Bei *Hellouw*	1020 -	2148 -
In der vereinigten Maas bei *Woudrichem* (*Gorcum*)	2039 -	121 -

Durch diese Unregelmäfsigkeit der Strombahn, die aufserdem noch durch Sandbänke, unzweckmäfsige Kribben und andere Werke in ihrer Wirkung gelähmt wird, entstehen ein sehr ungleicher Abflufs des Wassers und bedeutende Unterschiede in der Höhe der Wasserstände. Der Generallieutenant Baron *Krayenhoff* sagt darüber in seiner Schrift: „Proeve van een ontwerp tot scheiding der rivieren de Whaal en de Bovenmaas enz. Seite 27": „In allen „Strömen nimmt das Gefälle des Wasserspiegels in dem Maafse ab, wie sich der „Strom der Ausmündung nähert, und wenn die Ströme in einem regelmäfsigen „Zustande sind, so erfolgt diese Abnahme des Gefälles von einem höher zu „einem tiefer liegenden Puncte *stetig*, so dafs, wenn man durch alle jene Puncte „eine Linie zieht, dieselbe nach unten gebogen oder hohl ist; diese Linie ist „aldann der Längsdurchschnitt des Wasserspiegels." Wenn man nun das Ge-„fälle des Wasserspiegels der *Waal* betrachtet, so zeigt sich, dafs derselbe von *Hülhuizen* bis *Nymwegen* nach *oben*, statt nach *unten*, eine schwach-krumme Linie bildet; was vermuthlich von dem Widerstande herrührt, den in der Stromstrecke oberhalb *Nymwegen* die Krümmungen und Versandungen hervorbringen. Von *Nymwegen* nach *Ochten* zu ist das Gefälle stärker und gleichmäfsiger; wahrscheinlich wegen der graderen Richtung und der wenigern Hindernisse in der Strombahn. Von *Ochten* bis *Tiel* vermindert sich das Gefälle bedeutend; wovon die Ursache in der Stromkrümme und den vielen Versandungen und Kribbwerken zu suchen ist. Von *Tiel* bis *Varik* ist das Gefälle am stärksten auf dem ganzen Strome; was wahrscheinlich der durch den Canal an der Schanze *St. Andries* entstehenden Wasser-Ableitung zuzuschreiben ist. Von diesem Canale bis *Bommel* ist das Gefälle viel geringer, als mehr oberhalb, und die Strecke contrastirt auf eine für den Wasser-

Abflufs nachtheilige Weise mit der letztgenannten Stromstrecke. Von ***Bommel*** bis ***Woudrichem*** nimmt das Gefälle wieder ab; wahrscheinlich zum Theil durch den Eintritt des Maaswassers bei ***Woudrichem*** oder ***Gorcum***. Von ***Woudrichem*** bis ***Hardinxveld*** ist das Gefälle durch das aus der ***Maas*** hinzugekommene Wasser in dieser Stromstrecke, welche hier ***die Merwede*** heifst, viel geringer. Von ***Hardinxveld*** bis ***Dordrecht*** ist das Gefälle durch die Ableitung in den alten ***Wiel*** und in andere Neben-Arme oder sogenannte Killen stärker. Von ***Dordrecht*** abwärts ist das Gefälle noch viel geringer; weshalb wir diese Beobachtungen, die aus ***Krayenhoffs*** „Proeve etz tot scheiding der Waal en Maas" entlehnt sind, nicht weiter fortsetzen und uns auf die 3te, 4te und 5te Figurentafel dieses Werkes beziehen, auf welcher alles anschaulich dargestellt ist *).

Wir wollen jetzt aus demselben Gesichtspucte auch den ***Rhein*** betrachten.

Seit der Bylandsche Canal nach der Convention vom 18ten Juli 1771 gegraben worden ist, begann die Scheidung des Oberrheins in ***Waal*** und ***Rhein***, gleich unterhalb dem Dorfe ***Millingen***. Der Rhein fliefst von da durch den ***Pannerdenschen*** Canal, welcher im Jahre 1706 vollendet wurde, und vereinigt sich seit der neuen, mehr Wasser ziehenden Einmündung, die ihm nach obiger Convention gegeben wurde, an der ***Pley*** oberhalb ***Arnheim*** mit der ***Yssel***. Der alte Rheinmund ist 42,9 F. hoch über dem Amsterdamer Peil (A. P.) verschlossen worden, welche Höhe mit 13 F. am Arnheimer Pegel gleich ist. Der 1774 verfallene ***Spyksche*** Deich ist wieder hergestellt; es ist ein Damm über den ***Pannerdenschen*** Werder, von der verfallenen Sternschanze bis zur Scheidung beider Flüsse geschüttet und jetzt durch Faschinenwerke bis auf 433 Ruthen vom Banndeich ab in den Strom verlängert worden.

Durch diese Werke hat man die verhältnifsmäfsigere Vertheilung der Wassermassen des Oberrheins hervorgebracht, und zwar so, dafs, so lange der Überlafs am alten Rheinmunde nicht wirkt, oder Deichbrüche am Oberrhein unterhalb ***Wesel*** Veränderungen darin hervorbringen, die ***Waal*** (der neue Rheinmund genannt) ***Zwei Drittheile*** und der ***Pannerdensche*** Canal ***Ein Drittheil*** des Wassers des ungetheilten ***Rheins*** abführen, während durch die ***Yssel Ein Drittheil*** von dem durch den ***Pannerdenschen*** Canal herbeige-

*) Anm. des Übersetzers. Da die Übersetzung dieser Abhandlung von *Krayenhoff* in den folgenden Heften erscheinen wird, so können die dabei befindlichen Tafeln u. s. w. hierüber nähere Auskunft geben.

führten Wasser oder ***Ein Neuntheil*** des Rheinwassers abgeführt wird. Die Vertheilung des Wassers des ***Rheins*** ist daher folgende:

Waal . . . . . Sechs Neuntheile.
Rhein . . . . . Zwei Neuntheile.
Yssel . . . . . Ein Neuntheil.

Für offenes Wasser, und so lange es nicht über den Überlafs im alten Rheinmunde fliefst, scheint diese Vertheilung ganz angemessen zu sein; wie es die meisten Wasserbaukundigen anerkennen. Da nun aber der alte Rheinmund oberhalb des Vertheilungspuncts liegt, und zu wirken anfängt, sobald der Strom 42,9 F. hoch über A. P. oder 13 F. hoch am Peil von ***Arnheim*** gestiegen ist, so hört die Vertheilung bei diesem Wasserstande auf, und es wird der eine Strom zuweilen übermäfsig gegen den andern angeschwellt; was ***Brünings*** und spätere Wasserbaukundigen für sehr schädlich gehalten haben, und was es auch nach meiner Einsicht ist, so lange die ***Wasserwehr*** nicht durch die ***Überströmung*** der Polder, sobald das Wasser auf eine gewisse Peilhöhe gestiegen ist, ersetzt wird.

Der ***Rhein,*** weiter stromabwärts ***Leck*** genannt, welcher vom Scheidepuncte bis ***Krimpen*** 34,7 F. Gefälle hat, fliefst in viel mehreren Krümmen, als die ***Waal.*** Von diesen Krümmen sind die oberhalb ***Wyk,*** bei ***Dürsteede,*** und oberhalb ***Cülenborg*** die unregelmäfsigsten.

Soviel mir bekannt, besitzen wir über den Wasser-Ergufs des ***Rheins*** nicht so genaue Beobachtungen, wie sie der General ***Krayenhoff*** an der ***Waal*** und ***Maas*** angestellt hat. Indessen ist darüber die Abhandlung von ***Cornelius Velzen,*** Harlingen 1768, belehrend.

Eine oberflächliche Betrachtung des Stroms zeigt schon, dafs die Strombahn in vielen Strecken merklich verschieden und dafs die Bedeichung unregelmäfsig von ihr entfernt ist. Im Sommer zeigen sich eine Menge von Sandbanken und Untiefen, die an einigen Stellen die Schiffahrt hemmen. Dafs dadurch das Gefälle des Wasserspiegels unregelmäfsig werden mufs, und so der Strom seinem Zwecke weniger entspricht, ist klar. Die vielen Eisdämme, welche sich im Strome festsetzen, beweisen es noch mehr. Indessen sieht man aus der 5ten Figurentafel der ***Krayenhoffschen*** Schrift, welche den senkrechten Querschnitt des Wasserspiegels vorstellt, dafs die Breite des Stroms regelmäfsiger ist, als die der ***Waal.***

Die ***Yssel,*** welche bei mittlem Wasserstande ein Neuntheil der Wassermasse des ***Oberrheins*** abführt, hat, von ihrer Einmündung in den ***Rhein*** bis an die Ausmündung in den ***Südersee*** oder das sogenannte ***Regte-diep,*** eine Länge von 33 078 Ruthen, und das Gefälle beträgt auf diese Länge 31,1 Fuſs. Das stärkste Gefälle findet sich zwischen dem Vereinigungspuncte mit dem ***Rheine,*** und ***Deventer;*** von da bis zur Mündung in den ***Südersee*** nimmt es ab. Ohne ihr starkes Gefälle würde die ***Yssel*** oberhalb, durch niedrigen Wasserstand und geringen Zufluſs von oben, Mangel an Wasser haben; welcher sich auch auf den Untiefen zeigt und wodurch die Schiffbarkeit oft vermindert wird, während die Ausmündungen in den ***Südersee*** versanden.

Die ***Maas*** hat ihre Quellen im Thale von ***Montigny*** bei ***Langres*** in Frankreich, und tritt beim Dorfe ***Heer,*** unterhalb ***Givet,*** in die Niederlande ein. Von ***Grave*** bis ***Woudrichem,*** wo sie sich mit der ***Waal*** vereinigt, hat sie 12,8 F. Gefälle, auf eine Länge von 23 811 Ruthen (89,720 Niederländische Meilen), wovon allein die Stromkrümmen 10 354 Ruthen betragen *). Die ***Maas*** hat aber in allen ihren Krümmen eine regelmäſsigere Bahn, rücksichtlich der Breite und der Entfernung der beiderseitigen Deichlinien, als die ***Waal,*** der ***Niederrhein*** und die ***Yssel.***

Die Tafel auf S. 57 der obengedachten Schrift des Generals ***Krayenhoff*** ergiebt darüber Folgendes.

Von ***Grave*** bis ***Maasbommel*** hat die ***Maas*** auf 7051 R. lang eine sehr regelmäſsige Breite, von etwa 701 Fuſs; von da bis ***Kessel,*** auf 7140 R. lang, eine gleiche Breite. Neben ***Diel*** ist sie 1054 F. breit; 760 R. weiter stromab, neben ***Bockhoven,*** ist sie 605 und 599 F. breit; unterhalb ***Well*** 1083 F. und 340 R. unterhalb 660 F. breit; ferner auf 1259 R. lang, 669 F.; gegen ***Aalst*** aber nur 420 F., gegen ***Niederandel*** 1055 F., gegen ***Gieſsen*** 1294 F. breit (dort am breitesten), und neben ***Woudrichem,*** bei der Ausmündung in die ***Waal,*** 478 F. breit. Die Deiche, zwischen welchen bei Hochwasser das Fluſsbett beschränkt ist, sind, eben wie an den andern Strömen, sehr unregelmäſsig, und das Consumtionsvermögen des Bettes ist an einigen Stellen viel gröſser, als an andern. So z. B. betragen die Abstände der Deiche von einander, von den Ufern ab gemessen: neben ***Kessel*** 790 F.; oberhalb ***Bockhofen*** 10 074 F.; bei ***Amerzoden*** 11 183 F.; bei ***Ravenstein*** und ***Neerloon*** 223 F.; bei ***Alphen*** 669 F.; bei ***Neerandel*** 191 F., und oberhalb ***Woudrichem*** 1523 F. Die Höhe der Deiche längs der ***Maas*** beträgt über dem Amster-

---

*) Anm. des Übers. Eine Niederländische Meile hat 1000 Ellen oder 265,438 Ruthen Rheinl.

damer Peil (A. P.) am rechten Ufer bei *Neerasselt* 36,5 F. und bei *Münnekeland,* bis wohin die Höhe allmälig abnimmt, 12,7 F. Am linken Ufer, bei *Grave* 36,1 F. und, allmälig abnehmend, bei *Woudrichem* 18,2 F.

Von *Grave* herabwärts sind in der *Maas* eine Menge Kribben und Häupter oder Buhnen, und viele unregelmäfsige Krümmen und Untiefen, welche nur bei mittlem Wasserstande, von 8,58 F. über A. P., schiffbar sind. Bis *Hedikehuizen* und *Heusden* wirkt die Ebbe und Fluth. Der Boden der *Maas* besteht, von *Maashees* bis nach unten zu, aus grobem Grand oder Kies (grind) und Platensand, mit Kieseln von verschiedener Gröfse gemengt, welche bis *Löwenstein* allmälig abnehmen; wo der Boden aus leichtem gelben Klai besteht.

Das höchst unregelmäfsige Gefälle dieses Flusses kann man in Fig. 4. Taf. V. der „Proeve" des Herrn *Krayenhoff* sehen, nemlich:

Von *Grave* bis *Megen* beträgt es	4,13 F.
Bis *Heerewarden*	2,23 -
- *St. Andries*	0,07 -
- *Crevecoeur*	3,62 -
- *Heusden*	0,24 -
- *Woudrichem*	2,57 -
Zusammen	12,82 F.

Bei mittlem Wasserstande oder 14,5 F. über A. P. beträgt der Wasser-Ergufs in der Secunde, nach *Krayenhoff,* bei *Meegen* an der Fähre 4056 C. F. und bei *St. Andries,* bei 12,29 F. über A. P., 7342 C. F.; bei *Bockhofen,* bei 12,46 F. über A. P., 19 018 C. F. u. s. w.

Die Unregelmäfsigkeit des Bettes der *Maas*, mit den vielen Krümmen, Untiefen, Kribben, Engen und Weiten zwischen den Ufern und Deichen, verursacht ein bald schnelles, bald langsames Fallen des Wasserspiegels, und ein kleineres oder gröfseres Abzugsvermögen; wie es aus Obigem hervorgeht. Die Haupt-Ursachen davon sind aber für die *Waal* und die *Maas* in der Vereinigung dieser Ströme beim *Fort St. Andries* zu suchen; welche Vereinigung auf den Wasser-Abzug in beiden Strömen einen schädlichen Einflufs hat.

Der *Waal* werden durch diese Vereinigung Zwei Dreizehntel ihrer gewöhnlichen Wassermasse von 7342 C. F. bei 12,29 F. Höhe über A. P. entzogen, und bei 15,8 F. Höhe über A. P., wenn der alte Rheinmund anfängt zu wirken, 9250 C. F. Durch dieses Wasser wird die *Maas* überladen. Der Wasserspiegel der *Waal* senkt sich dann unterhalb des Canals auf eine schädliche Weise, der Spiegel der *Maas* dagegen wird schädlich erhöht, so dafs das gleichförmige Gefälle zwischen *Grave* und *Megen*, weiter abwärts, verloren geht. So z. B. *fällt* der Wasserspiegel bei *Bommel*, bei einem Wasserstande von 12,29 F. über A. P., um 1,43 F. und die *Maas* steigt bei *Bockhofen* um 4,87 F. u. s. w. Dafs dies nach Maafsgabe des Gefälles, mit welcher die *Waal* sich in die *Maas* ergiefst, zunimmt, ist klar.

Durch die zweite Vereinigung der *Maas* mit der *Waal*, bei *Woudrichem*, wird der *Waal* bei mittlem Wasserstande 11 674 C. F. Wasser in der Secunde zugeführt, von welchen früher 7342 C. F. aus der *Waal* durch das sogenannte *Schanzker Gatt* (bei dem Fort *St. Andries*) in die *Maas* abflossen. Dieser Strom führt also von seinem eigenen Wasser nur 4332 C. F. in der Secunde ab. Wenn diese Vereinigung der beiden Ströme nicht Statt hätte und die *Maas* ihren uralten Lauf nach *Heusden*, dem *Langstraatschen* Felde bis *Gertruidenberg* nach der *Amer* hin behalten hätte, wie es zufolge alter Carten von *Wagenaar* im Jahre 870 gewesen sein soll, so würde der mittle Wasserstand bei *Bommel*, der jetzt 8,68 F. über A. P. ist, 10,11 F. über A. P. sein. Der mittle Wasserstand unterhalb *Hardinxveld*, neben dem alten *Wiel*, welcher jetzt 1,59 F. ist, würde 1,14 F. sein, und das Gefälle, jetzt 7,08 F., würde 8,97 F., also um 1,89 F. mehr betragen. Die punctirten Linien auf der 5ten Tafel Fig. 4. und 5. der *Krayenhoffschen* Schrift zeigen deutlich, dafs dadurch das Gefälle der *Waal* und *Maas* regelmäfsiger geworden wäre.

Nachdem wir den Lauf, das Gefälle, das Abzugsvermögen und die wechselseitige Wirkung der Ströme auf einander durch ihren Zusammenflufs, kurz angegeben haben, wollen wir eine Anwendung davon machen:

Erstlich, auf den geregelten Abflufs des Wassers und Eises;
Zweitens, auf die Schiffbarkeit, und
Drittens, auf die Fruchtbarkeit des Bodens.

Obgleich *Erstlich* durch die ansehnlichen, die Kräfte der meisten Polder übersteigenden Kosten, die seit dem Anfange dieses Jahrhunderts an die Deiche gewendet worden sind, eine gröfsere Stärke und Höhe derselben erzielt worden ist, so haben doch die zwischen ihnen eingeschlossenen Strombahnen kaum Raum genug, um die von oben herunterkommende Wassermasse des *Rheins* und der *Maas* ohne Beschädigung der angrenzenden Polder in das Meer abzuführen. Das letzte Beispiel, vom November 1824, wo das höchste offene Wasser ohne Eis abflofs und bis an die Kappe der Deiche stand, was viele Senkungen der Deiche und grofse Gefahren verursachte, wenn auch keine

Deichbrüche entstanden, beweiset, dafs auch ohne Eisgang, bei einem so hohen Wasserstande, mit Sicherheit auf die Haltbarkeit der Deiche nicht mehr zu rechnen sei. Um wieviel mehr dies bei Eisgängen und Eisstopfungen der Fall sei, davon haben die vielen Verwüstungen, die alsdann entstanden, traurige Erinnerungen zurückgelassen.

Zweitens, zu Zeiten der Römer, vor Christi Geburt, war die ***Waal*** bei ***weitem*** besser ***schiffbar,*** als jetzt; was daraus hervorgeht, dafs die Feldherren der Römer mit ihren Flotten von Britannien bis vor ***Nymwegen*** kommen konnten.

Die ***Waal*** hat durch den Durchbruch der ***Maas*** beim Fort ***St. Andries*** und durch die Vernichtung des ***Dordrechtschen*** Werders bei der St. Elisabethsfluth am 18ten November 1421 an ihrer Schiffbarkeit unterhalb sehr verloren und dagegen oberhalb an Geschwindigkeit und Wassermasse sehr zugenommen, nemlich durch die Ableitung des Rheinwassers nach dem nördlichen Arme, welchen ***Tacitus „Flevus"*** nennt und welcher 10 Jahr vor Christus von dem Römischen Feldherrn ***Nero Claudius Drusus,*** mit dem Beinamen ***Germanicus,*** angelegt wurde, indem man einen kleinen Flufs, Namens ***Nobalia*** (S. ***Tacitus*** Hist. B. V. cap. 26), der jetzt unter dem Namen der ***alten Yssel*** bekannt ist, mittels eines Canals mit dem ***Rhein*** vereinigte; welcher Canal nach seinem Erbauer der ***Drususgraben*** genannt worden ist. Der alte ***Yssel***mund ist späterhin durch die Anlagen an der ***Pley*** verlassen worden, aber doch jetzt noch sichtbar.

Man nahm früher an, dafs die zweite Ableitung, welche ***Domitius Corbulo*** ausführen liefs, bei ***Wyk*** ihren Anfang genommen habe. Jetzt neigen sich einige Schriftsteller, mit dem General ***Krayenhoff,*** zu der Meinung, dafs diese Ableitung am ***Tafelberge*** angefangen habe, nachdem schon früher durch ***Claudius Civilis,*** nach der verlorenen Schlacht bei ***Xanten,*** der ***Rhein,*** welcher damals durch das ***Gelder***sche Thal nach dem Meere ***Flevus,*** dem jetzigen ***Südersee,*** strömte, durch einen Damm zugedeicht und dann durch den ***Nadam, Niedam*** oder ***Nydam,*** den jetzigen Deich zwischen der ***Greb*** und ***Wageningen,*** völlig abgeschlossen worden war, um die Einfälle der Normannen in das Land der Bataver zu verhindern *).

*) Anm. des Übers. In der Abhandlung des Ingenieurs ***de Beer,*** „Freimüthige Gedanken etc." betitelt, schlägt der Verfasser die ***Geldersche Vallei*** oder das ***Geldersche Thal,*** welches zwischen ***Wageningen*** und ***Rheenen*** an der ***Grebbe*** an den Niederrhein und von da zwischen ***Nykerk*** und ***Bundschooten*** durchgehend, an den ***Südersee*** stöfst,

Die von der Natur dem *Rheine* angewiesene Strombahn, welche von der Bahn der *Maas* zur Zeit der Römer ganz getrennt war, ist durch diese Ableitung nicht zum Guten verändert worden, und die Ströme sind jetzt nicht mehr von dem Nutzen, wie früher. *Waal, Rhein, Yssel* und *Maas* sind bei niedrigem Wasser für grofse Schiffe an einigen Stellen nur mühsam, oder gar nicht zu befahren. Die Vereinigung der *Waal* und *Maas* beim Fort *St. Andries* ist unter diesen Umständen ganz unnütz geworden, indem wegen der Untiefen die gröfsten Schiffe, welche die *Maas* befahren und welche 7 F. tief gehen, diesen ganzen Strom nicht passiren können, ehe nicht das Wasser 20 F. hoch über A. P. am Wasserpegel zu *Grave* steht. Die gröfsten Schiffe auf der *Waal* sind die Kölnischen *Samareusen* und haben beladen 7 F. Wassertiefe nöthig, auf welchen Wasserstand die *Waal* in den Untiefen oft herabsinkt.

Der *Rhein* hat mehrere Untiefen, die schon bei Mittelwasser die Fahrt grofser Schiffe hindern; und die *Yssel*, welche bei jenem Wasserstande blofs von kleinen Schiffen befahren wird, ist dazu bei niedrigem Wasser doch oft noch unbequem, eben wie die *Maas*, durch ihre vielen Biegungen.

Drittens. Betrachtet man hier das Land aufserhalb der Deiche (Vorland, auch Aufsendeichsland genannt), welches zu dem besten in Holland gehört, den ansehnlichen Ertrag desselben, den hohen Kaufpreis und die unerschöpfliche Fruchtbarkeit des Bodens, so ergiebt sich, dafs die Gewässer unserer Hauptströme eine fruchtbar machende Kraft besitzen müssen, hinter welcher die alles gedüngten Landes zurückbleibt, und dafs die Stoffe (der Schlick), welche die Ströme führen, so mannigfaltig sind, dafs ihr Niederschlag die an den Ufern gelegenen Lande allmälig und nicht unbedeutend erhöht.

Ehe die unvorsichtige Hand der Menschen den grofsen fruchtbaren Landstrich zwischen den Anhöhen der *Veluwe* und den *Limburgschen* und *Nordbrabandschen* Haiden bedeicht hatte, flossen diese Ströme frei über dieselben hin. Die tiefen Klailagen und die hin und wieder sich findenden Sandbänke und Grand- oder Kiesbanken zeigen, eben, wie die Fruchtbarkeit des Bodens,

---

zur Ableitung des hohen Rheinwassers vor. Sodann schlägt *de Beer* eine Ableitung der *Waal* in den *Rhein* durch die Ober-Betüwe, von *Ewyk* an der *Waal* nach *Wageningen* oder der *Grebbe* am Niederrhein, in die *Veluwe* vor; wodurch ein zusammenhängender Überlafs (der zu beiden Seiten bedeicht werden soll) aus der *Waal* und dem *Rhein* in den *Südersee* entstehen würde. Hiedurch würde das unter den Römern vorhanden gewesene, von ihnen abgeschlossene Strombett des *Rheins* wieder in Wirkung gesetzt werden; was nach dem Vorschlage des Herrn *de Beer* ein Hauptrettungsmittel gegen die Überströmung für Holland sei.

ihren Ursprung an, und beweisen, dafs sie Anspülungen oder Aufschwemmungen jener grofsen Adern des Landes sind.

Aber der günstige Zustand nimmt in unsern bedeichten Poldern eher ab, als zu. Die Ursache, welche ihn hervorgebracht hat, ist durch die Eindeichung des Bodens vernichtet. Die niedrigsten Gegenden, deren Boden unter dem Sommerwasserstande der Ströme liegt, wenigstens unter dem Frühlingswasser, werden, wenn es jenen Stand erreicht, von dem Wasser bedeckt, welches durch die Sandschichten quillt und welches in vielen Poldern mittels Wassermühlen ausgemahlen wird. Das Quellwasser, welches durch die Deiche und Wasserwehre dringt, ist dabei nur von geringer Bedeutung.

Durch das stets höher werdende Bette der Ströme wird der mittlere Wasserstand derselben gehoben, und obgleich sie nicht mehr Wasser als früher abführen, ist doch ihr Wasserstand gewöhnlich im Frühlinge zu hoch, als dafs viele Polder durch ihre Mühlen trocken gemahlen werden könnten. Dazu kommt, dafs die Kraft, welche die Mühlen in Bewegung setzt, nemlich der *Wind*, ungleich, abwechselnd und oft unzureichend ist, für die fortzuschaffende Wassermasse *). Die Folgen davon sind traurig. Die fruchtbarsten Landstriche verlieren ihren Werth. Die Lasten übersteigen hie und da die Einnahmen, oder sind doch so hoch, dafs den Grundbesitzern Wenig oder Nichts übrig bleibt.

Im Spätsommer werden wieder viele Felder trocken; einige gar nicht. Die Zeit des Säens geht vorüber und es wächst nichts auf dem Lande als langaufgeschossenes Flottgras, welches zu Nichts brauchbar ist. Binsen und anderes Unkraut kommen hervor und sind in guten Jahren kaum zu vertilgen. Die Pferde werden ganze Monate lang nicht gebraucht. Das Vieh wird kärglich gefüttert, in der Erwartung, dafs der nasse Boden noch werde beweidet werden können. Der fleifsige Landmann sieht trauernd seine Äcker an und blickt jeden Tag nach dem Strom, ob er sinke oder steige; wovon sein ganzer Wohlstand abhängt. Wenn man da an die vielfältigen Lasten denkt, die auf den Poldern ruhen, so mufs man sich wundern, dafs viele derselben nicht schon lange verlassen wurden.

Wir wollen das Bild dieses Zustandes nicht weiter ausmalen. Es wird unsern Lesern bekannt genug sein; vielleicht jedoch Vielen nicht so, wie mir,

---

*) Anm. des Übers. Über Holländische Entwässerungsmühlen sehe man *Woltmanns* „Beiträge etc. 4ter Band, §. 36. und 40." und *von Wiebekings* „Allgemeine Wasserbaukunst. Th. 3., 4te Abtheilung u. s. w." Durch Dampfmaschinen könnte der Zweck viel sicherer erreicht werden, als durch Windmühlen.

der ich einen Theil meines Lebens in diesen Gegenden zugebracht und das Elend daselbst in der Nähe gesehen habe, und wie es mit Riesenschritten kam. Ich nehme keinen Anstand, offen und pflichtgemäfs zu erklären, dafs, ***wenn nicht bald kräftige und abhelfende Mittel ergriffen werden, die niedrigen Polder an unsern Hauptströmen in Landseen verwandelt und von den Eignern werden verlassen werden.*** Diese würden dann, aus fleifsigen und angesehenen Staatsbürgern, eine Last für den Staat und eine Vermehrung der Bevölkerung unserer Armen-Colonien geworden sein. Man durchreise nur die Polder und höre und sehe Alles! Überall sieht man Elend; das ganze Äufsere ihrer Bewohner trägt die Spuren davon *).

Ich habe den Zustand der meisten niedrigen Polder, deren nicht wenige sind, kurz und wahr geschildert. Es sei mir jetzt gestattet, freimüthig und bescheiden die Abhülfsmittel zu beurtheilen, welche der Bericht der Commission vorschlägt. Es sind ihrer folgende vier:

1. Verbesserung der Strombetten selbst, durch angemessene Aufsicht, zweckmäfsigere Anlagen u. s. w.
2. Erhöhung und Verstärkung der Deiche am nördlichen Ufer des ***Lecks,*** und anderer.
3. Verbesserung der Ausmündungen der ***Merwede*** nach dem Bergschen Felde hin.
4. Grofse Seiten-Ableitungen der Ströme durch Überlässe oder Schleusen nach dem Meere hin, oder nach einem andern Hauptstrome, zur Entlastung und Erhaltung der jetzigen Deiche.

Da ich über die ersten drei Mittel mit der Commission übereinstimmender Meinung bin und davon in der zweiten Abtheilung dieser Abhandlung ausführlich sprechen werde, so will ich hier erst blofs auf das ***vierte,*** als das hauptsächlichste und kostbarste der von der Commission vorgeschlagenen Mittel, mich beschränken, werde aber, da dasselbe mit der Erhaltung der jetzigen Deiche in Verbindung steht, zugleich beweisen, dafs diese Deiche nicht im Stande sind, die Polder gegen Überströmungen zu schützen.

Die Erfahrung hat schon nur zu oft und auf eine schreckliche Art be-

---

*) Anm. des Übers. Wenn ein hoher Staatsbeamter, wie der Gouverneur der Provinz Ober-Yssel, mit Sachkenntnifs, Vaterlands- und Menschenliebe ein solches Gemälde von dem Elende seiner Mitbürger pflichtmäfsig aufstellt, so wäre, nach Verlauf von 10 Jahren, doch wohl mit Recht zu erwarten, dafs die so einsichtsvolle Niederländische Staatsregierung diesem Unglücke abhälfe.

wiesen, dafs unsere Deiche nicht im Stande sind, den Kampf mit den Naturkräften zu bestehen. Ihre Richtung, die unzähligen Krümmen, die schlechte Erde in den Deichen, die man bei Durchbrüchen und beim Weggraben alter Deiche findet, zeigen, wie sie gebaut sind, und dafs sie nur zu oft auf schlechten Boden gesetzt und mit wenig Vorsorge und ohne die nöthige Einsicht ausgeführt wurden.

Die Geschichte der Polder ist eine Kette von Unglück und Elend. Die Schriften von *Brünings, Conrad,* die Abhandlungen von *Blanken,* von dem verstorbenen General-Inspector *Goudriaan,* die Beobachtungen des Generallieutenant *Krayenhoff* und der Bericht der Commission zählen die Durchbrüche der Deiche auf, deren Zahl erschreckend zunimmt, und geben genaue, belangreiche Nachweisungen davon.

So z. B. sagt *Blanken* in seiner „Memorie over den Staat der rivieren etc." (Denkschrift über den Zustand der Ströme) S. 58 und 59: „Hieraus „mufs man die vollkommne Überzeugung erlangen, dafs die Ströme unseres „Landes zwischen den Bedeichungen das Wasser und Eis des Oberrheins nicht „aufnehmen und ins Meer führen können, ohne dafs sich Eisdämme festsetzen; „so wie, dafs es unmöglich ist, auf Holländischen Boden Deiche zu schütten, die „hoch und stark genug wären, um die anschwellenden Obergewässer der Ströme „gegen Eisstopfungen zu schützen, selbst wenn auch keine physischen und „finanziellen Umstände solche höchst verderbliche Unternehmung unrathsam und „unmöglich machten."

Der verstorbene General-Inspecteur *Goudriaan* sagt in seiner bekannten Abhandlung über die seitwärtige Ableitung der Ströme (Verhandeling over de zydelingsche afleiding der rivieren etc.) Seite 109: „Es ist nicht zu leugnen, „dafs eine, oft tiefe Überströmung des Landes nimmer abgewehrt werden kann. „Denn wenn das Strombette durch Eis beschränkt oder verstopft ist, wird sich „unvermeidlich das Übermaafs des Wasserzuflusses über den Abflufs in dem „beschränkten Strome über das seitwärts liegende Binnenland verbreiten: es „sei, dafs dazu eine angemessene Gelegenheit, die das Übel mildert, vorbereitet „ist, oder dafs aufserdem noch der Strom selbst, durch Verwüstung und ge„waltsame Deichbrüche sich den Weg dazu bahnt. In diesen Fällen kann „die Überströmung weder durch Deiche, noch durch Schleusen, noch durch „irgend ein anderes Mittel abgewehrt, sondern nur geleitet, in seiner Wirkung „gemäfsigt und in verschiedenen Beziehungen gemildert werden."

Was die Commission sagt, kommt damit völlig überein; nemlich Seite 10: „Zuvörderst giebt es unter den grofsen Strömen in Europa keine, deren „Ufer so stark bewohnt und welche der Eisstopfung so sehr unterworfen wären, „als die Ströme unseres Vaterlandes." Und Seite 12: „Wenn im Winter, „nachdem der Frost die Oberfläche dieser Ströme in Eis verwandelt hat, Thau-„wetter eintritt, so können die abgelöseten Eisschollen nicht so geschwind, als „der Drang des Wassers, welches die obern Ströme zuführen, es erfordert, „nach dem Meere hin abfliefsen. Die Schollen schichten sich dann übereinander, „stecken sich mit ihren Spitzen in den erhöhten Boden des Stroms, und bilden „Dämme, von welchen die gefürchteten Folgen, nach dem Unheil von 1809 „und 1802, Jedem noch in frischem Andenken sind. Die Eisdämme, welche „oft eine grofse Länge haben und den Ablauf des von oben herkommenden „Wassers beschränken, verstopfen anfangs den Strom nicht ganz. . . . . Doch „oft übertrifft die Menge des zuströmenden Wassers diejenige, welche der Eis-„damm durchläfst; der Strom schwillt dann sichtbar hinter demselben auf, oft „bis an und über die Krone der Deiche und Wasserwehre, und wenn der Eis-„damm nicht bricht und nachgiebt, so müssen die Deiche brechen oder durch „Übersturz vernichtet werden, und die ganze Wasser- und Eismasse, die den „Strom herabkommt, wird mit Gewalt über die Gegend verbreitet und schafft „sie in einen Landsee um, der oft viele Fufs tief ist. . . . . Bis jetzt sind „keine Mittel bekannt, das Festsetzen der Eisdämme zu verhindern, oder sie „wegzuschaffen, wenn sie sich einmal gebildet haben." Ferner S. 14: „Die „fortwährende Erhöhung des Betts der Ströme (was fast allen Ausmündungen „eigen ist) verursacht eine Erhöhung des Wasserspiegels, gegen welche die „Deiche und Wasserwehre, wenn keine andern Mittel angewendet werden, in „gleichem Verhältnisse verstärkt und erhöht werden müfsten." Sodann S. 20: „Man hat denn nun auch nicht aufgehört, die Deiche beständig zu erhöhen; „aber, weit entfernt, dafs dadurch die Überströmungen einigermaafsen vermindert „worden sein sollten, hat man gesehen, dafs die Deichbrüche an Zahl und schäd-„lichen Folgen nur zugenommen haben." Man sehe hierüber *Blanken,* „Memorie „over den Staat der rivieren" Seite 6 und „Bemerkung über die Erhöhung der „Leckdeiche." Seite 22 des Berichts der Commission heifst es: „Aber da kein „Grund vorhanden ist, zu glauben, dafs nach dieser Erhöhung der Deiche (die „Herr *von Wiebeking* in der Schrift „Von der Natur oder den Eigenschaf-„ten der Flüsse, 1834" und in „Mémoire sur la bonification du Waterstaat „de la Hollande etc." vorschlägt), wenn sie auch von einer Verbesserung

„der Ströme begleitet würde, der Wasserspiegel nicht ebenfalls fortwährend „sich erhöhen sollte, so sieht man leicht, dafs dies Mittel in keinem Fall das „Übel mit der Wurzel ausrotten würde, sondern dafs man über kurz oder „lang aufs neue zu *noch* kostbareren Erhöhungen und Verstärkungen der Deiche „würde übergehen müssen. . . . . Bei jedem Eisgange sieht man das Wasser „hinter den Eisdämmen immer höher und höher gegen dieselben anschwel- „len . . . . und wer mag die Grenze bestimmen, wo das Wasser aufhören wird, „hinter einem Eisdamm zu steigen!" . . . . Seite 21 heifst es: „Es ist auch „nöthig, bei dem Vorschlage zu einer allgemeinen Verstärkung der Deiche zu „bemerken, dafs im Allgemeinen Deichbrüche desto schlimmere Folgen haben „(besonders für das unmittelbar dahinter liegende Land), je gröfser die Höhe „ist, von welcher das Wasser herabstürzt. Der Durchbruch eines höheren Deichs „ist viel gewaltiger und nachtheiliger, als der eines niedrigen. Wenn also der „Deich der Gewalt des Wassers nicht widerstehen kann, und einmal brechen „mufs, so ist es besser, dafs dies früher, bei niedrigem, als später bei höhe- „rem Wasser geschehe."

Es würde unnütz sein, nach solchen Thatsachen und solchen Urtheilen unserer berühmtesten Wasserbaukundigen noch mehr Beweise beizubringen, dafs die Deiche gegen den Anfall der Ströme nicht Stand halten können, wenn sie durch Eisschollen in ihrem freien Abflusse gehindert werden *).

Wir wollen nun zu den ***Ableitungen*** übergehen, welche die Commission vorgeschlagen hat.

Es sind folgende:

a. Durch die ***Lymers***, die Geldersche ***Yssel*** entlang.

b. Von der ***Waal*** nach der ***Maas***, durch das Land zwischen beiden.

c. Die Ableitung des ***Rheins***, von der ***Grebbe*** nach der ***Eem***, durch das ***Geldersche Thal.***

d. Durch die Schleusen bei ***Culenborg***, vom ***Leck*** nach der ***Waal***, durch den ***Thieler*** Werder (Waard).

e. Durch den Überlafs im Lande ***Altena***.

---

*) Anm. des Übers. Durch die hier aufgeführten wichtigen und unumstöfslichen Gründe fällt der Vorschlag des Herrn *v. Wiebeking* von selbst über den Haufen, die Deiche zu verstärken und 4 Fufs über den höchsten Wasserstand zu erhöhen. M. s. dessen Schrift: „Von der Natur oder den Eigenschaften der Flüsse" u. s. w.

Der Zweck dieser Seiten-Ableitungen kann kein anderer sein, als den Strom, wenn er mit Eis besetzt ist und der Abflufs des Wassers durch Eisdämme verhindert wird, so zu entlasten, dafs Deichbrüche verhindert werden.

Wir sind darin mit der Commission einverstanden, dafs bei offenem Wasser die Seiten-Ableitungen weniger nöthig sind. Unsere Deiche sind dann wenigstens einigermaafsen gegen das Wasser haltbar. Wenn man aber mit Aufmerksamkeit erwägt, dafs kein übermäfsiger Zuflufs von Wasser von oben nöthig ist, um die Deiche nahe oberhalb einem Eisdamme zu überströmen und Deichbrüche zu verursachen, und dafs dies öfters schon bei niedrigem und oberhalb fallenden Wasser Statt findet: so wird man einsehen, dafs eine von der Gefahrstelle *entfernte* Ableitung, auch wenn sie dem Strome einen grofsen Theil des von oben herabkommenden Wassers entzieht, doch nicht verhüten kann, dafs das aufgestaute, übrig gebliebene Wasser oberhalb des Eisdammes bis auf oder über die Krone der Deiche steigt. Sobald die hinzugekommene Wassermasse gröfser ist, als die, welche durch den Eisdamm abfliefst, ist es gewifs, dafs die Deiche überströmt werden müssen; und zwar zuerst dicht oberhalb des Eisdammes.

Wie oft hat die *Maas*, der schwächste Strom von allen, bewiesen, was von den Seiten-Ableitungen zu hoffen sei. Im Jahre 1799, um nur wenige Beispiele anzuführen, brach der Deich bei *Keent*, kaum 4 Stunden unterhalb des damals sehr stark wirkenden Überlasses bei *Beers*. Im Winter 1829 hatte ein neben *Maurik* gebildeter Eisdamm die Wirkung, dafs, ungeachtet sehr viel Wasser über die *Amerongschen* Aufsendeiche abflofs und kein besonders grofser Zuflufs von oben her Statt fand, das Wasser doch gegen den Eisdamm sich aufstaute, in kurzer Zeit bis auf $1\frac{1}{2}$ F. unter den Nullpunct an den Deichen anschwoll, und von unten die Kay-Deiche auf den Aufsenwerdern durchbrochen wurden. Die Eisschollen, welche der Strom mitgeführt hatte, habe ich 10 bis 14 Tage später auf diesen Aufsenwerdern liegen sehen. Weiter oberhalb, neben *Wageningen* und ferner, war der *Rhein* innerhalb der Ufer mäfsig hoch, und weiter hinauf im Fallen begriffen. Im Jahre 1814 brach, nach einer dreifsigtägigen Wirkung des *Suippelingschen* Überlasses, am 10ten Februar der Deich bei *Veessen* durch. *Blanken* führt in seiner „Memorie etc." von 1815 Seite 51 u. s. w. ein Beispiel vom 14ten Januar 1811 an, wo, als der *Leck* bei *Ameiden* eine niemals bekannte Höhe erreicht hatte und die Deiche schon auf den Kronen bekistet waren, zu *Grofs-Amer* ein Theil der Schleuse barst und der Strom unterm Nullpuncte zu *Culenborg* 1,68 bis 2,58 F., zu

Wyk bei ***Duurstede*** 4,90 bis 4,94 F. und zu ***Arnheim*** 11,61 bis 12,33 F. hoch stand. Im Jahre 1811 waren die Packwerke am ***Pannerdenschen*** Canale noch über Wasser, als bei ***Dreumel*** der Deich, welcher schon seit 24 Stunden mit Nothwehren besetzt war, endlich durchbrach.

Alle diese Thatsachen beweisen, dafs, selbst bei gewöhnlichem Zuflusse von Wasser, der Aufstau allein hinreicht, die Unfälle hervorzubringen, und dafs auch die wirksamsten Ableitungen, in bedeutender Entfernung oberhalb, nicht im Stande sind, sie zu verhüten.

Die Commission bestätigt diesen Satz, nebst andern, indem sie S. 172 sagt: „Es sind vorzüglich die Deiche zwischen ***Wyk,*** bei ***Duurstede, Vrees-*** „***wyk*** u. s. w. (am ***Rhein*** und ***Leck***), welche der Entlastung bedürfen, und „diese kann ihnen durch keine Ableitung an der ***Grebbe*** (nach dem Südersee „hin) verschafft werden; wegen des grofsen Gefälles der Deiche, welches, von „der ***Grebbe*** bis ***Vreeswyk*** hin, mehr als 12,7 F. beträgt. Daher kommt es, „dafs ein Eisdamm während seiner Fahrt das Wasser bis an die Krone der „***Leck***deiche aufstauen kann, ohne dafs sich an der ***Grebbe*** eine merkbare „Erhöhung des Wasserspiegels zeigte."

Der verstorbene General-Inspecteur ***Goudriaan*** sagt in seiner bekannten Abhandlung über die Seiten-Ableitungen Folgendes: „Wenn man auch „durch eine sehr wirksame Ableitung oberhalb die Wirkung des übermäfsigen „Zuflusses von Oberwasser sehr vermindert und die Ströme von einem Theile „des übermäfsigen Zuflusses entlastet haben sollte, ist es dennoch gewifs, dafs „davon keineswegs auch die Sicherheit gegen die durch Eisstopfungen ent- „stehenden Hemmungen des Wasser-Abflusses erlangt wird. Diese letztere „bleibt immer, auch bei mäfsigem Zuflusse des Wassers; selbst wenn der Strom „innerhalb seiner Ufer fliefst; wie es die Beispiele aus jener Abhandlung §. 7. „und 8. deutlich zeigen. Gegen die Wirkung der Eisstopfungen kann daher „keinerlei Ableitung an einem einzelnen bestimmten Puncte helfen; denn wegen „des Gefälles der Ströme beschränkt sich das Wasserleitungsvermögen jeder „Ableitung nothwendig auf Grenzen, wie sie dem Gefälle angemessen sind."

Aus diesen, von Thatsachen unterstützten Gründen habe ich nun die moralische Überzeugung: dafs grofse Seiten-Ableitungen durch die Deiche, an bestimmten Puncten, in einiger Entfernung von den Eisstopfungen angebracht, deren Gefahren nicht abwenden können, und dafs, da solche Ableitungen nur zu diesem Zwecke angelegt werden und aufserdem keinen Nutzen haben können, es nicht rathsam ist, seine Zuflucht zu ihnen zu nehmen und dazu so ansehnliche Summen, wie die Commission es vorschlägt, zu verwenden. Nimmt man auch an, dafs die Ableitungen ihren Zweck erfüllen, so würden dadurch doch die Polder nur zum Theil vom Unheile befreit werden, und sie würden ihrer langsamen Verarmung und dereinstigen Vernichtung noch eben sowohl wie beim jetzigen Zustande entgegenzusehen haben.

Wären die Polder nicht bei Durchbrüchen mit ansehnlichen Wiederherstellungskosten belastet, durch welche alle Gelderschen Polder in tiefe Schulden gerathen sind: wären die in den Poldern am niedrigsten, nicht über dem Fluthwasserspiegel liegenden Dörfer und Gebäude gegen Gefahr für Menschen und Vieh gesichert, und wären mit den Durchbrüchen nicht Versandungen verbunden: so würden die Durchbrüche im Allgemeinen wenig Schaden, vielmehr sogar Vortheil bringen.

Dieserhalb sind es denn auch nicht die ***Durchbrüche***, welche den gröfsten Schaden anrichten, sondern vielmehr das ***Quell-*** und ***Regenwasser*** ist es, welches wegen der mangelhaften Entwässerung, wie sie allgemein in den niedrigsten Poldern Statt findet, bis spät in den Frühling, zuweilen bis mitten in den Sommer stehen bleibt und die Bewohner an der landwirthschaftlichen Cultur hindert und sie ihres Einkommens beraubt.

Viele sind dadurch in das tiefste Elend gerathen, und täglich wird das Übel durch immer mehr zunehmende Erhöhung des Strombettes ärger. Die unglücklichen Sommer von 1816 und 1829 liefern davon die traurigsten Beweise. Da die Ströme, mit den Aufsendeichen oder Werdern zu beiden Seiten, sich stets, langsam, aber sicher erhöhen, die eingedeichten Polder dagegen in ihrer Höhe bleiben, so wird der relative Stand des Wassers immer höher und die Wegschaffung des Wassers in gleichem Maafse immer kostbarer. Dies Alles wird, wie bis jetzt, stets fortwähren: Kunstmittel auf Kunstmittel, Schulden werden auf Schulden gehäuft: ein Verlust folgt auf den andern, die eine Jammerklage auf die andere. Dies wird so lange fortdauern, bis die fruchtbarsten, jetzt bewohntesten Landstriche in Wasserpfützen verwandelt sein werden, durch welche die Natur selbst, die den Fehlern der Menschen ihr Recht widerfahren läfst, neue Wege nach dem Meere hin zur Abführung des von oben herabkommenden Stromwassers sich zu bahnen wissen wird. Was jetzt Land ist wird Wasser und das Wasser zu Land werden.

„Wir haben gesehen," sagt sehr treffend Herr ***Blankens***, Mitglied der Commission, S. 150 seiner „Memorie betrekkelyk den Staat der rivieren," „dafs „die Deichbrüche und Überströmungen auf mehr als das Sechsfache zuge-

„nommen haben und dafs die Deiche und Wasserspiegel der Ströme ansehnlich „erhöht sind, dafs die Klagen über die Untiefen und Sandbänke in den Strömen, „welche die Schiffahrt hemmen, sich mehren, und dafs die Entwässerung der „Polder, welche ihr Wasser nach den Strömen hin schaffen müssen, dermaafsen „beschränkt wird, dafs in vielen Gegenden die kostbarsten Entwässerungs-„mühlen kaum mehr zureichen, dem Landmanne im Frühling zu rechter Zeit „trockene Felder und Äcker zu liefern, um sie zu bebauen und zu besäen."

Der Ingenieur vom Wasserstaat, ***C. de Beer,*** sagt in seinen „Vrymoedigen gedachten etc. Dordrecht 1828, S. 37" *): „So lange der ***Rhein*** und die ***Maas*** „ihr Wasser über das Niederländische Gebiet nach dem Meere abführen, werden „die mit Sand und Schlick geschwängerten Gewässer eine Menge dieser Stoffe „in den Strömen selbst absetzen, weil wegen der Bedeichung des Landes die „Sinkstoffe sich nicht mehr mit dem Wasser über das Land verbreiten können, „sondern zwischen den Deichen, in den durch dieselben eingeschlossenen Strom-„bahnen bleiben müssen; weshalb denn die Niederländischen Ströme nothwendig „von Zeit zu Zeit immer mehr mit Sand und Schlickstoffen werden angefüllt und „erhöht werden. Die Bedeichung des Landes ist in frühern Zeiten ***vor*** der „Trockenlegung der Binnenmeere oder Landseen gemacht worden; woraus folgt, „dafs das Land zur Zeit der Bedeichung so hoch über den gewöhnlichen Stand „des Stromwassers aufgeschlickt war, dafs das Regenwasser und alles andere „überflüssige Wasser ohne Maschinen weggeschafft werden konnte; damals „waren noch keine Wasserschöpfmühlen bekannt. Das Trockenlegen der Seen „fing im Jahre 1440 an und die Entwässerungsmühlen waren vor dem 15ten „Jahrhundert noch nicht erfunden. Durch die Bedeichung des Landes ist die stets „zunehmende Erhöhung der Ströme entstanden, denn von vielen eingedeichten „Landstrichen und Poldern mufs jetzt das Regen- und Quellwasser durch Wasser-„mühlen ein-, zwei- bis dreimal in die Ströme aufgemahlen werden, statt dafs „vormals das Wasser auf natürlichem Wege vom Lande in die Ströme abflofs **). „In dem Maafse aber, wie die Stromböden höher werden, müssen auch die Was-„serspiegel steigen. Da der ***Rhein*** und die ***Maas*** keine andern Ableitungscanäle

---

*) Anm. des Übers. Von dieser Schrift wird sich ebenfalls eine Deutsche Übersetzung im zweiten Hefte dieser Sammlung finden.

**) Anm. des Übers. Da die Wurfradmühlen etwa 4 Fufs hoch mit einem Hube heben, so beträgt eine doppelte Aufmahlung 8 Fufs und eine dreimalige Höhe 12 Fufs. Um so viel liegt das Land unter dem Wasserspiegel der Ströme, in welche jetzt das Wasser gehoben werden mufs.

„bekommen haben, so werden ihr Wasser, ihr Sand und ihre Schlickstoffe, „eben wie vor zwanzig und mehreren Jahrhunderten, noch in derselben Menge „in die Ströme geführt; weshalb denn sicher keine Vertiefung, wohl aber eine „Erhöhung der Strombetten und Wasserspiegel entstanden ist, und jetzt und „in Zukunft fortwährend entstehen wird. Also wird das eingedeichte Land „immer mehr und mehr eingekellert werden, und das Polder- und Quellwasser „mufs durch vervielfältigte Maschinen in die Ströme gebracht werden, damit „das Land bebaut und bewohnt werden könne."

Sollten nun wohl die Seiten-Ableitungen, so wie sie in dem Bericht der Commission vorgeschlagen sind, einigen Einflufs auf dieses Übel, des ärgsten von allen, haben können? Offenbar wird es nicht der Fall sein. Daher mufs ich aus diesem Grunde die Seiten-Ableitungen widerrathen.

Nachdem ich so das Grundprincip mifsbilligen mufs, werde ich mich nicht damit aufhalten, die Nachtheile und Unannehmlichkeiten weiter aufzuzählen, die damit noch besonders verbunden sein würden. Sie sind in den verschiedenen Eingaben der Behörden, Corporationen und Personen mit mehr oder weniger Deutlichkeit und Überzeugung auseinandergesetzt. Kleine Nachtheile mögen im Hintergrunde bleiben. Mufs Einer oder der Andere zum allgemeinen Besten leiden. so gebührt ihm, nach Artikel 164. des Staatsgrundgesetzes, eine Entschädigung, und das nicht als Gunst, sondern als Recht. Der Standpunct, aus welchem die Angelegenheit zu betrachten ist, mufs sich über das Privat-Interesse und die Privat-Einsicht erheben und nur den Zweck allgemeiner und dauernder Verbesserung und Erhebung aus einem schlechten Zustande zum Ziele haben.

Es sei mir erlaubt, noch einige besondere Bedenken gegen jede der erwähnten Seiten-Ableitungen hier anzudeuten.

Wie es scheint, ist in verschiedenen Schriften überzeugend nachgewiesen worden, dafs die *Yssel* in ihrer jetzigen Beschaffenheit nicht im Stande ist, viel mehr Wasser als jetzt aufzunehmen, und dafs also auch eine Ableitung des Oberrheins nach der *Yssel* höchst schädlich für die Landstriche an der *Yssel,* mithin nicht rathsam sein würde. Ich bin, mit dem Herrn ***Blanken*** (S. den Bericht S. 139), der Meinung, dafs die Yssel zu sehr den Eisstopfungen unterworfen ist und es auch nach Ausführung von Überlässen und Erweiterungen bleiben würde; so wie, dafs die Versandung ihrer Mündungen am ***Südersee*** beweisen, dafs der Strom zu einer stärkern Ableitung von Wasser, als jetzt, unfähig ist.

Die Commission nimmt hier die Meinung des Herrn ***Goudriaan*** an

(Siehe „Verhandeling over de afleidingen der rivieren 1816 §. 47."), welche sich auf das bedeutende Gefälle der *Yssel* von 30,5 F. gründet, so wie darauf, dafs sie früher mehr Wasser abgeführt habe, als jetzt im Jahre 1814; selbst die 15fache mittlere Wassermasse, nemlich 77 630 C. F. in der Secunde. Dieser Umstände wegen soll nach der Meinung der Commission eine ansehnlich gröfsere Wassermasse durch die *Yssel* abgleitet werden können.

Mir scheint es, dafs wegen des grofsen Gefälles der *Yssel* für die an derselben liegenden Landstriche die gröfste Gefahr zu fürchten sei, wenn man sie zu einer starken Ableitung aus dem Oberrhein benutzt; welche Ableitung schwerlich voraus zu berechnen und ohne Übertreibung wohl auf das 23fache der gewöhnlichen Wassermasse anzuschlagen ist. Als nach *Goudriaans* Angabe dieser Strom im Jahr 1814 das 15fache seiner mittlern Wassermasse abführte, waren die meisten Deiche in Gefahr. Der für die Ober-Yssel so schädliche *Snippelingsche* Überlafs wirkte 20 Tage, unter einer Wasserhöhe von 2 bis 5 F., so dafs an der Seite der *Veluwe* der Deich durchbrach und das Wasser zu *Deventer* 23 Fufs 10 Zoll am Peil stand. (Man sehe hierüber die Beschwerden der Ziegelbrenner an der Yssel.) Auch das Gefälle der *Yssel* ist nicht regelmäfsig, und gerade an der Stelle am stärksten, wo der Ablauf des Wassers durch den *Leymerschen* Überfall noch befördert werden soll. Von der Ausmündung der *Yssel* bis *Deventer* beträgt das Gefälle, auf 10 Stunden Weges, 23 Fufs, und von da bis zu ihrer Einmündung, auf 7 Stunden Entfernung, 8 Fufs. So wird das Wasser und Eis schon bei *Deventer* aufgehalten; was denn durch die vorgeschlagenen Werke noch sehr verstärkt werden und die schädlichsten Folgen haben würde.

Die schon sehr, und stärker als bei andern Strömen erfolgte Versandung der Ausmündungen der *Yssel* in den *Südersee,* welche wahrscheinlich ihre Ursach in der geringen Wirkung der Ebbe und Fluth in diesem Meerbusen hat, machen ebenfalls nach meiner Einsicht diesen Strom zur Abführung einer gröfsern Wassermasse ungeeignet.

Der zweite Grund, auf welchen die Commission, mit Herrn *Goudriaan,* bauet, ist, dafs die Yssel früher mehr Wasser abgeführt habe und die Bedeichung derselben niedriger geworden sein soll. Herr *Goudriaan* sagt, an der Brinkpforte der Stadt *Deventer* fänden sich Merkmale vom Wasserstande vieler hohen Wasserfluthen, nach welchen die *Yssel* im Jahre 1611 bis auf 30 Fufs 4 Zoll, im Jahr 1614 auf 30 Fufs 1 Zoll gestiegen sei; zufolge alter Angaben seien die *Zallandschen* Deiche auf 27 Fufs hoch am *Deventer* Peil hoch gehalten worden und es fänden sich an diesen Deichen deutliche Kennzeichen des Verfalls ihrer alten Höhe. Es soll bekannt sein, dafs hie und da von den höhern Deichstrecken, zur Erhöhung der niedrigeren, in spätern Zeiten Erde abgegraben worden sei und dafs die Wasserstände von 1611 und 1614 die gegenwärtige Höhe der Deiche um 6 Fufs überstiegen haben. Mir scheint, dafs man, um hier mit Vertrauen eine Ableitung nach der *Yssel* zu begründen, mehr Sicherheit über die Thatsachen haben müsse. Es sind aber nach den Angaben des Stadtraths von *Deventer* an der *Brinkpforte* keine, wohl aber an der *Sandpforte* Jahreszahlen von Wasserfluthen eingehauen, und man vermuthet, dafs diese Jahreszahlen die Erneuerung der wahrscheinlich im Jahre 1611 angefangenen und im Jahre 1614 vollendeten Pforten der Binnenmauern bezeichnen (S. Seite 19 der „Memorie van den Raad van *Deventer*"). Ferner findet sich in alten Schriften und Chroniken, unter den Angaben der Wasserhöhen zu *Deventer* von 1595 bis 1824 (S. Aanmerkingen S. 34), keine einzige Höhe von 26 Fufs, und nichts von jenem unmäfsig hohen Wasserstande, der gewifs, wegen der Verwüstungen, die dadurch nothwendig entstanden sein müfsten, würde angemerkt worden sein. Dieses Alles giebt mir die Überzeugung, dafs die Thatsache nicht genau ist, und dafs Herr *Goudriaan* durch unrichtige Nachrichten getäuscht worden ist.

Eben so wenig kann ich die *Verminderung* der Höhe der *Zallandschen* Deiche annehmen, weil die Landtagsrecesse davon niemals, sondern seit 1594, bis wohin sie nachgesehen worden sind, immer nur von *Erhöhung* der Deiche sprechen; selbst unter den Puncten von Verschreibungen bis 1759 wird stets ein Artikel wegen *Erhöhung* und *Verstärkung* der Deiche gefunden. Die Deiche an der *Yssel,* eben wie alle andern, haben Merkmale einer fortwährenden *Erhöhung;* wie es die unregelmäfsigen Böschungen und die daran sehr tief liegenden Häuser beweisen. Die *Ungleichheit* der Höhe der Deiche findet man auch an den andern Strömen, und sie hat ihren Grund darin, dafs die Deiche fächer- oder streckenweise durch Naturaldienste erhalten werden; so wie in der Wiederherstellung der Durchbrüche und Kappstürzungen, bei welchen die neuen Deiche gewöhnlich höher als die alten aufgeführt wurden; und endlich darin, dafs die *Deichstühle* oder *Deich-Achten* oft einzelne bedrohte Deichstrecken erhöheten. Dafs von den höhern Deichstrecken Erde zur Erhöhung der niedrigeren abgegraben worden sei, ist noch viel unwahrscheinlicher, da wohl keine Deichcorporation die Abgrabung ihres Deichfaches zum Vortheile einer andern gestattet haben würde, und da die Erde zur Erhaltung der Deiche aus dem am Deiche befindlichen Lande genommen wird, und zwar ohne Entschädigung, so dafs es *mehr* gekostet haben würde, Erde von den höhern nach den niedrigern Deichstrecken zu bringen; wovon denn auch nichts Sicheres bekannt ist.

Wegen der Ergufsfähigkeit des Stroms erlaube ich mir zu bemerken, dafs alle Berechnungen des Leitvermögens eines Stroms bei hohen Wasserständen sehr zweifelhaft sind, indem die Geschwindigkeit des Wassers dann noch nicht genau hat beobachtet werden können, und dafs, wenn man auch nach Herrn *Goudriaan* voraussetzt, die *Yssel* habe im Jahre 1814 ihre mittlere Wassermasse 15fach abgeführt, daraus doch noch nicht folgt, dafs dieser Strom eine so grofse, oder noch gröfsere Wassermasse *ohne Schaden* ableiten könne, indem eine solche Ableitung, wie oben bemerkt, von einer starken Wirkung des *Snippelingschen* Überfalls, von Durchbrüchen an der *Gelderschen* Seite und von Grundbrüchen in dem Glacis zu *Deventer* herrührt und mit Gefahren für die *Ober-Ysselschen* Deiche verbunden ist. Wäre alles das nicht der Fall bei der 15fachen mittlern Wassermasse, so liefsen sich einigermaafsen die daraus abgeleiteten Folgerungen anerkennen: jetzt aber beweisen die Thatsachen, nach meiner Einsicht, dafs die *Yssel nicht* im Stande ist, mehr Wasser, als jetzt, abzuführen.

Die zweite von der Commission vorgeschlagene Strom-Ableitung ist die durch das Land zwischen *Maas* und *Waal.*

Es sei mir erlaubt, die Schwierigkeiten dieses Werks, welches auf $1\frac{1}{3}$ Millionen Gulden (740000 Thlr. Pr.) angeschlagen ist, mit wenigen Worten auseinanderzusetzen. So sehr auch diese Anlage nur zu den Werken zweiten Ranges gerechnet wird, deren Ausführung erst später in Erwägung komme, so sind doch dabei solche Bevorwortungen gemacht, dafs es nach meiner Meinung nie zur Ausführung kommen wird.

Die Commission sagt S. 155: „dafs die Idee dieses Überlasses als an-„nehmlich sich zeigen würde, wenn nicht Schwierigkeiten vorhanden wären, „welche die Vortheile aufwiegen." Nach S. 157 „sollen die *Maas*banndeiche, „ober- und unterhalb der Ausmündung des Überfalls, auf eine hinreichende „Länge erhöht werden müssen, um die Ländereien gegen das *Maas*wasser zu „schützen, welches oft beim Ablaufe des Überfallwassers aufsergewöhnlich stei-„gen könne." S. 164 setzt die Commission die Erweiterung der *Beer*schen und *Baardwyk*schen Überfälle unbedingt voraus, ehe der neue Überfall von *Weürt* ausgeführt wird. Sie sagt: mit der Ausführung des Überfalls bei *Weürt* brauche nicht sogleich der Anfang gemacht zu werden, sondern erst dann, wenn die Ableitung bei ***Hedikhuizen*** ausgeführt werden solle; und von dieser sagt sie S. 309, dafs sie zwar Anfangs grofsen Werth hierauf gelegt, nachher aber Schwierigkeiten und Zweifel gefunden habe, und daher der Zeit und den Umständen die Ausführung der Überfälle bei ***Weürt*** und ***Hedikhuizen*** überlasse u. s. w. S. 163 sagt die Commission „Wenn der ***Weürtsche*** Überfall „seiner Bestimmung genügen und die gewünschte Wirkung hervorbringen solle, „müsse er von einem zweiten Überfall, ***Dieden*** gegenüber, begleitet wer- „den, mit der Einmündung in die ***Maas***deiche am linken Ufer, der Aus- „mündung des ***Weürtschen*** Überfalles gegenüber. Dadurch würde man es „verhindern, dafs die ***Maas*** nicht durch das aus der ***Waal*** abgeleitete Wasser „überlaufe und dadurch eine gefährliche Erhöhung des Wasserspiegels ent- „stehe." Die Staaten von ***Nord-Braband*** und der Deichstuhl von ***Butenburg*** haben ihre Beschwerden gegen diesen Überlafs bei dem Könige eingereicht, die denn auch von der Commission untersucht worden sind. Dafs nicht noch mehr Beschwerden eingelaufen sind, liegt daran, dafs die Commission selbst die Anlage als zweifelhaft dargestellt hat.

Aus diesen Gründen und aus meiner eigenen Überzeugung scheint mir der ***Weürtsche*** und ***Diedensche*** Überlafs nicht rathsam, sondern gefährlich, indem der ***Weürtsche*** Überlafs die ***Maas*** mit einer zu grofsen Wassermasse, von etwa 64 700 C. F. in der Secunde, beschweren würde; was das 16fache ihrer mittlern Wassermasse wäre, die, an der Stelle, wo sie das Wasser der ***Waal*** durch den Überfall aufnehmen müfste, etwa 4000 C. F. beträgt. Da nun die ***Maas*** wegen ihrer Krümmen, unregelmäfsigen Querschnitte und vielen Eisdämme, oft bis an die Krone der Deiche anschwillt, die viel niedriger und schwächer sind, als die ***Waal***deiche, so ist die ***Maas*** in ihrer gegenwärtigen Beschaffenheit nicht im Stande, eine 16mal gröfsere mittlere Wassermasse von der ***Waal*** zu übernehmen.

Nun will man auch noch die ***Maas*** von einem Theile ihres überflüssigen Wassers auf das Nordbrabandsche Gebiet entlasten. Sollte aber dann diese Provinz, die schon ihre Felder dem Maaswasser bei ***Beers*** und unterhalb ***Crevecoeur*** Preis giebt, auf diese Weise nicht mit Wasser überladen werden?

Man will zwar die Deiche an der ***Maas*** erhöhen: aber bis zu welcher Peilhöhe und auf welche Entfernung von dem Überlafs? Die Commission urtheilt so wahr und kräftig über diese Maafsregel bei der Widerlegung des Vorschlages des Herrn ***von Wiebeking*** (S. den Bericht S. 18 bis 25), dafs ich es unnöthig halte, hier noch etwas hinzufügen *). Der Einflufs dieser Ableitung würde sich stundenweit ober- und unterhalb erstrecken können, und wenn die Erhöhung der Deiche etwa auch nicht unvorhergesehene Schwierigkeiten finden sollte, indem sie nothwendig auch eine Verstärkung erfordert (S. den Bericht der Commission S. 20), so würde sie doch grofse *Kosten* machen und, wie der *Diedensche* Überfall, die Summe der Ausgaben um mehr als 740 000 Thlr. erhöhen.

Aber nicht allein die *Maas*deiche, sondern auch eben so die *Waal*deiche, zwischen *Nymwegen* und dem Überfalle, würden so verstärkt werden müssen, dafs sie mehr als wahrscheinlich gegen Durchbruch sicher werden, weil ein Einbruch dieser Deiche das Wasser zwischen den hohen Leitdeichen am Überfalle und an der *Maas* zu einer nie gekannten Höhe auftreiben und *Batenburg,* mit den weiter oberhalb gelegenen Dörfern, einem gewissen Untergange blofsstellen würde; was bei einem Durchbruche der *Maas*banndeiche unterhalb *Mook* nicht der Fall wäre.

Ich rede hier nicht noch besonders von dem unzuberechnenden Schaden, der dem Polder von *Maas* und *Waal* durch diesen Überfall bereitet werden würde, wenn dessen Leitdeiche durch Eis, welches sich darin festsetzen könnte, oder durch andere Zufälle durchbrächen, noch von den andern Beschädigungen, welche den Entwässerungs-Anstalten zwischen *Maas* und *Waal* zugefügt werden könnten, die schon jetzt so gebrechlich sind, dafs die Regierung am 24ten Mai 1824 eine neue Entwässerung für diesen District bestimmt hat, welche durch keine Compensation im Bericht der Commission vergütet wird.

Der *Weürtsche* Überlafs bringt nicht, wie der an der *Grebbe* nach dem *Südersee,* das überflüssige Wasser aus einem Strome ins Meer, sondern entlastet nur einen Strom von seinem zu vielen Wasser in einen andern, der noch weniger Raum hat; sie bringt ein *sicheres* Unheil hervor, um einen *möglichen* Unfall, den Durchbruch der *Betuweschen* Banndeiche, zu verhüten. Dieses ist schon oben erwiesen. Wäre der Fall umgekehrt, so würde der Vorschlag näher zu prüfen sein: so aber ist er nur zu verwerfen.

Die Ableitung des *Leck*wassers durch die *Geldersche Vallei,* also durch das alte Strombette des *Rheins,* von der *Grebbe* bei *Wageningen*

---

*) Anm. des Übers. Man sehe hierüber *Wiebckings* Schrift: „Von der Natur oder den Eigenschaften der Flüsse, 1834, Stuttgart." Und: „Mémoire sur la bonification du Waterstaat de la Hollande etc.", wo alle Überlässe, mit und ohne Leitdeiche, verworfen werden und eine Erhöhung der Deiche von 3 bis 4 Fufs vorgeschlagen wird.

am *Leck*, bis zum *Südersee* zwischen *Nykerk* und *Bünschooten*, nach dem Vorschlage des Herrn *de Beer* in dessen „Freimüthige Gedanken" wird in dem Berichte der Commission S. 174 vorgeschlagen, um den zu grofsen Zuflufs von Wasser nach der untern Stromstrecke zu mäfsigen, oder auch, falls es sich auswiese, dafs die *Betuwe* durch die Erhöhung der Norder- und Süder-*Leck*deiche zu sehr benachtheiligt werde. Die Kosten werden auf 4 Mill. Gulden (etwa 2 200 000 Thlr.) angeschlagen.

Da die Commission selbst dieses Werk in die zweite Kategorie setzt und die Ausführung von Umständen abhängig macht, welche sie wegen der grofsen Kosten als nicht rathsam darstellen könnten, so beschränke ich mich darauf, kürzlich anzudeuten, dafs auch diese Ableitung als sehr gefährlich für die angrenzenden Gegenden, und als nicht hinreichend nothwendig, zu verwerfen sein dürfte.

Gefährlich ist sie für die anliegenden Ländereien, die alle vehn- und sandartig sind, wegen des Mangels an guter Erde zu den Leitdeichen, und wegen des übermäfsig starken Gefälles, welches schon bei mittlerem Wasserstande 20,7 F. beträgt und wahrscheinlich bei hohem Wasser bis auf 28,7 F. steigen kann; wodurch denn nach dem Bericht der Commission S. 170 in den Jahren 1595, 1643 und 1651 der Stadt *Amersfort* bei Durchbrüchen des *Grebbe*deiches grofse Unfälle zugestofsen sind. Auch scheint die Commission selbst diese Schwierigkeiten einzusehen, da sie S. 171 sagt: „dafs man nimmer an die Ableitung „durch das *Geldersche* Thal (vom *Leck* nach dem *Südersee*) denken dürfe, „ohne zuvor die Mittel angewendet zu haben, welche nöthig sind, die Bewoh„ner jener Gegend gegen Unfälle zu schützen, die sie blofs für Andere würden „leiden müssen."

Eine bedeutende Schwierigkeit ist hier auch noch die Beschränkung der Wasserableitungen, und die Unbequemlichkeit für den öffentlichen Verkehr, indem vier grofsen Heerstrafsen des Landes durch das *Geldersche* Thal gehen *).

Ich halte daher dieses kostbare Project für nicht hinreichend begründet. Zur Entlastung der Norder-*Leck*deiche kann die Anlage nicht dienen, wegen der Entfernung des Ableitungspuncts von dem Gefahrpuncte; wie das auch die Commission S. 172 bemerkt, indem sie sagt: „Hiedurch kommt es, dafs ein Eis-

*) Anm. des Übers. Diese Schwierigkeit liefse sich durch Fährponten, Schiff- oder Kettenbrücken heben; besonders da die Weite des Überlasses zwischen den Deichen 9800 Fufs beträgt und zur Zeit der Überschwemmung und Eisfahrt keine Schifffahrt Statt finden kann. M. s. hierüber die Abhandlung des Herrn *de Beer*, weiter unten.

„damm in der Fahrt das Wasser bis an die Krone der *Leck*deiche aufstauen kann, „ohne dafs er an der *Grebbe* eine merkliche Erhöhung des Wasserspiegels ver-„ursachte." Das oben erwähnte, von *Blanken* angeführte Beispiel von dem Vorfalle bei *Ameiden* am 14ten Januar 1811 beweiset dies thatsächlich. Der Überlafs würde also nicht zum Nutzen der Provinzen *Holland* und *Utrecht* gereichen, während die Gelderschen *Betuwen* nach meiner Einsicht wenig Vortheil davon haben würden. Setzt sich ein Eisdamm (denn für Wasser sind jene Hülfsmittel weniger nöthig) bei oder oberhalb *Wageningen* (was oft geschieht), so ist die Wirkung des Überlasses ganz gehindert. Setzt sich der Damm neben *Eck* und *Wiel*, oder *Maurick*, und weiter stromab, so wird, wegen des Gefälles vom Abführungs- bis zum Gefahrpuncte, die Wirkung gering sein, oder gänzlich aufhören. Fände die Stopfung noch niedriger, unterhalb *Culenborg* Statt, so würde die *Betuwe* durch die daselbst projectirte Ableitung von dem *Leck* nach der *Waal* (von *Wageningen* nach *Ewyk*) unter Wasser gesetzt werden und es würde ihr von geringem Nutzen sein, oberwärts vom Wasser frei zu werden, da von unten her das Land unter Wasser kommen würde. Ich finde mich in der Meinung von der Unnützlichkeit dieser Ableitung noch bestärkt, durch die Ansichten zweier berühmter Männer, der Herrn *Brünings* und *Blanken*, die sich beide ungünstig darüber aussprachen.

Die Ableitung des *Lecks* nach der *Waal*, bei *Culenborg*, durch den *Tieberwaard*, nach dem Vorschlage der Commission, welche einen Theil des Entwurfs ausmacht, werde ich dem Urtheile der Leser weiterhin im zweiten Abschnitte darstellen und dann die Vorsichtsmaafsregeln und die Art der Ausführung angeben, wie ich sie wünsche.

Die Seiten-Ableitung durch das Land von *Altena*, *Gorichem* gegenüber, von der *Merwede* und *Maas* nach der *Bakkerskil* und dem *Bergschen* Felde, welche von der Stromregulirungscommission S. 251 — 265 vorgeschlagen wird und nahe an 3½ Millionen Gulden (1 850 000 Thlr.) kosten soll, hat meiner Meinung nach so grofse Schwierigkeiten, dafs schon deshalb ihre Ausführung für sehr bedenklich gehalten werden mufs. Aufserdem scheint sie auch nicht nothwendig zu sein, und fällt nach dem Plan, den ich näher auseinandersetzen werde, weg.

Eine Ableitung, welche auf das zwei- bis vierfache mittlere Ableitungsvermögen der *Merwede* berechnet ist, und welches nach Herrn *Goudriaan* (S. den Bericht S. 259) 114 309 bis 228 620 C. F. auf eine Breite von etwa 1062 Ruthen beträgt, kann für einen Polder, der zum Theil durch Wassermühlen trocken erhalten wird, niemals als ganz gefahrlos betrachtet werden. Diese Bedenklichkeit würde sich noch vergröfsern, wenn der Grund und Boden des Landes, wie es früherhin wohl angegeben worden ist, zur Anlegung schwerer Deiche unpassend wäre; worüber ich nicht urtheilen kann, da mir der dortige Boden nicht hinreichend bekannt ist.

Eine andere Schwierigkeit, welche der Deichstuhl von *Alt-* und *Neu-Altena* und die Stände von *Nordholland* vorgetragen haben, nemlich, dafs die Entwässerungen durch diesen Überlafs gehindert werden würden, verliert einigermaafsen an Kraft, wenn man erwägt, dafs nur beim Eisgange, der allein im Winter Statt findet, der Überlafs zu wirken hat. Dafs die Wassermühlen des *Uppelschen* Polders, im *Doorn,* im Bette des Überlasses bleiben müssen, ist auch deshalb für diesen Polder sehr bedenklich, weil durch eine starke Beschädigung oder durch Vernichtung derselben, was nicht so schnell wieder herzustellen ist, die Entwässerung des Polders gänzlich aufhören würde. Die Unterbrechung einer der gröfsten Hauptstrafsen des Landes, von *Gorinchem* nach *Breda,* scheint mir ebenfalls von Bedeutung, da der Weg von *Utrecht* über *Bommel* nach *Herzogenbusch* der Wirkung der *Beerschen Maas* ausgesetzt und bis jetzt der grofsen Kosten wegen noch nicht ausgeführt ist.

Aber alle diese Schwierigkeiten scheinen mir noch nicht so wichtig, als der Mangel an Überzeugung, dafs dieser Überlafs nach der Ausführung einer verbesserten Ausmündung der *Merwede* nothwendig sein werde.

Der Hauptgrund, welcher für die Ausführung des *Altenaschen* Überlasses aufgestellt worden ist, ist meines Bedünkens die Abdämmung des jetzigen Arms der *Merwede* bei *Hardinxveld*, durch welchen sicher eine ansehnliche Wassermasse bei hohem Wasserstande im Strome abgeführt wird. Allein es ist zu bedenken, wie es die Stromregulirungs-Commission S. 278 des Berichts sagt (und womit ich auch ganz einverstanden bin): „dafs, wenn erst „die neue *Merwede* ausgeführt sein wird, der Abflufs des Wassers und Eises „nach dem *Hollandschen Diep* sehr verbessert sein werde, und dafs die Aus-„führung der Bedeichung sehr vorsichtig und sehr langsam unternommen wer-„den müsse," (S. den Bericht S. 282) „und zwar so, dafs die Abdämmung der „Killen oder wilden Strom-Arme vorerst nicht höher gemacht wird, als die „im *Biesbosch* vorhandenen Kaydeiche, und dafs die Anlegung des südlichen „*Merwede*deiches so lange ausgesetzt werden müsse, bis es nach den Um-„ständen nöthig ist, eine noch gröfsere Wassermasse auf die erweiterte *Mer-„wede* zu leiten."

Ferner glaube ich, dafs das Stromwasser unterhalb ***Hardinxveld*** nach Ausführung der neuen ***Merwede,*** mit der Seiten-Ableitung, die sie bei hohem Wasser über den ***Biesbosch*** behält, viel ausgebreiteter wird abfliefsen können, als durch die Stromstrecke zwischen ***Gorinchem*** und ***Woudrichem***, und dafs, da man ohne Überlafs durch das Land von ***Altena,*** bei dem sehr schlechten Zustande des Stroms und bei wiederholtem Durchbruche der ***Betuwe,*** so viele Jahre ausgekommen ist, bei verbessertem Zustande des Stroms die Anlage so lange aufzuschieben sei, bis die Nothwendigkeit davon vor Augen liegt.

Bei mittlerem Wasserstande der ***Merwede,*** und wenn sich derselbe der ***Maas*** mittheilte, würde blofs der Entwässerung des ***Bommeler*** Waards einiger Schaden zugefügt werden können. Bei niedrigem Wasser ist der Überlafs, besonders für die Schiffahrt, für nützlich zu erachten; in beiden Fällen aber ist der Überlafs durch das Land von ***Altena*** nicht dazu eingerichtet, da seine Krone 1 F. über dem bekannten höchsten Wasserstande des Stroms bei offenem Wasser liegen soll.

Bei diesem Punct ist mir auch noch das Bedenken vorgekommen, dafs, wenn der Überlafs durch Erfahrung nöthig befunden werden sollte (was ich aus den bisher entwickelten Gründen nicht glaube), derselbe alsdann ein gröfseres Ableitungsvermögen und frühere Wirksamkeit bekommen und dafs die Krone oder Flur desselben nicht höher als 1,9 bis 2,5 F. über dem Sommerwasser liegen müsse.

Der letzte Grund, aus welchem ich von der Ausführung dieses Überlasses so lange abrathe, bis seine Nothwendigkeit nach vollständiger Abdämmung der wilden Strom-Arme im ***Biesbosch*** vor Augen liegt, und welcher auf den mindern Zuflufs des Wassers beruht, der durch die Ableitung der ***Maas*** in ihrem alten Bette nach der ***Amer*** entstehen wird, soll im zweiten und dritten Abschnitt dieser Abhandlung entwickelt werden.

Ein allgemeiner Beweggrund aber, welcher die Ausführung der hier genannten grofsen Seiten-Ableitungen, wenn auch nicht ganz unrathsam, so doch sehr schwierig macht, sind die ***Kosten.*** Es wird verlangt, dafs die Kosten der auszuführenden Werke von den Districten getragen werden sollen, welche davon den Nutzen ziehen werden; und so viel thunlich ohne Beschwerung des Staatsschatzes.

Die Commission sagt über diesen Punct, S. 335 — 344 ihres Berichts, überzeugend und dringend: „dafs alle von ihr vorgeschlagenen Anlagen, die „auf Ableitung und Regulirung der Ströme abzwecken, nicht einzelnen Land-

„strichen oder Provinzen zur Last gelegt, sondern von der Staatscasse über-„nommen werden müssen."

Ich theile die von der Commission vorgeschlagenen Anlagen:

a) In Verbesserung der Strombahnen;

b) In Erhöhung und Verstärkung der Deiche am nördlichen Ufer des ***Lecks;***

c) In Verbesserung der Ausmündung der ***Merwede;***

d) In grofse Seiten-Ableitungen.

Es scheint mir, dafs nach Beschaffenheit der Sache die Erhöhung und Verstärkung der Deiche am nördlichen Ufer des ***Lecks*** eine Last ist, die den Provinzen ***Holland*** und ***Utrecht*** allein aufgelegt werden kann; mit Vorbehalt von Beihülfe aus dem Staatsschatze, wie sie bei allen Verbesserungen billig ist. Die Verbesserung der Ströme, so wie der neue Mund der ***Merwede*** (*a* und *c*) scheint mir dagegen eine Last, welche der ***Staat,*** der alle Ströme erhält und den Nutzen an Zöllen u. s. w. davon zieht, tragen mufs. Die grofsen Seiten-Ableitungen (*d*) endlich, die mehr dazu dienen, die Polder von naher Gefahr zu befreien, würden wieder, nach der Absicht des Königs in dem Beschlusse vom 15ten März 1821 No. 105., von den dabei betheiligten ***Districten*** getragen werden müssen. Es versteht sich, dafs eine Beihülfe aus der Staatscasse, wie bei den meisten grofsen Anlagen, so auch hier wieder, als wünschenswerth und nothwendig zu betrachten sei.

Die Stromregulirungs-Commission nennt in dem oben gedachten Theile ihres Berichts die Provinzen und die Theile derselben, welche Belang bei, oder Vortheile von den Seiten-Ableitungen haben werden, ist jedoch der Meinung, dafs *alle* Kosten aus dem Staatsschatze hergegeben werden müssen. Da es indessen als Grundsatz anzunehmen sein dürfte, dafs der Zuflufs von Oberwasser in unsere Ströme die Hauptquelle des Unheils ist, was wir abzuwenden haben, so bin ich geneigter, anzunehmen, dafs ***Südholland, Utrecht, Gelderland, Ober-Yssel*** und ***Nordbrabant*** in ***stärkerem*** oder ***geringerem*** Maafse bei den vorgeschlagenen Anlagen betheiligt sind. Da indessen die Erfahrung gelehrt hat, dafs in den meisten Fällen die örtliche Aufstauung des Wassers durch Eisdämme in den Strömen die gefürchteten Schäden hervorbringt, und dafs der grofse Krebsschaden, von welchem alle Polder ihren Untergang zu erwarten haben, in der Erhöhung der Strombetten und der daraus entstehenden Beschränkung des Abflusses des Regen- und Quellwassers liegt, alle Polder aber, mit Ausnahme von ***Südholland*** und ***Utrecht,*** durch mehr Wasser als jetzt und durch die Vorschläge von Mitteln bedroht werden, die zur

Abführung dieses Wassers nicht hinreichen: so glaube ich nicht, dafs mit keinem Scheine von Recht, von Denjenigen der geringste Beitrag gefordert werden kann, welche zum Besten Anderer zu leiden haben.

Wir wollen die vorgeschlagenen Seiten-Ableitungen noch besonders aus *diesem* Gesichtspuncte betrachten.

Von dem Überlasse durch die *Lymers* sieht die Provinz *Ober-Yssel* und der angrenzende Theil von *Gelderland* grofsen Nachtheilen entgegen; und nach meiner Einsicht mit Grund. Vortheile können diese Landstriche von dieser Anlage nicht erwarten. Aufserdem ist ihr jetziger Zustand sehr erträglich, und wenn *Ober-Yssel* von dem *Snippelingschen* Überlasse befreit wäre, so würde man wahrscheinlich wenig mehr zu wünschen haben, als etwa die Verbesserung des Strombettes der *Yssel*, besonders in den Strecken, wo Untiefen die Schiffahrt beschwerlich machen. Die Deichbrüche, welche durch Stromwasser entstehen, waren in den letzten Zeiten selten, und die Entwässerungs-Anstalten, mit Ausnahme des *Veluweschen* Polders oder des Landstrichs zwischen dem *Niederrhein*, der *Yssel* und dem *Südersee*, sind sehr zweckmäfsig. Die Polder, welche alle weit über dem Amsterdamer Peil (A. P.) liegen, werden ohne Kunstmittel entwässert. Die einzige zu wünschende Verbesserung wäre die Erweiterung der Strombahn, oder die Zurücklegung der Deiche unterhalb *Deventer*. Da diese aber nicht mit vorgeschlagen ist, so kommt sie hier nicht in Betracht. Zu den übrigen Werken stehen die Landstriche au der *Yssel* in keiner Beziehung und würden also mit Recht auch nicht zu den geringsten Kosten herangezogen werden können.

Der *Weürtsche* Überlafs, der, in Verbindung mit dem *Diedenschen*, von dem Lande zwischen *Maas* und *Waal* und von *Nordbrabant*, als ein für ihre Besitzungen höchst schädliches Werk betrachtet wird, kann allein nur zum Schutz der *Oberbetuweschen* Deiche nützlich sein.

Die Commission ist, in der Voraussetzung, dafs diese Anlage wesentlich hinreichend sei, der Meinung, dafs alles Land zwischen *Waal* und *Rhein*, vom *Pannerdenschen* Canal bis an die Stromstrecke die *Noord*, Interesse dabei habe; aber würden die Kosten dieses theuern Werks von diesem schon so sehr beschwerten District allein, auch nur zur Hälfte aufgebracht werden können? und wird wohl irgend Jemand es verlangen? Wie kann man nun billigerweise von der *Niederbetuve*, vom *Tielerwaard*, von *Büren* und *Culenborg*, von den *Fünf-Herrenlanden* und vom *Ablasserwaard* Beiträge verlangen, da man zum Nutzen von *Südholland* und *Utrecht* die genannten Districte durch die Ausführung von 11 Waayerschleusen unterhalb ***Culenborg*** der Überströmung Preis giebt, oder sie der Gefahr von Deichbrüchen blofsstellt, indem man die *Norder-Leck*deiche um 1,6 F. über die südlichen von *Amerongen* bis *Schoonhoven* erhöhet? Diese Districte, die zum Nutzen von Holland von unten auf überströmt und Deichbrüchen blofsgestellt werden, müfsten im Gegentheil billige Entschädigungen erhalten, statt Beiträge von ihnen zu Anlagen zu fordern, die für sie höchst schädlich und nicht von dem geringsten Nutzen sind. Was würde es ihnen nützen, oben durch den ***Weürtschen*** Überlafs gegen Überströmung geschützt zu werden, während unterhalb der ***Leck*** über ihre Lande geleitet wird?

Auf die Ableitung an der ***Grebbe,*** die für die Landbesitzer jener Gegend gefährlich ist, ist das Obige in noch stärkerem Maafse anwendbar. Die Provinzen ***Holland*** und *Utrecht* haben dabei nach dem Urtheile der Commission, S. 172 des Berichts, kein Interesse, da ein Eisdamm in dieser Fahrt das Wasser bis über die Deiche aufstauen kann, ohne dafs bei der *Grebbe* ein merklich erhöhter Wasserspiegel entstehen und wahrgenommen werden würde. Die ***Betuwe*** wird von unten auf überströmt; die ***Fünf-Herrenlande*** und der ***Ablasserwaard*** werden bedroht. Die Landstriche an der ***Yssel*** werden durch die längs dieses Stroms beabsichtigten Anlagen Verheerungen ausgesetzt, und die Lande zwischen der ***Maas*** und der ***Waal*** werden durch den ***Weürtschen*** Überlafs in die gröfste Gefahr gebracht. Wer soll nun zu Beiträgen zu dieser Anlage herangezogen werden?

Der Überlafs durch das Land von ***Altena,*** von dessen ***Nothwendigkeit*** ich, wie oben bemerkt, nicht überzeugt bin, da er von der Verbesserung der Ausmündung der *Merwede* abhängig ist, sollte deshalb billig zur Last der Staatscasse bleiben. Die Bewohner des Landes von ***Altena*** würden von allen Beiträgen zu befreien sein und aufserdem eine Schadloshaltung in allen den Fällen, wo ihnen die Anlage Schaden zugefügt, in Anspruch nehmen können.

Die Folgerungen aus allen diesen Erwägungen haben bei mir die Überzeugung befestigt, dafs die von der Commission entworfenen grofsen Seiten-Ableitungen, auch aus diesem Gesichtspuncte betrachtet, nicht rathsam sind.

Ich will jetzt, hier am Schlusse dieses ersten Abschnitts meiner Abhandlung, kürzlich wiederholen, was sich bis hieher herausgestellt hat. Wir haben gesehen:

Dafs die Betten unserer Ströme sich stets, wenn auch nur langsam, erhöhen, und dafs das Gefälle der Wasserspiegel, besonders der ***Waal*** und der ***Maas,*** unregelmäfsig ist.

Dafs die Querschnitte der Ströme, sowohl in der Breite, als Tiefe, sehr verschieden sind;

Dafs unzeitige und früher nicht vorhanden gewesene Vereinigungen und Ableitungen der Ströme entstanden oder ausgeführt worden sind;

Dafs, mit einem Worte, sowohl der Abflufs des Wassers, als die Schiffbarkeit dieser Ströme abgenommen hat.

Ich glaube bewiesen zu haben, dafs die Deiche, selbst in dem verbesserten Zustande, in welchem wir sie antreffen, mit allen seit 1809 angewandten Vertheidigungsmitteln gegen das durch Eisgänge aufgestaute Stromwasser, unzureichend sind.

Ich habe nachgewiesen, dafs Seiten-Ableitungen oder Überlässe, die nur an bestimmten Puncten wirksam sind, die Durchbrüche der Deiche nicht verhindern können.

Endlich habe ich auseinandergesetzt, dafs die Polder noch anderer Hülfe als des Schutzes gegen Überströmung bedürfen, und dafs von der Verbesserung ihrer Entwässerungsmittel ihr künftiges Bestehen abhangen wird.

Alles dieses veranlafst mich nun zu den Vorschlägen im folgenden zweiten Abschnitte dieser Abhandlung.

(Die Fortsetzung folgt.)

5.

Des Grafen v. Pambour „Theorie der Dampfmaschinen."

(Nach der zweiten Auflage dieses Werkes von 1844; möglichst kurz; und mit einigen Anmerkungen des Herausgebers dieses Journals.)

(Fortsetzung der Abhandlung No. 8. im 3ten, No. 12. im 4ten Hefte 23ten und No. 3. im 1ten Hefte dieses Bandes.)

Vierter Abschnitt.

Allgemeine Theorie der Dampfmaschinen.

Erste Abtheilung.

Von den verschiedenen Arten der Dampfmaschinen und den Aufgaben, die bei ihrer Benutzung vorkommen.

I. Eintheilungs-Art der gebräuchlichen Dampfmaschinen.

218.

Zufolge Dessen, was wir im zweiten Abschnitt über die Eigenschaften des Dampfs gesagt haben, ist leicht zu sehen, dafs sich der Dampf auf verschiedene Arten als bewegende Kraft benutzen läfst. Man kann ihn entweder in einen Dampfstiefel strömen und dort auf einen Kolben wirken lassen, abwechselnd auf die eine und die andere Seite desselben, oder auch nur auf eine Seite des Kolbens: oder man kann den Dampf unmittelbar den Dampfkolben im Kreise forttreiben lassen. Sodann kann man entweder die *unverminderte* Spannung des Dampfs benutzen, oder auch vermittels Absperrung seiner Zuströmung die Spannung so benutzen, dafs sie allmälig abnimmt, so wie der Dampf den Kolben forttreibt und in einen gröfsern Raum sich ausdehnt. Endlich kann man durch Niederschlagen des Dampfs, der an einer Seite des Kolbens im Stiefel seine Dienste gethan hat, eine Verdünnung der Luft hervorbringen, welche dann der Spannung des auf die andere Seite des Kolbens drückenden Dampfs noch zu Hülfe kommt. Die für diese verschiedenen Arten der Benutzung der Spannkraft des Dampfs eingerichteten Maschinen werden wir nun der Reihe nach durchgehen.

219.

Sie lassen sich in *drei* Arten zusammenfassen: nemlich in *doppeltwirkende* oder in Maschinen von *doppelter* Wirkung, in *einfachwirkende* oder in Maschinen von *einfacher* Wirkung, und in *unmittelbar drehende* Maschinen.

A. Bei den Maschinen von *doppelter* Wirkung treibt die Spannung des in den Stiefel geleiteten Dampfs den Kolben abwechselnd nach der einen und der andern Seite, oder hin und her, oder auf und nieder.

B. Bei den Maschinen von *einfacher* Wirkung treibt die Spannung des Dampfs den Kolben nur nach einer Richtung, nemlich nach unten: zurück, nach oben, wird er durch ein Gegengewicht gezogen, welches beim Herabsteigen des Kolbens zugleich mit gehoben wurde. Da der Gang der Maschinen von einfacher Wirkung gewöhnlich wenig regelmäfsig ist, so bedient man sich ihrer in der Regel nur zum Heben des Wassers oder der Erze aus den Bergwerken. Deshalb nennt man solche Maschinen auch wohl *Schöpfmaschinen;* was aber auch andere als Dampfmaschinen von einfacher Wirkung sein können, weshalb die Benennung *Maschinen von einfacher Wirkung* besser ist.

Beide Arten von Maschinen, die doppelt- und die einfach-wirkenden, kann man vermittels einer Kurbel, an deren Welle ein Schwungrad fest ist, eine *drehende* Bewegung hervorbringen lassen; die dann weiter nach Erfordern benutzt wird. Die Benennung *drehende* (rotative) *Dampfmaschinen* bezeichnet daher nur eine besondere Art der Benutzung der *Maschine,* nicht des *Dampfs* selbst. Besonders aber die Maschinen von *doppelter* Wirkung eignen sich, um die Hin- und Herbewegung des Kolbens in eine drehende zu verwandeln, weil ihre Wirkung regelmäfsiger ist, als die der Maschinen von *einfacher* Wirkung. Bei diesen verwandelt man die hin- und hergehende Bewegung des Kolbens in der Regel *nicht* in eine drehende. Man nennt deshalb denn auch wohl die Maschinen von doppelter Wirkung insbesondere *drehende* (rotative) Maschinen; was aber nicht genau ist, indem auch Maschinen von einfacher Wirkung dazu gemacht werden können.

C. Unmittelbar-drehende Maschinen sind die, wo die Spannung des Dampfs nicht eine hin- und hergehende, erst mittels einer Kurbel in eine drehende zu verwandelnde Bewegung, sondern *unmittelbar* eine drehende Bewegung hervorbringt. Diese Maschinen haben keinen Kolben, der sich in einem Stiefel in gerader Linie von einem zum andern Ende desselben bewegte. Der Dampf wirkt hier entweder auf einen Kolben, den er wie eine Archimedische Schraube um seine Achse dreht, oder auf eine um eine Achse sich herumschwingende Schaufel, die in eine feste Röhre eingeschlossen ist, oder auf andere ähnliche Arten, und bringt so für den jedesmaligen Bedarf ***unmittelbar*** eine drehende Bewegung hervor. Vielfältig hat ***diese*** Art von Maschinen die Erfindungskraft der Mechaniker beschäftigt, weil sie der Meinung sind, dafs durch die ***Kurbel,*** welche die hin- und hergehende Bewegung in eine drehende verwandelt, Kraft ***verloren*** gehe. Wir werden bei der Berechnung der Wirkung der Maschinen sehen, dafs dies, abgesehen von der Reibung, ***nicht*** der Fall ist. Es geht ***keine*** Kraft durch die Kurbel verloren, und die unmittelbar-drehenden Maschinen würden nur dann besser sein, wenn sie einfacher und wohlfeiler sein könnten, und weniger Reibung zu überwinden hätten. Noch keine der unmittelbar-drehenden Maschinen ist allgemeiner üblich geworden; daher gedenken wir auch ihrer hier blofs der Benennung wegen und übergehen ihre weitere Untersuchung, indem wir nur von den ***allgemein-üblichen*** Maschinen handeln wollen.

220.

Während die genannten drei Gattungen von Maschinen sich durch die Art unterscheiden, wie man die durch den Dampf hervorgebrachte bewegende Kraft wirken läfst und die Bewegung verwandelt, kann auch diese bewegende Kraft selbst verschieden sein; nemlich sie kann die ***unmittelbare*** Spannung des Dampfs, oder die Spannung des ***abgesperrten*** Dampfs, oder die Spannung des Dampfs dem ***Niederschlage gegenüber*** sein. Dieses giebt wieder verschiedene Arten von Dampfmaschinen: nemlich Maschinen von ***hohem*** und von ***niedrigem*** Druck, ***mit*** Absperrung, und ***ohne*** Absperrung, ***mit*** Niederschlag, und ***ohne*** Niederschlag.

A. Gewöhnlich nennt man ***Hochdruckmaschinen*** die, für welche der Dampf im Kessel eine ***starke*** Spannung hat, und Maschinen von ***niedrigem*** Druck die, in deren Kessel die Spannung des Dampfs über die der Atmosphäre hinaus (die ***wirksame*** Spannung des Dampfs) nicht viel mehr als 3 bis 4 Pfund auf den Quadratzoll beträgt. Indessen heifsen auch Hochdruckmaschinen insbesondere nur die, in welchen eine starke Spannung des Dampfs unmittelbar und ohne Absperrung und Niederschlag benutzt wird.

B. Maschinen mit ***Absperrung*** sind die, in welchen man den Dampf nicht während des ***ganzen*** Laufs des Kolbens in den Dampfstiefel gelangen läfst, sondern seine Zuströmung schon abschneidet, wenn der Kolben erst ***einen Theil*** seines Laufs zurückgelegt hat. Der Dampf mufs dann eine stärkere Spannung haben, als ihm ohne Absperrung nöthig sein würde. So lange er in den

Dampfstiefel strömt, strebt er dem Kolben eine beschleunigte Bewegung zu geben; nachdem aber die Zuströmung des Dampfs abgeschnitten ist, dehnt sich der in den Stiefel gelangte Dampf allmälig aus, seine Spannung nimmt ab, und die Bewegung des Kolbens kann sich verzögern. Das ***Mittel*** zwischen der anfangs zu starken und hernach zu geringen Spannung mufs diejenige Kraft sein, welcher die Maschine eigentlich bedarf. Es ist aber leicht, zu sehen, dafs die Absperrung Vortheile hat: denn da hier der Dampf, welcher seine Dienste gethan hat, mit einer ***geringeren*** Spannung und folglich mit einer geringeren Wärme aus dem Stiefel entweicht, als er haben würde, wenn er ohne Absperrung während des ***ganzen*** Laufs des Kolbens auf denselben hätte wirken müssen, so folgt, dafs bei der Absperrung weniger ***Wärmestoff*** verloren geht, als ohne dieselbe.

C. Maschinen ***ohne*** Absperrung heifsen die, wo der Dampf aus dem Kessel jedesmal während des ganzen Kolbenlaufs in den Stiefel strömt.

D. Maschinen ***mit Niederschlag*** sind die, in welchen der Dampf niedergeschlagen wird, ehe er die Maschine verläfst. Bei den Maschinen ***ohne Niederschlag*** strömt er, nachdem er im Stiefel seine Dienste gethan hat, in die freie Luft aus.

221.

Diesen verschiedenen Umständen gemäfs werden wir die Dampfmaschinen in drei Gattungen, und jede Gattung wieder in verschiedene Arten theilen.

A. In die ***erste Gattung*** gehören die ***Maschinen von doppelter Wirkung, ohne Absperrung.*** Sie zerfallen:

a. In stehende Maschinen ohne Niederschlag; welches die eigentlichen ***Hochdruckmaschinen*** sind;

b. In die ***fahrenden*** Maschinen, ohne Niederschlag, und

c. In die ***Wattschen Maschinen,*** von doppelter Wirkung und ohne Niederschlag.

Alle diese Maschinen werden zur ***drehenden*** Bewegung benutzt.

B. In die ***zweite Gattung*** setzen wir die ***Maschinen von doppelter Wirkung, mit Absperrung;*** deren drei verschiedene Arten vorkommen, nemlich:

a. Die Maschinen mit Niederschlag und Absperrung in ***einem*** Stiefel, oder die ***Cornwallis***schen Maschinen;

b. Die Maschinen mit Niederschlag und Absperrung in ***zwei*** Stiefeln, oder die ***Woolf***schen Maschinen;

c. Die Maschinen mit Absperrung, ohne Niederschlag, oder die ***Evans***schen Maschinen.

Alle diese Maschinen werden wieder zur ***drehenden*** Bewegung benutzt.

C. In die *dritte Gattung* gehören die Maschinen *von einfacher Wirkung,* deren es drei Arten giebt, nämlich:

a. Maschinen mit *niedrigem* Druck oder *Watt*sche Maschinen von einfacher Wirkung;

b. Maschinen mit *hohem* Druck, aber von *einfacher* Wirkung, oder *Cornwallis*sche Maschinen von einfacher Wirkung;

c. Luftdruck-Maschinen, wo der Dampf nur hülfsweise wirkt.

Alle diese drei Arten von Maschinen werden in der Regel *nicht* zur drehenden Bewegung benutzt.

222.

Nach dieser Eintheilung werden wir nun die verschiedenen Dampfmaschinen abhandeln. Zuerst aber werden wir eine *allgemeine Theorie* geben, welche unmittelbar auf alle drehende Maschinen, also auf die beiden ersten Gattungen derselben paſst, während sie zugleich die Grundlagen für die Theorie der dritten Gattung enthält. Dann werden wir die allgemeine Theorie auf jede Art von Maschinen besonders anwenden.

II. Von den verschiedenen Aufgaben, welche bei den Dampfmaschinen vorkommen.

223.

Bei einer *schon vorhandenen* Maschine läſst sich noch die Absperrung, wo sie Statt findet, ändern; so wie die Geschwindigkeit der Bewegung und die von der Maschine zu bewegende Last, durch die stärkere oder schwächere Verdampfung, und innerhalb gewisser Grenzen. Gegeben und *bestimmt* sind in einer vorhandenen Maschine die Maaſse und die Einrichtung derselben: veränderlich und *unbestimmt* sind die Absperrung, die Geschwindigkeit, die Ladung und die Verdampfung. Jedoch kann darunter auch noch die Absperrung (die auch Null sein kann) als *bestimmt* betrachtet werden, und nur die Geschwindigkeit, die Ladung und die Verdampfung als *unbestimmt* und innerhalb gewisser Grenzen *beliebig.*

224.

Demnach sind *drei* Fälle zu betrachten: *Erstlich,* wenn die Maschine mit *bestimmter* Absperrung und mit *beliebiger* Geschwindigkeit, Ladung und Verdampfung arbeitet; *Zweitens,* wenn für eine *bestimmte* Absperrung die Geschwindigkeit, Ladung und Verdampfung von der Art ist, daſs die Maschine die *möglich-gröfste* Nutzwirkung hat, und *Drittens,* wenn auch noch die Absperrung für die möglich-gröfste Nutzwirkung eingerichtet ist, so dafs dann die Wirkung *unbedingt die möglich-gröfste* ist.

225.

In jedem dieser drei Fälle kann Eins von den Dreien: *Geschwindigkeit, Ladung* und *Verdampfung* gesucht werden. Eine *vierte* Aufgabe, die sich als Zusatz an die drei vorigen anschliefst, ist: die Nutzwirkung der Maschine anzugeben; was auf verschiedene Weise geschehen kann, wie wir sogleich sehen werden. Die Aufgaben für die verschiedenen Arten von Maschinen in den drei obigen Fällen sind also folgende:

Erstlich. Aus der Verdampfung und der Ladung einer sonst ganz gegebenen Maschine die *Geschwindigkeit* der Bewegung zu finden;

Zweitens. Aus der Verdampfung und der Geschwindigkeit, mit welcher die Maschine arbeiten soll, die *Ladung* zu finden;

Drittens. Aus der Ladung und aus der Geschwindigkeit, mit welcher die Ladung in Bewegung gesetzt werden soll, die *Verdampfung* und folglich die dazu nöthigen Maafse des Kessels zu finden;

Viertens. Wenn alles gegeben ist, die *Nutzwirkung* der Maschine zu finden, und zwar entweder in *Pfunden,* welche die Maschine *in einer Secunde einen Fufs hoch* zu heben vermag, oder auch in *Pferdekräften.*

Ferner kann gesucht werden, die *Nutzwirkung* für ein Pfund Brennstoff, oder für einen Cubikfufs verdampften Wassers; sodann der *Brennstoff* und die Masse verdampften Wassers, welche zu einer *Pferdekraft* gehören, und umgekehrt, die Zahl der *Pferdekräfte,* welche ein bestimmtes Gewicht von Brennstoff oder eine bestimmte Masse verdampften Wassers hervorbringen.

Diese verschiedenen Aufgaben sollen für die drei obigen Fälle (224.) abgehandelt werden.

226.

Die bisherige Theorie unternahm es immer nur, die *Ladung,* die *Verdampfung* und die *Nutzwirkung* zu finden; wovon aber, wie wir oben zeigten, die Ergebnisse unrichtig waren. Die *Geschwindigkeit* der Bewegung konnte die Theorie gar nicht berücksichtigen, und auch nicht die drei obigen Fälle (224.) unterscheiden. Die hier folgenden Auseinandersetzungen und Ergebnisse werden daher anfangs vielleicht etwas ungewohnt und dunkel zu sein scheinen, aber sie werden sich allmälig durch sich selbst erklären.

III. Von der Gleichförmigkeit der Bewegung der Dampfmaschinen.

227.

Wir haben im dritten Abschnitt die Vorrichtungen beschrieben, durch welche man die Bewegung der Dampfmaschinen, sowohl von doppelter, als von einfacher Wirkung, *gleichförmig* macht. Bei den doppelt wirkenden Maschinen, welche eine drehende Bewegung hervorbringen und an welche wir uns zunächst halten werden, dienen dazu: das *Schwungrad*, die *Kehlklappe*, die *Schwungkugeln* und der *Schornsteinschieber*, zu welchen auch noch der *Quecksilber-Spannungsmesser* kommt, der ebenfalls, wie sich bald zeigen wird, dabei nöthig ist. Da die gewöhnliche Theorie die Wirkung einiger dieser Vorrichtungen nicht richtig auffafst, und es unsere Aufgabe besonders mit der *gleichförmigen* Bewegung der Maschine zu thun hat, so müssen wir zunächst die Wirkung jener verschiedenen Vorrichtungen noch erst näher betrachten.

228.

Das *Schwungrad* ist eine schwere, mit dem Wellbaum der Maschine sich herumschwingende Masse. Um das Schwungrad erst aus der Ruhe in Bewegung zu bringen, ist anfangs eine *zusätzliche* Kraft des Dampfs nöthig. In dem ersten Augenblick bewegt sich die Maschine nur sehr langsam: aber da der Maschinist die Speichen des Schwungrades fortstofsen hilft, und der Dampf immer von neuem den Kolben treibt, so gelangt die Bewegung bald zu derjenigen bestimmten Geschwindigkeit, welche der Verdampfung einerseits und der Ladung andrerseits entspricht. Dann setzt die Trägheit der Masse des Schwungrades der treibenden Kraft weiter keinen Widerstand entgegen, sondern hält die Gleichförmigkeit der Bewegung aufrecht, dadurch, dafs es die Kraft, welche nöthig ist, seine Geschwindigkeit zu verstärken, *zurückgiebt*, sobald die Kraft abnimmt. So wie mehr Triebkraft aus dem Kessel zuströmt und die Geschwindigkeit der Bewegung verstärkt, nimmt Das, was nöthig ist, die Bewegung der schweren Masse des Schwungrades zu beschleunigen, so viel davon hinweg, dafs die Beschleunigung der Geschwindigkeit nicht *plötzlich* erfolgt, und nicht merklich ist; aber wenn etwa gegentheils der Widerstand zunimmt, nimmt auch eben so wenig die Geschwindigkeit *plötzlich* ab; denn das Beharrungsvermögen der Masse des Schwungrades ersetzt dann die fehlende Kraft.

229.

[„Auf die beschriebene Weise trägt das *Schwungrad* allerdings *ebenfalls* „dazu bei, die Bewegung gleichförmig zu erhalten: allein der nächste und wich-

„tigste Dienst, welchen es leistet, ist, diejenige regelmäfsig wiederkehrende Un-„gleichförmigkeit zu heben, oder doch zu vermindern, welche durch die ***Kurbel*** „entstehen würde, wenn das Schwungrad nicht da wäre. Für jede Maschine, wo „die hin- und hergehende in eine drehende Bewegung verwandelt wird, ist ein „Schwungrad völlig *unentbehrlich*. Eine solche Maschine ist *ohne* Schwungrad „beinahe unmöglich. Denn die Kraft, welche, wie hier die des Dampfs, auf den „Kolben immer in derselben, oder in parallelen Richtungen geradlinig wirkend, „nöthig ist, um die Kurbel umzudrehen, wächst, wie schon weiter oben be-„merkt, von einem gewissen geringsten Maafs bis zur *unendlichen* Gröfse: der „*geringste* Betrag findet Statt, wenn der Kubel-Arm auf der Richtung der Kraft „senkrecht steht: der unendlich grofse, *gröfste* Betrag, wenn der Kurbel-Arm „die Richtung der Kraft selbst hat. Wenn diese gröfste Kraft nöthig ist, treibt „*lediglich* die Kraft des Beharrungsvermögens des Schwungrades die Kurbel „weiter fort; denn *diese* Kraft wirkt *immer senkrecht* auf den Kurbel-Arm; „die in der Richtung des Arms selbst wirkende Kraft vermag hier nichts; sie „ist gegen den unendlich-grofsen Widerstand Null. Ohne das Schwungrad, oder „sonst ohne träge Masse, würde die Kurbel *stehen bleiben*. Die Kraft, welche „hier das Beharrungsvermögen des Schwungrades hergeben mufs, und welche „also seiner Bewegung entzogen wird, erhält es *zurück*, wenn der Kurbel-„Arm mit der Richtung der bewegenden Kraft wieder einen Winkel macht; „und besonders wenn dieser Winkel dem rechten gleich, oder nahe ist. Dann „beträgt die Triebkraft (dieselbe unveränderlich gleich stark vorausgesetzt) etwas „*mehr* als blofs zum Umdrehen der Kurbel mit ihrem Widerstande nöthig wäre, „und der Überschufs giebt nun dem Schwungrade *zurück*, was es vorhin *verlor*. „Nur so, also *nur* mit Hülfe des Schwungrades, ist es *möglich*, dafs eine stets „unveränderlich gleich starke, geradlinig in gleicher Richtung hin- und her-„ziehende Kraft eine möglichst gleichförmige drehende Bewegung hervorbringen „kann. *Ganz gleichförmig* ist diese drehende Bewegung zwar immer noch „nicht, sondern sie wird immer noch um etwas verzögert, wenn das Schwung-„rad allein die bewegende Kraft hergeben mufs, und wird wiederum beschleu-„nigt, wenn ihm die treibende Kraft seinen Verlust ersetzt: allein wenn die „Masse des Schwungrades hinlänglich *grofs* und die Geschwindigkeit *beträcht-„lich* ist, ist die Ungleichförmigkeit unmerklich." D. H.]

230.

Das Schwungrad dient auf obige Weise, die Bewegung der Maschine, in gewissen Grenzen, *gleichförmig* zu erhalten. Aber wenn z. B. die Zunahme der Verdampfung, oder, gegenseitig, die Verstärkung des Widerstandes *länger* anhält, so wird auch die Geschwindigkeit des Schwungrades, wenn auch nicht plötzlich, so doch allmälig sich ändern und nach der neuen Triebkraft, oder nach dem veränderten Widerstande sich richten. Dann ist das Schwungrad nicht mehr hinreichend, um die Geschwindigkeit der Maschine, so wie sie war, aufrecht zu erhalten. Aber dann, und so wie die Geschwindigkeit des Schwungrades ab- oder zunimmt, ändert sich auch die Stellung der *Schwungkugeln,* und folglich die der *Kehlklappe,* und es strömt *mehr Dampf* zu, wenn die Geschwindigkeit der Maschine abgenommen hat, so lange, bis die rechte Bewegung wieder hergestellt ist. Dann also sind es die *Schwungkugeln* und die *Kehlklappe,* welche die Gleichförmigkeit der Bewegung herstellen.

Wenn z. B. das Feuer zu heftig geworden, oder die Speisung des Kessels unterbrochen worden ist (welches Letztere, als eine Unterbrechung der stetigen Abkühlung des Wassers im Kessel, dieselbe Wirkung hat wie das Erstere), so wird die Verdampfung beschleunigt werden. Anfangs wird zwar das Beharrungsvermögen des Schwungrades der plötzlichen Zunahme der Geschwindigkeit sich widersetzen und es wird nicht merklich mehr Dampf in den Dampfstiefel gelangen, vielmehr wird sich der Dampf in dem Kessel anhäufen. Aber eben durch diese Anhäufung wird auch die Spannkraft des Dampfs schnell zunehmen. Bliebe dann die Durchgangs-Öffnung durch die Kehlklappe dieselbe, so würde der Dampf wegen seiner stärkern Spannung um so mehr dem Dampfstiefel zuströmen und den Kolben um so stärker treiben. Dann verengen aber die Schwungkugeln durch ihre Stellung die Durchgangs-Öffnung, und die Zuströmung wird wieder auf das rechte Maafs zurückgebracht. Umgekehrt wird es sich verhalten, wenn die Verdampfung geschwächt worden ist.

231.

Die Kehlklappe, gestellt durch die Schwungkugeln, erhält die Bewegung noch gleichförmig, wenn auch die Verdampfung zeitweilig zu- oder abnimmt. Dies geschieht aber nicht (wie es die alte Theorie will) auf die Weise, dafs die Spannung des Dampfs, je nachdem er durch eine weite oder durch eine enge Öffnung strömte, mit einer andern Spannung im Stiefel anlangte; denn dort mufs die Spannung immer dem Widerstande gleich bleiben [„nemlich der *mittlern* Kraft „gleich sein, welche zur Umdrehung der Kurbel nöthig ist" D. H.], sondern weil die Anhäufung des Dampfs im Kessel das Fehlende hergiebt, oder das Überflüssige aufnimmt. Die Veränderung der Öffnung der Kehlklappe ändert die Spannung des Dampfs nicht im *Dampfstiefel,* sondern im *Kessel.*

232.

Aber wenn die Anhäufung des Dampfs im Kessel zu lange anhielte, würde er die Sicherheitsklappe aufstofsen und in die freie Luft ausströmen; der Vorrath an Dampf würde bald erschöpft werden, und wenn dann die Kehlklappe auch ganz aufgethan würde, würde doch die Geschwindigkeit der Bewegung der Maschine abnehmen. Dann mufs der *Schornsteinschieber* helfen, dem Feuer mehr Kraft zu geben. Dieser also dient in solchem Fall zuletzt noch zur Erhaltung der Gleichförmigkeit der Bewegung.

233.

Für diesen Fall ist dann auch noch der oben in (§. 104. etc.) beschriebene *Quecksilber-Spannungsmesser,* welcher in jedem Augenblick die Spannung des Dampfs im Kessel und in der Röhre vom Kessel nach dem Stiefel anzeigt, dem Maschinisten nothwendig. Der Maschinist mufs während der Arbeit der Maschine unausgesetzt dieses Werkzeug beobachten und das Quecksilber darin unverändert auf derselben Höhe erhalten. So wie der Spannungsmesser eine Abnahme der Spannung anzeigt, und man läfst die Schwungkugeln nicht wirken, so wird sich bald zeigen, dafs die Geschwindigkeit der Bewegung der Maschine abnimmt. Erst wieder, mit der Höhe am Spannungsmesser zugleich, wird sie hergestellt werden. Man hat hieraus geschlossen, dafs die Dampfspannung im Kessel sehr nahe der im Stiefel, also der zur Überwindung des Widerstandes nöthigen Spannung gleich sein müsse, weil die bewegende Kraft nicht mehr hinreichend zu sein scheint, so wie die Spannung im Kessel abnimmt. Und daraus sind dann die im ersten Abschnitt nachgewiesenen Irrthümer entstanden. Der Schlufs ist eine unrichtige Deutung der Thatsachen. Die Ursach davon, dafs die Maschine langsamer sich bewegt, sobald die Spannung des Dampfs im Kessel schwächer wird, ist (wenigstens in der Regel) nicht die, dafs dann die Kraft nicht mehr zur Überwindung des Widerstandes der Maschine hinreicht, sondern die, dafs die Abnahme der Dampfspannung eine Folge der Verminderung der *Verdampfung* ist; welche nothwendig eine Abnahme der Geschwindigkeit der Bewegung zur Folge hat. Hat durch die Schuld des Maschinisten die Verdampfung abgenommen, so ist dadurch die Dampfspannung im Kessel vermindert worden, weil der erzeugte Dampf nicht mehr zu dem *Verbrauch* hinreichte und der Vorrath an Dampf im Kessel abnahm, was seine Spannung schwächte; und dann ist auch die Geschwindigkeit im Verhältnifs der verminderten Verdampfung geschwächt worden. Schreibt man die Abnahme der Geschwindigkeit der Bewegung der Verminrung der ***Dampfspannung*** zu, so verwechselt man die Wirkung mit der Ursach: die Abnahme der ***Spannung*** ist erst eine ***Folge*** der Abnahme der ***Verdampfung,*** und ***diese*** ist die ***wahre*** Ursach der Abnahme der Geschwindigkeit. Der Beweis, dafs die Abnahme der Spannung des Dampfs im Kessel noch nicht die Abnahme der Geschwindigkeit zur ***unmittelbaren*** Folge hat, ist, dafs eine Maschine, welche regelmäfsig unter 40 Pfd. auf den Quadratzoll wirksamer Dampfspannung im Kessel arbeitet, und die, wenn man die Schwungkugeln nicht wirken läfst, schon langsamer sich bewegt, wenn die Dampfspannung blofs bis auf 39 Pfd. abnimmt, gleichwohl noch immer unter einer Dampfspannung von blofs 20 Pfd., und noch weniger, gangbar bleibt, wenn sie es nur im Anfange war. Dies haben unsere Versuche mit Dampfwagen bewiesen; auch sieht man es aus den in (§. 55. etc.) beschriebenen Versuchen mit einer Maschine von ***Evans.***

234.

Um diese Thatsachen noch deutlicher zu erklären, wollen wir setzen, es seien in einer Hochdruckmaschine auf den Quadratzoll der ***Kolbenfläche*** 30 Pfd. Kraft [nemlich *mittlere* Kraft] nöthig, um alle Hindernisse, mit Einschlufs der Reibung, zu überwinden; was etwa 15 Pfd. ***wirksame*** Dampfspannung erfordert, da in dieser Maschine der Druck der Luft dem Kolben entgegenwirkt. In dem angenommenen Fall würden also 20 Pfd. wirksame Dampfspannung im Kessel mehr als hinreichend sein, die Maschine in Bewegung zu erhalten. Blofs im Anfange wird die Bewegung langsam sein, da nur wenig ***Überschufs*** von Kraft vorhanden ist, und es wird leicht eine Verzögerung erfolgen, wenn das Feuer ein wenig nachläfst, weil der Dampfvorrath im Kessel leicht erschöpft werden kann. Gleichwohl wird die Maschine, wenn nur die Verdampfung regelmäfsig fortdauert und die Spannung immer von derselben Stärke erhalten wird (was der Spannungsmesser anzeigt), recht wohl mit der verlangten Geschwindigkeit arbeiten können; denn es läfst sich im Kessel eben so viel Wasser in Dampf von 20 Pfd., als von jeder andern Spannung verwandeln.

Nun werde die Maschine angehalten, und darauf, wenn der Dampf im Kessel 40 Pfd. wirksame Spannung erlangt hat, wieder in Bewegung gesetzt, so wird sie wieder arbeiten, wie zuvor; blofs die Kehlklappe wird, wenn man jetzt die Schwungkugeln so stellt, dafs die ***vorige*** Geschwindigkeit wieder erlangt wird, jetzt für eine geringere Durchgangs-Öffnung gestellt werden müssen, weil jetzt der Dampf nicht allein vermöge seiner stärkern Spannung mit mehr Kraft in den Stiefel dringt, sondern auch, weil von dichterem Dampf ein geringerer Raum voll für das Bedürfnifs des Stiefels hinreicht. Die Maschine wird jetzt ganz wie vorher arbeiten, aber sie wird den Vortheil haben, leichter in Bewegung zu kommen und leichter ihre Geschwindigkeit aufrecht zu erhalten. Sonst wird kein Unterschschied sein, obwohl im ersten Fall die Dampfspannung im Kessel nur wenig stärker war als im Stiefel, im zweiten Fall mehr denn doppelt so stark.

Die Kehlklappen-Öffnung ist in dem angenommenen Falle nur dann zu verengen nöthig, wenn die Geschwindigkeit der Bewegung, mit 40 Pfd. Dampfspannung im Kessel, nicht stärker sein soll, als mit 20 Pfd. Aber wenn die Geschwindigkeit zunehmen darf, wie es bei stehenden Maschinen häufig, und bei Dampfwagen und Schiffdampfmaschinen fast immer der Fall ist, so kann man auch die Durchgangs-Öffnung der Kehlklappe *unverändert* lassen. Dann mufs nur für 40 Pfd. Spannung die *Verdampfung* verstärkt werden; was auch gewöhnlich angeht, da die Essen in der Regel für einen Überschufs von Verdampfung eingerichtet werden. Alsdann wird also die Maschine dieselbe Ladung bewegen; obgleich durch eine sehr verschiedene Dampfspannung; was wir auch schon bei den im ersten Abschnitt beschriebenen Versuchen gesehen haben.

Es folgt daraus hier wieder, dafs jede Berechnung, die aus der Dampfspannung im Kessel die Spannung im Stiefel abzuleiten sucht, wie wir es im ersten Abschnitt nachwiesen, unrichtig ist, und dafs der Quecksilber-Spannungsmesser am Kessel keineswegs die Spannung im *Stiefel*, weder unmittelbar noch mittelbar angiebt, sondern dafs der Maschinist nur deshalb das Quecksilber immer auf derselben Höhe zu halten trachten mufs, damit sich die *bewegende Kraft* nicht verändere. Der Spannungmesser zeigt immer nur die Dampfspannung im *Kessel* an.

235.

[„Die Dampfmaschinen haben in diesem Puncte viel Ähnlichkeit mit Ma-„schinen, die, statt durch die Spannung des *Dampfs*, durch die Spannung *zu*-„*sammengeprefster Luft* in Bewegung zu setzen sind; wie z. B. die in der „oben genannten Abhandlung beschriebenen *Luftwagen für Eisenbahnen.* Für „solche *Luftmaschinen* kann ebenfalls die elastische Flüssigkeit, deren Span-„nung ihnen zur bewegenden Kraft dient, bis zu jeder beliebigen Kraft gespannt „werden, ohne dafs gerade der Maschine mehr Kraft *nöthig* wäre; der Unter-

„schied ist dann nur, dafs, wenn man die Luft stärker zusammenprefst, die „bewegende Kraft in einen ***kleinern Raum*** gebracht wird. Bei den Luft-„wagen ist deshalb ein ***zweiter Behälter*** nöthig, in welchem der stärker ge-„spannten Luft erst diejenige geringere Spannung gegeben wird, die für den „Stiefel gerade nothwendig ist. Die ***stark*** zusammengeprefste Luft tritt nicht „unmittelbar aus ihrem Behälter in den Stiefel, sondern erst in einen Zwischen-„behälter, in welchem man ihr, nach einem Spannungsmesser, die für den Stiefel „nöthige Spannung annehmen läfst; und dann erst aus diesem Zwischenbehälter „in den Stiefel. Bei den Dampfmaschinen fehlt der ***Zwischenbehälter.*** Der „Haupt-Dampfbehälter ist der Raum im Kessel über dem Wasser, und die „Veränderung der Spannung des Dampfs, bis zu der, welche im Stiefel wirken „soll, mufs durch die Kehlklappe hervorgebracht werden. Es ist die Frage, „ob nicht auch bei Dampfmaschinen, besonders bei stehenden Maschinen, ein „***Zwischenbehälter*** nützlich sein würde. Bei Luftmaschinen, wenigstens bei „Luft***wagen,*** ist er unumgänglich ***nothwendig,*** weil dort die Spannung der Luft „***bedeutend*** stark sein mufs, damit der mit fortzuführende Behälter nicht zu „viel Raum einnehme." D. H.]

236.

Zusammengenommen ist es also zunächst das ***Schwungrad,*** welches die ***geringen*** und ***vorübergehenden*** Ungleichheiten der Verdampfung oder des Widerstandes ausgleicht [„und besonders die ***grofsen*** periodischen Ungleich-„heiten des Widerstandes, welche die ***Kurbel*** veranlafst" D. H.]. Gröfsere und länger währende Verschiedenheiten gleicht die ***Kehlklappe*** aus; bis zu einer gewissen Grenze: das Hauptmittel aber gegen die Verschiedenheiten ist die regelmäfsige Erhaltung der ***Verdampfung;*** wozu der ***Schornsteinschieber*** dient, während der Quecksilber-Spannungsmesser fortwährend die Wirkung der Verdampfung im Kessel anzeigt.

Diese Vorbemerkungen waren nöthig, um deutlich zu machen, wie die ***Gleichförmigkeit*** der Bewegung von Dampfmaschinen hervorzubringen sei, und um ihre Theorie auf die wahren Ursachen ihrer Wirkungen gründen zu können.

Zweite Abtheilung.

Von der Wirkung einer Dampfmaschine von gegebener bewegender Kraft, mit gegebener Geschwindigkeit, Ladung und Verdampfung.

I. Von der Geschwindigkeit des Kolbens für eine bestimmte Verdampfung und Ladung.

237.

Wir wollen jetzt die im ersten Abschnitt blofs in Umrissen angedeutete neue Theorie der Dampfmaschinen weiter ausführen und sie auf die verschiedenen vorkommenden Aufgaben anwenden.

Um die Aufgaben alle auf einmal zu umfassen, nehmen wir *eine Dampfmaschine mit Absperrung und Niederschlag* an. Für Maschinen *ohne* das Eine oder das Andere darf dann nur Das, was sich darauf bezieht, gleich Null gesetzt werden.

238.

In (VI., Abschnitt 2.) haben wir gezeigt, dafs der Dampf während seiner Wirkung in der Maschine immer die gröfste, seinem Wärmegrade zukommende *Dichtigkeit* behält und dafs, wenn er in der Maschine aus dem Raum M_1 in den Raum M übergeht, wobei seine Spannung p_1 in p sich verändert,

$$85. \quad p = \frac{M_1}{M}(n+p_1)-n$$

ist (Formel 64. §. 99.); wo n die in (59.) angegebenen Werthe hat.

Nun hangen die Beziehungen zwischen den verschiedenen Gröfsen der Aufgabe, zufolge der Übersicht der Theorie im 1ten Abschnitt, von den beiden Bedingungen ab, dafs:

Erstlich, die Bewegung der Maschine zur *Gleichförmigkeit* gelangt und also das Moment der bewegenden Kraft dem des Widerstandes *gleich* sei, und

Zweitens, dafs *aller* Dampf, welcher im Kessel erzeugt wird, von dem Stiefel verbraucht werde.

239.

Es sei P die *gesammte* Dampfspannung im Kessel und P_1 die *mittlere* Spannung im Stiefel, welche immer kleiner als P ist (einen besondern, weiter unten vorkommenden Fall ausgenommen). Wir sagen: die *mittlere* Spannung im Stiefel, weil der Dampf während seiner Einströmung in den Stiefel eine gewisse Ausdehnung erfährt, die seine Spannung verändert, welche gleich nach Öffnung der Zulafsklappe stärker ist, als beim Verschlufs derselben zur Absperrung. Der Dampf gelangt also in den Stiefel mit der ***mittlern*** Spannung P_1 und wirkt mit dieser bis zur Absperrung Nachdem die Absperrung erfolgt ist, strömt kein Dampf mehr zu, sondern der in den Stiefel gelangte Dampf dehnt sich allmälig immer mehr aus, bis zum Ende des Kolbenlaufs, und die dadurch ***nach*** der Absperrung noch hervorgebrachte Wirkung kommt zu derjenigen ***vor*** der Absperrung hinzu.

240.

Es sei

π die Spannung des Dampfs ***nach der Absperrung*** in irgend einem Augenblick;

λ die ***ganze*** Länge des Kolbenlaufs;

λ_1 die Länge des Kolbenlaufs vom Anfange an ***bis zur*** Absperrung;

x der vom Kolben zurückgelegte Weg, bis zu dem Augenblick, wo die Dampfspannung π ist;

a die Fläche des Kolbens;

c der Spielraum für den Kolbenlauf, das heifst, der Rest der Länge des Stiefels, welchen der Kolben ***nicht*** durchläuft; welcher Spielraum sich bei jedem Kolbenlaufe mit Dampf füllt. Darunter werde mit inbegriffen der Raum der Zuleitungscanäle, auf eine diesem Raum entsprechende Stiefellänge gebracht.

241.

A. Der Kolben durchlaufe jetzt den fernern Weg ∂x, so ist während desselben das Moment der Wirkung des Dampfs auf den Kolben gleich dem Product des Drucks der Spannung πa in den Weg ∂x: also ist das Differential der Wirkung der Dampfspannung auf den Kolben während der Absperrung

$$86. \quad = \pi a \partial x.$$

Andrerseits ist ***bis zur*** Absperrung ein Raum $a(\lambda_1 + c)$ voll Dampf von der Spannung P_1 in den Stiefel gelangt, und dieser Dampf hat sich ***nach*** der Absperrung, bis zu dem Augenblick wo die Dampfspannung $= \pi$ ist, in den Raum $a(x+c)$ ausgedehnt: also findet zufolge der Gleichung (85.) zwischen π und P_1 die Gleichung

$$87. \quad \pi = \frac{\lambda_1 + c}{x+c}(n + P_1) - n$$

Statt. Multiplicirt man dieses π nach (86.) mit $a \partial x$, so ergiebt sich

$$88. \quad \pi a \partial x = \frac{\lambda_1 + c}{x + c}(n + P_1) a \partial x - n a \partial x,$$

für das Differential des Moments der Wirkung des Dampfs *nach* der Absperrung. Das Integral davon giebt dieses Moment selbst, wenn man es zwischen den Grenzen λ_1 und λ nimmt. Dasselbe ist [$\pi a x = (\lambda_1 + c)(n + P_1) a \log\text{nat}(x + c) - n a x +$ Const., und da das Moment Null ist, für $x = \lambda_1$, welches $0 = (\lambda_1 + c)(n + P_1) a \log\text{nat}(\lambda_1 + c) - n a \lambda_1 +$ Const., also Const. $= n a \lambda_1 - (\lambda_1 + c)(n + P_1) a \log\text{nat}(\lambda_1 + c)$ giebt, so ist das Moment, bis zu $x = \lambda$ genommen:]

$$89. \quad = a(\lambda_1 + c)(n + P_1) \log\text{nat} \frac{\lambda + c}{\lambda_1 + c} - n a(\lambda - \lambda_1).$$

B. Zu diesem Momente der Wirkung *nach* der Absperrung, kommt noch das Moment der Wirkung *vor* der Absperrung hinzu. Das letztere ist das Product des Drucks $P_1 a$ auf den Kolben in den Lauf λ_1 desselben *bis zur* Absperrung, also

$$90. \quad = P_1 a \lambda_1.$$

Dies zu (89.) gethan, giebt $\Big[a(\lambda_1 + c)(n + P_1) \log\text{nat} \frac{\lambda + c}{\lambda_1 + c} + P_1 a \lambda_1 - n a \lambda + n a \lambda_1$ $= a(\lambda_1 + c)(n + P_1) \log\text{nat} \frac{\lambda + c}{\lambda_1 + c} + a(n + P_1) \lambda_1 - n a \lambda = \Big]$

$$91. \quad a(\lambda_1 + c)(n + P_1)\left[\log\text{nat} \frac{\lambda + c}{\lambda_1 + c} + \frac{\lambda_1}{\lambda_1 + c}\right] - n \lambda a.$$

C. Da nun vorausgesetzt wird, dafs die Bewegung der Maschine zur *Gleichförmigkeit* gelangt sei, so mufs das Moment des *Widerstandes* dem Momente der *Wirkung gleich* sein. Bezeichnet man durch R den gesammten Widerstand auf die Einheit der Kolbenfläche (oder vielmehr das *Mittel* der verschiedenen Widerstände), so ist das *Moment des Widerstandes* gleich dem Product von aR in die Länge des Kolbenlaufs λ, also

$$92. \quad = a R \lambda.$$

Dies giebt, dem Momente der Dampfspannung (91.) gleich gesetzt,

$$93. \quad a R \lambda = a(\lambda_1 + c)(n + P_1)\left[\log\text{nat} \frac{\lambda + c}{\lambda_1 + c} + \frac{\lambda_1}{\lambda_1 + c}\right] - n \lambda a,$$

[oder

$$94. \quad R \lambda = (\lambda_1 + c)(n + P_1)\left[\log\text{nat} \frac{\lambda + c}{\lambda_1 + c} + \frac{\lambda_1}{\lambda_1 + c}\right] - n \lambda. \quad \text{D. H.}]$$

Dieses ist die *erste allgemeine Gleichung* zwischen den Gröfsen der Aufgabe.

D. Die Bewegung der Maschine mufs für diese Gleichung völlig gleichförmig sein, das heifst, die Verschiedenheiten der Geschwindigkeit, von Null bis zu wieder Null, müssen sich regelmäfsig und gleiche Zeittheile lang wiederholen und die Geschwindigkeit darf nicht ***plötzlich*** sich ändern, damit keine lebendige Kraft verloren gehe.

[„Dieses ist wohl zu merken. Die Wirkung der Dampfspannung auf „den Kolben ist keineswegs und bei weitem nicht dem Widerstande in ***jedem*** „***Augenblick*** gleich: jene ändert sich nur zwischen ***endlichen*** Grenzen, der „Widerstand dagegen, von einem kleinsten Betrage an, bis zur ***unendlichen*** „Gröfse. Auch die ***Differentiale*** der Momente der Wirkung und des Wider„standes sind keineswegs gleich, aber ihre ***Integrale*** oder die Summe ihrer „Elemente sind es." D. H.]

C. Hat die Maschine ***keine Absperrung,*** so ist $\lambda' = \lambda$, und dies giebt in (93.)

$$\left[aR\lambda = a(\lambda+c)(n+P_1)\left[\log\text{nat}\,1 + \frac{\lambda}{\lambda+c}\right] - na\lambda = a(n+P_1)\lambda - na\lambda = aP_1\lambda.\right.$$

also]

$$95.\quad R = P_1;$$

das heifst: der [mittlere] Widerstand mufs dem [mittlern] Dampfdrucke auf den Kolben gleich sein; wie es sich gehört, weil sonst die Bewegung nicht ***gleichförmig*** bleiben könnte.

242.

Es kommt jetzt noch auf die ***zweite,*** aus der Gleichheit der Masse des erzeugten und des verbrauchten Dampfs herzunehmende Gleichung an.

Es sei S die Masse des im Kessel in der Einheit der Zeit verdampften Wassers, von welchem der Dampf denn auch in den Stiefel gelangen mufs. Dieser Dampf nimmt in dem Stiefel die Spannung P_1 an und dehnt sich also nach (58. §. 99.) in den Raum

$$96.\quad \frac{mS}{n+P_1}$$

aus. Diesen Raum voll Dampf liefert der Kessel dem Stiefel in der Einheit der Zeit, z. B. in 1 Minute. Andrerseits ist $a(\lambda_1+c)$ der Raum voll Dampf, welcher auf jeden ***Kolbenschlag*** kommt. Macht daher der Kolben K Schläge in der Minute, so verbraucht der Stiefel in 1 Minute den Raum

$$97.\quad Ka(\lambda_1+c) \text{ voll Dampf.}$$

Setzt man die Geschwindigkeit des Kolbens, nemlich den Raum, welchen er in einer Minute durchlauft, $= v$, so ist

$$98. \quad K = \frac{v}{\lambda},$$

also in (97.) der Raum voll verbrauchten Dampfs

$$99. \quad = \frac{va(\lambda_1 + c)}{\lambda}.$$

Dies (96.) gleich gesetzt, giebt

$$100. \quad \frac{mS}{n + P_1} = \frac{va(\lambda_1 + c)}{\lambda};$$

und dies ist die ***zweite Grundgleichung*** zwischen den Gröfsen der Aufgabe.

243.

Schafft man zwischen den beiden Grundgleichungen (94. und 100.) die Dampfspannung P_1 im Stiefel weg, so ergiebt sich $\left[n + P_1 = \frac{m\lambda S}{va(\lambda_1 + c)}\right.$ aus (100.) genommen und in (94. oder 95.) gesetzt,

$$R\lambda = (\lambda_1 + c) \cdot \frac{m\lambda S}{va(\lambda_1 + c)} \left[\log \text{nat} \frac{\lambda + c}{\lambda_1 + c} + \frac{\lambda_1}{\lambda_1 + c}\right] - n\lambda \quad \text{oder}$$

$$R = \frac{mS}{va}\left[\log \text{nat} \frac{\lambda + c}{\lambda_1 + c} + \frac{\lambda_1}{\lambda_1 + c}\right] - n \quad \text{oder}$$

$$\left. av(R + n) = mS\left[\log \text{nat} \frac{\lambda + c}{\lambda_1 + c} + \frac{\lambda_1}{\lambda_1 + c}\right] \quad \text{und}\right]$$

$$101. \quad v = \frac{mS}{a(R + n)}\left[\log \text{nat} \frac{\lambda + c}{\lambda_1 + c} + \frac{\lambda_1}{\lambda_1 + c}\right],$$

oder auch, da die natürlichen Logarithmen aus den Briggischen gefunden werden, wenn man letztere mit 2,303 multiplicirt:

$$102. \quad v = \frac{mS}{a(R + n)}\left[2{,}303 \log \text{Brigg} \frac{\lambda + c}{\lambda_1 + c} + \frac{\lambda_1}{\lambda_1 + c}\right].$$

244.

Diese Gleichung ist weniger einfach, als wenn man voraussetzt, der Dampf behalte während seiner Wirkung stets dieselbe ***Wärme.*** Die letztere Voraussetzung ist aber, obgleich sie nur wenig Abweichendes giebt, nicht genau, weil sich, wie es die Versuche bewiesen haben, die Wärme des Dampfs ändert, so wie er sich ausdehnt. Will man indessen die Voraussetzung zulassen, so ist das Ergebnifs leicht aus dem obigen allgemeinen abzuleiten, denn man darf alsdann nur nach (§. 100.)

$$103. \quad n = 0 \quad \text{und} \quad m = qP$$

setzen, wo q das Ausdehnungsverhältnifs des Dampfs von der Spannung P

ist. Dieses giebt in (101.)

$$104.\qquad v=\frac{qPS}{aR}\left[\log\text{nat}\frac{\lambda+c}{\lambda_1+c}+\frac{\lambda_1}{\lambda+c}\right],$$

und für Maschinen *ohne* Absperrung, wo $\lambda_1=\lambda$ ist,

$$105.\qquad v=\frac{qPS}{aR}\cdot\frac{l}{l+c}.$$

245.

In der Gleichung (101.) ist R der [mittlere] Widerstand der Einheit der Fläche des Kolbens während der Bewegung. Dieser Widerstand besteht aus drei Theilen; nämlich:

Erstlich, aus dem Widerstande der eigentlichen Ladung oder der Arbeit der Maschine; welcher durch r bezeichnet werden mag;

Zweitens, aus der Reibung der Maschinentheile, welche mit dem Widerstande zunimmt und also, wenn man die Reibung der *leergehenden* Maschine durch φ bezeichnet, durch $\varphi+\delta r$ ausgedrückt werden kann;

Drittens, aus dem *Gegendruck*, der auf die andere Seite des Kolbens Statt finden kann und den wir durch p bezeichnen wollen. Derselbe ist der Druck der äufsern Luft, wenn die Maschine den Dampf *nicht* niederschlägt, und die Spannung des zum Theil niedergeschlagenen Dampfs, wenn die Maschine ein Niederschlaggefäfs hat. Die Gröfsen r, φ, p sollen sich, eben wie R und P, auf die *Einheit* der Kolbenfläche beziehen.

246.

Bei den *Dampfwagen* sind noch drei andere Widerstände in Rechnung zu bringen, nämlich:

Erstlich, der Widerstand der Luft *gegen den Wagenzug*, welcher, da er im Verhältnifs des Quadrats der Geschwindigkeit zunimmt, nicht ganz unbedeutend ist;

Zweitens, die Kraft, welche die Maschine anwenden mufs, um *sich selbst* fortzubewegen;

Drittens, die Kraft, welche sie nöthig hat, um ihr Feuer anzublasen.

Da diese Widerstände bei den stehenden Maschinen im allgemeinen nicht vorkommen, so können sie für den Augenblick aufser Acht gelassen werden.

247.

Dem Obigen (§. 245.) zufolge kann R durch

$$106.\qquad R=(1+\delta)r+p+\varphi$$

ausgedrückt werden. Der Kürze wegen wollen wir

$$107. \quad \log\text{nat}\frac{\lambda+c}{\lambda_1+c}+\frac{\lambda_1}{\lambda_1+c}=k$$

setzen; was für $\lambda'=\lambda$, nemlich für Maschinen *ohne* Absperrung, in

$$108. \quad k=\frac{\lambda}{\lambda+c}$$

übergeht. Dies giebt dann in (101.)

$$109. \quad v=\frac{mSk}{a(n+R)}, \text{ oder auch}$$

$$110. \quad v=\frac{mSk}{a(n+(1+\delta)r+p+\varphi)} \quad (106.).$$

In diesem Ausdruck (109.) ist $\frac{mS}{n+R}$ (zufolge (§. 99.)) nichts anders als der Raum voll Dampf von der Spannung R in Berührung mit dem Wasser. Dieser Raum ist also durch die Kolbenfläche a zu dividiren und der Quotient mit der Gröfse k (107.) zu multipliciren, um den Weg v zu finden, welchen der Kolben in 1 Minute zurücklegt.

248.

Die Formel (101.) drückt allgemein die Abhängigkeit der Gröfsen der Aufgabe aus und wir werden mittels derselben alle die verschiedenen Aufgaben zu lösen haben. Alle in der Formel vorkommenden Gröfsen a, λ, λ_1, S, P, r und p müssen in Zahlen ausgedrückt werden, welche sich immer auf die *gleichen* Einheiten des Maafses und Gewichts beziehen [„also z. B. auf Fufse, „oder Zolle, und Pfunde" D. H.], nicht, wie wohl sonst in dergleichen Rechnungen geschieht, auf *verschiedene* Einheiten.

Der aus dem Wasser S erzeugte Dampf (§. 244.) ist derjenige, welcher wirklich in den Stiefel gelangt, um dort auf den Kolben zu wirken. Geht in Folge der eigenthümlichen Bauart einer Maschine Dampf verloren, der nicht in den Stiefel gelangt, so mufs der Betrag desselben von S ausgeschlossen werden.

Hat die Maschine keine Absperrung, so ist, wie schon bemerkt, $\lambda_1=\lambda$ zu setzen. Hat sie ein Kühlgefäfs, so mufs man für p die Spannung setzen, welche in demselben der Dampf noch behält; und hat sie kein Kühlgefäfs, den Druck der äufsern Luft.

Wie der Ausdruck (101.) zeigt, hangt die Geschwindigkeit v des Kolbens durchaus nicht von der *Spannung* P ab, mit welcher der Dampf im Kessel erzeugt wird, sondern nur von der Verdampfung S und dem Widerstande R.

II. Von der Leistung der Maschine für eine gegebene Verdampfung und eine gegebene Geschwindigkeit.

249.

Die Leistung einer Maschine ist der Widerstand r für jede Einheit der Kolbenfläche, also ar. Man darf daher nur, um sie zu finden, ar aus (110.) nehmen. Es ergiebt sich $[av[n+(1+\delta)r+p+\varphi]=mSk$ oder $av(1+\delta)r = mSk-av(n+p+\varphi)$, also]

$$111. \quad ar = \frac{mkS}{(1+\delta)v} - \frac{a(n+p+\varphi)}{1+\delta}.$$

Hier scheint es beim ersten Anblick, dafs $ar=\infty$ sei für $v=0$, oder dafs für die Geschwindigkeit Null eine unendlich grofse Ladung sich finde. Aber für $v=0$ ist auch $S=0$, denn S bezieht sich auf den Dampf, welcher durch den Stiefel geht, und dieser ist Null, wenn der Kolben ruht: also giebt (111.) nicht $ar=\infty$ für $v=0$, sondern $ar=\frac{0}{0}$. Der Ausdruck (110.) läfst also in diesem Falle v *unbestimmt*. Dies ist auch, wie es sein mufs; denn der Ausdruck setzt voraus, dafs die Bewegung schon zur *Gleichförmigkeit* gelangt sei. Und dann kann, wie wir bald sehen werden, v nie kleiner sein als

$$112. \quad v_1 = \frac{qS}{a}\cdot\frac{\lambda}{\lambda_1+c};$$

welches die Geschwindigkeit ist, mit welcher der Dampf mit *seiner Dichtigkeit* durch den Stiefel gehen würde. Mit jeder geringeren Dichtigkeit, also in einen gröfseren Raum ausgedehnt, mufs er nothwendig eine gröfsere Geschwindigkeit des Kolbens hervorbringen. Es darf also v nie kleiner als v_1 (112.) gesetzt werden, und folglich auch nicht $=0$. Geschieht es, so giebt (111.), wie gehörig, Unbestimmtes.

III. Von der zur Hervorbringung einer bestimmten Geschwindigkeit für eine gegebene Ladung nöthigen Verdampfung.

250.

Die Geschwindigkeit v und der Widerstand r sind hier gegeben, und die Verdampfung S wird gesucht. Es findet sich dafür aus (110.):

$$113. \quad S = av\cdot\frac{n+(1+\delta)r+p+\varphi}{mk}.$$

Zu diesem Werthe von S mufs, wenn etwa Dampf durch die Sicherheitsklappe oder sonst verloren geht, der nicht in den Stiefel gelangt, der so genau als möglich zu schätzende Verlust hinzugethan werden, um die *wirklich* nöthige Verdampfung im Kessel zu finden.

251.

Es giebt noch einen andern Verlust an Kraft bei den Dampfmaschinen, welcher bis jetzt wenig berücksichtigt, der aber nicht unbeträchtlich ist: nämlich der Verlust, welcher daraus entsteht, dafs Wasser in flüssigem Zustande zu dem Dampf sich mengt und mit ihm fortgerissen wird. Dieses Wasser ist, besonders bei Dampfwagen, sehr beträchtlich und macht nach unsern Versuchen bis zu 25 pro cent des Wassers im Kessel aus. Die Ursachen sind hier: die geringe Gröfse des Kessels, und besonders des Raums für den Dampf im Kessel, die ansehnliche Gröfse der Durchgangs-Öffnungen für den Dampf, die starke Spannung, welche ihm gegeben wird, die aufserordentliche Schnelligkeit der Verdampfung, und dann das beständige Schaukeln des Dampfwagens. Zwar nicht alle diese Ursachen, aber doch einige davon, finden auch bei stehenden Maschinen Statt und wir haben die Wirkungen davon vielfältig beobachtet. Es sind hier noch genaue Messungen des Verlustes nöthig und wir wollen den Ergebnissen derselben nicht vorgreifen, glauben aber, dafs man im Durchschnitt 5 pro cent der gesammten Verdampfung als Verlust ansetzen könne, so dafs nur 95 pro cent der Verdampfung zur Wirkung auf den Kolben gelangen. Die *Cornwallis*schen Maschinen sind jedoch auszunehmen, weil, wie sich weiter unten zeigen wird, die beträchtliche Erhitzung des Stiefels das mit fortgerissene Wasser im Stiefel verdampft.

IV. Von den verschiedenen Arten die Nutzwirkung auszudrücken.

252.

Die in der Einheit der Zeit, z. B. in 1 Minute, von der Maschine hervorgebrachte *reine Wirkung*, oder ihre *Nutzwirkung*, die durch W bezeichnet werden mag, ist das Product der Kraft des Kolbens ar in den von ihm zurückgelegten Weg v, also $= avr$. Man findet daher W, wenn man entweder v (110.) mit ar, oder ar (111.) mit v multiplicirt, und folglich ist

$$114. \quad W = arv = \frac{mkS - av(n+p+\varphi)}{1+\delta}, \text{ oder}$$

$$115. \quad W = arv = \frac{mrkS}{n+(1+\delta)r+p+\varphi}.$$

Wie man sieht, hangt W nicht von der Spannung P des Dampfs im Kessel ab, sondern nur von der in der Einheit der Zeit verdampften Wassermasse S.

253.

Wenn man die ***Nutzwirkung*** einer Maschine in ***Pferdekräften*** ausgedrückt verlangt, so mufs man sich erst über Das verständigen, was unter ***Pferdekraft*** zu verstehen sei.

In England nimmt man an, dafs die Kraft eines Pferdes [welche durch ε bezeichnet werden mag] 160 Pfd. Pr. mit einer Geschwindigkeit von 194 F. Pr. in der Minute sei; welche Geschwindigkeit als die vortheilhafteste für Zugpferde angesehen wird [165 Pfd. Engl. und 200 Fufs Engl.]. Demnach würde ein Pferd $160 \cdot 194 = 31040$ Pfd. in der Minute 1 F. hoch zu heben vermögen. Es wäre gut, wenn man in Frankreich eben so rechnete. Aber es werden dort etwas andere Zahlen angenommen. Man rechnet für die Kraft 160 Pfd. Pr. [75 Kilogr.] und für die Fortbewegung in der Minute 191,17 F. Pr. [60 Meter], was das Product 30587, also etwa den 75ten Theil weniger giebt.

Diese Zahlen 31040 oder 30587 würden also Das sein, was man unter ***Pferdekraft für die Minute*** zu verstehen hat. [***Im Mittel*** könnte man annehmen

116. $\varepsilon = 30800 = 1$ Pferdekraft in Pr. Fufsen und Pfunden auf 1 Minute.]

Es wäre übrigens richtiger, ***Wirkung eines Pferdes*** statt ***Kraft eines Pferdes*** zu sagen. [„Im Deutschen drückt auch wohl ***Kraft eines Pferdes*** das Gemeinte hinreichend gut aus: denn die ***Kraft selbst,*** welche ein Pferd mit verschiedenen Geschwindigkeiten auszuüben vermag, ist *sehr* ungleich: von Null an, beim schnellsten Lauf, bis zu 500 und selbst 600 Pfd., bei augenblicklicher Anstrengung aller Kraft. Es mufs also schon immer unter dem Worte ***Pferdekraft*** eine ***bestimmte Geschwindigkeit mit***-verstanden werden, und wenn man dazu, wie es hier geschieht, diejenige Geschwindigkeit nimmt, für welche das ***Product*** der Kraft in die Geschwindigkeit das ***möglich-gröfste*** ist, so kann man diese ***gröfste*** Wirkung oder Leistung des Pferdes auch wohl kurzweg ***seine Kraft*** nennen." D. H.]

Hie und da rechnet man auch nach Pferdekräften auf die ***Stunde.*** Sie sind das 60fache des Obigen. Es ist aber nicht gut, die Einheit der Zeit zu verändern.

Will man nun nach ***Pferdekräften auf die Minute*** rechnen, so ist die obige Nutzwirknng $W = arv$ durch die Zahl $\varepsilon = 30800$ (116.) zu dividiren, und die Nutzwirkung ist dann

117. $\frac{W}{\varepsilon} = \frac{arv}{\varepsilon}$ ***Pferdekräfte.***

254.

A. Bisher ist noch nicht auf den ***Brennstoff*** Rücksicht genommen worden. Gehen in der Minute N Pfunde Brennstoff auf, so ist

118. $= \frac{W}{N} = \frac{arv}{N}$ die Nutzwirkung ***auf das Pfund Brennstoff.***

Die N Pfunde Brennstoff in der Minute verdampfen die S Cubik F. Wasser, welche die Nutzwirkung W hervorbringen. Sie lassen sich daher unmittelbar durch Versuche finden. Man mufs aber dabei sorgfältig auf die ***Art*** des Brennstoffs und auf die Einrichtung der ***Esse*** Rücksicht nehmen, wenn man von einer Maschine auf die andere schliefsen will.

B. Dividirt man $W = arv$ durch S, so giebt

119. $\frac{W}{S} = \frac{arv}{S}$ die Nutzwirkung auf den ***Cubikfufs verdampften Wassers.***

C. Bezeichnet man durch Q die Zahl der Pfunde Brennstoff, welche nöthig sind, um durch die Maschine *eine* Pferdekraft hervorzubringen, so sind, um die $\frac{arv}{\varphi}$ nöthigen Pferdekräfte (117.) hervorzubringen, $\frac{Q \cdot arv}{\varphi}$ Pfunde Brennstoff in der Minute nöthig, und da die Zahl derselben durch N bezeichnet wird (§. 256.), so ist $N = Q \cdot \frac{arv}{\varepsilon}$, also ist

$$120. \quad Q = \frac{\varepsilon N}{arv}.$$

Diese Zahl von Pfunden Brennstoff wäre nöthig, um *eine* Pferdekraft auf die ***Minute*** hervorzubringen. Für die ***Stunde*** sind 60mal so viel nöthig.

Man pflegt auch wohl den Bedarf an Brennstoff, um *eine* Pferdekraft hervorzubringen, für die ***Stunde,*** statt für die ***Minute*** auszudrücken, weil der Betrag für 1 Minute gar zu klein ist. Es wäre aber besser, den Bedarf, wenn man die kleine Zahl vermeiden will, für 60 oder 100 Pferdekräfte auf die ***Minute,*** statt für 1 Pferd auf die Stunde anzugeben, weil die Pferdekraft selbst in Fufsen und Pfunden, nach (116.), für die ***Minute*** ausgedrückt ist.

D. Bezeichnet man durch O die Zahl der Cubikfufse Wasser, welche in der Minute zu verdampfen nöthig sind, um durch die Maschine *eine* Pferdekraft hervorzubringen, so müssen, um die $\frac{arv}{\varepsilon}$ Pferdekräfte (117.) für die Maschine zu erzeugen, $\frac{O \cdot arv}{\varepsilon}$ C. F. Wasser verdampft werden; und da nun diese Zahl der Cubikfufse zu verdampfenden Wassers durch S bezeichnet worden ist (§. 244.), so ist $\frac{O \cdot arv}{\varepsilon} = S$, folglich

$$121. \quad O = \frac{\varepsilon S}{arv}.$$

E. Da nach (§. 256.) $Q = \frac{\varphi \cdot N}{arv}$ Pfunde Brennstoff nöthig sind, um durch die Maschine *eine* Pferdekraft hervorzubringen, so werden

122. $\frac{1}{Q} = \frac{arv}{\varepsilon N}$ Pferdekräfte durch *ein* Pfund Brennstoff hervorgebracht.

F. Ähnlicherweise: da nach (§. 259.) $O = \frac{30800\,S}{arv}$ Cub. F. Wasser verdampft werden müssen, um durch die Maschine *eine* Pferdekraft hervorzubringen, so werden

123. $\frac{1}{O} = \frac{arv}{\varepsilon S}$ Pferdekräfte durch Verdampfung *eines* Cubikfufses Wasser hervorgebracht.

Dritte Abtheilung.

Von der möglich-gröfsten Nutzwirkung für eine bestimmte Absperrung.

I. *Von der Geschwindigkeit für die möglich-gröfste Nutzwirkung.*

255.

Eine Dampfmaschine darf nie so gebaut werden, dafs Das, was sie regelmäfsig zu leisten hat, ihre *möglich-gröfste* Wirkung sei, weil ihr sonst für eine zufällige Vergröfserung des Widerstandes keine Kraft übrig bleiben würde. Deshalb ist es nöthig, die möglich-gröfste Kraft der Maschine zu kennen, und die derselben entsprechende Geschwindigkeit und Ladung; welche Kraft, wie sich zeigen wird, auch die möglich-gröfste Nutzwirkung giebt, um ihr danach die *gewöhnliche* Arbeit zuzumessen; oder umgekehrt: wenn die Maschine zu erbauen ist, nach der gewöhnlichen Arbeit, die sie leisten soll, ihre *möglich-gröfste* Kraft einzurichten. Wir haben also die *vortheilhafteste* Geschwindigkeit und die Ladung für die *möglich-gröfste* Nutzwirkung zu ermitteln; und zwar soll dies zunächst für eine *schon bestimmte Absperrung* geschehen; worauf dann ferner auch noch die *vortheilhafteste Absperrung* zu suchen ist.

256.

Aus dem allgemeinen Ausdruck der Wirkung einer Dampfmaschine

$$124. \quad W = arv = \frac{mkS - av(n+p+\varphi)}{1+\delta} \quad (114.)$$

zeigt sich sofort, dafs, da die Geschwindigkeit v nur in den ***negativen*** Gliedern vorkommt, für eine ***bestimmte*** Absperrung, also für einen bestimmten Werth der Gröfse $k = \log\text{nat}\frac{\lambda+c}{\lambda_1+c} + \frac{\lambda_1}{\lambda_1+c}$ (107.), die Wirkung um so gröfser sein werde, *je kleiner* die Geschwindigkeit v ist.

Andrerseits giebt die zweite Grundgleichung (100.):

$$125. \quad v = \frac{mS\lambda}{a(n+P_1)(\lambda_1+c)},$$

und daraus folgt, dafs die Geschwindigkeit v um so kleiner ist, *je gröfser* die Dampfspannung P_1 *im Stiefel* ist. Da nun diese niemals gröfser sein kann als die Dampfspannung P *im Kessel*, so ist die *möglich-kleinste* Geschwindigkeit, welche eben von der möglich-gröfsten Wirkung verlangt wird und welche durch v_1 bezeichnet werden mag:

$$126. \quad v_1 = \frac{mS\lambda}{a(n+P)(\lambda_1+c)}.$$

Dies in (124.) gesetzt, giebt für die *möglich-gröfste* Wirkung $\Big[W_1 = arv_1 = \Big(mkS - a(n+p+\varphi)\frac{mS\lambda}{a(n+P)(\lambda_1+c)}\Big)\frac{1}{1+\delta}$ oder$\Big]$

$$127. \quad W_1 = arv_1 = \frac{mS}{1+\delta}\Big[k - \frac{\lambda(n+p+\varphi)}{(\lambda_1+c)(n+P)}\Big];$$

und zwar für eine *bestimmte Verdampfung S.* Da W_1 mit S zugleich zunimmt, so folgt, dafs die Wirkung noch durch die Verdampfung, also durch Verstärkung des Feuers vergröfsert werden kann, und dafs die gröfste Wirkung ferner durch die möglich-stärkste Verdampfung erlangt wird.

Bezeichnet q die Zahl der Cubikfufse Raum, welche der aus einem Cubikfufs Wasser gewonnene Dampf von der Spannung P einnimmt, so ist nach (60.)

$$128. \quad q = \frac{m}{n+P},$$

und dies, in (126.) gesetzt, giebt

$$129. \quad v_1 = \frac{q\lambda S}{a(\lambda_1+c)};$$

wo man nun q aus den Tafeln in (§. 82. und 126.) nehmen kann.

257.

Genau genommen kann zwar die Spannung P_1 im Stiefel nie der Spannung P im Kessel völlig *gleich* werden, weil immer ein Überschufs an Spannung nöthig ist, um den Dampf aus dem Kessel durch die Röhren und Klappen in den Stiefel zu treiben; deshalb sind denn auch die möglich-gröfste Geschwindigkeit und die möglich-gröfste Wirkung nicht *ganz* die (126. und 127): allein der nöthige Überschufs an Spannung ist gegen die Spannung im Kessel selbst so gering, dafs derselbe aufser Acht gelassen werden kann und es nicht nöthig ist, die Formeln dadurch verwickelter zu machen.

258.

Die gröfste Wirkung der Maschine wird nach (§. 264.) erlangt für $P_1 = P$, oder wenn man den Dampf mit seiner *vollen* Spannung aus dem Kessel in den Stiefel treten läfst. Die der gröfsten Wirkung entsprechende Geschwindigkeit v_1 verhält sich, wie der Ausdruck (126.) zeigt, *gerade* wie die Verdampfung S, und *umgekehrt* wie der Querschnitt des Stiefels a; deshalb kann sie in verschiedenen Maschinen *gleich* sein, und es folgt nicht, dafs, wenn z. B. die gewöhnliche gröfste Geschwindigkeit des Kolbens nicht leicht 150 bis 300 F. in der Minute übersteigt, dafs deshalb immer der Dampf mit seiner vollen Spannung in den Stiefel gelange. Wenn z. B. für eine vorhandene Maschine die der gröfsten Wirkung entsprechende Geschwindigkeit 200 F. in der Minute wäre, so würde sich sehr wohl eine andere Maschine bauen lassen, mit einer *sehr verschiedenen* vortheilhaftesten Geschwindigkeit, selbst mit dem nemlichen Kessel, oder mit dem nemlichen Stiefel: man dürfte nur im ersten Fall dem Stiefel, im zweiten dem Kessel andere Maafse geben.

Für jeden besondern Fall mufs man die vortheilhafteste Geschwindigkeit nach (126.) oder (129.) berechnen; wozu blofs nöthig ist, die Verdampfung S zu kennen; und diese kann selbst aus Dem gefunden werden, was Versuche an beliebigen *andern* Maschinen mit ähnlich eingerichteten Kesseln geben, wenn man sucht, wieviel Wasser sich durch eine bestimmte Masse Brennstoff auf eine bestimmte Gröfse der Heizfläche verdampfen läfst.

II. Von der Ladung für die möglich-gröfste Nutzwirkung.

259.

Dieselbe findet sich, wenn man in den allgemeinen Ausdruck der Ladung oder des Widerstandes

$$130. \quad ar = \frac{mkS}{(1+\delta)v} - \frac{a(n+p+\varphi)}{1+\delta} \quad (111.)$$

den für die vortheilhafteste Geschwindigkeit v_1 gefundenen Ausdruck $v_1 = \frac{mS\lambda}{a(n+P)(\lambda_1+c)}$ setzt. Dies giebt, wenn man die *vortheilhafteste* Ladung durch r_1 bezeichnet, $\left[ar_1 = \frac{mkS}{1+\delta} \cdot \frac{a(n+P)(\lambda_1+c)}{mS\lambda} - \frac{a(n+p+\varphi)}{1+\delta} \text{ oder}\right]$

$$131. \quad ar_1 = \frac{a}{1+\delta}\left[\frac{k(\lambda_1+c)(n+P)}{\lambda} - (n+p+\varphi)\right].$$

Aus der Formel (130.) erhellet, dafs die Ladung um so gröfser ist, je kleiner man die Geschwindigkeit v annimmt. Die möglich-kleinste Geschwindigkeit giebt aber nach (§. 256.) die vortheilhafteste Wirkung: also findet diese für die möglich-kleinste Geschwindigkeit und die möglich-stärkste Ladung Statt.

Die vortheilhafteste Ladung läfst sich auch unmittelbar aus dem Ausdruck (115.) der Wirkung durch die Ladung, nemlich aus

$$132. \quad W = \frac{mrkS}{n+(1+\delta)r+p+\varphi} = \frac{mkS}{\frac{n+p+\varphi}{r}+1+\delta}$$

finden. Diese Formel giebt offenbar das gröfste W für das gröfste r; was mit dem Vorherigen stimmt.

Übrigens ist zu bemerken, dafs nach (131.) die vortheilhafteste Ladung ar_1 nicht von der Verdampfung S, sondern nur von der Spannung P des Dampfs im Kessel abhangt.

III. Mittel, die Reibung der leergehenden Maschine und die zusätzliche Reibung, so wie den gesammten Widerstand aus den obigen Ausdrücken zu finden.

260.

Da es nach (131.) für *jede* Spannung P des Dampfs im Kessel eine möglich-gröfste *Nutzladung* ar_1 giebt, so kann man *jede* Nutzladung zur möglich-gröfsten machen, wenn man die Spannung des Dampfs im Kessel so weit vermindert, als möglich. Geht demnach die Maschine *leer* und man vermindert mittels der Sicherheitsklappe die Spannung des Dampfs im Kessel so weit, dafs sie eben nur noch die leergehende Maschine in Bewegung erhält, so entspricht diese verminderte Spannung, welche P_2 heifsen mag, der

Nutzladung $ar_1 = 0$. Man mufs also in (131.) für $ar_1 = 0$, $P = P_2$ setzen, und dies giebt

$$133. \quad \varphi = \frac{k(\lambda_1 + c)(n + P_2)}{\lambda} - n - p;$$

woraus sich unmittelbar die ***Reibung*** φ der ***leergehenden*** Maschine findet.

261.

Auf eine ähnliche Weise läfst sich δ finden. Man verstärke nemlich den Widerstand der Maschine so weit, bis die Spannung des Dampfs P ihn eben nur noch zu überwinden vermag, so ist man dadurch bis zur ***möglich-stärksten*** Nutzladung gelangt. Bezeichnet man nun diese, für die bestimmte Spannung P so gefundene ***möglich-stärkste*** Ladung durch ar_2, so giebt (131.) für dieselbe

$$134. \quad ar_2 = \frac{a}{1+\delta}\left[\frac{k(\lambda_1 + c)(n + P)}{\lambda} - (n + p + \varphi)\right],$$

und daraus folgt

$$135. \quad 1 + \delta = \frac{1}{r_2}\left[\frac{k(\lambda_1 + c)(n + P)}{\lambda} - (n + p + \varphi)\right];$$

was die ***zusätzliche*** Reibung für die der Maschine zugetheilte Ladung giebt.

Sollte sich etwa die Ladung nicht verstärken lassen, so müfste man statt dessen die Spannung P des Dampfs im Kessel schwächen, bis die Maschine fast stillsteht, während man ihr ihre gewöhnliche Ladung läfst. Die schwächste Spannung wäre dann in (131.) zu setzen und so $1 + \delta$ zu bestimmen.

262.

Nachdem φ und δ gefunden sind, erhält man für die gesammte Reibung der Maschine unter der Ladung r:

$$136. \quad F = \varphi + \delta r.$$

Der beschriebenen Mittel haben wir uns wirklich bedient, um von ***Dampfwagen*** die Reibung zu finden, sowohl wenn sie leergehen, als wenn sie ihre Last ziehen. Das Verfahren ist gleichmäfsig auf ***stehende Maschinen*** anwendbar.

263.

Auch kann man noch auf gleichem Wege den ***gesammten*** Widerstand der Maschine finden, wenn derselbe, wie es öfters vorkommt, nicht unmittelbar sich berechnen lassen sollte. Man darf nur zu dem Ende die geringste Dampfspannung erproben, die nur eben noch die Maschine mit einer bestimmten

Ladung in Bewegung erhält. Bezeichnet P_3 diese geringste Spannung, so treibt P_3 die *möglich-stärkste* Ladung, und es ist zufolge (131.)

$$ar_1 = \frac{a}{1+\delta}\left[\frac{k(\lambda_1+c)(n+P_3)}{\lambda} - (n+p+\varphi)\right],$$

woraus

$$137. \quad (1+\delta)r_1+p+\varphi = \frac{k(\lambda_1+c)(n+P)}{\lambda}$$

folgt. Da hier rechterhand Alles bekannt ist, so ergiebt sich $(1+\delta)r+p+\varphi$; und dies ist der *gesammte* Widerstand der Maschine, mit Einschlufs der Reibung, so wie des Gegendrucks p des nicht völlig niedergeschlagenen Dampfs auf die Gegenseite des Kolbens. Wie man weiter unten sehen wird, haben wir uns dieses Verfahrens wirklich bedient, um den gesammten Widerstand einer *Evans*schen Hochdruckmaschine zu finden; und es ist gleicherweise für jede andere Maschine ausführbar. Es ist der Anwendung des *Prony*schen Kraftzügels vorzuziehen; denn es erfordert keine besondern Vorrichtungen und Kosten. Übrigens ist es nichts anders als das *Wägen* auf einer Wage: denn der grofse bewegliche Balken an Dampfmaschinen ist nichts anders als ein Wagebalken, dessen eines Ende die Dampfspannung auf den Kolben wie ein Gewicht auf einer Schale, das andere den Widerstand der Maschine trägt. Das Verfahren, um hier das Gleichgewicht zu finden, ist nichts anders als das gewöhnliche Wägen.

IV. Von der Verdampfung in der Maschine.

264.

Die Gleichung (113.) giebt für die Verdampfung, bei der möglich-gröfsten Nutzwirkung, wenn man darin r_1 und v_1 statt r und v setzt:

$$138. \quad S = av_1\frac{n+(1+\delta)r_1+p+\varphi}{mk};$$

auch erhält man für S aus (126.):

$$139. \quad S = av_1\frac{(n+P)(\lambda_1+c)}{m\lambda}.$$

Dieses ist die geringste, für die Bewegung der Ladung r_1 mit der Geschwindigkeit v_1 nöthige Verdampfung; denn ar_1v_1 ist die möglich-gröfste Wirkung. Der geringsten Verdampfung entspricht auch die möglichste Ersparung an Brennstoff.

V. Vom der möglich-gröfsten Nutzwirkung für eine bestimmte Absperrung.

265.

Dieselbe findet sich aus der Gleichung (114.), wenn man darin den der gröfsten Nutzwirkung entsprechenden Werth v_1 von v setzt; oder auch aus dem Producte von ar_1 (131.) mit v_1 (126.); was

$$\left[W = \frac{mS\lambda}{a(n+P)(\lambda_1+c)} \cdot \frac{a}{1+\delta}\left[\frac{k(\lambda_1+c)(n+P)}{\lambda} - (n+p+\varphi)\right] \text{ oder}\right]$$

$$140. \quad W = \frac{mS}{1+\delta}\left[k - \frac{\lambda(n+p+\varphi)}{(\lambda_1+c)(n+P)}\right]$$

giebt. Wie man aus diesem Ausdruck sieht, hangt die möglich-gröfste Nutzwirkung weder von dem Querschnitt a des Stiefels, noch von der Geschwindigkeit v des Kolbens oder der Zahl der Kolbenschläge in der Minute ab. Und arbeitet die Maschine *ohne* Absperrung, so dafs $\lambda_1 = \lambda$, also $k = \frac{\lambda}{\lambda+c}$ ist (108.), so hangt die Nutzwirkung auch nicht mehr von der *Länge* λ des Stiefels ab [„die Formel (140.) giebt dann

$$141. \quad W = \frac{mS\lambda}{(1+\delta)(\lambda_1+c)}\left[1 - \frac{n+p+\varphi}{n+P}\right]\text{" D. H.}];$$

denn die Gröfse $\frac{\lambda}{\lambda_1+c}$ ist dann nur ein *unveränderlicher* Bruch, der das Verhältnifs der Länge des Stiefels zum Kolbenlauf ausdrückt. [„Gleiches findet „auch für $k = \log\text{nat}\frac{\lambda+c}{\lambda_1+c} + \frac{\lambda_1}{\lambda+c}$ (107.) Statt; selbst für eine beliebige *be-„stimmte* Absperrung λ_1." D. H.] Andrerseits sind φ und δ in einer bestimmten Maschine unveränderliche Zahlen, die selbst für verschiedene Maschinen von gleicher Art der Einrichtung ziemlich denselben Werth behalten. Endlich hangt das den Niederschlag des Dampfs ausdrückende p nur von dem Wärmegrade des Niederschlagwassers ab, und ist deshalb ebenfalls unveränderlich. Also hangt die möglich-gröfste Wirkung der Maschine eigentlich nur allein von der *Verdampfung S* und der *Spannung P* des Dampfs im Kessel ab; was auch natürlich ist, weil sich danach allein die Kraft des Dampfs richtet. Der Stiefel und der Kolbenlauf, mit ihren Maafsen, sind nur die Mittel, die Kraft zu *übertragen*, ohne sie vergröfsern oder schwächen zu können; und auch die Geschwindigkeit der Bewegung des Kolbens kann auf die möglich-gröfste Wirkung keinen Einflufs haben, weil sie durch die Maafse des Stiefels allein sich beliebig vergröfsern und verkleinern läfst.

In Pferdekräften ausgedrückt, ist die möglich-gröfste Wirkung für eine bestimmte Verdampfung, wie oben,

$$142. \quad W = \frac{a r_1 v_1}{\varphi};$$

woraus sich die andern Ausdrücke derselben weiter wie oben finden.

Vierte Abtheilung.

Von der unbedingt-gröfsten Nutzwirkung.

I. *Von der vortheilhaftesten Absperrung.*

266.

Die obigen Ausdrücke geben die gröfste Nutzwirkung für eine *bestimmte* Absperrung; so wie auch für den Fall, wenn *keine* Absperrung Statt findet; in welchem Fall nur $\lambda_1 = \lambda$ gesetzt werden darf. Für Maschinen, wo die Absperrung beliebig ist, ist aber noch das *vortheilhafteste Maafs* derselben zu suchen.

Nach (140.) ist die möglich-gröfste Nutzwirkung W, wenn man den Werth von k (107.) setzt:

$$143. \quad W = \frac{mS}{1+\delta}\left[\log\operatorname{nat}\frac{\lambda+c}{\lambda_1+c} + \frac{\lambda_1}{\lambda_1+c} - \frac{\lambda}{\lambda_1+c}\cdot\frac{n+p+\varphi}{n+P}\right].$$

Es ist also nur nöthig, dasjenige λ_1 zu suchen, für welches dieser Ausdruck den *möglich-gröfsten Werth* hat. Dasselbe findet sich bekanntlich, wenn man den ersten Differential-Coëfficienten von W, nach λ_1 genommen, gleich Null setzt. Es ergiebt sich [„wenn man differentiirt:

$$144. \quad \frac{\partial W}{\partial \lambda_1} = \frac{mS}{1+\delta}\left[\partial\left(\frac{\lambda+c}{\lambda_1+c}\right) : \frac{\lambda+c}{\lambda_1+c} + \frac{1}{\lambda_1+c} - \frac{\lambda_1}{(\lambda_1+c)^2} + \frac{\lambda}{(\lambda_1+c)^2}\cdot\frac{n+p+\varphi}{n+P}\right] = 0$$

oder

$$-\frac{\lambda+c}{(\lambda_1+c)^2}\cdot\frac{\lambda_1+c}{\lambda+c} + \frac{1}{\lambda_1+c} - \frac{\lambda_1}{(\lambda_1+c)^2} + \frac{1}{(\lambda_1+c)^2}\cdot\frac{n+p+\varphi}{n+P} = 0 \text{ oder}$$

$$-(\lambda_1+c) + (\lambda_1+c) - \lambda_1 + \lambda\cdot\frac{n+p+\varphi}{n+P} = 0 \text{ und daraus"]}$$

$$145. \quad \frac{\lambda_1}{\lambda} = \frac{n+p+\varphi}{n+P}.$$

[„Hier wäre aber noch nöthig, zu sehen, ob auch dieser Werth von λ_1 ein „*Gröfstes*, und nicht etwa ein *Kleinstes* gebe; denn die Gleichung $\frac{\partial W}{\partial \lambda_1} = 0$

„führt auf ***beides.*** Wie bekannt, entscheidet darüber der ***Werth,*** welchen $\frac{\partial^2 W}{\partial \lambda_1^2}$ „für den Werth von λ_1 annimmt, welchen $\frac{\partial W}{\partial \lambda_1} = 0$ giebt. Je nachdem der- „selbe kleiner oder gröfser als Null ist, entspricht der Werth von λ_1, aus $\frac{\partial W}{\partial \lambda_1} = 0$ „genommen, einem Gröfsten, oder einem Kleinsten. Da aus (144.)

$$146. \quad \frac{\partial W}{\partial \lambda_1} = \frac{mS}{1+\delta}\left[-\lambda_1 + \lambda \cdot \frac{n+p+\varphi}{n+P}\right]$$

„ist, so ist

$$147. \quad \frac{\partial^2 W}{\partial \lambda_1^2} = \frac{mS}{1+\delta} \cdot -1 = -\frac{mS}{1+\delta}.$$

„Da hier $-\frac{mS}{1+\delta}$ ***immer negativ*** ist, unabhängig von λ_1, so giebt (145.) „***wirklich*** ein ***Gröfstes.***" D. H.]

267.

Der Ausdruck (145.), wie folgt geschrieben:

$$148. \quad \frac{\lambda_1}{\lambda} = \frac{\frac{m}{n+P}}{\frac{m}{n+p+\varphi}},$$

zeigt, dafs sich die Länge λ_1, oder die ***vortheilhafteste*** Absperrung, zur ganzen Länge λ des Cylinders, wie $\frac{m}{n+P}$ (welches das Ausdehnungsverhältnifs des Dampfs im Kessel mit der Spannung P ist (58.)) zu $\frac{m}{n+p+\varphi}$ (dem Ausdehnungverhältnifs des Dampfs von der Spannung $p+\varphi$) verhalten mufs; welche Maafse sich aus den Tafeln in (§. 82. oder 86.) finden lassen.

Setzt man in (148.) $n = 0$, das heifst, läfst man die Veränderung der ***Wärme*** des Dampfs aufser Acht, so ergiebt sich, als ein näherungsweiser Ausdruck,

$$149. \quad \frac{\lambda_1}{\lambda} = \frac{p+\varphi}{P};$$

das heifst: der Theil λ_1 des Kolbenlaufs bis zur Absperrung des Dampfs, mufs sich zum ganzen Kolbenlauf λ verhalten, wie die Dampfspannung $p+\varphi$ zur Dampfspannung P im Kessel.

268.

[„Eine ganz ähnliche Untersuchung kommt vor, wenn in dem Stiefel „mit Absperrung, statt der ***Dampfspannung*** die Spannung ***zusammengeprefster*** „***Luft*** den Kolben forttreibt (Man sehe in diesem Journal Band 22. Heft 3.

„S. 235. §. 46.), und das Ergebnifs ist dem hiesigen, wie gehörig, ganz ähnlich. „Am angezeigten Orte ist die ganze Länge des Kolbenlaufs durch λ und der Theil „desselben bis zur Absperrung der Luft durch k bezeichnet; die Spannung der „bis zur Absperrung auf den Kolben wirkenden zusammengeprefsten Luft ist „durch $1+\mu$ Atmosphären ausgedrückt, und es findet sich daselbst $k=\frac{\lambda}{1+\mu}$ „(Formel 340. S. 237), also $\frac{k}{\lambda}=\frac{1}{1+\mu}$, das heifst: dafs sich für die *vor-* „*theilhafteste* Wirkung der Theil k des Kolbenlaufs ***bis zur*** Absperrung, zum „*ganzen* Kolbenlauf λ verhalten müsse, wie die Spannung 1 der blofsen At- „mosphäre, zu der Spannung $1+\mu$ der auf den Kolben bis zur Absperrung „drückenden zusammengeprefsten Luft. Dieses Ergebnifs ist dem hiesigen (149.) „ähnlich; denn $p+\varphi$ drückt hier die Spannung (p) des niedergeschlagenen „Dampfs plus der Reibung (φ) der leergehenden Maschine, also den ***Gegen-*** „***druck*** auf den Kolben aus, welcher dort blofs die Spannung der Luft ist, und „P ist hier die den Kolben vor der Absperruug forttreibende Dampfspannung, „an der Stelle der dortigen Luftspannung $1+\mu$." D. H.]

269.

Setzt man den Ausdruck von $\frac{\lambda_1}{\lambda}$ (149.) in die Ausdrücke der dritten Abtheilung, welche sich auf die möglich-gröfste Nutzwirkung für eine beliebige Absperrung beziehen, so erhält man, weil hier jetzt die Absperrung die ***vortheilhafteste*** ist, die ***unbedingt-gröfste Nutzwirkung.***

Wir bemerken hier blofs, dafs die der ***unbedingt***-gröfsten Wirkung entsprechende ***Ladung*** der Maschine ***nicht*** die gröfste Ladung selbst ist, welche die Maschine fortzubewegen vermag. Setzt man nemlich in

$$150.\quad ar_1=\frac{a}{1+\delta}\left[\frac{k(\lambda_1+c)(n+P)}{\lambda}-(n+p+\varphi)\right]\ (131.)$$

(welches der Ausdruck der möglich-gröfsten Nutzwirkung für eine bestimmte Absperrung λ_1 ist) den Werth von $k=\log\text{nat}\frac{\lambda+c}{\lambda_1+c}+\frac{\lambda_1}{\lambda_1+c}$ (107.), so ergiebt sich

$$151.\quad ar_1=\frac{a}{1+\delta}\left[\frac{(\lambda_1+c)(n+P)}{\lambda}\log\text{nat}\frac{\lambda+c}{\lambda_1+c}+\frac{\lambda_1(n+P)}{\lambda}-(n+p+\varphi)\right].$$

Hievon, um das vortheilhafteste λ_1 zu finden, das erste Differential genommen und gleich Null gesetzt, giebt

$$\frac{n+P}{\lambda}\log\text{nat}\frac{\lambda+c}{\lambda_1+c}+\frac{(\lambda_1+c)(n+P)}{\lambda}\partial\cdot\frac{\lambda+c}{\lambda_1+c}:\frac{\lambda+c}{\lambda_1+c}+\frac{n+P}{\lambda}=0 \text{ oder}$$

$$\log\text{nat}\frac{\lambda+c}{\lambda_1+c}-(\lambda_1+c)\frac{\lambda+c}{(\lambda_1+c)^2}\cdot\frac{\lambda_1+c}{\lambda+c}+1=0 \text{ oder } \log\text{nat}\frac{\lambda+c}{\lambda_1+c}-1+1=0,$$

also

$$\log\text{nat}(\lambda+c)=\log\text{nat}(\lambda_1+c) \text{ oder } \lambda+c=\lambda_1+c, \text{ folglich}$$

$$152. \quad \lambda_1=\lambda \quad \text{oder} \quad \frac{\lambda_1}{\lambda}=1,$$

und ***nicht,*** wie in (145.), $\frac{\lambda_1}{\lambda}=\frac{n+p+\varphi}{n+P}$. [„Für das zweite Differential von „ar_1 ist, dem Obigen zufolge, das Differential blofs von $\log\text{nat}\frac{\lambda+c}{\lambda_1+c}$ oder von „$\log\text{nat}(\lambda+c)-\log\text{nat}(\lambda_1+c)$ zu nehmen, und dieses ist $-\frac{1}{\lambda_1+c}$, oder, für $\lambda_1=\lambda$ „(gemäfs dem was das erste Differential giebt), $=-\frac{1}{\lambda+c}$, also ***immer negativ,*** „so dafs der gefundene Werth von λ_1 wirklich einem Gröfsten, nicht etwa einem „Kleinsten entspricht."] Wenn man also will, dafs die Maschine die möglich-gröfste ***Ladung*** in Bewegung setze, so mufs man sie ***ohne*** Absperrung arbeiten lassen. Aber diese gröfste ***Ladung*** entspricht dann nicht der unbedingt-gröfsten ***Nutzwirkung.*** Die der letztern entsprechende ***Ladung*** findet man, wenn man den Werth von λ_1, welchen (145.) giebt, in den Ausdruck der Ladung (131.) setzt.

II. Tafel der Werthe von $k = \log \text{nat} \frac{\lambda_1 + c}{\lambda + c} + \frac{\lambda_1}{\lambda_1 + c}$ (107.) ***für verschiedene, in Procenten der Länge*** λ ***des Stiefels ausgedrückte Längen*** λ_1 ***des Kolbenlaufs bis zur Absperrung; wobei 5 Procent von*** λ ***für c angenommen sind.***

270.

Zahl der Procente, welche λ_1 von λ ist.	Zugehöriger Betrag von k.	Zahl der Procente, welche λ_1 von λ ist.	Zugehöriger Betrag von k.	Zahl der Procente, welche λ_1 von λ ist.	Zugehöriger Betrag von k.
10 . . .	2,613	39 . . .	1,755	68 . . .	1,295
11 . . .	2,569	40 . . .	1,735	69 . . .	1,282
12 . . .	2,527	41 . . .	1,716	70 . . .	1,269
13 . . .	2,485	42 . . .	1,697	71 . . .	1,257
14 . . .	2,446	43 . . .	1,678	72 . . .	1,245
15 . . .	2,408	44 . . .	1,660	73 . . .	1,233
16 . . .	2,371	45 . . .	1,642	74 . . .	1,221
17 . . .	2,336	46 . . .	1,624	75 . . .	1,209
18 . . .	2,301	47 . . .	1,606	76 . . .	1,197
19 . . .	2,268	48 . . .	1,589	77 . . .	1,186
20 . . .	2,235	49 . . .	1,572	78 . . .	1,175
21 . . .	2,203	50 . . .	1,555	79 . . .	1,164
22 . . .	2,173	51 . . .	1,539	80 . . .	1,152
23 . . .	2,142	52 . . .	1,523	81 . . .	1,141
24 . . .	2,114	53 . . .	1,507	82 . . .	1,131
25 . . .	2,085	54 . . .	1,491	83 . . .	1,120
26 . . .	2,059	55 . . .	1,476	84 . . .	1,109
27 . . .	2,032	56 . . .	1,461	85 . . .	1,099
28 . . .	2,006	57 . . .	1,445	86 . . .	1,088
29 . . .	1,980	58 . . .	1,431	87 . . .	1,078
30 . . .	1,955	59 . . .	1,417	88 . . .	1,067
31 . . .	1,931	60 . . .	1,402	89 . . .	1,057
32 . . .	1,908	61 . . .	1,388	90 . . .	1,047
33 . . .	1,884	62 . . .	1,374	91 . . .	1,037
34 . . .	1,862	63 . . .	1,361	92 . . .	1,027
35 . . .	1,840	64 . . .	1,347	93 . . .	1,017
36 . . .	1,818	65 . . .	1,334	94 . . .	1,007
37 . . .	1,797	66 . . .	1,321	95 . . .	1,000
38 . . .	1,776	67 . . .	1,308		

Um die jedesmalige Berechnung von k (107.) zu ersparen, haben wir hier eine Tafel der Werthe dieser Gröfse für verschiedene Werthe von λ_1 gegeben. Hat man etwa diese Tafel nicht zur Hand, und will k nach (107.) berechnen, so kann es, wie schon bemerkt, auch durch Briggische- statt durch natürliche Logarithmen geschehen, wenn man das erste Glied von k noch mit 2,303 multiplicirt.

In der Tafel ist für den Spielraum c des Kolbens im Stiefel 5 pro cent der Länge λ des Stiefel angenommen; wie es bei *doppelt*wirkenden Maschinen mit Schwungrädern der Fall ist. Bei Maschinen von *einfacher* Wirkung, oder ohne Schwungrad (von welchen weiter unten) mufs man wohl 10 pro cent ansetzen, weil dort die Bewegung des Kolbens nicht durch die Kurbel beschränkt wird und also der Kolben, wenn der Spielraum nicht gröfser wäre, leicht auf den Boden des Stiefels aufstofsen. könnte.

(Die Fortsetzung folgt.)

Journal
für
die Baukunst.

In zwanglosen Heften.

Herausgegeben

von

Dr. A. L. Crelle,

Königlich-Preufsischem Geheimen-Ober-Baurathe, Mitgliede der Königlichen Akademie der Wissenschaften zu Berlin, Correspondenten der Kaiserlichen Akademie der Wissenschaften zu St. Petersburg und der Königlichen Akademieen der Wissenschaften zu Neapel und Brüssel, auswärtigem Mitgliede der Königlichen Akademie der Wissenschaften zu Stockholm, Ehrenmitgliede der Hamburger Gesellschaft zur Verbreitung der mathematischen Wissenschaften.

Vier und zwanzigster Band.

Drittes Heft.

Mit einer Figurentafel und der zum vorigen Heft gehörigen Carte.

Berlin.

Bei G. Reimer.

1847.

6.

Über das Eisenbahnnetz der westlichen Theile von Hannover und Preufsen, und dessen Anschlufs an die Bahnnetze der angrenzenden Länder.

(Von Herrn Dr. *Reinhold,* Wasserbau-Inspector a. D. zu Leer in Ostfriesland.)

Inhalts-Verzeichnifs.

Erster Abschnitt.

Darstellung des Eisenbahnnetzes in den westlichen Theilen der Königreiche Hannover und Preufsen, zwischen Ems, Weser, Lippe, Rhein und Nordsee, und dessen Verbindung mit dem Eisenbahnnetze Deutschlands und der angrenzenden Staaten, so wie mit den Ems- und Nordseehäfen von Ostfriesland.

---

§. 1. Einleitung.

Allgemeine Bemerkungen über den Bau der Eisenbahnen in Deutschland.

Die Eisenbahnen sind, wie überall, so auch für ganz Deutschland, insbesondere aber für die westlichen und nordwestlichen Theile von *Hannover* und *Preufsen,* zwischen *Weser, Lippe, Rhein, Ems* und *Nordsee,* unstreitig von grofser Wichtigkeit und werden höchst einflufsreich für immer auf das materielle staatsbürgerliche Wohlergehen der Bewohner derselben wirken. Der Gegenstand dieses Aufsatzes betrifft die von den Provinzialständen und Eisenbahngesellschaften seit drei Jahren vorgeschlagene und jetzt von der allgemeinen Ständeversammlung und der Staatsregierung von Hannover genehmigte, also bald bevorstehende Erweiterung und Vervollkommnung des Eisenbahnnetzes des nordwestlichen Deutschlands, bis zu dessen äufsersten westlichen und nordwestlichen Landesgrenzen und bis zur Nordseeküste, zwischen drei schiffbaren Hauptströmen Deutschlands, der *Weser,* dem *Rhein* und der *Ems.*

Dieser Ländertheil des nordwestlichen Deutschlands, zwischen *Weser, Lippe, Rhein, Ems* und der *Nordsee*küste, hat eine Oberfläche von etwa 600 Quadratmeilen und einen von der Natur gesegneten, fruchtbaren Boden, von gebildeten, thatkräftigen, gewerbfleifsigen Volksstämmen, den Westphalen Ostfriesen und Rheinländern u. s. w. bewohnt, zusammen über zwei Millionen an der Zahl, deren Vaterland von einigen der bedeutendsten Ströme Deutschlands, der *Weser, Lippe,* dem *Rhein* und der *Ems,* bis zur *Nordsee* durchströmt wird, auf welchen ein höchst umfangreicher Schiffahrts- und Handelsverkehr see- und landwärts sich bewegt.

Unter den Staaten des nordwestlichen Deutschlands ist das Königreich *Hannover,* als unmittelbarer Nordseeküstenstaat, zwischen den Mündungen der *Elbe, Weser* und *Ems* in die Nordsee, durch seine geographische, hydrographische, nautische und commercielle Lage für die Strom- und Seeschiffahrt, mithin für den See- und Welthandel von ganz Deutschland wichtig, indem die Haupthandelswege, zu Lande und zu Wasser, aus den östlichen, südlichen, west- und nordwestlichen Staaten Deutschlands und den angrenzenden Ländern, nach der Nordseeküste, und namentlich nach den Mündungen der ***Elbe, Weser*** und ***Ems*** hin, gröfstentheils durch das Königreich Hannover führen; was auch mit einem bedeutenden Theile der Ostseeküstenländer zwischen der ***Elbe, Oder*** und ***Weichsel*** der Fall ist; wie man es auf jeder Post- und Eisenbahncarte sieht.

Das seit 1843, bis jetzt, in thätiger Ausführung begriffene Eisenbahnnetz des Königreichs ***Hannover*** ist schon aus diesen Gründen für ***ganz Deutschland*** von grofser Wichtigkeit, und wird es noch mehr durch die Ausdehnung auf seine westlichen Provinzen an der ***Weser, Ems*** und ***Nordsee*** werden; so wie durch die Verbindung mit dem Bahnnetze Preufsens in ***Rheinland-Westphalen,*** mittels der Rheinweserbahn, und mit dem Bahnnetze ***Hollands;*** besonders dann, wenn in einigen Jahren das ganze Bahnetz von Hannover und Preufsen bis zum ***Rhein*** und den Mündungen der ***Elbe, Weser*** und ***Ems*** vollendet sein wird.

Der bisherige Mangel an hinreichend guten und zusammenhangenden Kunststrafsen nach den Haupt-Seehandelsplätzen der Deutschen Nordseeküste zwischen der ***Weser*** und ***Ems,*** und besonders nach den Mündungen der letztern, war bisher für die Seeschiffahrt und den Welthandel Deutschlands höchst nachtheilig, und es kann demselben jetzt nur durch die baldige Ausführung ***zweckmäfsig geleiteter*** Eisenbahnen, aus dem Innern nach den Mündungen der in die Nordsee sich ergiefsenden schiffbaren Hauptströme, mit Erfolg abgeholfen werden; wie es auch jetzt die Absicht ist.

Der von den betheiligten Staaten und Provinzen projectirte Anschlufs des fortwährend sich ausdehnenden Eisenbahnnetzes im Königreiche der ***Niederlande,*** sowohl an die ***Preufsische Rhein-Weser-,*** als an die ***Hannöversche Westbahn*** u. s. w., wird den Handelsverkehr des Nordwestlichen ***Deutschlands*** mit ***Holland*** bedeutend erweitern und für die beiderseitigen Bahnen den Personenverkehr von und nach ***Holland*** besonders lebhaft machen, so dafs der Ertrag der projectirten Eisenbahnen dadurch sehr erhöht, mithin deren Rentabilität viel sicherer für die Staatscassen oder Actionnaire werden wird; um so mehr, als der Cours der Eisenbahn-Actien der meisten Eisenbahnen Deutschlands schon über pari steht. Es ist daher kein Zweifel, dafs die baldige Ausführung des vorliegenden Eisenbahnprojects nicht allein für die betheiligten

Staaten und Länder, sondern für ganz Deutschland von den besten Folgen sein wird, und dafs sie in jeder Hinsicht ein dringendes Bedürfnifs und dem gerechten und sehnlichen Wunsche der Bevölkerung des Nordwestlichen Deutschlands gemäfs sein dürfte.

Das erste Beispiel in Deutschland von einer mit gutem Erfolge ausgeführten Eisenbahn, mit *Dampfwagen* befahren, gab im Jahre 1835 *Baiern*, durch die zwischen *Fürth* und *Nürnberg* erbaute, etwa eine Meile lange Bahn; worauf dann bald nachher, im Jahre 1838, die *Berlin-Potsdamer* Bahn, und in den folgenden Jahren im Preufsischen, Sächsischen, Östreichischen und mehreren andern Deutschen Staaten, die Beschlufsnahme und fortschreitende Ausführung vieler andern, jetzt theils vollendeter und eröffneter, theils in Arbeit begriffener, theils ernstlich projectirter Eisenbahnen folgte, deren Verbindung das systematische Eisenbahnnetz bilden wird, welches über alle Staaten Deutschlands sich erstrecken und an die Netze der an Deutschland zunächst grenzenden Staaten sich anschliefsen soll.

Das Ergebnifs von den seit 1835 bis jetzt 1845 in Deutschland und mehreren angrenzenden Staaten theils ausgeführten, theils noch im Bau begriffenen, theils projectirten Eisenbahnen findet man ausführlich und aus amtlichen Quellen am vollständigsten in folgenden Schriften:

„Die Eisenbahnen Deutschlands. Statistisch-geschichtliche Darstellung „ihrer Entstehung, ihres Verhältnisses zu der Staatsgewalt, so wie ihrer Ver- „waltungs- und Betriebs-Einrichtungen u. s. w. vom Freiherrn Dr. *F. W. von* „*Reden*, vormals Specialdirector der Berlin-Stettiner Eisenbahn. Berlin etc. „1844 — 1845."

„Dessen Deutsches Eisenbahn- und Dampfschiffbuch. Ein Taschenbuch für Reisende etc. Mit einer Übersichtscarte. Berlin 1845." Eine zweite vermehrte Auflage dieser Schrift ist 1846 in der Gerhardschen Buchhandlung zu Danzig erschienen.

Nach des Herrn *von Reden* Angabe hat das Eisenbahnnetz von ganz Deutschland zusammen eine Länge von etwa 1691,13 Meilen. Davon waren Anfangs 1846 in Deutschland:

1) Vollendet	436,88	Meilen.
2) Im Bau begriffen	403,42	–
3) Gesichert	474,98	–
4) Mehr oder weniger ernstlich projectirt	375,85	–
Zusammen, wie oben,	1691,13	Meilen.

Nimmt man an, dafs ein Theil davon nicht zur Ausführung kommen werde, so können doch in 10 Jahren etwa 1500 Meilen Eisenbahnen vollendet sein.

1) Die vollendeten Bahnen haben gekostet . . .	133 092 250	Thaler.
2) Die im Bau begriffenen sind berechnet zu . .	141 516 750	-
3) Die gesicherten zu	175 449 280	-
Zusammen	558 293 080	Thaler.
Von dieser Summe waren bis Ende 1845 aufgebracht	198 681 738	-
und es bleiben also noch zu decken	359 611 342	Thaler.

Die Baukosten einer Meile Bahn sind im Durchschnitt:

1) Bei den vollendeten Bahnen	304 091	Thaler.
2) Bei den im Bau begriffenen Bahnen	350 817	-
3) Bei den gesicherten Bahnen	362 320	-
4) Bei den projectirten Bahnen	290 634	-
Also für alle Eisenbahnen von Deutschland für die Meile im Durchschnitt	332 346	Thaler.

Als Beispiel von den Anlagekosten einzelner Eisenbahnen im Preufsischen Staate, heben wir aus dem 2ten Theile des obengenannten *von Reden*schen Werks: „Die Eisenbahnen Deutschlands etc." Folgendes aus:

No.	Bezeichnung der Eisenbahnen.	Eröffnete Länge, in geographischen Meilen.	Zeit der Eröffnung.	Zahl der Dampfwagen.	Gesammte Anlagekosten. Thaler.	Anlagekosten einer Meile im Durchschnitt. Thaler.
1.	Berlin-Stettin	17,8	15. Aug. 1843	14	3 693 504	206 919
2.	Berlin-Frankfurt	10,75	23. Octbr. 1842	15	2 670 690	249 995
3.	Breslau-Oppeln	10,75	28. Mai 1843	8	1 800 000	167 442
4.	Breslau-Schweidnitz etc.	8,62	29. Octbr. 1843	9	1 900 000	220 300
5.	Berlin-Anhalt	20,25	10. Sptbr. 1843	22	4 697 345	234 860
6.	Berlin-Potsdam.	3,15	30. Octbr. 1838	13	1 407 155	400 000
7.	Magdeburg-Leipzig . .	15,75	8. August 1840	20	4 100 000	288 730
8.	Magdeburg-Halberstadt	7,8	15. Juli 1843	6	1 560 771	200 000
9.	Elberfeld-Düsseldorf .	3,52	3. Septbr. 1841	8	2 546 509	713 310
10.	Cöln-Aachen	11,6	15. Octbr. 1843	14	9 500 000	811 044
11.	Cöln-Bonn	2,9	15. Febr. 1844	6	967 166	248 469
	Zusammen	114,24	. . . .	135	34 849 140	305 061

Nach diesen, aus der Erfahrung und sichern Quellen genommenen Angaben von 11 im Preufsischen Staate ausgeführten Eisenbahnen, betragen also im Durchschnitt die Anlagekosten einer Deutschen oder Preufsischen Meile 305 061 Thlr. Pr. Die theuerste Eisenbahn ist die von ***Cöln*** nach ***Aachen***. Die Meile kostete . . . . 811 044 - -
Die wohlfeilste ist die von ***Breslau*** nach ***Oppeln*** in Oberschlesien, welche . . . . 167 442 - -
die Meile kostete. Der Unterschied der Kosten rührt von den gröfsern oder geringeren Schwierigkeiten des Terrains, von der Verschiedenheit des Werths des Grund- und Bodens, der Preise der Baumaterialien, der Arbeitslöhne etc., der Zahl und Gröfse der Brücken, Viaducte, Tunnel, Durchdämmungen von Thälern, der Zahl der Bahnhöfe u. s. w. her; welches Alles in verschiedenen Gegenden ***sehr*** verschieden sein kann, so dafs sich möglichst zutreffende Vorausberechnungen nur nach genauer Ausmessung, Nivellirung und Untersuchung des Bodens und nach Ermittelung aller Preise der Materialien und Arbeitslöhne machen lassen; wo dann zur Sicherung und zur Deckung unvorhergesehener Ausgaben immer noch wenigstens 10 Procent des Baucapitals zugesetzt werden müssen, um nicht in ein bedeutendes Deficit gegen die Anschlagssummen zu gerathen.

Oben sahen wir, dafs von den bis 1846 vollendeten Eisenbahnen die Meile durchschnittlich 304 091 Thaler kostete; welche Summe sich derjenigen nähert, die von den wirklich ausgeführten 11 Eisenbahnen im Preufsischen Staate entnommen ist, und die 305 061 Thlr. für die Meile betrug.

Vor den Eisenbahnen, welche seit 1835 bis jetzt in Deutschland ausgeführt wurden, sind schon früher gar viel bedeutende Chausséen, Brücken, Hafen- und Stromwerke und Canäle gebaut worden, deren Anlagekosten im Ganzen nicht zu ermitteln sind, die aber wohl den Kosten der Eisenbahnen nicht sehr nachstehen dürften. Insbesondere ist darunter auch der Einführung der Dampfschiffahrt auf den Deutschen Strömen und an den Küsten der Ost- und Nordsee zu erwähnen.

Nach dem oben gedachten Dampfschiffbuch des Herrn ***von Reden*** wurden Anfangs 1845 die Ströme, Flüsse und Cänäle von Deutschland mit etwa 180 Dampfschiffen befahren, welche zusammen eine Maschinenkraft von 11 136 Pferden besafsen und einen Capital-Aufwand von $7\frac{1}{4}$ Millionen Thaler erfordert hatten. Zu diesen Stromdampfschiffen kommen noch 77 Dampfschiffe, welche von und nach Deutschen Seehäfen und Flufsmündungen fahren, und deren gesammte Maschinenkraft die von etwa 8460 Pferden war. Die Anschaffungs- und Ausrüstungskosten derselben betrugen etwa 8½ Millionen Thaler; mithin waren bis 1845 sämmtliche Anschaffungskosten der Strom- und Seedampfschiffe in Deutschland, von 19 596 Pferdekraft, 15¾ bis 16 Millionen Thaler. Durchschnittlich kostete die Pferdekraft eines Stromdampfschiffs, mit Maschinen und allem Zubehör, 651 Thlr. und die eines Seedampfschiffs 1005 Thlr. Preufs.

Aus diesen Angaben ergiebt sich, dafs in *Deutschland*, seit dem Frieden, von 1816 bis jetzt 1846, also in etwa dreifsig Jahren, für öffentliche Anlagen, die den Handels- und Schiffahrtsverkehr nach Aufsen und Innen vermehren und befördern, 250 bis 300 Millionen Thaler verwendet worden sind, und dafs für die noch zu vollendenden Eisenbahnen allein, ohne die übrigen Anlagen und Anstalten, in den nächsten 10 Jahren noch etwa 359 Millionen Thaler verwendet werden sollen, um das grofse Eisenbahnnetz von *Deutschland* vollständig herzustellen. Man sieht, dafs auch in dieser Hinsicht unser Deutsches Vaterland keinem der civilisirten Staaten Europas nachsteht, sondern gegentheils mehreren mit gutem Beispiel noch vorangeht.

§. 2.

Über das Eisenbahnnetz im nördlichen und nordwestlichen Deutschland, und dessen Hauptlinie.

Das Eisenbahnnetz von Deutschland hat in seinem nördlichen und nordwestlichen Theile eine *Hauptlinie*, von Osten nach Westen und Südwesten, die von *Königsberg* über *Berlin, Magdeburg, Braunschweig* und *Hannover* bis *Preufs. Minden* nach der *Weser*, mehr oder weniger gleichlaufend mit den Küsten der Ost- und Nordsee läuft, von *Minden*, südwestlich weiter, parallel mit der *Lippe*, über *Lippstadt, Hamm, Dortmund*, nach *Duisburg*, hier nach Süden sich wendet und über *Düsseldorf* nach *Deutz*, daselbst über den *Rhein* auf *Cöln*, dann nach *Düren* und *Aachen* bis zur Belgisch-Preufsischen Grenze fortlauft, und nun, durch *Belgien* gehend, in *Antwerpen* die *Schelde* und in *Ostende* die Küsten der *Nordsee* erreicht.

Diese *Hauptlinie* des Eisenbahnnetzes von Norddeutschland durchschneidet dessen Hauptströme, welche in die Ost- und Nordsee ausmünden; nemlich die *Weichsel, Oder, Elbe, Weser* und den *Rhein*, verbindet mithin diese Ströme, und also auch die Strom- und Seehafen-Örter der Ost- und Nordsee mit einander, die an diesen Strömen liegen, indem da, wo es nicht unmittelbar durch die Hauptlinie selbst geschieht, von derselben Zweigbahnen, parallel mit dem Laufe der Hauptströme, nach den Hauptseehafen-Örtern der Ost- und Nordsee, theils projectirt und von den Staatsregierungen beschlossen, theils schon angefangen, theils bereits eröffnet sind.

Von jener ***Hauptlinie*** des Norddeutschen Eisenbahnnetzes gehen die übrigen Hauptbahnlinien aus, nemlich: in östlicher und südöstlicher Richtung durch ***Schlesien***, ***Pohlen*** und ***Österreich*** nach der ***Donau;*** in südlicher Richtung, durch ***Sachsen*** und ***Hessen*** nach ***Baiern***, und in südöstlicher Richtung nach ***Würtemberg***, ***Baden*** u. s. w. nach dem ***Rhein***, ***Main*** u. s. w.

So zeigt es sich auf den neuesten Eisenbahncarten, z. B. auch auf der Übersichtscarte zu dem ***Reden***schen Werke und der hier beigefügten Carte.

Alle Theile Deutschlands, östlich, südlich und südwestlich von der obengenannten Haupt-Eisenbahnlinie, so wie die zunächst daran grenzenden Staaten, müssen, wenn sie auf Eisenbahnen, nach deren Vollendung, directen Verkehr mit den Seehandelsstädten der ***Ost-*** und ***Nordsee*** treiben wollen, einen Theil der ***Hauptlinie*** benutzen, oder an irgend einem Puncte jene Hauptlinie durchschneiden, von wo dann eine Zweigbahn nach der ***Nord-*** oder ***Ostseeküste*** führt. Die Staaten, durch deren Gebiet die ***Haupt-Eisenbahnlinie*** geht, sind ***Preufsen***, ***Sachsen***, ***Braunschweig*** und ***Hannover***.

Wir wollen, unserm Zwecke gemäfs, diejenigen Örter angeben, welche die Richtungspuncte der oben bemerkten Hauptlinie des nördlichen Deutschlands näher bestimmen; was wir aus den neuesten Schriften und Carten entlehnen.

Von ***Königsberg***, an der ***Ostsee*** anfangend, geht die Richtung dieser, durch die Cabinetsordre Sr. Majestät des Königs von Preufsen vom 17. Octbr. 1845 im Allgemeinen genehmigten Linie, über ***Elbing*** und ***Marienburg***, daselbst über die ***Nogat*** nach ***Dirschau***, dort über die ***Weichsel***, mit einer Zweigbahn nach ***Danzig;*** ferner auf ***Bromberg***, ***Schneidemühl*** und ***Driesen***, von wo aus eine Zweigbahn nach ***Posen*** und nach ***Stargard*** bis ***Stettin*** gebaut werden soll, von welcher die Strecke zwischen ***Stettin*** und ***Stargard***, $4\frac{1}{2}$ Meile lang, Anfangs Mai 1846 eröffnet worden ist. Von ***Driesen*** geht die Hauptlinie nach ***Cüstrin***, daselbst über die ***Oder***, und von dort nach ***Berlin***. Die ganze Bahn von ***Königsberg*** bis ***Berlin*** wird etwa 85 Meilen lang sein und, mit den Übergängen über die ***Weichsel*** bei ***Dirschau*** und ***Marienburg***, etwa 32 Millionen Thaler kosten, wovon $6\frac{1}{2}$ Mill. auf die Kosten jener Übergänge kommen. Die Arbeiten an dieser bedeutenden Bahn sind im laufenden Sommer 1846 begonnen worden.

Die Haupt- und Residenzstadt ***Berlin*** ist als Centralpunct des ***Preufsischen*** Eisenbahnnetzes und als einer der grofsen Hauptpuncte von ganz ***Deutschland*** zu betrachten, von welchem aus mehre Haupt- und Zweigbahnen, sowohl nach der Nord- und Ostseeküste, als ins Innere von Deutschland gehen. Da wir dieselben der Kürze wegen nicht alle aufführen wollen, so müssen wir uns ihretwegen auf die ***von Reden***schen Schriften beziehen.

Berlin gab im Preufsischen Staate das erste Beispiel einer Eisenbahn mit ***Dampfwagen***, zwischen ***Berlin*** und ***Potsdam***, von 3½ Meilen lang, welche am 30. Octbr. 1838 eröffnet wurde und nach Herrn ***von Reden's*** Angabe 1 407 155 Thaler im Ganzen gekostet hat. Sie ist noch jetzt eine der frequentesten und rentabelsten Bahnen im Preufsischen Staate, und wird nun von ***Potsdam*** über ***Brandenburg***, ***Genthin***, ***Burg***, nach ***Magdeburg*** fortgesetzt und im laufenden Jahre vollendet werden, so dafs dann von ***Berlin*** bis ***Magdeburg***, aufser der ***Berlin-Anhalter*** Bahn, auch am rechten Ufer der ***Elbe*** eine Eisenbahn vorhanden sein wird.

Von ***Berlin*** geht die Hauptlinie weiter, unter dem Namen der ***Berlin-Anhalter*** Bahn, über ***Jüterbogk*** nach ***Dessau***, dort über die ***Elbe***; dann nach ***Köthen*** und ***Magdeburg***, wo sie mit der von ***Berlin*** über ***Potsdam***, ***Brandenburg***, ***Genthin*** und ***Burg*** gehenden Bahn zusammentrifft. Die ***Berlin-Anhalter*** Bahn ist seit dem 10. Septbr. 1843 eröffnet. In ***Köthen*** trifft die ***Berlin-Anhalter*** Bahn mit der ***Magdeburg-Leipziger*** Bahn zusammen, welche bis ***Dresden*** geht.

Von ***Magdeburg*** aus geht die Hauptbahn über ***Grofs-Oschersleben***, ***Wolfenbüttel***, ***Braunschweig***, ***Peine***, ***Vechelde*** und ***Lehrte*** nach ***Hannover***; bis wohin sie seit Mai 1844 vollendet und im Betriebe ist. Der ***vollendete*** Theil der ***Hauptlinie*** erstreckt sich also bis jetzt von ***Berlin*** bis ***Hannover***. Der folgende Theil wird von ***Hannover*** über ***Wunstorf***, ***Stadthagen*** und ***Bückeburg*** nach ***Preufsisch-Minden*** an die Weser und in die ***Rhein-Weser-*** oder ***Cöln-Mindener*** Bahn führen. Diese Strecke ist noch nicht vollendet und ihr Bau soll im Sommer 1846 angefangen werden.

Von ***Preufsisch-Minden*** geht die ***Rhein-Weser*** Bahn, an ***Rheina***, ***Bünde*** und ***Löhne*** vorbei, auf ***Herford***, ***Bielefeld*** und ***Rittberg*** nach ***Lippstadt***, woselbst die von ***Halle*** über ***Erfurt***, ***Gotha***, ***Eisenach***, ***Cassel***, ***Haueda*** und ***Paderborn*** projectirte und begonnene ***Thüringer*** Eisenbahn, in die ***Rhein-Weser*** Bahn einmünden wird. Weiter geht sie am linken Ufer der ***Lippe*** auf ***Hamm***, ***Dortmund*** und ***Duisburg*** nach dem ***Rhein***, und von da, am rechten

Ufer desselben entlang, bei *Deutz* über den *Rhein* nach *Cöln.* Von *Duisburg* aus ist eine Zweigbahn auf *Wesel* und *Emmerich* zum Anschlufs an die *Niederländische* Eisenbahn nach *Arnheim* projectirt. Von *Preufsisch-Minden* bis *Cöln* ist die Bahn seit 1844 überall in Arbeit und soll im Jahre 1848 vollendet werden.

Von *Cöln* über *Düren* nach *Aachen* bis *Herbesthal* an der Preufsisch-Belgischen Grenze ist die Bahn seit dem 15. Octbr. 1843 in Betrieb; so wie von dort über *Lüttich, Löwen, Mecheln* bis *Antwerpen, Brüssel* und *Ostende,* auf Belgischem Gebiet, bis zur *Schelde* und der *Nordsee* ebenfalls.

Dies ist die Richtung und der Lauf der *Haupt-Eisenbahnlinie* von Osten nach Westen, parallel mit den Küsten der Ost- und Nordsee, durch das nördliche, nordwestliche und westliche *Deutschland,* von *Königsberg* bis *Aachen,* in einer Länge von etwa 170 Deutschen Meilen, durchschneidend die Hauptströme, welche sich in die Ost- und Nordsee ergiefsen und von welcher die meisten Hauptbahnen des nördlichen Deutschlands unmittelbar oder mittelbar ausgehen, die sich dann über ganz Deutschland ausdehnen, nach ihrer Vollendung mit den Bahnen der Nachbarstaaten vereinigen und so ein zusammenhangendes Bahnnetz für den gröfsten Theil von Central-Europa bilden werden; wie man es aus den Eisenbahncarten ersehen kann.

Zu den Staaten des nördlichen und nordwestlichen *Deutschlands,* welche unmittelbar an die *Nordsee* grenzen und die von den drei schiffbaren Hauptströmen, der *Elbe, Weser* und *Ems* durchschnitten werden, gehört insbesondere *das Königreich Hannover,* welches ebenfalls von der beschriebenen Hauptbahnlinie in der Richtung von *Braunschweig* über *Hannover* nach *Preufs. Minden,* etwa 16 Meilen lang, durchschnitten wird. An eben diese Bahnstrecke schliefst sich, zu beiden Seiten derselben, das *Hannöversche* Eisenbahnnetz an, von welchem ein Theil vollendet und im Betriebe, ein Theil in der Ausführung begriffen und ein Theil von der Ständeversammlung kürzlich beschlossen und von der Staatsregierung genehmigt worden ist.

Wir wollen die Linien des *Hannöverschen* Eisenbahnnetzes in der Kürze anzeigen, wobei wir die Haupt- und Residenzstadt *Hannover* als den Centralpunct annehmen, der in der Haupt-Eisenbahnlinie des nördlichen Deutschlands unmittelbar liegt und von welchem das Hannöversche Bahnnetz ausgeht.

1. Die *Hannover-Braunschweiger* Bahn, von *Hannover* über *Lehrte, Peine, Vechelde,* nach *Braunschweig,* ist, zusammen auf den beiderseitigen Gebieten, 8,15 Deutsche Meilen lang, im Mai 1844 dem Verkehre eröffnet und

als Staatsbahn, eben wie die folgenden, auf Staatskosten erbaut. Diese Bahn macht, wie gesagt, einen Theil der grofsen Hauptbahnlinie von *Königsberg* bis *Aachen* aus. Die Kosten dieser Bahnstrecke wurden für die beiderseitigen Territorien Anfangs auf 1 398 052 Thaler angeschlagen; was aber nicht völlig zureichte.

2. Als Zweigbahn ist von *Lehrte* nach *Hildesheim* die etwa 4 Meilen lange Bahn in den letzten 2 Jahren erbaut, Anfangs Juni 1846 bei der Probefahrt gut befunden und Mitte Juli d. J. dem Publico eröffnet worden.

3. Die *Hannover-Haarburger* Bahn geht von *Hannover* bis *Lehrte* auf der *Braunschweiger* Bahn, bis wohin sie im Betriebe ist, und von *Lehrte* nach *Celle, Lüneburg* nach *Haarburg* an die *Elbe* und nach dem dort neu erbauten Hafen. Die *Lehrte-Hildesheimer* Bahn ist die Fortsetzung der *Haarburger* Bahn und wird, unter dem Namen der *Südbahn*, von *Hildesheim*, über *Burgstemmen, Elze, Alfeld, Nordheim, Bovenden* nach *Hannöverisch-Münden* bis zur Kurhessischen Grenze zum Anschlusse an das dortige Bahnnetz, oder die sogenannte *Thüringer* Bahn, fortgesetzt werden; wie es projectirt, aber noch nicht schliefslich genehmigt worden ist. Die Länge der Bahn von *Hildesheim* über *Lehrte, Celle, Lüneburg* nach *Haarburg* beträgt 24½ Meilen und der Bau ist seit einem Jahre in voller Arbeit. Die Kosten dieser 24½ Meilen werden nach dem Anschlage 5 744 150 Thaler betragen; ohne die künftig etwa nöthige Zulage.

4. Die *Hannover-Bremer Bahn* geht von *Hannover* auf *Wunstorf, Neustadt* am *Rübenberge, Nienburg, Verden, Achim,* nach *Bremen,* ist 16½ Meile lang und seit einem Jahre in der Ausführung begriffen. Die Kosten sind auf 3 960 000 Thlr. veranschlagt.

5. Die *Hannover-Mindener Bahn* geht in die vorige bis *Wunstorf,* wo sie sich von der *Bremer* Bahn trennt, und von da über *Stadthagen, Bückeburg* nach *Preufsisch-Minden,* wo sie sich mit der *Rhein-Weser Bahn* vereinigt. Sie ist etwa 8½ Meilen lang und auf 2 095 600 Thlr. veranschlagt. Diese Bahn ist ebenfalls vom Staate genehmigt und wird im Sommer 1846 begonnen werden. Sie bildet mit der *Hannover-Braunschweiger* Bahn einen Theil der *Königsberg-Aachener* Hauptlinie.

Die bis hiehin genannten Bahnen im Königreiche *Hannover* beruhen auf Staatsverträgen zwischen den betheiligten Staaten. Sie sind zum Theil ausgeführt und im Betriebe, zum Theil fortwährend in Arbeit; an ihrer Ausführung, innerhalb der nächsten drei Jahre, ist, bei fortwährendem Frieden, nicht zu zweifeln.

6. Die vorhin bemerkte ***Südbahn*** geht von ***Hannover*** über ***Lehrte*** nach ***Hildesheim,*** bis wohin sie fertig ist, und soll von ***Hildesheim*** weiter nach ***Burgstemmen, Elze, Alfeld, Nordheim, Bovenden*** und ***Hannöversch-Münden*** und bis zur Kurhessischen Grenze gehen, zum Anschlufs an die von ***Halle*** nach ***Weifsenfels, Weimar, Erfurt, Gotha, Eisenach, Rothenburg,*** durch ***Sachsen*** auf ***Cassel*** in Arbeit begriffene ***Thüringer*** Bahn, welche von ***Cassel*** über ***Haueda*** und ***Paderborn*** bis ***Lippstadt*** in die Rhein-Weser Bahn gehen soll und von den betheiligten Staatsregierungen genehmigt worden ist. Diese Bahn wird auf Hannöverschem Gebiete von ***Hildesheim*** über ***Hannöversch-Münden*** bis zur ***Kurhessischen*** Grenze etwa 20 Meilen lang werden. Die Anlagekosten derselben sind uns nicht bekannt; sie werden indefs in dem gebirgigen Stromgebiete der ***Weser,*** mit den Strom-Übergängen, durchschnittlich wohl 300 000 Thlr. die Meile betragen können.

7. Die ***Westbahn*** wird sich, von ***Hannover*** aus, zunächst auf der ***Hannover-Mindener*** Bahn, durch die westlichen Provinzen des Königreichs ***Hannover*** zwischen ***Weser, Ems*** und der ***Nordsee***küste, ferner in die westlichen Provinzen des Preufsischen Staats zwischen ***Weser, Lippe, Ems*** und ***Rhein,*** und nach den Anschlüssen an das ***Holländische*** und ***Oldenburgische*** Eisenbahnnetz hin erstrecken.

Die Richtung dieser ***Westbahn*** wird, dem Projecte und der Untersuchung nach, an der Nordseeküste ***Ostfrieslands*** anfangend, von ***Emden*** nach ***Leer, Papenburg, Meppen, Lingen,*** und von da bis zur Preufsischen Grenze bei der Stadt ***Rheina*** an der ***Ems*** gehen. Sie ist von ***Emden*** bis zur Grenze bei ***Rheina*** 18½ Meilen lang und auf Hannöverschem Gebiete auf 4 056 497 Thlr. veranschlagt. Ferner auf ***Preufsischem*** Gebiete, von der Stadt ***Rheina*** auf ***Münster*** und ***Hamm*** bis zur ***Lippe*** und der ***Rhein-Weser*** Bahn. Anderntheils wird sie auf ***Hannöverschem*** Gebiete, von ***Lingen*** über ***Freren, Bramsche, Osnabrück*** und ***Melle*** bis zur ***Preufsischen*** Grenze bei ***Bünde*** gehen, bis wohin sie etwa 12 Meilen lang ist, und ferner auf ***Preufsischem*** Gebiet bei dem Dorfe ***Löhne*** in die Rhein-Weser Bahn münden. Die ***Westbahn*** ist eine der wichtigsten des Königreichs ***Hannover,*** so wie der angrenzenden westlichen ***Preufsischen*** Landestheile, ingleichem wichtig für die benachbarten Staaten, nemlich die ***Niederlande*** und das Grofsherzogthum ***Oldenburg,*** welche sich an diese Eisenbahnlinien anschliefsen werden.

Beide Bahnen sind zusammen auf Hannöverschem Gebiete etwa 30½ Meilen lang und die Gesammt-Anlagekosten derselben sind zu 7 200 000 Thlr. angeschlagen. Die Ausführung der *Westbahn* ist in der Ständeversammlung des Königreichs Hannover am 6ten August 1846 definitiv beschlossen und von der Staatsregierung genehmigt worden; mithin in den nächsten Jahren sicher zu erwarten.

Der Ländertheil des nordwestlichen Deutschlands zwischen *Weser, Lippe, Rhein, Ems,* und der *Ostfriesisch-Oldenburger* Nordseeküste, hat, wie oben gesagt, auf etwa 600 Quadratmeilen 2 Millionen Einwohner und umfafst folgende einzelne Landestheile verschiedener Staaten.

1. Vom Königreich *Hannover:*

a) Die Grafschaften *Diepholz* und *Hoya,* am linken oder westlichen Ufer der *Weser;* zur Landdrostei *Hannover* gehörig.

b) Die Landdrostei *Osnabrück,* bestehend aus dem ehemaligen Bisthum *Osnabrück,* der niedern Grafschaft *Lingen* und *Bentheim,* dem Kreise *Meppen* und der Herrlichkeit *Papenburg* an der *Ems.*

c) Die Landdrostei *Ostfriesland* oder das ehemalige Fürstenthum *Ostfriesland,* nebst dem *Harrlingerlande,* zwischen der Hannöversch-Niederländischen Grenze und dem *Aastrom* bis zur *Ems* und dem *Dollart,* und von der *Ems,* an der Nordseeküste entlang, bis zur *Hannöversch-Oldenburgschen* Landesgrenze unweit der *Jade* u. s. w.

2. Das Grofsherzogthum *Oldenburg,* nebst der Herrschaft *Jever* und *Knyphausen;* westlich von der *Hannöversch-Oldenburger* Grenze, nördlich von der Nordseeküste zwischen der *Jade* und *Weser*mündung und der *Weser,* und östlich von dem *Bremen*schen Stadtgebiete begrenzt.

3. Vom *Preufsischen* Staate:

Einen grofsen Theil der Oberpräsidentur von *Westphalen,* namentlich der Regierungsbezirke *Minden* und *Münster,* und eines Theils des Regierungsbezirks *Düsseldorf;* begrenzt vom linken Ufer der *Weser,* dem rechten Ufer der *Lippe* und des *Rheins* ostwärts, und nordwest- und nordwärts, bis zur *Niederländischen* Grenze, von der an der *Yssel* liegenden Provinz *Overyssel,* so wie bis zur *Hannöverschen* Grenze von der Landdrostei *Osnabrück,* und von *Ostfriesland.*

Diese Länder-Abschnitte verschiedener Staaten enthalten denjenigen Theil des nordwestlichen Deutschlands, welcher auch mit dem allgemeinen Namen *Rheinland-Westphalen* bezeichnet wird; jedoch ist ein bedeutender Theil *Westphalens* und der bei weiten gröfste Theil der Preufsischen *Rheinlande* am Mittel- und Oberrheine in den bezeichneten Grenzen nicht mitbegriffen, hangt indessen unmittelbar damit zusammen und steht durch die bereits am *Rhein* vorhandenen Eisenbahnen damit in ununterbrochener Verbindung.

Der hier bezeichnete Theil des nordwestlichen Deutschlands hat aufser der *Minden-Cölner* oder *Rhein-Weser Bahn*, die einen bedeutenden Theil der grofsen Hauptbahn des nördlichen Deutschlands von *Königsberg* bis *Aachen* bildet und nur erst theilweise vollendet ist, kein inneres zusammenhangendes Eisenbahnnetz, sondern nur genehmigte Projecte dazu, ist also thatsächlich bis jetzt noch ohne Eisenbahnen.

Das nordwestliche Deutschland aber hat dasselbe Bedürfnifs, dieselbeu Kräfte und Mittel, mithin dieselben gerechten Ansprüche, wie alle übrigen Staaten Deutschlands, auf Eisenbahnen. Denn es besteht aus wichtigen Theilen mehrer Staaten, mit einer thatkräftigen, gewerbfleifsigen und gebildeten Bevölkerung von mehr als 2 Millionen Seelen. Es hat einen guten, fruchtbaren Boden, reichen Ackerbau, Pferde- und Viehzucht, Steinkohlen-, Eisen-, Hütten-, Berg- und Salzwerke, Forsten und Torfgräbereien, Fabriken, Gewerbe und Künste aller Art, Strom- und Seeschiffahrt, Handel im Innern und nach Aufsen u. s. w., in dem Maafs, dafs die Erzeugnisse seines Bodens und seiner Industrie nicht allein den eigenen Bedarf, sondern noch einen bedeutenden jährlichen Überschufs liefern, womit ein lebhafter Activhandel in und aufserhalb Deutschland land- und seewärts getrieben wird. Für diesen sind die vielen schiffbaren Ströme und Flüsse, *Weser, Lippe, Ruhr, Rhein, Ems* und *Jahde*, so wie die *Nordsee*küste zwischen den *Ems-*, *Jahde-* und *Weser*mündungen, treffliche Beförderungsmittel, und die Küstenländer an der Nordsee, so wie die Gegenden in dem Bereiche der genannten schiffbaren Ströme, haben eine ausgedehnte See- und Stromschiffahrt, sowohl mit Segel- als Dampfschiffen. Das nordwestliche Deutschland nimmt einen namhaften Antheil am Welthandel, sowohl mit dem Innern von ganz Deutschland und Central-Europa, als mit allen überseeischen, europäischen Staaten und den übrigen Welttheilen, seit Jahrhunderten; und dieser Verkehr wird kräftig zunehmen, wenn auch dieses nordwestliche Strom- und Seegebiet unseres Vaterlandes in den nächsten Jahren ein zweckmäfsiges inneres Eisenbahnnetz bis zu den Nordseehäfen an der *Ems* u. s. w. erhält, um den Waaren- und Personenverkehr zu befördern, zu beschleunigen und wohlfeiler zu machen.

Es ist also einleuchtend, wie nothwendig und nützlich, und von welchen grofsen Folgen es sein wird, wenn auch der genannte Ländertheil baldmöglichst an den Eisenbahnen Theil nimmt. Der Preufsische und der Hannöversche

Staat sind dabei zunächst und am meisten betheiligt. Welche Projecte hiezu bisher gemacht und öffentlich bekannt geworden und wie weit die Vorschläge bis jetzt gediehen sind, wollen wir sehen.

§. 3.

Von dem Eisenbahnproject für die westlichen Theile von Hannover und Preufsen, zwischen Ems, Weser, Lippe, Rhein und Nordsee.

In dem *Hannöverschen* Antheil des bezeichneten Länder-Abschnitts des nordwestlichen Deutschlands, zwischen *Weser, Ems* und *Nordsee,* entstand und verlautbarte sich sehr bald die Überzeugung des Bedürfnisses, des grofsen Nutzens und der Nothwendigkeit, Eisenbahnen zu bauen und dieselben mit dem grofsen Eisenbahnnetze Deutschlands, und namentlich mit der benachbarten *Rhein-Weser-* oder *Cöln-Mindener* Bahn zu verbinden; und zwar alsbald wie sich die Gewifsheit durch die zwischen den betheiligten Staatsregierungen abgeschlossenen Verträge herausstellte, dafs die von *Hannover* über *Preufsisch-Minden* nach *Duisburg* und *Cöln* etc. projectirte Eisenbahn in der nächst bevorstehenden Zeit werde ausgeführt werden.

In *Ostfriesland* wurden von den Provinzialständen in ihren Landrechnungsversammlungen zu *Aurich* vom 10ten bis 13ten Mai 1843 und 10ten bis 17ten Mai 1844 über die Anlage von Eisenbahnen etc. Berathungen gepflogen und im letztgenannten Jahre dringende Anträge und Vorschläge dazu beim hohen Königlichen Ministerio gemacht; wie es die durch den Druck veröffentlichen Verhandlungen der *Ostfriesischen* Provinzialstände ergeben, von denen wir hier, aus den Verhandlungen vom 10ten bis 17ten Mai 1844, auszugsweise Folgendes mittheilen. Es heifst dort:

„Bei der vor allen norddeutschen Häfen ausgezeichnet günstigen Lage „dieser Provinz, unmittelbar an der Nordsee und an einem bedeutenden Flusse, „dessen Einfahrt durch Betonnung und Bebaakung, so wie durch einen Leucht-„thurm vollkommen gesichert ist, bei eigenen reichen Kräften, im Besitze einer „vortrefflichen Rhede, einer grofsen Anzahl Schiffe, vieler wichtigen Hafen-„plätze und zweier, mit allen zum Grofshandel erforderlichen Einrichtungen und „Anstalten versehenen Handelsstädte (*Emden* und *Leer*), zu welchen die gröfs-„ten Kauffahrtheischiffe gelangen können, ist *Ostfriesland* ganz geeignet, dem „Königreiche *Hannover* die so überaus wichtigen Vortheile des Eigenhandels „zu sichern, falls seine Handelsstädte eine Eisenbahnverbindung erhalten und

„von den Küsten der ***Nordsee,*** von den Ufern der den gröfsten Schiffen zu- „gänglichen ***Ems*** aus, ein Activ- und Passivhandel über ganz Deutschland sich „verbreiten kann, der mit dem bisher über die ***Hansestädte, Belgien*** und „***Holland*** geführten Handel mit Erfolg in die Schranken treten dürfte."

„Die eigenen Producte, die Gegenstände der vaterländischen Industrie „unseres Landes, werden dann mit den eigenen nationalen Schiffen in jene Länder „geführt werden, welche uns unsere Bedürfnisse an Colonial- und andern Waaren „liefern, und durch diese unmittelbare Einfuhr wird den eigenen ***Hannöver-*** „***schen*** Schiffen die einträgliche Rückfracht, und somit erst dem Lande der „wahre Handel, in der gröfsern Bedeutung des Worts, gesichert werden."

„Die Eisenbahnverbindung, so wichtig für das ganze Königreich, ist „zugleich für ***Ostfriesland*** eine Lebensfrage. Ohne sie wird es seine Handels- „vortheile zu Gunsten der Nachbaren verlieren, indem nach der Natur der Sache „und wie es die Erfahrung schon lehrt, Gegenden, in welchen Eisenbahnen „fehlen, allen Verkehr an solche, welche sich dieses schnellen Communications- „mittels erfreuen, überlassen müssen."

„Die wichtigste Bahn für den grofsen Deutschen Handelsverkehr ist „unstreitig die Bahn von ***Cöln*** über ***Hamm*** und ***Lippstadt*** nach ***Minden.*** Durch „die Fortführung dieser Bahn, von ***Münster,*** wohin von ***Hamm*** eine Zweig- „bahn gebaut werden wird, über ***Lingen, Papenburg*** und ***Leer,*** nach ***Emden,*** „mit einer Zweigbahn von ***Lingen*** nach ***Osnabrück,*** wird den nordwest- „lichen Provinzen des Königreichs eine Verbindung mit dem eigenen Eisenbahn- „system sowohl, als mit Westphalen und dem Rheine gesichert werden; auch „kommt dabei im Interesse des Königreichs noch zur Berücksichtigung, dafs „aller Wahrscheinlichkeit nach die ***Cölner*** Bahn von ***Lippstadt*** aus mit ***Cassel*** „wird in Verbindung gebracht, und dafs von ***Cassel*** aus Eisenbahnen theils „über ***Eisenach*** nach ***Halle,*** theils über ***Bamberg*** nach ***München,*** theils auch „nach ***Frankfurt*** a. M. werden geführt werden."

„Stände haben daher das allerhöchste Cabinet dringend gebeten, an die „derzeit versammelten allgemeinen Stände den Antrag gelangen zu lassen, ihre „Zustimmung dazu zu ertheilen, dafs eine Eisenbahn von ***Emden*** über ***Leer*** „nach ***Münster,*** entweder wie die bereits beschlossenen vier Eisenbahnen" (von ***Hannover*** nach ***Braunschweig, Haarburg, Bremen*** und ***Preufs. Minden***) „auf Kosten des Staates angelegt, oder doch wenigstens die Concession zu „diesem Unternehmen, zu 3½ Procent für das darauf zu verwendende Capital, „ertheilt werde, auch das Expropriationsgesetz für Eisenbahnen darauf Anwen-

„dung finden möge; wobei für den unvermutheten Fall der Nichtgewährung „der Antrag der Concessionirung eines solchen Unternehmens auf Actien, wozu „bereits Aufforderungen ergangen sind, vorbehalten werde u. s. w."

Aus diesem Vortrage der ***Ostfriesischen*** Provinzialstände an das Cabinet zu Hannover vom Jahre 1844 sieht man die Richtung der projectirten Eisenbahnlinie und deren Verbindung mit der ***Rhein-Weser Bahn,*** so wie im Allgemeinen die Gründe, welche den Vorschlag motiviren, an deren Wahrheit und Wichtigkeit Niemand zweifeln wird, der mit dem Gegenstande bekannt ist.

Zur selben Zeit, im Jahr 1844, wo die ***Ostfriesischen*** Provinzialstände obigen Vorschlag bei der Staatsbehörde machten, war auch der Handelsstand der Stadt ***Osnabrück*** eifrigst bemüht, eine Eisenbahnlinie von der ***Cöln-Mindener-*** oder ***Rhein-Weser Bahn*** aus, von dem zwischen ***Minden*** und ***Herford*** liegenden Grenz-Orte ***Bünde,*** welchen jene Bahn berührt, über ***Melle, Osnabrück*** und ***Lingen,*** bis in die von ***Emden*** über ***Lingen*** nach ***Münster*** und ***Hamm*** projectirte ***Ostfriesische*** Bahn, und ferner von ***Lingen*** nach ***Holland*** hinein, über ***Nordhorn, Deventer*** und ***Zwolle*** nach der ***Yssel*** und ***Amsterdam,*** andrerseits nach ***Ostfriesland,*** bei den Staatsbehörden in Vorschlag zu bringen; wie aus dem in der ***Ostfriesischen*** Zeitung No. 42. vom 8. April 1845 enthaltenen Auszug aus den Mittheilungen des Gewerbevereins des Königreichs Hannover, 37te Lieferung, zu sehen ist, welcher eine Darstellung der Angelegenheiten des Gewerbevereins vom 1ten Juli bis Ende December 1844 enthält.

Da das Urtheil der polytechnischen Oberbehörde über obige Vorschläge, wenn auch nicht entscheidend, so doch competent, mithin nicht gleichgültig für die betheiligten Gegenden ist, so wollen wir einen Auszug aus den Mittheilungen des Gewerbevereins hierhersetzen.

1. Eisenbahn von Hannover über Osnabrück nach Ostfriesland und Holland.

„Der Handelsverein zu ***Osnabrück*** hat sich sehr eifrig mit der Eisen„bahnfrage, namentlich mit der Untersuchung beschäftigt, ob und in wiefern „es zweckmäfsig sein dürfte, eine Bahnlinie von der Cöln-Mindener Bahn über „***Bünde, Melle, Osnabrück, Lingen,*** und von da einerseits über ***Deventer*** „nach ***Zwolle*** und ***Amsterdam,*** und andrerseits nach ***Ostfriesland*** zu pro„jectiren. Zu dem Ende hat er sich mit den Handelskammern der betreffen„den Holländischen Städte in Verbindung gesetzt, und es ist aus den von dort „eingegangenen Erwiederungen zu entnehmen, dafs diese Frage auch den Hol„ländischen Handelsstand schon sehr lebhaft beschäftigt, indem derselbe die

„Wichtigkeit nicht verkennt, welche eine Bahn auf *Hannover* für den Flor „und die Ausbreitung seines Handels durch die dadurch entstehende directe „Verbindung mit dem nördlichen und östlichen Eisenbahnsystem von Deutsch- „land haben kann; was denn auch schon die Aufmerksamkeit des Niederländi- „schen Ministeriums auf sich gezogen hat."

„Da das ganze Königreich *Hannover,* und besonders die Residenzstadt, „bei dieser Frage ebenso wesentlich, wie *Holland* selbst, interessirt sein dürfte, „indem sie die Aussicht hat, Stapelplatz für den *Niederländischen* Handel nach „*Niedersachsen* zu werden, wie Osnabrück es seit langen Jahren für West- „phalen war, und es noch in viel ausgedehnterem Maafse werden kann: so verfehlt „die Direction nicht, diesen später ausführlicher zu behandelnden Gegenstand „aus dem Berichte des Provinzialvorstandes schon jetzt mit dem Bemerken „hervorzuheben, dafs auch die Königliche Regierung auf denselben bereits auf- „merksam gemacht worden ist. Im *Osnabrückschen* wird die Frage von dem „dabei urtheilsberechtigten Theile des Publicums mit Ruhe verhandelt, indem „man einsieht, dafs ohne Nachtheil das laufende Jahr noch mit blofsen Erörte- „rungen hingehen kann. Die Verständigen sehen es ohne Ausnahme recht gut „ein, dafs die Frage: ob die westlichen Provinzen des Königreichs, oder das „nordwestliche Deutschland in directe Verbindung mit dem Deutschen Eisen- „bahnnetze treten werde, eine Lebensfrage für sie sei."

„Sie legen ferner einen sehr grofsen Werth auf die Verbindung mit dem, „zwar kleinen, aber sehr wichtigen *Holländischen* Handelsstaate, und begreifen „es sehr wohl, dafs, wenn die Verbindung zwischen *Holland* und dem nörd- „lichen und nordöstlichen *Deutschland,* weniger naturgemäfs, in südlicher Rich- „tung, etwa über *Münster,* erfolgen sollte, der weitern Entwickelung des Han- „dels und der Gewerbe in den diesseitigen betheiligten Landen ein unersetzbarer „und unwiederbringlicher Verlust bereitet werden würde. Wir machen noch „die Bemerkung, dafs durch eine directe Eisenbahnverbindung von *Holland* „auf *Hannover,* nicht allein der Personen- oder Güterverkehr zwischen *Hol- „land* einerseits und dem gröfsten Theile des Königreichs *Hannover,* des nörd- „lichen und östlichen, ja selbst des südöstlichen *Deutschlands* und aller weiter „ostwärts belegenen Länder andrerseits, ganz dem Königreiche *Hannover* „würde zugeführt werden können: sondern dafs es auch keinesweges in das „Reich der Träume gehört, wenn man sich der Hoffnung überläfst, dafs selbst „der ganze Personenverkehr zwischen *England* und einem grofsen Theile von „*Europa* den Hannöverschen Bahnen ausschliefslich werde zugeführt werden,

„wenn eine derartige Verbindung, wovon auf *Hannover* nur 20 Meilen in das „allergünstigste *Terrain* fallen, bald ausgeführt würde, indem dann alle Reisende, „die sich jetzt der Dampfschiffe bedienen, die Eisenbahn unbedingt vorziehen „würden, und der Gütertransport auf Eisenbahnen den Gefahren einer Seereise „nicht ausgesetzt ist."

2. *Eisenbahnen in Ostfriesland.*

„Für die Eisenbahn-Anlage in *Ostfriesland* ist ein bedeutender Schritt „vorwärts gethan. Die auf Verfügung der Regierung aufgenommenen Nivellements „auf der Strecke von *Emden* nach *Rheina,* in der Richtung auf Münster, sind „beendigt, und die auf etwas über vier Millionen Thaler sich belaufenden Ko- „sten-Anschläge liegen vor. Das Terrain, über welches die Eisenbahn führen „wird, ist derselben günstig und der zum Bahnhofe bestimmte Platz bei *Emden,* „in unmittelbarer Berührung mit dem Hafen, so geeignet, als möglich. Bis jetzt „ist die Anlage zu einem Actien-Unternehmen bestimmt."

„Von *Ostfriesland* her wird berichtet, dafs das benachbarte *Gröninger-* „*land* für die Ausführung des Projects sich zu interessiren scheine, indem „man darin einen Grund zur Vermehrung der Frequenz in *Gröningen,* als auf „dem nächsten Wege von *Amsterdam* und *Rotterdam* nach *Emden, Bremen* „und *Hamburg,* insbesondere dann erblicke, wenn die zwischen *Amsterdam,* „*Enkhuizen* und *Harlingen* bestehende Dampfschiffahrt benutzt, oder wenn die „*Utrecht-Amsterdamer Bahn* bis nach *Delfzyhl* fortgesetzt würde."

3. „*Emdener Canal-, Schleusen-* und *Hafenbau:*

„Mit jener Eisenbahn-Anlage in der nächsten Verbindung steht die Her- „stellung eines zum Schutze der Stadt mit einer Schleuse zu versehenden Ca- „nals von dem *Emdener* Hafen nach der *Ems,* indem der jetzige, um ein Drit- „theil längere, unbeschützte Canal bei der Einmündung in die *Ems* versandet „und deshalb nur bei höherem Wasserstande fahrbar ist; so wie die Erweiterung „des Hafens selbst. Dieses, auf etwa 230 000 Thaler veranschlagte Project, dessen „Aufführung sich bis jetzt hauptsächlich an einer zwischen den Domainen und der „Stadt bestandenen Terrain-Schwierigkeit stiefs, ist durch eine gütliche, beide „Theile befriedigende Vereinigung so weit gefördert, dafs noch diesen Sommer die „Ausführung begonnen und vermuthlich im nächsten Jahre vollendet werden kann."

Wir bemerken hiezu, dafs die Hafenbau-Arbeit bei *Emden* im Spätherbste 1845 begonnen und im Frühlinge 1846 mit verstärkter Thätigkeit bis jetzt fortgesetzt worden ist. Ob sie in diesem Jahre noch vollendet werden könne, hängt von der Witterung, von Natur-Ereignissen und andern Umständen ab.

Aus diesen Auszügen der Verhandlungen der Provinzialstände von *Ostfriesland* vom Jahre 1844 und dem gutachtlichen Urtheile der Direction des Gewerbevereins für das Königreich *Hannover*, von demselben Jahre, über die aus *Ostfriesland* und *Osnabrück* bei den Staatsbehörden eingereichten Vorschläge zu Eisenbahnen in den westlichen Theilen des Königreichs zwischen *Weser*, *Lippe*, *Rhein*, *Ems* und *Nordsee*, und deren Verbindung mit den Bahnnetzen von *Deutschland* und *Holland* u. s. w. sieht man, welche Richtung die Hauptlinie dieses Netzes nehmen soll; so wie die Gründe, welche sowohl jene Provinzialbehörden und Corporationen zur Empfehlung und Erreichung ihrer Vorschläge, als die, welche die polytechnische Ober-Behörde des Königreichs Hannover in ihrer gutachtlichen Beurtheilung in einer dem Gegenstande sehr günstigen Weise vorgetragen haben. Auf diese Gründe bauen wir daher mit Sicherheit unsere Vorschläge und Ansichten in der vorliegenden Schrift.

Nachdem in Folge des obigen Antrages der Provinzialstände Ostfrieslands eine generelle Untersuchung des Projects der Ostfriesischen Eisenbahn von *Emden* bis zur Stadt *Rheina* durch die dazu auf höchsten Befehl beauftragten Mitglieder des Ingenieurs-Corps im Herbste 1844 erfolgt war, wurde im Sommer 1845 eine specielle Untersuchung, Vermessung und Nivellirung der Bahnlinie von *Emden* bis *Rheina* u. s. w. durch das damit beauftragte Officier-Corps ausgeführt; wovon das Resultat, hinsichtlich der Richtung, Länge, Gefälle, Brücken, Bahnhöfe u. s. w., so wie der Anlagekosten u. s. w. der ganzen Linie von *Emden* bis *Rheina*, durch die von dem Königl. Hannöverschen Ingenieur-Capitain Herrn *A. H. Dammert* durch den Druck veröffentlichte Übersichtscarte der Nord-Süd-Eisenbahn von *Emden* bis *Rheina*, und den auf der Carte befindlichen Kosten-Anschlag vom 14. Decbr. 1844, lithographirt und gedruckt bei A. Ebeling zu Emden 1845, dem Publico bekannt geworden ist. Es fehlen aber noch die Ergebnisse der Untersuchung der Bahn von *Lingen* über *Osnabrück* und *Melle* bis zur *Rhein-Weser Bahn* bei *Bünde*. Wir werden weiterhin auf diesen Gegenstand zurückkommen, und gedenken deshalb hier nur folgender Thatsachen.

Schon im December 1844 genehmigte das Königl. Ministerium des Innern die in *Ostfriesland* und *Osnabrück* errichteten Eisenbahn-Comité's, und äufserte, dafs die Zustandebringung der Eisenbahnen längs der *Ems* und im *Osnabrückschen* als eine in sich zusammenhangende und gleichzeitig von derselben Gesellschaft auszuführende Unternehmung werde betrachtet werden. Ferner, dafs zwar keine Garantie von Zinsen des Anlage-Capitals übernommen werde, dafs es jedoch die Absicht des Ministeriums sei, den Wünschen der Einwohner bei der Feststellung der Durchgangssteuern auf der Eisenbahn, so wie der Eingangssteuern für das Bau- und Betriebsmaterial, möglichst förderlich zu sein und, wenn es angehe, Einleitungen zur Übernahme einer Anzahl Actien auf öffentliche Kosten zu machen. Schliefslich wurde bemerkt, dafs die Sicherung der Fortführung einer Eisenbahn von *Münster* ab bis zur *Hannöverschen* Grenze (zwischen *Rheina* und *Salzbergen*) vom Ministerio in sorgfältige Erwägung genommen worden sei.

Hierauf versammelten sich im Januar 1845 die Eisenbahn-Comité's von *Ostfriesland, Meppen* und *Lingen* zu *Papenburg* zur fernern Berathung, Beschlufsnahme und Wahl einer Direction; woran jedoch das Comité von *Osnabrück* keinen Theil nahm. Statt dessen traten die Deputirten des *Osnabrücker* Comité's bald nachher mit den *Holländischen* Deputirten von *Deventer, Zwolle, Campen, Almelo* und andern benachbarten Städten, in *Lingen* zusammen, um sich über den Anschlufs *Hollands* an die von *Osnabrück* nach *Lingen* bis zur *Holländischen* Grenze bei *Nordhorn,* und ferner bis *Zwolle* u. s. w. projectirten Eisenbahn zu berathen, von welcher in der oben bemerkten Darstellung der Direction des Gewerbevereins für das Königreich Hannover die Rede ist.

Das Resultat der Berathungen der Versammlung der Deputirten von *Osnabrück* und den *Holländischen* Städten war den beiderseitigen Wünschen entsprechend und fiel günstig für den Anschlufs der *Osnabrücker* Bahn über *Lingen* an die *Holländische* Bahn und von da auf *Almelo* und *Zwolle* aus; wie wir weiterhin aus dem Projecte des *Niederländischen* Eisenbahnnetzes sehen werden. Ob, wann und wo dieser Anschlufs Statt finden werde, hangt von den Beschlüssen der beiderseitigen Staatsbehörden ab; welche bald zu erwarten sind. Denn zufolge der in No. 81. der Ostfriesischen Zeitung vom 8. Juli 1845 enthaltenen Nachricht aus *Hannover,* haben die Provinzial-Eisenbahn-Comité's für *Ostfriesland* und *Osnabrück* sich in Hannover mit den dazu beauftragten Regierungs-Commissarien in den Verhandlungen am 3. Juli u. s. w. über alle, die *Ostfriesisch-Osnabrückschen* Eisenbahn-Anlagen betreffenden Puncte geeinigt. Die Richtung der Bahn ist festgestellt, und zwar von *Emden* über *Leer, Papenburg* und *Meppen* nach *Lingen,* und, hier sich theilend, südlich nach *Rheina* und *Münster,* und südöstlich nach *Osnabrück* und weiter bis zur Einmündung in die *Cöln-Mindener* Bahn, in der Gegend bei *Bünde.* In Betreff der Strecke von *Rheina* bis *Münster,* die auf Preufsisches Gebiet fällt, wurde damals mit

Preufsen unterhandelt, und nach Allem, was darüber bekannt geworden, ist nicht daran zu zweifeln, dafs *Preufsen* sich in dieser Weise der *Ostfriesischen* Bahn anschliefsen werde; was auch durchaus in seinem Interesse ist, da sich *Preufsen*, sowohl im 30. Artikel der Wiener Congrefs-Acte vom 9. Juni 1815, als durch den mit der Krone *Hannover* unterm 13ten März 1843 geschlossenen Staatsvertrag, freie Schiffahrt auf der *Ems* bis in die *Nordsee*, nebst der zweijährigen steuerfreien Niederlage zu *Emden* und *Leer* der den Preufsen gehörenden und ausgehenden Kaufmannsgüter vorbehalten hat.

Für die Ausführung dieser combinirten Bahn wurde beschlossen, dafs sie als Actien-Unternehmen ausgeführt und dafs zehn Mitgliedern der beiden Comité's die Concession ertheilt werden solle. Die Kosten des Unternehmens sind auf 7 200 000 Thlr. veranschlagt und sollen durch Actien aufgebracht werden. Der Staat übernimmt keine directe Garantie, allein er wird sich mit einer namhaften Summe, von etwa 2 Millionen Thlr., an dem Unternehmen betheiligen, und zwar, ohne eher auf Zinsen Anspruch zu machen, als bis für alle sonstigen Teilnehmer eine Zinsvergütigung von 4 pr. c. erlangt worden ist. Eine halbe Million Thaler haben die *Ostfriesischen* Provinzial-Landschaft bereits übernommen, und 1 150 000 Thlr. die Städte *Emden* und *Leer*. Diese Verabredung zwischen den Regierungscommissarien und den Eisenbahn-Comité's von *Ostfriesland* und *Osnabrück*, welche im Juli 1845 zu Hannover erfolgte, bedarf nur noch, aufser der höchsten Bestätigung, der Zustimmung der allgemeinen Stände des Königreichs, die in diesem Augenblicke (im März 1846) zu *Hannover* versammelt sind und eine Commission von fünf Mitgliedern zur Berathung dieser Eisenbahn-Angelegenheiten ernannt haben; was auch ein günstiges Endresultat geliefert hat und den Anfang der Arbeiten noch im Laufe dieses oder des nächsten Jahres in Aussicht stellt.

Wir theilen hier aus No. 36. der *Ostfriesischen* Zeitung vom 24. März 1846 das Königliche Schreiben an die allgemeine Ständeversammlung des Königreichs mit, durch welches der Gegenstand zur Berathung und Bewilligung des Sr. Majestät gemachten Antrages in der Sitzung der ersten Kammer vom 11ten März d. J. den Ständen überwiesen worden ist; worauf denn auch ein höchst günstiges Ergebnifs erfolgte.

Das Königliche Schreiben an die allgemeine Ständeversammlung lautet wörtlich wie folgt:

„*Ernst August*, von Gottes Gnaden König von Hannover. Es ist „mittels ihrer Erwiederung vom 1. Juli 1844, die Eisenbahnen von *Hannover*

„nach ***Minden*** und ***Bremen*** betreffend, bei Unserm Cabinet zugleich darauf „angetragen worden, die Frage: ob und in welcher Richtung Eisenbahnen „in den westlichen und südlichen Landestheilen anzulegen sein möchten, in „Erwägung zu nehmen. In Veranlassung dieses Antrages haben Wir die zur „Erwägung der gedachten Frage zunächst erforderlichen Terrain-Unter„suchungen und Kosten-Überschlagungen bewerkstelligen und die in Betracht „kommenden Verkehrsverhältnisse vollständig ermitteln lassen. Nach dem uns „vorgelegten Ergebnisse dieser Vorarbeiten und unter Berücksichtigung der „auswärtigen Eisenbahn-Unternehmungen, erachten Wir für rathsam und un„vermeidlich, dafs Eisenbahnen:

„1. Von ***Emden*** über ***Leer, Meppen*** nach ***Lingen,*** und von ***Lingen*** einer„seits bis an die Preufsische Grenze, in der Richtung nach ***Münster,*** „zum Anschlufs an die nach ***Münster*** und weiter gehenden Eisenbahnen, „und andrerseits von ***Lingen*** über ***Freren*** und ***Osnabrück*** bis an die „Preufsische Grenze, in der Richtung auf ***Minden,*** zum Anschlufs an die „***Cöln-Mindener*** Bahn;

„2. Von ***Hannover*** und von ***Hildesheim*** nach ***Burgstemmen,*** und von „***Burgstemmen*** an ***Elze, Alfeld, Nordheim, Marienstein*** vorbei, im „***Schede***thale, nach ***Münden,*** und dann im ***Fuldathale,*** innerhalb Unsers „Gebiets, bis an die ***Kurhessische*** Landesgrenze, in der Richtung auf „***Cassel,*** zum Anschlusse an die Kurhessischen Eisenbahnen bald ange„legt werden."

„Zugleich haben Wir die Überzeugung gewonnen, dafs diese nothwen„digen Eisenbahn-Anlagen, wiewohl sie einen sehr beträchtlichen Kosten-Auf„wand erfordern, zweckmäfsig und auf eine dem Wohle Unseres Königreichs „in allem Maafse entsprechende Weise nur dann zur Ausführung gelangen „können, wenn sie, ebenso wie die bereits im Bau begriffenen Landes-Eisen„bahnen, auf Landeskosten erbaut und in Betrieb genommen werden."

„Wir haben daher nach reiflicher Erwägung beschlossen, den auf Lan„deskosten zu übernehmenden Bau und Betrieb der gedachten beiden Eisen„bahn-Anlagen Unsererseits allerhöchst zu genehmigen und die Bewilligung der „dazu erforderlichen Geldmittel der getreuen allgemeinen Ständeversammlung „zu empfehlen."

„Indem Wir auf die solcherhalb entworfenen, in den Anlagen zusam„mengestellten Plane, und auf diejenigen hinweisen, welche zur nähern Begrün„dung derselben aus Unserm Cabinet der getreuen allgemeinen Ständeversamm-

„lung werden mitgetheilt werden, tragen Wir bei derselben darauf an: sich da-„mit einverstanden zu erklären, dafs nach Maafsgabe der anliegenden beiden „Plane, Eisenbahnen in den westlichen und südlichen Antheilen auf Landes-„kosten zur Ausführung gebracht und die deshalb nöthigen gesetzlichen Vor-„schriften erlassen werden."

„Wie Wir hiebei nur von landesväterlicher Fürsorge für Erhaltung und „Vermehrung des Verkehrs und Wohlstandes Unserer getreuen Unterthanen „Uns leiten lassen, so hegen Wir gern die zuversichtliche Erwartung, dafs „die getreue allgemeine Ständeversammlung in diesem Sinne Unsern Antrag „sorgfältig berathen und eine Unsern Absichten entsprechende Erklärung thun-„lichst bald abgeben werde u. s. w. Wir verbleiben u. s. w.

Dieses für die Angelegenheit sehr günstige und für das ganze Land erfreuliche Königliche Schreiben ist mit einem Schreiben der Königlichen Regierung vom 24. Febr. 1846 der allgemeinen Ständeversammlung bei Eröffnung der Sitzung der Kammern im März mitgetheilt und derselben über den gegenwärtigen Stand des Landes-Eisenbahn-Unternehmens im Allgemeinen ein höchst günstiges Ergebnifs eröffnet und diese ganze Angelegenheit der Ständeversammlung zur Berathung und Beschlufsnahme überwiesen worden.

Nachdem in beiden Kammern der allgemeinen Ständeversammlung die allgemeinen Angelegenheiten des Eisenbahnbaues im Königreiche, und insbesondere des Baues der Westbahn, durch die Eisenbahn- und Finanzcommissionen geprüft und beurtheilt und deren Vorschläge der allgemeinen Landstände-Versammlung zur Berathung vorgelegt worden waren, fiel deren Beschlufsnahme in den Sitzungen vom Juli und August d. J., öffentlichen Nachrichten zufolge, dahin aus, dafs nach dem von beiden Kammern angenommenen Conferenz-Antrage, hinsichtlich der für die *Westbahn* abzuschliefsenden Anleihe, die Regierung und das Schatz-Collegium im Ganzen freie Hand habe u. s. w.

Damit wurde also diese Angelegenheit bis dahin erledigt und also die Anlage der *Westbahn,* deren baldiger Beginn empfohlen wurde, genehmigt. Eine ähnliche Beschlufsnahme sollte auch über die *Südbahn,* unter gewissen Modificationen der Richtung derselben, genommen werden.

Das Ganze, bis jetzt theils ausgeführte, theils beschlossene Eisenbahnnetz des Königsreichs Hannover ist im Ganzen etwa 96 Deutsche Meilen lang, die nach den Erfahrungen und Kosten-Anschlägen etwa 24 Millionen Thaler kosten können, was für die Meile durchschnittlich 250 000 Thaler beträgt, welcher Preis weit geringer ist, als der Durchschnittspreis für die Eisenbahnen im Preufsischen Staate von 305 061 Thlr. und für ganz Deutschland von 304 091 Thlr. für die Meile; was also ein günstiges Ergebnifs für den Eisenbahnbau im Königreiche Hannover ist.

Ebenso günstig ist bis jetzt die Rentbarkeit der Hannöverschen Eisenbahnen, indem die *Hannover-Braunschweiger* Bahn, aufser allen andern Ausgaben, seit ihrem Betriebe bis jetzt, über 4 Procent Zinsen vom Anlage-Capital eingebracht hat.

§. 4.

Bemerkungen über die Hannöversche Westbahn, von Emden über Lingen nach Münster.

Zufolge der obengedachten Übersichtscarte der Nord-Süd-Eisenbahn von *Emden* bis *Rheina*, vom Ingenieur-Capitain *A. H. Dammert*, und des darauf befindlichen Kosten-Anschlages vom 14. December 1844, betragen sämmtliche Ausgaben für die Anlage obiger Bahnstrecken, nach ihren verschiedenen Abtheilungen und deren Längen, folgende Summen, im Ganzen und durchschnittlich für die Meile:

	Länge in Meilen.	Anlage-Capital im Ganzen. Thlr.	Anlage-Capital für die Meile. Thlr.
I. Abtheilung.			
1. Von *Emden* bis *Neermoor*	$2\frac{1}{4}$	903 546	401 567
2. Von *Neermoor* zur *Leda* bei *Leer* . .	$1\frac{1}{2}$	435 776	290 517
3. Von *Leer* bis *Papenburg*	2	625 618	312 809
4. Von *Papenburg* bis *Aschendorf* . . .	$\frac{3}{4}$	154 647	206 196
Thut	$6\frac{1}{2}$	2 119 587	326 090
II. Abtheilung.			
5. Von *Aschendorf* bis *Lathen*	$2\frac{3}{4}$	378 280	137 629
6. Von *Lathen* bis *Meppen*	$2\frac{3}{4}$	437 762	150 153
7. Von *Meppen* bis *Lingen*	$2\frac{1}{2}$	418 786	167 514
8. Von *Lingen* bis *Rheina*	$4\frac{1}{4}$	702 172	165 217
Thut	$12\frac{1}{4}$	1 936 910	158 115
Zusammen	$18\frac{3}{4}$	4 056 497	216 347

Der Anschlag verzeichnet die Ausgaben: 1) für Grund-Entschädigung, 2) Erd-Arbeiten, 3) Oberbau, 4) Überführungen, 5) Abtheilungszeichen,

6) Einfriedigung, 7) Brücken, 8) Bahnhöfe, 9) Dienstgebäude, 10) Allgemeines, 11) von 1. bis 10. einschliefslich die Summa der Baukosten und 12) Die Kosten des Betriebsmaterial.

Aufserdem enthält der Anschlag Bemerkungen zu den verschiedenen Rubriken, aus welchen wir folgende wesentlichste Puncte ausheben:

1. Die ganze Länge der Bahn von *Emden* bis zur Stadt *Rheina* beträgt 18¾ Meilen, und von *Emden* bis zur Landesgrenze bei *Himmeldorf* 18½ Meilen; so dafs ¼ Meile auf Preufsisches Gebiet fallen.
2. Im Allgemeinen läuft die Bahn von *Emden* aus von Nord nach Süd, parallel mit der *Ems*. Von *Emden* bis *Lingen*, am rechten oder östlichen Ufer der *Ems*, geht sie oberhalb Lingen bei *Haneken Fähre* über den *Ems*canal und die *Ems*, und läuft am linken oder westlichen Ufer derselben bis zur Stadt *Rheina*.
3. Der Abhang der Bahn ist sehr günstig, indem das ganze Gefälle der *Ems* von *Salzbergen* bis *Emden* nur 88,78 Fufs beträgt, und der Höhen-Unterschied der Bahnhöfe 106 Fufs, so dafs das Gefälle jener Strecke im Durchschnitt nur 1 auf 4690 ist und die Bahn zum Theil horizontal liegt, zum Theil nur 1 auf 2000 Abhang bekommt.
4. Zwischen *Emden*, *Leer* und *Papenburg* ist der Preis des Bodens am höchsten: von 100 bis 250 Thlr. der Morgen; bei *Aschendorf* ist er viel geringer und hie und da nur 10 bis 11 Thlr. für den Morgen. Die Kosten der Erd-Arbeiten sind eben so verschieden; je nachdem viel oder wenig Schwierigkeiten zu überwinden sind. Oberbau, Holz und Schienen u. s. w. kosten auf die laufende Ruthe 41, 46 bis 50 Thlr.; nach Maafsgabe des Preises des Holzes und Kieses. Auf der *Hannover-Braunschweiger* Bahn kostet der Oberbau 38⅓ Thlr. die laufende Ruthe.
5. 6. Es werden etwa 170 Wege-Übergänge quer durch die Bahn und mit ihr in einer Ebene zwischen *Emden* und *Rheina* vorkommen, und im Ganzen 31 Brücken.
7. Unter den Brücken sind die gröfsern die bei *Leer*, unterhalb *Herenborg*, über die *Leda*, von 672 Fufs Spannweite oder Länge, zu 157 165 Thlr. Baukosten; die Brücke über die *Haase*, bei *Meppen*, von 140 Fufs Spannweite und 31 600 Thlr. Baukosten, und die *Ems*brücke bei *Haneken Fähre*, oberhalb *Lingen*, von 194 Fufs Spannweite und 36 980 Thlr. Baukosten. Im Ganzen kosten sämmtliche 31 Brücken 316 955 Thlr.

8. Es werden 9 Bahnhöfe angelegt; nemlich zu ***Emden*** einer für 208 500 Thaler, zu ***Leer*** für 13 700 Thlr., zu ***Papenburg, Aschendorf, Meppen, Lingen,*** für 85 100 Thlr., und zu ***Rheina.*** Sämmtliche Bahnhöfe sind zu 576 575 Thlr. veranschlagt.

9. An Dienstgebäuden werden 15 Bahnmeister- und 52 Bahnwärterwohnungen, 83 Häuschen mit 115 Telegraphen angelegt, welche zusammen 106 770 Thlr. kosten. Für allgemeine Ausgaben, Procente u. s. w. setzt der Anschlag etwa 13½ Procent von den Baukosten an.

Im Übrigen verweisen wir der Kürze wegen auf den im Druck erschienenen Kosten-Anschlag selbst, der auch von einer Übersichtscarte der Bahnlinie und deren nächster Umgebung, von ***Emden*** bis ***Rheina,*** begleitet ist.

Von der Bahnlinie von ***Lingen*** über ***Freren*** und ***Osnabrück*** bis zur Preufsischen Grenze bei ***Bünde,*** auf Minden zu, bis in die ***Cöln-Mindener*** Bahn, ist unsers Wissens bis jetzt weder eine Übersichtscarte, noch ein Kosten-Anschlag durch den Druck veröffentlicht worden; auch nicht von der Fortsetzung der Bahn von ***Rheina*** über ***Münster*** bis ***Hamm,*** nach der Rhein-Weser Bahn. Wegen dieser Bahnen müssen wir uns also auf allgemeine Angaben aus Eisenbahncarten und dazu gehörigen Schriften beziehen und daraus das Nöthige wegen der Längen und Kosten entnehmen.

Über die Anlagekosten der ***Linger-Osnabrücker*** Bahn bis zur Preufsischen Landesgrenze bei ***Bünde,*** bemerken wir, in Ermanglung eines speciellen Kosten-Anschlages, Folgendes:

In der im Juli 1845 von den ***Ostfriesisch-Osnabrücker*** Deputirten der Eisenbahncomité's mit dem Regierungscommissair über das Eisenbahn-Unternehmen gepflogenen Berathung wurden die Gesammtkosten ***beider*** Bahnlinien, von ***Emden*** bis ***Rheina*** und von ***Lingen*** über ***Osnabrück*** bis ***Bünde, im Ganzen*** zu . . . . 7 200 000 Thlr.
geschätzt. Die Bahn von ***Emden*** bis ***Rheina*** ist veranschlagt zu . . . . 4 056 497 Thlr.,
also bleibt, nach Abzug dieser Summe, für die Kosten der ***Lingen-Osnabrücker*** Bahnstrecke . . . . 3 143 531 Thlr.

In runder Summe wird demnach das ganze Eisenbahn-Unternehmen etwa 7 Millionen, die ***Ostfriesische*** oder ***Emden-Rheiner*** Bahnstrecke von 18¾ Meilen lang, wird 4 Millionen, und die ***Lingen-Osnabrücker*** Bahn, von etwa 12 Meilen lang, etwa 3 Millionen Thaler kosten.

Die Länge der ***Lingen-Osnabrücker*** Bahn ist nach der Postcarte etwa folgende:

a. Von ***Lingen*** über ***Freren, Fürstenau*** und ***Bramsche*** bis ***Osnabrück*** . . . . $6\frac{3}{4}$ Meilen.

b. Von ***Osnabrück*** bis ***Melle*** etwa . . . . $3\frac{1}{4}$ -

c. Von ***Melle*** bis zur Preufsischen Landesgrenze bei ***Bünde*** etwa 2 -

Zusammen auf ***Hannöverschem*** Gebiete 12 Meilen.

Rechnet man hiezu die Länge der ***Emden-Rheiner*** Bahn, bis zur Preufsischen Grenze, mit . . . . $18\frac{1}{2}$ -

so beträgt die ganze Länge beider Bahnen auf ***Hannöverschem*** Gebiete . . . . $30\frac{1}{2}$ Meilen.

Über die Verlängerung dieser beiden Bahnstrecken bis zur Einmündung in die ***Rhein-Weser*** Bahn bei ***Hamm*** und ***Bünde*** bemerken wir Folgendes:

I. *a.* Die Länge der Bahnstrecke auf Preufsischem Gebiete von der Stadt ***Rheina*** bis ***Münster*** beträgt . . . . 5 Meilen.

b. Von ***Münster*** bis ***Hamm,*** bis zur Rhein-Weser Bahn etwa . . . . 5 -

Mithin auf Preufsischem Gebiet zusammen . . . . . . 10 Meilen.

Auf Hanöverschem Gebiete war die Länge der Bahn von ***Emden*** bis ***Rheina*** . . . . $18\frac{3}{4}$ -

Also beträgt die ganze Länge von ***Emden*** bis zur Rhein-Weser Bahn und bis zur ***Lippe*** bei ***Hamm*** . . . . $28\frac{3}{4}$ Meilen.

II. Die Länge der Bahnstrecke von der Preufsisch-Hannöverschen Landesgrenze bei ***Bünde*** bis zur Einmündung in die Rhein-Weser Bahn beim Dorfe ***Löhne,*** zwischen ***Preufs. Minden*** und ***Herford,*** beträgt etwa . . . . $1\frac{1}{2}$ Meilen.

Rechnet man hiezu die Länge der Bahnstrecke von ***Emden*** bis ***Lingen*** von . . . . $14\frac{1}{2}$ -

und von ***Lingen*** bis zur Preufsischen Grenze bei ***Bünde,*** von etwa . . . . 12 -

so ergiebt sich für die Länge der ganzen Bahnlinie von ***Emden*** über ***Leer, Lingen, Osnabrück, Melle, Bünde*** bis zur Einmündung in die Rhein-Weser Bahn bei ***Löhne*** etwa . . 28 Meilen;

so dafs beide Bahnen, von ***Emden*** bis ***Hamm*** und bis zur Einmündung in die ***Cöln-Mindener*** Bahn bei ***Löhne*** oder ***Bünde,*** beinahe gleich lang sind.

Die Länge der Bahn von ***Emden*** über ***Lingen, Osnabrück,*** bis zur Einmündung in die von ***Preufsisch-Minden*** herkommende Rhein-Weser Bahn bei ***Löhne*** war . . . . 28 Meilen.

Von jener Einmündung bis ***Preufsisch-Minden*** ist die Strecke der Rhein-Weser Bahn etwa lang . . . . 3 -

Von ***Emden*** bis ***Minden*** sind also 31 Meilen.

Die Linie der von ***Hannover*** über ***Wunstorf, Stadthagen*** und ***Bückeburg*** bis ***Preufsisch-Minden*** projectirten Bahn ist etwa . . . . $8\frac{1}{2}$ -

lang. Mithin ist die ganze Länge der Bahn von ***Emden*** bis ***Hannover*** . . . . $39\frac{1}{2}$ Meilen,

oder in runder Zahl etwa . . . . 40 Meilen.

Nimmt man nun der Erfahrung nach an, dafs ein Bahnzug von Personen- und Güterwagen im Durchschnitt jede Stunde 4 Meilen mit Sicherheit zurücklegt, so wird die Bahn von ***Emden*** bis ***Hannover,*** von $39\frac{1}{2}$ bis 40 Meilen lang, in 10 Stunden, und mit 2 Stunden zum Aufenthalt, in 12 Stunden durchfahren werden können. Ingleichem die Bahn von ***Emden*** bis ***Hamm*** nach der Rhein-Weser Bahn, von $28\frac{3}{4}$ Meilen lang, in $7\frac{3}{4}$ bis 8 Stunden, und mit Aufenthalt von 2 Stunden, in 9 bis 10 Stunden; so wie die 12 Meilen lange Strecke von ***Hamm*** bis ***Duisburg*** am Rhein, in 3 Stunden: mithin die ganze Bahn von ***Emden*** bis ***Duisburg,*** von etwa $40\frac{3}{4}$ Meilen lang, ohne Aufenthalt, in 10 Stunden, und mit Aufenthalt, von etwa 2 Stunden, in 12 Stunden; folglich in ***einem*** Tage.

Über den Anschlufs der Ostfriesischen Westbahn an die Preufsische Bahn von ***Rheina*** nach ***Münster,*** bemerken wir Folgendes:

Schon am 18. December 1843 wurde von des Königs von Preufsen Majestät die Concession und Genehmigung der Statuten, so wie die Bewilligung von $3\frac{1}{2}$ Procent Zinsen von Seiten des Staats, zur Anlegung der ***Cöln-Mindener*** Bahn ertheilt und durch das Finanz-Ministerium als Gesetz öffentlich bekannt gemacht. Diese Bahnlinie, von ***Preufs. Minden*** bis ***Cöln,*** war, auf $37\frac{1}{2}$ Meilen lang, zu $13\frac{1}{2}$ Millionen Thaler veranschlagt, mithin durchschnittlich für die Preufsische Meile von 2000 Ruthen Rheinl. zu 346 666 Thaler Preufs. Cour. Die Fortsetzung der Linie von ***Preufsisch-Minden*** bis ***Hannover*** ist durch den Staatsvertrag zwischen beiden Kronen vom 10. April 1841 festgestellt und diese Strecke von $8\frac{1}{2}$ Meilen lang auf $2\frac{1}{10}$ Milionen Thaler veranschlagt, also die Meile durchschnittlich zu 247 000 Thaler.

Nach Bekanntmachung dieser Beschlüsse und Verträge, und nachdem die *Cöln-Mindener* Bahn im Frühlinge von 1844 zu bauen angefangen war, wovon denn jetzt die etwa 7 Meilen lange Strecke von *Deutz* über *Mühlheim* und *Düsseldorf* bis *Duisburg* vollendet und im Betriebe, und die Ausführung der Strecke zwischen *Duisburg* und *Hamm* ebenfalls noch 1846 zu erwarten ist, bildeten sich sehr bald in Rheinland-Westphalen, namentlich zu *Elberfeld*, *Münster*, *Hamm* und *Dortmund*, Eisenbahngesellschaften und Comité's, um die für sie nothwendigen Anschlüsse an die Hauptbahn vorzuschlagen und durchzuführen. In *Elberfeld* bildete sich eine Bergisch-Märkische Gesellschaft, um eine Eisenbahn von *Elberfeld* über *Barmen, Schwelm, Hagen, Witten* bis *Dortmund*, zum Anschlusse der *Düsseldorf-Elberfelder* Bahn an die *Cöln-Mindener* Bahn mit einem Kosten-Aufwande von etwa 4 Millionen Thaler, für etwa 6 Meilen, zu bauen; wozu auch die Gesellschaft am 12. Juli 1844 die Concession und Bestätigungs-Urkunde erhielt, nach welcher die Staats-Casse den vierten Theil des Anlage Capitals unter den in den Statuten enthaltenen Bedingungen übernahm. Da nun im Plane der *Bergisch-Märkischen* Gesellschaft zu *Elberfeld* vorgeschlagen war, die Fortsetzung ihrer Eisenbahnlinie von *Dortmund* nicht über *Hamm* und *Drensteinfurt* nach *Münster*, sondern von *Dortmund* über *Lünen* und *Herborn* u. s. w. nach *Münster* gehen zu lassen, wodurch die Stadt *Hamm* an der *Lippe*, und einige andere Städte, welche von der *Cöln-Mindener* Bahn berührt werden, von der Elberfelder Bahn umgangen worden wären, so widersprachen die zu derselben Zeit in *Münster* und *Hamm* zusammengetretenen Eisenbahngesellschaften jenem ihnen sehr nachtheiligen Vorschlage der *Elberfelder* Gesellschaft, wandten sich deshalb an die Staatsbehörden und erwirkten, dafs die Eisenbahnstrecke von *Dortmund* nach *Münster* nicht über *Lünen* und *Herborn*, sondern über *Hamm* und *Drensteinfurt* nach *Münster* gehen solle; wozu auch der König unterm 9. Mai 1845 die definitive Concession der Ausführung zusicherte, welche unlängst von 4. März 1846 vollzogen und der *Münster-Hammer* Eisenbahngesellschaft ertheilt worden ist; wie es No. 34. der Ostfriesischen Zeitung vom 20. März d. J. aus Münster vom 13. März d. J. mittheilt. Das Capital der Gesellschaft besteht in 1 300 000 Thalern.

Zufolge der damaligen Vorschläge der Bergisch-Westphälischen Eisenbahngesellschaft von *Elberfeld*, *Hamm* und *Münster*, war es ein allgemeiner, in den öffentlichen Blättern von Rheinland-Westphalen oft wiederholter Wunsch und Vorschlag, die von *Elberfeld* über *Dortmund*, *Hamm* bis *Münster* allerhöchsten Orts concessionirte Eisenbahn von ***Münster*** über ***Rheina*** bis zur Hannöversch-Preufsischen Grenze zum Anschlusse an die von ***Emden*** und ***Osnabrück*** über ***Lingen*** bis ***Rheina*** projectirte Hannöversche West-Eisenbahn fortzusetzen; eben wie dies obengedachtermafsen auch die Absicht und der Vorschlag der Hannöverschen Provinzen, Eisenbahngesellschaften und der disseitigen Staatsbehörde ist und bleiben wird, und eben wie es Preufsischer Seits aus gleichen Gründen nicht anders der Fall sein kann, da beide Staaten und die betheiligten Gegenden ein verhältnifsmäfsig grofses Interesse haben, den gegenseitigen Handelsverkehr in den westlichen Ländern zwischen ***Weser***, ***Lippe***, ***Rhein***, ***Ems*** und ***Nordsee*** zu fördern, indem von Seiten Preufsens dadurch die Nordseehäfen an der Mündung der ***Ems***, und von Seiten Hannovers der ***Rhein*** und dessen Nebenflüsse besser wie bisher erreicht werden und beide ihre Handelsgebiete vergröfsern werden.

Bis jetzt ist durch den zwischen Hannover und Preufsen am 13. März 1843 geschlossenen Staatsvertrag die Fortsetzung der Schiffbarmachung der ***Ems*** auf Preufsischem Gebiet, von der Hannöversch-Preufsischen Landesgrenze bis zur Stadt ***Rheina*** und von da bis zum Orte ***Greven***, 2 Meilen von ***Münster***, nebst einer Chaussée von ***Greven*** bis ***Münster*** stipulirt, und es sind die dazu nöthigen Arbeiten in demselben Jahre begonnen und seitdem bis jetzt fortgesetzt worden. Da nun die im Artikel 30. der Wiener Congrefs-Acte vom 9. Juni 1815 von Seiten der Krone Hannover übernommene Schiffbarmachung der ***Ems*** auf Hannöverschem Gebiete, von ***Ostfriesland*** bis zur Preufsischen Landesgrenze bei der Stadt ***Rheina***, bereits in den Jahren 1820 bis 1827 auf eine Länge von etwa 22 Meilen mit einem Kosten-Aufwande von etwa $1\frac{1}{2}$ Million Thaler ausgeführt worden ist: so eröffnet sich zwar dadurch, wenn nach Verlauf von 4 bis 5 stipulirten Arbeitsjahren, also etwa bis 1847 oder 1848 die Stromstrecke der ***Ems*** von ***Rheina*** bis ***Greven*** fahrbar gemacht und dann die Chaussée von ***Greven*** bis ***Münster*** fertig sein wird, eine gewöhnliche Stromschiffahrt bis ***Greven***, und der Landtransport bis ***Münster***. Da aber ein Strom und ein Canal, nach Abrechnung von drei bis vier Wintermonaten, nur höchstens Dreiviertel oder Zweidrittheil des Jahres fahrbar sind und die Umladung der Kaufmannsgüter aus Schiffen auf Wagen und zurück, zu ***Greven*** und ***Münster***, Zeit und Geld kostet, also Chaussée und Canal für die Passage nicht so geeignet sind, wie Eisenbahnen: so ersetzt jene Schiffbarmachung der ***Ems***, nebst der Chaussée, in vielem Betracht die Wirkung einer Eisenbahn, besonders für den Personenverkehr, nicht; wenn gleich auch wieder der Wassertransport für Waaren von *mittlerem* und *geringem* Werthe und von *grofsem Umfange* oder *Gewichte,* wenn es auf viel längere Zeit des Transports nicht ankommt, wegen der geringern Frachtkosten entschiedene Vorzüge vor dem Transport auf Chausséen und Eisenbahnen hat, und deshalb also ebenfalls vortheilhaft ist. Aus diesen Gründen ist zwar die Schiffbarmachung der *Ems,* von der Grenze bei *Rheina* bis *Greven,* für den gewöhnlichen Wasser- und Landtransport allerdings nöthig und nützlich, macht aber eine Eisenbahn von *Münster* nach *Ostfriesland* durchaus nicht *entbehrlich,* sondern auch die Eisenbahn ist höchst nothwendig und zu wünschen.

§. 5.
Übersicht und Bemerkungen über das Eisenbahnnetz im Königreich der Niederlande und dessen Anschlufs an die Hannöverschen und Preufsischen Bahnnetze.

Im Königreich der Niederlande hat man schon seit 6 Jahren den Bau von Eisenbahnen angefangen, und seitdem auch eifrig fortgesetzt, nachdem man die bedeutende Wirkung und den guten Erfolg sah, den die im October 1843 beendigte und eröffnete Eisenbahn von *Cöln* über *Düren* nach *Aachen* bis zur Belgischen Grenze, und von dort über *Lüttich, Löwen* u. s. w. nach *Antwerpen* und *Ostende* vom Anfang an hatte, und der sich weiterhin in noch gröfserem Maafse zeigte, und nachdem man sich in Holland überzeugt hatte, welche nachtheilige Wirkung diese, Holland *umgehende* Bahn auf dessen Handel und Schiffahrt haben werde, indem ganz Rheinland-Westphalen mittels jenes sogenannten *eisernen Rheines* Holland meiden und mit dessen Handelsverkehr nun ungestört concurriren würde, ohne sich den Niederländischen Schiffahrts- und andern dem Handelsverkehre lästigen Abgaben und Gesetzen zu unterwerfen.

Daher wurde 1839 und 1840 der Bau einer Eisenbahn von *Amsterdam* über *Haarlem, Leyden, Haag, Delft* nach *Rotterdam* angefangen und die Strecke von *Amsterdam* bis *Haarlem,* von etwa 2 Meilen lang, im Jahre 1840 eröffnet und in Betrieb gesetzt; wie es der Verfasser damals auf seiner Reise durch Holland sah. In den Jahren 1844 und 1845 ist jene Eisenbahn von *Haarlem* über *Leyden* bis zum *Haag* fortgesetzt, und bis dahin Ende 1844 eröffnet worden, und ferner in der Richtung auf *Rotterdam* in Arbeit. Hauptsächlich aber wurde die Verlängerung derselben Bahn von *Amsterdam* über *Utrecht* bis *Arnheim* am *Rhein* zu derselben Zeit begonnen, im Jahre 1845 vollendet und bis *Arnheim* am 16. Mai 1845 in Betrieb gesetzt.

Zufolge der in den Niederländischen öffentlichen Blättern, namentlich in der Handels- und politischen Zeitung: „Nieuwe Amsterdamsche Courant en algemeen Handelsblad" vom Jahre 1845 enthaltenen officiellen Nachrichten und Auszüge aus den Verhandlungen der Generalstaaten u. s. w. wurde im Laufe jener Zeit ein vollständiges Eisenbahnnetz für das Königreich der Niederlande entworfen, in den Kammern der Generalstaaten berathen, darüber beschlossen und dem Könige das Ergebnifs zur Bestätigung vorgelegt.

In der Sitzung der Generalstaaten vom 30. April 1845 ertheilte der Minister des Innern die Concession in der Art, dafs der Eisenbahnbau und dessen Betrieb der Privat-Industrie überlassen bleiben und dafs alle wichtigen Strafsen des innern Verkehrs und Handels mit dem Auslande, durch Verbindung der innern Haupthandelsstädte und Häfen unter sich und mit den angrenzenden Staaten mittels Eisenbahnen belebt und gestärkt werden sollen u. s. w. Der Gesammtbetrag der Kosten dieses Eisenbahnnetzes wurde auf 75 Millionen Gulden Holl. veranschlagt. Dieser Plan der Niederländischen Regierung ist bisher durch Ertheilung von Concessionen an Eisenbahngesellschaften seiner Verwirklichung immer näher gerückt, so dafs man an die allmälige Ausführung, deren Fortsetzung bis jetzt nicht aufhört, nicht zweifeln kann, da die Niederländer, gleich den Deutschen, das dringende Bedürfnifs haben und auch Vermögen, guten Willen und Thatkraft genug besitzen, um grofse Werke, die den Wohlstand und die Kraft ihres Vaterlandes erhöhen und befestigen, einmüthig und mit gutem Erfolge auszuführen; wie es die Erfahrung oft gezeigt hat.

Die Haupt- und Verbindungslinien des für das Königreich der *Niederlande* projectirten Eisenbahnnetzes sind, insoweit sie uns bekannt geworden, folgende:

1. Von *Amsterdam* über *Haarlem, Haag* nach *Rotterdam.* Diese Linie ist von *Amsterdam* bis *Haag* schon im Betriebe.
2. Von *Amsterdam* über *Utrecht* nach *Arnheim* ist die Bahn vollendet und im Mai 1845 in Betrieb gesetzt. Die Fortsetzung von *Arnheim* bis zur *Preufsischen* Grenze, auf *Emmerich* und *Wesel,* zum Anschlufs an die *Rhein-Weser* Bahn, mittels der von *Duisburg* auf *Wesel* und *Emmerich* projectirten Preufsischen Bahn, wird von den beiden Staaten ernstich beabsichtigt.
3. Von der bis *Arnheim* vollendeten Eisenbahn ist eine, parallel mit der *Yssel* laufende Bahnlinie von *Arnheim* über *Zütphen, Deventer, Zwolle* nach *Kampen* einerseits, und von *Zwolle* über *Meppen, Assen, Grö-*

ningen, Delfzyhl nach der *Ems* anderseits, nebst den Zweigbahnen von *Zwolle* und *Meppel* nach der *Lemmer, Leuwarden* und *Harrlingen* in *Westfriesland*, und Zweigbahnen zum Anschlusse an die *Hannöversche* Eisenbahnlinie von *Ostfriesland* und *Osnabrück*, von *Zwolle* über *Raalte, Almelo, Nordhorn* auf *Lingen* und von *Gröningen* über *Neuschanz* auf *Leer* ernstlich projectirt.

4. Im Innern Hollands ist ferner eine directe Verbindung von *Utrecht* über *Gouda* nach *Rotterdam* entworfen; desgleichen
5. Von *Haarlem* nach dem *Helder;* wohin bereits der Nordcanal von *Amsterdam* aus führt.
6. Von *Mastricht* nach *Aachen* ist eine Eisenbahn im Bau begriffen.
7. Die Eisenbahnen von *Mastricht* nach *St. Trond*, dem Endpuncte der Belgischen Bahn, und über *Eyndhoven* nach *Herzogenbusch, Breda, Gertruidenberg* und nach mehreren Puncten der *Schelde*-Mündungen, sind Projecte.
8. Von *Utrecht* über *Amersvoort* und *Harderwyk* nach *Zwolle* u. s. w. ist ebenfalls eine Eisenbahn projectirt.
9. Vom *Haag* nach dem Seebade *Scheveningen* und von *Haarlem* nach *Zandvoort* sind atmosphärische Eisenbahnen vorgeschlagen worden.

Dieses Niederländische Eisenbahnnetz wird die Niederländischen Häfen an der *Nordsee*, am *Südersee* und an den Hauptströmen, nemlich *Amsterdam, Rotterdam*, den *Helder, Harderwyk, Lemmer, Harlingen, Kampen, Zwolle, Gröningen* und *Delfzyhl* und mehrere andere See- und Stromhäfen unter sich und mit den Haupthandels- und Fabrikstädten der Niederlande im Innern verbinden. Die Verbindung mit dem Innern von Deutschland wird auf folgende Weise beabsichtigt.

a. Die Verbindung mit dem untern *Rheine* und der Preufsischen *Rhein-Weser* Bahn wird von *Amsterdam* über *Utrecht, Arnheim*, auf *Emmerich* und *Wesel* bis *Duisburg* nach der *Cöln-Mindener* Bahn gehen.

b. Die Verbindung mit der Hannöverschen *West-Eisenbahn* in Westphalen geht in der Richtung von *Zwolle, Raalte* über *Almelo* und *Nordhorn* nach *Lingen.*

c. Die Verbindung mit der Unter-Ems in Ostfriesland bekommt die Richtung von *Gröningen* über *Neuschanz* auf *Leer*, und von *Gröningen* nach *Delfzhyl* u. s. w. an der *Ems*, und nach *Emden.*

d. Die Verbindung mit Belgien geschieht von ***Breda*** auf ***Antwerpen*** und von ***Mastricht*** auf ***Mecheln***.

e. Die Verbindung mit dem Mittelrheine bekommt die Richtung über ***Herzogenbusch***, ***Mastricht*** und ***Aachen***.

Ob und wann dieses Niederländische Eisenbahnnetz, von etwa 170 bis 180 Deutschen Meilen lang, so wie es projectirt ist, oder in welcher Art sonst, ganz ausgeführt werden wird, müssen die nächsten 10 Jahre lehren. Die Kosten werden sehr hoch sein, und können sich möglicherweise auf 80 oder 100 Millionen Gulden Holländisch belaufen.

Für Deutschland, und namentlich für die an die Niederlande grenzenden Theile von Preufsen und Hannover, hat das Niederländische Eisenbahnnetz durch den Anschlufs an das Deutsche Bahnnetz grofses Interesse; Obiges gewährt eine allgemeine Übersicht des ganzen Plans und seiner einzelnen Theile, so wie der Anschlufspuncte an die diesseitigen Bahnlinien. Ein gleiches Interesse für die Niederländer hat das an Niederland stofsende Eisenbahnnetz der Preufsischen und Hannöverschen Provinzen.

Was insbesondere die Verbindung des ***Hannöverschen*** mit dem ***Niederländischen*** Eisenbahnnetze betrifft, so haben wir oben erwähnt, dafs darüber schon im Januar 1845 zwischen den Deputirten des Kaufmannstandes und des Eisenbahncomité's von ***Osnabrück***, ***Bramsche***, ***Lingen*** und ***Nordhorn*** und den Niederländischen Deputirten von ***Deventer***, ***Zwolle***, ***Amelo*** und ***Kampen*** u. s. w. Berathungen gepflogen worden sind, aus welchen das durch öffentliche Blätter bekannt gewordene Ergebnifs hervorgegangen ist, dafs beide Theile zum Anschlusse von ***Almelo*** über ***Nordhorn*** nach ***Lingen*** geneigt sind, und dafs auch schon die Niederländischen Deputirten im Namen ihrer Committenten ermächtigt waren, zu erklären, dafs sie die Garantie der Zinsen von einem Anlagecapital von 8 Mill. Guld. Holländ. für ihren Antheil übernehmen wollten, also selbstredend auch das Capital für die Zweigbahn von ***Zwolle*** über ***Almelo*** bis zur Hannöverschen Grenze bei ***Nordhorn*** und ***Lingen***, nach ***Osnabrück*** u. s. w.

Zu derselben Zeit wurde auch durch die Niederländer das Project zu einer Eisenbahn von ***Gröningen*** über ***Neuschanz*** nach ***Leer*** u. s. w. und deren Fortsetzung auf ***Oldenburg*** bis ***Bremen*** gemacht; welcher Vorschlag von Seiten der Niederländischen Gesellschaft für die ***Rhein-Yssel*** Bahn Anfangs 1846, nicht allein dem Eisenbahncomité von ***Leer*** u. s. w., sondern auch den Behörden von ***Hannover***, ***Oldenburg*** und ***Bremen*** vorgelegt sein soll; wovon aber bis jetzt kein Ergebnifs bekannt geworden ist.

Die beiden Haupt-Anschlüsse an die Hannöversche Eisenbahn, welche die Niederländer, gleich den angrenzenden Hannöverschen Provinzen, vorzüglich wünschen, sind die von *Zwolle* über *Almelo* nach *Nordhorn* und *Lingen*, und von *Gröningen* über *Winschooten* und *Neuschanz* nach *Leer*. Die Fortsetzung der Niederländischen *Rhein-Yssel* Bahn, von *Arnheim* über *Zütphen*, *Deventer*, *Zwolle*, *Assen*, *Gröningen* bis *Delfzyhl*, nach der Mündung der *Ems* in die Nordsee unweit *Emden*, kann ihnen auf ihrem eigenen Gebiet Niemand wehren, und es wird von Seiten der Niederländer diese Linie wohl *vorzugsweise* ausgeführt werden, weil die Mündungen der *Ems* und die unmittelbar daran liegende, befestigte Hafenstadt *Delfzyhl* für ihre Seeschiffahrt und Handel sehr wichtig sind; im Frieden wie im Kriege.

Da zwischen *Delfzyhl*, *Emden* und *Leer* eine tägliche regelmäfsige Dampfschiffahrt zum Personen-, aber nicht zum grofsen Waarentransport Statt findet, so kann zwar der erstere künftig fortwähren, ohne unterbrochen zu werden, der letztere aber kann mit Dampfwagen nicht Statt haben, weil eine Brücke quer über die *Ems*, zwischen *Delfzyhl* und *Emden*, von einem Ufer zum andern, nicht wohl möglich ist. Denn diese Brücke würde von *Delfzyhl* bis zur Ostfriesischen Landspitze, die *Knock* genannt, quer über die *Ems*, etwa 24 000 Fufs lang werden und an 4 bis 5 Millionen Thaler kosten. Die im Jahre 1812 auf Befehl *Davoust's* über die Elbe zwischen Hamburg und Haarburg in 83 Tagen erbaute hölzerne Brücke war 15 173 Fufs lang. Die Brücke zwischen *Delfzyhl* und der *Knock* über die *Ems* würde also dieselbe an Länge, Kosten und Gefahr noch übertreffen und für die Strom- und Seeschiffahrt ein grofses Hindernifs sein. Es würde eine kostbare und zeitraubende doppelte Umladung der mit Dampfwagen in *Emden* und *Delfzyhl* ankommenden und abfahrenden Waarenzüge, von den Wagen in die Dampfschiffe, und zurück, nöthig sein. Der Übergang über die *Ems* oberhalb *Leer* auf einer Brücke ist nicht sehr schwierig.

Von Seiten *Hollands* ist hier der Anschlufs der von *Amsterdam* nach *Arnheim* vorhandenen Eisenbahn an das *Preufsische* Bahnnetz, namentlich an die *Rhein-Weser* Bahn, vom Könige der Niederlande durch den Beschlufs vom 20. Mai 1845 genehmigt und es sind die Herrn *B. J. Enthoven* und Comp., als Commissionaire der Eisenbahn von *Amsterdam* über *Utrecht* nach *Arnheim* und für die Ausdehnung der Bahn in der Richtung auf *Emmerich* bis zur Preufsischen Grenze und zu einigen anderen Bahnen u. s. w. bestätigt worden, so dafs der Anschlufs an die Preufsische *Rhein-Weser* Bahn, sobald derselbe mit ***Preufsen*** festgestellt sein wird, in drei Jahren, also im Jahre 1848 erfolgen mufs. Von Seiten der ***Niederländer*** steht der Anschlufs also fest. Von Seiten ***Preufsens*** ist er um so eher zu erwarten, da die dazu nöthige Fortsetzung der ***Minden-Cölner*** Bahn von ***Duisburg*** über ***Oberhausen, Hölten, Dinslaken, Wesel, Isselburg*** bis zur Holländischen Grenze unweit ***Emmerich,*** von etwa 7⅓ Meilen lang, schon seit 2 Jahren ernstlich beabsichtigt und (zu 1 900 500 Thlr.) schon veranschlagt ist, auch an der ***Cöln-Mindener*** Bahn, in ihrer ganzen Länge, seit dem Mai 1844 fortwährend aufs thätigste gearbeitet und die Bahnstrecke von ***Duisburg*** über ***Kalkum, Düsseldorf, Benrath, Langenfeld, Kupfersteg, Mühlheim*** bis ***Deutz*** bei ***Cöln*** vollendet und im Betriebe ist, mithin die Zweigbahn von ***Duisburg*** bis ***Wesel*** und ***Emmerich*** wahrscheinlich auch bald wird angefangen werden, so dafs also die Anschliefsung dieser Linie an die auf ***Arnheim, Anholt*** u. s. w. führende, weit kürzere Linie, auch sehr bald erfolgen kann und erfolgen dürfte.

Aus dieser kurzen Angabe der im Königreich der Niederlande seit 1843 bis jetzt theils projectirten und höchsten Orts bestätigten, theils vollendeten und in Betrieb gesetzten, theils in Arbeit begriffenen Eisenbahnen sieht man, dafs die Niederlande, nach Vollendung dieser Entwürfe, auch hier keinem andern Staate verhältnifsmäfsig nachstehen werden. Mit ihrer ***Dampfschiffahrt,*** von 77 Strom- und Seedampfschiffen, mit 5500 Pferden Kraft, sind die Niederlande sogar ein glänzendes Vorbild.

§. 6.

Eisenbahnprojecte im Grofsherzogthume Oldenburg, und deren Anschlufs an das Hannöverisch-Preufsische Bahnnetz.

Es ist noch übrig, desjenigen Theils des nordwestlichen Deutschlands zu gedenken, welcher zwischen den Mündungen der ***Weser, Jahde,*** und ***Ems*** in die Nordsee liegt, an diese Gewässer grenzt, an die West-, Süd- und Ostseite des Königreichs ***Hannover,*** an das Gebiet der Stadt ***Bremen*** stöfst, und von demselben abwärts, von der ***Weser*** bis zu deren Einmündung in die Nordsee begrenzt und umschlossen wird. Dieser Theil des nordwestlichen Deutschlands, welcher, wie mehrere andere desselben, bis jetzt noch keine ausgeführte und in Betrieb gesetzte Eisenbahnen hat, ist das ***Grofsherzogthum Oldenburg.***

Die für Handel und Schiffahrt günstige Lage ***Oldenburgs*** an der ***Nordsee,*** der ***Jahde, Hunte*** und ***Weser,*** so wie sein, für Ackerbau, Viehzucht, Holz, Fehncultur und andere Natur-Erzeugnisse förderlicher guter Boden, imgleichen seine Fabriken und Gewerbe aller Art, besonders aber seine nicht unbedeutende Strom- und Seeschiffahrt, nebst Handelsverkehr mit den überseeischen Staaten und dem Innern von Deutschland, sind hinreichend wichtig, dafs künftig auch dieses Land an das grofse Eisenbahnnetz Deutschlands sich anschliefse. Deshalb sind denn auch, besonders im vorigen Jahre, im Grofsherzogthum ***Oldenburg*** dem Publico verschiedene Projecte zur Anlage von Eisenbahnen durch dortige Privatpersonen in öffentlichen Blättern wiederholt vorgelegt und empfohlen worden, die auch in die öffentlichen Zeitschriften des Auslandes übergegangen und so in Deutschland bekannt geworden sind. So findet man unter andern in No. 40. „der Mittheilungen aus ***Oldenburg***" vom 4. Octbr. 1845, unter der Überschrift „Eisenbahn von ***Preufsisch-Minden, Osnabrück, Münster*** nach ***Oldenburg, Brake, Varel, Leer***" einen Aufsatz, an dessen Schlusse eine Linearzeichnung von den Hauptpuncten dieses Projects sich befindet, nach welcher ***Leer, Varel, Brake, Oldenburg, Osnabrück, Münster*** und ***Minden*** durch eine Eisenbahn vereinigt werden sollen. Die Gründe für dieses Project sind in dem Aufsatze enthalten; auf welchen wir der Kürze wegen verweisen.

Wir bemerken indefs, dafs in den obengenannten „Oldenburgschen Mittheilungen" der Vorschlag in No. 4. des Hannöverschen Volksfreundes vom Januar 1846, 5ter Jahrgang Seite 42 u. s. w., unter der Überschrift „***Nordsee-Eisenbahn***", übergegangen ist, in welchem die Deutsche ***Donau***gesellschaft in ***Berlin*** aus obigen Mittheilungen aus ***Oldenburg*** die Nothwendigkeit hervorheben soll, das Deutsche Publicum mit der projectirten ***Brake-Mindener*** Eisenbahn bekannt zu machen; wie es auch auf diesem Wege geschehen sein wird.

In dem Projecte einer vom Grofsherzogthum ***Oldenburg*** ausgehenden ***Nordsee***-Eisenbahn sind folgende zwei verschiedene Richtungen derselben angegeben, nemlich:

Erste Richtung. Von ***Emden*** bis ***Leer*** $3\frac{3}{4}$ Meilen; von da nach ***Oldenburg*** $7\frac{1}{4}$ Meilen; von da nach ***Wechta*** $6\frac{1}{8}$, bis ***Damme*** $3\frac{1}{4}$, bis ***Dielingen*** (Preufsisch) $1\frac{7}{8}$, und von da bis ***Preufsisch-Minden*** $5\frac{3}{4}$ Meilen; zusammen von ***Emden*** bis ***Preufsisch-Minden*** $27\frac{7}{8}$ Meilen. Von der hier bezeichneten Bahn ab ist eine Zweigbahn, von dem Preufsischen Orte ***Dielingen*** nach ***Osnabrück*** $3\frac{3}{4}$, von ***Osnabrück*** nach ***Lengerich*** $2\frac{1}{4}$, von ***Lengerich*** nach ***Münster*** 4 Meilen, zusammen von ***Emden*** bis ***Münster*** $32\frac{1}{8}$ Meilen lang, vorgeschlagen.

Die *zweite* Richtung ist von ***Emden*** bis ***Leer*** $3\frac{3}{4}$ Meilen lang; von da bis ***Oldenburg*** $7\frac{1}{8}$ Meilen, bis ***Cloppenburg*** $4\frac{3}{4}$ Meilen, von da bis zur ***Hannöversch-Oldenburgschen*** Grenze, nach der Hannöverschen Stadt ***Quakenbrück,***

$2\frac{1}{4}$ Meilen, von da bis ***Bramsche*** 4 Meilen und bis Osnabrück 2 Meilen, bis hiehin zusammen . . . . $24\frac{3}{8}$ Meilen,
und von ***Osnabrück*** bis ***Preufsisch-Minden*** . . . . $8\frac{3}{4}$ –

Zusammen $33\frac{1}{8}$ Meilen

lang. Ferner von ***Osnabrück*** bis ***Lengerich*** $2\frac{1}{4}$ M.
und von da bis ***Münster*** . . . . 4 – } . . . $6\frac{1}{4}$ Meilen.

Mithin würden von ***Emden*** über ***Leer, Oldenburg, Quakenbrück, Bramsche, Osnabrück*** bis ***Preufsisch-Minden*** . . . $30\frac{5}{8}$ Meilen,
und von ***Emden*** nach ***Münster*** . . . . $33\frac{1}{8}$ Meilen
sein. Rechnet man zu beiden Richtungen die Länge der Eisenbahnstrecken hinzu, welche dem Project zufolge aufserdem noch gebaut werden sollen, nemlich von ***Oldenburg*** über ***Rastede*** nach ***Bracke*** nach der Weser . 4 Meilen,
und von ***Rastede*** nach ***Varel,*** nach der ***Jade*** . . . . 4 –

zusammen 8 Meilen,

so ist dies ganze Bahnnetz in der ***ersten*** Richtung von ***Emden*** bis ***Münster*** . . . . $40\frac{1}{8}$ Meilen,
und von ***Emden*** bis ***Preufsisch-Minden*** . . . . $35\frac{7}{8}$ Meilen,
und nach der ***zweiten*** Richtung:
von ***Emden*** bis ***Minden*** . . . . $38\frac{5}{8}$ Meilen,
von ***Emden*** bis ***Münster*** . . . . $41\frac{1}{8}$ M. lang.

Vergleicht man mit diesen Längen des ***Oldenburger Nordsee***-Bahnsystems, von ***Emden*** bis ***Minden*** und von ***Emden*** bis ***Münster,*** die Längen der in §. 3. beschriebenen Hannöverschen ***Westbahn*** oder die des ***Ostfriesisch-Osnabrücker*** Bahnsystems zwischen denselben Puncten; so findet sich Folgendes:

1. Die Bahnlänge von ***Emden*** über ***Leer, Lingen, Freren, Bramsche, Osnabrück, Melle*** und ***Bünde*** bis ***Preufsisch-Minden*** beträgt . . . . 31 Meilen.
2. Desgleichen von ***Emden*** über ***Leer, Lingen, Rheina*** bis ***Münster*** . . . . $23\frac{3}{4}$ –

Nach dem ***Oldenburgischen*** Nordsee-Bahnsystem war:

1. Die Länge von ***Emden*** bis ***Minden,***
   in der ersten Richtung . . . . $27\frac{1}{8}$ –
   in der zweiten . . . . $33\frac{1}{8}$ –
2. Die Länge von ***Emden*** bis ***Münster,***
   in der ersten Richtung . . . . $32\frac{1}{8}$ –
   in der zweiten Richtung . . . . $33\frac{1}{8}$ –

Mithin sind die Längen des *Oldenburgschen* Nordsee-Bahnsystems grösstentheils beträchtlicher; weshalb denn auch die Anlagekosten und alle andern Kosten dafür verhältnissmässig grösser sein werden. Abgesehen aber auch von diesem Unterschiede, giebt es noch andere Gründe, aus welchen sowohl Hannöverscher als Preussischer Seits das *Ostfriesisch-Osnabrücker* Bahnsystem und dessen Verbindung mit dem Preussischen, den jetzt bestehenden Tractaten und Bestimmungen gemäss, dem *Oldenburger* dürfte vorgezogen werden.

Diese Gründe sind folgende:

A. In der oben angegebenen ersten Richtung des ***Oldenburgschen*** Projects würden zwar auf Hannöverschem Gebiete ***Emden, Leer*** und ***Osnabrück,*** und auf Preussischem Gebiete ***Minden*** und ***Münster,*** als Hauptpuncte, berührt werden: aber von ***Leer*** würde die ganze Eisenbahnlinie am ***Emsstrome*** über ***Papenburg, Meppen, Lingen, Rheina, Greven*** bis ***Münster,*** und von ***Lingen*** über ***Freren, Fürstenau*** und ***Bramsche*** bis ***Osnabrück*** ausgeschlossen werden.

B. In der zweiten Richtung würden zwar ***Emden, Leer, Quakenbrück, Bramsche, Osnabrück*** auf ***Hannöverschem,*** und ***Minden*** und ***Münster*** auf ***Preussischem*** Gebiete als Hauptpuncte berührt werden, aber die Bahnstrecke von ***Leer*** bis ***Lingen*** und ***Bramsche,*** unweit ***Osnabrück,*** so wie von ***Lingen*** über ***Rheina*** bis ***Münster,*** würde umgangen werden.

Dadurch fiele dann auch der Anschluss des ***Holländischen*** Eisenbahnsystems an die von ***Leer*** über ***Lingen*** bis ***Münster*** projectirte Bahn über den Haufen. In beiden Fällen würde die ***Ems***gegend von ***Leer*** bis ***Münster*** eisenbahnlos bleiben und wahrscheinlich wohl keine so grosse Zweigbahnen auf eigene Kosten bauen, als nöthig wären, um das ***Oldenburgsche*** Nordsee-Bahnsystem mit eben den Kosten und Erfolgen für sich zu erreichen, wie durch die Hannöversch-Preussische Westbahn von ***Emden*** über ***Leer, Meppen, Lingen, Rheina, Münster*** bis ***Hamm,*** und von ***Lingen*** über ***Freren, Bramsche, Osnabrück, Melle, Bünde*** bis ***Preussisch-Minden*** und ***Hannover.***

Aus diesen und andern wichtigen Gründen ist daher nicht zu erwarten, dass die Staatsregierungen Hannovers und Preussens von dem durch landständische Beschlüsse und durch Genehmigung der höchsten Staatsbehörden schon feststehenden Bahnsystem in ihren westlichen Provinzen abgehen, oder dasselbe auch nur wesentlich verändern werden, weil kein Vortheil, sondern nur überwiegende Nachtheile für die betheiligten Gegenden und für den Handelsverkehr beider Staaten im allgemeinen daraus erwachsen würden.

Da durch das Preufsische, wie durch das Hannöversche Bahnsystem, sowohl die *Weser*, als die *Ems*, an mehreren Puncten vortheilhaft auf dem möglich-kürzesten Wege erreicht werden, so kann es keinen Werth für Hannover und Preufsen haben, diese Ströme nun auch noch auf anderem Wege, durch die *Oldenburgsche* Nordseebahn, entweder an denselben, oder an noch einigen andern Puncten zu erreichen, dagegen wichtigere Gegenden und Hafenpuncte zu umgehen, und dazu noch bedeutend mehr Kosten anzuwenden, als das jetzige weit zweckmäfsigere und vortheilhaftere *Westbahn*system erfordert.

Es scheint also für beide Theile zweckmäfsiger und minder kostbar zu sein, wenn man von Seiten *Oldenburgs* zur Erreichung seines Zweckes folgendes einfache Bahnsystem auf eigenem Gebiete ausführt:

1.	Von der Hauptstadt *Oldenburg*, an der schiffbaren *Hunte*, über *Rastede* und *Varel* nach der *Jahde*	4 Meilen.
2.	Von *Oldenburg* über *Rastede* und *Bracke* nach der *Weser*	4 –
3.	Von *Oldenburg* über *Kloppenburg* bis zur Hannöverschen Grenze bei der Stadt *Quakenbrück*	7½ –
	Auf *Oldenburgschem* Gebiet bis hieher	15½ Meilen.
4.	Von *Quakenbrück* bis *Merzen*, zwischen *Fürstenau* und *Bramsche*, nach der *Hannöverschen* Westbahn, auf *Lingen* und *Osnabrück*, auf Hannöverschem Gebiet	3½ –
	Zusammen	19 bis 20 Meilen

lang, die zusammen höchstens 5 Millionen Thaler kosten können, die Meile zu 250 000 Thaler gerechnet.

Nimmt man an, dafs das von der Niederländischen Gesellschaft für die Rhein-Ysselbahn Anfangs 1846 den Staatsregierungen von *Hannover*, *Oldenburg* und *Bremen* vorgeschlagene Eisenbahnproject, nach welchem eine Zweigbahn von *Gröningen* über *Leer* und *Oldenburg* bis *Bremen* ausgeführt werden soll, wie wir es oben beim Niederländischen Eisenbahnnetze sahen, das Oldenburgische Netz noch nicht umfasse, so wird das Grofsherzogthum *Oldenburg* ein seinen Bedürfnissen angemessenes Bahnsystem bekommen, welches sich auf möchlichst kurzem und zweckdienlichem Wege an die Bahnsysteme von *Hannover*, *Preufsen* und *Holland* anschliefst, ohne diese Nachbarstaaten theilweise schädlich zu umgehen.

Nach diesem unmaafsgeblichen Vorschlage eines einfachen und wie es scheint für alle betheiligten Staaten zweckmäfsigen Bahnsystem würde *Olden-*

burg (ein für Handel und Schiffahrt des nordwestlichen Deutschland wichtiger Länder-Abschnitt an der Deutschen Nordseeküste) mit dem ganzen Deutschen Bahnsysteme möglichst zweckmäfsig verbunden werden. Daher haben wir uns erlaubt, unsere Ansichten darüber zur weitern Prüfung offen und unpartheiisch vorzulegen.

Von der vorstehenden kurzen Darstellung der Eisenbahnprojecte, die in den letzten 4 Jahren im nordwestlichen Deutschland gemacht worden und theils schon in der Ausführung begriffen sind, gehen wir jetzt zu einem zweiten Abschnitte, zu dem nicht minder wichtigen Gegenstande der Verbindung des Eisenbahnnetzes mit den *schiffbaren Hauptströmen* jener Ländertheile Deutschlands über.

(Der Schlufs folgt.)

7.

Fortsetzung der im 4ten Hefte 12ten Bandes dieses Journals S. 309 bis 333 mitgetheilten Sammlung von Tafeln zur Vergleichung von Französischen, Englischen, Russischen und andern Maafsen und Gewichten etc. mit den Preufsischen.

Wir haben an der in der Überschrift angezeigten Stelle dieses Journals, bei der Mittheilung einiger Tafeln dieser Art, die Nothwendigkeit und den Nutzen derselben bemerklich gemacht; welche Auseinandersetzung wir daselbst S. 309 und 310 nachzulesen bitten. S. 310 haben wir eine ***Fortsetzung*** der Mittheilung solcher Tafeln versprochen. Wir erfüllen hier dieses Versprechen und liefern wieder eine kleine Sammlung derjenigen Tafeln, welche der Herausgeber des Journals selbst, seit jener Zeit ferner bei der Übertragung von technischen Aufsätzen aus dem Frauzösischen und Englischen nöthig gehabt hat und welche also insbesondere diejenigen sind, die den Lesern auch anderer Französischer und Englischer technischer Schriften Dienste leisten können. Einmal berechnet, haben wir geglaubt, sie nicht verloren gehen lassen zu dürfen, sondern legen sie hier im Druck auf wenige Blätter nieder, weil sie so Andern für immer die darauf gewendete Mühe und Rechnung ersparen können. Es kommen auch unter den hier folgenden Tafeln einige vor zur ***umgekehrten*** Reduction von Preufsischen Maafsen und Gewichten auf fremde.

Wir lassen ein ***Verzeichnifs*** folgen, welches nicht blofs die ***hier folgenden,*** sondern auch die ***frühern*** Tafeln umfafst, damit das Aufsuchen von Tafeln, die man gerade verlangt, erleichtert werde. No. 1. bis 40. findet man im Bande 12. Heft 4. S. 312 — 331 dieses Jonrnals, No. 41. bis 84. hier.

No. 41.

1 Hectare ist gleich 704,99 Quadrat-Duodecimalruthen Preufsisch;
ungefähr gleich 705 Quadratruthen.

1	704,99	21	14804,79	41	28904,59	61	43004,39	81	57104,19
2	1409,98	22	15509,78	42	29609,58	62	43709,38	82	57809,18
3	2114,97	23	16214,77	43	30314,57	63	44414,37	83	58514,17
4	2819,96	24	16919,76	44	31019,56	64	45119,36	84	59219,16
5	3524,95	25	17624,75	45	31724,55	65	45824,35	85	59924,15
6	4229,94	26	18329,74	46	32429,54	66	46529,34	86	60629,14
5	4934,93	27	19034,73	47	33134,53	67	47234,33	87	61334,13
8	5639,92	28	19739,72	48	33839,52	68	47939,32	88	62039,12
9	6344,91	29	20444,71	49	34544,51	69	48644,31	89	62744,11
10	7049,90	30	21149,70	50	35249,50	70	49349,30	90	63449,10
11	7754,89	31	21854,69	51	35954,49	71	50054,29	91	64154,09
12	8459,88	32	22559,68	52	36659,48	72	50759,28	92	64859,08
13	9164,87	33	23264,67	53	37364,47	73	51464,27	93	65564,07
14	9869,86	34	23969,66	54	38069,46	74	52169,26	94	66269,06
15	10574,85	35	24674,65	55	38774,45	75	52874,25	95	66974,05
16	11279,84	36	25379,64	56	39479,44	76	53579,24	96	67679,04
17	11984,83	37	26084,63	57	40184,43	77	54284,23	97	68384,03
18	12689,82	38	26789,62	58	40889,42	78	54989,22	98	69089,02
19	13394,81	39	27494,61	59	41594,41	79	55694,21	99	69794,01
20	14099,80	40	28199,60	60	42299,40	80	56399,20	100	70499,00

No. 42.

1 Hectare ist gleich 3,9166 Morgen Preufsisch.
Ungefähr sind 12 Hectaren gleich 47 Morgen.

1	3,9166	21	82,2486	41	160,5806	61	238,9126	81	317,2446
2	7,8332	22	86,1652	42	164,4972	62	242,8292	82	321,1612
3	11,7498	23	90,0818	43	168,4138	63	246,7458	83	325,0778
4	15,6664	24	93,9984	44	172,3304	64	250,6624	84	328,9944
5	19,5830	25	97,9150	45	176,2470	65	254,5790	85	332,9110
6	23,4996	26	101,8316	46	180,1636	66	258,4956	86	336,8276
7	27,4162	27	105,7482	47	184,0802	67	262,4122	87	340,7442
8	31,3328	28	109,6648	48	187,9968	68	266,3288	88	344,6608
9	35,2494	29	113,5814	49	191,9134	69	270,2454	89	348,5774
10	39,1660	30	117,4980	50	195,8300	70	274,1620	90	352,4940
11	43,0826	31	121,4146	51	199,7466	71	278,0786	91	356,4106
12	46,9992	32	125,3312	52	203,6632	72	281,9952	92	360,3272
13	50,9158	33	129,2478	53	207,5798	73	285,9118	93	364,2438
14	54,8324	34	133,1644	54	211,4964	74	289,8284	94	368,1604
15	58,7490	35	137,0810	55	215,4130	75	293,7450	95	372,0770
16	62,6656	36	140,9976	56	219,3296	76	297,6616	96	375,9936
17	66,5822	37	144,9142	57	223,2462	77	301,5782	97	379,9102
18	79,4988	38	148,8308	58	227,1628	78	305,4948	98	383,8268
19	74,4154	39	152,7474	59	231,0794	79	309,4114	99	387,7434
20	78,3320	40	156,6640	60	234,9960	80	313,3280	100	391,6600

No. 43.

1 Preufsischer Duodecimalfufs ist gleich 0,31385 Meter.

Ungefähr sind 16 F. = 5 Meter, 35 F. = 11 M., 51 F. = 16 M.

1	0,31385	21	6,59085	41	12,86785	61	19,14485	81	25,42185
2	0,62770	22	6,90470	42	13,18170	62	19,45870	82	25,73570
3	0,94155	23	7,21855	43	13,49555	63	19,77255	83	26,04955
4	1,25540	24	7,53240	44	13,80940	64	20,08640	84	26,36340
5	1,56925	25	7,84625	45	14,12325	65	20,40025	85	26,67725
6	1,88310	26	8,16010	46	14,43710	66	20,71410	86	26,99110
7	2,19695	27	8,47395	47	14,75095	67	21,02795	87	27,30495
8	2,51080	28	8,78780	48	15,06480	68	21,34180	88	27,61880
9	2,82465	29	9,10165	49	15,37865	69	21,65565	89	27,93265
10	3,13850	30	9,41550	50	15,69250	70	21,96950	90	28,24650
11	3,45235	31	9,72935	51	16,00635	71	22,28335	91	28,56035
12	3,76620	32	10,04320	52	16,32020	72	22,59720	92	28,87420
13	4,08005	33	10,35705	53	16,63405	73	22,91105	93	29,18805
14	4,39390	34	10,67090	54	16,94790	74	23,22490	94	29,50190
15	4,70775	35	10,98475	55	17,26175	75	23,53875	95	29,81575
16	5,02160	36	11,29860	56	17,57560	76	23,85260	96	30,12960
17	5,33545	37	11,61245	57	17,88945	77	24,16645	97	30,44345
18	5,64930	38	11,92630	58	18,20330	78	24,48030	98	30,75730
19	5,96315	39	12,24015	59	18,51715	79	24,79415	99	31,07115
20	6,27700	40	12,55400	60	18,83100	80	25,10800	100	31,38500

No. 44.

1 Preufsischer Duodecimalzoll ist gleich 2,6154 Centimeter.

Ungefähr sind 19 Z. = 5 Dec., 23 Z. = 6 Dec., 42 Z. = 11 Dec., 65 Z. = 17 Dec.

1	2,6154	21	54,9234	41	107,2314	61	159,5394	81	211,8474
2	5,2308	22	57,5388	42	109,8468	62	162,1548	82	214,4628
3	7,8462	23	60,1542	43	112,4622	63	164,7702	83	217,0782
4	10,4616	24	62,7696	44	115,0776	64	167,3856	84	219,6936
5	13,0770	25	65,3850	45	117,6930	65	170,0010	85	222,3090
6	15,6924	26	68,0004	46	120,3084	66	172,6164	86	224,9244
7	18,3078	27	70,6158	47	122,9238	67	175,2318	87	227,5398
8	20,9232	28	73,2312	48	125,5392	68	177,8472	88	230,1552
9	23,5386	29	75,8466	49	128,1546	69	180,4626	89	232,7706
10	26,1540	30	78,4620	50	130,7700	70	183,0780	90	235,3860
11	28,7694	31	81,0774	51	133,3854	71	185,6934	91	238,0014
12	31,3848	32	83,6928	52	136,0008	72	188,3088	92	240,6168
13	34,0002	33	86,3082	53	138,6162	73	190,9242	93	243,2322
14	36,6156	34	88,9236	54	141,2316	74	193,5396	94	245,8476
15	39,2310	35	91,5390	55	143,8470	75	196,1550	95	248,4630
16	41,8464	36	94,1544	56	146,4624	76	198,7704	96	251,0784
17	44,4618	37	96,7698	57	149,0778	77	201,3858	97	253,6938
18	47,0772	38	99,3852	58	151,6932	78	204,0012	98	256,3092
19	49,6926	39	102,0006	59	154,3086	79	206,6166	99	258,9246
20	52,3080	40	104,6160	60	156,9240	80	209,2320	100	261,5400

No. 45.

1 Preufsische Duodecimallinie ist gleich 2,1795 Millimeter.

Ungefähr sind 9 L. = 20 M., 11 L. = 24 M., 23 L. = 50 M., 39 L. = 85 M.

1	2,1795	21	45,7695	41	89,3595	61	132,9495	81	176,5395
2	4,3590	22	47,9490	42	91,5390	62	135,1290	82	178,7190
3	6,5385	23	50,1285	43	93,7185	63	137,3085	83	180,8985
4	8,7180	24	52,3080	44	95,8980	64	139,4880	84	183,0780
5	10,8975	25	54,4875	45	98,0775	65	141,6675	85	185,2575
6	13,0770	26	56,6670	46	100,2570	66	143,8470	86	187,4370
7	15,2565	27	58,8465	47	102,4365	67	146,0265	87	189,6165
8	17,4360	28	61,0260	48	104,6160	68	148,2060	88	191,7960
9	19,6155	29	63,2055	49	106,7955	69	150,3855	89	193,9755
10	21,7950	30	65,3850	50	108,9750	70	152,5650	90	196,1550
11	23,9745	31	67,5645	51	111,1545	71	154,7445	91	198,3345
12	26,1540	32	69,7440	52	113,3340	72	156,9240	92	200,5140
13	28,3335	33	71,9235	53	115,5135	73	159,1035	93	202,6935
14	30,5130	34	74,1030	54	117,6930	74	161,2830	94	204,8730
15	32,6925	35	76,2825	55	119,8725	75	163,4625	95	207,0525
16	34,8720	36	78,4620	56	122,0520	76	165,6420	96	209,2320
17	37,0515	37	80,6415	57	124,2315	77	167,8215	97	201,4115
18	39,2310	38	82,8210	58	126,4110	78	170,0010	98	213,5910
19	41,4105	39	85,0005	59	128,5905	79	172,1805	99	215,7705
20	43,5900	40	87,1800	60	130,7700	80	174,3600	100	217,9500

No. 46.

1 Quadrat-Duodecimalruthe Preufsisch ist gleich 14,184 Quadratmeter.

Ungefähr sind 7 Q. R. = 100 Q. M., 11 Q. R. = 156 Q. M., 27 Q. R. = 383 Q. M.

1	14,184	21	29,7864	41	58,1544	61	86,5224	81	114,8904
2	28,368	22	31,2048	42	59,5728	62	87,9408	82	116,3088
3	42,552	23	32,6232	43	60,9912	63	89,3592	83	117,7272
4	56,736	24	34,0416	44	62,4096	64	90,7776	84	119,1456
5	70,920	25	35,4600	45	63,8280	65	92,1960	85	120,5640
6	85,104	26	36,8784	46	65,2464	66	93,6144	86	121,9824
7	99,288	27	38,2968	47	66,6648	67	95,0328	87	123,4008
8	113,472	28	39,7152	48	68,0832	68	96,4512	88	124,8192
9	127,656	29	41,1336	49	69,5016	69	97,8696	89	126,2376
10	141,840	30	42,5520	50	70,9200	70	99,2880	90	127,6560
11	156,024	31	43,9704	51	72,3384	71	100,7064	91	129,0744
12	170,208	32	45,3888	52	73,7568	72	102,1248	92	130,4928
13	184,392	33	46,8072	53	75,1752	73	103,5432	93	131,9112
14	198,576	34	48,2256	54	76,5936	74	104,9616	94	133,3296
15	212,760	35	49,6440	55	78,0120	75	106,3800	95	134,7480
16	226,944	36	51,0624	56	79,4304	76	107,7984	96	136,1664
17	241,128	37	52,4808	57	80,8488	77	109,2168	97	137,5848
18	255,312	38	53,8992	58	82,2672	78	110,6352	98	139,0032
19	269,496	39	55,3176	59	83,6856	79	112,0536	99	140,4216
20	283,680	40	56,7360	60	85,1040	80	113,4720	100	141,8400

No. 47.

1 Quadrat-Duodecimalfufs Preufsisch ist gleich 0,098503 Quadratmeter.

Ungefähr sind 10 Q. F. = 1 Q. M., 61 Q. F. = 6 Q. M., 71 Q. F. = 7 Q. M.

1	0,098503	21	2,068563	41	4,038623	61	6,008683	81	7,978743
2	0,197006	22	2,167066	42	4,137126	62	6,107186	82	8,077246
3	0,295509	23	2,265569	43	4,235629	63	6,205689	83	8,175749
4	0,394012	24	2,364072	44	4,334132	64	6,304192	84	8,274252
5	0,492515	25	2,462575	45	4,432635	65	6,402695	85	8,372755
6	0,591018	26	2,561078	46	4,531138	66	6,501198	86	8,471258
7	0,689521	27	2,659581	47	4,629641	67	6,599701	87	8,569761
8	0,788024	28	2,754084	48	4,728144	68	6,698204	88	8,668264
9	0,886527	29	2,856587	49	4,826647	69	6,796707	89	8,766767
10	0,985030	30	2,955090	50	4,925150	70	6,895210	90	8,865270
11	1,083533	31	3,053593	51	5,023653	71	6,993713	91	8,963773
12	1,182036	32	3,152096	52	5,122156	72	7,092216	92	9,062276
13	1,280539	33	3,250599	53	5,220659	73	7,190719	93	9,160779
14	1,379042	34	3,349102	54	5,319162	74	7,289222	94	9,259282
15	1,477545	35	3,447605	55	5,417665	75	7,387725	95	9,357785
16	1,576048	36	3,546108	56	5,516168	76	7,486228	96	9,456288
17	1,674551	37	3,644611	57	5,614671	77	7,584731	97	9,554791
18	1,773054	38	3,743114	58	5,713174	78	7,683234	98	9,653294
19	1,871557	39	3,841617	59	5,811677	79	7,781737	99	9,751797
20	1,970060	40	3,940120	60	5,910180	80	7,880240	100	9,850300

No. 48.

1 Quadrat-Duodecimalzoll Preufsisch ist gleich 6,84056 Quadrat-Centimeter.

Ungefähr sind 3 Q. Z. = 20 Q. C., 6 Q. Z. = 41 Q. C., 19 Q. Z. = 130 Q. C.

1	6,84056	21	143,65176	41	280,46296	61	417,27416	81	554,08536
2	13,68112	22	150,49232	42	287,30352	62	424,11472	82	560,92592
3	20,52168	23	157,33288	43	294,14408	63	430,95528	83	567,76648
4	27,36224	24	164,17344	44	300,98464	64	437,79584	84	574,60704
5	34,20280	25	171,01400	45	307,82520	65	444,63640	85	581,44760
6	41,04336	26	177,85456	46	314,66576	66	451,47696	86	588,28816
7	47,88392	27	184,69512	47	321,50632	67	458,31752	87	595,12872
8	54,72448	28	191,53568	48	328,34688	68	465,15808	88	601,96928
9	61,56504	29	198,37624	49	335,18744	69	471,99864	89	608,80984
10	68,40560	30	205,21680	50	342,02800	70	478,83920	90	615,65040
11	75,24616	31	212,05736	51	348,86856	71	485,67976	91	622,49096
12	82,08672	32	218,89792	52	355,70912	72	492,52032	92	629,33152
13	88,92728	33	225,73848	53	362,54968	73	499,36088	93	636,17208
14	95,76784	34	232,57904	54	369,39024	74	506,20144	94	643,01264
15	102,60840	35	239,41960	55	376,23080	75	513,04200	95	649,85320
16	109,44896	36	246,26016	56	383,07136	76	519,88256	96	656,69376
17	116,28952	37	253,10072	57	389,91192	77	526,72312	97	663,53432
18	123,13008	38	259,94128	58	396,75248	78	533,56368	98	670,37488
19	129,97064	39	266,78184	59	403,59304	79	540,40424	99	677,21544
20	136,81120	40	273,62240	60	410,43360	80	547,24480	100	684,05600

No. 49.

1 Quadrat-Duodecimallinie Preufsich ist gleich 4,7504 Quadratmillimeter.

Ungefähr sind 4 Q. L. = 19 Q. M., 21 Q. L. = 100 Q. M.

1	4,7504	21	99,7584	41	194,7664	61	289,7744	81	384,7824
2	9,5008	22	104,5088	42	199,5168	62	294,5248	82	389,5328
3	14,2512	23	109,2592	43	204,2672	63	299,2752	83	394,2832
4	19,0016	24	114,0096	44	209,0176	64	304,0256	84	399,0336
5	23,7520	25	118,7500	45	213,7680	65	308,7760	85	403,7840
6	28,5024	26	123,5104	46	218,5184	66	313,5264	86	408,5344
7	33,2528	27	128,2608	47	223,2688	67	318,2768	87	413,2848
8	38,0032	28	133,0112	48	228,0192	68	323,0272	88	418,0352
9	42,7536	29	137,7616	49	232,7696	69	327,7776	89	422,7856
10	47,5040	30	142,5120	50	237,5200	70	332,5280	90	427,5360
11	52,2544	31	147,2624	51	242,2704	71	337,2784	91	432,2864
12	57,0048	32	152,0128	52	247,0208	72	342,0288	92	437,0368
13	61,7552	33	156,7632	53	251,7712	73	346,7792	93	441,7872
14	66,5056	34	161,5136	54	256,5216	74	351,5296	94	446,5376
15	71,2560	35	166,2640	55	261,2720	75	356,2800	95	451,2880
16	76,0064	36	171,0144	56	266,0224	76	361,0304	96	456,0384
17	80,7568	37	175,7648	57	270,7728	77	365,7808	97	460,7888
18	85,5072	38	180,5152	58	275,5232	78	370,5312	98	465,5392
19	90,2576	39	185,2656	59	280,2736	79	375,2816	99	470,2896
20	95,0080	40	190,0160	60	285,0240	80	380,0320	100	475,0400

No. 50.

1 Cubik-Duodecimalfufs Preufsisch ist gleich 0,0309159 Cubikmeter.

Ungefähr sind 32 C.F. = 1 C.M., 65 C.F. = 2 C.M., 97 C.F. = 3 C.M., 550 Q.F = 17 C.M.

1	0,0309159	21	0,6492339	41	1,2675519	61	1,8858699	81	2,5041879
2	0,0618318	22	0,6801498	42	1,2984678	62	1,9167858	82	2,5351038
3	0,0927477	23	0,7110657	43	1,3293837	63	1,9477017	83	2,5660197
4	0,1236636	24	0,7419816	44	1,3602996	64	1,9786176	84	2,5969356
5	0,1545795	25	0,7728975	45	1,3912155	65	2,0095335	85	2,6278515
6	0,1854954	26	0,8038134	46	1,4221314	66	2,0404494	86	2,6587671
7	0,2164113	27	0,8347293	47	1,4530473	67	2,0713653	87	2,6896833
8	0,2473272	28	0,8656452	48	1,4839632	68	2,1022812	88	2,7205992
9	0,2782431	29	0,8965611	49	1,5148791	69	2,1331971	89	2,7515151
10	0 3091590	30	0,9274770	50	1,5457950	70	2,1641130	90	2,7824310
11	0,3400749	31	0,9583929	51	1,5767109	71	2,1950289	91	2,8133469
12	0,3709908	32	0,9893088	52	1,6076268	72	2,2259448	92	2,8442628
13	0,4019067	33	1,0202247	53	1,6385427	73	2,2568607	93	2,8751787
14	0,4328226	34	1,0511406	54	1,6694586	74	2,2877766	94	2,9060946
15	0,4637385	35	1,0820565	55	1,7003745	75	2,3186925	95	2,9370105
16	0,4946544	36	1,1129724	56	1,7312904	76	2,3496084	96	2,9679264
17	0,5255703	37	1,1438883	57	1,7622063	77	2,3805243	97	2,9988423
18	0,5564862	38	1,1748042	58	1,7931222	78	2,4114402	98	3,0297582
19	0,5874021	39	1,2057201	59	1,8240381	79	2,4423561	99	3,0606741
20	0,6183180	40	1,2366360	60	1,8549540	80	2,4732720	100	3,0915900

No. 51.

1 Preufsisches Pfund ist gleich 0,46854 Kilogrammen.

Ungefähr sind 15 Pfd. = 7 Kil., 32 Pfd. = 15 Kil., 890 Pfd. = 417 Kil.

1	0,46854	21	9,83934	41	19,21014	61	28,58094	81	37,95174
2	0,93708	22	10,30788	42	19,67868	62	29,04948	82	38,42028
3	1,40562	23	10,77642	43	20,14722	63	29,51802	83	38,88882
4	1,87416	24	11,24496	44	20,61576	64	29,98656	84	39,35736
5	2,34270	25	11,71350	45	21,08430	65	30,45510	85	39,82590
6	2,81124	26	12,18204	46	21,55284	66	30,92364	86	40,29444
7	3,27978	27	12,65058	47	22,02138	67	31,39218	87	40,76298
8	3,74832	28	13,11912	48	22,48992	68	31,86072	88	41,23152
9	4,21686	29	13,58766	49	22,95846	69	32,32926	89	41,70006
10	4,68540	30	14,05620	50	23,42700	70	32,79780	90	42,16860
11	5,15394	31	14,52474	51	23,89554	71	33,26634	91	42,63714
12	5,62248	32	14,99328	52	24,36408	72	33,73488	92	43,10568
13	6,09102	33	15,46182	53	24,83262	73	34,20342	93	43,57422
14	6,55956	34	15,93036	54	25,30116	74	34,67196	94	44,04276
15	7,02810	35	16,39890	55	25,76970	75	35,14050	95	44,51130
16	7,49664	36	16,86744	56	26,23824	76	35,60904	96	44,97984
17	7,96518	37	17,33598	57	26,70678	77	36,07758	97	45,44838
18	8,43372	38	17,80452	58	27,17532	78	36,54612	98	45,91692
19	8,90226	39	18,27306	59	27,64386	79	37,01466	99	46,38546
20	9,37080	40	18,74160	60	28,11240	80	37,48320	100	46,85400

No. 52.

1 Preufsischer Centner ist gleich 51,5394 Kilogrammen.

Ungefähr sind 2 Ctr. = 103 Kil., 13 Ctr. = 670 Kil., 97 Ctr. = 5000 Kil.

1	51,5394	21	1082,3274	41	2113,1154	61	3143,9034	81	4174,6914
2	103,0788	22	1133,8668	42	2164,6548	62	3195,4428	82	4226,2308
3	154,6182	23	1185,4062	43	2216,1942	63	3246,9822	83	4277,7702
4	206,1576	24	1236,9456	44	2267,7336	64	3298,5216	84	4329,3096
5	257,6970	25	1288,4850	45	2319,2730	65	3350,0610	85	4380,8490
6	309,2364	26	1340,0244	46	2370,8124	66	3401,6004	86	4432,3884
7	360,7758	27	1391,5638	47	2422,3518	67	3453,1398	87	4483,9278
8	412,3152	28	1443,1032	48	2473,8912	68	3504,6792	88	4535,4672
9	463,8546	29	1494,6426	49	2525,4306	69	3556,2186	89	4587,0066
10	515,3940	30	1546,1820	50	2576,9700	70	3607,7580	90	4638,5460
11	566,9334	31	1597,7214	51	2628,5094	71	3659,2974	91	4690,0854
12	618,4728	32	1649,2608	52	2680,0488	72	3710,8368	92	4741,6248
13	670,0122	33	1700,8002	53	2731,5882	73	3762,3762	93	4793,1642
14	721,5516	34	1752,3396	54	2783,1276	74	3813,9156	94	4844,7036
15	773,0910	35	1803,8790	55	2834,6670	75	3865,4550	95	4896,2430
16	824,6304	36	1855,4184	56	2886,2064	76	3916,9944	96	4947,7824
17	876,1698	37	1906,9578	57	2937,7458	77	3968,5338	97	4999,3218
18	927,7092	38	1958,4972	58	2989,2852	78	4020,0732	98	5050,8612
19	979,2486	39	2010,0366	59	3040,8246	79	4071,6126	99	5102,4006
20	1030,7880	40	2061,5760	60	3092,3640	80	4123,1520	100	5153,9400

No. 53.

1 Franc für den Cubikmeter thut 0,24733 Silbergroschen für den Preufsischen Cubik-Duodecimalfufs.

1	0,24733	21	5,19393	41	10,14053	61	15,08713	81	20,03373
2	0,49466	22	5,44126	42	10,38786	62	15,33446	82	20,28106
3	0,74199	23	5,68859	43	10,63519	63	15,58179	83	20,52839
4	0,98932	24	5,93592	44	10,88252	64	15,82912	84	20,77572
5	1,23665	25	6,18325	45	11,12985	65	16,07645	85	21,02305
6	1,48398	26	6,43058	46	11,37718	66	16,32378	86	21,27038
7	1,73131	27	6,67791	47	11,62451	67	16,57111	87	21,51771
8	1,97864	28	6,92524	48	11,87184	68	16,81844	88	21,76504
9	2,22597	29	7,17257	49	12,11917	69	17,06577	89	22,01237
10	2,47330	30	7,41990	50	12,36650	70	17,31310	90	22,25970
11	2,72063	31	7,66723	51	12,61383	71	17,56043	91	22,50703
12	2,96796	32	7,91456	52	12,86116	72	17,80776	92	22,75436
13	3,21529	33	8,16189	53	13,10849	73	18,05509	93	23,00169
14	3,46262	34	8,40922	54	13,35582	74	18,30242	94	23,24902
15	3,70995	35	8,65655	55	13,60315	75	18,54975	95	23,49635
16	3,95728	36	8,90388	56	13,85048	76	18,79708	96	23,74368
17	4,20461	37	9,15121	57	14,09781	77	19,04441	97	23,99101
18	4,45194	38	9,39854	58	14,34514	78	19,29174	98	24,23834
19	4,69927	39	9,64587	59	14,59247	79	19,53907	99	24,48567
20	4,94660	40	9,89320	60	14,83980	80	19,78640	100	24,73300

No. 54.

1 Franc für den Quadratmeter thut 0,78803 Silbergroschen für den Preufsischen Quadrat-Duodecimalfufs.

1	0,78803	21	16,54863	41	32,30923	61	48,06983	81	63,83043
2	1,57606	22	17,33666	42	33,09726	62	48,85786	82	64,61846
3	2,36409	23	18,12469	43	33,88529	63	49,64589	83	65,40649
4	3,15212	24	18,91272	44	34,67332	64	50,43392	84	66,19452
5	3,94015	25	19,70075	45	35,46135	65	51,22195	85	66,98255
6	4,72818	26	20,48878	46	36,24938	66	52,00998	86	67,77058
7	5,51621	27	21,27681	47	37,03741	67	52,79801	87	68,55861
8	6,30424	28	22,06484	48	37,82544	68	53,58604	88	69,34664
9	7,09227	29	22,85287	49	38,61347	69	54,37407	89	70,13467
10	7,88030	30	23,64090	50	39,40150	70	55,16210	90	70,92270
11	8,66833	31	24,42893	51	40,18953	71	55,95013	91	71,71073
12	9,45636	32	25,21696	52	40,97756	72	56,73816	92	72,49876
13	10,24439	33	26,00499	53	41,76559	73	57,52619	93	73,28679
14	11,03242	34	26,79302	54	42,55362	74	58,31422	94	74,07482
15	11,82045	35	27,58105	55	43,34165	75	59,10225	95	74,86285
16	12,60848	36	28,36908	56	44,12968	76	59,89028	96	75,65088
17	13,39651	37	29,15711	57	44,91771	77	60,67231	97	76,43891
18	14,18454	38	29,94514	58	45,70574	78	61,46634	98	77,22694
19	14,97257	39	30,73317	59	46,49377	79	62,25437	99	78,01497
20	15,76060	40	31,52120	60	47,28180	80	63,04240	100	78,80300

No. 55.

1 Franc für den Meter thut 2,51083 Silbergroschen für den Preufsischen Duodecimalfufs

1	2,51083	21	52,72743	41	102,94403	61	153,16063	81	203,37723
2	5,02166	22	55,23826	42	105,45486	62	155,67146	82	205,88806
3	7,53249	23	57,74909	43	107,96569	63	158,18229	83	208,39889
4	10,04332	24	60,25992	44	110,47652	64	160,69312	84	210,90972
5	12,55415	25	62,77075	45	112,98735	65	163,20395	85	213,42055
6	15,06498	26	65,28158	46	115,49818	66	165,71478	86	215,93138
7	17,57581	27	67,79241	47	118,00901	67	168,22561	87	218,44221
8	20,08664	28	70,30324	48	120,51984	68	170,73644	88	220,95304
9	22,59747	29	72,81407	49	123,03067	69	173,24727	89	223,46387
10	25,10830	30	75,32490	50	125,54150	70	175,75810	90	225,97470
11	27,61913	31	77,83573	51	128,05233	71	178,26893	91	228,48553
12	30,12996	32	80,34656	52	130,56316	72	180,77976	92	230,99636
13	32,64079	33	82,85739	53	133,07399	73	183,29059	93	233,50719
14	35,15162	34	85,36822	54	135,58482	74	185,80142	94	236,01802
15	37,66245	35	87,87905	55	138,09565	75	188,31225	95	238,52885
16	40,17328	36	90,38988	56	140,60648	76	190,82308	96	241,03968
17	42,68411	37	92,90071	57	143,11731	77	193,33391	97	243,55051
18	45,19494	38	95,41154	58	145,62814	78	195,84474	98	246,06134
19	47,70577	39	97,92237	59	148,13897	79	198,35557	99	248,57217
20	50,21660	40	100,43320	60	150,64980	80	200,86640	100	251,08300

No 56.

1 Franc für den Kilometer thut 2,0088 Thlr. für die Preufsische Meile.

1	2,0088	21	42,1848	41	82,3608	61	122,5368	81	162,7128
2	4,0176	22	44,1936	42	84,3696	62	124,5456	82	164,7216
3	6,0264	23	46,2024	43	86,3784	63	126,5544	83	166,7304
4	8,0352	24	48,2112	44	88,3872	64	128,5632	84	168,7392
5	10,0440	25	50,2200	45	90,3960	65	130,5720	85	170,7480
6	12,0528	26	52,2288	46	92,4048	66	132,5808	86	172,7568
7	14,0616	27	54,2376	47	94,4136	67	134,5896	87	174,7656
8	16,0704	28	56,2464	48	96,4224	68	136,5984	88	176,7744
9	18,0792	29	58,2552	49	98,4312	69	138,6072	89	178,7832
10	20,0880	30	60,2640	50	100,4400	70	140,6160	90	180,7920
11	22,0968	31	62,2728	51	102,4488	71	142,6248	91	182,8008
12	24,1056	32	64,2816	52	104,4576	72	144,6336	92	184,8096
13	26,1144	33	66,2904	53	106,4664	73	146,6424	93	186,8184
14	28,1232	34	68,2992	54	108,4752	74	148,6512	94	188,8272
15	30,1320	35	70,3080	55	110,4840	75	150,6600	95	190,8360
16	32,1408	36	72,3168	56	112,4928	76	152,6688	96	192,8448
17	34,1496	37	74,3256	57	114,5016	77	154,6776	97	194,8536
18	36,1584	38	76,3344	58	116,5104	78	156,6864	98	196,8624
19	38,1672	39	78,3432	59	118,5192	79	158,6952	99	198,8712
20	40,1760	40	80,3520	60	120,5280	80	160,7040	100	200,8800

No. 57.

1 Franc für die Hectare thut 2,0426 Silbergroschen für den Preufsischen Morgen.

1	2,0426	21	42,8946	41	83,7466	61	124,5986	81	165,4506
2	4,0852	22	44,9372	42	85,7892	62	126,6412	82	167,4932
3	6,1278	23	46,9798	43	87,8318	63	128,6838	83	169,5358
4	8,1704	24	49,0224	44	89,8744	64	130,7264	84	171,5784
5	10,2130	25	51,0650	45	91,9170	65	132,7690	85	173,6210
6	12,2556	26	53,1076	46	93,9596	66	134,8116	86	175,6636
7	14,2982	27	55,1502	47	96,0022	67	136,8542	87	177,7062
8	16,3408	28	57,1928	48	98,0448	68	138,8968	88	179,7488
9	18,3834	29	59,2354	49	100,0874	69	140,9394	89	181,7914
10	20,4260	30	61,2780	50	102,1300	70	142,9820	90	183,8340
11	22,4686	31	63,3206	51	104,1726	71	145,0246	91	185,8766
12	24,5112	32	65,3632	52	106,2152	72	147,0672	92	187,9192
13	26,5538	33	67,4058	53	108,2578	73	149,1098	93	189,9618
14	28,5964	34	69,4484	54	110,3004	74	151,1524	94	192,0044
15	30,6390	35	71,4910	55	112,3430	75	153,1950	95	194,0470
16	32,6816	36	73,5336	56	114,3856	76	155,2376	96	196,0896
17	34,7242	37	75,5762	57	116,4282	77	157,2802	97	198,1322
18	36,7668	38	77,6188	58	118,4708	78	159,3228	98	200,1748
19	38,8094	39	79,6614	59	120,5134	79	161,3654	99	202,2174
20	40,8520	40	81,7040	60	122,5560	80	163,4080	100	204,2600

No. 58.

1 Silbergroschen für den Preufsischen Duodecimalfufs thut 0,398275 Franc für den Meter.

1	0,398275	21	8,363775	41	16,329275	61	24,294775	81	32,260275
2	0,796550	22	8,762050	42	16,727550	62	24,693050	82	32,658550
3	1,194825	23	9,160325	43	17,125825	63	25,091325	83	33,056825
4	1,593100	24	9,558600	44	17,524100	64	25,489600	84	33,455100
5	1,991375	25	9,956875	45	17,922375	65	25,887875	85	33,853375
6	2,389650	26	10,355150	46	18,320650	66	26,286150	86	34,251650
7	2,787925	27	10,753425	47	18,718925	67	26,684425	87	34,649925
8	3,186200	28	11,151700	48	19,117200	68	27,082700	88	35,048200
9	3,584475	29	11,549975	49	19,515475	69	27,480975	89	35,446475
10	3,982750	30	11,948250	50	19,913750	70	27,879250	90	35,844750
11	4,381025	31	12,346525	51	20,312025	71	28,277525	91	36,243025
12	4,779300	32	12,744800	52	20,710300	72	28,675800	92	36,641300
13	5,177575	33	13,143075	53	21,108575	73	29,074075	93	37,039575
14	5,575850	34	13,541350	54	21,506850	74	29,472350	94	37,437850
15	5,974125	35	13,939625	55	21,905125	75	29,870625	95	37,836125
16	6,372400	36	14,337900	56	22,303400	76	30,268900	96	38,234400
17	6,770675	37	14,736175	57	22,701675	77	30,667175	97	38,632675
18	7,168950	38	15,134450	58	23,099950	78	31,065450	98	39,030950
19	7,567225	39	15,532725	59	23,498225	79	31,463725	99	39,429225
20	7,965500	40	15,931000	60	23,896500	80	31,862000	100	39,827500

No. 59.

1 Thaler für die Preufsische Ruthe thut 0,99568 Franc für den Meter.

1	0,99568	21	20,90928	41	40,82288	61	60,73648	81	80,65008
2	1,99136	22	21,90496	42	41,81856	62	61,73216	82	81,64576
3	2,98704	23	22,90064	43	42,81424	63	62,72784	83	82,64144
4	3,98272	24	23,89632	44	43,80992	64	63,72352	84	83,63712
5	4,97840	25	24,89200	45	44,80560	65	64,71920	85	84,63280
6	5,97408	26	25,88768	46	45,80128	66	65,71488	86	85,62848
7	6,96976	27	26,88336	47	46,79696	67	66,71056	87	86,62416
8	7,96544	28	27,87904	48	47,79264	68	67,70624	88	87,61984
9	8,96112	29	28,87472	49	48,78832	69	68,70192	89	88,61552
10	9,95680	30	29,87040	50	49,78400	70	69,69760	90	89,61120
11	10,95248	31	30,86608	51	50,77968	71	70,69328	91	90,60688
12	11,94816	32	31,86176	52	51,77536	72	71,68896	92	91,60256
13	12,94384	33	32,85744	53	52,77104	73	72,68464	93	92,59824
14	13,93952	34	33,85312	54	53,76672	74	73,68032	94	93,59392
15	14,93520	35	34,84880	55	54,76240	75	74,67600	95	94,58960
16	15,93088	36	35,84448	56	55,75808	76	75,67163	96	95,58528
17	16,92656	37	36,84016	57	56,75376	77	76,66736	97	96,58096
18	17,92224	38	37,83584	58	57,74944	78	77,66304	98	97,57664
19	18,91792	39	38,83152	59	58,74512	79	78,65872	99	98,57232
20	19,91360	40	39,82720	60	59,74080	80	79,65440	100	99,56800

No. 60.

1 Kilogramm auf den Quadrat-Centimeter thut 14,5998 Preufsische Pfunde auf den Preufsischen Quadrat-Duodecimalzoll.

1	14,5998	21	306,5958	41	598,5918	61	890,5878	81	1182,5838
2	29,1996	22	321,1956	42	613,1916	62	905,1876	82	1197,1836
3	43,7994	23	335,7954	43	627,7914	63	919,7874	83	1211,7834
4	58,3992	24	350,3952	44	642,3912	64	934,3872	84	1226,3832
5	72,9990	25	364,9950	45	656,9910	65	948,9870	85	1240,9830
6	87,5988	26	379,5948	46	671,5908	66	963,5868	86	1255,5828
7	102,1986	27	394,1946	47	686,1906	67	978,1866	87	1270,1826
8	116,7984	28	408,7944	48	700,7904	68	992,7864	88	1284,7824
9	131,3982	29	423,3942	49	715,3902	69	1007,3862	89	1299,3822
10	145,9980	30	437,9940	50	729,9900	70	1021,9860	90	1313,9820
11	160,5978	31	452,5938	51	744,5898	71	1036,5858	91	1328,5818
12	175,1976	32	467,1936	52	759,1896	72	1051,1856	92	1343,1816
13	189,7974	33	481,7934	53	773,7894	73	1065,7854	93	1357,7814
14	204,3972	34	496,3932	54	788,3892	74	1080,3852	94	1372,3812
15	218,9970	35	510,9930	55	802,9890	75	1094,9850	95	1386,9810
16	233,5968	36	525,5928	56	817,5888	76	1109,5848	96	1401,5808
17	248,1966	37	540,1926	57	832,1886	77	1124,1846	97	1416,1806
18	262,7964	38	554,7924	58	846,7884	78	1138,7844	98	1430,7804
19	277,3962	39	569,3922	59	861,3882	79	1153,3842	99	1445,3802
20	291,9960	40	583,9920	60	875,9880	80	1167,9840	100	1459,9800

No. 61.

1 Kilogramm auf den Cubikmeter thut 0,06598 Preufsische Pfunde auf den Preufsischen Cubik-Duodecimalfufs.

1	0,06598	21	1,38558	41	2,70518	61	4,02478	81	5,34438
2	0,13196	22	1,45156	42	2,77116	62	4,09076	82	5,41036
3	0,19794	23	1,51754	43	2,83714	63	4,15674	83	5,47634
4	0,26392	24	1,58352	44	2,90312	64	4,22272	84	5,54232
5	0,32990	25	1,64950	45	2,96910	65	4,28870	85	5,60830
6	0,39588	26	1,71548	46	3,03508	66	4,35468	86	5,67428
7	0,46186	27	1,78146	47	3,10106	67	4,42066	87	5,74026
8	0,52784	28	1,84744	48	3,16704	68	4,48664	88	5,80624
9	0,59382	29	1,91342	49	3,23302	69	4,55262	89	5,87222
10	0,65980	30	1,97940	50	3,29900	70	4,61860	90	5,93820
11	0,72578	31	2,04538	51	3,36498	71	4,68458	91	6,00418
12	0,79176	32	2,11136	52	3,43096	72	4,75056	92	6,07016
13	0,85774	33	2,17734	53	3,49694	73	4,81654	93	6,13614
14	0,92372	34	2,24332	54	3,56292	74	4,88252	94	6,20212
15	0,98970	35	2,30930	55	3,62890	75	4,94850	95	6,26810
16	1,05568	36	2,37528	56	3,69488	76	5,01448	96	6,33408
17	1,12166	37	2,44126	57	3,76086	77	5,08046	97	6,40006
18	1,18764	38	2,50724	58	3,82684	78	5,14644	98	6,46604
19	1,25362	39	2,57322	59	3,89282	79	5,21242	99	6,53202
20	1,31960	40	2,63920	60	3,95880	80	5,27840	100	6,59800

No. 62.

1 Franc für das Kilogramm thut 3,748 Silbergroschen für das Preufsische Pfund.

1	3,748	21	78,708	41	153,668	61	228,628	81	303,588
2	7,496	22	82,456	42	157,416	62	232,376	82	307,336
3	11,244	23	86,204	43	161,164	63	236,124	83	311,084
4	14,992	24	89,952	44	164,912	64	239,872	84	314,832
5	18,740	25	93,700	45	168,660	65	243,620	85	318,580
6	22,488	26	97,448	46	172,408	66	247,368	86	322,328
7	26,236	27	101,196	47	176,156	67	251,116	87	326,076
8	29,984	28	104,944	48	179,904	68	254,864	88	329,824
9	33,732	29	108,692	49	183,652	69	258 612	89	333,572
10	37,480	30	112,440	50	187,400	70	262,360	90	337,320
11	41,228	31	116,188	51	191,148	71	266,108	91	341,068
12	44,976	32	119,936	52	194,896	72	269,856	92	344,816
13	48,724	33	123,684	53	198,644	73	273,604	93	348,564
14	52,472	34	127,432	54	202,392	74	277,352	94	352,312
15	56,220	35	131,180	55	206,140	75	281,100	95	356,060
16	59,968	36	134,928	56	209,888	76	284,848	96	359,808
17	63,716	37	138,676	57	213,636	77	288,596	97	363,556
18	67,464	38	142,424	58	217,384	78	292,344	98	367,304
19	71,212	39	146,172	59	221,132	79	296,092	99	371,052
20	74,960	40	149,920	60	224,880	80	299,840	100	374,800

No. 63.

1 Franc für 100 Kilogramm thut 4,24 Silbergroschen für den Preufsischen Centner.

1	4,24	21	89,04	41	173,84	61	258,64	81	343,44
2	8,48	22	93,28	42	178,08	62	262,88	82	347,68
3	12,72	23	97,52	43	182,32	63	267,12	83	351,92
4	16,96	24	101,76	44	186,56	64	271,36	84	356,16
5	21,20	25	106,00	45	190,80	65	275,60	85	360,40
6	25,44	26	110,24	46	195,04	66	279,84	86	364,64
7	29,68	27	114,48	47	199,28	67	284,08	87	368,88
8	33,92	28	118,72	48	203,52	68	288,32	88	373,12
9	38,16	29	122,96	49	207,76	69	292,56	89	377,36
10	42,40	30	127,20	50	212,00	70	296,80	90	381,60
11	46,64	31	131,44	51	216,24	71	301,04	91	385,84
12	50,88	32	135,68	52	220,48	72	305,28	92	390,08
13	55,12	33	139,92	53	224,72	73	309,52	93	394,32
14	59,36	34	144,16	54	228,96	74	313,76	94	398,56
15	63,60	35	148,40	55	233,20	75	318,00	95	402,80
16	67,84	36	152,64	56	237,44	76	322,24	96	407,04
17	72,08	37	156,88	57	241,68	77	326,48	97	411,28
18	76,32	38	161,12	58	245,92	78	330,72	98	415,52
19	80,56	39	165,36	59	250,16	79	334,96	99	419,76
20	84,80	40	169,60	60	254,40	80	339,20	100	424,00

No. 64.

1 Franc für 1000 Kilogramm auf der Kilometer thut 3,106 Silbergroschen für den Preufsischen Centner auf die Preufsische Meile.

1	3,106	21	65,226	41	127,346	61	189,466	81	251,586
2	6,212	22	68,332	42	130,452	62	192,572	82	254,692
3	9,318	23	71,438	43	133,558	63	195,678	83	257,798
4	12,424	24	74,544	44	136,664	64	198,784	84	260,904
5	15,530	25	77,650	45	139,770	65	201,890	85	264,010
6	18,636	26	80,756	46	142,876	66	204,996	86	267,116
7	21,742	27	83,862	47	145,982	67	208,102	87	270,222
8	24,848	28	86,968	48	149,088	68	211,208	88	273,328
9	27,954	29	90,074	49	152,194	69	214,314	89	276,434
10	31,060	30	93,180	50	155,300	70	217,420	90	279,540
11	34,166	31	96,286	51	158,406	71	220,526	91	282,646
12	37,272	32	99,392	52	161,512	72	223,632	92	285,752
13	40,378	33	102,498	53	164,618	73	226,738	93	288,858
14	43,484	34	105,604	54	167,724	74	229,844	94	291,964
15	46,590	35	108,710	55	170,830	75	232,950	95	295,070
16	49,696	36	111,816	56	173,936	76	236,056	96	298,176
17	52,802	37	114,922	57	177,042	77	239,162	97	301,282
18	55,908	38	118,028	58	180,148	78	242,268	98	304,388
19	59,014	39	121,134	59	183,254	79	245,374	99	307,494
20	62,120	40	124,240	60	186,360	80	248,480	100	310,600

No. 65.

1 Franc für 1000 Kilogramm auf die neue Lieue (4000 Meter) thut 9,318 Silberpfennige für den Preufsischen Centner auf die Preufsische Meile.

1	9,318	21	195,678	41	382,038	61	568,398	81	754,758
2	18,636	22	204,996	42	391,356	62	577,716	82	764,076
3	27,954	23	214,314	43	400,674	63	587,034	83	773,394
4	37,272	24	223,632	44	409,992	64	596,352	84	782,712
5	46,590	25	232,950	45	419,310	65	605,670	85	792,030
6	55,908	26	242,268	46	428,628	66	614,988	86	801,348
7	65,226	27	251,586	47	437,946	67	624,306	87	810,666
8	74,544	28	260,904	48	447,264	68	633,624	88	819,984
9	83,862	29	270,222	49	456,582	69	642,942	89	829,302
10	93,180	30	279,540	50	465,900	70	652,260	90	838,620
11	102,498	31	288,858	51	475,218	71	661,578	91	847,938
12	111,816	32	298,176	52	484,536	72	670,896	92	857,256
13	121,134	33	307,494	53	493,854	73	680,214	93	866,574
14	130,452	34	316,812	54	503,172	74	689,532	94	875,892
15	139,770	35	326,130	55	512,490	75	698,850	95	885,210
16	149,088	36	335,448	56	521,808	76	708,168	96	894,528
17	158,406	37	344,766	57	531,126	77	717,486	97	903,846
18	167,724	38	354,084	58	540,444	78	726,804	98	913,164
19	177,042	39	363,402	59	549,762	79	736,122	99	922,482
20	186,360	40	372,720	60	559,080	80	745,440	100	931,800

No. 66.

1 Englischer Cubik-Yard ist gleich 24,7297 Preufsische Cubik-Duodecimalfufs.

Ungefähr sind 4 C. Y. = 99 C. F., 37 C. Y. = 915 C. F.

1	24,7297	21	519,3237	41	1013,9177	61	1508,5117	81	2003,1057
2	49,4594	22	544,0534	42	1038,6474	62	1533,2414	82	2027,8354
3	74,1891	23	568,7831	43	1063,3771	63	1557,9711	83	2052,5651
4	98,9188	24	593,5128	44	1088,1068	64	1582,7008	84	2077,2948
5	123,6485	25	618,2425	45	1112,8365	65	1607,4305	85	2102,0245
6	148,3782	26	642,9722	46	1137,5662	66	1632,1602	86	2126,7542
7	173,1079	27	667,7019	47	1162,2959	67	1656,8899	87	2151,4839
8	197,8376	28	692,4316	48	1187,0256	68	1681,6196	88	2176,2136
9	222,5673	29	717,1613	49	1211,7553	69	1706,3493	89	2200,9433
10	247,2970	30	741,8910	50	1236,4850	70	1731,0790	90	2225,6730
11	272,0267	31	766,6207	51	1261,2147	71	1755,8087	91	2250,4027
12	296,7564	32	791,3504	52	1285,9444	72	1780,5384	92	2275,1324
13	321,4861	33	816,0801	53	1310,6741	73	1805,2681	93	2299,8621
14	346,2158	34	840,8098	54	1335,4038	74	1829,9978	94	2324,5918
15	370,9455	35	865,5395	55	1360,1335	75	1854,7275	95	2349,3215
16	395,6752	36	890,2692	56	1384,8632	76	1879,4572	96	2374,0512
17	420,4049	37	914,9989	57	1409,5929	77	1904,1869	97	2398,7809
18	445,1346	38	939,7286	58	1434,3226	78	1928,9166	98	2423,5102
19	469,8643	39	964,4583	59	1459,0523	79	1953,6463	99	2448,2403
20	494,5940	40	989,1880	60	1483,7820	80	1978,3760	100	2472,9700

No. 67.

1 Englischer Cubik-Yard ist gleich 0,17173 Preufsische Schachtruthen.

Ungefähr sind 6 C. Y. = 1 Sch. R., 35 C. Y. = 6 Sch. R., 64 C. Y. = 11 Sch. R., 99 C. Y. = 17 Sch. R.

1	0,17173	21	3,60633	41	7,04093	61	10,47553	81	13,91013
2	0,34346	22	3,77806	42	7,21266	62	10,64726	82	14,08186
3	0,51519	23	3,94979	43	7,38439	63	10,81899	83	14,25359
4	0,68692	24	4,12152	44	7,55612	64	10,99072	84	14,42532
5	0,85865	25	4,29325	45	7,72785	65	11,16245	85	14,59705
6	1,03038	26	4,46498	46	7,89958	66	11,33418	86	14,76878
7	1,20211	27	4,63671	47	8,07131	67	11,50591	87	14,94051
8	1,37384	28	4,80844	48	8,24304	68	11,67764	88	15,11224
9	1,54557	29	4,98017	49	8,41477	69	11,84937	89	15,28397
10	1,71730	30	5,15190	50	8,58650	70	12,02110	90	15,45570
11	1,88903	31	5,32363	51	8,75823	71	12,19283	91	15,62743
12	2,06076	32	5,49536	52	8,92996	72	12,36456	92	15,79916
13	2,23249	33	5,66709	53	9,10169	73	12,53629	93	15,97089
14	2,40422	34	5,83882	54	9,27342	74	12,70802	94	16,14262
15	2,57595	35	6,01055	55	9,44515	75	12,87975	95	16,31435
16	2,74768	36	6,18228	56	9,61688	76	13,05148	96	16,48608
17	2,91941	37	6,35401	57	9,78861	77	13,22321	97	16,65781
18	3,09114	38	6,52574	58	9,96034	78	13,39494	98	16,82954
19	3,26287	39	6,69747	59	10,13207	79	13,56667	99	17,00127
20	3,43460	40	6,86920	60	10,30380	80	13,73840	100	17,17300

No. 68.

1 Englischer Acre ist gleich 1,5846 Preufsische Morgen.

Ungefähr sind 7 A. = 11 M., 12 A. = 19 M., 65 A. = 103 M.

1	1,5846	21	33,2766	41	64,9686	61	96,6606	81	128,3526
2	3,1692	22	34,8612	42	66,5532	62	98,2452	82	129,9372
3	4,7538	23	36,4458	43	68,1378	63	99,8298	83	131,5218
4	6,3384	24	38,0304	44	69,7224	64	101,4144	84	133,1064
5	7,9230	25	39,6150	45	71,3070	65	102,9990	85	134,6910
6	9,5076	26	41,1996	46	72,8916	66	104,5836	86	136,2756
7	11,0922	27	42,7842	47	74,4762	67	106,1682	87	137,8602
8	12,6768	28	44,3688	48	76,0608	68	107,7528	88	139,4448
9	14,2614	29	45,9534	49	77,6454	69	109,3374	89	141,0294
10	15,8460	30	47,5380	50	79,2300	70	110,9220	90	142,6140
11	17,4306	31	49,1226	51	80,8146	71	112,5066	91	144,1986
12	19,0152	32	50,7072	52	82,3992	72	114,0912	92	145,7832
13	20,5998	33	52,2918	53	83,9838	73	115,6758	93	147,3678
14	22,1844	34	53,8764	54	85,5684	74	117,2604	94	148,9524
15	23,7690	35	55,4610	55	87,1530	75	118,8450	95	150,5370
16	25,3536	36	57,0456	56	88,7376	76	120,4296	96	152,1216
17	26,9382	37	58,6302	57	90,3222	77	122,0142	97	153,7062
18	28,5228	38	60,2148	58	91,9068	78	123,5988	98	155,2908
19	30,1074	39	61,7994	59	93,4914	79	125,1834	99	156,8754
20	31,6920	40	63,3840	60	95,0760	80	126,7680	100	158,4600

No. 69.

1 Americanische Tonne ist gleich 17,5986 Preufsische Centner.

Ungefähr sind 5 T. = 88 Ctr.

1	17,5986	21	369,5706	41	721,5426	61	1073,5146	81	1425,4866
2	35,1972	22	387,1692	42	739,1412	62	1091,1132	82	1443,0852
3	52,7958	23	404,7678	43	756,7398	63	1108,7118	83	1460,6838
4	70,3944	24	422,3664	44	774,3384	64	1126,3104	84	1478,2824
5	87,9930	25	439,9650	45	791,9370	65	1143,9090	85	1495,8810
6	105,5916	26	457,5636	46	809,5356	66	1161,5076	86	1513,4796
7	123,1902	27	475,1622	47	827,1342	67	1179,1062	87	1531,0782
8	140,7888	28	492,7608	48	844,7328	68	1196,7048	88	1548,6768
9	158,3874	29	510,3594	49	862,3314	69	1214,3034	89	1566,2754
10	175,9860	30	527,9580	50	879,9300	70	1231,9020	90	1583,8740
11	193,5846	31	545,5566	51	897,5286	71	1249,5006	91	1601,4726
12	211,1832	32	563,1552	52	915,1272	72	1267,0992	92	1619,0712
13	228,7818	33	580,7538	53	932,7258	73	1284,6978	93	1636,6698
14	246,3804	34	598,3524	54	950,3244	74	1302,2964	94	1654,2684
15	263,9790	35	615,9510	55	967,9230	75	1319,8950	95	1671,8670
16	281,5776	36	633,5496	56	985,5216	76	1337,4936	96	1689,4656
17	299,1762	37	651,1482	57	1003,1202	77	1355,0922	97	1707,0642
18	316,7748	38	668,7468	58	1020,7188	78	1372,6908	98	1724,6628
19	334,3734	39	686,3454	59	1038,3174	79	1390,2894	99	1742,2614
20	351,9720	40	703,9440	60	1055,9160	80	1407,8880	100	1759,8600

No. 70.

1 Englischer Gallon ist gleich 253,958 Preufsische Cubik-Duodecimalzolle.

Ungefähr sind 1 G. = 254 C. Z., 24 G. = 6095 C. Z.

1	253,958	21	5333,118	41	10412,278	61	15491,438	81	20570,598
2	507,916	22	5587,076	42	10666,236	62	15745,396	82	20824,556
3	761,874	23	5841,034	43	10920,194	63	15999,354	83	21078,514
4	1015,832	24	6094,992	44	11174,152	64	16253,312	84	21332,472
5	1269,790	25	6348,950	45	11428,110	65	16507,270	85	21586,430
6	1523,748	26	6602,908	46	11682,068	66	16761,228	86	21840,388
7	1777,706	27	6856,866	47	11936,026	67	17015,186	87	22094,346
8	2031,664	28	7110,824	48	12189,984	68	17269,144	88	22348,304
9	2285,622	29	7364,782	49	12443,942	69	17523,102	89	22602,262
10	2539,580	30	7618,740	50	12697,900	70	17777,060	90	22856,220
11	2793,538	31	7872,698	51	12951,858	71	18031,018	91	23110,178
12	3047,496	32	8126,656	52	13205,816	72	18284,976	92	23364,136
13	3301,454	33	8380,614	53	13459,774	73	18538,934	93	23618,094
14	3555,412	34	8634,572	54	13713,732	74	18792,892	94	23872,052
15	3809,370	35	8888,530	55	13967,690	75	19046,850	95	24126,010
16	4063,328	36	9142,488	56	14221,648	76	19300,808	96	24379,968
17	4317,286	37	9396,446	57	14475,606	77	19554,766	97	24633,926
18	4571,244	38	9650,404	58	14729,564	78	19808,724	98	24887,884
19	4825,202	39	9904,362	59	14983,522	79	20062,682	99	25141,842
20	5079,160	40	10158,320	60	15237,480	80	20316,640	100	25395,800

No. 71.

1 Englischer Gallon ist gleich 3,968 Preufsische Quart.

Ungefähr sind 1 G. = 4 Q., 31 G. = 123 Q.

1	3,968	21	83,328	41	162,688	61	242,048	81	321,408
2	7,936	22	87,296	42	166,656	62	246,016	82	325,376
3	11,904	23	91,264	43	170,624	63	249,984	83	329,344
4	15,872	24	95,232	44	174,592	64	253,952	84	333,312
5	19,840	25	99,200	45	178,560	65	257,920	85	337,280
6	23,808	26	103,168	46	182,528	66	261,888	86	341,248
7	27,776	27	107,136	47	186,496	67	265,856	87	345,216
8	31,744	28	111,104	48	190,464	68	269,824	88	349,184
9	35,712	29	115,072	49	194,432	69	273,792	89	353,152
10	39,680	30	119,040	50	198,400	70	277,760	90	357,120
11	43,648	31	123,008	51	202,368	71	281,728	91	361,088
12	47,616	32	126,976	52	206,336	72	285,696	92	365,056
13	51,584	33	130,944	53	210,304	73	289,664	93	369,024
14	55,552	34	134,912	54	214,272	74	293,632	94	372,992
15	59,520	35	138,880	55	218,240	75	297,600	95	376,960
16	63,488	36	142,848	56	222,208	76	301,568	96	380,928
17	67,456	37	146,816	57	226,176	77	305,536	97	384,896
18	71,424	38	150,784	58	230,144	78	309,504	98	388,864
19	75,392	39	154,752	59	234,112	79	313,472	99	392,832
20	79,360	40	158,720	60	238,080	80	317,440	100	396,800

No 72.

1 Englischer Bushel (8 Gallons) ist gleich 1,1757 Preufs. Cubik-Duodecimalfufs.

Ungefähr sind 17 B. = 20 C. F., 74 B. = 87 C. F.

1	1,1757	21	24,6897	41	48,2037	61	71,7177	81	95,2317
2	2,3514	22	25,8654	42	49,3794	62	72,8934	82	96,4074
3	3,5271	23	27,0411	43	50,5551	63	74,0691	83	97,5831
4	4,7028	24	28,2168	44	51,7308	64	75,2448	84	98,7588
5	5,8785	25	29,3925	45	52,9065	65	76,4205	85	99,9345
6	7,0542	26	30,5682	46	54,0822	66	77,5962	86	101,1102
7	8,2299	27	31,7439	47	55,2579	67	78,7719	87	102,2859
8	9,4056	28	32,9196	48	56,4336	68	79,9476	88	103,4616
9	10,5813	29	34,0953	49	57,6093	69	81,1233	89	104,6373
10	11,7570	30	35,2710	50	58,7850	70	82,2990	90	105,8130
11	12,9327	31	36,4467	51	59,9607	71	83,4747	91	106,9887
12	14,1084	32	37,6224	52	61,1364	72	84,6504	92	108,1644
13	15,2841	33	38,7981	53	62,3121	73	85,8261	93	109,3401
14	16,4598	34	39,9738	54	63,4878	74	87,0018	94	110,5158
15	17,6355	35	41,1495	55	64,6635	75	88,1775	95	111,6915
16	18,8112	36	42,3252	56	65,8392	76	89,3532	96	112,8672
17	19,9869	37	43,5009	57	67,0149	77	90,5289	97	114,0429
18	21,1626	38	44,6766	58	68,1906	78	91,7046	98	115,2186
19	22,3383	39	45,8523	59	69,3663	79	92,8803	99	116,3943
20	23,5140	40	47,0280	60	70,5420	80	94,0560	100	117,5700

No. 73.

1 Englischer Quarter (8 Bushels) ist gleich 5,2908 Preufsische Scheffel.

Ungefähr sind 7 Q. = 37 Sch., 17 Q. = 90 Sch., 31 Q. = 164 Sch., 86 Q. = 455 Sch.

1	5,2908	21	111,1068	41	216,9228	61	322,7388	81	428,5548
2	10,5816	22	116,3976	42	222,2136	62	328,0296	82	433,8456
3	15,8724	23	121,6884	43	227,5044	63	333,3204	83	439,1364
4	21,1632	24	126,9792	44	232,7952	64	338,6112	84	444,4272
5	26,4540	25	132,2700	45	238,0860	65	343,9020	85	449,7180
6	31,7448	26	137,5608	46	243,3768	66	349,1928	86	455,0088
7	37,0356	27	142,8516	47	248,6676	67	354,4836	87	460,2996
8	42,3264	28	148,1424	48	253,9584	68	359,7744	88	465,5904
9	47,6172	29	153,4332	49	259,2492	69	365,0652	89	470,8812
10	52,9080	30	158,7240	50	264,5400	70	370,3560	90	476,1720
11	58,1988	31	164,0148	51	269,8308	71	375,6468	91	481,4628
12	63,4896	32	169,3056	52	275,1216	72	380,9376	92	486,7536
13	68,7804	33	174,5964	53	280,4124	73	386,2284	93	492,0444
14	74,0712	34	179,8872	54	285,7032	74	391,5192	94	497,3352
15	79,3620	35	185,1780	55	290,9940	75	396,8100	95	502,6260
16	84,6528	36	190,4688	56	296,2848	76	402,1008	96	507,9168
17	89,9436	37	195,7596	57	301,5756	77	407,3916	97	513,2076
18	95,2344	38	201,0504	58	306,8664	78	412,6824	98	518,4984
19	100,5252	39	206,3412	59	312,1572	79	417,9732	99	523,7892
20	105,8160	40	211,6320	60	317,4480	80	423,2640	100	529,0800

No. 74.

1 Englischer Chaldron ist gleich 29,75 Preufsische Scheffel.

Ungefähr sind 4 Ch. = 119 Sch.

1	29,75	21	624,75	41	1219,75	61	1814,75	81	2409,75
2	59,50	22	654,50	42	1249,50	62	1844,50	82	2439,50
3	89,25	23	684,25	43	1279,25	63	1874,25	83	2469,25
4	119,00	24	714,00	44	1609,00	64	1904,00	84	2899,00
5	148,75	25	743,75	45	1338,75	65	1933,75	85	2528,75
6	178,50	26	773,50	46	1368,50	66	1963,50	86	2558,50
7	208,25	27	803,25	47	1398,25	67	1993,25	87	2588,25
8	238,00	28	833,00	48	1428,00	68	2023,00	88	2618,00
9	267,75	29	862,75	49	1457,75	69	2052,75	89	2647,75
10	297,50	30	892,50	50	1487,50	70	2082,50	90	2677,50
11	327,25	31	922,25	51	1517,25	71	2112,25	91	2707,25
12	357,00	32	952,00	52	1547,00	72	2142,00	92	2737,00
13	386,75	33	981,75	53	1576,75	73	2171,75	93	2766,75
14	416,50	34	1011,50	54	1606,50	74	2201,50	94	2796,50
15	446,25	35	1041,25	55	1636,25	75	2231,25	95	2826,25
16	476,00	36	1071,00	56	1666,00	76	2261,00	96	2856,00
17	505,75	37	1100,75	57	1695,75	77	2290,75	97	2885,75
18	535,50	38	1130,50	58	1725,50	78	2320,50	98	2915,50
19	565,25	39	1160,25	59	1755,25	79	2350,25	99	2945,25
20	595,00	40	1190,00	60	1785,00	80	2380,00	100	2975,00

No. 75

1 Englisches Pfund auf den Englischen Yard thut 0,33222 Preufsische Pfunde auf den Preufsischen Duodecimalfufs.

1	0,33222	21	6,97662	41	136,2102	61	202,6542	81	269,0982
2	9,66444	22	7,30884	42	139,5324	62	205,9764	82	272,4204
3	0,99666	23	7,64106	43	142,8546	63	209,2986	83	275,7426
4	1,32888	24	7,97328	44	146,1768	64	212,6208	84	279,0648
5	1,66110	25	8,30550	45	149,4990	65	215,9430	85	282,3870
6	1,99332	26	8,63772	46	152,8212	66	219,2652	86	285,7092
7	2,32554	27	8,96994	47	156,1434	67	222,5874	87	289,0314
8	2,65776	28	9,30216	48	159,4656	68	225,9096	88	292,3536
9	2,98998	29	9,63438	49	162,7878	69	229,2318	89	295,6758
10	3,32220	30	9,96660	50	166,1100	70	232,5540	90	298,9980
11	3,65442	31	102,9882	51	169,4322	71	235,8762	91	302,3202
12	3,98664	32	106,3104	52	172,7544	72	239,1984	92	305,6424
13	4,31886	33	109,6326	53	176,0766	73	242,5206	93	308,9646
14	4,65108	34	112,9548	54	179,3988	74	245,8428	94	312,2868
15	4,98330	35	116,2770	55	182,7210	75	249,1650	95	315,6090
16	5,31552	36	119,5992	56	186,0432	76	252,4872	96	318,9312
17	5,64774	37	122,9214	57	189,3654	77	255,8094	97	322,2534
18	5,97996	38	126,2436	58	192,6876	78	239,1316	98	325,5756
19	6,31218	39	129,5658	59	196,0098	79	262,4538	99	328,8978
20	6,64440	40	132,8880	60	199,3320	80	265,7760	100	332,2200

No. 76.

1 Americanischer Dollar für die Englische oder Americanische Meile thut 6,65668 Preufsische Thaler für die Preufsische Meile.

1	6,65668	21	139,79028	41	272,92388	61	406,05748	81	539,19108
2	13,31336	22	146,44696	42	279,58056	62	412,71416	82	545,84776
3	19,97004	23	153,10364	43	286,23724	63	419,37084	83	552,50444
4	26,62672	24	159,76032	44	292,89392	64	426,02752	84	559,16112
5	33,28340	25	166,41700	45	299,55060	65	432,68420	85	565,81780
6	39,94008	26	173,07368	46	306,20728	66	439,34088	86	572,47448
7	46,59676	27	179,73036	47	312,86396	67	445,99756	87	579,13116
8	53,25344	28	186,38704	48	319,52064	68	452,65424	88	585,78784
9	59,91012	29	193,04372	49	326,17732	69	459,31092	89	592,44452
10	66,56680	30	199,70040	50	332,83400	70	465,96760	90	599,10120
11	73,22348	31	206,35708	51	339,49068	71	472,62428	91	605,75788
12	79,88016	32	213,01376	52	346,14736	72	479,28096	92	612,41456
13	86,53684	33	219,67044	53	352,80404	73	485,93764	93	619,07124
14	93,19352	34	226,32712	54	359,46072	74	492,59432	94	625,72792
15	99,85020	35	232,98380	55	366,11740	75	499,25100	95	632,38460
16	106,50688	36	239,64048	56	372,77408	76	505,90768	96	639,04128
17	113,16356	37	246,29716	57	379,43076	77	512,56436	97	645,69796
18	119,82024	38	252,95384	58	386,08744	78	519,22104	98	652,35464
19	126,47692	39	259,61052	59	392,74412	79	525,87772	99	659,01132
20	133,13360	40	266,26720	60	399,40080	80	532,53440	100	665,66800

No. 77.

1 Americanischer Dollar für die Americanische Tonne auf die Americanische Meile thut 11,348 Silberpfennige für den Preufsischen Centner auf die Preufsische Meile.

1	11,348	21	238,308	41	465,268	61	692,228	81	919,188
2	22,696	22	249,656	42	476,616	62	703,576	82	930,536
3	34,044	23	261,004	43	487,964	63	714,924	83	941,884
4	45,392	24	272,352	44	499,312	64	726,272	84	953,232
5	56,740	25	283,700	45	510,660	65	737,620	85	964,580
6	68,088	26	295,048	46	522,008	66	748,968	86	975,928
7	79,436	27	306,396	47	533,356	67	760,316	87	987,276
8	90,784	28	317,744	48	544,704	68	771,664	88	998,624
9	102,132	29	329,092	49	556,052	69	783,012	89	1009,972
10	113,480	30	340,440	50	567,400	70	794,360	90	1021,320
11	124,828	31	351,788	51	578,748	71	805,708	91	1032,668
12	136,176	32	363,136	52	590,096	72	817,056	92	1044,016
13	147,524	33	374,484	53	601,444	73	828,404	93	1055,364
14	158,872	34	385,832	54	612,792	74	839,752	94	1066,712
15	170,220	35	397,180	55	624,140	75	851,100	95	1078,060
16	181,568	36	408,528	56	635,488	76	862,448	96	1089,408
17	192,916	37	419,876	57	646,836	77	873,796	97	1100,756
18	204,264	38	431,224	58	658,184	78	885,144	98	1112,104
19	215,612	39	442,572	59	669,532	79	896,492	99	1123,452
20	226,960	40	453,920	60	680,880	80	907,840	100	1134,800

No. 78.

1 Americanischer Cent für die Americanische Tonne auf die Americanische Meile thut 1,3618 Silberpfennige für den Preufsischen Centner auf die Preufsische Meile.

1	1,3618	21	28,5978	41	55,8338	61	83,0698	81	110,3058
2	2,7236	22	29,9596	42	57,1956	62	84,4316	82	111,6676
3	4,0854	23	31,3214	43	58,5574	63	85,7934	83	113,0294
4	5,4472	24	32,6832	44	59,9192	64	87,1552	84	114,3912
5	6,8090	25	34,0450	45	61,2810	65	88,5170	85	115,7530
6	8,1708	26	35,4068	46	62,6428	66	89,8788	86	117,1148
7	9,5326	27	36,7686	47	64,0046	67	91,2406	87	118,4766
8	10,8944	28	38,1304	48	65,3664	68	92,6024	88	119,8384
9	12,2562	29	39,4922	49	66,7282	69	93,9642	89	121,2002
10	13,6180	30	40,8540	50	68,0900	70	95,3260	90	122,5620
11	14,9798	31	42,2158	51	69,4518	71	96,6878	91	123,9238
12	16,3416	32	43,5776	52	70,8136	72	98,0496	92	125,2856
13	17,7034	33	44,9394	53	72,1754	73	99,4114	93	126,6474
14	19,0652	34	46,3012	54	73,5372	74	100,7732	94	128,0092
15	20,4270	35	47,6630	55	74,8990	75	102,1350	95	129,3710
16	21,7888	36	49,0248	56	76,2608	76	103,4968	96	130,7328
17	23,1506	37	50,3866	57	77,6226	77	104,8586	97	132,0946
18	24,5124	38	51,7484	58	78,9844	78	106,2204	98	133,4564
19	25,8742	39	53,1102	59	80,3462	79	107,5822	99	134,8182
20	27,2360	40	54,4720	60	81,7080	80	108,9440	100	136,1800

No. 79.

1 Americanischer Dollar ist gleich 42,6666 Silbergroschen.

3 Dollar sind 4 Thaler und 8 Sgr.

1	42,6666	21	895,9986	41	1749,3306	61	2602,6626	81	3455,9946
2	85,3332	22	938,6652	42	1791,9972	62	2645,3292	82	3498,6612
3	127,9998	23	981,3318	43	1834,6638	63	2687,9958	83	3541,3278
4	170,6664	24	1023,9984	44	1877,3304	64	2730,6624	84	3583,9944
5	213,3330	25	1066,6650	45	1919,9970	65	2773,3290	85	3626,6610
6	255,9996	26	1109,3316	46	1962,6636	66	2815,9956	86	3669,3276
7	298,6662	27	1151,9982	47	2005,3302	67	2858,6622	87	3711,9942
8	341,3328	28	1194,6648	48	2047,9968	68	2901,3288	88	3754,6608
9	383,9994	29	1237,3314	49	2090,6634	69	2943,9954	89	3797,3274
10	426,6660	30	1279,9980	50	2133,3300	70	2986,6620	90	3839,9940
11	469,3326	31	1322,6646	51	2175,9966	71	3029,3286	91	3882,6606
12	511,9992	32	1365,3312	52	2218,6632	72	3071,9952	92	3925,3272
13	554,6658	33	1407,9978	53	2261,3298	73	3114,6618	93	3967,9938
14	597,3324	34	1450,6644	54	2303,9964	74	3157,3284	94	4010,6604
15	639,9990	35	1493,3310	55	2346,6630	75	3199,9950	95	4053,3270
16	682,6656	36	1535,9976	56	2389,3296	76	3242,6616	96	4095,9936
17	725,3322	37	1578,6642	57	2431,9962	77	3285,3282	97	4138,6602
18	767,9988	38	1621,3308	58	2474,6628	78	3327,9948	98	4181,3268
19	810,6654	39	1663,9974	59	2517,3294	79	3370,6614	99	4223,9934
20	853,3320	40	1706,6640	60	2559,9960	80	3413,3280	100	4266,6600

No. 80.

1 Americanischer Cent für den Americanischen Cubik-Yard thut 2,484 Silbergroschen für die Preufsische Schachtruthe.

1	2,484	21	52,164	41	101,844	61	151,524	81	201,204
2	4,968	22	54,648	42	104,328	62	154,008	82	203,688
3	7,452	23	57,132	43	106,812	63	156,492	83	206,172
4	9,936	24	59,616	44	109,296	64	158,976	84	208,656
5	12,420	25	62,100	45	111,780	65	161,460	85	211,140
6	14,904	26	64,584	46	114,264	66	163,944	86	213,624
7	17,388	27	67,068	47	116,748	67	166,428	87	216,108
8	19,872	28	69,552	48	119,232	68	168,912	88	218,592
9	22,356	29	72,036	49	121,716	69	171,396	89	221,076
10	24,840	30	74,520	50	124,200	70	173,880	90	223,560
11	27,324	31	77,004	51	126,684	71	176,364	91	226,044
12	29,808	32	79,488	52	129,168	72	178,848	92	228,528
13	32,292	33	81,972	53	131,652	73	181,332	93	231,012
14	34,776	34	84,456	54	134,136	74	183,816	94	233,496
15	37,260	35	86,940	55	136,620	75	186,300	95	235,980
16	39,744	36	89,424	56	139,104	76	188,784	96	238,464
17	42,228	37	91,908	57	141,588	77	191,268	97	240,948
18	44,712	38	94,392	58	144,072	78	193,752	98	243,432
19	47,196	39	96,876	59	146,556	79	196,236	99	245,916
20	49,680	40	99,360	60	149,040	80	198,720	100	248,400

No. 81.

1 Franc für die Englische Meile thut 37,4444 Silbergroschen für die Preufsische Meile.

1	37,4444	21	786,3324	41	1535,2204	61	2284,1084	81	3032,9964
2	74,8888	22	823,7768	42	1572,6648	62	2321,5528	82	3070,4408
3	112,3332	23	861,2212	43	1610,1092	63	2358,9972	83	3107,8852
4	149,7776	24	898,6656	44	1647,5536	64	2396,4416	84	3145,3296
5	187,2220	25	936,1100	45	1684,9980	65	2433,8860	85	3182,7740
6	224,6664	26	973,5544	46	1722,4424	66	2471,3304	86	3220,2184
7	262,1108	27	1010,9988	47	1759,8868	67	2508,7748	87	3257,6628
8	299,5552	28	1048,4432	48	1797,3312	68	2546,2192	88	3295,1072
9	336,9996	29	1085,8876	49	1834,7756	69	2583,6636	89	3332,5516
10	374,4440	30	1123,3320	50	1872,2200	70	2621,1080	90	3369,9960
11	411,8884	31	1160,7764	51	1909,6644	71	2658,5524	91	3407,4404
12	449,3328	32	1198,2208	52	1947,1088	72	2695,9968	92	3444,8848
13	486,7772	33	1235,6652	53	1984,5532	73	2733,4412	93	3482,3292
14	524,2216	34	1273,1096	54	2021,9976	74	2770,8856	94	3519,7736
15	561,6660	35	1310,5540	55	2059,4420	75	2808,3300	95	3557,2180
16	599,1104	36	1347,9984	56	2096,8864	76	2845,7744	96	3594,6624
17	636,5548	37	1385,4428	57	2134,3308	77	2883,2188	97	3632,1068
18	673,9992	38	1422,8872	58	2171,7752	78	2920,6632	98	3669,5512
19	711,4436	39	1460,3316	59	2209,2196	79	2958,1076	99	3706,9956
20	748,8880	40	1497,7760	60	2246,6640	80	2995,5520	100	3744,4400

No. 82.

1 Holländischer Gulden ($16\frac{2}{3}$ Gulden) für die Holländische Elle (den Meter) thut 2,0925 Thaler für die Preufsische Ruthe.

1	2,0925	21	43,9425	41	85,7925	61	127,6425	81	169,4925
2	4,1850	22	46,0350	42	87,8850	62	129,7350	82	171,5850
3	6,2775	23	48,1275	43	89,9775	63	131,8275	83	173,6775
4	8,3700	24	50,2200	44	92,0700	64	133,9200	84	175,7700
5	10,4625	25	52,3125	45	94,1625	65	136,0125	85	177,8625
6	12,5550	26	54,4050	46	96,2550	66	138,1050	86	179,9550
7	14,6475	27	56,4975	47	98,3475	67	140,1975	87	182,0475
8	16,7400	28	58,5900	48	100,4400	68	142,2900	88	184,1400
9	18,8325	29	60,6825	49	102,5325	69	144,3825	89	186,2325
10	20,9250	30	62,7750	50	104,6250	70	146,4750	90	188,3250
11	23,0175	31	64,8675	51	106,7175	71	148,5675	91	190,4175
12	25,1100	32	66,9600	52	108,8100	72	150,6600	92	192,5100
13	27,2025	33	69,0525	53	110,9025	73	152,7525	93	194,6025
14	29,2950	34	71,1450	54	112,9950	74	154,8450	94	196,6950
15	31,3875	35	73,2375	55	115,0875	75	156,9375	95	198,7875
16	33,4800	36	75,3300	56	117,1800	76	159,0300	96	200,8800
17	35,5725	37	77,4225	57	119,2725	77	161,1225	97	202,9725
18	37,6650	38	79,5150	58	121,3650	78	163,2150	98	205,0650
19	39,7575	39	81,6075	59	123,4575	79	165,3075	99	207,1575
20	41,8500	40	83,7000	60	125,5500	80	167,4000	100	209,2500

No. 83.

1 Holländischer Gulden für die Holländische Quadrat-Elle thut 7,8802 Thaler für die Preufsische Quadratruthe.

1	7,8802	21	165,4842	41	323,0882	61	480,6922	81	638,2962
2	15,7604	22	173,3644	42	330,9684	62	488,5724	82	646,1764
3	23,6406	23	181,2446	43	338,8486	63	496,4526	83	654,0566
4	31,5208	24	189,1248	44	346,7288	64	504,3328	84	661,9368
5	39,4010	25	197,0050	45	354,6090	65	512,2130	85	669,8170
6	47,2812	26	204,8852	46	362,4892	66	520,0932	86	677,6972
7	55,1614	27	212,7654	47	370,3694	67	527,9734	87	685,5774
8	63,0416	28	220,6456	48	378,2496	68	535,8536	88	693,4576
9	70,9218	29	228,5258	49	386,1298	69	543,7338	89	701,3378
10	78,8020	30	236,4060	50	394,0100	70	551,6140	90	709,2180
11	86,6822	31	244,2862	51	401,8902	71	559,4942	91	717,0982
12	94,5624	32	252,1664	52	409,7704	72	567,3744	92	724,9784
13	102,4426	33	260,0466	53	417,6506	73	575,2546	93	732,8586
14	110,3228	34	267,9268	54	425,5308	74	583,1348	94	740,7388
15	118,2030	35	275,8070	55	433,4110	75	591,0150	95	748,6190
16	126,0832	36	283,6872	56	441,2912	76	598,8952	96	756,4992
17	133,9634	37	291,5674	57	449,1714	77	606,7754	97	764,3794
18	141,8436	38	299,4476	58	457,0516	78	614,6556	98	772,2596
19	149,7238	39	307,3278	59	464,9318	79	622,5358	99	780,1398
20	157,6040	40	315,2080	60	472,8120	80	630,4160	100	788,0200

No. 84.

1 Holländischer Gulden für die Holländische Cubik-Elle thut 2,4735 Thaler für die Preufsische Schachtruthe.

1	2,4735	21	51,9435	41	101,4135	61	150,8835	81	200,3535
2	4,9470	22	54,4170	42	103,8870	62	153,3570	82	202,8270
3	7,4205	23	56,8905	43	106,3605	63	155,8305	83	205,3005
4	9,8940	24	59,3640	44	108,8340	64	158,3040	84	207,7740
5	12,3675	25	61,8375	45	111,3075	65	160,7775	85	210,2475
6	14,8410	26	64,3110	46	113,7810	66	163,2510	86	212,7210
7	17,3145	27	66,7845	47	116,2545	67	165,7245	87	215,1945
8	19,7880	28	69,2580	48	118,7280	68	168,1980	88	217,6680
9	22,2615	29	71,7315	49	121,2015	69	170,6715	89	220,1415
10	24,7350	30	74,2050	50	123,6750	70	173,1450	90	222,6150
11	27,2085	31	76,6785	51	126,1485	71	175,6185	91	225,0885
12	29,6820	32	79,1520	52	128,6220	72	178,0920	92	227,5620
13	32,1555	33	81,6255	53	131,0955	73	180,5655	93	230,0355
14	34,6290	34	84,0990	54	133,5690	74	183,0390	94	232,5090
15	37,1025	35	86,5725	55	136,0425	75	185,5125	95	234,9825
16	39,5760	36	89,0460	56	138,5160	76	187,9860	96	237,4560
17	42,0495	37	91,5195	57	140,9895	77	190,4595	97	239,9295
18	44,5230	38	93,9930	58	143,4630	78	192,9330	98	242,4030
19	46,9965	39	96,4665	59	145,9365	79	195,4065	99	244,8765
20	49,4700	40	98,9400	60	148,4100	80	197,8800	100	247,3500

Übersicht der Reductionstafeln fremder Maafse und Gewichte etc. auf Preufsische und umgekehrt.

1. Französische Maafse, Gewichte etc.

II. Englische oder Americanische Gewichte, Maafse und Geld.

III. Holländische Maafse und Geld.

IV. Russische Maafse und Gewichte.

8.
Einige Bemerkungen und Erfahrungen bei einem vor 6 Jahren erbauten Wohnhause und den zugehörigen Gebäuden.

(Vom Herausgeber.)

Das Wohnhaus, von welchem wir hier berichten wollen, zeichnet sich vor andern weder durch seine Bestimmung, noch durch Besonderheiten, noch viel weniger durch seine Gröfse und sein äufseres Ansehen aus: gleichwohl ist in seiner Einrichtung und Construction Mancherlei von dem Gewöhnlichen Abweichendes, was, da es sich als gut und practisch bewährt hat, in andern Fällen von Nutzen sein kann. Wir wollen deshalb einer Nachricht davon und von einigen Erfahrungen, die dabei und bei den zugehörigen Gebäuden gemacht worden sind, hier eine Stelle einräumen. Mögen auch die Gegenstände, an welchen man Erfahrungen und Beobachtungen macht, an sich noch so geringfügig sein, so können sie doch immer noch anderswo bei gröfsern Bauwerken nützen und zu Bemerkungen und Folgerungen in weitern Kreisen Anlafs geben. Der Herausgeber glaubt in dieser Rücksicht, dafs man die hier folgenden Mittheilungen nicht unangemessen finden werde. Nicht die unbedeutenden Gegenstände selbst sind es, wegen derer er das daran Beobachtete berichten will, sondern Das ist es, was sich daraus folgern läfst.

1.

Das Wohnhaus befindet sich zu Berlin in der Potsdamerstrafse No. 72., etwa eine Viertelmeile vom nächsten Stadtthore entlegen. Es wurde in den Jahren 1839 und 1840 erbaut und wird seitdem von dem Herausgeber dieses Journals bewohnt, der es also nunmehr seit 6 Jahren beständig unter Augen gehabt hat. Es ist nur 41 F. lang und 41 F. breit, hat über einem überwölbten Kellergeschofs zwei Stockwerke und über diesen ein Dachgeschofs, unter einem flachen, mit Asphalt von *Bastennes* bedeckten Dache. An der vordern Seite ist das Kellergeschofs und das untere Stockwerk noch um 8 F. breit bis an die Strafsenlinie vorgebaut. Das Haus ist also nur *klein:*

gleichwohl enthält es in seinem beschränkten Umfange 11 heizbare Zimmer, unter welchen ein Saal von 26½ F. lang und 18⅔ F. tief ist, 6 Kammern und Cabinette, 2 Flure, 2 Küchen, 1 Räucherkammer, 8 Keller, 1 geräumigen Dachboden und 2 Balcons, deren einer 41 F. lang und 8 F. breit ist; das flache Dach wird ebenfalls als Balcon benutzt. Sämmtliche Räume sind keineswegs zu beengt, sondern haben gerade die ihrer Bestimmung angemessene Gröfse. Die Wohnstuben sind über 14 F. breit und über 18 F. tief; und besonders hinlängliche *Tiefe* ist Wohnzimmern nöthig und nützlich. Ein Paar Fufs Zulage an der *Tiefe* nutzen mehr, als die nemliche Zulage an der *Breite.* Wohnzimmer von nur 15 F. tief sind schon nicht mehr wohnlich; denn nach Abzug der Thür bleiben, nach den Fenstern hin, nur 6, und nach dem Ofen hin nur 4 F. Wand; und das ist nicht hinreichend, um ein gröfseres Möbel, ein Sopha, ein Flügel-Fortepiano etc., zu stellen. Wohnzimmer sollten nie unter 18, *mindestens* 17 F. *tief* sein. Dagegen ist 14 F. *Breite* an den Fenstern für gewöhnliche Wohnstuben schon ganz ausreichend. Die beiden Hauptstockwerke des Hauses sind im Lichten jedes 11½ F. hoch; die Kellerräume, so wie das Dachgeschofs, sind etwas über 7 F. im Lichten hoch. Die fünf Grundrisse nebst dem Durchschnitt (Taf. XII.) stellen das Gebäude vor.

2.

Die möglichste Benutzung des gegebenen Raumes ist hier insbesondere auch dadurch erlangt worden, dafs man diejenigen Räume, welche an sich weniger eigenen Nutzen haben, vielmehr nur als *unvermeidlicher* Raum-Aufwand betrachtet werden müssen, namentlich die Flure und Gänge, auf die mindeste Ausdehnung, die ihnen gerade nur noch *genügt,* beschränkt hat; die Flure sind jeder nur 9¾ F. lang und breit, und Gänge und Corridore hat das Haus gar nicht; was besonders dadurch erzielt worden ist, dafs man Flure und Treppen nicht in die Mitte, sondern an die Seite gelegt hat. Aufserdem hat man recht eigentlich auch nicht den kleinsten Winkel unbenutzt gelassen. Unter der untern Haupttreppe ist eine Badekammer; selbst unter den *Stufen* der Freitreppe sind noch zwei, nicht ganz kleine Räume, die zu Brennstoff und zu andern häuslichen Bedürfnissen recht nützlich sind; unter dem untern Balcon befinden sich Keller, den übrigen ähnlich. Dafs man in der Zeichnung keine Abtritte angemerkt findet, kommt daher, dafs, wie in Berlin fast überall gewöhnlich, Nachtstühle ihre Stelle vertreten; nächst den Abtritten auf dem Hofe.

3.

Einen gegebenen Raum möglichst *vortheilhaft* zu benutzen, ist, wie jeder Baumeister weifs, nicht seine leichteste Aufgabe; aber nur zu häufig finden sich Fälle (auch in Berlin), wo man diese Aufgabe zu schnell abgefertigt hat. Entweder macht der Eigenthümer selbst, auch wenn er nicht Architekt ist, den Entwurf zur Benutzung des Raums, oder er schreibt ihn dem Baumeister unbedingt vor, oder auch er überläfst den Entwurf einem blofsen Werkmann, nur um vielleicht die Bezahlung eines eigentlichen Baumeisters zu ersparen. Gleichwohl ist die *möglich-beste* Lösung der Aufgabe gerade für den Eigenthümer ganz besonders wichtig, und doppelt wichtig im Innern einer grofsen Stadt, wo mitunter die blofse Baustelle eben so viel und mehr kostet, als das Haus selbst. Es kann kommen, dafs der *Ertrag* eines Hauses um 10, 20, 30 pr. c. höher sein würde, wenn die innere Einrichtung besser wäre. Will ein Eigenthümer seinen *wahren* Vortheil beobachten, so mufs er nothwendig die innere Eintheilung und Anordnung seines Hauses einem *geübten Baumeister* übertragen, der auch noch Anderes kennt, als das Örtlich-Gewöhnliche und Hergebrachte. Dieser wird dann, auch von dem Nicht-Gewöhnlichen, das Gute und Örtlich-Anwendbare zu benutzen wissen, und er wird eine *Ehre* darin finden, das Möglich-Vortheilhafteste zu erzielen. Allerdings mufs dieser Baumeister die besondern Wünsche des Eigenthümers, in so weit sie ausführbar sind, berücksichtigen, und wird es auch thun: aber er wird sich bestreben, mit der Erfüllung derselben den möglichsten Vortheil zu verbinden.

Hier in diesem besondern Falle wurde die Lösung der Aufgabe durch den Umstand allerdings sehr erleichert, dafs das Gebäude *ganz frei steht* und von allen vier Seiten Licht hat. Allein es ist, wenn man die Zeichnung näher betrachten will, leicht zu sehen, dafs nicht eben Wesentliches sich geändert haben würde, wenn auch an der Seite links das Licht gefehlt hätte. Selbst wenn es aufserdem auch noch rechts gefehlt und das Haus nur von vorn und hinten Licht gehabt hätte, wie es im Innern der Stadt meistens der Fall ist, würden sich noch alle dieselben Räume haben gewinnen lassen, die sich jetzt in dem Hause *selbst* befinden; mit Weglassung des Vorbaues zu den Balcons, der in der Stadt auch nicht passend wäre. Die Räume der jetzigen Haupttreppen würden dann unten zur Küche, mit einem Ausgange nach dem Hofe, oben zu einem heizbaren Zimmer geworden sein; die Flure wären geblieben, wo sie sind, und die Räume, welche jetzt die Küche unten und die kleine Stube oben nach vorn einnehmen, würden den Treppen gehört haben. Die Treppen endlich würden nicht mit ihren Ruheplätzen nach hinten, sondern an die vordere Wand gelegt worden sein; der Antritt wäre nicht, wie jetzt, links, sondern rechts gewesen; die Hausthür hätte man um ein Paar Fuſs ins Kellergeschoſs versenkt, so daſs der Durchgang nach dem Flur mit einigen Stufen im Innern unter dem Ruheplatz und der höher-ansteigenden Hälfte der Treppe hindurchführte; die Zimmer unten und oben, nebst der Küche, würden so vom Flur aus besondere Eingänge bekommen haben; eben wie jetzt. Die Haupttreppen an die *vordere* Wand zu legen, statt, wie es meist gewöhnlich ist, in den Hintergrund der Flure, ist ebenfalls ein Mittel zur Ersparung des Raumes, so wie zur Erlangung zuweilen fehlender besonderer Eingänge zu den Zimmern etc. Wir behalten uns vor, die Anwendung dieses Mittels gelegentlich näher zu erörtern.

4.

Das Haus war in einem *Garten* zu erbauen, wo nie zuvor ein Gebäude gestanden hatte, und auf einem Boden, im Thale der Spree, der schon auf 2 bis $2\frac{1}{2}$ Fuſs tief fast zu jeder Jahreszeit *Wasser* hat. Wollte man demnach wasserfreie Keller haben, so durfte ihr Boden nur wenig in die Oberfläche versenkt werden.

Die Erde ist hier, tief hinein, ziemlich feiner, gelblicher und selbst etwas schwammiger Sand, oben mit einer 1 F. dicken Schicht sehr fruchtbarer schwarzer Garten-Erde bedeckt. Diese 1 F. dicke Schicht schwarzer Erde, die an sich wesentlichen Werth hatte (denn sie war für den übrigen Garten sehr nützlich) grub man in der *ganzen* Grundfläche des Hauses ab und legte den Boden der Keller unmittelbar auf den unter der Schicht liegenden Sand, so daſs die Keller *nur 1 F.* unter die Fläche des Gartens vertieft sind. Da dieselben unter dem Gewölbe $7\frac{1}{2}$ F. hoch werden sollten, und also der Boden des untern Stockwerks des Hauses gegen 9 F. hoch über den Kellerboden zu liegen kam, folglich 8 F. hoch über die Fläche des Gartens, so muſste, damit die Plinte nicht über 4 F. hoch wurde, rund um 4 F. hoch Erde *angeschüttet* werden. Dieses geschahe; und zwar schüttete man an der Seite links, und vorn, wo unmittelbar der Garten anstöſst, eine *sechsfüſsige* Böschung, 3 F. hoch, aus Sand an, 1 Fuſs dick mit der darunter ausgegrabenen schwarzen Erde bedeckt; rechts und hinten aber, wo der Hof und die Einfahrt anstoſsen, eine 4 F. hohe, noch flachere Böschung, *ganz* von Sand, auf welche unmittelbar das Steinpflaster gelegt wurde. Die

Keller in dieser *angeschütteten* Erde haben sich ganz eben so kühl im Sommer und eben so warm im Winter gezeigt, als wären sie in den gewachsenen Boden tief versenkt; und dabei sind sie vollkommen trocken, denn ihr Boden liegt noch 1 bis $1\frac{1}{2}$ F. hoch über der Höhe, bis zu welcher das Grundwasser jemals steigt. Dabei ist das untere Stockwerk noch um so trockener und luftiger geworden.

Dieses Mittel, gleichsam *künstliche Keller* sich zu verschaffen, ist zwar sehr bekannt, und sehr einfach; aber es könnte noch mehr und noch öfter benutzt werden, als es geschieht. Besonders in ältern Zeiten hat man vielfältig durch das tiefe Einsenken der Keller in den Boden gefehlt: vielleicht, weil man (seltsam genug) zu sparen glaubte, wenn man die *Plinte* recht niedrig machte. Man hat sich dadurch dumpfige Keller bereitet, die nur zu oft Wasser ziehen, und die dann entweder beständiges Ausschöpfen des Wassers, oder, wenn man dies sparen will, allerhand künstliche, kostbare und nicht immer gelingende Mittel erfordern, um das Wasser abzuhalten. In neuern Zeiten macht man freilich die Plinten höher; allein es würden sich mitunter, bei Wohnhäusern im Innern einer grofsen Stadt, selbst ferner noch wesentliche Vortheile erzielen lassen, wenn man die Plinten *noch höher,* nemlich statt 3 bis 4 F., 8 bis 9 F. hoch machte und die Keller in *angeschüttete* Erde legte. An der vordern Seite, nach der Strafse hin, geht das Anschütten der Erde natürlich nicht an: aber nichts hindert daran auf den Höfen und an den Hintergebäuden. Man lege die eigentlichen Keller an die *hintere* Seite des Vorderhauses und unter die Hintergebäude, und gebe dort den Wänden durch Anschüttung, wie gewöhnlich, eine 4 F. hohe Plinte. Vorn dagegen mache man die Plinten 8 bis 9 F. hoch und lege nach vorn die *Kellerwohnungen,* die jetzt gewöhnlich mehrere Fufs tief in der Erde stecken und die, namentlich für Berlin, eine wahre *Calamität* sind und Tausenden von Menschen ihre Gesundheit kosten und ihnen das Leben verkürzen. Etwaige Durchfahrten müfsten, damit sie nicht zu steil werden, auf dem Hofe noch eine Strecke lang eingeschnitten werden. Der Boden der Kellerwohnungen würde so wenigstens nicht mehr in die Erde vertieft und die Wohnungen würden nicht mehr in *so hohem Grade* ungesund sein, als jetzt; die Bewohner derselben, wenn sie wirklicher Keller zu ihrem Gewerbe bedürfen, würden sie, von der besten Art und unbedingt trocken (denn ihr Boden läge dann mit der Strafse gleich hoch), gleich anstofsend haben; die Kellertreppen von aufsen und die Kellerhälse würden wegfallen, und von den erhöhten Höfen hinter den Häusern würde das Wasser und der Schmutz besser abfliefsen. Auch die Parterre-Wohnungen würden noch gewinnen. Dafs nicht etwa die Freitreppen vor den Hausthüren Schwierigkeiten machen und nicht etwa höher nöthig sein würden, als gewöhnlich, ist leicht zu sehen; denn die mehr nöthigen Stufen könnten *innerhalb* des Hauses auf den Fluren sein; auch dann, wenn, wie weiter oben bemerkt, die Haupttreppen mit ihren Ruheplätzen an die *vordere* Wand gelegt werden. Eine Vermehrung der Baukosten entstände durch diese Veränderung nicht; denn die Höhe der Mauern bliebe dieselbe, und für die Kosten des *Wegschaffens* der Erde, welche jetzt zu den Kellern ausgegraben werden mufs, wird auch wohl die *Anschüttung* von Erde gemacht werden können. Diese Bemerkung und dieser Rath wegen der höhern Plinten ist von wesentlicher Bedeutung und wäre wohl, besonders in Rücksicht auf die Ungesundheit der jetzigen Kellerwohnungen, nicht zu übersehen. Statt zu Kellerwohnungen könnte die vordere Seite des untersten Geschosses auch sogar zu *Kaufläden* benutzt werden.

5.

Der Erbauer des Hauses hatte anfangs die Absicht, dasselbe *vollkommen feuerfest* zu bauen, und ihm eiserne Decken und ein eisernes Dach zu geben, von der Art, wie es im 14. Bande S. 73 etc. dieses Journals beschrieben ist; allein, besonders die Eil, mit welcher gebaut werden mufste, verhinderte ihn daran. Er mufste sich begnügen, von den zur Feuerfestigkeit eines Hauses dienenden Anordnungen blofs diejenigen auszuführen, welche ohne Aufenthalt und Hindernisse ausführbar waren; insbesondere denjenigen Theil derselben, der nach seiner Überzeugung *immer völlig unerläfslich* ist und von welchem gar sehr zu wünschen wäre, er würde *gesetzlich vorgeschrieben*, mit eben der Strenge, wie es feuersichere Schornsteine und Essen sind: nemlich die *Treppen* von *Stein,* statt von Holz.

Solche Treppen sind denn also hier, wie die Zeichnung es ausweiset, von unten auf bis zum Dachboden, gemacht worden; und zwar ohne Anwendung auch nur eines einzigen Stücks Sandstein oder Kalkstein; die Wangen sind von gewöhnlichen Ziegeln in gewöhnlichem Mörtel aufgemauert; die Kappen für die Stufen sind, eben so, $\frac{1}{2}$ Ziegel dick gewölbt; die Stufen sind darauf mit Ziegeln ausgeglichen und mit 2 Zoll dicken, in die Wangenmauern ein Paar Zoll tief vermauerten kiehnenen Bohlen belegt. So haben die Treppen bedeutend **weniger gekostet,** als hätte man sie, nach der in Berlin üblichen

Weise, aus Holz gemacht. Die anstofsenden ***Flure*** haben ebenfalls ½ Ziegel dicke Gewölbe, auf welche ein gewöhnlicher gedielter Fufsboden gelegt ist. Treppen und Flure zusammen bilden nun so, gleichsam für sich, einen durchaus feuersichern Theil des Hauses; der Ausgang zur Rettung bei Feuer kann den Bewohnern nie entgehen; und wenn schon das ganze Dach, und selbst die Decken in den Zimmern brennen sollten, würde noch der Ausgang durch die Flure über die Treppen bleiben; denn dafs etwa das Holz, mit welchem die Treppenstufen und der Boden der Flure belegt sind, in Brand gerathen sollte, ist nicht leicht möglich, weil das Feuer nur von unten nach oben schnell und kräftig wirkt, nicht von oben nach unten: geschähe es aber ja, so könnte der Brand nur unbedeutend sein und wäre leicht zu löschen. Dabei bilden diese Treppen mit den Fluren zusammen eine wahre ***Verstärkung,*** gleichsam einen Pfeiler des Hauses; und dafs sie ***gut aussehen,*** hat noch Niemand, der sie sahe, verkennen mögen. Man könnte fast sagen, ihr Aussehen sei zu gut, gleichsam zu grofsartig für das kleine Haus; einem gröfseren und bedeutenderen Hause würden sie zu einer wahren Zierde gereichen. Man hat die Treppenwangen, so wie die Mauern der Flure, zur Vorsicht durch eiserne Anker über dem Gewölbe verklammert, wie es sich in den Zeichnungen vermerkt findet. Diese Anker sind nur wenig kostbar; aber wahrscheinlich hätten sie auch ganz gut wegbleiben können. Der Erbauer hat eine wahre Befriedigung gehabt, hier eine Gelegenheit gefunden zu haben, die steinernen Treppen, welche in diesem Journale so oft und so dringend empfohlen worden sind, und welche nach der Überzeugung des Herausgebers eine der allerwichtigsten und nothwendigsten, noch zu wünschenden Verbesserungen der Wohnhäuser ausmachen, hier in der Wirklichkeit vor Augen stellen zu können, wo man sich nun durch den ***Augenschein*** überzeugen kann, dafs diese Art Treppen wirklich Das leisten, was man von ihnen versprochen hat.

6.

Da es wegen des Wassers sehr kostbar gewesen wäre, tiefer, nach einem noch bessern Baugrunde zu graben, als der unter der obern schwarzen Erde liegende Sand war, so grub man nur bis wenig unter das Grundwasser; wo sich reinerer Sand fand. Zur Sicherheit aber wurden die Fundamente um einen ganzen Fufs ***breiter*** gemacht, als die unmittelbar darauf stehenden Kellermauern, und die unterste Lage aus den gröfsten Stücken der Kalksteine von

Rüdersdorf, aus welchen in Berlin gewöhnlich die Fundamente gemauert werden. Auch beobachtete man die Vorsicht, das Fundament unter den vier Ecken des Hauses, auf 6 F. lang nach jeder Seite, *noch* um 1 F. breiter zu machen; welche Verstärkung bis zur Höhe der angeschütteten Erde hinaufgeführt wurde. So haben die Fundamente die Mauern, welche zum Theil (z. B. die Mittelmauer) nahe an 50 F. hoch sind, so wie auch die Gewölbe, völlig sicher getragen und es hat sich nirgends die geringste Senkung oder der kleinste Rifs gezeigt. Die unterste Schicht der Fundamente *recht breit* zu machen, so wie die Verstärkung der Fundamente der *Ecken,* ist überall zu empfehlen.

7.

Um aus dem so sehr feuchten und niedrigen Boden die Nässe vom Emporsteigen in die Mauern abzuhalten, ist dicht über den Fundamenten ein Gufs von sogenanntem künstlichen Asphalt gemacht worden; welcher auch seinen Zweck sehr gut erfüllt hat. Bei dem zu dem Wohnhause gehörigen, 30 F. langen, 30 F. breiten, 17 F. in den Mauern hohen *Hofgebäude*, mit 1 Ziegel dicken äufsern und innern Wänden, hat man die gleiche Vorsicht beobachtet; und auch hier hat die Asphaltlage die Nässe so vollkommen abgehalten, dafs nirgends eine Spur davon in den Wänden sich findet, obgleich das Hofgebäude noch um beinahe 4 F. tiefer liegt als das Wohnhaus, auf dem ursprünglichen, *nicht* durch Anschüttung erhöhten Boden. Dafs aber wirklich die Asphaltlage es sei, welche das Aufsteigen der Nässe in den Mauern verhinderte, hat hier sehr bestimmt ein, nur 9 F. von dem Hofgebäude entfernt, im Jahre 1844 erbautes anderes, kleines, *nicht* tiefer liegendes Gebäude mit 1 Ziegel dicken Mauern bewiesen, bei welchem man, um Kosten zu sparen, die Asphaltlage wegliefs. In den Mauern dieses kleinen Gebäudes stieg schnell die Nässe, bis zu 4 F. hoch und so ungemein stark hinauf, dafs sie die Mauern zu zerstören drohte, und dafs man *gezwungen* war, eine die Nässe abhaltende Schicht *nachträglich* in die Mauern zu bringen. Dies ist im Februar vorigen Jahres auf die Weise geschehen, dafs man, dicht über dem Fundament, etwa $1\frac{1}{2}$ F. von einander, $1\frac{1}{2}$ F. lange und vier Ziegelschichten hohe Löcher durch die Mauern brach, in diese dünne Tafeln von Blei, von welchen der Quadratfufs $4\frac{1}{2}$ Pfund wog, legte, so breit als die Mauer, darauf die Löcher wieder zumauerte und nun wieder die Mauer da, wo sie vorhin *zwischen* den Löchern stehen geblieben war, durchbrach, und mit diesen andern Löchern wie mit den vorigen verfuhr, so dafs jetzt fortlaufende Stücken bleierner Tafeln in die

Mauer gebracht sind, die sich an den Stöfsen etwa um ½ Zoll überdecken. Unmittelbar über das Fundament legte man erst eine Rollschicht, darauf eine dünne Schicht Lehm, auf diese das Blei, und auf das Blei, unter den Ziegeln, wieder eine dünne Schicht Lehm, weil das Blei von dem Lehm weniger oxydirt wird, als von dem Kalk. Zu der Rollschicht, so wie zu den zwei Schichten über dem Blei, nahm man die hiesigen festen, sogenannten Rathenower Ziegel. Die Rollschicht und das Blei liefs man um die Dicke der Tünche vor die Mauer vortreten und die Tünche nur *bis auf* das Blei und die Rollschicht gehen, damit sich nicht etwa die Nässe in der *Tünche* in die Höhe ziehe. Da die Mauern dieses kleinen Gebäudes nur 9 bis 10 F. hoch sind, so war hier das beschriebene Verfahren leicht und ohne Bedenken ausführbar; für höhere und dickere Mauern würde es freilich schwieriger, jedoch nicht unausführbar sein, sondern nur viel Vorsicht erfordern. Seitdem hier die Bleitafeln gelegt worden sind, ist die Nässe aus den Mauern gänzlich verschwunden.

Dieses Beispiel zeigt also recht deutlich, wie nützlich und auf nassem Boden fast unentbehrlich irgend eine Schicht am Fufse der Mauern sei, welche geeignet ist, die Nässe am Aufsteigen in die Mauern zu hindern. Man würde dadurch in vielen Fällen die so häufigen und so nachtheiligen Übelstände, welche nasse Mauern haben, so wie selbst häufig den Schwamm, wirksam abhalten. Der Herausgeber würde aber den sogenannten *künstlichen* Asphalt, obgleich *hier* der Versuch damit, wie gesagt, bei dem Hause und dem Hofgebäude vollkommen geglückt ist, zu der wasserabhaltenden Schicht nicht unbedingt empfehlen, sondern vielmehr den *natürlichen* Asphalt, oder, wo derselbe nicht zu haben ist, *bleierne Tafeln;* denn da es der sogenannten künstlichen Asphalte gar mancherlei giebt, und von der Mischung auch wohl ein Geheimnifs gemacht wird, so ist man der Wirkung der Schicht nicht *sicher.* Die Wasserdichtigkeit des natürlichen Asphalts dagegen ist, wie sich auch hier an dem Beispiel der *Dachbedeckungen* gezeigt hat, *gewifs;* und ebenso die Wasserdichtigkeit bleierner Tafeln. Die Absonderungsschicht verursacht allerdings einige Erhöhung der Kosten, ungefähr in dem Maafs, als wenn die Mauern 2 bis 3 Ziegelschichten *höher* gemacht werden müfsten, allein der Zweck und die Wirkung ist auch so bedeutend, dafs diese mehreren Kosten jedenfalls sehr wohl angewendet sind und eigentlich zu einer *wahren Ersparung* gereichen: etwa auf die Weise, wie die vielleicht etwas höhern Kosten, welche man anwendet, um das *Dach* eines Gebäudes recht dicht zu machen. Für Fälle, wo die Kosten auf das *äufserste* gespart werden müssen, käme es auf den Versuch an, ob nicht auch schon ein dicker Gufs von blofsem Steinkohlentheer die verlangte Wirkung habe. Ob es hinreichend sei, einige der untern Schichten der Mauer in *Cement* oder *hydraulischem Kalk* zu mauern, ist noch fraglich; und auch dieses Mittel ist nicht eben wohlfeil.

8.

Die beiden gröfsten der Räume im Kellergeschofs, und die Flure in den beiden Hauptstockwerken, hat man nicht mit Tonnen-, oder Kappen-, oder Kreuzgewölben, sondern mit *Kugelgewölben* bedeckt. Die *Kugelgewölbe* sind keinesweges etwas Neues oder Unbekanntes: der Herausgeber hat sie schon vor mehr als 40 Jahren, selbst auf dem Lande, z. B. in den Wirthschaftsgebäuden eines der Fürstlich-Lichnowsky'schen Güter in Böhmen gesehen. Auch in Berlin sind sie nicht mehr unbekannt, und selbst nicht mehr ganz ungebräuchlich: aber man bedient sich ihrer nur wenig und selten. Gleichwohl sind sie von allen ganz unbezweifelt die besten; denn sie drücken am wenigsten auf die Widerlagen (theoretisch betrachtet selbst *gar nicht*), und sie sind keinesweges theurer als andere Gewölbe (eher wohlfeiler); auch nicht schwieriger auszuführen. Dafs sie eher wohlfeiler denn theurer sind, als andere Gewölbe, liegt schon darin, dafs sie weniger *Rüstung* erfordern. Zu einem Kappengewölbe müssen die Lehrbogen nothwendig verschalt, das heifst, mit Latten oder Schalen belegt werden: zu einem Kugelgewölbe ist die Verschalung nicht nöthig. Es werden blofs in die beiden Diagonalen des zu überwölbenden Raums zwei im Mittelpuncte sich kreuzende Lehrbogen gesetzt, und auf diesen Lehrbogen, die nur mehr dazu dienen, die *Form* des Gewölbes vorzuzeichnen, als das Gewölbe während der Verfertigung zu *tragen*, wird dasselbe *aus freier Hand* verfertigt. Zuerst werden in die vier Widerlagen, nach einer Chablone, die Kreisbogen, welche die Durchschnitte der senkrechten Ebenen der Widerlagen mit der Kugelfläche des Gewölbes bilden, zum Lager der Gewölbziegel ein Paar Zoll tief eingehauen, und nun beginnt man, aus den vier Ecken zugleich, die einzelnen Ziegelschichten über jeden der beiden diagonalen Lehrbogen, jeden *parallel mit dem andern Lehrbogen,* und alle in Kreisbogen, zu setzen; welche Form der einzelnen Schichten hinreichend genau, unten durch ihre Anfänge, nemlich durch die in die Widerlagen eingehauenen Rinnen, und im Gipfel durch die Lehrbogen vorgezeichnet wird. So fährt man fort, bis zum Schlufs; und eben dadurch, dafs alle einzelnen Schichten Kreisbogen bilden, tragen sie sich selbst, und es ist keine Verschalung nöthig.

Selbst gröfsere Räume lassen sich auf diese Weise überwölben. Für *sehr* grofse Räume würde man, aufser den zwei Lehrbogen in den Diagonalen, noch ein oder zwei Paar andere zu setzen haben, die sich ebenfalls im Mittelpunct kreuzen. Die hier in dem Kellergeschofs überwölbten Räume sind schon nicht ganz klein; sie sind 14¼ F. lang und breit: gleichwohl sind die Gewölbe über denselben nur ½ Ziegel dick, und haben keine Gurte; schwerlich würde man über diese Räume flache Kappengewölbe, von nur ½ Ziegel dick, *ohne Gurte* haben machen wollen; sogar wäre es eher rathsam gewesen, einen Zwischenbogen zu setzen. Einige besondere Übung der Maurer erfordern die Kugelgewölbe allerdings, allein diese Übung findet sich sehr bald; hier sind die Gewölbe von ganz gewöhnlichen Maurern, von welchen selbst einige sich noch nicht daran versucht hatten, ausgeführt worden. An dem einen Gewölbe wurde ein kleiner Fehler gemacht, aber nachdem er abgeholfen worden, war die Übung erlangt, und alle vier Gewölbe sind vortrefflich gelungen und haben sich auch auf das Beste erhalten, ohne die allergeringsten Risse; nicht einmal in der Tünche.

Die Schwierigkeit, welche beim ersten Anblick darin zu liegen scheint, dafs die Kugelgewölbe nur besonders für rein quadratische Räume passen, ist nur scheinbar. Weicht ein länglich rechteckiger Raum nur *wenig* von einem Quadrat ab, so darf man nur, wenn es sonst angeht, das Gewölbe an den kurzen Seiten um so viel tiefer hinunter reichen lassen, als die Kugelform es erfordert; geht dies nicht an, so wölbt man erst an den kurzen Seiten entlang Bogen, von der Krümmung des darauf zu setzenden Kugelgewölbes, und so *breit,* dafs sie von dem Raum noch ein reines Quadrat *übrig lassen.* So ist es hier in den beiden Räumen des Kellergeschosses geschehen. Dieselben sind 14¼ F. breit und 17¾ F. tief, und das Gewölbe durfte, wegen der Fenster und Thüren in den Stirnmauern, dort nicht tiefer hinunter greifen, als an den langen Seiten der Räume; man wölbte also, wie es die Zeichnung (Fig. 4.) anzeigt, erst an jeder der beiden Stirnen einen 1¾ F. breiten Bogen, und auf diese Bogen und die Seitenwände setzte man das Kugelgewölbe, welches nun ein reines Quadrat zu bedecken hatte. Weicht der zu überwölbende, länglich rechteckige Raum *sehr* von einem Quadrat ab, so dafs er beinahe doppelt so lang als breit ist, oder noch länger, wie z. B. ein sehr langer und dabei breiter Corridor, so darf man nur ***Zwischenbogen*** machen, die möglichst nahe Quadrate zwischen sich lassen, welche dann mit Kugelgewölben bedeckt werden. So z. B. hätte man in den beiden links neben den gröfsern Räumen liegenden 10 F. breiten und 17¾ F. tiefen Kellern in der Mitte einen 1½ F. breiten Zwischenbogen machen können, welcher dann zwei Räume, jeden von 10 F. breit und 8⅛ F. tief übrig liefs, die mit Kugelgewölben bedeckt werden konnten. Dafs man es nicht that, geschah, weil man gern die Thür in der Mitte der langen Wand haben wollte, und weil *hier* Kugelgewölbe nicht entschieden besser, oder nothwendig waren. Über den gröfseren Räumen waren sie es: denn hier wären Kappengewölbe, mit einem Zwischenbogen, sehr häfslich und unbequem gewesen. Die ***Form*** der zu überwölbenden Räume hindert nie die Benutzung der Kugelform zu Gewölben, wo diese Form sonst Nutzen haben kann; selbst ein völlig unregelmäfsiger und vieleckiger Raum, wo andere Gewölbe *sehr* künstlich und schwierig werden würden, läfst sich ebensowohl, und fast eben so leicht, mit einem Kugelgewölbe bedecken, als ein Quadrat.

Die Vorzüge der Kugelgewölbe liegen darin: ***erstlich,*** dafs sie die geringsten Widerlagen erfordern; ***zweitens,*** dafs sie häufig die Zwischenbogen ersparen, wie z. B. in dem beschriebenen Falle, und dann ***drittens,*** in ihrem *sehr schönen* Aussehen. Es ist kaum eine *schönere* Decke möglich, als ein *flaches Kugelgewölbe.* Der Augenschein hier beweiset es. Dem prächtigsten Zimmer würden sie zum Schmuck gereichen, und sie liefsen sich vortrefflich malen und verzieren, während Kappengewölbe, mit Zwischenbogen, über ***Zimmern*** unausstehlich sein würden, und Kreuzgewölbe — ins 14te Jahrhundert gehören.

Warum bei so entschiedenem und unläugbarem Nutzen bedient man sich nun der Kugelgewölbe nicht allgemeiner? Gröfsere Kosten, Schwierigkeit der Anwendung und der Ausführung können der Grund nicht sein, denn von allem diesen findet nichts Statt. Ganz unbekannt sind sie auch nirgends mehr. Warum denn also bedient man sich ihrer nicht mehr, als geschieht? — —

9.

Die ***Form,*** welche man dem flachen ***Dache*** des kleinen Hauses gegeben hat, ist die zweier flachen Satteldächer, welche sich rechtwinklig durchschneiden; die beiden Firsten sind mit den Umfangsmauern parallel und die Kehlen liegen in den Diagonalen. ***Horizontale*** Gesimse sind nicht vorhanden, sondern die Mauern reichen bis unter die *schrägen* Gesimse an den Dachstirnen. Diese Dachform ist wiederum nichts weniger als neu, aber sie wird nur *selten* benutzt. Gleichwohl hat sie entschiedene und bedeutende Vortheile und Vorzüge vor den gewöhnlichen. Ihr Hauptvorzug vor dem Satteldach ist, dafs auf diese Weise die Rinnen längs der Dachränder gänzlich gespart werden; aber die *Kosten,* welche diese Rinnen machen, und welche man gewinnt, sind das geringste: weit bedeutender ist es, dafs man den *Schwierigkeiten* entgeht, welche die Rinnen verursachen, und den *Nachtheilen* und *Schäden,* welche sie nur zu leicht den Gebäuden zufügen. Besonders bei sehr flachen Dächern sind diese Schwierigkeiten und Nachtheile grofs; Rinnen längs der Dachränder sind da sogar kaum ausführbar. Das Gebäude hier hat gar keine Rinnen weiter, als die, auch sonst nöthigen, senkrechten, das Wasser an den vier Ecken hinunterleitenden Röhren. Die Dachkehlen leiten es unmittelbar in diese Röhren, und die Kehlen haben hier keinesweges die Nachtheile und Gefahren für das Gebäude, wie bei steilen Dächern. Es sind ganz flache Mulden, deren Boden über einen Fufs breit ist; sie sind eben so dicht, wie die ganze übrige Dachfläche, von deren Bedeckung sich die ihrige in nichts unterscheidet; sie sind so flach und die Dachfläche geht in die Kehlen so sanft über, dafs man, auf dem Dache gehend, die Kehlen kaum bemerkt.

Ähnlich, wie bei den Kugelgewölben, scheint es hier wieder beim ersten Anblick eine Schwierigkeit zu sein, dafs diese Dachform weniger passe, wenn die zu bedeckende Fläche nicht gerade ein Quadrat ist. Allein auch hier ist die Schwierigkeit nur scheinbar; wenigstens bei *flachen* Dächern. Ist die zu bedeckende rechteckige Fläche nur um *etwas* länger als breit, so ändert sich weiter nichts, als das dasjenige der beiden sich kreuzenden Satteldächer, dessen First mit den *langen* Wänden parallel lauft, etwas *steiler* wird, als das andere; oder dieses etwas flacher als jenes. Ist die Länge der zu bedeckenden rechteckigen Fläche sehr viel beträchtlicher als die Breite, bis zur *doppelten* Breite und darüber, so lasse man das der Länge nach laufende Satteldach von *zwei* querübergehenden, aneinanderstofsenden Satteldächern durchkreuzt werden; wodurch dann blofs 8 statt 4 Kehlen entstehen und 6 statt 4 das Wasser herunterführende Röhren nöthig sind u. s. w.

Hätte man hier bei diesem kleinen Hause die Umfangswände des *Dachgeschosses* nicht der Kosten-Ersparung wegen aus *aufsen verblendetem Fachwerk* gemacht, sondern sie, gleich den Umfangswänden der Hauptstockwerke, *aufgemauert,* so würde man über *horizontale* Gesimse eine Attica gesetzt haben, welche dann das ganze Dach versteckte und zugleich zum Geländer desselben diente. Dies ging sehr wohl an, denn an der Attica entstanden *keine* neue Kehlen, sondern das Wasser flofs längs der Atticamauern nur eben so wie auf der übrigen Dachfläche nach den diagonalen Kehlen hinunter. Es änderte sich übrigens an dem Dache weiter nichts.

Auf dem Dachboden und in den Kammern hat man von innen die Sparren blofs gelassen, so dafs zwischen ihnen hindurch die Latten sichtbar sind. In den beiden Dachstuben aber hat man, um eine gerade Decke zu bekommen, von unten an die Sparren Brettstücke auf die hohe Kante genagelt, die so zugeschnitten sind, wie es die gerade Fläche der Decke erforderte. Auf diese Anfutterung ist die Decke verschalt und wie gewöhnlich berohrt und beputzt.

Die hier ausgeführte Dachform (auch das oben gedachte Hofgebäude erhielt sie) hat also, wie aus den obigen Andeutungen zu ersehen, besonders bei flachen Dächern, wesentliche Vorzüge vor der gewöhnlichen. Wir kommen gelegentlich auf nähere Erörterungen wegen dieses, für den Landbau ganz bedeutenden Gegenstandes zurück; betreffend auch Das, was die Anordnung des *Dachgerüstes* betrifft u. s. w. Es wäre zu wünschen, dafs diese Dachform ebenfalls zu dem *Gewöhnlicheren* gezählt werden könnte!

10.

Unter den verschiedenen, jetzt in der That recht zahlreichen Arten, flache Dächer zu *bedecken,* wählte der Erbauer des Hauses die mit *natürlichem Asphalt.* Er hatte Vertrauen dazu bekommen, durch die Dächer dieser Art, welche er 1837 in Paris sahe. Es waren darunter einige, die sich schon mehrere Jahre lang auf das vollkommenste erhalten hatten, und es ist bekannt, dafs es in Frankreich Asphaltdächer giebt, die schon 30 Jahre und länger fast ohne Ausbesserung vorgehalten haben. Es blieb ihm freilich noch der Zweifel, ob *auch hier,* in dem *strengeren* Clima, wo der Frost, der dem Asphalt besonders gefährlich ist, weil er ihn zusammenzieht und dadurch Risse hervorbringen kann, um mehrere Grade höher steigt, als in Frankreich, die Decken haltbar sein würden. Auch war hier der natürliche Asphalt, im Jahre 1840, als das Haus erbaut wurde, noch ganz neu, und fing gerade erst an bekannt und hie und da benutzt zu werden. Da indessen eben nicht mehr dabei zu befahren war, als bei jeder andern üblichen Bedeckungsart flacher Dächer, so wagte man den Versuch, und die Dächer des Hauses und des Hofgebäudes, nebst den beiden Balcons und dem Perron der Freitreppe, wurden mit natürlichem Asphalt bedeckt. Das Dach des Hauses hat etwa 1 auf 12 Abhang; das

Dach des Hofgebäudes ist noch etwas flacher, und den Balcons und dem Treppenperron gab man absichtlich, des Versuches wegen, nur einen fast unmerklichen Abhang, von etwa 1 auf 30. Auf die Sparren der Dächer und des grofsen Balcons wurden gewöhnliche Latten, einen Viertelzoll weit von einander genagelt; auf diese Latten wurde aus den hier gewöhnlichen platten Dachziegeln, deren Nasen oder Knaggen man abschlug, ein Pflaster in Lehm gelegt, der zwischen die Latten hindurchdrang, und auf dieses Pflaster, welches auf dem Dache des Hauses und auf dem grofsen Balcon doppelt, je der Stein die Fuge deckend, auf dem Hofgebäude aber nur einfach war, wurde der Asphalt 5 bis 6 Linien dick gegossen; in den Kehlen ganz eben so wie auf der übrigen Dachfläche. Der kleine Balcon und der Perron der Freitreppe wurde erst über dem darunter befindlichen Gewölbe mit gewöhnlichen Mauerziegeln auf die flache Seite in Mörtel gepflastert, und auf dieses Ziegelpflaster gofs man den Asphalt.

Der Herausgeber hat nun das Verhalten dieser verschiedenen Asphaltdecken während der jetzt verflossenen 6 Jahre ununterbrochen und genau beobachtet und er wird hier getreu berichten was sich ergeben hat.

Nachdem die Asphaltdecken sehr spät im Jahre und bei ungemein ungünstiger, zum Theil so nasser Witterung, dafs die Pflaster für den Asphalt erst durch das Feuer unter den Asphaltkesseln getrocknet werden mufsten, gemacht worden waren, bekam die Decke, besonders auf dem Hause, gleich im ersten Winter, einige Risse, die jedoch so fein waren, dafs kaum einiges Regenwasser hindurchdrang. Man fiel darauf, diese sehr feinen Risse mit weichgemachtem Fensterkitt auszufüllen, weil dieser Kitt an den Fenstern der Witterung sehr gut widersteht; allein das half nicht auf die Dauer, und das Mittel ist nur zu empfehlen, wenn die gründliche Verbesserung nicht alsbald erfolgen kann. Die Risse mufsten etwas aufgeschmolzen und mit *Asphalt* gefüllt werden. Ähnliches ereignete sich auf dem Dache des Hofgebäudes; die Balcons und der Perron bekamen *keine* Risse. Alles hielt nun einige Jahre gut aus; aber der besonders strenge Winter von 1844 auf 1845 brachte wieder Risse hervor, die etwas stärker waren, und zwar im allgemeinen an *denselben* Stellen, wo die frühern gewesen waren. Sie wurden jetzt wieder mit Asphalt gefüllt; aber zugleich wurde noch ein $1\frac{1}{2}$ bis 2 Zoll breiter Streifen Asphalt *darüber* gegossen, und dieses letztere hat dem Schaden *völlig* abgeholfen; denn bis jetzt hat sich weiter kein Rifs gezeigt. Übrigens waren alle diese Risse im wesentlichen höchst unbedeutend, und die gesammten Ausbesserungskosten derselben haben für die sämmtliche, zusammen über 3000 Q. F. haltende Asphaltfläche, die etwa 700 Thlr. gekostet hatte, in den 6 Jahren nur etwa 7 oder 8 Thlr. betragen; also nur etwa 2 pro mille der Anlagekosten auf das Jahr.

Eine eigenthümliche Schwierigkeit zeigte sich überall, wo die Asphaltdecke an *Holz* anstöfst; wie z. B. auf dem Dach des Hofgebäudes, auf welchem ein mit Brettern bekleideter Taubenschlag steht; die Fugen der senkrecht gestellten Bretter sind an demselben mit dünnen Latten benagelt; welches auch die *senkrechten* Wände des Taubenschlages ganz dicht macht. Hier sind Anfangs vielfältige, vergebliche Versuche gemacht worden, das Durchfliefsen des Wassers zwischen den Brettern und dem anstofsenden Asphalt zu verhindern. Zuerst waren über die Stöfse Zinkstreifen auf die Bretter genagelt, die, umgebogen, einige Zoll breit auf der Asphaltdecke lagen. Dies war unzureichend; das Wasser flofs zuweilen in Masse durch. Darauf nahm man den Zink weg, stemmte eine ¼ Zoll tiefe Rinne in die Bretter und liefs die Asphaltdecke in diese Rinne hineintreten; dies hob den Übelstand so ziemlich, aber nicht ganz. Endlich vertiefte man die Rinne noch mehr, bis auf etwa ½ Zoll, erhöhte sie aber zugleich und liefs nun, nicht blofs die dünne Asphaltdecke, sondern zugleich einen kleinen Wulst darauf, der nach aufsen ein starkes Gefälle bekam, in die Rinne treten. Aufserdem bekleidete man später die Stöfse wieder mit Zink, der recht dicht an die Bretter genagelt wurde und mehrere Zoll breit auf den Asphalt sich legte. Dies hat bis jetzt geholfen und es ist kein Wasser weiter durchgedrungen. *Nur* da übrigens, wo der Asphalt an *Holz* stöfst, haben sich Lecken gezeigt: nicht bei den Anstöfsen an *Mauerwerk*, z. B. an die Schornsteinröhren. Hier ist gleich Anfangs eine kleine Rinne in die Ziegel gehauen; in dieselbe hat man den Asphalt hineintreten lassen und dann die Mauer bis dicht auf den Asphalt hinunter getüncht. Dieses hat sich überall vollkommen dicht gezeigt.

Auffallend war es, dafs gerade der Asphaltboden des grofsen Balcons, der von allen den *geringsten* Abhang hat, ja fast horizontal liegt, von allen am wenigsten, und wörtlich *gar nicht*, von der Witterung beschädigt worden ist. Hier hat sich nie auch nur der kleinste Rifs gezeigt. Die Ursach davon mag *zum Theil* sein, dafs vielleicht hier der Gufs besser gelungen ist, dafs der Asphalt beim Kochen gerade die richtige Hitze bekommen hat, was auf seine Elasticität von sehr wesentlichem Einflufs ist: der Hauptgrund aber scheint wohl zu sein, dafs der Balcon von allen am meisten gegen die *Witterung gedeckt* ist. Die vordere und die hintere Seite des Hauses liegen nemlich, bis auf 1 oder 2 Grade *genau in der Mittagslinie,* der Balcon also liegt genau gegen *Morgen* und ist so durch das Haus vollkommen gegen die *Wetterseite* gedeckt; gegen Mitternacht ist er es durch das nachbarliche Haus. Nun ist es an allen Theilen der Gedäude sehr sichtbar, um wieviel bedeutend zerstörender die Witterung auf Alles wirkt, was gegen *Abend* gerichtet ist, als auf Das, was gegen die drei andern Weltgegenden frei liegt, selbst gegen Mitternacht; und so kann es wohl sein, dafs der Balcon sich hauptsächlich deshalb so gut erhalten hat, weil er gegen *Morgen* liegt, wo ihn aufserdem noch sehr gut die doppelte Reihe sehr hoher und starker Bäume schützt, welche die Strafse einfassen. Man hat bemerkt, dafs nicht blofs der *Frost,* sondern auch der *Wind* nachtheilig auf den Asphalt wirkt. Auch nach lang anhaltenden trockenen Winden, mitten im heifsen Sommer, bekamen die Asphaltdecken auf den Dächern kleine Risse; eben wie nach starkem Frost; und auch gegen den *Wind* ist der Balcon weit mehr geschützt, als die andern Asphaltdecken.

Aber einer stärkern Beschädigung, als der durch die, eigentlich unbedeutenden Risse, ist zu gedenken, welche eine der Asphaltdecken, diejenige auf dem Hause, im Juni 1842 erfuhr. Die Stürme nemlich, wenn sie aus dem Abend kommen, wirken hier auf das Haus ungemein heftig; denn gegen Abend ist in der völlig flachen Gegend, so weit das Auge reicht, Nichts, was, in der Höhe des Hauses, das Dach desselben schützte; sie wirken auf dasselbe fast so, als läge das Haus am Meere. Von den drei andern Seiten ist es durch seine Umgebungen ziemlich gut gedeckt. Einer jener heftigen Gewitterstürme nun, im Jahr 1842, nicht der allbekannte, seltene Sturm vom 18. Juli 1841, der fast in einer und derselben Stunde in einem grofsen Theile von Europa, und auch in Berlin so bedeutenden Schaden anrichtete (diesen hatte das Dach ohne allen Schaden überstanden), sondern ein Jahr später, ein Sturm im Juni, beschädigte das Dach auf eine bedeutende, kaum vermuthete Weise. Er rifs an der Ecke nach Süd und West ein Stück der Dachfläche von 25 bis 30 Quadratfufs grofs, sammt den Dachziegeln unter dem Asphalt, die daran zum Theil unzerbrochen kleben blieben, gänzlich auf und warf diese Fläche mehrere Fufs weit gegen das auf dem Dache stehende Belvedere. Es war kaum begreiflich, wie dies mit dem so flach liegenden Dache möglich gewesen; dennoch geschah es. Ein Ziegeldach hätte der Sturm vielleicht *ganz* abgehoben. Um der etwaigen Wiederholung einer solchen Beschädigung vorzubeugen, hat man, als die aufgerissene Stelle wieder bedeckt wurde, die Dachziegel zum Pflaster unter dem Asphalt, durch Dräthe, die über die Ziegel hingezogen und an die Latten *angenagelt* wurden, stärker befestigt; und dies hat bis jetzt allen fernern Stürmen widerstanden. Durch die überaus grofse Heftigkeit der Stürme aus Abend ist man auch veranlafst worden, das Belvedere auf dem Dache, welches sich in der Zeichnung angezeigt findet, im Jahre 1844 ganz abzutragen.

Eine sonst besonders vorsichtige Behandlung der Asphaltdecken, beim Gebrauch, hat sich nicht als nothwendig ergeben. Im ersten Winter liefs man sorgfältig den Schnee von den Dächern und den Plateformen, so wie er nur eben gefallen war, abschaufeln, weil man fürchtete, er könne den Decken, zu Eis gefroren, schaden; aber es ergab sich bald, dafs dieses Abschaufeln nicht nothwendig, sondern eher schädlich war, indem selbst hölzerne Schaufeln den Kies, mit welchem die Asphaltdecken bestreut werden und dessen Körner, obwohl von der Masse gehalten, vorstehen, mehr oder weniger abkratzten; weshalb man denn auch die Plateformen nicht mit *stumpfen* Besen fegen lassen darf. Das Abschaufeln des Schnees ist also seitdem ganz unterblieben, und es hat sich davon kein Nachtheil gezeigt. Es ist aber auch bemerkt worden, dafs, selbst bei dem stärksten Schneefall, kaum jemals mehr als 1 bis 2 Zoll hoch Schnee auf den Dächern sich anhäufte. Die Wärme aus dem Innern der Gebäude kommt hier mehr, als da, wo ein kalter Dachboden zwischen den untern Räumen und der Dachfläche liegt, der Sonne beim Schmelzen des Schnees zu Hülfe.

Auf die Reihe von Jahren, welche Asphaltdecken im hiesigen Clima überhaupt dauern dürften, läfst sich aus dieser 6jährigen Erfahrung noch kein Schlufs machen. Bis jetzt ist von einer eigentlichen *Abnutzung* noch keine Spur sichtbar, obgleich die Dächer zum Theil (nemlich das auf dem Hofgebäude), ziemlich oft, *täglich* mehreremal, betreten werden, die Balcons etwa eben so oft, und der Treppenperron *sehr* oft. Wenn nicht etwa die Risse stärker sich wiederfinden, wozu aber kein Anschein ist, so ist nicht abzusehen, woraus eine Zerstörung der Decken entstehen sollte, und es ist kein Zweifel, dafs die Decken eine *sehr* lange Reihe von Jahren, und eben so lange und länger als ein Ziegeldach oder irgend ein anderes Dach vorhalten werden.

Die Kosten der Decken haben, bei dem Perron und dem untern Balcon, *mit* dem Mauerziegelpflaster darunter, etwa $6\frac{1}{2}$ Sgr., und bei den Dächern, *mit* den Latten und dem einfachen Dachziegelpflaster darunter, so wie *mit* den

Nägeln und dem Lehm, etwa $7\frac{1}{2}$ Sgr. für den Quadratfufs betragen, folglich ungefähr so viel, als eine Decke von Zink oder Eisenblech kostet. Wenn aber der Asphalt mehr in Gebrauch kommen sollte, würden die Decken ohne Zweifel noch bedeutend wohlfeiler werden. Eine *doppeltes* Dachziegelpflaster unter dem Asphalt, wie man es auf dem Dache des Hauses gemacht hat, ist unnöthig; denn das einfache Pflaster auf dem Dache des Hofgebäudes hat völlig dieselben Dienste gethan.

Aus diesen hier berichteten Erfahrungen und Bemerkungen über die Asphaltdecken dürfte sich über ihr Verhalten überhaupt in dem Clima von Norddeutschland, etwa Folgendes ergeben.

Erstlich. Die Asphaltdecken zu Dächern und Plateformen sind zwar, wie alles Andere, nicht unvergänglich und leiden durch die Witterung ebenfalls Schaden, aber sie dürften weniger zu *erhalten* kosten, als vielleicht irgend eine andere Art von Decken, und für jetzt in der Anlage wenigstens nicht theurer sein als Zink- und Eisenblechdächer, in der Folge aber, wenn sie allgemeiner üblich werden sollten, wohlfeiler.

Zweitens sind sie unzweifelhaft völlig dicht, und dürften wahrscheinlich eben so lange dauern, wenn nicht länger, als irgend ein anderes Dach. Man mufs nur da, wo der Asphalt an Mauerwerk und an Holz anstöfst, die oben beschriebene Vorsicht nicht aufser Acht lassen.

Drittens. Der einem Asphaltdach nothwendige *Abhang* scheint fast *willkürlich* zu sein, und es ist, wie es hier die Balcons beweisen, gar nicht nöthig, dafs der Abhang auch nur 1 auf 12 betrage: schon 1 auf 24, und wohl noch weniger, werden ebenfalls schon hinreichen. *Steiler* als etwa 1 auf 10 darf freilich der Abhang nicht wohl sein, weil sich sonst der Asphalt nicht mehr bequem giefsen läfst; doch ein sehr steiler Abhang ist auch niemals nöthig.

Viertens. Beim *Gebrauch* der Asphaltdecken ist weiter keine Beobachtung nöthig, als dafs man sie nicht *abschaufeln* lasse; am wenigsten mit eisernen Schaufeln; auch nicht mit stumpfen, sondern nur mit noch neuen Besen abkehre.

Hierdurch bin ich denn meinerseits nunmehr durch die *eigene* Erfahrung in der Überzeugung völlig befestigt worden, dafs der *natürliche* Asphalt für *flache* Dächer, in Städten, auch in Norddeutschland, vor *allen* andern Bedeckungsmitteln den Vorzug hat.

11.

Bei den *Fenstern* dieses Hauses hat man Das, was im 13ten Bande dieses Journals S. 406 etc. vorgeschlagen ist, ausgeführt: nemlich die Fenster-Öffnungen in der Mauer weniger als üblich mit dem *Holzwerk* des Fensters und mehr durch *Glas* zu bedecken, um so die Öffnung ihren Zweck besser erfüllen zu machen. Die Fenster sind im wesentlichen ganz so gemacht worden, wie es die Figuren 4, 5 und 6 auf der XI. Figurentafel des 13ten Bandes vorstellten. Das Holzwerk ist sogar *noch* schmaler gemacht, als nach diesen Zeichnungen. Es bedeckt hier von den 24½ Quadratfufs der Mauer-Öffnung eines Fensters nur etwa 2½ Quadratfufs, also nur etwa 10 pr. c. der Öffnung, statt der 25 bis 33 pr. c. bei den Fenstern, wie man sie meistens macht. Die Wasserschenkel sind aus starkem eisernem Blech, statt wie gewöhnlich aus Holz. Der Beschlag der Fenster ist sehr einfach. Die Eck- und Winkelbänder sind die gewöhnlichen; der Verschlufs aber geschieht blofs durch zwei Schubriegel je an dem Flügel der über den andern greift; der letztere Flügel hat gar keine Riegel. Die Fenster haben sich ganz bewährt, obgleich besonders die Verschlufsriegel von den Werkleuten nicht gut ausgeführt worden sind. Man hat dieses Fehlers wegen den Fenstern, besonders an der Wetterseite, auf folgende Weise noch einen stärkern Verschlufs geben müssen. Nahe an der Mitte der Breite des Fensters ist unten auf dem Latteibrett, und oben an dem obern Querstück des Fensterrahmens, ein Vorreiber befestigt, welche beiden Vorreiber diejenigen der beiden obern und untern Flügel, die über die andern greifen, scharf anziehen. Am mittleren Querstück des Fensterrahmens ist, ebenfalls nahe an der Mitte, ein Dorn mit Schraubenspindel befestigt; über diesen wird ein starkes, etwa 3 Zoll langes und 1¼ Zoll breites Blech gelegt, durch welches die Spindel hindurch reicht, und vermittels derselben werden die beiden, über die andern greifenden Fensterflügel durch eine Schraubenmutter ebenfalls angezogen. Dieses Verschlusses bedient man sich bei sehr starkem Regen und starker Kälte, und er leistet gute Dienste. Die kleinen Haken, um die untern Fensterflügel, wenn sie geöffnet sind, festzustellen, damit sie nicht durch Zugwind zerschlagen werden können, und welche schon irgendwo in diesem Journal empfohlen worden sind, hat man ebenfalls überall gemacht, und zwar noch einfacher, als sie beschrieben wurden. Es ist nemlich dicht an jeder Mauerwange des Fensters eine kleine Öse mit Gips in der Mauer befestigt, welche den kleinen, etwa 2 Zoll langen Haken trägt. An dem untern Querstück jedes untern Fensterflügels ist eine Öse eingeschraubt, und in diese wird der Haken gelegt, wenn der Fensterflügel geöffnet ist und sich gegen die Fensterlaibung legt. Durch diesen, nur wenige Groschen kostenden kleinen Zusatz zu dem Fensterbeschlage hat man es erlangt, dafs in den 6 Jahren noch nicht eine einzige Fensterscheibe vom Winde ist zerschlagen worden; was aufserdem nur zu oft geschieht. Die kleine Anordnung ist daher Jedem zu empfehlen, der es liebt, seine Zimmer durch Öffnung der Fensterflügel zu lüften; die Auslage wird durch die ersparten Fensterscheiben reichlich wieder eingebracht werden.

12.

Bei den Öfen, welche sämmtlich aus den Zimmern, und zwar seit 4 Jahren mit *Kohlen*, Anfangs mit Englischen *Steinkohlen*, jetzt mit Böhmischen *Braunkohlen* geheizt werden, ist man vom Gewöhnlichen bei einigen der Öfen dadurch abgewichen, dafs man die Verschlufsklappe in der Röhre, die nach dem Schornstein führt, *gänzlich hat wegnehmen lassen*, um die Gefahr des Kohlendampfes *unmöglich* zu machen. Diejenigen, welche so viel auf einen sorgfältigen und möglichst baldigen Verschlufs dieser Klappe, nachdem das Holz niedergebrannt ist, halten, werden sich hierüber verwundern, und vermuthen, dafs nun die Heizung der Zimmer viel kostbarer und in starker Kälte kaum möglich sein müsse. Sie würden, wenn man mit *Holz* heizte, *mehr* Recht haben. Allein der Berichterstatter kann versichern, dafs bei der Heizung mit *Kohlen*, wenn die Klappe nicht da ist, kein oder doch nur ein geringer Unterschied in den Kosten der Heizung Statt findet. Es liegt hierin ein Vorzug mehr der Heizung mit *Kohlen*, statt mit Holz. Der Herausgeber hat im 19ten Bande dieses Journals Seite 260 etc. genauen und ausführlichen Bericht erstattet über Das, was sich bei der Heizung zweier Öfen in diesem Hause mit Englischen Steinkohlen während des Winters von 1842 zu 1843 ergeben hat. Was dort daraus geschlossen worden ist, bleibt bestehen. Man hat aber später, wegen des eigenthümlichen, auch dort S. 266 erwähnten Umstandes, dafs der durch die Schornsteine emporgetriebene Kohlenstaub das Regenwasser vom Dache schwärzt und es zum *Waschen* unbrauchbar macht, die Heizung mit *Steinkohlen* aufgegeben, indem hier anderswo Wasser zum Waschen nicht zu haben war. Man heizte den folgenden Winter die beiden Öfen mit sogenannten böhmischen *Braunkohlen*, deren Staub auf dem Dache das Regenwasser *nicht* schwärzt, und welche der Scheffel 5 Sgr. kosteten.

Im *nächsten* Winter waren die Klappen in den Öfen noch nicht weggenommen: auch hatten die Öfen noch keine Roste. Für den Winter von 1844 zu 1845 nahm man, da man beabsichtigte, den Kohlen zu Hülfe auch Torf zu brennen, und deshalb Roste gemacht werden *mufsten,* bei dieser Gelegenheit die Schlufsklappe weg. Die Kosten der Heizung sind um etwas, jedoch nicht bedeutend höher gewesen, als die der Heizung mit Englischen Steinkohlen; jedoch lag die Erhöhung der Kosten nicht in dem Nichtvorhandensein der Klappen, denn sie waren nicht eben höher als in dem Winter, wo die Klappen noch da waren, sondern in den Kosten des Brennstoffs selbst. Dafs die Entfernung der Klappen die Kosten nicht erhöhte, erklärt sich dadurch, dafs die Öfen für die Nacht, wo nicht geheizt wird, ebenfalls des Verschlusses keinesweges entbehren. Vor der eisernen Heizthür, so wie vor dem Aschenfall des Rostes, befinden sich Thüren von Messingblech, die *wenigstens* eben so dicht schliefsen, wie die gewöhnlichen Klappen in den Ofenröhren; wenn nicht dichter. Diese messingenen Thüren werden verschlossen, nachdem kein Funken mehr in der Esse ist: also wird durch sie der Ofen allerdings ebenfalls verschlossen, und die Wirkung ist *beinahe,* wenn nicht völlig, dieselbe, wie die der Ofenröhrenklappen; nur mit dem Unterschiede, dafs, wenn ja noch glühende Kohlen in der Esse sein sollten, ihr Dampf nur in den Schornstein, nicht in das Zimmer gelangen kann, indem durch die messingene Thür immer noch so viel Luftzug bleibt, um ihn durch die Ofenröhre, wo ihm jetzt der Weg nicht durch eine Klappe versperrt ist, auszutreiben; ist die Klappe da, so kann der Dampf ins Zimmer gelangen. Am Tage wird in starker Kälte die Heizung fast gar nicht unterbrochen, weil die Kohlen und der Torf bei weitem *langsamer* verbrennen, als Holz, kaum in 4 bis 5 Stunden: also findet da kein Verschlufs des Ofens Statt, und folglich ist überhaupt die Klappe in der Ofenröhre entbehrlich, und ihre Abwesenheit vermehrt den Bedarf an Heizung wenig, während der so wichtige Zweck erreicht wird, dafs man so gegen Kohlendampf *vollkommen* gesichert ist.

Die Braunkohlen und den Torf wählte man auch deshalb noch zum Brennstoff, statt der englischen Steinkohlen, weil mit beiden auch zugleich in dem Maschinenheerde in der Küche die Speisen gekocht werden konnten; was mit den Steinkohlen nicht anging; so dafs nun auf diese Weise im ganzen Hause nur sehr wenig Brennholz verbrannt wird, nemlich nur zum Anzünden der Feuer, zum Backen von Brod im Backofen und während des Räucherns von Fleisch in der Räucherkammer. Der Maschinenheerd in der Küche, der sonst seinen Zweck vortrefflich erfüllt, würde an sich *nicht* weniger Brennholz erfordern, als ein offenes Küchenfeuer, aber er erspart Kosten, weil Kohlen und Torf darin gebrannt werden können, die für ein offenes Feuer nicht passen würden; und dann gewährt er die Ersparung, dafs er die Küche wie ein Zimmer *heizt,* so dafs für das Hausgesinde kein besonderer Raum zu heizen nöthig ist.

13.

Folgende kleine Erfahrung bei dem Bau des Hauses wollen wir ihrer Sonderbarkeit wegen gedenken. Als nemlich die Mauern des untern Stockwerks des Hauses ganz, und die des obern Geschosses etwa bis auf die halbe Höhe aufgeführt waren, fand sich plötzlich, dafs in der vordern Umfangsmauer bei *x* Fig. 5 mehrere Ziegelschichten aus ihrer wagerechten Lage gekommen waren, einige sogar um 1 bis 1½ Zoll, und so, dafs die Fugen gelöset und selbst einige Ziegel in der Mauer *zerbrochen* waren. Seltsamerweise war dies *nur* im untern Stockwerke der Fall; in der Mauer darüber hatten alle Schichten ihre rechte Lage behalten. Im ersten Augenblick entstand die Befürchtung, der Bogen im Keller bei *y* Fig. 4, auf dessen Gipfel der Fensterpfeiler *x* Fig. 5 ruhte, habe nachgegeben; aber bei der genauesten Besichtigung fand sich an diesem Bogen, so wie an den Bögen *u* und *v,* gegen welche er sich stemmte, nicht die geringste Veränderung; auch war es fast unmöglich, dafs dieser starke, nur 12 F. spannende und nicht flache Bogen, hätte nachgeben können, da er an jeder Seite Widerlagen von mehr als 14 F. breit hat. Der sonderbare Schaden konnte also nur aus einem Fehler der Mauerer beim Legen der Schichten entstanden sein. Der Übelstand wurde leicht verbessert, und zur Vorsicht setzte man noch, auf einem breiten und starken Fundament, den Pfeiler *y* Fig. 4 unter den Bogen, so dafs nun der Fensterpfeiler *x* Fig. 5 *direct* unterstützt ist. Es hat sich auch seitdem hier nicht die geringste weitere Folge ergeben. Man sieht auch an diesem Fall, welche seltsame Fehler der Werkleute vorkommen können und wie nothwendig eine genaue und ununterbrochene Aufsicht beim Bauen ist.

14.

Folgende andere Erfahrung giebt ebenfalls eine nützliche Mahnung. In der Dachstube an der Ecke gegen Süd und West fand sich nemlich, schon 2 Jahre nach der Vollendung des Hauses, welches bald nach seiner Vollendung hatte bezogen werden müssen, der Fufsboden an mehreren Stellen so gänzlich verstockt, dafs er unter dem Fufstritt brach. An keinem andern Fufsboden im Hause ergab sich Ähnliches, und auch bis jetzt hat sich keine ähnliche Stelle gefunden; was auch erwartet werden durfte, da man, wissend, dafs das Haus schnell werde bezogen werden müssen, sehr aufmerksam dafür gesorgt hatte, dafs in die Decke kein Stoff gebracht werde, der den Balken und Dielen schaden könnte. Bei den Fufsböden im untern Stockwerk und in der Stube im Keller hat man sogar die Kosten nicht gescheut, trockene Torf- und Kohlen-Asche unter die Dielen legen zu lassen. Es mufste also in jener Dachstube etwas übersehen worden und ein Fehler vorgekommen sein. In der That fand sich, als die verstockten Dielen aufgenommen wurden, dafs die Werkleute, gegen den Willen des Eigenthümers, nassen *Mauerschutt* unter die Dielen gelegt hatten. Die Balken waren glücklicherweise davon noch nicht angegriffen. Man liefs nun die Fache zwischen den Balken mit Brettschalen in den Pfalzen ausstaken; die Fugen der mit der ebenen Seite nach oben gelegten Schalen wurden mit andern Schalen, die ebene Seite nach unten, bedeckt; darauf wurde bis unter die Dielen $1\frac{1}{2}$ bis 2 Zoll hoch trockener *Kies* geschüttet und hierauf ein neuer Dielenboden gemacht. Man sieht hieraus, wie schädlich besonders nasser *Mauerschutt* für das Holzwerk ist, und wie nothwendig es sei, genau darauf zu achten, dafs er nirgend in die Decken und unter die Fufsböden gebracht werde.

15.

Folgende kleine Bemerkung wird vielfältige Anwendung finden. Die beiden zusammenhangenden Keller nemlich, an der Ecke gegen Süd und Ost, die eigentlich nur *einen* Keller ausmachen, waren von Anfang an *dumpfiger,* als alle andern. Da das Übel zunahm, so wurde zuletzt eine Abhülfe nöthig. Ein Mittel dazu wäre gwesen, dem Keller, der, 25 F. tief, nur in der Stirne ein Fenster hat, ein zweites Fenster an der Seite zu geben; aber das hätte ihn auf andere Weise verdorben, da diese Seite gerade gegen *Mittag* liegt. Die Abhülfe war besser und leichter möglich, nemlich der Ursach selbst nach, die das Übel hatte. Der Keller hatte nemlich, anders wie alle andern, keinen *Luftzug.* Es war also nur nöthig, durch seine hintere Wand eine Öffnung von etwa 2 Q. F. grofs machen zu lassen; mit einem Drathgitter bedeckt und mit einer Klappe, nöthigenfalls verschliefsbar. Dies ist bei *z* Fig. 4 geschehen, und dadurch ist in der That dem Keller schnell und so vollständig geholfen worden, dafs er jetzt eben so gut ist, als alle andern. Auch der dahinter liegende Keller, an der Ecke gegen Süd und West, ist dadurch noch verbessert worden. Auch dieser war, da auch er keine Zugluft hatte, etwas dumpfig, obgleich, gegen Westen liegend, weniger als der vordere. Der Luftzug, gerade in der Richtung von Ost nach West, ist in den Kellern sehr scharf, und findet fast zu jeder Stunde und bei jedem Wetter Statt; er lüftet also die Keller, deren Fenster nur bei starkem Frost verschlossen werden, vortrefflich. Die Fenster mit Stroh zu bedecken, ist selbst im strengsten Frost noch nicht nöthig gewesen. Von aufsen sind sie vor den Traillen mit Drathgittern bedeckt; was sich zur Abhaltung von Fliegen und Ungeziefer sehr nützlich erwiesen hat.

Die Wirkung und Nützlichkeit des *Luftzuges* hat auch auffallend in dem Hofgebäude sich gezeigt. Die untern Räume dieses Gebäudes, die alle keine *Fenster* haben, waren nemlich Anfangs sämmtlich mehr oder weniger dumpfig, obgleich man nicht versäumt hatte, in den Thüren mit Drathgittern bedeckte Öffnungen von etwa 9 Zoll breit und hoch machen zu lassen. Erst nachdem in den *Scheidewänden* eben solche Öffnungen gemacht worden sind, so dafs nun die Luft durch das *ganze* Gebäude hindurch ziehen kann, was auch sehr merklich und ununterbrochen geschieht, sind die sämmtlichen Räume nicht mehr dumpfig, und selbst die Viehställe sind geruchfrei. Solche Öffnungen in den Scheidewänden sollten daher in den Wirthschaftsgebäuden auf dem Lande nie fehlen. Werden sie dicht unter der Decke angebracht, und giebt man ihnen Klappen, um sie im strengen Frost verschliefsen zu können, so werden sie dem Vieh nie schaden, sondern die Räume vortrefflich lüften. Gut und nöthig ist es immer, sie mit Drathgittern zu bedecken, um die Fliegen abzuhalten. Die Kosten sind sehr unbedeutend.

Wir benutzen noch diese Gelegenheit, um von dem Aufsatze No. 13. im 14ten Bande dieses Journals S. 365 eine kleine, ihn ergänzende Fortsetzung zu geben.

In jener Abhandlung hat der Herausgeber ein Mittel vorgeschlagen, Landwirthschaftsgebäude dauerhaft und ohne unverhältnifsmäfsige Erhöhung der Kosten völlig *feuersicher* zu erbauen: nemlich mit Gewölben in Spitzbogen, die unmittelbar auf dem Fundament aufstehen.

Es blieb damals noch die allein durch Erfahrung zu entscheidende Frage übrig, ob dergleichen Gewölbe auch, wie daselbst S. 376 vermuthet, *ohne*

Tünche, von aufsen blofs die Ziegel glatt gerieben und die Fugen ausgestrichen, gegen die Witterung dauerhaft sein würden. Um nun dies durch eigene Anschauung zu ermitteln, wurde vor 4 Jahren, als noch auf dem Hofe des oben beschriebenen Hauses ein kleines Stallgebäude nöthig war, beschlossen, an demselben den Versuch zu machen.

Das kleine Gebäude wurde ganz so, wie es in der obengenannten Abhandlung beschrieben und auf der dazu gehörigen Figurentafel IX. vorgestellt ist, aus Ziegeln, die Fundamente von Kalksteinen, *ohne alles Holz* erbaut. Die einzige Abweichung war, dafs man die Bögen oben am Scheitel, jeden auf 1 F. lang, um ½ Ziegel verstärkte; was aber auch recht gut hätte unterbleiben können. Das Ställchen ist *im Lichten* 6½ F. lang und 10 F. breit, und zwar spannen die Bogen im Lichten 10 F. weit. Scheitel und Fufspuncte liegen in den Ecken eines gleichseitigen Dreiecks. Die Gewölbe sind 1 Ziegel dick und aus Rathenower Ziegeln gemacht; die geradeaufgemauerten beiden Stirnwände sind aus gewöhnlichen Ziegeln, und meistens aus alten Ziegel*stücken* aufgemauert; in der vordern Stirnwand ist eine Thür, in der hintern Stirnwand ein kleines Fenster; die Gewölbe sind von keiner Öffnung durchbrochen. Die Stirnwände haben die Richtung von Morgen nach Abend, so dafs also der eine der Gewölbebogen gerade in der Wetterseite gegen Abend, und zwar nur durch den etwa 30 F. entfernten niedrigen Gartenzaun in etwas geschützt, der andere gegen Morgen liegt. Inwendig sind die Bogen glatt getüncht; von aufsen wurden sie *absichtlich* nicht getüncht, sondern es wurden die Ziegel nur etwas abgerieben und die Fugen mit Mörtel ausgestrichen; doch ist beides theils nur sehr unvollkommen, theils konnte es gar nicht geschehen, weil der eine Bogen, und zwar gerade der nach der Wetterseite hin, dicht an einem 5 F. hohen Drathgittergehege steht, wegen dessen man nicht zu dem Bogen gelangen konnte, um ihn abzureiben und seine Fugen auszustreichen; es ist also eigentlich nur die Fläche des Bogens gegen Morgen etwas geglättet; der andere Bogen ist von aufsen, auf etwa 5 F. hoch von unten, *ganz* noch so wie er gewölbt wurde. Von den Ziegeln zu den Bögen sind nur allein die *unterste* Schicht, welche auf der auf das Fundament gelegten Rollschicht aufsteht, und die obersten Schichten im Gipfel, behauen worden; in allen übrigen Schichten sind die Ziegel nicht behauen, und es wechseln Strecker mit Bindern.

Dieses kleine Gebäude hat jetzt vier Winter überdauert, unter denen der ungewöhnlich lange und harte Winter von 1844 auf 1845 war, und noch ist keine Veränderuug oder Beschädigung daran sichtbar. Niemals ist Regen oder Schnee durchgedrungen, so heftig auch die Witterung, besonders auf den Bogen gegen Abend, einstürmen mochte.

Der Herausgeber hat also jetzt die Gewifsheit, dafs Landgebäude, auf diese Art gebaut, sodald man nur zu den Bögen wetterfeste Ziegel nimmt, von aufsen auch *ohne* alle Tünche oder sonstigen Überzug fest und dauerhaft sein und dann alle die Vortheile gewähren würden, welche in dem obengenannten Aufsatze S. 405 etc. sich angedeutet finden. Als die Arbeiter das kleine Gebäude hier vollendet hatten, riefen sie aus: hätte doch manche arme Familie diesen kleinen Raum zur Wohnung; wie behaglich und warm würde sie sich darin befinden! Und mancher Andere, der nachher das kleine Gebäude gesehen hat, machte dieselbe Bemerkung. In der That würde es, so klein es ist, recht gut einem, allenfalls zwei Menschen, Obdach gewähren, und sie würden sich besser darin befinden, als so viele Tausend Arme in ihren elenden Hütten; sie würden *vollkommnen* Schutz gegen die Witterung, gegen die Kälte, gegen Nässe und gegen Feuersgefahr finden; schon das Feuer zur Bereitung der Speisen auf einem kleinen Heerde würde den kleinen Raum erwärmen; und dabei ist der Raum weder dumpfig, wie ein Keller, noch kalt im Winter, wie ein Fachwerksgebäude; er ist im Winter warm und im Sommer, gehörig gelüftet, kühl. So, und natürlich etwas gröfser gebaut, würden also solche Gebäude auch ganz vorzüglich zu *Wohnungen* der Arbeiter auf dem Lande sich eignen. Sobald man die Bögen etwas weiter spannen läfst (was natürlich für wirkliche Wohnungen geschehen müfste), würden die Räume *höher* werden, und die *Höhe* würde die Wohnungen noch gesunder machen. Dieses kleine Gebäude hier würde, wenn man noch die Ziegel zu den Stirnmauern, nebst der Thür, welche vorräthig und nicht erst zu kaufen waren, anschlägt, im Ganzen etwa 90 Thlr. gekostet haben: aber nur *hier*, wo 1000 Rathenower Ziegel 14 bis 15 Thlr. kosten und ein Mauergeselle 25 Sgr., ein Handlanger 15 Sgr. Tagelohn bekommt. Auf dem Lande, und wenn man die Ziegel selbst brennt, dürfte vielleicht für 100 bis 150 Thlr. eine ganz behagliche kleine Wohnung, die unendlich besser und gesunder sein würde als die gewöhnlichen, für eine Familie sich herstellen lassen; besonders wenn man mehrere Wohnungen in ein und dasselbe Gebäude bringt. Auch die Thiere in so gebauten Ställen würden sich ungemein wohl befinden; denn die Räume sind, wie gesagt, warm im Winter und kühl im Sommer, und durch ihre Höhe luftig. Zu Scheunen ist die Bauart nicht minder geeignet. Wäre der Herausgeber Besitzer von Äckern, er würde nicht einen Augenblick Anstand nehmen, *alle* Wirthschaftsgebäude, nebst den Wohnungen der Arbeiter, *so* bauen zu lassen, und er ist gewifs, dafs er sich bei *diesen* Dank erwerben würde, während er in den Wirthschaftsgebäuden seine Ernten und seinen Viehstand mit *Sicherheit* und dauerhaft gegen Feuer und gegen die Elemente geschützt hätte, und ohne die sonst fortwährend nöthige Nach- und Ausbesserungen der Gebäude.

Möchten doch die Landbewohner auf diesen Vorschlag zu ihrem eigenen Vortheil Rücksicht nehmen! Ein wahres Verdienst um die gute Sache, deren Bedeutung *sehr* grofs ist, werden *Die* haben, welche *zuerst* auf den Vorschlag durch dessen Benutzung Rücksicht nehmen und ihn dadurch ins Leben bringen.

Berlin, im November 1846.

Inhaltsverzeichnifs des dritten Hefts vier und zwanzigsten Bandes.

Berlin, gedruckt bei G. Reimer.

Journal
für
die Baukunst.

In zwanglosen Heften.

Herausgegeben

von

Dr. A. L. Crelle,

Königlich-Preufsischem Geheimen-Ober-Baurathe, Mitgliede der Königlichen Akademie der Wissenschaften zu Berlin, Correspondenten der Kaiserlichen Akademie der Wissenschaften zu St. Petersburg und der Königlichen Akademieen der Wissenschaften zu Neapel und Brüssel, auswärtigem Mitgliede der Königlichen Akademie der Wissenschaften zu Stockholm, Ehrenmitgliede der Hamburger Gesellschaft zur Verbreitung der mathematischen Wissenschaften.

Vier und zwanzigster Band.

Viertes Heft.

Mit zwei Figurentafeln.

Berlin.

Bei G. Reimer.

1847.

9.

Des Grafen v. Pambour „Theorie der Dampfmaschinen."

(Nach der zweiten Auflage dieses Werkes von 1844; möglichst kurz; und mit einigen Anmerkungen des Herausgebers dieses Journals.)

(Fortsetzung der Abhandlung No. 8. im 3ten, No. 12. im 4ten Hefte 23ten, No. 3. im 1ten und No. 5. im 2ten Hefte dieses Bandes.)

Fünfter Abschnitt.
Maschinen mit hohem Druck und doppelter Wirkung: ohne Absperrung und ohne Niederschlag.

Erste Abtheilung.
Beschreibung dieser Maschinen.

271.

Wir kommen jetzt zu den Anwendungen der allgemeinen Theorie auf die verschiedenen *Arten* von Dampfmaschinen.

Wir beginnen mit den Maschinen von doppelter Wirkung, zur drehenden Bewegung bestimmt, von hohem Druck, und ohne Absperrung und Niederschlag; welches die eigentlich sogenannten *Hochdruckmaschinen* sind. Der Dampf im Kessel solcher Maschinen wird auf 3 bis 4 Atmosphären *Gesammtspannung* entwickelt, so dafs seine *wirksame* Spannung, nemlich nach Abzug des auf den Kolben entgegenwirkenden Drucks der äufsern Luft, 2 bis 3 Atmosphären oder 30 bis 45 Pfund auf den Quadratzoll beträgt. Aus dem Kessel strömt der Dampf in den Stiefel *über* den Kolben, auf welchen während dessen von unten durch die offenen Ausströmungsröhren die atmosphärische Luft entgegenwirkt. Der Überschufs der Dampfspannung über diesen Luftdruck treibt den Kolben *von oben nach unten*. So wie derselbe unten angelangt ist, verschliefst die Maschine die untere Ausströmungs- und die obere Einströmungs-Öffnung und öffnet die untere Einströmungs- und die obere Ausströmungsröhren. Der Dampf dringt also dann in den Stiefel *unter* den Kolben, und derjenige, welcher vorhin über den Kolben eingedrungen war, strömt in die freie Luft aus; so dafs nunmehr der Kolben von unten vom Dampf und von oben nur von der Luft gedrückt und folglich von dem Überschufs der Dampfspannung von unten ***nach oben*** getrieben wird. Oben angelangt, verschliefst und öffnet die Maschine wieder auf umgekehrte Weise die Ein- und Ausströmungsröhren, und der Kolben wird wieder ***nach unten*** getrieben; und so weiter.

Die Kolbenstange ist vermittels eines Bläuels mit einer Kurbel verbunden, die sich an der Welle des Schwungrades befindet. Bei jedem Kolbengang nach unten, oder nach oben, mufs also die Kurbel einen halben Umlauf machen. Anfangs ist ihre Bewegung sehr langsam; aber da der Antrieb vom Kolben her durch sein Auf- und Absteigen immer fortwährt, und zwar immer in derselben Richtung des Umlaufs, etwa so wie bei dem gewöhnlichen Spinnrade, oder an einer Drehbank, so nimmt die Umlaufsgeschwindigkeit der Kurbel immerfort zu, bis sie zu derjenigen Geschwindigkeit gelangt ist, die dem Widerstande der Maschine entspricht. Durch das Beharrungsvermögen der Masse des Schwungrades bekommt die Maschine die Kraft, nicht allein zu dem Wechsel des Öffnens und Verschliefsens der Ein- und Ausströmungs-Öffnungen am Stiefel, sondern auch zu wenig verzögerter Fortsetzung ihrer Bewegung während der kurzen Zeiträume, wo die Wirkung der Dampfspannung beim Wechsel freier Einströmung in den Stiefel unterbrochen ist.

272.

Die 12te Tafel stellt eine Hochdruckmaschine von 20 Pferdekraft vor. Da wir im dritten Abschnitt die einzelnen Theile der Dampfmaschinen beschrieben haben, so ist hier nur die Zusammensetzung der Maschine aus ihren einzelnen Theilen und das Ineinandergreifen derselben anzugeben.

Der in einem absonderten Raum aufgestellte, in Fig. 73. und 74. nicht gezeichnete Dampfkessel, hat die Walzenform, mit einer Esse im Innern (Fig. 18.). Der Dampf gelangt aus dem Kessel mittels der Röhre *A* (Fig. 73.) nach der Maschine und strömt zunächst durch die Kehlklappe, welche sich in der Büchse *a* (Fig. 74.) befindet. Darauf strömt er durch die Röhre *a'* in die Dampfbüchse ***B*** (Fig. 74. und 73.), welche hier einen von der Maschine abgesonderten Pfeiler bildet. Die Schiebeklappe hat die Einrichtung Fig. 46., welche oben in §. 158. und §. 190. näher beschrieben ist. Sie hat die Form einer in Gestalt eines Hufeisens gekrümmten Röhre, deren Enden durch eine Feder auf die ebene Gleitfläche angedrückt werden. Diese Fläche hat drei Öffnungen: eine, oben, für die Mündung in den Stiefel, und zwei unten, für die Ein- und Ausströmung des Dampfs. Die obere Öffnung der Schiebeklappe ist so grofs als die obere Mündung des Stiefels; die untere Öffnung ist gröfser, und so grofs, dafs sie die Ein- und Ausströmungs-Öffnung des Stiefels zugleich bedecken kann. Also ist, wenn die Schiebeklappe sich ganz oben befindet, wie es die 46te Figur vorstellt, die obere Einmündung des Stiefels offen und der Dampf strömt in den Stiefel *über* den Kolben, während unten, wo die Öffnung der Schiebeklappe *beide* Öffnungen des Stiefels umspannt, nur der Dampf, welcher sich im Stiefel *unter* dem Kolben befindet, durch *e* ausströmen kann. Dann also wird der Kolben *nach unten* getrieben. Ist hingegen die Schiebeklappe etwa $2\frac{1}{2}$ Zoll hinunter und bis nach unten gelangt, so trifft ihre obere Öffnung auf die obere Mündung des Stiefels und bildet dann eine Röhre *a'b'*, durch welche der *über* dem Kolben sich befindende Dampf nach der Ausströmungs-Öffnung *e* gelangt, während die untere Einmündung des Stiefels nun nicht mehr durch die Schiebeklappe bedeckt ist, und also der Dampf, welcher die ganze Dampfbüchse anfüllt, durch jene Einmündung in den Stiefel *unter* den Kolben gelangen kann, wo er ihn dann *nach oben* treibt. Also: so wie die Schiebeklappe gehoben oder gesenkt wird, strömt der Dampf in den Stiefel abwechselnd über und unter den Kolben, und *zugleich* von der andern Seite des Kolbens aus dem Stiefel ins Freie aus.

273.

Der aus dem Stiefel ausströmende Dampf, welcher seine Dienste gethan hat, wird gewöhnlich noch benutzt, um das Speisewasser für den Kessel möglichst zu erwärmen. Bei der Maschine Taf. No. 12. durchströmt er eine Röhre von etwa 4 Zoll im Durchmesser und 9 F. lang, welche von einer, etwa doppelt so weiten Röhre *umschlossen* ist, die das Speisewasser für den Kessel enthält. So wird dieses Wasser durch den Dampf bis auf etwa 33 Centigrade erwärmt, ehe es in den Kessel gelangt. Nachdem der Dampf durch jene Röhre gegangen ist, gelangt er in den Schornstein, und durch ihn, mit den bei der Verbrennung erzeugten Gasen, ins Freie.

274.

Der Stiefel der Maschine ist noch mit einer Hülle von Metall *C* Fig. 73. umgeben, um ihn gegen Abkühlung von aufsen zu schützen. Der Zwischenraum zwischen ihm und seiner Umhüllung beträgt etwa 2 Zoll und ist mit Luft, oder auch zuweilen mit Dampf aus dem Kessel angefüllt. Die Kolbenstange *D* wird durch ein Querstück *d*, dessen Enden mit sanfter Reibung zwischen senkrechten Leitstangen *d'*, *d'* gleiten, welche sie mit einer Futterung *d''*, *d''* umgeben, in ihrer senkrechten Richtung gehalten. Die Kolbenstange, so wie sie auf- und absteigt, setzt die beiden Bläuelstangen *F*, *F*, eben so auf- und niedergehend, in Bewegung, und diese greifen in zwei Kurbeln *f*, *f*, welche auf der Welle des Schwungrades *G* fest sind. Das Schwungrad setzt durch ein gezahntes Rad an seiner Welle, oder durch irgend eine andere Vorrichtung, die Steurung der Maschine in Bewegung.

275.

An der Welle *gg* befindet sich, um die Schiebeklappe des Stiefels auf und nieder zu treiben, eine Scheibenkurbel (excentrische Scheibe) *h*, welche durch die Stange *h'* den Hebel *i* hin und her zieht, der dann die wagerechte Achse *k* dreht und folglich die Arme *l*, *l* in Bewegung setzt. Diese Arme heben und senken mittels der Stangen *m*, *m* den Wagen der Schiebeklappe; nemlich erst das untere Querstück *n* und dann vermittels der beiden Stangen *o*, *o* das obere Querstück *n'*, welches durch die Stange *p* die Schiebeklappe abwechselnd hebt und senkt. Damit die Schiebeklappe, wenn sie zu heben ist, der Scheibenkurbel nicht mehr Widerstand entgegensetze, als wenn sie sich nach unten bewegt, hält ihr ein am andern Ende *q* des Hebels *k* an die Stange *q'* angehängtes Gewicht die Wage. Die Stange *q'* läuft zwischen Leitstangen, damit sie nicht in Seitenschwingungen gerathe.

276.

Die Welle *r*, mit den Schwungkugeln, wird von der Welle des Schwungrades mittels zweier Rollen *r''*, *r''*, mit mehreren Kehlen, über deren eine oder andere ein Seil ohne Ende sich legt, umgedreht. Beschleunigt sich die Umdrehung des Schwungrades zu sehr, so entfernen sich die Schwungkugeln von ihrer Axe vermöge der Schwungkraft und heben die Dille *r''' r'''*. Diese wirkt durch den Gabelhebel *s* auf die wagerechte Achse *s''*, und diese auf die Stange *v*. Endlich hebt diese Stange die Stange *v'* der Kehlklappe und verschliefst die Klappe so lange stärker, bis die Geschwindigkeit der Umdrehung der Kurbelrolle wieder hinreichend gemäfsigt ist; wie sich solches weiter in (§. 204.) beschrieben findet.

277.

Die kleine Pumpe *t* versorgt den Kessel mit Wasser. Sie wird durch den Arm einer Kurbel *t'* in Bewegung gesetzt, deren Achse gezahnte Räder umtreiben. Eine Stange *t''*, mit einem Gelenk, bewegt den Wagen der Pumpe und folglich den Stempel *t* derselben, welcher das Wasser in den Kessel prefst. Die Stange *t''* fafst den Hebel *t'''*, wie bei einer Scheibenkurbel, und da sie an zwei verschiedenen Stellen eingehakt werden kann, so läfst sich die Wirkung der Pumpe im Nothfall verdoppeln. Man kann also durch diese Vorrichtung sowohl die Speisung des Kessels ganz aufheben, nemlich durch Aushaken der Pumpenstange, als sie in den gewöhnlichen Gang bringen, und auch nöthigenfalls sie sehr verstärken. Der Hebel t''' wirkt auf die wagerechte Achse u, und diese hebt und senkt die Arme u', u', welche ihrerseits den Wagen der Pumpe mittels der beiden Stangen u'', u'' und der obern Querstange u''' in Bewegung setzen.

Zweite Abtheilung.

Theorie der Dampfmaschinen von hohem Druck, und der Maschinen ohne Absperrung überhaupt.

I. Von den Wirkungen der Maschinen mit beliebiger Ladung und Geschwindigkeit.

278.

Wir wollen die Anwendung der allgemeinen Theorie hier sogleich auf alle doppelt- und drehend-wirkende Maschinen *ohne Absperrung* anwenden.

Wie oben bemerkt, gehen die Formeln für den Fall, wo *keine* Absperrung Statt findet, unmittelbar aus den *allgemeinen* Ausdrücken hervor, wenn man $\lambda_1 = \lambda$ setzt. Auch findet hier keine *unbedingt-gröfste* Wirkung Statt, weil die Absperrung nicht vorhanden, also unveränderlich ist. Daher ist bei Maschinen *ohne* Absperrung nur Zweierlei zu untersuchen: ihre Wirkung mit einer *beliebigen* bestimmten Ladung, und ihre *möglich-gröfste* Wirkung.

Die Ausdrücke der Ergebnisse könnten nun, wie gesagt, unmittelbar aus den allgemeinen Formeln entnommen werden. Da aber die allgemeinen Ausdrücke etwas verwickeltere Rechnungen, als für Maschinen *ohne* Absperrung nöthig sind, und sogar etwas Differentialrechnung erfordern, so wollen wir die allgemeinen Formeln für Maschinen ohne Absperrung bei Seite lassen und für diesen besondern Fall die Ergebnisse unmittelbar suchen.

279.

A. Es wird immer nur gesucht, welches die Wirkung der Maschine sei, wenn ihre Bewegung zur *Gleichförmigkeit* gelangt ist, das heifst, hier bei drehenden Maschinen: wenn die Zahl der Umdrehungen der Welle in einer Minute dauernd dieselbe bleibt. In diesem Fall ist die bewegende Kraft nothwendig dem Widerstande *gleich;* denn wäre sie stärker, oder schwächer, so würde die Geschwindigkeit zu- oder abnehmen. Es mufs also der [mittlere] Druck der Dampfspannung auf den Kolben, aus welchem die bewegende Kraft besteht, dem [mittleren] Widerstande der Ladung, mit Einschlufs der Reibung und der andern Nebenwiderstände, *gleich* sein. Bezeichnet man daher durch P die Spannung des Dampfs im Kessel, durch P_1 diejenige im Stiefel und durch R den gesammten Widerstand, alles für die Einheit der Fläche genommen [und von allen das *Mittel* D. H.], so ist die erste Bedingungsgleichung

$$153. \quad P_1 = R.$$

B. Andererseits ist klar, dafs, vorausgesetzt die Maschine befinde sich in gutem Stande, *aller* Dampf, welcher im Kessel *erzeugt* wird, auch im Stiefel *verbraucht* werden mufs. Bezeichnet man die Wassermasse, welche die Esse in einer Minute verdampft, durch S, so verwandeln sich im Kessel S Cub. F. Wasser in der Minute in Dampf von der Spannung P Pfd. auf die Einheit der Fläche, und diese Spannung geht in P_1 über, wenn der Dampf in den Stiefel gelangt. Zufolge VI. Abschn. 2. bewahrt der Dampf bei der Veränderung seiner Spannung immer die seiner Wärme zukommende möglich-gröfste Dichtigkeit. Sodann nimmt nach (§. 99. Formel 58.) unter dieser Bedingung der Dampf den

154. $\mu = \frac{m}{n+\pi}$ fachen Raum des Wassers ein, aus welchem er entstand; wo π die Gesammtspannung des Dampfs bezeichnet und m und n die unveränderlichen Zahlen (59.) sind. Es gelangt also in jeder Minute ein Raum

$$155. \quad \mu S = \frac{mS}{n+P_1} \text{ Cub. F.}$$

voll Dampf von der Spannung P_1 in den Stiefel.

C. Bezeichnet nun v die Zahl der Fufse, welche der Kolben in der Minute durchlauft, und a die Kolbenfläche, so durchlauft der Kolben in der Minute den *Raum* av. Der Dampf mufs nicht blofs diesen Raum füllen, sondern auch noch den Spielraum zwischen dem Kolben und den Böden des Stiefels, so wie die Zu- und Ableitungsgänge. Bezeichnet λ die Länge des Kolbenlaufs und ac den Inhalt des Spielraums und der Mündungen, so ist $a\lambda$ der vom Kolben durchlaufene Raum, aber $a(\lambda+c)$ ist der Raum, welchen der Dampf füllen mufs. Da nun andrerseits der vom Kolben in einer Minute durchlaufene Raum durch av ausgedrückt wird, so ist der Verbrauch von Dampf in einer Minute

$$156. \quad = av \cdot \frac{\lambda+c}{\lambda};$$

und dies, dem Raume des in den Stiefel gelangenden Dampfs (155.) gleich gesetzt, giebt

$$157.\quad \frac{mS}{n+P_1} = av\cdot\frac{\lambda+c}{\lambda}.$$

Hierin den Werth R von P_1 (153.) gesetzt, giebt

$$158.\quad v = \frac{m\lambda S}{a(\lambda+c)(n+R)}.$$

D. Drückt man durch r den Widerstand der Ladung, durch φ die Reibung der *leer*gehenden Maschine, durch δr die Zunahme der Reibung für die Ladung r und durch p den Gegendruck auf den Kolben aus, der für Maschinen *ohne* Niederschlag der Luftdruck und für Maschinen *mit* Niederschlag die Spannung des unvollkommenen niedergeschlagenen Dampfs ist, alles für die Einheit der Fläche genommen, so ist der obige Gesammtwiderstand

$$159.\quad R = r+\delta r+\varphi+p,$$

was, in (158.) gesetzt,

$$160.\quad v = \frac{m\lambda S}{a(\lambda+c)(n+(1+\delta)r+p+\varphi)}$$

giebt.

E. Dies giebt weiter $[av(\lambda+c)(n+(1+\delta)r+p+\varphi) = m\lambda S$ oder $arv(\lambda+c)(1+\delta)+av(\lambda+c)(n+p+\varphi) = m\lambda S$ und daraus]

$$161.\quad ar = \frac{m\lambda S}{v(\lambda+c)(1+\delta)} - \frac{a(n+p+\varphi)}{1+\delta}$$

für die *Ladung* der Maschine.

F. Ferner giebt (160.)

$$162.\quad S = \frac{av(\lambda+c)}{m\lambda}(n+(1+\delta)r+p+\varphi)$$

für das in einer Minute zu verdampfende Wasser.

G. Endlich ist die Nutzwirkung der Maschine

$$163.\quad W = arv,$$

welche sich nun weiter nach §. 265. in Pferdekräften oder wie man sonst will ausdrücken läfst.

II. *Von der möglich-gröfsten Nutzwirkung.*

280.

Zufolge (163. und 161.) ist die Nutzwirkung für eine beliebige Ladung ar und Geschwindigkeit v:

$$164.\quad W = arv = \frac{m\lambda S}{(\lambda+c)(1+\delta)} - \frac{av(n+p+\varphi)}{1+\delta}.$$

Hieraus folgt, dafs die Nutzwirkung um so gröfser wird, je mehr die Geschwindigkeit v abnimmt, indem v rechts nur in dem ***negativen*** Gliede vorkommt. Andrerseits folgt aus (157.), dafs die Geschwindigkeit v am kleinsten ist, wenn die Dampfspannung P_1 im ***Stiefel*** ihren möglich-gröfsten Werth hat. Dieser ist die Dampfspannung P im ***Kessel.*** Also findet die möglich-gröfste Nutzwirkung für $P_1 = P$ Statt. Folglich ist die der möglich-gröfsten Nutzwirkung angemessene ***Geschwindigkeit*** nach (158.)

$$165. \quad v_1 = \frac{m\lambda S}{a(\lambda+c)(n+P)}.$$

Dies, weiter statt v in (161.) gesetzt, giebt für die der möglich-gröfsten Nutzwirkung entsprechende ***Ladung*** $\Big[$da aus (165.) $\frac{m\lambda S}{v_1(\lambda+c)} = a(n+P)$ ist.

$$ar_1 = \frac{a(n+P)}{1+\delta} - \frac{a(n+p+\varphi)}{1+\delta} \text{ oder}\Big]$$

$$166. \quad ar_1 = \frac{a(P-p-\varphi)}{1+\delta}.$$

Ferner, diesen Werth von ar_1 in (162.) gesetzt, ergiebt sich

$$\Big[S = \frac{av_1(\lambda+c)}{m\lambda}(n+p+\varphi) + \frac{v_1(\lambda+c)}{m\lambda}a\cdot(P-p-\varphi) \text{ oder}\Big]$$

$$167. \quad S = \frac{av_1(\lambda+c)(n+P)}{m\lambda}$$

für die der möglich-gröfsten Nutzwirkung entsprechende Verdampfung.

Die Nutzwirkung selbst kann, wie oben, durch Pferdekräfte, oder wie man sonst will, ausgedrückt werden.

Die für die möglich-gröfste Nutzwirkung gefundene Geschwindigkeit v_1 (165.) der Ladung ar_1 (166.) ist diejenige, welche für die ***bestimmte*** Verdampfung S Statt findet. Die Geschwindigkeit v_1 ist, wie (165.) zeigt, noch um so gröfser, je gröfser S ist.

281.

[„Setzt man den Werth v_1 (165.) der der möglich-gröfsten Nutzwirkung „ar_1v_1 angemessenen ***Geschwindigkeit*** und den Werth ar_1 (166.) der ihr „angemessenen ***Ladung***, ***zugleich*** in den allgemeinen Ausdruck $W = arv$ „der Nutzwirkung, so ergiebt sich

$$ar_1v_1 = \frac{m\lambda S}{a(\lambda+c)(n+P)}\cdot\frac{a(P-p-\varphi)}{1+\delta} = \frac{m\lambda S}{(\lambda+c)(1+\delta)}\cdot\frac{P-p-\varphi}{n+P} \text{ oder}$$

$$168. \quad ar_1v_1 = \frac{m\lambda S}{(\lambda+c)(1+\delta)}\left(1 - \frac{n+p+\varphi}{n+P}\right).$$

„Hieraus folgt, dafs die möglich-gröfste Nutzwirkung um so gröfser ist, je „mehr Wasser S in einer Minute verdampft wird, und je stärker die Spannung „P des erzeugten Dampfs ist; was an sich klar ist. Die Formel drückt aber „aus, *wie* die möglich-gröfste Nutzwirkung mit S und P zunimmt." D. H.]

Dritte Abtheilung.

Practische Formeln zur Berechnung der Wirkung von Hochdruckmaschinen; und Beispiel ihrer Anwendung.

282.

Für Hochdruckmaschinen giebt man dem Dampf im Kessel eine ansehnliche Spannung. Da der Dampf, nachdem er in dem Stiefel gewirkt hat, ins Freie entweicht, so ist der Gegendruck gegen den Kolben hier nicht, wie beim Niederschlagen des Dampfs, welches eine Luftverdünnung erzeugt, Null, oder beinahe Null, sondern die *Spannung der äufsern Luft.* Diese also bezeichnet hier p. Sie beträgt

169. p { = 15,081 Pfd. Pr. auf den Quadrat-Duodecimalzoll Pr. und
= 2172 Pfd. Pr. auf den Quadratfufs Pr.

[„1,033 Kilogramme auf den Quadrat-Centimeter. Dieses setzt eine ziemlich „bedeutende Barometerhöhe voraus." D. H.]

283.

A. Für die obigen Formeln müssen aufserdem noch die Reibung φ der leergehenden Maschine und die verhältnifsmäfsige Zunahme δr der Reibung für die Ladung r bekannt sein. Dazu sind noch weitere Versuche nöthig. Wir haben zwar oben in (§. 30. etc.) einen Versuch mit einer Hochdruckmaschine beschrieben, welche Pumpen in Bewegung setzte, und dieser Versuch ergab etwa 3½ Pfd. Reibung der leergehenden Maschine auf den Quadratzoll Kolbenfläche: aber es war hierunter die Kraft zur Bewegung der Hebel und Räder für die Pumpen mitbegriffen; die Angabe der Reibung war also offenbar viel zu stark. In Ermangelung unmittelbarer Ermittelungen an Hochdruckmaschinen nehmen wir an, was an *Wattschen Maschinen* gefunden worden ist; von welchen weiter unten. Da betrug die Reibung, mit Einschlufs der nöthigen Kraft zur Bewegung der Pumpen der Maschinen selbst, nemlich ihrer Luftpumpe und ihrer Pumpen für das kalte und für das heifse Wasser, 0,77 Pfd. Pr. auf den Quadratzoll Pr. der Kolbenfläche; und zwar für Stiefel von 32 Z. Pr. Durchmesser. Für andere Stiefel änderte sich die Reibung im ***umgekehrten Verhältnisse des Durchmessers*** der Stiefel. Für die gegenwärtigen Maschinen ist diese Schätzung ebenfalls noch zu stark; weil diese Maschinen keine Pumpen haben. Dieses giebt nun für die Reibung auf den Quadratfufs Kolbenfläche:

$$170. \quad \varphi = 0{,}77 \cdot 144 \cdot \frac{32}{12 \cdot d} \cdot \frac{295{,}68}{d}.$$

Für Stiefel von 16 Zoll Durchmesser würde dies etwa $1\frac{1}{2}$ Pfd. Reibung auf den Quadratzoll betragen. Dies stimmt mit Dem gut überein, was sich bei *Dampfwagen* fand, und was also die Schätzung bestätigt.

B. Für das Verhältnifs δ der Reibung zur *Ladung* wollen wir, bis dasselbe genauer ermittelt sein wird, Das annehmen, was unsere Versuche mit ***Dampfwagen*** ergeben haben, welche Maschinen ebenfalls Hochdruckmaschinen sind. Für dieselben ist

$$171. \quad \delta = 0{,}14.$$

C. Ferner kann man bei Hochdruckmaschinen, so wie bei den andern, welche ein Schwungrad haben, so dafs die Kurbel den Kolben führt, für den Spielraum c zwischen dem Kolben und den Böden des Stiefels, mit Inbegriff der auf die Kolbenfläche gerechneten Räume der Zu- und Ableitungsröhren, den 20ten Theil der Länge des Kolbenlaufs setzen, also

$$172. \quad c = 0{,}05\,\lambda.$$

D. Endlich kann man, zufolge Dessen, was wir in (§. 251.) gesagt haben, für ***stehende*** Dampfmaschinen annehmen, dafs, wegen des Wassers, welches der Dampf mit sich fortreifst, von dem im Kessel verdampften Wasser für die wirkende Kraft nur 95 pr. c. zu rechnen sind.

284.

Giebt man nun in den obigen Formeln den Buchstaben ihre Zahlenwerthe, mit Ausnahme von φ, δ, S, deren Werthe nur näherungsweise richtig sind, und setzt nach (59. 2.)

$$173. \quad m = 4461264 \quad \text{und} \quad n = 633,$$

so erhält man für die Berechnung der Wirkung derjenigen Art von Maschinen, mit welchen wir uns jetzt beschäftigen, folgende Ausdrücke in Zahlen.

Practische Formeln für Hochdruckmaschinen ohne Niederschlag und Absperrung.

Die Einheiten sind: der Pr. Fufs für die Maafse, das Pr. Pfund für das Gewicht, und die Minute für die Zeit.

A. Die Formel (160.) giebt, wenn man darin die Werthe von m, n, c und p aus (173. 172. und 169.) setzt,

$$v = \frac{4461264\,\lambda \cdot S}{a(\lambda + 0{,}05\,\lambda)(633 + (1+\delta)r + 2172 + \varphi)} \text{ oder}$$

174. $v = \frac{S}{a} \cdot \frac{4248823}{2805 + (1+\delta)r + \varphi}$; welches der Weg in Pr. Fufsen ist, den der Kolben in einer Minute durchlauft.

B. Die Formel (161.) giebt auf ähnliche Weise

175. $ar = \frac{1}{1+\delta}\left[4248823\,\frac{S}{v} - a(2805 + \varphi)\right]$ für die Nutzwirkung der Maschine in Pr. Pfunden.

C. Die Formel (162.) giebt:

176. $S = \frac{av(2805 + (1+\delta)r + \varphi)}{4248823}$ Pr. Cub. Fufs in einer Minute zu verdampfenden Wassers.

D. Ferner geben die Formeln in (§. 252. bis 254.):

177. $W = arv$ (114.) für die Nutzwirkung, in Pfunden, in der Minute 1 F. hoch gehoben.

178. $\frac{W}{\varepsilon} = \frac{arv}{30800}$ (117. und 116.) für die Nutzwirkung, in Pferdekräften, auf 1 Minute.

179. $\frac{W}{N} = \frac{arv}{N}$ (118.) für die Nutzwirkung eines Pfundes Brennstoff, in Pfunden, 1 F. hoch gehoben.

180. $\frac{W}{S} = \frac{arv}{S}$ (119.) für die Nutzwirkung eines Cubikfufses verdampften Wassers, in Pfunden, 1 F. hoch gehoben.

181. $Q = \frac{30800\,N}{arv}$ (116. und 120.) Pfunde Brennstoff, welche durch die Maschine eine Pferdekraft auf die Minute hervorbringen.

182. $Q = \frac{30800\,S}{arv}$ (121.) Cubikfufse verdampftes Wasser, welche eine Pferdekraft auf die Minute hervorbringen.

183. $\frac{1}{Q} = \frac{arv}{30800\,N}$ (122.) Pferdekräfte auf eine Minute, welche 1 Pfund Brennstoff hervorbringt.

184. $\frac{1}{O} = \frac{arv}{30800\,S}$ (123.) Pferdekräfte auf die Minute, welche 1 Cub. F. verdampftes Wasser hervorbringt.

Formeln für die möglich-gröfste Nutzwirkung.

E. Die Formel (165.) giebt, wenn man darin die Werthe von m, n und c aus (173. und 172.) setzt:

185. $v_1 = \frac{S}{a} \cdot \frac{4248823}{633 + P}$ für den Weg in Pr. F., welchen der Kolben in 1 Minute durchlauft.

F. Die Formel (166.) giebt, wenn man darin den Werth von p aus (169.) setzt:

186. $a r_1 = \frac{a}{1+\delta}(P - \varphi - 2172)$ für die Nutzkraft des Kolbens, in Pfunden.

G. Die Formel (167.) giebt, wenn man darin die Werthe von m, n, und c aus (172. und 173.) setzt:

187. $S = a v_1 \frac{633 + P}{4248823}$ Cub. F. in einer Minute zu verdampfendes Wasser.

H. Die Formel (168.), oder auch das Product von (185. und 186.), giebt

188. $a v_1 r_1 = \frac{4248823 (P - \varphi - 2172) S}{(1 + \delta)(633 + P)}$ für die Nutzwirkung, in Pfunden, in der Minute 1 F. hoch gehoben;

welche Nutzwirkung man nun wieder auf die verschiedenen Arten wie in (*D.*) ausdrücken kann.

285.

Um ein ***Beispiel*** zu geben, wollen wir eine schon vorhandene Dampfmaschine, von der hier vorausgesetzten Art, in Erwägung ziehen; von folgenden Maafsen:

A. Der Stiefel habe 15,538 Pr. Z. im Durchmesser, so dafs also seine Fläche

189. $a = 1{,}3168$ Pr. Q. F. ist.

Der Kolbenlauf sei

190. $\lambda = 2{,}913$ Pr. F.

Die gesammte Wasser-Verdampfung betrage

191. $S = 0{,}346$ C. F. Pr. in der Minute.

Der Verbrauch von Brennstoff sei

192. $N = 3{,}087$ Pfd. Pr. in der Minute.

Der gesammte Druck des Dampfs im Kessel sei 55,9328 Pfd. auf den Quadratzoll oder

193. $P = 8054$ Pfd. auf den Quadratfufs.

R. Rechnet man nach den obigen Formeln in (§. 284.), so ergiebt sich Folgendes; und zwar für die Geschwindigkeiten von 165 und 243 F. und für die *möglich-gröfste* Nutzwirkung.

194.

		Für die Geschwindigkeit.		Für die möglich-gröfste Nutzwirkung.	
1.	$v =$	243 ...	165	128	F. Weg des Kolbens in 1 Minute.
2.	$ar =$	1816 ...	4317	6537	Pfd. Nutzkraft des Kolbens.
3.	$\frac{r}{144} = \frac{ar}{144a} =$	9,03 ...	21,47	32,51	Pfd. Nutzkraft des Kolbens auf 1 Q. Z.
4.	$W = arv =$	441288 ...	712305	836736	Pfd. in der Minute 1 F. hoch gehoben.
5.	$S =$	0,346 ...	0,346	0,346	C. F. in einer Minute verdampftes Wasser.
6.	$\frac{W}{\varepsilon} =$	14,21 ...	22,98	27,10	Pferdekräfte.
7.	$\frac{W}{N} =$	142950 ...	230743	271051	Pfd. durch 1 Pfd. Brennstoff 1 F. hoch gehoben.
8.	$\frac{W}{S} =$	1275376 ...	2058685	2418305	Pfd. durch 1 C. F. verdampftes Wasser 1 F. hoch gehoben.
9.	$Q =$	0,215 ...	0,134	0,114	Pfd. Brennstoff, welche 1 Pferdekraft hervorbringen.
10.	$O =$	0,026 ...	0,015	0,013	C. F. verdampftes Wasser, welche 1 Pferdekraft hervorbringen.
11.	$\frac{1}{Q} =$	4,65 ...	7,50	8,77	Pferdekräfte auf 1 Minute, welche 1 Pfd. Brennstoff hervorbringt.
12.	$\frac{1}{O} =$	38,46 ...	66,67	76,92	Pferdekräfte auf 1 Minute, welche 1 C. F. verdampftes Wasser hervorbringt.

C. Dieses würden die Wirkungen der Maschine sein, wenn man das Feuer so unterhält, dafs, wie angenommen, 0,346 C. F. Wasser in der Minute verdampft werden. Wäre etwa eine geringere Ladung in Bewegung zu setzen und man wollte die Geschwindigkeit deshalb nicht verstärken, so würde ein weniger lebhaftes Feuer genügen. Liefse man dann z. B. das Feuer statt 0,346 nur 0,267 C. F. Wasser in der Minute verdampfen und es fände sich, dafs dazu 2,15 Pfd. Kohlen in der Minute nöthig sind und dafs dann die Spannung des im Kessel erzeugten Dampfs 56,579 Pfd. auf den Quadratzoll beträgt, so würden die Ergebnisse, statt der obigen (194.), für *dieselben* Geschwindigkeiten folgende sein:

$$195. \begin{cases} 1. & v = 243 \;\ldots\; 165 \;\ldots\; 98 \text{ F.}, \\ 2. & ar = 607 \;\ldots\; 2539 \;\ldots\; 6645 \text{ Pfd.}, \\ 3. & \frac{r}{144} = \frac{ar}{144a} = 3{,}012 \;\ldots\; 12{,}63 \;\ldots\; 33{,}05, \\ 4. & W = arv = 147501 \;\ldots\; 418935 \;\ldots\; 651210, \\ 5. & S = 0{,}267 \;\ldots\; 0{,}267 \;\ldots\; 0{,}267 \text{ C. F.}, \\ 6. & \frac{W}{\varepsilon} = 4{,}75 \;\ldots\; 13{,}51 \;\ldots\; 21{,}05 \text{ Pferdekräfte}, \\ 7. & \frac{W}{N} = 68605 \;\ldots\; 194853 \;\ldots\; 302888. \end{cases}$$

D. Man sieht hier aus (195. 3.), dafs der Druck $\frac{r}{144}$ auf den Quadratzoll Kolbenfläche, je nach der Geschwindigkeit und Verdampfung, von 33 bis auf 3 Pfd. abnehmen kann. Wollte man nach der *alten* Theorie diesen Druck vermittels eines *unveränderlichen* Coëfficienten, z. B. 0,6, nach der *Spannung des Dampfs im Kessel* schätzen, ohne Rücksicht auf die Geschwindigkeit und die Verdampfung, so würde sich nach (193. und 169.)

$$196. \quad \frac{r}{144} = 0{,}6 \cdot (55{,}9328 - 15{,}081) = 24{,}51$$

Pfund Druck auf den Quadratzoll ergeben; was von dem Obigen gar sehr abweicht. Noch gröfser wird die Abweichung für die *Nutzwirkung,* welche das Product des Drucks auf den Kolben in die Geschwindigkeit ist, also um so gröfser ausfällt, je gröfser die Geschwindigkeit ist.

286.

Die Maschine, welche wir (§. 285.) zum Beispiel genommen haben, ist die *Wasserhebemaschine zu Brighton;* und mit ihren wirklichen Leistungen stimmen die Ergebnisse der obigen Rechnungen gut überein. Der Stiefel der Maschine zu Brighton hat, wie in (§. 285. *A.*) angenommen, 15,538 Zoll Durchmesser und ihr Kolbenlauf ist 2,913 F. lang. Wir haben mit dieser Maschine mit aller möglichen Genauigkeit Versuche angestellt, welche Folgendes ergaben.

A. Am 19. November 1841 bewegte die Maschine die 6 Pumpen, welche ihre volle Ladung sind, 6 Stunden lang. Das im Speisebehälter genau gemessene, während dieser Zeit verdampfte Wasser betrug 131,236 C. F. Pr., was, nach Abzug von 5 pr. c. mit den Dämpfen fortgeführten Wassers, wie in (191.) angenommen, 0,346 C. F. auf die Minute beträgt. An Kohlen wurden in den 6 Secunden 1111 Pfd. verbraucht, was, wie in (192.) angenommen,

3,087 Pfd. auf die Minute ausmacht. Nun machte die Maschine regelmäfsig 56,11 Kolbenschläge in der Minute, was eine Geschwindigkeit von 163,48 F. giebt. Die Nutzlast, nach der Beschreibung in (§. 260 — 263.) *gemessen*, gab 29,81 Pfd. Druck auf den Quadratzoll Kolbenfläche.

Dies stimmt mit den Rechnungs-Ergebnissen (194.) ganz gut überein. Nach denselben (194. 1. und 3.) soll nemlich der Druck auf den Quadratzoll Kolbenfläche für 165 F. Geschwindigkeit 21,47 Pfd. betragen, wozu noch 1,5 Pfd. für die Reibung der leergehenden Maschine und nach (171.) noch 14 pr. c. von 21,47 Pfd. für die Reibung der Ladung hinzukommen. Dies thut zusammen 27,49 Pfd.; was von den beobachteten 29,81 Pfd. nur um etwa 2 Pfd. abweicht. Die Abweichung würde noch geringer sein, wenn man den Druck, statt wie in (194.) für 165 F., für die beoabachteten 163,48 F. Geschwindigkeit berechnete.

B. Am 23. November 1841 setzte dieselbe Maschine blofs 3 Pumpen 4 Stunden und 50 Minuten lang in Bewegung. Die genau gemessene Masse verdampften Wassers betrug, nach Abzug der 5 pr. c. Verlust, die in dem zweiten Rechnungs-Beispiel in (§. 285. *C.*) angenommenen 0,267 C. F. auf die Minute und der Verbrauch an Kohlen die angenommenen 2,15 Pfd. Die Maschine machte jetzt 57,3 Kolbenschläge in der Minute, was eine Geschwindigkeit von 166,9 F. giebt. Für die Nutzlast fand sich, durch unmittelbare Messung, 15,91 Pfd. Druck auf den Quadratzoll Kolbenfläche.

Auch Dieses stimmt wieder, wie man sieht, recht gut mit den Rechnungs-Ergebnissen (195. 3.). Rechnete man nemlich dort, statt für 165 F., für die beobachtete Geschwindigkeit von 166,9 F., so würden sich 13,03 Pfd. statt 12,63 Pfd. Druck auf den Quadratzoll Kolbenfläche finden und, mit Hinzuthun von $1\frac{1}{2}$ Pfd. und 14 pr. c. der Reibung der Ladung, zusammen 16,32 Pfd.; was von den beobachteten 15,91 Pfd. nur wenig abweicht.

C. Die obige Nutzladung der Maschine, von 29,81 und 15,91 Pfd. Druck auf den Quadratzoll Kolbenfläche, bestand bei der Maschine zu Brighton in Folgendem. Sie hatte bei den Versuchen eine 136 F. hohe Wassersäule zu heben, von 2,096 Q. F. Grundfläche der 6 Pumpen und 0,987 Q. F. Grundfläche der 3 Pumpen von 7,77 Zoll Durchmesser, welche mit einem Viertel der Geschwindigkeit des Dampfkolbens in Bewegung gesetzt wurden. Dazu kam noch die nöthige Kraft um das Wasser 4516 F. weit in einer $11\frac{3}{4}$ Zoll weiten Röhre fortzutreiben; ferner die Reibung der Maschine selbst. und dann die Reibung der Bläuelstangen der Räder und der Pumpen.

Sechster Abschnitt.

Dampfwagen-Maschinen.

Erste Abtheilung.

Beschreibung der Maschinen.

287.

Die Dampfmaschinen auf den Eisenbahnen haben hohen Druck, keine Abspannung und Niederschlag, und sind eben so gebaut wie die vorigen; nur auf Rädern sich selbst fortbewegend und mit zwei Dampfstiefeln, statt eines. Der Dampf wird in dem Kessel mit bedeutender Spannung erzeugt, strömt ununterbochen und während des *ganzen* Kolbenlaufs in die Stiefel und entweicht dann in die freie Luft, ohne niedergeschlagen zu werden. In den Stiefeln treibt der Dampf die Kolben, abwechselnd auf die eine und die andere Seite derselben wirkend, hin und her. Die geradlinige Bewegung der Kolben wird mittels Kurbeln in eine drehende Bewegung verwandelt, welche den Triebrädern mitgetheilt und durch welche dann die Maschine selbst, nebst dem angehängten Wagenzuge, fortgetrieben wird.

288.

Fig. 75. und 76. Taf. 13. stellt einen, in der berühmten Werkstatt des Herrn *Rob. Stephenson* erbauten Dampfwagen vor. Die Haupttheile der Maschine sind: der Kessel mit der Esse zur Erzeugung des Dampfs; die Dampfstiefel mit den Schiebeklappen, durch welche der Dampf zur Wirkung gebracht wird; die Kurbeln und die Triebräder, durch welche die Maschine in Bewegung gesetzt wird.

Wie die Figuren zeigen, hat die Maschine der Länge nach drei Haupttheile. Der hinterste Theil *A*, mit der runden Kuppel, ist die Kesselhülse. Sie enthält den Kessel und ist mit Wasser gefüllt, welches die Feuer-Esse *A'* ganz umgiebt. Der mittlere Theil *CC* ist walzenförmig, und ebenfalls mit Wasser gefüllt, welches mit dem in *A* in Verbindung steht. Dieser Theil ist der eigentliche Kessel. Der vordere Theil *B* der Maschine ist die Rauchkammer, mit dem Schornstein über sich, und enthält den Dampfstiefel mit den Schiebeklappen. Dieser Theil ist von ähnlicher Gestalt wie der hinterste Theil.

Unter dem mittleren Theil liegen die Vorrichtungen, durch welche die Maschine von der Dampfkraft fortgetrieben wird.

289.

Das Wasser in der Kesselhülse umgiebt die Esse A' in den Räumen a, a. Unten ist der Rost a', auf welchem die Cokes gebrannt werden. Der Rost besteht aus losen Stangen, zwischen welchen die Luft hindurch streicht und das Feuer anbläset. Die Roststangen können mittels eines Feuerhakens von ihren Lagern abgehoben werden; wodurch denn das Feuer augenblicklich ausgelöscht wird. Nachdem die Flamme in der Esse bis zu der Decke derselben emporgestiegen ist, theilt sie sich und streicht in den einzelnen Röhren $a''a''$ durch die zweite Abtheilung des Kessels hindurch, nach der Rauchkammer B hin, und aus dieser in den Schornstein B'. Die Essenthür befindet sich bei a''' (Fig. 75.), und A'' ist die Tafel, auf welche sich der Führer der Maschine stellt. Unmittelbar hinter der Maschine folgt ihr ein Wagen, der *Tender*, mit dem nöthigen Vorrath von Wasser und Brennstoff beladen. Er ist an die Maschine mittels einer Stange angehängt, welche den Schwankungen beim Fahren nachgiebt. Um den Kessel gegen die Abkühlung zu schützen, ist er mit einer Hülse aus hölzernen Fafsdauben umgeben, die zwischen sich und dem Metall einen kleinen Zwischenraum lassen.

Das Wasser mufs in den beiden Theilen des Kessels immer so hoch stehen, dafs es die Essen- und die Feuerröhren $a''a''$ stets *ganz bedeckt*. Um dies wahrnehmen zu können, befinden sich an der Seite des Kessels zwei kleine Probirhähne, von der Art, wie sie in §. 144. beschrieben sind, und eine gläserne Zeigeröhre (Fig. 4. Taf. No. 1.), in §. 143. beschrieben. In Fig. 75. sind diese Vorrichtungen nicht gezeichnet.

290.

Der in dem Kessel erzeugte Dampf sammelt sich in der Kuppel A an. Damit seine Spannung nicht zu stark werden könne, befinden sich auf dem Kessel zwei Sicherheitsklappen, durch welche der Dampf in die freie Luft entweichen kann. Die eine d der beiden Klappen ist mit Hebel und Wage nach Fig. 2. und 3. Taf. No. 1. §. 149. eingerichtet; die andere besteht öfters aus mehreren, gegen einander sich spannenden Federn, und ist in eine Büchse verschlossen, damit der Maschinist nicht dazu gelangen und sie überladen könne. Auf der Kuppel A und auf dem Rande der Sicherheitsklappe d ist eine Dampfpfeife d', durch welche der Maschinist die Ankunft der Maschine melden kann. Sie besteht in einem kleinen Hahne, durch welchen man den Dampf gegen den Rand einer umgekehrten Glocke strömen läfst; was ein Pfeifen hervorbringt, das sehr weit gehört wird.

291.

Unter der Kuppel A des Kessels befindet sich die Mündung S der Dampfröhre, möglichst hoch, damit nicht Wasser aus dem Kessel durch die Schwankungen der Maschine in die Dampfröhre geworfen werden möge. Der Dampf strömt nun durch S in S' und, wenn man mittels der Handhabe r die Stellklappe r öffnet, welche die Röhre S' verschliefst, weiter durch S'' nach S'''. Die Stellklappe ist der in §. 154. beschriebenen ähnlich und besteht aus zwei aufeinander gelegten kreisförmigen Scheiben, deren Mittelpuncte aufeinander treffen, mit Löchern von der Form eines Kreis-Ausschnitts. Dreht man r so, dafs die Löcher aufeinander treffen, so strömt der Dampf frei durch die Stellklappe; läfst man den festen Theil der beweglichen Scheibe die Öffnung in der festen Scheibe bedecken, so ist die Klappe verschlossen. Die Röhre $S'S''S'''$ führt den Dampf nach der Dampfbüchse ss (Fig. 75. und 76.), welche er ganz anfüllt.

292.

Hier wird der Dampf auf die beiden Stiefel mittels einer Schiebeklappe f, der in §. 156. beschriebenen Fig. 32. und 33. Taf. No. 5. ähnlich, vor und hinter den Kolben vertheilt. Die Stange jeder Schiebeklappe wird durch eine Scheibenkurbel (excentrische Scheibe) in Bewegung gesetzt, die auf der gebogenen Trieb-Achse befestigt ist; wie es weiter unten beschrieben werden wird. Die Pfeile in der Figur zeigen die Richtung der Dampfströmung. Wenn die Schiebeklappe des Dampfstiefels links so steht, wie es die Figur vorstellt, so dringt der Dampf durch die Mündung 1 *vor* dem Kolben in den Stiefel ein, und treibt also den Kolben *zurück*. Im nächsten Augenblick, wo die Schiebeklappe ihre Stellung verändert hat, dringt der Dampf *hinter* den Kolben ein, und treibt ihn *vor;* und so abwechselnd weiter. Während die Schiebeklappe dem Dampf den Eintritt in den Stiefel an der einen Seite des Kolbens geöffnet hat, gestattet sie zugleich demjenigen Dampf an der andern Seite, welcher seine Dienste gethan hat, den Ausgang durch die Öffnung 2 und durch die Röhre e nach E.

293.

Es ist eine Eigenthümlichkeit der Dampfwagenmaschine, dafs der ausströmende Dampf *nicht unmittelbar* in die freie Luft gelangt, sondern erst durch eine verengte Düse in den Schornstein, so dafs er die Wirkung eines

Gebläses hat, um das Feuer anzufachen. Da nemlich der Dampf stofsweise durch die Düse dringt, so entsteht hinter ihm eine Luftverdünnung, welche mittels der kleinen Röhren $a''a''$ augenblicklich auf die Esse wirkt, indem nemlich von aufsen eine Masse Luft auf das Feuer eindringt, um die durch den Dampf hervorgebrachte Luftverdünnung wieder auszufüllen. Durch dieses sinnreiche Mittel und durch den vielröhrigen Kessel ist in der Maschine die starke Wasserverdampfung möglich, durch welche sich eine grofse Geschwindigkeit der Bewegung hervorbringen läfst. Die vielröhrigen Kessel sind von Herrn ***Seguin*** aus ***Annonay*** erfunden und ihm am 22ten Febr. 1828 patentirt worden, und die erste Anwendung des ausströmenden Dampfs zum Anfachen des Feuers wurde zu Paris im Jahre 1826 von Herrn ***Pelletan*** durch öffentliche, in Gegenwart des Seine-Präfecten auf einem Dampfboot angestellte Versuche gemacht; so dafs diese beiden Erfindungen französischen Ursprungs sind.

[„Wenn man die Zuströmung des Dampfs in die Stiefel, wie es zur „Ersparung von Kraft vortheilhaft wäre, *absperrte,* ehe die Kolben ihren Lauf „*vollendet* haben, so dafs der Dampf, den Kolben weiter treibend, sich ausdehnte. „und also derjenige, welcher seine Dienste gethan hat, durch die Düse mit geringerer Spannung entwiche, als aus Maschinen *ohne* Absperrung, so würde „der Strom durch den Schornstein zwar weniger heftig sein, aber doch vielleicht *nicht viel* weniger stark; denn dann treibt wieder der Kolben selbst „den Dampf aus, und wirkt wie ein Gebläse." D. H.]

294.

Die beiden Dampfstiefel *G, G* liegen in der Rauchkammer wagerecht nebeneinander. Sie sind gegen Abkühlung durch das Feuer selbst und durch die Hülse der Rauchkammer geschützt. Die Kolbenstangen greifen jede in einen Kurbelbug der Trieb-Achse und drehen so die Achse um. Aber da bei jeder Kurbel die bewegende Kraft unwirksam wird, so wie der Bug in die Richtung der Bläuelstange gelangt, so sind die beiden Kurbelbuge ***aufeinander senkrecht*** gestellt, so, dafs jedesmal, wenn die eine Kurbelstange unwirksam ist, die andere gerade ihre volle Kraft ausübt; was die Bewegung sehr gleichförmig macht.

Man sieht diese Stellung der beiden Kurbelbuge in Fig. 76. Wenn der Kurbelbug *k* links *lothrecht* steht, so dafs der Kolben *H* vermittels der Kolbenstange *h* und der Bläuelstange *h'* mit seiner vollen Kraft darauf wirkt, liegt der andere Kurbelbug *k'* rechts *wagerecht,* in der Richtung der Kolbenstange selbst. Der Kolben rechts befindet sich dann am Boden seines Stiefels, während der andere links in der Mitte seines Laufes ist, und diese Abwechselung der Stellung dauert während der ganzen Bewegung fort. In Fig. 75. sieht man nur die Stangen *h* und *h'* des linkseitigen Stiefels, weil der Durchschnitt durch die Mitte gezeichnet ist. Damit die Kolbenstangen in ihrer wagerechten Richtung gehalten werden, hat jede ein Querstück, mit welchem es, gelind sich reibend, zwischen zwei Leitschlitzen *h,'' h''* läuft.

[„Die Trieb-Achsen mit zwei Kurbelbugen haben den Übelstand, dafs „sie leichter *brechen* können, als wenn sie gerade sind. Deshalb macht man „auch die Trieb-Achsen zwischen den Rädern ganz gerade und legt ihre Kurbel- „buge dann *aufserhalb* der Räder. Die Dampfstiefel müssen freilich alsdann „ebenfalls aufserhalb und können nicht mehr in der heifsen Rauchkammer liegen, „doch ist der Gewinn an *Sicherheit* für die Achse wohl bedeutender, als der „aus der Lage der Stiefel *aufserhalb* entstehende Nachtheil." D. H.]

295.

Die durch die Kolbenstangen auf die beschriebene Weise umgetriebene Trieb-Achse, mit den beiden Kurbelbugen, treibt nun ihrerseits die daran festen Triebräder um, und auf diese Weise die Maschine fort; etwa auf die Weise, wie man einen gewöhnlichen Wagen forttreibt, wenn man, in seine Radspeichen greifend, seine Räder umdreht. Die Maschine hat *sechs* Räder; aber gewöhnlich werden nur die beiden mittleren Triebräder von den Kolbenstangen umgetrieben, und die andern vier Räder *tragen* einen Theil der Last der Maschine. Wenn aber etwa der auf den Triebrädern ruhende *Theil* des Gewichts der Maschine für sehr schwere Wagenzüge zu geringe sein sollte, um ein so starkes *Eingreifen* der Räder auf die Schienen hervorzubringen, als es nöthig ist, damit die Räder auf den Schienen nicht *gleiten*, so *kuppelt* man an jeder Seite des Wagens an das Triebrad eines der beiden andern Räder; oder auch beide, so dafs dann die Triebräder die andern Räder ebenfalls mit umtreiben. Dann greift die Maschine mit allen ihren Rädern auf die Schienen ein, und ist also dann im Stande, schwerere Lasten fortzuziehen. Haben die Räder des Dampfwagens *gleiche* Durchmesser, so geschieht die Kuppelung durch die eisernen Stangen *l, l* Fig. 76., welche in die Knöpfe zweier Kurbelarme eingreifen. Sind die Durchmesser der Räder *ungleich*, so kann man sie durch eine *Rolle* kuppeln, welche mittels eines Druckhebels zwischen die Umfänge der Räder geprefst wird, und macht, dafs sich ein Rad nicht ohne das andere drehen kann. Die vier vordern und hintern Räder des Dampfwagens haben Spurkränze, durch welche sie auf den Schienen gehalten werden.

296.

Damit man den Dampfwagen nicht blofs *vorwärts*, sondern auch *rückwärts* fahren lassen könne, mufs jede Schiebeklappe *zwei* Scheibenkurbeln haben. *I* und *i* sind die Kurbelscheiben für den Stiefel links und *I'* und *i'* die für den Stiefel rechts. So wie die Scheiben *I* und *I'* an die Kolbenstangen gehakt werden, bewegt sich der Wagen *rückwärts* und, wenn *i* und *i'* eingehakt werden, *vorwärts*. Fig. 75. zeigt diese Steuerung. An dem Ende der Stange *t'* jeder Schiebeklappe ist eine doppelte Gabel *mnMN* befestigt, welche sich mit der Stange fortbewegt. Im Boden der obern Gabel befindet sich ein Einschnitt *o*, um den Einhakbolzen für die vorwärts treibende Scheibenkurbel *i* aufzunehmen, und dann im Boden der untern Gabel ein Einschnitt *O* für den Einhakbolzen der rückwärts treibenden Scheibenkurbel *I*. Die Figur zeigt den Bolzen für *I* eingehakt, so dafs die Maschine *rückwärts* fährt. In der That sieht man in den Figuren, dafs so die Schiebeklappe *rückwärts* gezogen wird und dafs also der Dampf in den Stiefel durch den Eingang 1 *vor* den Kolben einströmt. Der Kolben wird also *rückwärts* getrieben, dreht folglich vermittels des jetzt fast senkrecht *nach oben* stehenden Kurbelbugs *g* die Achse und die Triebräder nach der Richtung des Pfeils in Fig. 75. um und treibt folglich den Dampfwagen *rückwärts*. Um die andere Scheibenkurbel einhaken und dadurch den Wagen vorwärts treiben lassen zu können, befindet sich seitwärts der Essenhülse, im Bereich des Wagenführers, ein Hebel *Q* Fig. 75. Der feste Drehpunct desselben ist in *Q'*, und durch die Stange *qq* setzt der Hebel den Winkelhebel *q'xq'* in Bewegung und drückt so die Aufhängestangen *q''* der Einhakung nach unten. Dadurch wird der Bolzen *O* aus- und der Bolzen *o'* in *o* eingehakt. Es wird also nun die Stange *t'* und die Schiebeklappe *t* nach vorn getrieben, und die Klappe öffnet jetzt den Eingang 2 und bedeckt die Mündung 1, nebst der Ausströmungsröhre. Der Dampf dringt demnach jetzt *hinter* den Kolben, treibt ihn *nach vorn*, zieht den fast senkrecht *nach oben* stehenden Kurbelbug *g* nach sich und dreht die Triebräder so um, dafs der Wagen sich *vorwärts* bewegt. Es versteht sich, dafs derselbe Hebel *Q* gleichzeitig ganz ebenso auf die beiden Scheibenkurbeln des andern Stiefels wirkt; wie es die Fig. 76. zeigt. So also kann der Wagenführer durch den Hebel *Q*, indem er ihn *ganz* nach sich zieht, oder *ganz* von sich hinwegstöfst, den Wagen nach Belieben vor- oder rückwärts fahren machen. Bringt er den Hebel in eine *mittlere* Stellung, so ist *kein* Bolzen eingehakt, die Schiebeklappe wird also *gar nicht* in Bewegung gesetzt und der Dampf wirkt dann gar nicht mehr.

In Fig. 76. sieht man deutlich die Anordnung der Scheibenkurbeln und der Einhakhebel; sie sind mit den nemlichen Buchstaben bezeichnet, wie in Fig. 75. Man sieht, dafs die Stangen der Scheibenkurbeln an den Enden Gabeln haben, in welche sich die Hebel *m* und *M* legen, die dadurch in ihrer Richtung gehalten werden, damit die Einhakbolzen genau in ihre Einschnitte hineingeführt werden. Die Schiebeklappen werden durch Verlängerung ihrer Stangen in ihrer Richtung erhalten; nemlich an dem einen Ende durch die Verlängerung t'', welche aufsen aus der Dampfbüchse hervortritt und durch eine Stopfbüchse geht, an dem andern Ende durch die Verlängerung t''', welche durch ein Loch in der Querstange *T* geht.

297.

In Fig. 75. sieht man, dafs die Scheibenkurbeln, wenn sie eingehakt sind, in ungefähr senkrechter Richtung *auf die Kurbelbuge* an der Trieb-Achse stehen. Der Zweck davon ist folgender. Die Geschwindigkeit der durch eine Scheibenkurbel hervorgebrachten hin- und hergehenden Bewegung ist nemlich sehr *ungleich:* sie ist am gröfsten, wenn der Hebel-Arm der Scheibe auf der Richtung der Kolbenstange senkrecht steht, und am kleinsten, wenn er die Richtung der Kolbenstange selbst hat. Da nun, wie gesagt, der Hebel-Arm der Scheibenkurbel mit dem Kurbelbuge ungefähr einen rechten Winkel macht, so folgt, dafs gerade dann, wenn sich der Dampfkolben am *Boden* des Stiefels befindet, also dann, wenn das Öffnen und Verschliefsen der Ein- und Ausströmungs-Öffnungen für den Dampf gewechselt werden mufs, die Schiebeklappe *schnell* bewegt wird; und *langsam*, wenn der Kolben sich ungefähr in der *Mitte* seines Laufes befindet; zu welcher Zeit es darauf ankommt, die Ein- und Ausströmungs-Öffnungen ohne merkliche Veränderungen offen zu erhalten. Beides ist dem Zwecke gemäfs.

298.

Der Dampfkessel wird durch zwei Saug- und Druckpumpen, ähnlich der in No. 140. beschriebenen Fig. 35. Taf. No. 5., gespeiset. Sie liegen wagerecht unter der Maschine und man sieht sie in Fig. 76. im Grundrifs und in Fig. 75. im Durchschnitt. *p* ist der Pumpenstiefel. Ihn durchläuft der Taucher p', welcher hohl ist. Im Boden der Höhlung ist die Kolbenstange p'' befestigt, welche ihn in Bewegung setzt. Diese Kolbenstange ist an der für die Zurückbewegung des Dampfwagens bestimmten Kurbelscheibe *I* befestigt, aber an der der Schiebeklappe entgegengesetzten Seite, so, dafs, wenn sich der Wagen rückwärts bewegt, die Kurbelscheibe gleichzeitig die Schiebeklappe und die

Speisepumpe treibt. Bewegt sich der Wagen vorwärts, so treiben die Kurbelscheiben i und i'' die Schiebeklappe, und die Scheiben I und I' die Pumpen. Den Kopf der Pumpen sieht man in beiden Figuren, in u. Wenn beim Umlauf der Trieb-Achse die Scheibenkurbel den Taucher p' aus der Pumpe herauszieht, so verdünnt sich darin die Luft, die untere Klappe des Pumpenkopfes hebt sich, und das Wasser wird aus der Röhre u', die nach dem Wasserbehälter im Tender führt, angesogen; der Pumpenstiefel und die Röhre u'' sind also jetzt mit Wasser gefüllt. Wird dagegen der Taucher in die Pumpe wieder hineingedrückt, so prefst er auf das eingesogene Wasser, drückt die untere Klappe zu, die obere Klappe auf, und treibt das Wasser in die Röhren $u'''u'''$ und nach dem vordern Ende des Kessels, in welchen es dann durch die Öffnung U gelangt. *Eine* von den zwei vorhandenen Pumpen reicht schon für gewöhnlich aus, um den Kessel mit Wasser zu speisen; durch *beide* läfst sich die Speisung beschleunigen. Übrigens sind immer *beide* in Thätigkeit, können aber nur erst Wasser aus dem Tender ziehen, nachdem der Wagenführer einen (in den Figuren nicht gezeichneten), in der Röhre nach dem Tender hin befindlichen *Hahn* geöffnet hat.

299.

Die ganze Maschine ist mit starken Klammern auf dem viereckigen Gestell YY befestigt, welches mittels Druckfedern auf Lagern y, y, und mittels dieser auf den Achsen ruht. Vermittels Schrauben kann man die Druckfedern mehr oder weniger heben und so das Gewicht der Maschine nach Belieben auf die drei Räderpaare vertheilen. Um nöthigenfalls zu den Kesselröhren, zum Schornstein, zu den Stiefeln und Schiebeklappen gelangen zu können, ist vorn an der Rauchkammer eine Thür ZZ, die durch Zurückziehen einiger Riegel und Schrauben leicht sich öffnen läfst.

300.

Die hier beschriebene Maschine ist bestimmt, *schwere Lasten* auf der Eisenbahn mit *mäfsiger* Geschwindigkeit fortzuziehen. Um sie zur Fortschaffung von *leichtern* Ladungen, also von Personenwagen, einzurichten, müfste man ihr gröfsere Triebräder geben; welche sie dann durch dieselben Kolbenschläge schneller forttreiben würden. Auch wäre dann die *Kuppelung* der Räder nicht nöthig. Die beschriebene Maschine hat schon diejenigen Vereinfachungen, auf welche Herr *Stephenson* neuerdings gekommen ist. Dieselben bestehen in der senkrechten Stellung der Schiebeklappen zwischen den beiden Dampfstiefeln [„nemlich so, dafs der Schieber nicht auf oder unter dem Stiefel, son-

„dern ihm zur Seite liegt" D. H.], in welcher Stellung sie unmittelbar und ohne Zwischenhebel von den Scheibenkurbeln in Bewegung gesetzt werden können; ferner in der Art der Ein- und Aushakung der Scheibenkurbeln mittels einer auf den Stangen der Schiebeklappen festen Gabel; in der Stellung der Speisepumpen hinter der Trieb-Achse und in gleicher Höhe mit ihr, wodurch es ebenfalls möglich ist, die Pumpen von den Scheibenkurbeln unmittelbar in Bewegung setzen zu lassen; und endlich in der Stellung der Esse *hinter* der Trieb-Achse, wodurch der Kessel viel mehr Länge und folglich viel mehr Verdampfungskraft bekommt, ohne dafs die Stützpuncte der Räder auf den Eisenbahnschienen weiter von einander sein dürften.

301.

Neulich sind auch von dem Herrn *Mayer* zu Mühlhausen im Elsafs und von Herrn *R. Stephenson* Dampfwagenmachinen auf sehr sinnreiche Weise mit *starker Absperrung* gebaut worden; aber wir setzen die Beschreibung derselben aus, bis diese Maschinen erst mehr in Gebrauch gekommen sein werden. [„In der *Absperrung* des Dampfs, ehe er den ganzen Stiefel gefüllt hat, „liegt sicherlich eins der wirksamsten Mittel zur Vervollkommnung, auch der „Dampf*wagen.* Es läfst sich dadurch ungemein viel an Kraft sparen, oder, „was dasselbe ist, durch die gleiche Kraft eine bedeutend gröfsere Wirkung „hervorbringen; wie es auch aus der gegenwärtigen Schrift selbst hervor„geht." D. H.]

Zweite Abtheilung.

Theorie der Dampfwagenmaschinen.

302.

Da die Dampfwagenmaschinen für die Berechnung eigentlich nichts anders sind, als Hochdruckmaschinen, so werden die Formeln dazu denen im vorigen Abschnitt ähnlich sein müssen. Indessen sind einige Neben-Umstände zu berücksichtigen, wegen welcher die Theorie besser besonders abzuhandeln sein dürfte.

Erstlich nemlich setzt hier die Maschine ihr *eigenes Gewicht* in Bewegung; was die Reibung vergröfsert und die Nutzwirkung vermindert.

Zweitens mufs die Maschine Kraft anwenden, um den abströmenden Dampf durch die Schornsteindüse zu treiben; was hier nöthig ist, um das Feuer stark anzufachen und dadurch die verhältnifsmäfsig nur geringe Gröfse des Kessels ausreichend zu machen.

Drittens ist der nach dem Quadrat der Geschwindigkeit wachsende Widerstand der Luft gegen den sich fortbewegenden Wagenzug zu berücksichtigen; was ebenfalls die Nutzwirkung vermindert.

Viertens endlich reifst hier der Dampf weit mehr flüssiges Wasser mit sich fort, als in andern Maschinen; was also, bis man Mittel dagegen gefunden haben wird, ebenfalls in Rechnung zu bringen ist.

303.

Wir werden durch

F die wie oben auf die Einheit der Fläche und auf die Geschwindigkeit des Kolbens bezogene Kraft bezeichnen, welche zur Überwindung der Reibung der Maschine und zur Fortschaffung ihres eigenen Gewichts nöthig ist, und durch

$p_1 V$ den Druck auf die Einheit der Kolbenfläche, welcher durch den Widerstand entsteht, den der ausströmende Dampf in der Schornsteindüse findet und der nach unsern Beobachtungen mit der Geschwindigkeit

V, der Fortwegung der Maschine, in geradem Verhältnifs zunimmt. Endlich soll, da sich der *Widerstand der Luft* gegen den Wagenzug wie das Quadrat der Geschwindigkeit V der Fortbewegung verhält,

uV^2 diesen Widerstand bezeichnen; und zwar nach wirklichen Messungen geschätzt. Den Verlust durch das mit fortgerissene Wasser werden wir, wie sich weiter unten zeigen wird, durch einen Abzug von der gesammten Verdampfung im Kessel in Rechnung bringen.

304.

Der dritte der obigen drei Widerstände, uV^2, ist die Kraft, welche *am Umfange der Triebräder* nöthig ist, den Widerstand der Luft zu überwinden. Der daraus entstehende Widerstand gegen *den Kolben* verhält sich zu ihm wie der Umfang der Triebräder zu dem doppelten Kolbenlauf: denn während sich der Kolben einmal hin und her bewegt, machen die Triebräder einen Umlauf. Bezeichnet also

D den Durchmesser der Triebräder,

λ, wie oben, den Kolbenlauf und

a die Kolbenfläche,

so ist

$$197. \quad \frac{\pi D}{2\lambda} \cdot \frac{uV^2}{a}$$

der aus dem Widerstande der Luft entstehende Gegendruck *auf die Einheit der Kolbenfläche.*

Die andern beiden Widerstände (§. 302.) sind schon auf die Kolben reducirt.

305.

Diesemnach beträgt hier der Widerstand der Ladung, der oben durch r bezeichnet wurde:

$$198. \quad r + \frac{\pi D u V^2}{2\lambda a}, \text{ statt } r;$$

Der Gegendruck auf den Kolben ist nicht blofs der Druck der Luft p, sondern

$$199. \quad p + p_1 V, \text{ statt } p,$$

und die Reibung der Maschine ist

$$200. \quad F \text{ statt } \varphi.$$

Dieses in die Formeln (160. und 161. §. 279.) gesetzt, giebt

$$201. \quad v = \frac{m\lambda S}{a(\lambda+c)\left[(1+\delta)\left(r+\frac{\pi D u V^2}{2a\lambda}\right)n+p+p_1 V+F\right]}$$

für die Geschwindigkeit des Kolbens, und

$$202. \quad ar = \frac{m\lambda S}{v(\lambda+c)(1+\delta)} - \frac{a(n+p+p_1 V+F)}{1+\delta} - \frac{\pi D u V^2}{2\lambda}$$

für den Druck auf den Kolben.

306.

Da für die Ausübung, statt dieser Ausdrücke der Geschwindigkeit und der Kraft des *Kolbens*, diejenige der Geschwindigkeit V und der Kraft *der Maschine selbst* bequemer sind, so mufs man v auf V und ar auf

203. R, welches die Kraft der Maschine sein mag,

reduciren. Es ist, ähnlich wie in (§. 304.), und aus dem dort angegebenen Grunde,

$$204. \begin{cases} 1. \quad V = \frac{\pi D}{2\lambda} v \text{ und} \\ 2. \quad R = \frac{2\lambda}{\pi D} ar. \end{cases}$$

Dies giebt

$$205. \quad VR = arv;$$

so dafs also die *Nutzwirkung* der Maschine ebensowohl durch V mal R, als durch v mal ar ausgedrückt wird.

Setzt man nun (203. und 204.) in (201. und 202.), so ergiebt sich

$$\left[V = \frac{\pi D}{2\lambda} v \text{ (203.)} = \frac{m\lambda S \cdot \frac{\pi D}{2\lambda}}{(\lambda+c)\left[(1+\delta)\left(R\cdot\frac{\pi D}{2\lambda}+\frac{\pi D u V^2}{2\lambda}\right)+a(n+p+p_1 V+F)\right]}\right.$$

$$\left.\text{(203. und 201.) oder}\right]$$

$$206. \quad V = \frac{m\lambda S}{(\lambda+c)\left[(1+\delta)(R+uV^2)+\frac{2a\lambda}{\pi D}(n+p+p_1V+F)\right]}$$

für die *Geschwindigkeit* der Fortbewegung der Maschine im Allgemeinen, und

$$\left[R = \frac{2\lambda}{\pi D} ar \text{ (203.)} = \right.$$

$$\frac{m\lambda S}{\frac{2\lambda}{\pi D}V(\lambda+c)(1+\delta)}\cdot\frac{2\lambda}{\pi D} - \frac{2\lambda}{\pi D}\cdot\frac{a(n+p+p_1V+F)}{1+\delta} - \frac{\pi D u V^2}{2\lambda}\cdot\frac{2\lambda}{\pi D} \text{ (204. u. 202.)}$$

oder]

$$207. \quad R = \frac{m\lambda S}{(\lambda+c)(1+\delta)V} - \frac{2a\lambda(n+p+p_1V+F)}{(1+\delta)\pi D} - uV^2$$

für die *Kraft* der Maschine im Allgemeinen; desgleichen aus (207.)

$$[R(\lambda+c)(1+\delta)\pi DV = m\lambda S\pi D - 2a\lambda(n+p+p_1V+F)(\lambda+c)V$$
$$-uV^2(\lambda+c)(1+\delta)\pi DV \text{ oder}$$
$$(R+uV^2)(\lambda+c)(1+\delta)\pi DV + 2a\lambda(n+p+p_1V+F)(\lambda+c)V = m\lambda S\pi D \text{ und}]$$

$$208. \quad S = \frac{(\lambda+c)V}{\lambda m}\left[(1+\delta)(R+uV^2)+\frac{2a\lambda}{\pi D}(n+p+p_1V+F)\right)$$

für die *Verdampfung* im Allgemeinen.

Aus (§. 280. 165. 166. und 167.) ergiebt sich

Für den Fall der möglich-gröfsten Nutzwirkung:

$$209. \quad V_1 = v\cdot\frac{\pi D}{2\lambda} \text{ (203.)} = \frac{mS\pi D}{2a(\lambda+c)(n+P)} \text{ (165. und 203.)},$$

$$210. \quad R_1 = ar\cdot\frac{2\lambda}{\pi D} \text{ (204.)} = \frac{2a\lambda}{\pi D(1+\delta)}(P-p-p_1V_1-F)-uV_1^2$$

(166. und 202.) und

$$211. \quad S_1 = \frac{2aV_1(\lambda+c)}{m\pi D}(n+P) \text{ (167. und 203.)}.$$

Um aus (206.) V zu finden, ist, weil diese Gröfse rechts im Nenner einfach und auch zum Quadrat erhoben vorkommt, eine *cubische* Gleichung aufzulösen. Will man dies vermeiden, so mufs man zuerst einen im Voraus geschätzten Werth *rechts* für V annehmen, und wenn nun Das, was der Ausdruck für V links giebt, von dem geschätzten Werth abweicht, den neuen Werth rechts für V setzen, um sich so dem wahren Werthe von V allmälig zu nähern. [„Da V^2 rechts im Nenner von (206.) vom Widerstande der Luft „gegen den Wagenzug herrührt, und dieser doch nicht sehr bedeutend ist, so „möchte es wohl kürzer sein, im Voraus für uV^2, nach Schätzung, einen Be-

„trag zu setzen. Alsdann ist nur eine Gleichung vom *zweiten* Grade aufzu-„lösen; was ohne Schwierigkeit und *ohne* Proben geschehen kann." D. H.]

Dritte Abtheilung.

Practische Formeln für Dampfwagenmaschinen, und Beispiele in Zahlen.

307.

Um die obigen Buchstaben-Ausdrücke für die Anwendung einzurichten, sind den darin vorkommenden beständigen Gröfsen ihre Zahlenwerthe zu geben.

Die ***Reibung*** in mehreren Dampfwagen, mit ***vier*** nicht gekuppelten Rädern und mit Stiefeln von 11 Zoll (Engl.) Durchmesser, betrug nach unsern Messungen 104 Pfd. (Engl.). Dies war der Widerstand am ***Umfange der Triebräder;*** und da die Geschwindigkeit dieses Rad-Umfanges 5,9mal diejenige des ***Kolbens*** war, so ergiebt sich daraus ein Widerstand von 5,9·144 = 614 Pfd. (Engl.) *am Kolben.* Die Fläche der beiden Kolben war 190 Q. Z. (Engl.). Es findet sich also 3,23 Pfd. (Engl.) Widerstand auf den (Engl.) Quadratzoll Kolbenfläche. Bei Maschinen mit *sechs* Rädern, die gekuppelt sind, ist er etwas stärker und beträgt 3,4 bis 3,6 Pfd. auf den Quadratzoll (Traité des locomotives chap. VIII. 2me edit.). Im Durchschnitt also kann man 3,5 Pfd. annehmen. Demnach ist [für den Quadrat*fufs*]

212. $F = 3{,}5 \cdot 144$ (Engl.) $= 3{,}6 \cdot 144 = 5{,}18{,}4$ Pfd. Pr. auf den Pr. Quadrat*fufs* Kolbenfläche

zu setzen. Da indessen die Reibung der Dampfwagen von verschiedenen einzelnen Umständen abhängt, nemlich von ihrem Gewicht, von der Zahl und Art ihrer Räder und von ihrer Bauart überhaupt, so ist (212.) nur dann anzunehmen, wenn man nicht sehr genaue Ergebnisse verlangt.

308.

Wenn man die Reibung eines ***Dampfwagens*** mit der einer ***stehenden*** Dampfmaschine vergleichen will, so ist zu erwägen, dafs in der obigen Schätzung die Reibung der Maschine, ***als Wagen*** auf den Schienen, mitbegriffen ist. Diese Reibung beträgt 6 Pfd. auf die Tonne (Engl.) Gewicht des Wagens [den 373ten Theil des Gewichts. D. H.]. Da nun die erste Reihe der Dampfwagen, mit welchen wir Versuche anstellten, 4 nicht gekuppelte Räder hatten und die Wagen im Durchschnitt 8 Tonnen wogen, so betrug ihr Widerstand, ***als Wagen,***

48 Pfd. und, wenn man noch den 7ten Theil davon als zusätzliche Reibung in der Maschine rechnet, welche jener Widerstand verursachte, 55 Pfd. am *Umfange der Triebräder.* Dieses giebt, wie oben mit 5,9 multiplicirt, um es auf den Kolben zu bringen, und das Product durch 190 Q. Z. Kolbenfläche dividirt, 1,71 Pfd. auf den Quadratzoll Kolbenfläche; also bleiben, von den obigen 3,23 Pfd. abgezogen, für die Reibung in der Maschine selbst, nur 1,52 Pfd. auf den Quadratzoll Engl. [1,56 Pfd. Pr. auf den Q. Z. Pr.]. Dies weicht, wie sich weiter unten zeigen wird, wenig von der Reibung in einer *Watt*schen Maschine mit doppelter Wirkung ab; und die Abweichung ist noch geringer, wenn man erwägt, dafs eine Dampfwagenmaschine weder eine Luft-, noch eine Kaltwasserpumpe hat.

309.

Für δ, welches die zusätzliche Reibung für die von der Maschine fortgezogene Last auf die Einheit ausdrückt, ergiebt sich aus unsern Versuchen (S. Traité des locomotives chap. VIII.), dafs diese Reibung etwa den 7ten Theil des Widerstandes beträgt, also

$$213. \quad \delta = 0{,}14.$$

310.

Der Widerstand in der Dampfröhre ändert sich nicht allein mit der Geschwindigkeit der Bewegung des Kolbens, sondern auch mit der Verdampfung im Kessel, so wie mit der Gröfse der Mündung der Röhre; wie sich dies aus unsern Versuchen mit Dampfwagen ergiebt. Um aber die Rechnungen zu vereinfachen, werden wir eine *mittlere* Verdampfung und eine *mittlere* Gröfse der Mündung annehmen. Dann findet sich, dafs für 855 F. Pr. Geschwindigkeit in der Minute, der Druck in der Dampfröhre 1,8 Pfd. Pr. auf den Pr. Quadratzoll der Kolbenfläche ausmacht und dafs derselbe in geradem Verhältnifs mit der Geschwindigkeit zunimmt; so dafs also, auf den *Quadratfufs* gebracht, für $V = 855$, $p_1 V = 1{,}8 \cdot 144$ und folglich

$$214. \quad p_1 = \frac{1{,}8 \cdot 144}{855} = 0{,}30316 \text{ Pfund ist.}$$

311.

Der Widerstand der Luft gegen den Wagenzug beträgt, den Versuchen zufolge,

$$215. \quad 0{,}002687 \Sigma V_1^2 \text{ Engl. Pfunde,}$$

wo V_1 die Zahl der in einer Stunde durchlaufenen Engl. Meilen und Σ die Fläche in Engl. Quadratfufsen ist, welche der Wagenzug der Luft entgegensetzt und für welche 70 Q. F. Engl. = 66 Q. F. Pr. und 10 Q. F. Engl. = 9,4 Q. F. Pr. noch für jeden Wagen, so wie für die Maschine selbst und ihren Tender, anzusetzen sind. [„Dieses giebt für (§. 303.), auf Preufsisches Maafs „und auf die Minute statt auf die Stunde gebracht,

$$216. \quad uV^2 = 0{,}000000356 \Sigma V^2 \text{ Pfd. Pr.,}$$

„wo nun Σ die Widerstandsfläche in Pr. Q. F. und V der von dem Wagen- „zuge in einer Minute durchlaufene Raum in Pr. Fufsen bezeichnet. Übrigens „ist der Widerstand, welchen die Luft einem Dampfwagenzuge entgegensetzt, „wohl sehr verschieden. Es kommt offenbar nicht blofs auf die Geschwindig- „keit des Wagenzuges selbst an, sondern auch darauf, ob die Luft ruhig ist, „oder ob Wind weht, und in welcher Richtung gegen den Wagenzug. Der „Widerstand des Windes gegen den Wagenzug ist nicht gerade der stärkste, „wenn der Wind der Maschine gerade entgegen weht, sondern kann noch „stärker sein, wenn er die Wagen von der Seite mit den Spurkränzen der „Räder gegen die Schienen treibt. Man sehe über diesen Gegenstand die „Bemerkungen im 17ten Bande dieses Journals S. 144 etc." D. H.]

312.

Das von dem Dampf mit fortgerissene *Wasser* ist, wie weiter oben bemerkt, bei Dampfwagen sehr beträchtlich. Es beläuft sich unsern Versuchen zufolge (Traité de locom. chap. X. §. VII.) auf nicht weniger als 24 pr. c. der gesammten Verdampfung. Die Ursachen davon sind die heftigen Stöfse der Maschine, welche das Wasser in die Mündung der Dampfröhre werfen; die geringe Höhe dieser Mündung über dem Wasser; die Kleinheit des Raums zur Ansammlung des Dampfs; die im Verhältnifs zur Verdampfung geringe Gröfse des Kessels, wegen welcher der entwickelte Dampf mit grofser Heftigkeit durch das Wasser hindurch aufsteigen mufs; die sehr geringe Weite der Durchgangs-Öffnungen für den Dampf; und Anderes. So entströmt dann dem Schornstein öfters ein wahrer Regen von heifsem Wasser. Dieses Umstandes wegen läfst sich hier die *wirksame* Verdampfung nur auf 76 pr. c. der *gesammten* Verdampfung ansetzen.

313.

Sodann ist für Dampfwagen, da die Maschinen *ohne Niederschlag* sind, eben wie in (§. 283. 173.),

$$217. \quad m = 4461264 \quad \text{und} \quad n = 633$$

zu setzen. Desgleichen ist zu setzen:

$$218. \quad c = 0{,}05\lambda \text{ (172.)} \quad \text{und} \quad 219. \quad p = 2172 \text{ Pfd. (169.)}.$$

314.

Führt man alle diese Werthe der Buchstaben in die obigen Formeln (§. 306.) ein, so ergiebt sich Folgendes.

Practische Formeln für Dampfwagen.

(Die Einheiten sind Fufse und Pfunde Pr., und Minuten.)

A. Allgemeiner Fall.

[Aus (206.) $V = \frac{4461264\cdot\lambda\cdot S}{(\lambda+005\lambda)\left[(1+0,14)(R+0,000000356\Sigma V^2)+\frac{2a\lambda}{3,14D}(633+2172+0,30316V+F)\right]}$ (213 — 219.) oder]

220. $$V=\frac{4461264S}{1,197R+0,668\frac{a\lambda}{D}(2805+F)+0,203\frac{a\lambda}{D}V+0,000000426\Sigma V^2}$$ Pr. Fufs

für die Länge des Weges, welchen der Dampfwagen in 1 Minute durchläuft.

[Aus (207.) $R=\frac{4461264\lambda S}{(\lambda+0,05\lambda)(1+0,14)V}-\frac{2a\lambda(633+2172+0,30316V+F)}{(1+0,14)3,14D}-0,000000356\Sigma V^2$ (213 — 219.) oder]

221. $$R=3727038\cdot\frac{S}{V}-0,558(2805+F)\frac{a\lambda}{D}-0,169\frac{a\lambda V}{D}-0,000000356\Sigma V^2$$ Pr. Pfunde

für die wirksame Zugkraft des Dampfwagens.

[Aus (208.) $S=\frac{(\lambda+0,05\lambda)V}{\lambda\cdot4461264}\left[(1+0,14)(R+0,000000356\Sigma V^2)+\frac{2a\lambda}{3,14D}(633+2172+0,30316V+F)\right]$ (213 — 219.) oder]

222. $$S=\frac{V}{4461264}\left[1,197R+0,668\frac{a\lambda}{D}(2805+F)+0,203\frac{a\lambda V}{D}+0,000000426\Sigma V^2\right]$$ C. F. Pr.

für die wirksame Verdampfung der Maschine in 1 Minute.

223. $W = RV$ (220. und 221.) (wie 177.) für die Nutzwirkung in Pr. Pfunden, in der Minute 1 F. hoch gehoben.

224. $\frac{W}{\varepsilon} = \frac{RV}{30800}$ (wie 178.) für die Nutzwirkung in Pferdekräften auf 1 Minute.

225. $\frac{W}{N} = \frac{RV}{N}$ (wie 179.) für die Nutzwirkung eines Pfundes Brennstoff in Pfunden, 1 F. hoch gehoben.

226. $\frac{W}{S} = \frac{RV}{S}$ (220. 221. und 222.) (wie 180.) für die Nutzwirkung eines Cubikfufses verdampften Wassers in Pfunden, 1 F. hoch gehoben.

227. $Q = \frac{30800 N}{RV}$ (wie 181.) Pfunde Brennstoff, welche durch die Maschine eine Pferdekraft auf die Minute hervorbringen.

228. $O = \frac{30800 S}{RV}$ (wie 182.) Cubikfufse verdampften Wassers, welche eine Pferdekraft auf die Minute hervorbringen.

229. $\frac{1}{Q} = \frac{RV}{30800 N}$ (wie 183.) Pferdekräfte auf 1 Min., welche 1 Pfund Brennstoff hervorbringt.

230. $\frac{1}{O} = \frac{RV}{30800 S}$ (wie 184.) Pferdekräfte auf 1 Min., welche 1 C. F. verdampftes Wasser hervorbringt.

B. Fall der möglich-gröfsten Wirkung.

[Aus (209.) $V_1 = \frac{4461264 S \cdot 3{,}14 \cdot D}{2a(\lambda + 0{,}05\lambda)(633 + P)}$ (217. und 213.) oder]

231. $V_1 = \frac{6670652 SD}{a\lambda(633 + P)}$ Pr. F., welche der Dampfwagen in 1 Min. durchläuft.

[Aus (210.) $R_1 = \frac{2a\lambda}{3{,}14 D(1 + 0{,}14)}(P - 2172 - 0{,}30316 V_1 - F)$
$- 0{,}000000356 \Sigma V^2$ (213. 214. 216.) oder]

232. $R_1 = \frac{0{,}558 a\lambda}{D}(P - 2127 - F) - 0{,}169 \frac{a\lambda V_1}{D} - 0{,}000000356 \Sigma V_1^2$ Pr. Pfd. gröfste Zugkraft der Maschine.

[Aus (211.) $S_1 = \frac{2aV_1(\lambda + 0{,}05\lambda)}{4461264 \cdot 3{,}14 D}(633 + P)$ (217. 218.) oder]

233. $S_1 = \frac{aV_1\lambda(633 + P)}{6670652 D}$ Cub. F. Pr. in der Minute verdampften Wassers; woraus sich weiter die andern Ausdrücke (223—230.) *für den Fall der gröfsten Wirkung* ergeben. Die Formel (220.) für V, welche rechts noch V enthält, mufs man nach (§. 306.) näherungsweise auflösen. Ähnlich die Formeln (221. und 232.) für die Zugkraft des Dampfwagens, welche rechterhand die der Luft sich entgegensetzende Fläche Σ des Wagenzuges enthalten, welche Fläche erst durch R selbst bestimmt wird. [„Wo man denn aber wieder „für das doch sehr unsichere Glied mit Σ, kürzer einen *schätzungsweisen* „Betrag wird setzen können." D. H.]

315.

Um ein Beispiel für diese Formeln zu geben, wollen wir eine dem Dampfwagen ***Atlas*** auf der Liverpooler Bahn ähnliche Maschine annehmen. Die (Preufs.) Maafse dieser Maschine (Traité des locom. chap. I. art. II. §. II.) würden folgende sein:

234.
- Für zwei Dampfstiefel von 11,65 Zoll im Durchmesser, $a = 1,48$ Q. F.
- Der Kolbenlauf beträgt 15,54 Zoll, also ist . . . $\lambda = 1,295$ F.
- Der Spielraum des Kolbens am Boden ist . . . . $c = 0,05\,\lambda$.
- Die gekuppelten Triebräder haben 4,856 F. im Durchmesser.
- Die Gesammtspannung des Dampfs im Kessel beträgt 66,7 Pfd. auf den Quadratzoll, also 9605 Pfd. auf den Quadratfufs.
- Die gesammte Verdampfung beträgt 45,8 C. F. in der Stunde und die wirksame Verdampfung $S = 0,58$ C. F. in der Minute.
- Der Aufwand an Brennstoff ist $N = 9,43$ Pfd. in der Minute.
- Die Reibung der Maschine beträgt 3,715 Pfd. auf den Q. Z., also $F =$ 535 Pfd. auf den Q. F.

Rechnet man für diese Maafse nach den obigen Formeln (220 — 233.), und sowohl für die möglich-gröfste Wirkung, als für 243 und 291 F. Geschwindigkeit des ***Kolbens*** in der Minute, wozu 1717 und 1431 F. Geschwindigkeit des Wagenzuges gehören, so findet sich Folgendes:

235.

			Für 1717 F. Geschw.	Für 1431 F. Geschw.	Für die möglich-gröfste Wirkung.
1.	V	=	1717 F. ...	1431 F. ...	958 F. Geschwindigkeit in der Minute.
2.	R	=	239 Pfd. ...	496 Pfd. ...	1285 Pfd. Zugkraft.
3.	S	=	0,58 C. F. ...	0,58 C. F. ...	0,58 C. F. Verdampfung in der Min.
4.	$W = RV$	=	410363 ...	709776 ...	1231030 Nutzwirkung.
5.	$\frac{W}{\varepsilon}$	=	13	23	40 Pferdekräfte auf 1 Min.
6.	$\frac{W}{N}$ (234.)	=	43517 Pfd. ...	75268 Pfd. ...	130544 Pfd. Wirkung von 1 Pfd. Brennstoff.
7.	$\frac{W}{S}$	=	707522 Pfd. ...	1223752 Pfd. ...	2122465 Pfd. Wirkung von 1 C. F. Wasser.
8.	Q	=	0,716 ...	0,416 ...	0,242 Pfd. Brennstoff für die Pferdekraft.
9.	O	=	0,044 ...	0,026 ...	0,015 C. F. Wasser auf 1 Pferdekraft.
10.	$\frac{1}{Q}$	=	1,37	2,36	4,09 Pferdekräfte von 1 Pfd. Brennstoff.
11.	$\frac{1}{O}$	=	21	36	63 Pferdekraft von 1 C. F. Wasser.

Will man aus den obigen Angaben der Geschwindigkeit und der Zugkraft wissen, wieviel ***(Pr.) Meilen*** die Maschine in der Stunde zurücklegen und welche ***Gesammtlast*** in Centnern sie auf ***horizontaler*** Bahn fortziehen werde, so mufs man V mit $\frac{60}{24000} = \frac{1}{400}$ und R mit $\frac{373}{110} = 3{,}39$ multipliciren; denn die Stunde hat 60 Min., die Meile 24 000 F., und 1 Pfd. Zugkraft bringt auf wagerechter Bahn 373 Pfd. also $\frac{373}{110}$ Ctr. Last fort. Dieses giebt in (235. 1. 2.)

236.	Für 4,29 Meilen	3,58 Meilen und	2,39 Meilen Geschwindigkeit in der Stunde.
	810 Ctr.	1681 Ctr.	4356 Ctr. Gewicht des Wagenzuges, nebst Dampfwagen und Tender.

Die hier gefundenen Wirkungen können noch vergröfsert werden, wenn man die Verdampfung oder die Spannung des Dampfs im Kessel verstärkt, und sie werden vermindert durch das Gegentheil, oder wenn Dampf durch die Sicherheitsklappe verloren geht. Auch können noch Veränderungen durch diejenige des Voreilens des Gleitventils etc. hervorgebracht werden; worüber das Weitere in unserer Schrift über Dampfwagen nachzulesen ist.

Vergleicht man die Ergebnisse hier mit denen für *stehende* Maschinen, so zeigt sich, dafs die fahrenden Maschinen gegen letztere sehr im Nachtheil sind; was davon herrührt, dafs die Maschine *sich selbst* fortziehen mufs; ferner von dem Widerstande der Luft gegen den Wagenzug, und von der Kraft, die hier nöthig ist, das Feuer anzufachen.

(Die Fortsetzung folgt.)

10.

Über das Eisenbahnnetz der westlichen Theile von Hannover und Preufsen, und dessen Anschlufs an die Bahnnetze der angrenzenden Länder.

(Von Herrn Dr. *Reinhold,* Wasserbau-Inspector a. D. zu Leer in Ostfriesland.)

(Schlufs der Abhandlung No. 6. im vorigen Hefte.)

Zweiter Abschnitt.

Kurze Übersicht der schiffbaren Hauptströme, welche mit dem Eisenbahnnetze des nordwestlichen Deutschlands zwischen Weser, Lippe, Rhein, Ems und Nordsee in Berührung stehen.

---

§. 7.

Die schiffbaren Hauptströme des nordwestlichen Deutschlands, welche den obenbezeichneten Länder-Abschnitt theils begrenzen, theils durchfliefsen, in die Nordsee münden und das Eisenbahnnetz der westlichen Theile von Hannover und Preufsen in mehreren Puncten berühren, oder durchschneiden, sind *Weser, Ems, Lippe* und *Rhein.*

Die *Elbe* gehört *Ober-* und *Niedersachsen, Böhmen* und dem nördlichen Deutschland als Grenzstrom zwischen der Ost- und Nordsee an, hangt zwar mittelbar durch das grofse Eisenbahnnetz mit dem *nordwestlichen* Deutschland zusammen, begrenzt und durchfliefst dasselbe aber nicht, so dafs sie, ungeachtet ihrer Wichtigkeit für ganz Deutschland, ebenso wenig wie die *Oder* und *Weichsel, hier* in Betracht kommt.

Wir gedenken im vorliegenden Fall blofs derjenigen schiffbaren Ströme und deren Nebenflüsse, die sich innerhalb des *nordwestlichen Deutschlands* und der hier fraglichen Ländertheile, und ihres Eisenbahnnetzes befinden.

I. *Die Weser*

wird bekanntlich durch den Zusammenflufs der aus Thüringen und Kurhessen kommenden *Werra* und der *Fulda* nahe unterhalb der Stadt *Hannöverisch-Münden,* gebildet. Die *Fulda* wird von *Cassel* bis *Münden* seit einigen Jahren von einem Dampfboote regelmäfsig befahren. Sie wurde schon im Jahre 1811, in dieser etwa 5 Meilen langen Strecke, unter Leitung des Verfassers regulirt und schiffbar gemacht. Die in Thüringen entspringende, durch das sächsische und hessische Gebiet fliefsende ***Werra*** war schon früher, von ***Wannfried, Eschwege, Allendorf, Witzenhausen*** und ***Hedemünden*** bis ***Hannöverisch-Münden*** für kleine Flufsschiffe fahrbar und für das aus Thüringen kommende Brenn- und Bauholz flösbar. Im Jahre 1845 hat eine in ***Münden*** zusammengetretene Gesellschaft für diese Flufsstrecke ebenfalls ein Dampfboot angeschafft.

Die Hauptschiffahrt auf der ***Oberweser*** fängt zu ***Hannöverisch-Münden*** an und geht stromabwärs bis ***Bremen*** und ***Bremerhafen***, wo die ***See***schifffahrt anfängt.

Die beiderseitigen Uferstaaten an der ***Weser*** sind ***Hannover, Kurhessen, Braunschweig, Preufsen, Lippe, Oldenburg*** und ***Bremen.*** Die Länge des Stroms von ***Münden*** bis ***Bremen*** beträgt etwa 48 Meilen und, einschliefslich der ***Fulda***, von ***Cassel*** bis ***Bremenhafen***, 55 Meilen.

Die Stadt ***Münden***, am Anfangspuncte der ***Weser*** und den Endpuncten der ***Fulda*** und ***Werra***, hat einen bedeutenden Handels- und Schiffahrtsverkehr. Die Haupt-Handels- und Poststrafsen aus dem nördlichen Deutschland etc. in das südliche, gehen durch ***Münden*** auf ***Cassel, Frankfurt a. M.*** in die ***Rheinlande*** u. s. w. Auch wird die von ***Hildesheim***, über ***Eimbeck, Nordheim, Göttingen*** u. s. w. zum Anschlufs an die von ***Halle*** nach ***Cassel*** angefangene Thüringer Eisenbahn ***Münden*** berühren und sich mit jener Bahn an der Kurhessischen Grenze vereinigen.

Die übrigen Orte, welche von ***Münden*** stromab an beiden Ufern der ***Weser*** liegen und am Handels- und Schiffsverkehr auf derselben Theil haben, sind folgende: am linken Ufer, ***Veckerhagen, Carlshafen*** an der Mündung der ***Diemel, Herstelle, Beverungen, Höxter, Corvey, Polle, Bodenwerder, Grohnde, Rinteln, Vlotho, Rehme, Preufs. Minden***, wo die von ***Braunschweig, Hildesheim, Haarburg*** und ***Bremen*** über ***Hannover*** gehenden Eisenbahnen sich mit der ***Rhein-Weserbahn***, so wie mit der Hannöverschen ***Westbahn*** von ***Emden*** über ***Leer, Lingen, Osnabrück, Melle*** und ***Bünde*** verbinden werden. Am rechten Ufer der ***Weser***, von ***Hann. Münden*** anfangend, liegen die Örter ***Lippoldsberg, Bodenfelde, Lauenförde, Fürstenberg, Holzminden, Hameln, Oldenburg und Hausberge.*** Von ***Preufs. Minden*** stromab liegen ferner am rechten Ufer der Weser, ***Nienburg***, welches von der Hannöver-Bremerbahn berührt wird, ***Drakenburg, Verden***, an der Mündung der schiffbaren ***Aller*** in die Weser, berührt von der Hannover-Bremer Bahn, und endlich ***Bremen,*** als Endpunct dieser Eisenbahn; ferner ***Vegesack, Gerstendorf*** und ***Bremerhafen,*** an der Mündung der ***Gerste,*** wo vor einigen Jahren ein Hafen für grofse Seeschiffe angelegt ist. Endlich ***Bremerlehn*** und ***Vremen,*** an der Mündung der ***Weser*** in die ***Nordsee.*** Am linken Ufer der ***Weser,*** unterhalb von ***Preufs. Minden,*** stromabwärts, liegen ***Petershagen,*** mit einem Stromhafen, ***Schlüsselburg, Stolzenau, Liebenau*** und ***Hoya;*** unterhalb Bremen, ***Elsfleth,*** an der Mündung der bis Oldenburg schiffbaren ***Hunte*** und ***Braake,*** beide mit guten Häfen für Strom- und Seeschiffe. Ferner, im Grofsherzogthum ***Oldenburg,*** die Örter ***Rotenkirchen, Esensham, Blexum, Tettens*** und ***Burhafe,*** unter welchen für die grofse Strom- und Seeschiffahrt die am linken Ufer der Weser liegenden Hafenplätze ***Elsfleth*** und ***Braake*** bei weitem die wichtigsten sind und es schon seit undenklichen Jahren waren, ehe der ***Bremerhaven*** angelegt wurde. ***Elsfleth*** und ***Braake*** blieben für die Schiffahrt und den Handel auf der Weser und zur See stets wichtig und verdienen daher bei den Eisenbahnprojecten des Grofsherzogthums ***Oldenburg*** besonders mit berücksichtigt zu werden.

Auf der ***Weser*** ist die ***Dampfschiffahrt*** schon seit mehreren Jahren eingeführt. Die Stadt ***Bremen*** war die *erste* in Deutschland, welche die Dampfschiffahrt auf einem Deutschen Strome, der ***Weser,*** einführte, und im Jahre 1816 den Anfang damit machte. Die ***Weser*** ist daher der *erste* Deutsche Strom, der von einem Dampfboote befahren wurde.

Nach einigen mifsglückten Versuchen, die theils von der damaligen Unvollkommenheit der Maschinen, theils auch von dem Zustande des Strombetts der Weser herrührten, wurde im Jahre 1832, als jene Hindernisse gehoben waren, von Seiten der Stadt ***Bremen*** die Dampfschiffahrt mit Kraft und Muth wieder erneuert und es trat im Jahre 1843 eine Weserdampfschiffahrts-Gesellschaft zusammen, welche 1845 auf der ***Oberweser*** zwischen ***Bremen*** und ***Hannöv. Münden*** schon 4 Dampfboote, zusammen von 160 Pferdekraft hatte und noch drei dergleichen anschaffte. Aufserdem fuhren für die Braunschweigsche Stadt ***Holzminden*** 2 Dampfboote, zusammen von 60 Pferdekraft; also fuhren damals auf der ***Oberweser*** schon 6 Dampfboote, zusammen von 220 Pferdekraft. Von ***Bremen*** ab fuhren damals auf der ***Unterweser*** 5 Dampfboote, zusammen von 206 Pferdekraft: mithin im Ganzen auf der Ober- und Unterweser 11 Dampfboote von 426 Pferdekraft. Die Seedampfschiffe für die Fahrt von und nach den Seehäfen sind darunter nicht mitbegriffen. Seit Anfangs 1845 bis jetzt 1846, hat sich die Dampfschiffahrt Bremens, sowohl auf der

Weser, wie zur See, sehr erweitert; worüber uns jedoch die nähern Angaben bis jetzt fehlen.

Aus dieser kurzen Übersicht des Laufs der Weser geht nun die Beziehung des ***Hannöverschen*** Bahnnetzes zu derselben, so wie zu der ***Nordsee*** hervor, insofern dieses Netz von der ***Weser*** und der ***Nordseeküste*** umschlossen ist. Da der Theil des ***Hannover-Hanseatischen*** Bahnnetzes, welcher in diesem Länder-Abschnitte liegt, zum Theil begonnen ist, der noch nicht vollendete Theil aber, den Staatsverträgen und Regierungsbeschlüssen gemäfs, unbedenklich ausgeführt werden wird, so kann man dessen Vollendung in einigen Jahren erwarten; so dafs dann der Theil des Königreichs ***Hannover*** zwischen ***Weser, Ems*** und ***Nordsee*** nicht mehr eisenbahnlos sein wird.

§. 8.

II. *Die Ems und deren Nebenflüsse.*

Eine ausführliche hydrographische Beschreibung der ***Ems*** und ihrer Nebenflüsse, so wie der Hafen- und Schiffahrts-Anstalten ***Ostfrieslands*** hier zu liefern, gestatten der Zweck und die engen Grenzen der vorliegenden Schrift nicht. Wir bemerken, dafs über diese Gegenstände in den frühern Schriften des Verfassers vollständigere Nachrichten enthalten sind, und zwar im 3ten und 4ten Heft 13ten Bandes des ***Crelle***schen Journals für die Baukunst, in der Abhandlung: „Kurze Übersicht der physiographisch-hydrographischen Beschaffenheit von „Ostfriesland u. s. w." und im 21ten, 22ten und 23ten Bande desselben Journals, in den „historisch-hydrographischen Nachrichten von den Häfen und andern „Schiffahrts-Anstalten Ostfrieslands bei der Stadt Emden und in den Ems-„mündungen, und von den übrigen Häfen und Schiffahrts-Anstalten Ostfrieslands „an der Nordseeküste und dem Emsstrome u. s. w." Der Verfasser nimmt darauf Bezug und beschränkt sich hier nur auf das Nothwendigste, was der Zusammenhang erfordert.

Unter den Strom- und Seegeländen des nordwestlichen Deutschlands sind, hinsichtlich des Schiffahrts- und Handelsverkehrs zur See und ins Innere, die westlichen Theile von ***Hannover*** und ***Preufsen***, zwischen ***Weser, Ems, Lippe, Rhein*** und ***Nordsee,*** für ***Hannover, Osnabrück*** und ***Ostfriesland,*** und für ***Preufsen*** der gröfste Theil von ***Westphalen*** und den ***Rheinlanden*** die wichtigsten. Insbesondere ist ***Ostfriesland*** zunächst dadurch wichtig, dafs es in diesen Strom- und Seeküstengegenden viele bedeutende Hafen- und Seehandelsplätze an der ***Ems*** und an den ***Nordsee***küsten hat, die durch das obenbezeichnete Eisenbahnnetz und dessen Verbindung mit den schiffbaren Strömen und Flüssen für den Handelsverkehr von Deutschland viel zugänglicher wie bisher gemacht, oder eigentlich jetzt erst ganz werden eröffnet werden. *Ostfriesland* ist wegen seiner bedeutenden Strom- und Seeschiffahrt und seiner Handelsmarine, seiner thätigen Schiffsbauerei, seines Handelsverkehrs und aller dazu erforderlichen Anlagen und Anstalten, so wie wegen seines fruchtbaren Bodens, seiner guten Cultur und seiner Erzeugnisse für die westlichen Theile von *Hannover* und *Preufsen* von wesentlicher Bedeutung; eben wie es gegenseitig *Rheinland-Westphalen* für die Länder an der *Nordseeküste* ist. Dies haben auch die Staaten schon durch den 30ten Artikel der Wiener Congrefs-Acte vom 9ten Juni 1815 anerkannt, indem dort die Schiffbarmachung der *Ems* von *Ostfriesland* bis zur *Preufsisch-Hannöverschen* Grenze bei der Stadt *Rheina* stipulirt, die gegenseitige freie Schiffahrt, nebst steuerfreien Niederlagen der Waaren, mit gleichen Pflichten und Rechten, vorbehalten ist, und in Folge dessen in den folgenden 12 Jahren die Ems, auf etwa 22 Meilen lang, mit einem Kosten-Aufwande von etwa $1\frac{1}{2}$ Millionen Thaler auf Hannöverschem Gebiete schiffbar gemacht wurde. Auf *Preufsischem* Gebiete wird dieser Flufs von der Stadt *Rheina* bis zum Orte *Greven*, 2 Meilen von *Münster*, in Folge des zwischen Preufsen und Hannover am 13ten März 1843 zu Berlin abgeschlossenen Staats-Vertrages, so eben jetzt auf 8 bis 9 Meilen lang schiffbar gemacht, und von *Greven* bis *Münster* wird eine zwei Meilen lange Chaussée gebaut; welches Alles vertragsmäfsig im Jahre 1848 vollendet sein soll. Die Kosten der Schiffbarmachung der *Ems* auf *Preufsischem* Gebiete sind uns nicht bekannt, können aber etwa $\frac{3}{4}$ bis 1 Million Thaler betragen.

Es folgt hieraus, dafs die Wasserstrafse von *Emden* bis *Münster* und bis zur *Lippe* für beide Staaten von grofsem Belang sein mufs; denn sonst würden dazu die bedeutenden Baukosten von $2\frac{1}{2}$ Millionen Thaler aus den Staatscassen nicht hergegeben worden sein. Aus eben diesem Grunde ist aber nun auch eine ununterbrochene Eisenbahn von *Emden* über *Leer*, *Meppen*, *Lingen*, *Rheina*, *Münster* bis *Hamm*, nach der *Lippe* und der *Rheinweserbahn* wichtig und wird für den Handelsverkehr noch weit wirksamer sein als eine *Wasserstrafse* allein, die jedoch in vieler Hinsicht ebenfalls nützlich und nicht zu entbehren ist.

Ostfriesland besitzt in seinem Innern die für Strom- und Seeschiffe fahrbare *Ems*, als Hauptstrom. Die in dieselbe einmündenden Nebenflüsse sind: an der westlichen oder Holländischen Grenze, die *Aa*, welche sich durch den

Dollart an der Holländischen Landspitze *Rheide, Emden* gegenüber, in die *Ems* ergiefst; dann die *Leda,* welche etwa $\frac{1}{8}$ Meile unterhalb der *Leer* bei der alten Festung *Leerort* in die *Ems* mündet.

Zur Bezeichnung des Laufs der *Ems,* soweit sie schiffbar ist, wollen wir die Namen der hauptsächlichsten Örter an ihren beiderseitigen Ufern, wo Handel und Schiffahrt getrieben wird, nennen.

Die *Ems* mündet zwischen der Ostfriesischen Insel *Borkum,* wo ein Leuchtthurm ist, und der Insel *Juist,* unter dem Namen der *Oster-Ems,* mit einem Arme, und mit dem zweiten Arme oder der *Wester-Ems* zwischen den Inseln Borkum und der Holländischen Insel *Rottum* in die Nordsee. Stromauf gerechnet berührt die *Ems* am linken Ufer die Holländische Festung *Delfzyhl,* wo ein Seehafen und eine Binnencanalfahrt nach *Gröningen,* tägliche Dampfschiffahrt zwischen *Leer* und *Emden,* und der Endpunct derjenigen Holländischen Eisenbahn ist, welche von *Arnheim* über *Zütphen, Deventer, Zwolle, Meppel, Assen* und *Gröningen* auf Holländischem Gebiete unter dem Namen der *Rhein-Ysselbahn* beschlossen ist und von welcher wir in §. 5. gesprochen haben, bemerkend dort die grofsen Schwierigkeiten, welche eine etwa 1 Meile lange Brücke bei *Delfzyhl* über die *Ems* haben würde.

Von *Delfzyhl* stromaufwärts fliefst die *Ems* vor dem Fahrwasser oder dem etwa 1 Meile langen Canale der Seehandelstadt *Emden* her; welcher Canal, nebst Seeschleuse und Hafen, von *Emden* bis zur *Ems* durch die Insel *Nesserland* so eben für etwa 250 000 Thlr. neu angelegt und in den nächsten beiden Jahren vollendet sein wird. Die Stadt *Emden* ist in Ostfriesland der Anfangs- oder Endpunct der Hannöverschen *West-Eisenbahn,* die über *Leer, Meppen, Lingen, Rheina, Münster* bis *Hamm,* und von *Lingen* über *Osnabrück* nach *Preufsisch-Minden* projectirt ist. *Emden* gegenüber liegt am linken Ufer der *Ems* der *Dollart,* etwa $1\frac{1}{2}$ Quadratmeilen grofs, durch welchen der *Aastrom* in die Ems mündet. Er ist auf etwa $2\frac{1}{2}$ Meilen lang bis zum *Staatersyhle* unweit *Neuschanz* für Seeschiffe von 60 bis 70 Lasten fahrbar.

Von *Emden* aufwärts berührt die *Ems* an ihren beiden Ufern die Örter *Petkum, Ditzum, Oldersum, Hatzum, Jemgum* und *Soltborg,* wo zwar Strom- und Seeschiffe einlaufen, aber kein bedeutender Handel getrieben wird. Die Seehandelstadt *Leer* aber, an der Mündung der *Leda* in die *Ems,* hat, in gleichem Maafse wie *Emden,* Strom-, See- und Dampfschiffahrt und einen bedeutenden Grofs- und Speditionshandel, sowohl see- als landwärts. Sie wird von der Westbahnlinie berührt werden, und auch die von *Gröningen* über ***Winschoten*** und ***Neuschanz*** projectirte Holländische Eisenbahn wird durch ***Leer*** über ***Oldenburg*** nach ***Bremen*** gehen. Bis ***Leer*** reicht die Seeschiffahrt für grofse Seeschiffe von 120 und mehren Lasten, auf etwa 9 Meilen Stromlänge, von der Insel Borkum in der Nordsee an.

Von ***Leer*** stromauf berührt die ***Ems*** die Handelsorte ***Weener, Halte*** und ***Papenburg.*** Bis zu diesen letzten Orten fahren Seeschiffe von etwa 75 Lasten, 12 Meilen weit hinauf, von ***Borkum.*** Dann beginnt die Stromschiffahrt für Flufsschiffe von 10 bis 15 Lasten. Sie erstreckt sich über ***Meppen, Lingen*** und ***Rheina,*** bis ***Greven,*** unweit ***Münster.*** ***Papenburg*** hat eine bedeutende Schiffahrt und Schiffbauerei von Strom- und Seeschiffen, und wird von der ***West-Eisenbahn*** durchschnitten werden. Weiter stromauf liegt das Dorf ***Haaren,*** wo die Stromfahrzeuge, die sogenannten ***Münsterschen Pünten,*** welche von ***Leer*** bis ***Greven*** die ***Ems*** befahren, erbaut werden und zu Hause sind. Oberhalb ***Haaren*** liegt, am rechten Ufer der ***Ems*** und an der Einmündung der ***Haase*** in dieselbe, die Stadt ***Meppen,*** welche Schiffahrt und Handel treibt, und von der ***West-Eisenbahn*** berührt werden wird. Die bei ***Meppen*** in die Ems einmündende ***Haase*** ist stromaufwärts bis ***Haselünne*** und ***Herzlacke*** für Stromschiffe bis zu 10 Lasten, bei günstigem Wasserstande auf etwa 3 Meilen lang, fahrbar. Von ***Meppen*** bis ***Lingen,*** und 1 Meile weiter, wird der in den Jahren 1820 bis 1825 neu angelegte ***Emscanal,*** von etwa $3\frac{1}{2}$ Meilen lang, statt der ***Ems,*** von Stromschiffen befahren. Die Stadt ***Lingen*** wird von diesem ***Emscanal,*** eben wie von der ***Ems*** selbst, berührt. Von ***Lingen*** wird die Hannöversche ***Westbahn*** theils über ***Rheina, Münster*** und ***Hamm*** nach der ***Lippe*** und der Rheinweserbahn, theils über ***Freren, Osnabrück*** und ***Preufs. Minden*** nach der ***Weser*** und der ***Rhein-Weserbahn,*** und ferner von ***Minden*** über ***Bückeburg, Stadthagen, Wunstorf*** nach ***Hannover*** gehen. Aufserdem wird auch die von ***Zwolle*** über ***Raalte, Almelo, Ootmarsum*** und ***Nordhorn*** projectirte ***Holländische*** Bahn in ***Lingen*** mit der Hannöverschen Westbahn zusammentreffen; so dafs ***Lingen*** der Centralpunct für beide Bahnen wird.

Von ***Lingen*** stromauf geht die ***Ems*** und der ***Emscanal*** bis ***Hanekenfähre,*** 1 Meile von ***Lingen,*** wo der ***Emscanal*** wieder in die ***Ems*** mündet und nun ***diese*** wieder befahren wird. Bei ***Hanekenfähre*** wird die ***West-Eisenbahn,*** auf einer Brücke vom rechten zum linken ***Emsufer*** hinüber, nach der Stadt ***Rheina*** gehen. Von ***Rheina*** stromauf berührt die ***Ems*** das Dorf ***Mesum,*** wo der Münstersche Canal, dem Projecte zufolge, von ***Maxhafen*** ab in die

Ems einmünden soll. Ferner bis zum Orte ***Greven,*** bis wohin von ***Rheina*** an die ***Ems*** auf Preufsischem Gebiete, dem Staatsvertrage vom 13ten März 1843 gemäfs, schiffbar gemacht wird, und woselbst dann ihre Fahrbarkeit auch für kleinere Stromfahrzeuge von 10 bis 15 Lasten aufhört. Von ***Halte*** und ***Papenburg*** bis ***Greven*** wird die fahrbare Stromstrecke der ***Ems*** künftig etwa 30 Meilen lang sein. Nimmt man dazu die für Seeschiffe fahrbare Länge von der Insel ***Borkum*** bis ***Halte*** und ***Papenburg,*** von 12 Meilen, so beträgt die ganze schiffbare Stromlänge der ***Ems***, von ihrer Ausmündung ins Meer bei ***Borkum*** bis ***Greven,*** 2 Meilen unterhalb ***Münster,*** etwa 42 Meilen.

Da nun der von ***Greven*** über ***Münster*** und ***Drensteinfurt*** bis ***Hamm*** in den Jahren 1817 und 1818 projectirte Verbindungscanal der ***Ems*** und ***Lippe*** wahrscheinlich wohl nicht ausgeführt und also keine ununterbrochene Wasserstrafse zwischen ***Ems*** und ***Lippe*** hergestellt werden wird, sondern statt des Canals eine Eisenbahn von ***Münster*** bis ***Hamm*** projectirt, genehmigt und auch schon in der Ausführung begriffen ist, so wird es auch in vieler Hinsicht vortheilhaft, erfolgreich und nöthig sein, diese Eisenbahn von ***Münster*** nach ***Rheina*** und bis zur Hannöverschen Grenze fortzuführen und so eine ***ununterbrochene*** Eisenbahn von der Rhein-Weser Bahn, bei ***Hamm,*** bis ***Emden*** herzustellen; wobei jedoch die Schiffbarmachung der ***Ems*** von ***Rheina*** bis ***Greven,*** so wie die Chaussée von dort bis ***Münster,*** immer nützlich und nöthig bleibt. Diese Anlagen machen dann die Schiffbarmachung des alten ***Münsterschen Canals,*** von ***Münster*** bis ***Maxhafen,*** und dessen Verlängerung bis zum Dorfe ***Mesum*** und der ***Ems*** bei ***Rheina*** überflüssig, da eine so nahe, dritte Parallele mit der ***Ems*** und der Eisenbahn, schwerlich rentabel sein würde. Wenn die Schiffbarmachung der ***Ems***, zufolge des obenerwähnten Staatsvertrages vom 13. März 1843, bis 1848 wirklich ausgeführt wird, so wird die Actiengesellschaft, welcher der ***alte Münstersche Canal*** vom Staate zur Schiffbarmachung unentgeltlich überlassen worden sein soll (wie es öffentliche Blätter aus Westphalen melden), schwerlich ihre Rechnung dabei finden.

Die weitere Beschreibung des Laufs der ***Ems***, von ***Greven*** über ***Telgte, Warendorf, Rheda, Rittberg,*** bis zu ihren Quellen am ***Stapellager Berge,*** übergehen wir, weil diese Stromstrecke nicht schiffbar, sondern höchstens flösbar für Eichenbauholz, von ***Rheda*** herab bis ***Greven*** und ***Rheina*** ist, wo die einzelnen Baumstämme in gröfseren Flöfsen verbunden und so nach ***Ostfriesland*** und ***Holland*** zum Wasser- und Schiffbau versandt werden. Wir fügen nur noch diejenigen nothwendigen Bemerkungen über die in die ***Ems*** in ***Ostfries-***

land einmündenden ***Nebenflüsse*** hinzu, welche Schiffs- und Handelsverkehr haben, und die mit der Hannöverschen ***Westbahn,*** so wie mit den projectirten Eisenbahnen und den Flüssen der Nachbarstaaten in unmittelbarer Verbindung stehen.

Die ***Leda*** ist für die See- und Stromschiffahrt ***Ostfrieslands*** nach Aufsen und Innen, namentlich für die Seehandelsstadt ***Leer,*** der wichtigste Nebenflufs. Sie berührt unmittelbar diese Stadt, und mündet nicht weit unterhalb derselben in die ***Ems.*** Die ***Leda*** wird aus zwei verschiedenen Armen gebildet: aus der ***Jümme*** oder ***Aper-Ems,*** und der ***Leda*** oder ***Sater-Ems,*** welche beide im Grofsherzogthume ***Oldenburg*** durch den Zusammenflufs vieler kleiner Bäche, Fehncanäle, Landseen u. s. w. entstehen.

Die ***Jümme*** berührt im ***Oldenburgschen*** unter andern Örtern auch ***Ape,*** wo ihre Schiffbarkeit für Flufsschiffe von 10 bis 20 Lasten anfängt; ferner die Dörfer ***Hengstforde, Boket*** und ***Holtgaste,*** tritt hier in Ostfriesland unter dem Namen des ***Apertief*** ein; berührt das Dorf ***Detern,*** nimmt daselbst die ***Basseler Ems*** auf, fliefst dann unter dem Namen der ***Jümme*** bei ***Stickhausen*** vorbei, wo eine Zugbrücke für die Schiffahrt und Landpassage ist, vereinigt sich bei der ***Wiltshauser*** Fähre mit der aus dem Oldenburgschen kommenden ***Sater-Ems*** oder ***Leda,*** und beide zusammen fliefsen nun, unter dem Namen ***Leda,*** beim Orte ***Loga*** vorbei, nach der Stadt ***Leer,*** wo sie, etwa $\frac{1}{8}$ Meile unterhalb, bei ***Leerort*** in die ***Ems*** münden.

Die ***Sater-Ems*** bildet sich ebenfalls im ***Oldenburgschen*** aus mehreren kleinen Zusammenflüssen, berührt den Ort ***Ellerbrock,*** bis wohin sie für Boote von 1 bis 2 Lasten fahrbar ist: ferner ***Scharrel, Ramsloh, Utende*** und ***Bokelesch,*** bis wohin Fahrzeuge von etwa 10 Lasten gelangen können, tritt bei ***Rinzeldorf*** in ***Ostfriesland*** ein, berührt ***Potshausen,*** wo eine Zugbrücke ist, und vereinigt sich bei ***Wiltshausen*** mit der ***Jümme;*** wie oben bemerkt.

Auf beiden Flüssen wird zwischen der Stadt ***Leer*** und dem ***Oldenburgschen*** ein bedeutender Handel mit Landesproducten aller Art, besonders Korn, Käse, Butter, Torf, Eichenbauholz, so wie mit Fabricaten und Kaufwaaren aller Art getrieben. Bei ***Leer*** fängt die grofse Strom- und Seeschiffahrt von und nach dem Meere, so wie auf der ***Ober-Ems,*** von und nach Westphalen u. s. w. an.

Die Stadt ***Leer*** hat unmittelbar an ihren Ufern einen guten Stromhafen für 50 und mehre ***See***schiffe, die daselbst überwintern können und die 10 bis 12 Fufs tief gehen und bis zu 120 Lasten von 40 Centnern tragen. Auch hat die Stadt Schiffbauerei und, mit *Delfzyhl* gemeinschaftlich, ein eisernes Dampfboot von 25 Pferdekraft, welches regelmäfsig täglich Fahrten nach *Emden, Delfzyhl,* oder nach *Weener, Papenburg* und *Halte,* zuweilen auch nach der Bade-Insel *Norderney* macht, und für den Personen-Verkehr bestimmt ist. Die Stadt *Leer* hat einen eben so grofsen und zuweilen noch gröfsern jährlichen Schiffsverkehr als *Emden,* und einen bedeutenden Speditionshandel von und nach *Rheinland-Westphalen,* auf der *Ems,* über *Lingen, Rheina, Münster, Hamm* u. s. w. *Leer* ist also, mit *Emden,* eine der wichtigsten Seehandelsstädte von *Ostfriesland,* und wird es noch mehr werden, wenn sie erst von der West-Eisenbahn unmittelbar berührt wird.

Ehe wir die Bemerkungen über die *Leda* schliefsen, erwähnen wir noch des Projects einer Canalverbindung der schiffbaren *Hunte,* von der Hauptstadt *Oldenburg* bis zur *Jümme,* an der Ostfriesischen Grenze, zwischen *Holtgaste* und *Detern.* Dies Project wurde schon vor 35 Jahren unter Französischer Herrschaft erwogen, blieb aber bis jetzt ruhen, ist jedoch im Jahre 1817 von mir in meiner Schrift „Der Deutsche Handelscanal" wieder öffentlich in Erinnerung gebracht worden. Im December 1844 meldeten öffentliche Blätter aus *Oldenburg,* dafs nach dem Vorschlage des Grofsherzoglichen Obrist Herrn *Mosle,* der *Hunte*flufs von der Stadt *Oldenburg,* stromab bis zur Einmündung in die *Weser* bei *Elsfleth,* untersucht, für die Schiffahrt verbessert und aufserdem mittels eines Schiffahrts-Canals mit der *Ems* in *Ostfriesland* verbunden werden solle. Ferner wurde damals aus *Oldenburg* öffentlich gemeldet, dafs daselbst eine Dampfschiffahrtsgesellschaft zusammengetreten sei, welche Dampfboote anschaffen wolle, um damit die *Hunte* und *Weser* zu befahren; wozu Ende 1844 schon 276 Actien jede von 100 Thalern gezeichnet, auch von der dortigen Staatsregierung 100 Actien zum Betrage von 10 000 Thaler übernommen worden seien, aufserdem aber das Unternehmen von der Regierung dadurch befördert werde, dafs der Actiengesellschaft ein ausschliefsliches Privilegium auf 10 Jahre und Befreiung von allen Schiffahrts- und Hafensteuern für die Dampfschiffe, auf 5 Jahre verliehen worden sei. In den Jahren 1845 und 1846 sind auch für die *Hunte* und *Weser* einige Dampfboote dort angeschafft und mit gutem Erfolge in Dienst gestellt worden; es wird daher die Verbesserung des Strombettes der *Hunte,* von *Oldenburg* bis *Elsfleth,* wahrscheinlich ausgeführt worden sein. Die Ausführung des schiffbaren Verbindungscanals der *Hunte* und *Ems* ruht aber bis jetzt noch. Die Möglichkeit der Ausführung desselben ist in dem dortigen ebenen und wasserreichen Boden technisch nicht zu bezweifeln. Für die innere Schiffahrt zwischen der *Weser*, *Hunte* und *Ems* würde dieser Canal sehr nützlich und auch für den Personenverkehr sehr brauchbar sein, wenn er so eingerichtet würde, dafs er nicht blofs mit Segelschiffen, zum Waarentransporte, sondern auch mit eisernen Dampfbooten, die nur 12 bis 15 Zoll tief gehen, 15 Fufs breit, 60 bis 70 Fufs lang sind und etwa 20 Pferdekraft haben, für den täglichen regelmäfsigen Personenverkehr zwischen *Oldenburg* und *Leer* befahren werden könnte; was den Ertrag und die Rentabilität dieser Anlage sehr vermehren würde. Vielleicht würde in diesem Fall die projectirte Eisenbahn der Holländer, von *Leer* nach *Oldenburg* und *Bremen*, weniger und vielleicht gar nicht nöthig sein, und der kaum halb so theure Canal würde vorgezogen werden, da von *Leer* nach *Oldenburg*, *Bremen*, *Nienburg* und *Hannover* sehr gut gebaute und ununterbrochen fortlaufende Chausséen für den Landtransport, Postenlauf u. s. w. vorhanden sind, die, in Verbindung mit einer schnellen und regelmäfsigen Dampfschiffahrt, vielleicht dem Bedürfnisse genügen würden.

Die hier bezeichnete Flufs- und Canalschiffahrt steht in Verbindung, sowohl mit der *Hannöverschen Westbahn* bei *Leer*, als mit dem im *Oldenburgschen* projectirten Eisenbahnnetze, welches die *Hunte* bei der Hauptstadt *Oldenburg* unmittelbar berührt, oder vielmehr von derselben, als Centralpunct aus, nach mehreren Richtungen auf *Elsfleth*, *Bruke*, *Varel*, *Leer*, *Emden*, *Osnabrück*, *Minden*, *Münster* u. s. w. sich erstrecken soll; wie es in §. 6. beschrieben ist. Deshalb haben wir hier der Canalverbindung zwischen der *Hunte* und *Ems* erwähnt, und Zeit und Erfahrung werden lehren, ob diese *Flufs*-Verbindung, oder eine *Eisenbahn*, zwischen *Leer* und *Oldenburg* zu Stande kommt.

Im übrigen beziehen wir uns hinsichtlich der Verbindung des *Oldenburgschen* Bahnnetzes mit der *Hannöverschen Westbahn* zwischen *Lingen* und *Osnabrück* auf die in §. 6. darüber geäufserte Ansicht.

Ganz ohne Eisenbahnen kann und wird das Grofsherzogthum *Oldenburg*, ebenso wenig wie *Ostfriesland*, für immer nicht bleiben, da es, als Strom- und Nordseeküsten-Staat zwischen *Weser*, *Jade* und *Ems*, mit einer Fläche von 116 Quadratmeilen und 266 000 Bewohner, mit einer Handelsmarine von 171 Seeschiffen von 8604 Lasten Tragfähigkeit, also mit einem bedeutenden Schiffahrts- und Handelsverkehr zur See und zu Lande, und bei seinen vielen guten Natur-Erzeugnissen, kein unbedeutender Theil der bis jetzt noch eisenbahnlosen Länder des nordwestlichen Deutschlands zwischen *Weser*,

Lippe, Rhein, Ems und der ***Nordsee*** ist, und gleiche verhältnifsmäfsige Bedürfnisse, Rechte und Kräfte hat, wie die übrigen Ländertheile, sich an das grofse Eisenbahnnetz Deutschlands anzuschliefsen; was es denn auch wohl eben wie seine Nachbaren thun wird.

§. 9.

III. ***Der Rhein mit seinen Nebenflüssen.***

Der ***Rhein*** ist unter den schiffbaren Strömen Deutschlands eine der wichtigsten Wasserstrafsen für Schiffahrt und Handel. Er ist innerhalb der Deutschen Grenzen, von ***Basel*** bis zu seinem Eintritt in ***Holland*** unterhalb ***Emmerich,*** auf etwa 100 Deutsche Meilen lang für Dampfschiffe regelmäfsig fahrbar. Seine ganze Länge, vom ***Bodensee*** bis zu seiner Mündung in die ***Nordsee,*** beträgt 190 Meilen. Die Uferstaaten sind: die ***Schweiz, Frankreich, Baden, Baiern, Würtemberg, Nassau, Hessen, Preufsen*** und ***Holland.***

Die schiffbaren Nebenflüsse, welche in den ***Rhein*** an seinen beiden Ufern einmünden, und welche fast alle ebenfalls Dampfschiffahrt haben, sind:

a.	Die ***Mosel,*** von ***Trier*** bis ***Koblenz***	40	Meilen lang
b.	Der ***Main,*** von ***Bamberg*** bis ***Mainz***	50	– –
c.	Der ***Nekar,*** von ***Heilbronn*** bis ***Mannheim*** . . .	15	– –
d.	Die ***Ruhr,*** von ***Witten*** bis ***Ruhrort***	10	– –
e.	Die ***Lippe,*** von ***Lippstadt*** bis ***Wesel***	15	– –
	Die Dampfschiffahrtslänge der ***Nebenflüsse*** des ***Rheins*** beträgt also zusammen	130	Meilen.

Unter den Nebenflüssen des ***Rheins*** gedenken wir hier insbesondere der ***Lippe,*** die zwar nicht, wie die ***Weser,*** die ***Ems*** und der ***Rhein,*** zu den Hauptströmen des nordwestlichen Deutschlands gehört, aber als schiffbarer Flufs ***Westphalens,*** gemeinschaftlich mit der ***Rhein-Weser*** Bahn, die südliche Grenze von ***Preufs. Minden*** bis ***Duisburg*** und ***Wesel*** desjenigen Länderabschnitts bildet, von dessen Eisenbahnnetzen die vorliegende Schrift handelt.

Die ***Lippe*** entspringt bei der Stadt ***Lippspringe*** im Bisthume ***Paderborn,*** berührt die Stadt ***Neuhaus,*** unweit ***Paderborn,*** fliefst von da nach ***Lippstadt,*** wo sie anfängt für Flufsschiffe schiffbar zu werden und wo die von ***Cassel*** über ***Paderborn*** durch ***Kurhessen*** projectirte Eisenbahn in die ***Rhein-Weser*** Bahn einmünden wird. Von ***Lippstadt*** fliefst die ***Lippe*** nach ***Hamm,*** wo sie mit der ***Rhein-Weser*** und ***Münster-Hammer*** Eisenbahn zusammentrifft. Von ***Hamm*** geht sie ferner nach ***Lünen, Dahl, Fork, Asen,***

Haltern und ***Dorsten*** nach ***Wesel,*** wo sie in den ***Rhein*** mündet. Die Länge der schiffbaren Stromstrecke, von ***Lippstadt*** bis ***Wesel,*** ist etwa 15 Meilen.

Die ***Lippe*** wurde in den Jahren 1818 bis 1830 mit einem Kosten-Aufwande von etwa 345 000 Thalern von ***Lippstadt*** bis ***Wesel*** regulirt. Ihre Schiffbarkeit wurde dadurch bedeutend verbessert und sie wurde für Stromschiffe von 30 und mehreren Lasten fahrbarer gemacht, als sie es bis dahin war. Es war auch schon damals der Plan des verstorbenen Oberpräsidenten Herrn ***von Vinke,*** die ***Lippe*** und ***Ems*** von ***Hamm*** nach ***Münster*** u. s. w. mittels eines Canals zu verbinden, weil man damals die im Jahre 1830 in England zur Probe erbauten Eisenbahnen mit Dampfwagen, und deren Erfolg, in Deutschland noch nicht kannte.

Die ***Lippe,*** so wie auch die bei ***Ruhrort*** in den ***Rhein*** einmündende ***Ruhr,*** sind wegen des sehr bedeutenden Handels- und Schiffahrtsverkehrs mit einheimischen Boden-Erzeugnissen und Fabricaten aller Art, desgleichen mit Colonialwaaren, nicht allein für ***Rheinland-Westphalen,*** sondern auch für das ganze nordwestliche Deutschland, zwischen ***Ems, Weser*** und ***Nordsee,*** höchst bedeutende Flüsse, und werden es bald noch mehr werden, wenn erst das ganze Eisenbahnnetz in den westlichen Theilen von ***Preufsen*** und ***Hannover*** vollendet sein wird. Eine ausführlichere Beschreibung des Handels- und Schifffahrtsverkehrs der ***Lippe*** etc. können wir hier der Kürze wegen nicht geben, sondern beziehen uns auf Dasjenige, was wir in dieser Beziehung vom ***Rheine*** und dessen Armen und Nebenflüssen in §§. 8—12. der oben erwähnten Schrift: „Der ***Rhein,*** die ***Lippe*** und ***Ems,*** und deren künftige Verbindung" mitgetheilt haben. Hier genüge es, die Verbindung der ***Lippe*** mit dem Eisenbahnnetze der westlichen Theile von ***Preufsen*** und ***Hannover*** berührt zu haben.

Zur Bezeichnung des Laufs des ***Rheins,*** seiner Hauptrichtung nach, wollen wir einige Hauptörter nennen, wo bedeutender Handel und Schiffahrt getrieben wird, und deren mehre mit den bereits eröffneten, oder in Arbeit begriffenen Eisenbahnen verbunden sind. Nemlich: ***Basel, Strasburg,*** an der Mündung der ***Ill*** und der Eisenbahn nach ***Paris, Kehl, Rastadt,*** an der ***Baden***schen Eisenbahn, ***Leopoldshaven, Speier, Ludwigshafen, Mannheim,*** an der ***Neckar***mündung, ***Worms, Mainz,*** an der ***Main***mündung, ***Biberich,*** an der ***Taunus***bahn, ***Rüdesheim, Asmannshausen, St. Goar, Boppart, Ober-Lahnstein,*** an der ***Lahn***mündung, ***Coblenz,*** an der ***Mosel***mündung, ***Bonn, Cöln,*** an der ***Rhein-Weser*** Bahn, ***Mühlheim, Düsseldorf, Duisburg,*** an der ***Rhein-Weser*** Bahn, ***Ruhrort,*** an der ***Ruhr***mündung, ***Wesel,*** an der ***Lippe-***

mündung, *Xanten, Rees, Emmerich,* am Anschlufs der Eisenbahn nach *Arnheim, Lobith,* am Eintritt des *Rheins* in *Holland.* Bei *Schenkenschanz* scheidet der Strom sich in *Waal* und *Rhein.* Die *Waal* berührt in *Holland* die Städte *Nymwegen, Thiel, Dreumel,* wo sich die *Maas* mit der *Waal* vereinigt; ferner *Bommel, Gorkum, Dordrecht, Rotterdam* und die Mündung der *Maas* in die Nordsee. Der *Rhein* oder *Leck,* welcher bei *Schenkenschanz,* unter dem Namen des *Pannerden*schen Canals, von der *Waal* sich trennt und nach *Arnheim* fliefst, wo sich die *Yssel* mit dem *Rheine* verbindet, berührt *Huissen, Arnheim,* an der *Amsterdamer* und der *Rhein-Yssel* Bahn, ferner *Wyk* bei *Deurstede, Vianen, Schoonhoven* am *Leck,* und *Dreumel,* wo der *Leck* sich mit der nach *Rotterdam* u. s. w. fliefsenden *Maas* vereinigt. An der schiffbaren *Yssel* sind noch, von *Arnheim* stromab, die Haupt-Örter *Doesburg, Zütphen,* am Übergange der *Rhein-Yssel* Bahn vom linken auf das rechte Ufer, *Deventer, Zwolle* und *Kampen* zu nennen, unterhalb welcher Stadt die *Yssel* in die *Südersee* einmündet, und bis wohin die *Rhein-Yssel* Bahn, dem Projecte nach, verlängert werden soll.

Diese kurze Bezeichnung des Laufs des *Rheins* und seiner Neben-Arme und Flüsse wird genügen, um mit Hülfe einer Eisenbahn- und Strom-Carte ein allgemeines Bild von dem Zusammenhange dieser Ströme mit dem Eisenbahnnetze des nordwestlichen Deutschlands unter sich und den angrenzenden Staaten, und besonders von dem grofsen Bereiche, Umfange und erfolgreichen Einflusse zu geben, den dieses grofse Eisenbahn- und Stromnetz auf die darin liegenden und dabei betheiligten Staaten haben wird, sobald es vollständig und zweckmäfsig vollendet sein wird; was man innerhalb 10 Jahren für möglich hält. Wenn dann nicht etwa ein *eisernes* Zeitalter anderer Art, als das der *eisernen* Schienenwege, *eisernen* Brücken und *eisernen* Dampfboote eintritt, so wird es Deutschland wohler ergehen.

Über den Handels- und Dampfschiffahrts-Verkehr auf dem *Rhein* und dessen Nebenflüssen bemerken wir kürzlich Folgendes.

Im Jahre 1842 bestand der Verkehr auf dem *Rhein* an Ladungen:

Stromauf in	7 125 507	Centnern,
Stromab in	7 370 708	–
Zusammen in	14 496 215	Centnern,

oder in runder Zahl in . . . . . $14\frac{1}{2}$ Millionen Centnern,
und, nach Lasten von 40 Centnern, in 362 500 Lasten.

Der Rheinzoll wurde nur von $3\frac{1}{10}$ Millionen Centnern erhoben; die übrigen waren zollfrei.

Der Dampfschiffe, welche Anfangs 1845 den ***Rhein*** von ***Basel*** bis ***Rotterdam,*** so wie die Nebenflüsse befuhren, waren etwa 80, von etwa 5700 Pferden Kraft. Diese Zahlen verändern sich durch Ab- und Zugang jährlich, und nehmen in der Regel zu; sind also *jetzt* etwas gröfser, oder kleiner. Die ***See***dampfschiffe, welche in ***Holland*** von und nach den Seehäfen und Strommündungen fahren, sind unter den obigen nicht mitbegriffen. Die Niederländer besafsen damals zu den Binnenfahrten auf dem ***Rheine*** und deren Neben-Armen 48 Fahrzeuge, zusammen von 2500 Pferden Kraft, und 23 Seedampfboote von und nach Seehäfen, von etwa 3000 Pferden Kraft, also im Ganzen 71 Dampfer von 5500 Pferden Kraft. Das Dampfschiffbuch des Herrn ***von Reden*** enthält darüber Näheres.

§. 10.

Bemerkungen über den Handels-, Schiffs- und Rhedereiverkehr von Ostfriesland.

Ostfrieslands Handels- und Schiffahrtsverkehr zur See, mit den Europäischen Küstenstaaten, so wie mit mehreren überseeischen Staaten, mit eigenen Landesproducten und auswärtigen Handels-Artikeln aller Art, findet man in den jährlich erscheinenden officiellen Bekanntmachungen der Behörden, so wie in den über diesen Gegenstand vom Verfasser veröffentlichten Schriften angegeben. Wir beschränken uns hier nur auf möglichst wenige Bemerkungen, für diejenigen Leser, die jene Bekanntmachungen und Schriften nicht besitzen, und nur insofern sie in naher Beziehung zu dem Hannöverisch-Preufsischen Eisenbahnnetz in den westlichen Theilen beider Staaten zwischen ***Weser, Lippe, Rhein, Ems*** und ***Nordsee*** stehen. Hier ist ***Ostfriesland*** durch seine schiffbaren Ströme und Flüsse, durch seine Strom- und Seehäfen an der ***Ems*** und ***Nordsee***küste, und durch seine bedeutende Handelsflotte von Wichtigkeit, indem nach Ausführung des in Rede stehenden Eisenbahnnetzes der gröfste Theil des Seehandels vom nordwestlichen Deutschland künftig durch die Nordseehäfen und Handelsplätze ***Ostfrieslands***, von und nach den überseeischen Staaten und Welttheilen, auf kürzerem Wege als jetzt getrieben werden kann und wird.

Der Schiffsverkehr in den Häfen und Syhlen der ***Nordsee*** und ***Ems,*** in Ostfriesland, ist nach amtlichen Quellen folgender.

In den 6 Jahren von 1840 bis Ende 1845 liefen
im Durchschnitt ein . . . . . 2160 Schiffe von 38 766 Lasten.
Es liefen aus . . . . 2419 - - 44 116 -

Die seefahrende Handelsflotte von ***Ostfriesland*** und ***Papenburg*** bestand Ende 1845 zusammen aus 500 eigenen Seeschiffen, von welchen auf ***Ostfriesland*** selbst 365 und auf ***Papenburg*** 135 Schiffe kamen. Die Gesammt-Tragfähigkeit dieser Handelsflotte war etwa 18 000 Lasten oder 720 000 Centner, die Last zu 4000 Pfd. oder etwa 40 Centnern gerechnet. Nimmt man den Werth eines neuen segelfertigen, von Eichenholz erbauten Seeschiffes im Durchschnitt zu 120 Thalern auf die Last an, so beträgt das Anlagecapital dieser 500 Seeschiffe etwa 2 Millionen Thaler. Aufser denselben hat ***Ostfriesland*** und ***Papenburg*** noch etwa 800 Canal-, Flufs-, Strom- und Wattschiffe zum innern Verkehr, die etwa 4000 Lasten laden und deren Werth in runder Zahl auf 250 000 Thaler anzunehmen ist. Die drei Heringsfischereigesellschaften in ***Emden*** besitzen jetzt noch 11 Heringsbuisen und 1 Jagerschiff, mit welchen jährlich eine nicht unbedeutende Heringsfischerei im Meere getrieben wird. Seit 1843 ist in ***Ostfriesland*** auch die Dampfschiffahrt eingeführt. Die Dampfschiffahrtsgesellschaft Concordia zu ***Emden*** besitzt zwei Dampfboote, jedes von 25 Pferden Kraft, und die ***Leer-Delfzyler*** Gesellschaft ein Dampfboot von 25 Pferden Kraft, womit ein regelmäfsiger täglicher Personenverkehr zwischen ***Leer, Emden, Delfzyl*** und ***Papenburg*** unterhalten wird, wozu diese drei Dampfboote, zusammen von 75 Pferden Kraft, einstweilen und bis zur Eröffnung des projectirten West-Eisenbahnetzes genügen. Es werden aber für die Strom- und Seeschiffahrt, zum vermehrten Handels- und Personenverkehr, künftig mehre Dampfboote nöthig sein, wie in andern Seehandelsplätzen. Im August 1846 ist damit in ***Ostfriesland*** schon angefangen worden, indem man zwischen ***Leer*** und ***London*** eine regelmäfsige Schiffahrt mit 2 Schraubendampfschiffen, jedes von 175 Lasten, alle 10 Tage fahrend, für den Waaren- und Vieh-Transport eingerichtet hat.

Die Bemannung sämmtlicher ***Ostfriesischen*** und ***Papenburger*** Seeschiffe bestand im Jahre 1845 aus 3400 Seeleuten. Im Jahre 1845 wurden 284 neue Seepässe ausgegeben.

In den letzten 10 Jahren, von 1835 bis 1845, verunglückten im Meer 288 Seeschiffe und 353 Seeleute. Der Verlust an Schiffen wird durch den fortwährend thätigen Schiffbau ersetzt, indem z. B. im Jahre 1845 auf 45 Schiffzimmerwerften 24 neue Seeschiffe vollendet wurden und 20 andere im Bau begriffen blieben, die, wenn es nothwendig gewesen wäre, auch noch segelfertig hätten gemacht werden können, so dafs zusammen 44 neue Seeschiffe in einem und demselben Jahre erbaut worden wären; wogegen der 10jährige Verlust durchschnittlich für ein Jahr nur etwa 29 Seeschiffe, mithin 15 Schiffe oder etwa Ein Drittheil weniger beträgt, als jährlich wirklich erbaut wurden, oder vollendet werden konnten, wenn es nöthig gewesen wäre. Statt eines Drittheils läfst sich in gewöhnlichen Baujahren, wie jetzt, auch die doppelte Zahl der im Meere verunglückten Schiffe ohne aufsergewöhnliche Anstrengung, wenn es nöthig, in ***Ostfriesland*** und ***Papenburg*** erbauen und in Dienst stellen. Also läfst sich in Zeit von 9 bis 10 Jahren die Zahl der Ostfriesischen Seeschiffe wenigstens verdoppeln und es lassen sich 1000 Seeschiffe, mit 36000 Lasten Tracht, für den Seedienst stellen, wenn es, wie vorauszusetzen, nach Eröffnung des neuen Eisenbahnnetzes nöthig sein sollte. Die westlichen Theile von Hannover und Preufsen werden daher nach Vollendung des Eisenbahnnetzes in ***Ostfriesland*** gewifs eine hinreichende Handelsflotte finden, welche allen Bedürfnissen und Anforderungen entspricht. Aufser obigen Seeschiffen wurden im Jahre 1845 in ***Ostfriesland*** und ***Papenburg*** 16 neue Flufs- und Wattschiffe erbaut und 6 derselben blieben im Bau begriffen.

Zur Sicherung gegen Seeschaden und gänzlichen Verlust an Schiffen giebt es in ***Ostfriesland,*** zu ***Emden, Leer*** und ***Papenburg,*** grofse Versicherungs-Vereine, und aufserdem mehre kleinere Schiffercompacte. Bei den Versicherungs-Vereinen zu ***Emden, Leer*** und ***Papenburg*** betrug im Jahre 1845 die Gesammtsumme aller Versicherungen 3 623 734 Gulden Holländisch oder 2 013 185 Thaler Pr.; welche Summe dem Bau- oder Capitalwerth von sämmtlichen 500 Seeschiffen, von 2 Millionen Thalern, gleich ist, sich aber auf diese letztern nicht allein, sondern gröfstentheils auch auf den Werth der Ladungen bezieht.

Auch für die Seeleute giebt es hier Lebensversicherungs-Anstalten, durch welche die Hinterbliebenen versorgt werden. Die Seeleute ersetzen sich durch ihre eigenen Nachkommen, welche in den Schiffahrtschulen zu ***Emden*** und ***Papenburg*** theoretisch und zur See practisch im Dienst unterrichtet werden.

Wir sahen vorhin, dafs die Handelsflotte ***Ostfrieslands*** aus 500 Seeschiffen von 18 000 Lasten Tragfähigkeit besteht. Öffentlichen Angaben nach besteht die seefähige Handelsflotte des Königreichs ***Hannover,*** auf der ***Elbe, Weser*** und ***Ems,*** zusammen in 737 Seeschiffen von 24 881 Lasten oder in runder Zahl von etwa 25 000 Lasten oder 1 Million Centnern. Zieht man davon den

Betrag für Ostfriesland ab, so bleiben für die Hannöverschen Seeschiffe auf der ***Elbe*** und ***Weser*** 237 Segel von 6881 Lasten. Demnach beträgt die Ostfriesische Handelsmarine, der Zahl der Seeschiffe nach, etwa ***Zweidrittheil*** und der Zahl der Lasten nach, etwa ***Dreiviertel*** der ganzen Handelsflotte des Königreichs ***Hannover,*** also den überwiegenden Theil derselben.

Wie wir vorhin bemerkten, können die Schiffzimmerwerfte von ***Ostfriesland*** und ***Papenburg*** ohne aufsergewöhnliche Anstrengung jährlich wenigstens die doppelte Zahl von See- und Stromschiffen liefern, wenn es nöthig ist. Dasselbe läfst sich von den Hannöverschen Schiffzimmerwerften an der ***Elbe*** und ***Weser*** voraussetzen: die Hannöversche Handelsmarine an der ***Elbe, Weser*** und ***Ems*** kann also in 9 bis 10 Jahren bis auf 1500 Seeschiffe von 50 000 Lasten gebracht werden.

§. 11.

Allgemeine Bemerkungen über die Stärke der Deutschen Handelsmarine an der Ost- und Nordseeküste.

Um eine allgemeine Übersicht des jetzigen Bestandes der Handelsflotten an der ***Ost***- und ***Nordsee,*** des östlichen und nördlichen Deutschlands zwischen den Mündungen der ***Memel, Weichsel, Oder, Peene, Trave, Eyder, Elbe, Weser, Jade*** und ***Ems*** zu geben, bemerken wir aus den öffentlichen Blättern vom Mai 1846 folgendes:

Zu Anfange des Jahres 1846 besafsen die genannten Seeuferstaaten folgende Seeschiffe:

1. Preufsen	in der Ostsee	765	Seeschiffe	von 103 125	Lasten.
2. Mecklenburg	in der Ostsee	282	–	–	25 049 –
3. Schleswig	in der Ostsee	1048	–	–	26 474 –
4. Holstein	in der Ostsee	1426	–	–	25 312 –
5. Lübeck	in der Ostsee	70	–	–	6 968 –
6. Hamburg		231	–	–	28 695 –
7. Hannover		737	–	–	24 881 –
8. Bremen		223	–	–	36 057 –
9. Oldenburg		98	–	–	6 613 –
Zusammen		4880	Seeschiffe	von 283 174	Lasten.

Dies sind nur die seefähigen Segelschiffe, die in den dortigen See- und Stromhäfen zu Hause gehören: die Strom- und Seedampfschiffe sind darunter nicht mitbegriffen. Nach Angabe des Herrn ***v. Reden*** in dessen Dampfschiffbuche vom Jahre 1845 war die Zahl der Seedampfschiffe und deren Maschinenkraft, welche von und nach den Seehäfen und Flufsmündungen an der Ost- und Nordsee fahren, und die dort einheimisch sind, Anfangs 1845 folgende:

1. In den *Ostsee*häfen 30 Seedampfschiffe von 2439 Pferden Kraft.
2. In den *Nordsee*häfen 21 Seedampfschiffe von 3679 Pferden Kraft.

Also fuhren damals von und nach den Seehäfen der *Ost-* und *Nordsee* zusammen 51 Seedampfschiffe von 6118 Pferden Kraft.

Aus dieser allgemeinen Übersicht des jetzigen Bestandes der Norddeutschen Handelsflotte an den Küsten der *Ost-* und *Nordsee*, von der Mündung der *Memel* bis zur Mündung der *Ems*, sieht man, dafs die Norddeutsche Handelsmarine ganz bedeutend ist, und sie wird es noch mehr werden, wenn nach Vollendung aller, nach den Küsten der Ost- und Nordsee im Bau begriffenen, oder beschlossenen und projectirten Eisenbahnen die Ost- und Nordsee-Handelsflotten werden verdoppelt werden müssen; was nach Beendiguug der Eisenbahnnetze auch ohne grofse Opfer möglich sein wird; wie es das von *Ostfriesland* angeführte Beispiel zeigt. Wahrscheinlich wird dies auch geschehen, und dann eine gemeinschaftliche Norddeutsche Handelsflotte sich an den Küsten der Nord- und Ostsee bilden, die unter Deutschem Schutze und Deutscher Flagge den ihr gebührenden Antheil am grofsen Welthandel nimmt. Das nördliche Deutschland wird dann eine Handelsflotte von 9800 bis 10000 Seeschiffen, von 566000 bis 600000 Lasten oder 24 Millionen Centner besitzen, die sich den Handelsflotten anderer Seestaaten wohl an die Seite stellen kann.

Tritt auch so ein goldnes Zeitalter für die Deutsche Seeschiffahrt nicht in so vollem Maafse ein, wie es hier als möglich berechnet wurde und zu wünschen ist, so ist doch eine Vermehrung der Handelsschiffe, nach dem steigenden Bedürfnisse, gewifs zu erwarten. Also auch ein verhältnifsmäfsiger Gewinn und ein Ersatz für die ungeheure Summe von etwa 558 Millionen Thaler, welche in Deutschland die 1500 bis 1600 Meilen neue Eisenbahnen kosten werden.

Wir schliefsen hier die Bemerkungen über den Schiff- und Rhedereiverkehr *Ostfrieslands* und der Seeküstenländer Deutschlands, deren summarische Vergleichung unter einander für die vorliegende Sache darthut, dafs die Handelsflotte von *Hannover* an der Nordseeküste zwischen *Elbe, Weser* und *Ems*, mit zu den bedeutendsten des nördlichen Deutschlands gehört, und deshalb einflufsreich auf den Welthandel im Allgemeinen, so wie auf den innern Handelsverkehr von ganz Deutschland ist.

§. 12.
Schlufs.

Die in der vorliegenden geschichtlichen Darstellung der neusten Zeit-Ergebnisse und Erfahrungen bei den Eisenbahnen entnommenen Thatsachen und daraus gefolgerten Gründe und Ansichten lassen keinen Zweifel, dafs das für die westlichen Provinzen der Königreiche ***Hannover*** und ***Preufsen*** zwischen ***Weser, Lippe, Rhein*** und ***Nordsee,*** im Nordwestlichen Deutschland projectirte Eisenbahnsystem nicht allein für beide Staaten, sondern für ganz Deutschland ein nothwendiges, unentbehrliches und höchst erfolgreiches Mittel zur Emporhebung des Handels, der Schiffahrt und aller damit zusammenhangenden Erwerbs- und Nahrungsquellen des Deutschen Volks sein wird, welches das materielle staatsbürgerliche Wohlsein, und dadurch Frieden, Ruhe und Zufriedenheit nur befördern und stärken kann.

Für uns ist es erfreulich, aus den vorgetragenen Thatsachen folgern zu können, dafs das Königreich ***Hannover,*** als unmittelbarer Nordseeküstenstaat zwischen ***Elbe, Weser*** und ***Ems,*** durch seine für Schiffahrt und Handel günstige Lage, seine zweckmäfsigen Anlagen und Mittel, für die schnelle Emporhebung der Strom- und Seeschiffahrt und des innern und äufsern Welthandels ein ergänzender und höchst einflufsreicher Theil des ganzen Deutschlands sei, und stets bleiben werde, dessen thätige und weise Mitwirkung zum allgemeinen Wohlergehen Deutschlands denn auch dankbare Anerkennung verdient.

11.

Auswahl von Abhandlungen berühmter niederländischer Wasserbaukundiger über die Wasserbaue, welche in Holland an den Hauptströmen zum Schutze gegen Verwüstung nöthig sein werden.

(Aus dem Holländischen übersetzt und mit einer Einleitung und Anmerkungen begleitet von Herrn Dr. *Reinhold,* Königl. Hannöverschem Wasserbau-Inspector; so wie mit einigen Anmerkungen des Herausgebers dieses Journals.)

(Fortsetzung der Abhandlung No. 4. im 2ten Heft 24ten Bandes.)

Zweite Abtheilung.

Skizze eines Entwurfs zur Abwendung der Gefahren für die Polder und zur Verbesserung der Schiffbarkeit der Ströme.

Erstes Mittel.

Verbesserung der Strombetten der Waal, des Rheins, der Maas und der Yssel.

Zweites Mittel.

Verlassung des bisherigen Systems der Wasserwehr, und Ersatz desselben durch die Ableitung des Wassers des Rheins, der Waal und der Maas über die Polder, sobald das Wasser bis über den höchsten Sommerwasserstand angewachsen ist (für welchen der Wasserstand vom Jahre 1816 zum Maafsstabe genommen wird), mit Ausnahme der Polder am nördlichen Ufer des Leks unterhalb dem Diefdeiche und des Landes von Hausden und Altena.

Drittes Mittel.

Wirksame und mit den vorigen Mitteln in Verbindung stehende Verbesserung der Entwässerung der Polder; nebst Mitteln zur schnellen Abführung des Fluthwassers.

Viertes Mittel.

Sicherung der Wohnungen in den Landstrichen, welche überströmt werden.

Fünftes Mittel.

Verstärkung und Erhöhung der Deiche derjenigen Polder, die nicht überströmt werden.

Erstes Mittel.

Verbesserung der Strombetten der Waal, des Rheins, der Maas und Yssel.

In der ersten Abtheilung habe ich die Gebrechen unserer Ströme kürzlich dargestellt. Wir wollen jetzt von den Verbesserungen sprechen, die in unserm Bereiche liegen und ausgeführt werden können.

Die Abdämmung des alten ***Rhein***mundes, oberhalb des ***Byland***schen Canals, ist durch frühere Wasserbaukundige als durchaus nothwendig betrachtet worden, um die Theilung des obern ***Rheins*** in die ***Waal,*** den ***Nieder-Rhein*** und die ***Yssel*** zu reguliren, und die Stromregulirungs-Commission tritt S. 122 ihres Berichts der Meinung des General-Inspecteur ***Brünings*** in seinen Betrachtungen über die Verbesserung der Ströme bei.

So lange man den Grundsatz der Wasserwehr zwischen hohen Deichen festhält, ist diese Meinung richtig, aber sobald man den Grundsatz der unbedingten Wasserwehr fahren läfst und eine allgemeine Überströmung der an den Strömen liegenden Ländereien gestatten will, scheint mir die Seiten-Ableitung des Wassers durch den alten Rheinmund nicht bedenklich.

Die Gründe, aus welchen ***Brünings*** und spätere Wasserbaukundige die Dichtung des alten Rheinmundes verlangen, damit nicht zu viel Wasser in den ***Nieder-Rhein*** fliefse, verlieren ihre Kraft, sobald sich die Ströme bei einem bestimmten Wasserstande über alle Polder verbreiten und so überall ihren Überschufs an Wasser sollen absetzen können.

Es scheint nicht, dafs an der Vertheilung des Wassers des ***obern Rheins*** bei niedrigem Wasserstande noch viel zu verbessern sei. Bei niedrigem Wasserstande haben unsere Ströme das Wasser, welches sie alsdann führen, zur Schiffahrt nöthig. Bei hohem Wasser wird die Wasservertheilung jetzt durch die Wirkung des alten Rheinmundes bei Durchbrüchen der Polderdeiche oberhalb des Vertheilungspunctes, oder bei Eisgängen, öfters gehemmt. Bei einer allgemeinen Überströmung, sobald die Ströme über den höchsten Sommerwasserstand angewachsen sind, kann aber dadurch kein Schaden entstehen.

Die Scheidung der ***Waal*** und ***Maas,*** deren Nothwendigkeit ich oben nachgewiesen habe, würde ich ausführen:

Erstlich, durch einen Damm vor dem Canale beim Fort ***St. Andries,*** von der Höhe der dortigen Aufsenwerder, welche 11 F. am Tielschen Peil oder 19 F. über dem Amsterdamer Peil (***A. P.***) beträgt, mit einer mittleren Böschung von 2 Fufs auf 1 Fufs Höhe und einer Kappenbreite von 16 F., und dann damit verbunden.

Zweitens, durch den Durchstich von vier unförmlichen, für die Schiffahrt eben so hinderlichen, als für ein regelmäfsiges Gefälle schädlichen Krümmen bei ***Maasbommel, Alphen, Kessel*** und ***Alem;*** wie es auf der Carte mit grüner Farbe angedeutet ist. Hierdurch würden die Untiefen in dieser Strecke der ***Maas,*** welche nach der Senkung der ***Waal*** nicht mehr fahrbar sind, weggeschafft werden. Da die Krümmen durch andere Mittel in dieser gänzlich verwilderten Stromstrecke nicht schiffbar zu machen sind, würde man sie. 320 F. breit, 16 F. unter dem Maifelde tief, mit zweifüfsigen Uferböschungen, durchstechen müssen. Die Tiefe ist dem von *Krayenhoff* angenommenen mittlern Wasserstande von $14\frac{1}{2}$ F. über *A. P.* und der Höhe des Landes über diesem Wasserstande von 5,3 F. gemäfs bestimmt.

Da die aus den Durchstichen in der zweiten und dritten Krümme auf den *Maasbommel*schen Aufsenwerdern unterhalb *Alphen* und neben *Kessel* erfolgende Erde zu Kaidämmen nicht nöthig ist, so kann sie zu Hügeln dienen, um Wohnungen darauf zu setzen; oder zu andern zweckmäfsigen Anlagen. Wegen des vierten Durchstichs, neben *Alem*, ist an beiden Ufern der *Maas* eine Bedeichung oder Eindämmung nothwendig, welche an den *Maas*banndeich von *Alem* sich anschliefsen mufs; von der Höhe und den Maafsen, wie die Überlässe sie erfordern, die beim zweiten Mittel werden beschrieben werden.

Die Verbindung von *Waal* und *Maas* für die Schiffahrt beabsichtige ich durch die Wiederherstellung des alten, noch vorhandenen *Voren*schen Canals zu erlangen, der bis über den abgeschnittenen Theil der *Maas* von Litt. *V.* bis *l.* 464 Ruthen, und von da bis zu dem neuen Bette der Maas bei *f*, 319 Ruthen, also zusammen 783 Ruthen lang ist. Etwa auf 53 R. vom Ausflufs der *Waal* und *Maas* würde ein Damm und eine Schiffahrtschleuse zu bauen sein, hinreichend weit, um die gröfsten Maas-Schiffe durchzuschleusen.

Nach den Beobachtungen des Herrn *Krayenhoff*, die mir hier zur Richtschnur dienen, liegt, nach der Scheidung beim Fort *St. Andries*, der Stand der *Waal* an der Ausmündung des Canals 13,7 F., und der *Maas, Lith* gegenüber, 9,1 F. über *A. P.:* also beträgt das Gefälle von der *Waal* nach der *Maas*, auf die Länge des Canals, 4,6 F. Der Boden des Canals, südlich von der Schiffahrtschleuse, mufs bis auf 8 bis 9,5 F. Tiefe des mittlern Wasserstandes der *Maas* ausgegraben werden, und die nördliche Canalstrecke eben so tief unter dem mittlern Wasserstande der *Waal*.

Ferner ist ein Abschlufsdamm durch die abgeschnittene Krümme der *Maas* unterhalb der Schleuse nöthig. Der jetzige *Vorensche* Damm wird abgetragen.

Der ehemalige Lauf der *Maas* nach der *Amer* und die Scheidung derselben von der *Waal*, soll nach Herrn *Krayenhoff*, gemäfs seinem „Entwurfe zur Scheidung der *Waal* und der *Maas*" S. 130 mittels einer neuen Strombahn hergestellt werden, welche 969 R., im Stromstriche gemessen, unterhalb der Kirche von ***Bokhofen*** im Oberlande von ***Heusden*** anfängt und von dort nördlich neben ***Herp*** vorbeigeht, ferner zwischen der Stadt ***Heusden*** hindurch bis an den ***Elshout***schen Deich, 250 R. südöstlich von und oberhalb der verlassenen Schanze von ***Doveren***, welche Stromstrecke also 1659 R. lang sein würde. Vom ***Elshout***schen Deiche ab, soll die Richtung gerade auf das Schlofs ***Gansooyen*** gehen, welches 550 R. weiter abwärts liegt, und von da bis zum gegenwärtigen Bette der sogenannten ***kleinen Maas***, oder der ***alten Maas***, welche bis zur Ausmündung beibehalten werden kann.

Zur Breite dieses Flusses schlägt Herr ***Krayenhoff*** am Anfange der ***Maas*** 462 F. und bei ***Kaisersfähr***, in der Heerstrafse von ***Gorinchem*** nach ***Breda*** zu, 525 F. vor; so dafs die Breite des Wasserspiegels, von dem Munde der ***Hedikhuiser Maas*** bis an die genannte ***Fähre***, auf 5711 R. lang, um 63 F. zunehmen würde; was etwa 1,1 F. auf 100 Ruthen ausmacht.

Der Boden erhält seinen Abhang nach Maafsgabe des Gefälles des Ebbewassers in dieser Strecke. Dasselbe beträgt 2,85 F. unter ***A. P.***, und dazu den mittlern Wasserstand zu Bokhofen von 8,43 F. gerechnet, giebt 11,28 F. Gefälle auf die ganze Länge. Da aber durch die Schliefsung des Canals von ***St. Andries*** der Wasserstand zu ***Bokhofen*** sich bis auf 3,49 F. über ***A. P.*** senken wird, so bleibt nur 6,31 F. Gefälle; was etwa 1,33 Zoll auf 100 R. ausmacht und das Gefälle ist, welches dem Stromboden zu geben sein würde.

Es scheint, dafs 6,37 F. Tiefe bei der Ebbe hinreichend sein werden. Der Boden an der Mündung mufs dann 6,18 F. und bei ***Gansooyen*** 5,9 F. tief unter ***A. P.*** ausgegraben werden. Der Querschnitt des Canals beträgt so oberhalb 2944 und unterhalb 3101 Quadr. Fufs, so dafs er abwärts wegen des abnehmenden Gefälles allmälig zunimmt.

Die Ausräumung des Bettes der ***alten Maas*** wird durch den Strom selbst geschehen können, der aber durch einige Faschinenwerke geregelt werden mufs. Man kann auf diesen Erfolg rechnen, da die Erfahrung Beispiele davon genug liefert, und das Gefälle, welches dem der ***Waal*** zwischen ***Achten*** und ***Tiel*** beinahe gleich kommt, dazu hinreichend ist.

Nach einer oberflächlichen Aufmessung der Gegend glaube ich, dafs dieser neuen Stromstrecke folgende Richtung zu geben sein würde, nemlich: Aus dem Bette der jetzigen ***Maas***, unterhalb ***Hedikhuisen***, beim ***Heleind***, in gerader Linie nördlich neben ***Herp*** vorbei; von dort, mit einer schwachen Biegung in und durch das Glacis von ***Heusden***, und dann in gerader Linie bis zum ***Doverschen*** Deiche; was eine Länge von 1858 R. ausmacht. Ferner von da, mit zwei flachen Bogen, zum Theil dem Bette der ***kleinen Maas*** folgend, bis nahe oberhalb der Kammerschleuse; was etwa 1646 R. beträgt. Von hier das Bette der *alten Maas* entlang bis zu ihrer Ausmündung an ***Kaisersfähr*** auf etwa 2257 R. lang; thut zusammen 5761 R.

Der neue Flufs mufs an der Südseite eine Bedeichung bekommen, welche am ***Hedikhuiser*** Deiche, 319 F. vom Strom-Ufer entfernt, anfängt, in dieser Entfernung neben ***Herp,*** 637 F. von der Kirche entfernt, herläuft und unweit der Alt-***Heusden***schen Schleuse an den ***Elshout***schen Deich sich anschliefst. Die Bedeichung am nördlichen Ufer mufs dem gegenwärtigen Deiche von ***Hedikhuisen*** bis an den Hauptwall von ***Heusden*** und ferner diesem Walle folgen. Von der Deichstrecke am Hauptwall unterhalb ***Heusden*** bis zum ***Pruimen***deich ist, etwa 1593 F. lang, ein Überlafs zur Abführung des Fluthwassers vom ***Bommelerwaard*** nöthig. Der ***Pruimen***deich, in der nöthigen Richtung, besonders bei ***Heusden,*** von etwa 903 R. lang, wird auf die Höhe und das Besteck des Banndeiches gebracht und erhält seinen Schlufs zwischen dem jetzigen *Maas*-Banndeiche, unterhalb ***Heusden,*** und dem Deiche an der ***kleinen Maas*** unterhalb ***Doveren.*** Diese neuen Deiche müssen mit Sand bedeckt werden, um sie zur Passage einzurichten; zu welchem Ende auch eine Pontfähre über die neue *Maas* nahe bei ***Heusden*** eingerichtet werden mufs.

Zu beiden Seiten des Stroms können Sommerdeiche zum Schutze der zwischen dem Strome und den Hauptdeichen liegenden Ländereien geschüttet werden. Der Theil des Elshoutschen Deiches, welcher zwischen dem neuen Süder- und dem Pruimendeiche liegt, kann ganz abgetragen werden. Die übrige Bedeichung an beiden Ufern der *kleinen Maas,* bis zum Ausflusse bei ***Kaisersfähr,*** ist, nach der kürzlich ausgeführten Erhöhung und Verstärkung, für hinreichend zu erachten. Im Bette und zwischen der Bedeichung der neuen ***Maas*** sind unterhalb ***Hedikhuisen*** 4, unterhalb ***Herp*** 12, und unterhalb ***Alt-Heusden*** 9 Wohnungen wegzuräumen nöthig. Der Weg von ***Bezoyen*** nach ***Kappel*** und der Deich von da bis an den Heerweg von ***Waspik*** müssen zur Erhaltung der gegenseitigen Verbindung der Bedeichung während des Winters mit Kies bedeckt werden: eben so der Norder-Deich an der kleinen ***Maas,*** vom Steinwege No. 3., welcher von Holland nach der Französischen Grenze führt, bei ***Düssen, Meeuwen, Drongelen*** und ***Doveren,*** bis zum ***Pruimen***deich. In dieser Hauptstrafse, südlich von ***Kaisersfähr,*** mufs eine Überlafsbrücke (Viaduct) von hinreichender Weite gebaut werden, um das Oberwasser durchzulassen.

Die jetzige Maas, zwischen dem Munde der ***neuen Maas*** und ***Woudrichem,*** mufs durch Dämme geschlossen werden, welche durch das jetzige Strombette gehen und an die beiderseitigen Bedeichungen sich anschliefsen. Diese Dämme müssen gegen Übersturz gesichert und ihr Fufs im Strome mufs auf starke Faschinenbetten, oder auf Reissinkstücke gesetzt werden. Die Maafse der Dämme können folgende sein. Die Höhe mufs der der gegenwärtigen Banndeiche gleich sein. Die Kronenbreite mufs 19,1 F., die Böschung an der Stromseite 1 auf 6 und an der Canalseite 1 auf 4 sein. In jedem dieser Dämme mufs eine Schiffahrtschleuse von hinreichender Weite znm Durchlassen der gröfsten Maasschiffe gebaut werden. Die in der ersten Abtheilung angegebenen Untiefen müssen durch Ausgrabung oder andere Vertiefungsmittel weggeräumt werden.

Die auf diese Weise in einen Canal verwandelte ***Maas,*** von 5002 Ruthen lang, mufs aus der ***Waal*** und den Polderwassern ihr Wasser erhalten; wie es weiterhin bei den Entwässerungs-Anstalten wird angegeben werden.

Herr ***Krayenhoff*** erwartet von dieser Scheidung die in seiner Schrift: „Proeve van een ontwerp tot scheiding der rivieren de Whaal en de Boven-„Maas" Seite 101 u. s. w. genannten guten Wirkungen, die mir auch ganz wahrscheinlich sind *).

Aus den daselbst angegebenen Maafsen und Berechnungen, deren Genauigkeit Herr ***Krayenhoff*** verbürgt, folgt in Beziehung auf die ***Waal*** Nachstehendes.

1. Nach Abschliefsung der ***Maas,*** beim Fort ***St. Andries,*** wird die Veränderung des Wasserspiegels, bei hohem und niedrigem Stande der ***Waal,*** fast dieselbe wie bisher bleiben.

2. Das Gefälle zwischen ***Tiel*** und ***Bommel*** wird bei den verschiedenen Wasserständen abnehmen. Dieses Gefälle ist, wie in der 1ten Abtheilung bemerkt, sehr unregelmäfsig und beträgt in der 4751 R. langen Stromstrecke 8,35 F. oder im Durchschnitt etwa 2,11 Zoll auf 100 Ruthen. Nach der Scheidung würde es 7,01 F. oder von 1,77 Zoll auf 100 R. sein; was dem Gefälle in den obern Stromstrecken näher kommt.

3. Durch die Veränderung des Gefälles und der andern Maafse wird die Geschwindigkeit des Stromes von ***Thiel*** nach ***St. Andries*** geringer werden und von da nach ***Bommel*** zunehmen, indem eine mittlere Geschwindigkeit in beiden Strecken entstehen wird.

---

*) Anmerk. des Übers. Da wir von dieser Schrift ebenfalls eine Übersetzung geben werden, so sind der Kürze wegen die Zahlen hier weggelassen und nur die Folgerungen des Verfassers aufgenommen.

4. Der Strom unterhalb *St. Andries* wird sich vertiefen und auf seinen Boden, der bis *Gorinchem* aus beweglichem Sande besteht, regelmäfsiger wirken: also wird sich die Strombahn durch Wegräumung des Sandes und der Bänke verbessern.

Die Abschliefsungen der *Maas* bei *Well* und *Woudrichem* werden auf die *Waal* folgenden Einflufs haben; wovon Herr *Krayenhoff* ebenfalls in der „Proeve" die Maafse und Berechnungen giebt, auf die wir uns beziehen.

Die *Waal* führt jetzt bei *Bokhofen* 11 676 C. F. Wasser: davon werden 7342 C. F. durch den Canal von *St. Andries* in die *Maas* gebracht, was nach der Abschliefsung aufhört; es bleiben also jetzt für die *Maas* 4334 C. F. übrig. Jetzt führt die *Waal* unterhalb des alten *Wiel* bei *Hardinxveld* 20151 C. F. Wasser in der Secunde. Nach Abschliefsung der *Maas* bei *St. Andries, Well* und *Woudrichem,* werden es 18081 C. F. sein. Demnach wird sich der Wasserspiegel bei *Hardinxfeld* um 0,446 F. senken und also das Gefälle von *Bommel* bis *Hardinxfeld,* welches jetzt 7,197 F. ist, alsdann 9,105 F. sein, folglich um 1,908 F. zugenommen haben; was nicht anders als günstig für den regelmäfsigen Abflufs des Wassers und für die Erhaltung der Strombahn sein kann.

Betrachtet man nun mit Herrn *Krayenhoff* die *Maas* nach ihrer Abschliefsung von der *Waal,* so sieht man, dafs sie von der *Waal* bei mittlerem Wasserstande 7342 C. F. oder beinahe Zweidrittheile ihres Wassers aufnimmt, welches bei *Bokhofen* vor der Abschliefsung von der *Waal* 11 676 C. F. beträgt. Nach der Abschliefsung des Canals beim Fort *St. Andries* wird der Ergufs 4302 C. F. in der Secunde sein. Der Wasserspiegel wird sich also von 8,427 F. bis auf 3,488 F. über *A. P.* oder um 4,939 F. senken.

Wenn der *Rhein* bis auf die Höhe des Überlasses am alten Rheinmund von 42,873 F. über *A. P.* gestiegen ist, und angenommen wird, dafs die *Maas* in gleichem Maafse gewachsen sei, so wird die *Waal* beim Fort *St. Andries* durch den Canal eine Wassermasse von 12 485 C. F. in der Secunde in die *Maas* führen, und der Ergufs wird dann bei *Bokhofen* 19 018 C. F. in der Secunde betragen. Zieht man hiervon das Vermögen des Canals bei *St. Andries* von 12 485 C. F. ab, so bleiben für die *Maas* noch 6533 C. F. oder etwa Ein Drittheil vom Ganzen. Daraus folgt, dafs sich bei erhöhtem Wasserstande die *Maas* bei *Bokhofen* um 6,946 F. senken wird, und daraus folgt ferner: *Erstlich,* dafs die Senkung des Wasserspiegels bei höheren Wasserständen verhältnifsmäfsig gröfser sein wird, als bei niedrigeren, was von dem gröfsern

Querschnitte der ***Maas*** herrührt, im Verhältnifs des Wassers, welches dieser Flufs selbst abführt, so dafs die Senkung sich weit stromaufwärts und wahrscheinlich bis ***Grave*** bemerken lassen wird. ***Zweitens,*** dafs das Gefälle von ***Grave*** bis ***Bokhofen,*** welches jetzt 7,018 F. ist, künftig bis auf 15,144 F., also um 8,126 F. zunehmen wird; was bei höhern Wasserständen bis zu 8,74 F. und noch mehr steigen kann. Das Gefälle von 15,144 F. bei mittlerem Wasserstande, auf 18 054 Ruthen Länge dieser Stromstrecke, beträgt etwa 1 Zoll auf 100 R., also nur etwa $\frac{1}{2}$ Zoll mehr als in der ***Waal*** zwischen ***Woudrichem*** und ***Gorinchem,*** und bei hohem Wasser etwa $1\frac{1}{4}$ Zoll auf 100 R. oder noch etwa $\frac{1}{20}$ Zoll weniger als jetzt zwischen ***Bommel*** und ***Woudrichem*** *).

Die Folgen dieser Abscheidung können nur sehr vortheilhaft sein und unr eine bedeutende Verbesserung der Abführung des Wassers der ***Waal*** und ***Maas*** hervorbringen, weil die Wirkung bei höherem Wasser sehr zunehmen und die alte ***Maas,*** mit ihren weit auseinanderliegenden Deichen und mit ihrer kürzeren Bahn bis zum Meere, einen vortrefflichen Strom-Arm bilden wird.

Da auf diese Weise die Ströme ein regelmäfsigeres Gefälle bekommen werden, so werden ihre Betten künftig weniger versanden. Sie werden das Wasser besser abführen und die Schiffahrt auf der ***Waal*** wird gewinnen. Die Schiffahrt auf der ***Maas*** wird zwar durch die Senkung des Wasserspiegels, bei mittlerem Wasser von 4,938 F., etwas leiden, kann aber wie jetzt erhalten werden, wenn man die Krümmen durchschneidet, in welchen die stärksten Untiefen sind, so wie durch zweckmäfsige Kribben und Einschränkung des Strombetts. Aufserdem kann der Wasserverkehr zwischen ***Gorinchem*** und ***Mastricht*** bequemer und besser als auf der ***Maas*** Statt finden, wenn man ihn durch den Canal zwischen ***Gorinchem*** und ***Hedikhuisen*** auf der ***Maas*** bis zur Mündung der ***Diese*** und durch diesen Flufs und die ***Südwillemsfahrt*** gehen läfst. Die Frage, ob die ***Diese*** in einen stillstehenden Canal zu verwandeln und ob von der ***Diese*** durch das ***Herzogenbuscher*** Feld ein Canal nöthig sein werde, um der ***Südwillemsfahrt*** eine von der ***Maas*** unabhängige Verbindung mit dem Canale der alten ***Maas*** zu verschaffen, gehört weniger zu dem gegenwärtigen Entwurfe, weshalb ich sie hier nicht weiter erwäge, sondern blofs die Möglichkeit davon andeute.

---

*) Man sehe in der 5. Tafel Fig. 5. von *Krayenhoffs* „Ontwerp tot scheiding etc." die punctirten Linien, welche den Wasserspiegel der ***Maas*** in dem Profile andeuten.

Durch die Abscheidung und Senkung des Wasserstandes der *Maas*, welche alles Wasser von den meisten Ländereien an ihren beiden Ufern aufnimmt, entsteht die auf keine andere Weise hervorzubringende Möglichkeit, die Entwässerung der Lande zwischen *Maas* und *Waal*, dem *Bommeler* Waard und der *Maaskante*, zu verbessern und sie aus ihrem jetzigen schlechten Zustande zu ziehen; worüber ich weiterhin näher sprechen werde.

Wir wollen jetzt zur Verbesserung der *Merwede* unterhalb *Gorinchem* übergehen.

Es ist bekannt, dafs sich die *Merwede* in der schrecklichen St. Elisabethsfluth am 18. November 1421 einen neuen Weg durch den fruchtbaren und stark bevölkerten Südholländischen Waard bahnte, wobei 70 Dörfer zerstört und viele Menschen die Opfer dieses traurigen Natur-Ereignisses wurden. Man findet dieses Ereignifs im dritten Theile S. 453 von *Wagenaars* Werken beschrieben, so wie in der Abhandlung des Herrn *Jan Smits* zu *Dortrecht:* „Über den Einbruch und die Überströmung des grofsen Südholländischen Waards." Der Erfolg war die Entstehung des alten *Wiels*, mit allen seinen Neben-Armen oder Killen und Seiten-Ästen, die den gröfsten Theil des Wassers der *Merwede* jetzt südlich in das *Berg*sche Feld führen, von wo es nach dem sogenannten Hollandschen Diep abfliefst. Die Länge der *Merwede*, von dem damaligen Scheidungspuncte des *Oberrheins* bei *Schenkenschanz* gerechnet, ist um mehr als um Ein Drittheil kürzer und dadurch ihr mittleres Gefälle von 1,14 Zoll auf 1,57 Zoll auf 100 R. stärker geworden. Unterhalb *Hardinxveld* verlandete der Strom allmälig so sehr, dafs er, nach *Velzens* Angabe, im Jahre 1606 noch viermal so breit war, als jetzt.

Dieser Zustand veranlafste die Regierung von *Dortrecht* in den Jahren 1581 und 1582, die Verschliefsung des alten *Wiels* vorzuschlagen; was aber nicht gestattet wurde, bis Professor *Gravesand* 1736 diesen Vorschlag lebhaft erneuerte und 1738 die Schliefsung der Killen oder Seiten-Arme versucht, aber wegen zu starker Erhöhung des Wasserspiegels bald wieder aufgegeben wurde. Die Erhöhung würde bei gänzlicher und plötzlicher Schliefsung des alten *Wiels* und der übrigen Seiten-Arme 7,566 F. betragen, und also bis auf 6,37 F. die Kronen der Deiche bei *Hardinxveld* erreichen, wenn der Strom in seinem jetzigen Bette eingeschlosseu bliebe *).

Wir wollen das Geschichtliche dieses Gegenstandes, welches die Com-

---

*) Siehe *Krayenhoff* „Proeve van een Ontwerp tot scheiding etc. S. III."

mission S. 106 und 265 etc. ihres Berichts auseinandergesetzt hat, nicht weiter verfolgen, sondern nur kurz erinnern, dafs in spätern Zeiten wieder Mittel zur Abhülfe vorgeschlagen worden sind: nemlich die Schliefsung des alten *Wiels* und seiner Neben-Arme; womit man auch 1805 wirklich den Anfang machte, ohne jedoch die Maafsregel fortzusetzen.

Der Herr General *Krayenhoff*, der diesen Plan unterstützte (S. dessen Ontwerp S. 110 etc.) will die Abdämmung des alten *Wiels* und der Killen stufenweise und allmälig ausführen, so dafs sie in 20 Jahren vollendet sein soll, jedoch den Damm nicht höher machen, als der Überlafs zwischen dem alten *Wiel* und der *Hoogkil* ist, nemlich 6,91 F. über *A. P.*, und zwar so, dafs hohes Wasser über die Abdämmungen fliefsen und das Wasser der *Merwede* seitwärts nach dem *Berg*schen Felde abgeführt werden soll. Die *Dordrechter* Kille soll durch eine Schiffahrtschleuse geschlossen werden, um zu verhüten, dafs die *Merwede* sich durch dieselbe in das *Hollandsche Diep* werfe. Der Verfasser glaubt durch diese langsame Hemmung die zu starke und schnelle Erhöhung des Wasserspiegels zu verhüten und sie durch die vermehrte Corrosion des beschränkten Strombetts unterhalb *Hardinxveld* wenigstens zum Theil verhindern zu können, wobei er die Erhöhung des Wasserspiegels bei *Dordrecht* nach der gänzlichen Abschliefsung auf 1,91 F. über den jetzigen Wasserstand berechnet.

Ich bin mit der Stromregulirungs-Commission darin einverstanden, dafs, wenn bald nach der St. Elisabethsfluth im Jahre 1421, oder selbst noch im 16ten Jahrhundert, die Killen oder wilden Strom-Arme gezügelt worden wären, und wenn der Strom seinen alten Lauf von *Dordrecht* her nach *Brielle*, ohne Seiten-Ableitungen nach dem *Berg*schen Felde, behalten hätte, dies in jeder Hinsicht nützlich gewesen sein und den Strom gegen das jetzige gänzliche Verderben geschützt haben würde. Allein unter den jetzigen Umständen scheint mir diese Maafsregel nicht rathsam und zwar:

Erstlich. Weil die Erhöhung des Wasserspiegels von 1,91 F., wenn auch in geringem Maafse, bis nach *Brielle* bemerkbar und für die Entwässerung der *Betuwe* am *Steenenhoek* schädlich sein würde, welche sie durch 1,91 F. höheres Wasser gänzlich verderben würde. Die ansehnlichen Kosten dieser Verbesserung der Entwässerung würden nutzlos verwendet werden.

Zweitens. Weil derselbe Fall zu *Krimpen* eintreten und der Wasserstand um etwa 1,27 bis 1,50 F. erhöht werden würde; was die Entwässerung des *Krimpener* Waards und des *Ablasserdam* am *Elshout* merkbar hindern müfste.

Drittens. Weil die Entwässerung des ***Krimpener*** und ***Zwyndrechtschen Waards,*** von ***Ysselmonde, Stryen, Schieland*** und ***Delftland,*** mehr oder weniger durch die Erhöhung des Wasserspiegels leiden könnte. Die genannten Polder befinden sich schon in einem schlechten Zustande, und haben kaum noch etwas zu verlieren.

Viertens. Weil die Sinkstoffe, die sich jetzt auf dem ***Berg***schen Felde ablagern, oder die durch die vermehrte Corrosion im Strome unterhalb ***Hardinxveld*** in Bewegung gesetzt werden sollen, den Mund der ***Merwede,*** da wo das Gefälle sich vermindert, noch mehr als jetzt versanden, den Abzug des Wassers und Eises beschränken und die Schiffahrt erschweren würden.

Den Vorschlag eines zweiten Hauptmittels, die ***Merwede*** aus ihrem jetzigen üblen Zustande zu ziehen, mit welcher die Commission übereinstimmt, und welches auch mir angemessen zu sein scheint, verdanken wir dem verdienstvollen Mitgliede der Commission, Herrn General-Inspector ***Blanken*** (in dessen „Beschouwing over de uitrooming des Opper-Ryn en Maas-„wateren enz. 1819"). Er schlägt vor, dem Strome eine neue Mündung zwischen ***Hardinxveld*** und ***Werkendam*** über das ***Berg***sche Feld nach dem ***Hollandschen Diep*** hin zu geben; wie es auf der Carte mit Grün angedeutet ist *).

Ich gebe hier aus dem Bericht der Commission S. 276 u. s. w. die wesentliche Beschreibung des Vorschlages.

Die ***Merwede*** soll durch einen Stromdeich, von hinreichender Stärke und Höhe, von ***Hardinxveld*** abwärts, quer über das jetzige Bett, gerade auf den Kopf der Insel ***Dordrecht*** zu, abgedämmt werden. Der Strom-Arm, welcher nach dem ***Biesbosch*** führt, bleibt 239 F. weit offen, um die Verbindung mit ***Dordrecht*** zu erhalten. Die Bedeichung soll nordwestwärts an diesen Strom-Arm hingezogen werden; bis an die Bedeichung des kleinen ***Merwede***-Polders. Ferner soll ein Deich von dem Kopfe der Insel ***Dordrecht*** nach der ***Ton-*** oder ***Tong-Plate*** und von da bis an die Mündung der ***Dordrechter*** Kille geschüttet werden. An der Südseite des neuen Mundes soll, von ***Werkendam*** ab bis zum Kopfe der Insel, ***Dordrecht*** gegenüber, quer durch die Killen ein zweiter hoher Deich mit dem ersten gleichlaufend gelegt werden,

*) Anm. des Übers. Von der Abhandlung des Herrn *Blanken:* Beschouwing u. s. w. werden wir ebenfalls eine Übersetzung geben, die zur nähern Erklärung des Vorstehenden nöthig und für practische Wasserbaumeister sehr belehrend ist. Es befindet sich dabei eine Carte nach einem gröfsern Maafsstabe.

der von da bis an die Mündung des *Gatts van Kielen* in das *Hollandsche Diep* fortgesetzt werden soll. Die Deiche sollen von einander 3600 F. abstehen; wovon die Strombahn 1200 F. Breite bekommen soll. Diese Strombreite scheint dem Verfasser etwas zu gering, da sie viel kleiner ist, als die oberhalb *Hardinxveld*. Dem Mangel läfst sich aber bei der Ausführung abhelfen. Ferner soll der südliche, neue *Merwede*deich an der *Amer* entlang, an der Westseite der *Bakkers*-Kille, bis an *Werkendam* fortgehen und sich daselbst an die Bedeichung des Landes von *Altena* anschliefsen. Der Canal von *Steenenhoek* würde nach dem Plane der Commission bis *Papendrecht* verlängert werden und daselbst, ohne Abschliefsung, mittels Schleusen mit der alten *Maas* und der *Noord* in Verbindung stehen. Im neuen *Norder-Merwede*-Deich mufs bei der *Hoog-Kille* eine Schiffahrtschleuse gebaut werden, um die Verbindung zwischen der alten und der neuen *Maas* offen zu erhalten. Die alte Schiffahrtschleuse bei *Werkendam* soll erweitert, oder eine gröfsere Schleuse neben der jetzigen erbaut werden, um den Verkehr durch die *Bakkers*-Kille mit den Bewohnern des Landes von *Altena, Langstraat* u. s. w., zu erhalten. Auch kann sie zur theilweisen Abführung des *Merwede*wassers nach der *Amer* während hoher Wasserstände benutzt werden. Eine dritte Schiffahrtschleuse soll in dem neuen südlichen *Merwede*deich, in der grofsen Kille, das *Salmgatt*, zur Erhaltung des Verkehrs mit der *Zwaluwe* gebaut werden.

In der ersten Abtheilung habe ich mich bereits gegen den Überlafs im Lande von *Altena* erklärt. Ich habe hier nur zu bemerken, dafs von diesem Überlafs die Ausführung der neuen *Merwede*mündung nicht abhängig gemacht zu werden braucht. Die Beziehung zwischen den beiden Anlagen kann nur die Erhöhung des Wasserspiegels der *Merwede* sein, die von der neuen *Merwede*mündung vorausgesetzt wird. Bewährt sich diese Voraussetzung nicht, so zerfällt auch die Folgerung aus derselben.

Die Commission sagt S. 285 u. s. w. „dafs das Gefälle von *Gorinchem* „bis *Hardinxveld*, bei der Ebbe, auf 1200 F. lang 0,906 Zoll beträgt, und von „*Hardinxveld* bis *Steenenhoek* 0,745 Zoll." Nimmt man die Wasserhöhe an der *Amer*, oder an der Mündung der neuen *Merwede*, aus der Tafel des Herrn *Goudriaan* „Overweging van het Ontwerp van den Heer *J. Blanken* Iz. pag. 59 etc." an, welche am 26. August 1812 beobachtet worden ist, so wird das Gefälle auf die obenbemerkte Länge 1,261 Zoll betragen. Das jetzige Gefälle zwischen *Hardinxveld* und *Steenenhoek* ist 0,745 Zoll: es wird also das Gefälle nach der Ausführung der neuen *Merwede*, zwischen *Hardinxveld* und der Ausmündung, auf die 1200 F. lang, um 0,516 Zoll gröfser sein, als jetzt zwischen *Hardinxveld* und *Steenenhoek,* folglich in der neuen *Mervede* im Verhältnifs von 3 zu 5 zugenommen haben. Es wird demnach eher eine Senkung des Wasserspiegels, als eine Erhöhung Statt finden, wenn das Werk ausgeführt wird.

Eine nähere Berechnung, welche die Commission S. 294 aufstellt und welche auf die im Jahre 1822 beobachteten Wasserstände gegründet ist, giebt dieselben Resultate. Dazu kommt noch, dafs die Scheidung zwischen der *Maas* und *Waal,* deren Wirkung schon oben auseinandergesetzt ist, das Gefälle zwischen *Bommel* und *Hardinxveld* um 22,55 Zoll vergröfsern wird, wodurch der Wasserspiegel in der *Merwede* um 5,35 Zoll sich senken dürfte. Allein man fürchtet, dafs eine Erhöhung die Folge einer nicht schnellen Corrosion des neuen Strombettes sein werde, welches sich mit $\frac{7}{20}$ des Ergusses des vertheilten Stroms füllen könnte. Ich halte die baldige Corrosion des Strombettes, durch das vermehrte Gefälle, nach der Beschaffenheit des Grundes und in Folge der Einschränkung des Stroms in ein engeres Bett, nicht für zweifelhaft. Erfolgte aber auch die Vertiefung des Strombodens in geringerem Maafse, so würde doch die dadurch entstehende Erhöhung des Wasserspiegels sehr wahrscheinlich nicht soviel betragen, als die vorhin bezeichnete Senkung desselben in Folge der Vermehrung des Gefälles. Aufserdem läfst sich die Erweiterung des Strombetts durch Ausgrabung, Ausbaggerung, Austiefung, und durch das Lösen der Stoffe, die der Strom mit sich führt, befördern *). Die Schwierigkeiten fallen durch die Vorsichtsmaafsregeln weg, welche die Commission bei der Ausführung der Werke vorschlägt, nemlich: dafs zuerst die neue Schleuse bei *Werkendam* gebaut werden soll, um sie, zugleich mit der jetzigen Schleuse, zur Abführung des Wassers nach der Seite, durch die *Bakkers*-kille, zu benutzen, falls es nothwendig sein sollte. Erst nachher soll man mit der Schüttung des neuen nördlichen *Merwede*deiches, von *Hardinxveld* längs dem Kopfe der Insel *Dordrecht,* bis an den bedeichten Polder des Hauses von *Merwede* fortfahren; wodurch dann die Killen oder wilden Strom-Äste nördlich der neuen *Merwede* abgeschnitten werden. Zugleich würde die Schiffahrtschleuse (nach *Blanken*scher Art gebaut) an der *Hoogkille* gebaut werden müssen; etwa 32 F. weit und unter dem niedrigen Wasser 8 F. tief.

---

*) Anm. des Übers. Und zwar am schnellsten durch Dampfbaggermaschinen, die in Holland vorhanden und bekannt sind und womit grofse Massen Erde in kurzer Zeit aus einer bedeutenden Tiefe mittels eines eisernen Eimerwerks gefördert werden können.

Der neue Deich längs der Kille, der ***Biesbosch*** genannt, müfste in einer solchen Entfernung von dem gegenüberliegenden Deiche auf der Insel ***Dordrecht*** geschüttet werden, dafs man im Stande wäre, die Strombahn dieser Kille nach den Umständen und den Bedürfnissen der Schiffahrt zu verbreiten. Das ***Steürgat*** und die andern Killen, südlich von der neuen ***Merwede,*** bis zum Kopfe der Insel, ***Dordrecht*** gegenüber, müfsten soviel als möglich zugedämmt werden, um gewifs zu sein, dafs der Strom durch dieselben keinen neuen Ausflufs bekommen könne. Bei der Ausführung des Norderdeichs müfste das Strombette der neuen ***Merwede*** so viel möglich auf die bestimmte Breite von 1200 F. vertieft werden; wenigstens bis auf den Wasserstand der Ebbe. Während der Ausführung der genannten Werke bleibt das ganze südliche Ufer der neuen ***Merwede*** für den Abflufs des Wassers offen, so dafs die Killen nur auf eine geringe Höhe zugeschüttet werden. Diese Ableitung wird bei hohem Wasser durch die alte und die neue ***Werkendam***sche Schleuse vermehrt. In dem Maafse, wie der neue Mund der ***Merwede*** sein Bett durch Corrosion ferner vertieft, und im Querschnitt zunimmt, mufs man mit der fernern Beschränkung und Schliefsung der Killen oder Strom-Arme am südlichen Ufer fortfahren; und zwar vorläufig bis zur Höhe der vorhandenen Kaideiche längs dem ***Biesbosch.*** Die Ausführung des südlichen Deichs, welchen die Stromregulirungs-Commission auf eine Höhe von 3,2 bis 4,8 F. hoch unter der Deichkrone des ***Ablasser***-Waards und des Landes von ***Altena*** vorschlägt, will sie so lange aufgeschoben wissen (ingleichem der Bau der Schleuse im Süderdeiche, die wir oben beschrieben haben), bis die Umstände es nöthig machen werden, noch mehr Wasser in die alsdann ausgeräumte neue ***Merwede*** zu leiten. „Bei der Ausführung ist noch ferner genau darauf zu achten," sagt die Commission, „ob die ***Merwede*** sich neue Auswege zu bahnen suche: zum „Beispiel längs den Strom-Armen nördlich der ***Ton***- oder ***Tong***plate. Wenn „sich hierzu Neigung zeigt, so mufs man sofort den Grundschlag der Deich- „strecke zwischen dem Kopfe der Insel ***Dordrecht*** und der ***Ton***plate auf die „Höhe des gewöhnlichen Wasserstandes legen. Die Strom-Arme südlich von „der neuen ***Merwede*** würden noch offen bleiben müssen. Aber wenn man „dennoch Gefahr von Ausströmung befürchtet, so müssen Mittel dagegen an- „gewendet und der Grund zu dem neuen ***Süder-Merwede***-Deich mufs in der „Höhe des dortigen begrünten Bodens geschüttet werden."

Ich lege ein solches Gewicht auf diese letztern Bedenken, und bin so sehr überzeugt, dafs die Abschliefsung der ***Merwede*** bei ***Hardinxveld*** die befürchtete Folge, nemlich den Durchbruch eines neuen Weges südlich nach dem ***Hollandschen Diep,*** haben werde, dafs ich glaube empfehlen zu müssen, zugleich mit dem *Norder-Merwede*-Deich, von ***Hardinxveld*** an bis an den bedeichten Polder des Hauses *Merwede,* den Grund der ganzen Bedeichung an beiden Ufern der ***Merwede*** bis auf der Höhe des niedrigen Wassers zu legen und alle Neben-Arme bis auf diese Höhe mit Reiswerken zu schliefsen, welche nach dem Bedürfnisse einzurichten sind, und wobei dann das Strombett durch Vertiefungswerkzeuge bis auf die festzustellende Breite ausgetieft werden könnte *), und der Abflufs des Wassers über den ***Biesbosch*** bei etwas hohem Wasserstande, wie oben bemerkt, bliebe. Ohne diesen Gang der Ausführung, fürchte ich, wird der Strom durch die vorhandenen Neben-Arme einen kürzern Weg südwärts, und das gröfste Gefälle sich aufsuchen.

Durch die sofortige Abschliefsung des südlichen Ufers wird sich der Wasserspiegel mehr erhöhen, als die Commission angiebt: aber bei niedrigem Wasser wird ein etwas erhöhter Wasserstand eher vortheilhaft als schädlich sein, weil keine einzige Entwässerung nach der ***Waal*** oder ***Merwede*** Statt findet und die ***Maas*** bei ***Woudrichem*** von derselben geschieden ist, also keinen Einflufs von dieser Erhöhung erfahren kann, da die Ableitung des hohen Wassers über das ***Bergsche*** Feld bleibt.

Die Entwässerung von ***Steenenhoek*** wird durch die Abdämmung bei ***Hardinxveld*** aus aller Gemeinschaft mit der ***Merwede*** gebracht. Die Entwässerung des ***Maas-, Waal-*** und ***Bommeler***-Waards bleiben für die geschiedene ***Maas.*** Die von ***Altena*** steht mit der ***Merwede*** in keiner Verbindung, und, noch weniger als vorher, nach der Abdämmung und Schüttung des ***Süder-Merwede***-Deichs. Die Entwässerung von ***Nordbrabant*** geht bei ***Gertruidenburg*** in die ***Amer,*** und das Wasser strömt jetzt in die ***Maas*** und ***Donge*** aus.

Die neuen nördlichen ***Merwede***-Deiche, so wie die von ***Hardinxveld,*** bis ***Gorinchem,*** müssen so eingerichtet werden, dafs sie alle Sicherheit gegen Durchbrüche im ***Ablasserwaard*** gewähren und stets eine gröfsere Höhe als die Süderdeiche behalten. Auch mufs die Abschliefsung zwischen ***Werkendam*** und ***Woudrichem*** in einen solchen Stand gebracht und darin erhalten werden, dafs das Land von ***Altena*** völlig gesichert sei.

---

*) Anm. des Übers. Nemlich durch Dampfbaggermaschinen.

In dem neuen Bette der *Merwede* werden sich viel schwieriger Eisdämme festsetzen können, als jetzt.

Die weiterhin näher zu besprechende Überströmung der Polder wird die abströmende Wassermasse über eine sehr grofse Oberfläche vertheilen und den Stand des Wassers in den Strömen ansehnlich senken.

Verschiedene Schwierigkeiten gegen die Ausführung der neuen *Merwede*mündung sind durch die Commission S. 295 u. s. w. ihres Berichts vollständig beantwortet worden; weshalb ich diesen Theil meiner Abhandlung mit den Worten der Commission schliefsen zu dürfen glaube, nemlich: „Sollten auch „Umstände vorhanden sein, wegen welcher in einiger Hinsicht die Ausführung der neuen *Merwede*-Mündung nicht rathsam scheinen könnte, so sind „doch die für die Nothwendigkeit streitenden Gründe, die Mündung dieses Stroms „nicht in seinem gegenwärtigen üblen Zustande zu lassen, bei weitem über„wiegend."

Der *Lek*, dessen nördliches Ufer durch eine südliche Ableitung von dem über den Sommerwasserstand angewachsenen Wasser befreit werden dürfte, wird, wie ich näher zeigen werde, keiner andern Verbesserungen bedürfen, als der allmäligen Regulirung des Stroms selbst, welche ich näher entwickeln werde.

Die Stromregulirungs-Commission äufsert hierüber ihre Ansichten S. 217 bis 220; mit welchen ich zwar im Ganzen einverstanden, aber doch noch der Meinung bin:

Erstlich, dafs das steinerne Wehr, welches den Schlufs zwischen dem *Lek*deiche und den Festungswerken von *Schoonhoven* bildet, da es verfallen und dadurch unnütz geworden ist, besonders da *Schoonhoven* keine Festung mehr ist, durch einen Deich nach dem Bestecke des *Lek*deiches ersetzt werden mufs.

Zweitens, dafs die Berme innerhalb, längs des Deichs, oberhalb des Ravelingrabens östlich von *Schoonhoven*, durch diesen Graben verlängert werden mufs.

Drittens, dafs die alte Mauer innerhalb *Wyk*, bei *Dürstede*, welche daselbst die innere Böschung des Deichs ersetzt und den Schlufs im Verbande mit dem *Lek*deiche macht, nachgesehen und sicher wieder hergestellt werden mufs.

Übrigens stimme ich mit der Commission darin überein, dafs, so nützlich auch die Senkung der *Cülenborg*schen und *Vianen*schen Fahrdämme zum bessern Abzuge des Wassers und Eises sein würde, doch die Überfahrt über den Strom dadurch bedeutend erschwert werden würde. Aufserdem scheint sie mir nicht nöthig; indessen wird man wohl thun, darauf zu sehen, dafs keine neue Hindernisse in den Strom gebracht werden und dafs der Stromquerschnitt nicht durch Verlängerung der Fahrdämme und durch Erhöhung der Sommerdeiche noch mehr verengt werde. Hieraus folgt von selbst, dafs ich die Anlegung einer eisernen Brücke über den *Lek* zu *Vianen* verwerfen mufs, insofern diese Brücke, wie ich glaube, einen Pfeiler im Strombett erfordert, weil dies für die beiderseitige Bedeichung des *Leks*, vom *Dief*deiche an bis *Krimpen*, gefährlich sein würde *).

Auch die *Yssel* scheint mir keiner grofsen Veränderungen zu bedürfen; aufser was überhaupt in allen Strömen nöthig ist. Nur der *Snippelingsche* Überlafs müfste weggeschafft werden, da er der Provinz *Ober-Yssel* schädlich ist, wie wir bereits oben gesagt haben, und wenig Nutzen bringt. Will man zur Beförderung des Abflusses einige Verbesserung in der *Yssel* anbringen, was mir wünschenswerth scheint, so wäre es die Verlegung des Deichs am linken Ufer, unterhalb *Deventer;* was dem Strome einen bessern Abzug verschaffen, also besonders zu berücksichtigen sein wird.

Es ist nun noch übrig, dafs ich näher angebe, wie ich die Strombetten *nach und nach* zu verbessern gedenke; was schon von der Commission S. 325 bis 330 des Berichts beschrieben und auch nöthig ist.

Dafs sich unsere Ströme in verwahrlosetem Zustande befinden und dafs, mit wenigen Ausnahmen, die Werke in und an denselben nur im Interesse von Privatpersonen oder einzelner Polder gebaut sind, wird wohl Niemand leugnen; so wie man sich auch bis jetzt der Leitung und Regulirung der Ströme nur wenig angenommen hat, wodurch denn eine der gröfsten Quellen unseres Wohlstandes in einen traurigen Zustand gerathen und grofser Schaden entstanden ist.

Das alte *Geldersche* Wasserrecht ist veraltet, aufser Gebrauch gekommen, auf *Gelderland* allein anwendbar und durch die Verordnung von 1806 aufgehoben. Diese Verordnung, welche für unvollständig gehalten wird und nur halbe Maafsregeln vorschreibt, auch schwierig auszuführen ist, wird

---

*) Anm. des Übers. Es werden *zwei* Pfeiler im Strombette gebaut werden müssen, zu der Klappe für die Durchfahrt grofser Schiffe mit stehenden Masten; sonst mag die Brücke eiserne Bogen mit steinernen Mittelpfeilern, oder hängende Ketten bekommen. Deshalb wird denn auch hier wohl gar keine Brücke, sondern nur eine Fähre oder Schiffbrücke zulässig sein.

selten berücksichtigt und sollte billig durch zweckmäfsigere Verordnungen ersetzt werden. Vorzüglich müfste die Beziehung zwischen den Uferbesitzern und dem Staate, der die Hoheitsrechte über den Strom hat, oder Eigenthümer des Stromes ist, regulirt werden. Das Preufsische Stromrecht für das Herzogthum *Cleve* enthält für diesen Gegenstand wichtige Bestimmungen. Werke zum Nutzen des Stroms wurden wenig oder gar nicht gebaut, wenn man diejenigen ausnimmt, die ehemals zur Scheidung von *Waal* und *Rhein* angelegt worden sind, und die auch in gutem Stande erhalten werden. Mit einem Worte: man scheint bis jetzt noch nicht von der Nothwendigkeit überzeugt worden zu sein, die Ströme der Niederlande allmälig zu leiten und zu zügeln, und Das zu thun, was am *Oberrhein* von der Preufsischen Regierung seit mehr als einem Jahrhundert mit so gutem Erfolge geschieht.

Nach meiner Einsicht ist aber *nur so* eine allmälige, aber sichere Verbesserung der Polder und Schiffahrt zu erzielen. Die Ströme sind die Adern, die, wenn sie regelmäfsig und ungehindert wirken, den Niederlanden Reichthum, Blüthe und Wohlfahrt zuführen, und die, wenn sie verstopft und ihrer Kraft beraubt werden, Unheil und Verderben über die Polder ausströmen.

Die fortwährende Zuführung von Sinkstoffen ist ein Übel, welches wir nicht hindern können. Die Wirkung davon wird durch die Überströmung der Polder vermindert, aber niemals ganz aufgehoben werden können. Das, was sich grofsentheils erreichen läfst, ist die Mobilmachung der Sinkstoffe auf unserm Gebiete, und die Befreiung der Ströme von Hindernissen, die durch allerlei unzweckmäfsige Werke entstanden sind *).

Der Boden, oder das Bett der Ströme mufs nach Tiefenmessungen, mit den alten verfallenen und bestehenden Werken, nebst den Ufern und Uferbauwerken, cartirt werden. Die Aufsengründe oder Anwüchse zwischen den Deichen und Strom-Ufern, so wie die darauf befindlichen Sommerdeiche, Fabriken und Gebäude, Bäume, Hecken und andere Gegenstände, müssen in der Stromcarte vermerkt werden. Auch mufs eine genaue Beschreibung der Höhenpuncte und der wichtigsten Gegenstände beigefügt werden. Von Allem, worauf es ankommt, mufs, nach dem Vorschlage der Commission, eine officielle Aufnahme mittels der durch die Betheiligten zu unterzeichnenden Protocolle gemacht

---

*) Anm des Übers. Die Schilderung des schlechten Zustandes der Ströme, durch so viele sachverständige und ortskundige Hydrotekten, durch Staatsbeamten und Behörden, wird doch nun wohl endlich durchdringen, damit baldige durchgreifende Maafsregeln dem Übel, der Noth und Gefahr abhelfen mögen.

werden. Ferner müfste von der Verwaltung des Waterstaates ein Entwurf zur Vernichtung, Wegräumung, Veränderung, und zum allmäligen Eingehenlassen der schädlichen Anlagen aufgestellt werden; welcher Entwurf dann, nachdem er von den Deichstühlen und den Ständen der Provinzen, gemeinschaftlich mit der Verwaltung des Wasserstaats, geprüft worden, vom Könige zu genehmigen und festzustellen wäre. Dann könnte man mit der allmäligen Ausführung den Anfang machen. Wo eine Entschädigung nach Artikel 164. des Staatsgrundgesetzes nöthig wäre, ist sie zu bestimmen. Auch schlage ich vor, besondere Beamten des Waterstaats, die mit keinen andern Geschäften beauftragt sind, zur Aufsicht anzustellen; und zwar unter Leitung der Hauptverwaltung, und in Verbindung mit den Gouverneurs und den Ständen der Provinzen; wobei es dann auch nöthig wäre, die Verhältnisse zwischen den Deichstühlen und jenen Beamten deutlich anzugeben und festzustellen *). Diese Beamten müfsten dann jährlich, sobald der Wasserstand der Ströme es zuläfst, die zur bessern Leitung und Regulirung der Ströme dienlichen Werke ermitteln und vorschlagen; stets die nothwendigsten zuerst; so dafs die Kosten die Summen nicht überschreiten, welche aus dem Staatsschatze zu dem Zwecke angewiesen werden. Sie müfsten auch die nöthigen Übereinkünfte mit den Privaten vorschlagen; wegen deren Entschädigung, oder wegen der Beiträge, die von ihnen billigerweise verlangt werden können. Nachdem die Vorschläge durch die Gouverneurs, Privinzialstände und oben genannte Beamten untersucht worden, müfsten sie an die Hauptbehörde des Waterstaats gesandt werden, welche sie dann unter Königlicher Genehmigung festsetzte.

Jedem mufs es, bei ernstlichen, durch ein Gesetz oder Reglement näher zu bestimmenden Strafen, verboten sein, im Bette oder an den Ufern der Ströme irgend eine Anlage ohne vorherige Erlaubnifs der Regierung auszuführen, oder zu erhalten. Auf den Aufsenwerdern dürfen eigenmächtig und ohne Erlaubnifs keine neue Kaidämme, Gebäude, Anpflanzungen gemacht werden und die vorhandenen Pflanzungen zwischen den beiderseitigeu Deichen aufsen nicht weggeräumt werden. Die ungestalteten Stromkrümmen, welche gröfstentheils aus Mangel an frühzeitger Abhülfe oder durch unzweckmäfsige Werke entstanden sind, müssen nach und nach durch zweckmäfsigere Werke

*) Anm. des Übers. Eine vollständige und zweckmäfsige Organisation der obersten Wasserbaubehörde, so wie des ganzen Wasserbaupersonals, ein Strom-, Deich- und Vorfluthsrecht, und eine Polizei-Ordnung für die verschiedenen Verwaltungszweige, scheint hier eines der ersten Bedürfnisse zu sein, welchem bald abgeholfen werden mufs und kann.

verbessert werden. Entstehende und über Wasser kommende Sandfelder und grofse Anwächse dürfen erst dann bepflanzt werden, wenn dadurch der Zustand der Ströme verbessert wird. Alle andere Untiefen müfsten soviel als möglich durch Kribbwerke vertrieben und aller Holzwuchs darauf müfste verhindert werden. Es ist die Frage, ob man nicht mittels schwerer Eggen, die an Dampfbooten befestigt werden, oder durch andere Vertiefungswerkzeuge, besonders wenn das Wasser die mittlere Höhe erreicht hat und schnell abströmt, die Sandbänke mit der Zeit vermindern könnte. Wie ich vernehme, sind durch den Herrn ***Eckhard Staring van den Wildenborch*** und Andere, Vorschläge dazu der Regierung gemacht worden, die wohl eine Prüfung zu verdienen scheinen *). Einbrüche der Ströme in Grundstücke, wodurch die Betten mit einer Masse von Sinkstoffen beschwert werden, besonders wenn der Strom schon schädliche Biegungen hat, müfsten gezügelt, die Krümmen nach und nach vermindert und nach einer Reihe von Jahren auf den Normalzustand zurückgebracht werden; ganz ungestaltete Krümmen aber, wie die der ***Waal*** oberhalb ***Nymwegen,*** sollten durch Ausgrabung neuer Betten, nur von mäfsiger Breite, regulirt und in flachere Krümmen verwandelt werden. Die genauere Bestimmung der Strecken, wo und wie dieses auszuführen wäre, gehört nicht in den gegenwärtigen Entwurf. Auch wären, wie ich glaube, alle die nöthigen Durchstiche nicht etwa in einem kurzen Zeitraume auszuführen.

Die Verwaltungsbehörde der Ströme müfste beständig wachsam sein, auf Alles was in und an den Strömen vorfällt. Die jährlichen Berichte, über die Verbesserungen sowohl, als über die Schäden und den Erfolg der angelegten Bauwerke müssen die obern Behörden in den Stand setzen, diesen so wichtigen Gegenstand, von welchem die Wohlfahrt eines grofsen Theils der Niederlande abhängt, zu erfahren, um ihn ernstlich zu berathen **).

---

*) Anm. des Übers. Dies Mittel scheint allerdings anwendbar, von Erfolg zu sein und sich an den Dampfbaggerbooten anbringen zu lassen, die auf diese Weise zu mehrern Arten der Stromvertiefung angewendet werden könnten. Ein Versuch wird dies lehren.

**) Anm. des Übers. Die von dem Herrn Verfasser vorgeschlagene geometrisch-nivellitisch-hydrometrische Aufmessung, Cartirung und Profilirung der Ströme, so wie die genaue hydrographisch-hydrotechnisch-topische Beschreibung derselben, ist das erste wesentliche Bedürfnifs und die unentbehrlichste Vorarbeit zu den künftigen Entwürfen zur Regulirung der Ströme; die erst nach jenen Vorarbeiten möglich sind. Man hat zwar seit vielen Jahren schon manche schätzbare Untersuchungen angestellt und die Resultate davon bekannt gemacht, aber sie reichen zu dem Zwecke nicht hin, so werthvoll sie auch sind. Man findet dergleichen in:

Zweites Mittel.

Verlassung des bisherigen Systems der Wasserwehr, und Ersetzung desselben durch Ableitung des Wassers zu beiden Seiten des Rheins, der Waal und Maas, über die Polder, sobald das Wasser bis über den Sommerwasserstand von 1816 angewachsen ist (welcher Wasserstand zum allgemeinen Maafsstabe angenommen wird); mit Ausnahme der am nördlichen Ufer des Leks unterhalb des Diefdeiches liegenden Polder, so wie des Landes von Altena und Heusden.

Ich habe in der ersten Abtheilung gesagt, dafs das System der Wasserwehr in *seiner jetzigen Art*, dann, wenn die Ströme mit Eis belegt sind, sehr *gefahrvoll*, und dafs die Bedeichung der Polder gegen das Winterwasser *schädlich* ist.

Alle Wasserbaukundige, ältere wie neuere, sind darin einverstanden, dafs dieses System nie hätte befolgt werden sollen, und dafs der Zustand, in welchem die Polder sich jetzt im allgemeinen befinden, mit ihrem Bestehen unvereinbar ist.

Velzen z. B. in seiner mit Recht berühmten „Riverkündige Verhandeling, Strombaukundige Abhandlung vom Jahre 1768" drückt sich hierüber wie folgt sehr wahr aus, indem er sagt:

„Diese Unkunde und Sorglosigkeit ist gewifs auch die Ursach, dafs die „Bedeichungen so unglücklich für die Nachkommenschaft ausgefallen sind. Man „hat, wie es scheint, keine Kenntnifs vom Steigen des Meeres und der Ströme „gehabt, wie wohl man es vor Augen hatte; es war gewifs auch nicht un-

1. Precis historique des opérations géodesiques et astronomiques faites en Hollande pour servir de base à la topographie de cet Etat. Executées par le Lieutenant-général *Krayenhoff*, Gouverneur d'Amsterdam. A la Haye, 1815.
2. Die nach der *Krayenhoff*schen Triangulirung Hollands entworfene „Choro-Topographische Kaart der Nordelyke Provincien van het Koningryk der Nederlanden."
3. Verzameling van hydrographische en togographische waarmeningen in Holland, door etc. *Krayenhoff*. Amsterdam, 1813.
4. Instructie voor de geographische Ingénieurs by het depot general van Oorlog van het Koningryk Holland. Bylage No. V.: Geconcateneerde waterpassing van den peilsteen in de rivier de Whaal te Nymegen tot aan den peilsteen in de rivier de Ryn te Arnheim etc.
5. *v. Wiebekings* allgemeine Wasserbaukunst, nebst den dabei befindlichen Carten.
6. Die in der Einleitung dieser Schrift genannten Schriftsteller geben ebenfalls viele Materialien und Thatsachen nebst Beobachtungen über den vorliegenden Gegenstand an u. s. w.

„bekannt, dafs Bäume unter dem Boden lagen, dafs diese Bäume auf einem „viel niedrigeren Grunde gewachsen waren, als der damalige war, dafs also „der Boden, der damals bei der Bedeichung sehr niedrig war (sonst hätte „man die Bedeichung nicht gemacht), dereinst im Verhältnifs gegen das Meer „und die Ströme ebenfalls wieder niedriger werden würde. Aber nein! man „hat die Districte und Ländereien gleichsam wie in Keller eingeschlossen, als „wenn dies ewig so bleiben könnte; ohne daran zu denken, dafs die Lande „von dem hinuntergeführten Schlik im Winter bedeckt, erfrischt und gedüngt „werden könnten und dafs sie aufserdem mit den Strömen aufgewachsen und „von Zeit zu Zeit viel höher geworden wären. Man hat diesen kostbaren „Schlik in die Ströme verschlossen und ins Meer geführt, oder sonst verloren „gehen lassen, während das Land je länger je mehr schwand, sich gegen den „Wasserspiegel senkte, und unterging. Es ist schon so weit gekommen, dafs „man, statt dafs früher das Land durch die Schleusen trocken wurde, jetzt in „vielen Gegenden durch Mühlen von doppelter Mahlhöhe das Wasser aufmahlen „mufs, um es in den Strom, wie nach einem Dachboden hinaufzuschaffen. Dieses „Unheil wird durch die sorglosen Bewohner der *zu frühen Bedeichung* zur Last „gelegt. Aber wäre sie auch 100 oder 200 Jahre später gemacht worden, so „wäre doch nur der Unterschied, dafs dann die Schwierigkeiten sich 100 oder „200 Jahre später gezeigt hätten; sonst würde Alles ganz dasselbe gewesen sein."

„Es ist nun die Frage, was denn unsere Voreltern hätten thun müs- „sen? Darauf läfst sich mit einem Worte antworten: sie hätten es machen „müssen, *wie die Egypter mit dem Nil.* Bekanntlich hat Egypten seine Frucht- „barkeit der Überströmung des Nils zu danken (wovon die Beschreibung folgt). „Ist es nicht, wenn man solche Nachrichten lieset, von so entlegenen Völkern, „die von Alters her mit so viel Eifer und Aufmerksamkeit die Segnungen der „Natur so sorgfältig zu benutzen wufsten und sie bis auf den heutigen Tag zu „ihrem gröfsten Vortheile benutzen, verdriefslich, zu sehen, dafs unsere Vorfah- „ren, und wir selbst noch, diesen Segen gleichsam mit Füfsen von uns stiefsen, „und, als wären wir bange davor; ihn mit der gröfsten Mühe von unserm Lande „weg und ins Meer treiben, oder ihn zu Untiefen und Inseln werden lassen, „welche die Ströme verderben? Und wer weifs, wenn Jemand noch heutiges „Tages hier zu Lande sagte, man müsse im Winter das Wasser aus den Strömen „ins Binnenland einlassen, ob er nicht angesehen werden würde, als gehöre „er ins Narrenhaus. Wenigstens würden tausend Löwen am Wege sitzen. Es „würde ja keine Wintersaat möglich sein; die Wasser-Einlässe würden zu

„viel Schaden leiden; die Häuser würden umgespühlt werden, u. s. w. Ich will „mich und den Leser mit der Widerlegung dieser Einreden nicht bemühen; „denn der letzte Einwand würde doch sein: Es hätte schon vor 400 Jahren „geschehen müssen, jetzt sei es zu spät. Gewifs wäre es zu wünschen, dafs es „schon vor 400 Jahren geschehen wäre, dafs die Deiche darnach eingerichtet, „und die Häuser darnach gebaut wären: aber wenn es Gott gefallen sollte, „unser Land noch 400 Jahre stehen zu lassen, würden dann unsere Nachkommen „nicht gleiches Recht haben, wie wir jetzt, sich darüber zu beklagen, dafs sich „ihre Vorfahren so betragen haben? Ist es denn nicht besser, spät, als gar „nicht? Ist es nicht besser, durch ein kleines Ungemach im Winter erhalten „zu bleiben, als plötzlich ruinirt zu werden?"

So weit *Velzen.*

Die Überzeugung des Königs, dafs grofse abhelfende Verbesserungen nöthig sind, haben wir der Commission, die uns vorangegangen ist, zu verdanken. Es wäre nur zu wünschen, dafs alle Sachkundigen über die Wiederherstellungsmittel übereinstimmend dächten.

Ich glaube, in dem Aufgeben des jetzigen Systems der *Wasserwehr* und in der *Überströmung der Polder,* sobald das Wasser über den höchsten Sommerwasserstand anwächst, ein Hauptmittel der Verbesserung zu finden.

Um diesen Zweck auf eine regelmäfsige Weise zu erreichen, schlage ich vor, die vorhandenen Deiche, überall wo die Höhe ihres Fufses die Gelegenheit dazu giebt und wo Dörfer und Häuser keine Hindernisse machen, deren Wegräumung zu schwierig sein würde, niedriger zu machen, und zwar bis auf 1 bis $1\frac{1}{2}$ F. hoch über das Maifeld. Ferner müfsten, den gesenkten Deichstrecken gegenüber, auf den hohen Gründen und aufserhalb um die abzugrabenden Deichstrecken herum, Überlässe eingerichtet werden, so hoch als das bekannte höchste Sommerwasser, 10 F. in der Krone breit und mit 15 bis 30füfsiger Böschung, nach der Art des Bodens flacher oder steiler; welche Überlässe dann an die stehenbleibenden Deichstrecken sich anschlössen. Diese Überlässe müfsten sorgfältig ausgeführt und es müfste dazu das beste Erdreich genommen werden, welches zu haben ist. Ihre Oberfläche müfste mit guten, in einander schliefsenden begrünten Klaisoden bedeckt und die tägliche Passage mit Fuhrwerken, so wie die Beweidung mit Vieh, in den ersten Jahren nach der Ausführung und bei nasser Jahreszeit davon abgehalten werden.

Ich will sie zur Höhe von 15 Zoll hoch über das bekannte höchste Sommerwasser annehmen; nemlich über dasjenige vom Jahre 1816, welches

17 F. 1 Zoll am *Arnheimer* Peil stand. Die meisten Aufsenwerder liegen 14, 15 und 16 Fufs, durchschnittlich 15 Fufs hoch nach dem *Arnheimer* Peil. Das höchste Sommerwasser hat also etwa 25 Zoll hoch über die Aufsenwerder gestanden. Wenn man nun die Überlafsdeiche 15 Zoll über diesen Wasserstand erhöht, so müssen sie im Durchschnitt über dem Maifeld 40 Zoll hoch sein, über dem *Arnheimer* Peil 18,36 und über dem *Amsterdamer* Peil (*A. P.*) 40,382 F. hoch, da der *Arnheimer* Peil über *A. P.* 22,020 F. hoch steht.

Das bekannte höchste Sommerwasser der *Waal* ist unter andern das vom 9ten Juli 1816, welches damals am Peil zu *Nymwegen* 18 Fufs 9 Zoll hoch stand. Die meisten Aufsenwerder an der *Waal* liegen 14½, 15 und 15½ Fufs, durchschnittlich 15 Fufs hoch über dem *Nymweger* Peil. Die Überlässe, über diesem höchsten Wasserstand 15 Zoll hoch, müfsten daher über der Oberfläche der Aufsenwerder im Durchschnitt 5,024 F. oder am Peil von *Nymwegen* 20,028 F. und über den *Amsterdamer* Peil 39,853 F. hoch gelegt werden, da ersterer 19,825 F. über dem *Amsterdamer* Peil steht.

Das höchste Sommerwasser in der *Maas*, am *Grave*schen Peil, stand im Jahre 1816 am 8ten September 15 Fufs 2 Zoll hoch, und der *Grave*sche Peil steht über dem Amsterdamer Peil 15,466 F. hoch. Die Aufsenwerder liegen hier gröfstentheils 13, 14, 15 bis 16 Fufs hoch am *Grave*schen Peil, im Durchschnitt 14 Fufs hoch. Die Überlässe, 15 Zoll hoch über dem höchsten Stande dieses Stromwassers, müssen also im Durchschnitt über das Maifeld der Aufsenwerder 3,396 F. hoch gelegt werden, oder am Peil zu *Grave* 16,444 F. und über den *Amsterdamer* Peil 31,909 F. hoch. Da der Überlafs zu *Beers* bei 17 Fufs am *Grave*schen Peil überzufliefsen anfängt, wie 1829 geschah, so würde ich die Überlässe an der *Maas* 18 Fufs oder 32,945 F. am Amsterdamer Peil hoch anlegen, und den *Beer*schen Überlafs in diesem Maafse erhöhen, da es nicht gut zu sein scheint, sie nur 17½ F., oder etwas höher als den *Beer*schen Überlafs zu machen und diesen auf die gleiche Höhe zu bringen.

Die bis zur Höhe von 15 bis 25 Zoll über dem Maifeld abgegrabenen Deiche bleiben zu Wegen beibehalten. Die Deich-Erde wird zu beiden Seiten vertheilt und die Böschungen dürfen nicht steiler als 12 bis 15füfsig sein und müssen mit Soden belegt werden. Der Weg mufs, 16 F. breit, mit grobem gewaschenen oder durchgesiebten Grand bedeckt werden, aber flach sein und nicht über die beiderseitigen Besodungen erhöht. In jedem der Wege wird ein Dücker (eine Grundpumpe) mit einem Schütze gemacht, um das Regen-

und Quellwasser abzuleiten, welches sich zwischen dem Überlafs und den abgegrabenen Deichstrecken sammelt. Die Wege schliefsen sich, nach den Umständen, mit Auf- oder Abfahrten an die bleibenden Deichstrecken an.

Für die Erhaltung der Deiche müfsten die Frohnden durch feste Beiträge an Geld für die abzugrabenden Deichstrecken ersetzt werden. Zu wünschen wäre es, dafs das Gleiche auch für die bleibenden Deichdistricte geschähe.

Die Überlässe, welche überströmen sollen, würden sich befinden:

1. Am südlichen Ufer des ***Rheins*** und ***Leks***, vom Scheidungspuncte an, bis zum ***Dief***deiche.
2. Am nördlichen Ufer der ***Waal***, vom Scheidungspuncte an bis ***Gorinchem***.
3. Am südlichen Ufer der ***Waal***, von ***Nymwegen*** bis ***Löwenstein***.
4. Am nördlichen Ufer der ***Maas***, von ***Beers*** bis unterhalb ***Empel***.
5. Der Deich von ***Ooy*** und ***Erkelum*** mufs bis auf den oben angegebenen Wasserstand (Peil) abgegraben werden.

Es dürfte eine nähere Untersuchung erfordern, ob nicht an beiden Seiten des ***Oberrheins*** das gleiche System rathsam sei. Da aber die unumgängliche Nothwendigkeit dazu meines Erachtens nicht vorhanden ist, und um die Verbesserung in unserm innern Wasserstaate, die keinen Aufschub leidet, nicht von weitläuftigen und langwierigen Unterhandlungen mit benachbarten Regierungen abhängig zu machen, glaube ich, die letzteren Überlässe nicht zur sofortigen Ausführung vorschlagen zu müssen. Die Erfahrung weniger Jahre wird von selbst die Nothwendigkeit der Veränderung des Systems der Wasserwehr zeigen.

Die Polder am rechten Ufer des ***Pannerden***schen Canals und an beiden Ufern der ***Yssel***, unter welchen diejenigen der ***Weküwe*** besonders zur Einlassung des Stromwassers geeignet zu sein scheinen, könnten gegen die jetzt jährlich zu erwartenden Beschädigungen gesichert werden; wiewohl dies weniger eilt, indem die Gefahren für die Polder an der ***Yssel*** weniger grofs sind, als für die an den andern Strömen.

Ich würde die überströmenden Überlässe, wie schon gesagt, überall da machen, wo zu ihrem Grundschlag eine passende Gelegenheit ist; nicht aber bei Dörfern, bedeutenden Gütern und kostbaren Gebäuden. Einzelne Häuser sind keine Hindernisse, und können versetzt werden; wovon weiterhin mehr.

Da die Überlässe zur Ableitung des übermäfsig zuströmenden oder durch Eisdämme aufgestauten Stromwassers dienen sollen, so ist es zur Erhaltung und bessern Sicherheit der bleibenden Deichstrecken nöthig, sie so viel als möglich zu vervielfältigen und sie so wirksam zu machen, dafs ihr

Ableitungsvermögen nach der Seite, von Strecke zu Strecke, wohl das 3, 4 bis 5fache des Strom-Ergusses beträgt. In der dritten Abtheilung werde ich zu zeigen suchen, das dies ausführbar ist. Hier bemerke ich blofs, dafs in der Carte eine Anzahl Überlässe roth angezeigt sind, dafs ich jedoch für die genaue Auswahl der Stellen nicht einstehen kann. Sie müssen erst noch genauer und unter Berücksichtigung aller Umstände bestimmt werden, und sind blofs angedeutet, um ein Bild davon zu geben.

Die Polderdistricte, welche durch diese Überlässe überströmt werden würden, sobald der Wasserstand die oben bemerkte Höhe erreicht hat, würden sein: ***Ober-Betüwe, Nieder-Betüwe, Tielerwaard, Büren*** und ***Cülenborg,*** das Reich von ***Nymwegen, Maas*** und ***Waal,*** die ***Ooy, Heerewaarden*** und ***Bommelerwaard*** in Nordbrabant, die ganze ***Maas***kante von ***Beers*** bis ***Gertruidenberg,*** so weit in der Carte die hellblaue Farbe es bezeichnet. Durch die Überlässe am ***Pannerden***schen Canal und an der ***Yssel*** würden ***Aerdt*** und ***Pannerden,*** die ***Lymers,*** die ***Velüweschen, Baarbronkschen*** und ***Angerloschen*** Polder, so wie die beiden Ufer der ***Yssel,*** insofern die Höhe des Bodens es nicht hindert, mit überströmt werden.

Die bleibenden Deichstrecken zwischen den Überlafsdeichen können unter Aufsicht der Deichbehörden, wo es nöthig sein möchte, verstärkt und die Böschungen verbessert werden. Dieses, so wie Vertheidigung der Deiche bei hohem Wasser, wird den Behörden überlassen. Die bleibenden, verstärkten Deichstrecken bieten gute Baustellen zum Wiederaufbau der abzubrechenden Wohnungen dar.

Da die aufserhalb liegenden Überlafskaidämme zuerst überströmt werden, so wird zuerst die Kumme, zwischen jenen und den verlängerten Deichen, mit Wasser gefüllt werden, und dann wird sich über die sehr flache Böschung das Wasser in die Polder verbreiten, so dafs sehr wenig Geschwindigkeit des Wassers auf den Überlafsdeichen entstehen wird. Da die Überströmung gröfstentheils von verschiedenen Seiten her erfolgen wird, so wird der eine Wasserzuflufs dem andern ***begegnen,*** und die gefährlichen Erscheinungen bei den jetzigen Deichbrüchen werden entweder nicht Statt finden, oder doch so vermindert werden, dafs sie unschädlich sind.

Der verstorbene General-Inspector ***Goudriaan*** schlägt S. 121 seiner „Abhandlung über die Anlage von Seiten-Ableitungen" *) vor, in jeden Über-

---

*) Anm. des Übers. Diese Schrift hat den Titel: „Verhandeling tot onderzoek omtrent het vereischte vermogen van zydelingsche afleidingen ter ontlasting der te hoog

lafs einen Dücker mit einem Schütze zu setzen, um die obenbemerkte Kumme voll laufen zu lassen, ehe die Überströmung der Überlässe anfängt. Dieses wäre unstreitig nützlich, aber man würde dadurch nirgend mehr Gefälle gewinnen als etwa $1\frac{1}{2}$ Fufs, nemlich die Höhe der erniedrigten Deichstrecken über dem Maifelde. Die gröfsere Höhe der von Herrn *Goudriaan* vorgeschlagenen Überlässe macht freilich die Vorsichtsmaafsregel der Dücker nöthig, aber hier, für eine geringere Höhe, kann sie, glaube ich, erspart werden.

Herr *Goudriaan* will den Strom, und folglich auch das Eis, von dem Ufer, auf welchem die Überlässe gemacht werden, durch Abweiser von der Höhe der Banndeiche abhalten; sodann auf dem Werder zwischen der abgegrabenen Deichstrecke und dem vorliegenden Überlafsdeiche einige Reihen Bäume pflanzen, um die Land-Eisschollen, die öfters auf den Aufsenwerdern entstehen, dort festzuhalten und mit andern Eisschollen eine Schutzwehr oder Bekleidung zu bilden. Obgleich solche Maafsregeln mehr oder weniger zweckmäfsig sein können, je nach den örtlichen Umständen, so scheinen sie mir doch nicht allgemein rathsam; noch glaube ich, dafs die Eisschollen, welche nur selten über die Überlafsdeiche gehen dürften, so schädlich sein werden, als man glauben möchte; so dafs also jene Vorsichtsmaafsregeln nur in den wenigsten Fällen nöthig sein werden.

Nach meiner Meinung kommt Alles auf die zweckmäfsige ***Richtung*** des Überlasses und auf die gute Wahl der ***Stelle*** an, wo er angeleget wird; so wie auf die ***Stromstrecke,*** deren Wirkung er ausgesetzt wird. Es kann hier nicht der Ort sein, in noch mehrere Einzelnheiten wegen der Überlässe einzugehen. Dies ist erst dann nöthig, wenn man zur *Ausführung* des heilsamen Werks schreiten will.

Der grofse Nutzen, welchen das Einlassen des Stromwassers in die Polder haben würde, ist in der 5ten Abtheilung näher beschrieben, und ist Jedermann bekannt. Daher würde denn auch die Einlassung des Wassers in die Polder, bei einem noch niedrigeren Wasserstande als der für die hohen Baulande bestimmte, von weiterem grofsen Nutzen sein, da eine Überströmung durch die Überlässe nicht jedes Jahr und oft nur auf kurze Zeit vorkommt. Zu diesem Zwecke würden an den Hauptströmen, etwa zwei Stunden Weges von einander entfernt, Einlafsschleusen zu bauen sein, durch welche das Wasser,

---

opzwellende of door het ys in afvoer belemmerde rivierwateren enzen door ***A. F. Goudriaan*** enz. Amsterdam by Piper en Ipenbuur. 1823. Es wird hier ebenfalls eine deutsche Übersetzung davon folgen.

wenn es nach Ablagerung des Schliks wieder klar geworden ist, schnell wieder in die Ströme sich führen lassen würde *). Für den Polder von ***Maas*** und ***Waal*** ist diese Vesbesserung durch den Königl. Beschlufs vom 4ten Mai 1824 No. 29. bestimmt worden.

Drittes Mittel.

Bedeutende, mit dem vorigen Mittel in Verbindung stehende Verbesserung der Entwässerung der Polder; nebst Mitteln zur schnellen Abführung des Fluthwassers.

Soll die Maafsregel einer allgemeinen Überströmung der Polder, oder auch ohne diese Maafsregel das fortwährende Bestehen, wenigstens die Bewohnbarkeit der Polder, gesichert bleiben, so müssen grofse, aufser dem Bereiche der Polder liegende Mittel angewendet werden, um sie von den Überströmungen und dem Regen- und Quellwasser schneller und besser, als jetzt geschieht, zu befreien.

Diese Mittel, welche bis jetzt noch nicht mit Ernst berücksichtigt worden sind (den Plan des Herrn ***Blanken*** zur Entwässerung der ***Betüwe*** ausgenommen), halte ich für wichtiger und nothwendiger als alle übrigen, die zur Erhaltung der Polder vorgeschlagen wurden. Sie wirken stets, unter allen Umständen und zu allen Jahreszeiten, und noch kräftiger und wohlthätiger in nassen Sommern, als im Winter. Wer das Unheil, welches die Sommerfluthen von 1816 und 1826 anrichteten, gesehen hat: Jeder welcher weifs, dafs sie die Wohlfahrt der meisten Polder auf viele Jahre vernichteten, dafs Erndte und Vieh umkamen, dafs vermögende Einwohner in das tiefste Elend gebracht wurden und wegen des vollständigen Verderbens ihres Landes nicht einmal die Hoffnung auf Erholung im folgenden Jahre übrig behielten: Jeder der weifs, dafs dergleichen Unheil in geringerem oder gröfserem Maafse nicht selten ist; mit einem Worte: Jeder der den Stand der Dinge kennt, wird mir beipflichten.

Wir wollen die Verbesserungen, welche zur Vervollkommnung der Entwässerungs-Anstalten der verschiedenen Polder ausgeführt werden müssen, näher betrachten, und zwar zuvörderst

---

*) Anm. des Übers. Der Herr General-Inspector ***Blanken*** Iz. schlägt hierzu in seinen oben genannten Schriften die von ihm erfundenen sogenannten ***Waayerschleusen*** vor, die er in der Schrift: „Nieuw ontwerp tot het bouwen van min kostbare fluizen etc. door ***J. H. Blanken*** enz. Haag, 1808." abbildet und beschreibt.

Die des Landstrichs zwischen ***Rhein*** *und* ***Waal.***

Diese Polder, von ***Bommel*** bis ***Steenenhoek,*** haben ein starkes Gefälle, so dafs das über die Überlässe fliefsende Wasser vielleicht zu stark strömen würde, um den fetten Schlik sinken zu lassen. Deshalb müssen, wenn die vorhandenen Grandwege nicht hinreichend dazu sein sollten,

1. Sowohl in der ***Ober-*** als ***Niederbetüwe*** Dämme oder Kaden, etwa 3,19 F. über dem niedrigsten Maifelde, wasserpafs von der ***Waal*** nach dem ***Rhein*** geschüttet werden, mit einer Böschung, die an der obern Seite fünffüfsig, an der untern Seite 10füfsig ist, und die an die Wasserwälle der ***Linge*** sich anschliefsen. Die übrigen Hindernisse, wie die ***Linie,*** der ***Feigendeich,*** die ***Aalsdeiche*** u. s. w. müssen bis auf jene Höhe abgetragen, oder ganz weggeräumt werden, da sie den Ablauf des Wassers unnöthig aufhalten.

2. Der ***Dief***deich und die ***Meer***deiche müssen überall, wo es nöthig ist, ansehnlich verstärkt werden; ingleichem der südliche ***Linge***deich; wozu mir starke Bermen binnenwärts an diesen Deichen nöthig scheinen.

3. Das Querprofil der ***Aspernschen*** Schleuse mufs ansehnlich vergröfsert werden.

4. Die Schleusen am Canal von ***Steenenhoek,*** bei ***Gorinchem*** und unterhalb diesem Orte, müssen in gleichem Verhältnisse ein gröfseres Ableitungsvermögen und höhere Thore bekommen. Der Nordercanaldeich mufs erhöht, verstärkt und dadurch in Stand gesetzt werden, das Fluth- und Quellwasser der ***Betüwe,*** welches nicht seitwärts nach ***Dalen*** abzieht, auszulassen. Die Peilhöhe ist hier 4,46 F. über ***A. P.*** Wenn das Wasser so hoch steht, befindet sich die ***Linge*** unterhalb ***Aspern*** in ihren Ufern, und alle Vormühlen an der ***Linge*** mahlen in dieselbe. Die Peilhöhe in der Schleuse zu ***Aspern*** ist unter der des ***Zederiks*** 3,30 F. und über ***A. P.*** 1,12 F.

5. Es müssen zwei ***Blanken***sche Waayerschleusen neben der jetzt vorhandenen ***Aspern***schen Hülfschleuse in den beiderseitigen ***Linge***deichen gebaut werden, um das überströmende Wasser nach der ***Merwede*** zu leiten.

6. Es mufs eine Schleuse im alten Süder-***Linge***-Deich an einer passenden Stelle zwischen ***Aspern*** und dem ***Galdam*** gebaut werden, um die Kumme zwischen dem alten und neuen Süder-***Linge***-Deich füllen zu können.

7. Der ***Dalem***sche, ***Vüren***sche und ***Aspern***sche Überlafs mufs beibehalten werden.

8. An der Nordseite der Linge mufs eine Entwässerung angelegt werden, welche von der nördlichen ***Bischofs-graafkade*** beim ***Eisernen-Füllen***

über das Gebiet von ***Marienweerd*** am alten ***Zeeg***deiche entlang über den Polder von ***Beest*** an der Grenze des ***Cülenborg***schen Feldes und des ***Achtersteegs***, ferner am ***Meer***deiche und der ***dunkeln Kade*** her über den ***Acquooi***schen Polder nach der ***Acquooi***schen Schleuse das Wasser in die ***Linge*** führt. Diese Entwässerung könnte am ***Eisernen-Füllen*** 25,5 F. und bei der ***Acquooi***schen Schleuse 35 F. breit und beim Anfange etwa 5 F., bei der Schleuse 7 F. unter dem ***Zederiks***-Peil tief sein. In diese Entwässerung würden alle Polder ihr Wasser senden, welche innerhalb des ***Aals***deichs in der vormaligen Grafschaft ***Büüren*** liegen; so wie ***Marienweerd*** und ***Beest***. Um ***Rhenoy*** und ***Acquooi*** nicht durch das Wasser der oberhalb liegenden Dörfer zu belasten, mufs die Entwässerung hinreichend hohe und starke Kaden oder Dämme erhalten; auch mufs in diesem Polder noch eine Wassermühle oder Dampfmaschine gebaut werden, um die Mittel zum Trockenmahlen zu verstärken *).

9. An der Südseite der ***Linge***, im ***Thielerwaard***, mufs eine Entwässerung gegraben werden, welche bei der Kornmühle zu ***Est*** anfängt, durch die ***Est***sche Entwässerung, die ***Mark*** genannt, nach dem ***Vorvliet*** geht und, dieser folgend, nach den ***Haaften***schen Mühlen; von da, in der Richtung des ***Haaften***schen und ***Hellouw***schen Vliets, bis zum ***Eisernen-Füllen***, und von hier über das ***Aspern***sche Blockland bis zum ***Wilshügel***, und zwischen der ***Leyenburg*** und der ***Herwyn***schen Kade hindurch, in das ***Herwyn***sche Vliet; ferner, diesem folgend, bis zum grofsen Ellenbogen oder der Krümmung unterhalb ***Vüren***; von da durch das ***Heukelom***sche Bruch nach der Wasserleitung die ***Platte-Dalem***sche Mark, bis dem ***Kerk***stieg gegenüber; endlich durch die ***Sprokkelenburg***sche Schleuse bei ***Gorinchem*** in die ***Linge***. Diese Entwässerung könnte am Anfange 14 F. und, allmälig zunehmend, am Ende 20 F. breit sein. Sie müfste mit hinreichenden Kaden oder Dämmen eingefafst werden, um die unterhalb liegenden Dörfer nicht durch Oberwasser zu beschädigen. Alle Polder im ***Tielerwaard***, ausgenommen ***Tiel***, ***Wadenoyen***, ***Ophemert*** und ***Dalem***, würden auf diese Weise ihr überflüssiges Wasser besser als jetzt in die ***Linge*** senden. Die Mittel zur Trockenmahlung von ***Vüren*** würden durch eine Dampfmaschine oder Wassermühle zu verstärken sein.

---

*) Anm. des Übers. Eine Dampfmaschine würde wirksamer sein, als eine Windmühle, welche bei Windstillen und schwachen Winden gar nicht, und im Durchschnitt nur 250 Tage im Jahre wirkt. Eine Dampfmaschine von 100 Pferdekraft ersetzt 10 Windmühlen.

10. Die *Linge* mufs von ihrem Anfang in der *Oberbetüwe* an, wo es nöthig ist, gerade gezogen, vertieft und erweitert werden.

Die obere Linge

mufs von oberhalb des Zolls bei *Elst* bis zur steinernen Brücke bei *Homont* um 2,87 F. vertieft werden; von dort bis zur Scheidung, in der *Oberbetüwe,* um 4 F.; von da bis oberhalb *Zoelen* um 5 F.; wo sie auf ihre vormalige Breite zurückgebracht werden mufs, welche vermindert ist. Die Krümmen am *Blauen-Kamp,* an der *Vogelsang*schen und *Pottem*schen Brücke, müssen abgeschnitten werden.

Die untere Linge

mufs vom *Schielenhoek* bis zum Canal von *Steenenhoek* überall die durch die *Lingebreite* bestimmte Breite von 72 Fufs bekommen und eine mittlere Tiefe von 10 F. unter dem *Zederiker* Peil; auch müssen die vielen Untiefen bis auf diese Peilhöhe vertieft werden.

Unter den abzuschneidenden Krümmen sind die hauptsächlichsten:

Die am *Melkwaard* oberhalb *Geldermalsen,* wo der Flufs um 200 R. verkürzt werden würde; am untern Ende von *Gellicum,* dem *Breekaap* gegenüber; durch den *Galgwaard;* durch den *Eng* und durch den *Kornwaard,* unterhalb *Aspern.* Der Fährdamm zu *Geldermalsem* mufs eine hinreichend weite Überlafsbrücke erhalten, um die Gewässer der *Linge* frei durchzulassen. Im Allgemeinen müssen die Werder in der *Linge* überall, wo es für den Abflufs des Wassers nöthig ist, aufgeräumt werden.

Die *Korne,* durch welche das Wasser von den Dörfern *Ravenswaay, Ryswyk, Maurik, Eck, Ingen, Lienden, Zoelen,* ein Theil von *Kerk-Avezaat* und *Vüren, Aalsdyk* und *Erichem* in die *Linge* gebracht wird, mufs bis auf 5 F. unter den *Zederiks*-Peil vertieft werden; die Krümmen müssen überall, wo es thunlich ist, abgeschnitten, und auf eine Breite von 50 F. gebracht werden; endlich mufs man die *Linge*brücke vor dem Thore von *Büren* verhältnifsmäfsig erweitern.

Verbesserung der Entwässerungen der Polderdistricte des Reiches von Nymwegen und Maas und Waal.

Alle Entwässerungen des Landes zwischen *Maas* und *Waal,* welche jetzt durch die *Heuwen*sche, *Balgoy*sche, *Nifleik*sche, *Alpeltern*sche, *Blaue, Ryk*sche, *Leeuwen*sche, *Alphen*sche und *Dreumel*sche Schleusen das Wasser senden, werden vereinigt und sämmtlich nach dem niedrigsten Puncte des

Polders zwischen der ***Dreumel***- und ***Alphen***schen Schleuse durch den jetzigen Banndeich nach dem auf der Carte mit ***k*** bezeichneten Puncte durch die Aufsenwerder unterhalb ***Dreumel*** in die ***Maas*** geführt, zufolge eines schon durch Königlichen Beschlufs vom 4ten Mai 1824 No. 95. genehmigten, aber jetzt einigermaafsen wieder abzuändernden und zu vereinfachenden Entwurfs.

Zur schnellen Abführung des Überströmungswassers mufs unterhalb der ***Alphen***schen Kornmühlen die Deichstrecke, ***Morthuis*** genannt, abgetragen und mehr binnenwärts ein Überlafs eingerichtet werden, der unterhalb der ***Lith***schen Fähre sich anschliefst und etwa 3,19 F. niedriger als der Überlafs an der ***Lith***schen Maas ist, dessen Höhe hier oben auf 18 F. am Graveschen Peil oder 33 F. über ***A. P.*** angegeben wurde. Dieser Überlafs wird mit einem Kehrdamme von Erde, von der vorbeschriebenen Höhe, gegen das Einströmen des Sommerwassers geschlossen.

Ein dergleichen Überlafs mufs unterhalb der ***Dreumel***schen Schleuse an der Stelle des alten Verlaats angelegt werden.

Verbesserung der Entwässerung der Polderdistricte des Bommeler Waards.

Diese Entwässerungen senden jetzt oberhalb dem Maideiche ihr Wasser in die ***Maas***; von ***Brakel*** und ***Pouderoyen*** etwas mehr unterwärts; während das ***Münnekenland*** nahe beim Zusammenflusse der beiden Ströme entwässert wird. Alle diese Leitungen müssen auch künftig das Wasser in die zwischen ***Well*** und ***Woudrichem*** abgedämmte ***Maas*** ausführen, in welche auch die Entwässerung des ***Münneken***landes Statt finden mufs. Das Fluthwasser vom ***Bommeler*** Waard mufs an den passendsten Stellen, unterhalb ***Nieder-Hamert, Alst*** und ***Pouderoyen***, durch Überlässe, wie die hier oben für die Maas und Waal vorgeschlagenen, in die abgedämmte ***Maas*** geführt werden. (Diese Hülfsleitungen oder Überlässe sind auf der Carte durch Linien angedeutet, obwohl man für die Angabe der Stellen nicht einsteht.) Der binnenländische Wasserstaat, vom ganzen ***Bommeler*** Waard, mufs bei dieser Gelegenheit wieder nachgesehen und das Nöthige verbessert werden.

Wenn auf diese Art alles Wasser vom ***Bommeler*** Waard in die abgedämmte ***Maas*** gebracht wird, kann es durch die neuen Schleusen bei ***Well*** abfliefsen und, wenn es der Wasserstand der ***Waal*** zuläfst, auch durch die Schleuse bei ***Woudrichem***.

Zur bessern und schnellern Ableitung des Wassers in das Bett der neuen ***Maas*** mufs ein Überlafs zwischen der Stadt ***Heusden*** und dem ***Preuimen***-

deiche gemacht werden; von derselben Art, wie der für das Land zwischen *Waal* und *Maas*, und 133 R. lang.

In dem Deiche beim Hauptwalle der Stadt *Heusden* mufs eine Entwässerungschleuse von ansehnlicher Weite gebaut werden, die nach Erfordern geöffnet und verschlossen werden kann und durch die Stadtgraben mit der *Maas* und durch die *Heusdensche Maas* mit der abgedämmten *Maas* die Verbindung herstellt, vorzüglich aber dazu dient, das Polderwasser vom *Bommeler* Waard aus der abgedämmten *Maas* in die neue *Maas* zu bringen.

Verbesserung der Entwässerungen der Polder in dem Lande von Heusden, südlich der neuen Maas.

Der niedrigste Theil dieses Landes sendet jetzt sein Wasser durch die *Dover*sche und die *Alt-Heusden*schen Schleusen. Da die *Dover*schleuse nordwärts der neuen *Maas* zu liegen kommt, so kann sie zur Entwässerung dieses Polders nicht mehr dienen; weshalb eine neue Schleuse bei der *Alt-Heusden*schen angelegt werden mufs.

Die unterwärts liegenden Gegenden dieses Polders leiden jetzt durch Quellwasser, weshalb ich vorschlage, die vorhandene Wassermühle noch um eine Mühle zu vermehren, oder, wenn die vorhandene Mühle in schlechtem Stande sein sollte, eine Dampfmaschine zu bauen, deren Kräfte der zu wältigenden Wassermasse angemessen ist. Die vorhandene Wasserleitung, die alte *Maas* genannt, und andere, müssen so viel als möglich gerade gezogen und zweckmäfsig nach den Schleusen geleitet werden. Der höher liegende Theil des Polders, insofern er durch die Schleuse beim *Elshout* entwässert wird, bedarf keiner Hauptverbesserung und Veränderung.

Der niedriger liegende Theil des Landes von *Altena*, zu welchem *Düssen*, *Meeuwen* und *Drongeln* gehören, scheinen noch mehrerer Entwässerungsmittel zu bedürfen; so dafs in diesem Polder wohl noch eine Entwässerungsmühle wird gebaut werden müssen.

Entwässerung der Maaskante von Beers bis Gertruidenberg.

Dieser grofse und gröfstentheils fruchtbare Landstrich umfafst das Land von *Kuik*, von *Ravenstein* und von *Megen*, das *Maas*land, die Felder um *Herzogenbusch* und *Langstraat*. Es leidet diese Gegend jetzt sehr durch die mangelhaften Mittel der Abführung, sowohl des Regen- als des Quellwassers (worunter auch sehr schädliches Bruchwasser ist), so wie des Fluthwassers. Zur Verbesserung ist bis jetzt blofs der *Baardwyk*sche Überlafs im Jahre 1766 angelegt und in den letzten Jahren verbreitet worden.

Der mangelhafte und traurige Zustand dieses Landes, nach dem Jahre 1816, hat die Aufmerksamkeit der Provinzialstände von Nordbrabant auf sich gezogen, die eine Commission aus ihrer Mitte ernannte, bestehend aus den Herren *de Grancy, de Voogd, Jan H. K. Safsen, Fenema, G. van Beverwyk, J. Linsen, H. J. Kleinfeld, A. J. Bornet, J. L. A. Luyben, J. R. van Ommeren* und *G. W. Panneboeter,* welche Commission am 17. Juli 1818 ihre verdienstlichen Arbeiten den Provinzialständen vorlegte, und deren Aufsatz gelesen zu werden verdient; besonders wegen der Schilderung des höchst traurigen Zustandes der Nordbrabantschen Polder und wegen des kräftigen Beweises, dafs diesen Gegenden allein durch eine allgemeine Entwässerung zu helfen sei.

Die Commission entwarf folgende Plane:

1. Das Wasser des Oberlandes von *Kuik,* so wie es früher war, durch die *Oefelt*schen und *Sambeek*schen Bäche, die zu diesem Zwecke besser eingerichtet werden sollten, in die *Maas* zu leiten.

2. Das Wasser, welches die *Raam* zuführt, so viel als möglich durch die Schleusen von *Grave* und *Velp* abzuleiten; und zwar nicht mehr als nöthig, um das Land um und unterhalb *Grave* von der Überströmung zu befreien.

3. Nicht mehr Wasser, als nöthig, abwärts zu schaffen und von der *Treffel*schen Schleuse noch so viel als möglich Gebrauch zu machen.

4. Einen breiten Abzugsgraben aus dem Aufsengraben der Stadt *Grave* in gerader Linie bis an die *Velp*sche Schleuse, beinahe dem Laufe des *Horsen*schen Grabens folgend, zu ziehen.

5. Diesen Graben bis in den *Wiel* hinter dem *Velp*schen Kloster und von dort bis zum Anfange der *Reek*schen Wasserleitung zu verlängern.

6. Von da, dieser Wasserleitung folgend, sie bis zu einem gewissen Puncte zu verbreiten, welcher auf der dem Berichte beigefügten und beim Ministerio vom Waaterstaat vorhandenen Carte mit † bezeichnet ist.

7. Von diesem Puncte bis an den *Hamspoel* eine neue Wasserleitung zu graben.

8. Vom *Hamspoel* der *Harpen*schen Wasserleitung zu folgen, um dieselbe zu vertiefen und zu verbreiten, bis zu dem Zeichen †.

9. Von diesem Puncte eine neue Wasserleitung nach der ***Megen***schen Leitung, zwischen ***Haren*** und ***Macharen*** zu graben.

10. Von hier bis zum ***Osche-Meer*** dieser Wasserleitung zu folgen und sie zu verbreiten.

11. Vom ***Osche-Meer*** bis an den Wasserlauf nach der ***Treffel***schen Schleuse dem Laufe des ***Heugrabens*** zu folgen.

12. Von dort eine neue Entwässerung durch den niedrigsten Theil des Polders zu graben, bis an den ***Hoef***deich und den Polder des ***van der Eigen.***

13. Von da dem Hoefdeiche zu folgen, bis zur neuen Wasserleitung.

14. Von hier den neuen Canal in gerader Linie durch den Polder des ***van der Eigen*** in den Polder des ***van Empel*** zu ziehen, wo er, hier und dort, der jetzigen Wasserleitung bald folgt, bald sie verläfst, etwa 100 Ruthen unterhalb der ***Orthen***schen Kirche den Deich schneidet und dann dieser Richtung bis an die ***Diese*** folgt.

15. Diesen Flufs von diesem Puncte ab zu verlegen und bis an die ***Hedikhäuser Maas*** zu vertiefen, so dafs er bei niedrigem Wasser für beladene Schiffe fahrbar bleibt.

16. Um die ***Egel***schen, ***Bokhofen***schen und ***Vlymen***schen Polder gegen Sommerwasser zu schützen, eine Sommerkade an die ***Maas*** entlang zu schütten, die am Deiche bei ***Hedikhausen*** anfängt, über die höchsten Lande und quer durch die ***Diese*** geht, und an eins der Bastionen des Forts ***Crevecoeur*** sich anschliefst; auch in die ***Deiche*** eine hinreichend weite Schiffahrtschleuse zu bauen, welche das Eindringen des Sommerwassers von der Entwässerung abhält. Diese Wasserleitung hat ein gutes Gefälle, von etwa 16 Rheinl. Fufsen, auf 8 Stunden Weges (uren gaans) die ***Uur-gaans*** zu 1476 Rheinl. Ruthen gerechnet, also von 1 auf 738; was zur schnellen Abführung des Wassers bedeutend genug ist.

Das ***zweite*** Project bezweckt, die oben beschriebene Entwässerung von dem angewiesenen Puncte im Aufsenpolder von ***Engelen*** nach dem Deiche bei ***Hedikhuizen*** zu führen, diesen Deich zu durchschneiden und dann die Entwässerung in gerader Linie zwischen ***Elshout*** und ***Alt-Heusden*** und zwischen ***Dovern*** und ***Baardwyk*** durch die Höhen von ***Meeuwen*** in die alte ***Maas*** zu leiten. Dieses Project ist aber von der Commission selbst wieder verworfen worden und scheint mir auch nicht so vortheilhaft als

Der ***dritte*** Plan, welchen auch die Commission für den bessern hält. Er besteht darin, aus der ***Diese,*** in welche, wie oben bemerkt, alles Wasser gebracht werden soll, dasselbe durch die *Ley* in die oben benannte *Loon*sche Fahrt bis an den *Kaats*hügel zu leiten, von wo eine neue Fahrt längs *Gravenmoor* in die *Donge* gezogen werden soll, welche bei *Gertruidenberg* in die *Amer* ausmündet. Dieser Plan ist nach meiner Einsicht der beste. Er bringt die Entwässerung der Lande von *Nordbrabant*, mit einem sehr ansehnlichen Gefälle und ganz unabhängig von dem Laufe und dem Stande der *Maas*, in die *Amer* und verschafft ihnen die Benutzung der *Ebbe*. Dem Regen- und Fluthwasser wird dadurch ein zweiter neuer Weg geöffnet. Der Canal wird auf eine bedeutende Länge oberhalb fahrbar und dadurch von grofsem Nutzen für die anliegenden Gegenden.

Zur fernern Verbesserung des innern Wasserstaats der Provinz *Nordbrabant*, insoweit sie an der *Maas* liegt und eine schnelle Ableitung des Fluthwassers nöthig hat, würde ich die Erweiterung des Überlasses von *Beers*, welche von der Commission vorgeschlagen worden ist, ausführen. Wenn noch der Verbreitung des *Baardwyk*schen Überlasses, so wie sie die Commission S. 314 u. s. w. ihres Berichts verlangt, ausgeführt wird, so braucht daselbst nichts weiter zu geschehen.

Der östliche Leitdeich, an der Seite von *Drünen*, ist schon verlegt, und die obere Einmündung ist erweitert und dem Überlafs seine gehörige Breite gegeben worden: dem Sturzbette 271 und dem Wege 245 Ruthen. Der Boden ist gleich gemacht und die Gebäude, worunter eine Kornmühle, sind versetzt worden. Das Wasser-Ableitungsvermögen ist dadurch im Verhältnisse von 3 zu 5, bei einem Wasserstande auf dem *Herzogenbuschschen* Felde von 3,66 F. über der Krone des Überlasses, so wie es im November 1824 Statt hatte, verstärkt worden. Es betrug, zufolge des Coëfficienten aus den *Katwyk*schen Versuchen, früher 45 218 C. F.: jetzt beträgt es 75 365 C. F. in der Secunde. Die Deiche an den *Langstraat*schen Feldern sind so viel es nöthig bis an den Auslauf der kleinen *Maas* in den *Amer* verstärkt worden. Auf dem Sturzbette des Überlasses, welches aus Reisholz besteht, hat sich im Februar 1830 eine Menge Treibzeug und Wasserpflanzen festgesetzt, was die freie Wirkung des Überlasses beschränkt, weshalb es mir scheint, dafs bei einer Erneuerung das Sturzbett dadurch verbessert werden könnte, dafs man die Böschung, statt mit Reisholz, dessen Oberfläche blofs liegt, in ihrer ganzen Breite mit Steinschutt und Felchtzäunen befestigte; auf die Weise, wie es schon mit der obern Seite des Sturzbettes geschehen ist.

Wenn zwischen *Bokhofen* und *Crevecoeur* ein Kaideich (Sommerdeich) gegen das Sommerwasser und die Abschliefsung der ***Diese*** nöthig gefunden werden sollte, so mufs in diesem Deiche ein Überlafs bleiben, der im Sommer geschlossen und im Winter abgegraben wird, um den Seiten-Abzug des Fluthwassers nach der ***Maas***, der durch die 5 F. Senkung dieses Stromes viel gröfser wird, offen zu halten.

Ich habe schon oben bemerkt, dafs ich, in Übereinstimmung mit der Commission S. 309 ihres Berichts, einen Überlafs zu ***Hedikhausen*** widerrathen mufs; um so mehr, da ich glaube, dafs durch die vorgeschlagenen Ableitungen die ***Maas***kante zeitig und viel geschwinder als jetzt vom Wasser befreit werden wird.

Die Entwässerungen in die Lymers

sind zwar besser als in vielen andern Poldern, aber, wie es die Erfahrung, besonders 1816 und 1829 zeigte, unzureichend und der Verbesserung bedürftig. Es scheint mir, dafs, aufser den Verbesserungen von geringerem Umfange, wie sie in den meisten Poldern nöthig sind, das Wasser der *Lymers*, welches jetzt durch die ***Lathum***sche Schleuse abgeführt wird, nicht frei über dieses Land hinströmen, sondern zwischen Leitdämmen gehalten werden müsse.

Etwas, was eine nähere Untersuchung verdient, was ich aber nicht bestimmt vorschlagen kann, da ich nicht örtlich genau genug damit bekannt bin, ist die Verlängerung der Wasserleitungen in die ***Lymers*** durch den ***Baarbroek***schen Polder, und zwar aus der ***Angerlo***schen Wasserleitung am ***Kampsteder*** Eichholze entlang, gerade auf das ***Broekhäuser*** Wasser zu; welches dann wiederum vermittels einer Hülfschleuse in den ***Drempter*** Deich unterhalb ***Doesburg*** in die ***Yssel*** geführt werden könnte. Wenn im Polder der ***Lymers*** der gegenwärtige Überlafs beibehalten wird, so hat dieser Landstrich, eben wie die andern Polder, Anspruch auf eine Verbesserung seiner Entwässerungen; zur Vergütung für die Überströmung. Obgleich die Krone des Überlasses in die ***Lymers*** zu hoch liegt, um bedeutend zu wirken, und also die ***Lymers*** dadurch selten unter Wasser gesetzt wird, so dafs die Anlage nur eine halbe Maafsregel zu nennen ist, habe ich doch diesen Überlafs immer als eine Ungerechtigkeit hinsichtlich der Überströmung betrachtet, welcher die ***Lymers*** dadurch unterworfen wird, da der Schade auf keine Weise vergütet wird und so wenig für die Erhöhung der zu niedrigen Wohnungen, als für den bessern Abflufs des Fluthwassers gesorgt ist.

Die Entwässerung des Polders der Velüwe, zwischen der Yssel, dem Rhein und dem Südersee,

welcher Polder mir seiner Lage nach zur Einlassung von Stromwasser besonders geeignet zu sein scheint, ist ebenfalls ansehnlicher Verbesserungen bedürftig. Der Zustand desselben hat seit 1816 und 1829 vielfältige Klagen erregt.

Dieser Polder sendet sein Regen- und Quellwasser oberhalb ***Hattem*** in die ***Yssel***, durch die neue Wasserleitung oder ***Evergrünning***, und durch die grofse Entwässerung und den Leitgraben oder die ***Wold***sche Wasserleitung; welche Leitungen mittels einer Auswässerungschleuse jede ihr Wasser durch den ***Yssel***deich auf die Binnenlande bringen, sich dort, in nicht sehr grofser Entfernung, unter dem Namen des ***Strangs*** mit dem Canal von ***Appeldoorn*** nach ***Hattem***, der die ***Grift*** heifst, vereinigen und das Wasser in die ***Yssel*** ausströmen. Diese Entwässerung befindet sich in einem mangelhaften Zustande, und seit den Überströmungsjahren 1816 und 1829 sind in diesem Polder laute Klagen darüber entstanden.

Zur Verbesserung würden folgende Mittel dienen:

1. Die Vertiefung der Wasserleitungen, wo es nöthig ist; nebst Wiederherstellung und Instandsetzung der Leit- und Staudämme, so dafs sie gegen den Überlauf des Wassers gesichert werden.

2. Einige Lande, die unrichtiger Weise ihr Wasser in die Wasserleitung senden, müssen es nach der ***Wold***schen Schleuse entladen.

3. Die Leitgraben oder Zugschlöte, mittels welcher die niedrig liegenden Dörfer in die Leitungen entwässert werden, müssen durch kleine Schüttschleusen abgeschlossen werden, um das Einströmen des Wassers aus den Wasserleitungen, und ferner in die Polder, zu verhindern. Die Kaden oder Seitendämme, welche damit in Verbindung stehen, müssen einigermaafsen über den Wasserstand erhöht werden.

4. Die ***Wold***sche Wasserleitung mufs aufserhalb des Deichs durch einen Kehrdamm von der grofsen Wasserleitung geschieden werden, und die Ausmündung dieser Leitung ist zu verlängern, bis unterhalb eines daselbst befindlichen Kolkes.

5. Die Wasserwehr oder der Damm, welcher früherhin auf dem Aufsenwerder vorhanden war, bei dem sogenannten ***Ferken***deiche unterhalb ***Marle*** anfängt und sich auf dem ***Hoenwaard*** bei ***Hattem*** verliert, mufs wieder hergestellt werden. Man kann sich auf die Höhe des Sommerwasser und auf die

Ausfüllung einiger niedrigen Strecken beschränken. Dieser Damm würde die *Yssel* bei hohem Frühlingswasser, wenn es über die Aufsenwerder dicht vor den Auswässerungschleusen her fliefst, hindern, das aus dem Polder der *Velüwe* ausströmende Wasser aufzustauen.

6. Für den niedrigen Theil des Polders würde zur Beförderung der Entwässerung, wenn der Wasserstand der *Yssel* sie beschränkt, eine Wassermühle erbaut werden müssen.

Wenn die Überströmung dieses Polders über abzugrabende Deichstrecken beschlossen werden sollte, so würden zur Ableitung des Fluthwassers noch zwei Hülfschleusen nöthig sein, die an passenden Stellen in der Nähe der vorhandenen Entwässerungschleusen zu bauen wären; und aufserdem ein Überlafs an einer geeigneten Stelle, der während des Sommers einen Kehrdamm, oder Kehrkade zur Abhaltung des Sommerwassers vom Polder erhalten müfste.

Viertes Mittel.

Sicherung der Gebäude der Einwohner in den Landstrichen, welche überströmt werden.

Dieses Mittel wird schon bei den stets zunehmenden Gefahren, denen unsere Polder jetzt bei dem angenommenen System der Wasserwehr ausgesetzt sind, in den niedrigen Districten immer dringender nöthig, und man ist auch auf mehr als eine Weise, vorzüglich im *Tieler* Waard, auf dasselbe bedacht gewesen, um Menschen und Vieh gegen den Untergang in den Fluthen zu sichern.

Ich verkenne es nicht, dafs, auch bei verbesserter Abführung des Fluth- und Regenwassers und obgleich dann das Wasser nicht mehr die Höhe wie jetzt bei Deichbrüchen erreichen kann, noch eine solche Sicherung nöthig ist.

Die Hügel (terpen) scheinen mir nicht überall hinreichend. Sie schützen nicht die Wohnungen gegen Schaden, und bringen die Einwohner ganz aus dem Kreise ihrer Geschäfte; jede Versetzung aber ist dem Landmann und Viehhalter schädlich. Indessen können nach den örtlichen Umständen andere Mittel zu kostbar werden. Mufs man seine Zuflucht zu ihnen nehmen, so müssen Lootsen vorhanden sein.

Der Herr Graf *van Bylandt van Marienwaard* hat mit Königlicher Genehmigung eine solche Anstalt ausführen lassen, welche zum Vorbilde dienen kann.

Dieses und Anderes hat mich bewogen, dem Könige einen Entwurf zur Bedeichung an einander hängender Dörfer vorzulegen, welcher Entwurf beim Ministerio vom Wasserstaat vorhanden sein mufs und auf welchen ich mich also hier beziehen zu können glaube. An den Orten, wo die Bedeichung ausführbar ist, scheint mir dieses Mittel das bessere zu sein.

Von der Commission sind S. 249 ihres Berichts im *Tieler* Waard die Dörfer ***Acquooi, Rhenoy, Beest, Maarienwaard, Tricht, Asch, Gellicum, Rumpt, Enspyk, Deil, Est*** und ***Meteren*** genannt, welche nach ihrer Meinung ***Flucht-Hügel*** bekommen müssen; allein ich finde darunter nicht die Dörfer ***Vuren*** und ***Dalem***, welche gerade am meisten blosgestellt sind.

Im Lande zwischen der ***Maas*** und ***Waal*** haben vorzüglich die Dörfer ***Horssen, Altforst, Maasbommel, Dreumel, Wamel*** und ***Leeuwen*** in dem ***Bommeler*** Waard, ***Hedel, Amerzoden, Well, Nederhemert, Aalst, Pederoyen, Brakel, Kerkwyk*** und ***Bruchem*** Vorsichtsmittel nöthig.

Höher liegende Dörfer, besonders diejenigen, welchen Überlässe nahe kommen, müssen Schirm- oder Kehrdämme erhalten, damit das Wasser sie nicht von unten her überschwemmen könne. Viele Häuser und Scheunen sind nach Deichbrüchen schon auf Anhöhen erbaut worden; bei andern geschieht es fortwährend, und sollte noch weiter geschehen. Noch andere, besonders viele Arbeiterwohnungen, die an niedrigen Stellen stehen, müssen abgebrochen und auf die stehenbleibenden Deichstrecken versetzt werden.

Eine genaue Angabe dieser Anlagen, die viel Zeit und Überlegung erfordert, obgleich weniger Schwierigkeit hat, als man glauben sollte, ist erst dann nöthig, wenn man zur *Ausführung* der vorgeschlagenen Werke schreiten will. In der unten folgenden ungefähren Kostenberechnung ist aber dieser Theil der Werke nicht übersehen worden. (Die Kosten betragen etwa 866 888 Thlr.)

(Die Fortsetzung folgt.)

Inhaltsverzeichnis des vierten Hefts vier und zwanzigsten Bandes.

Berlin, gedruckt bei G. Reimer.

11.

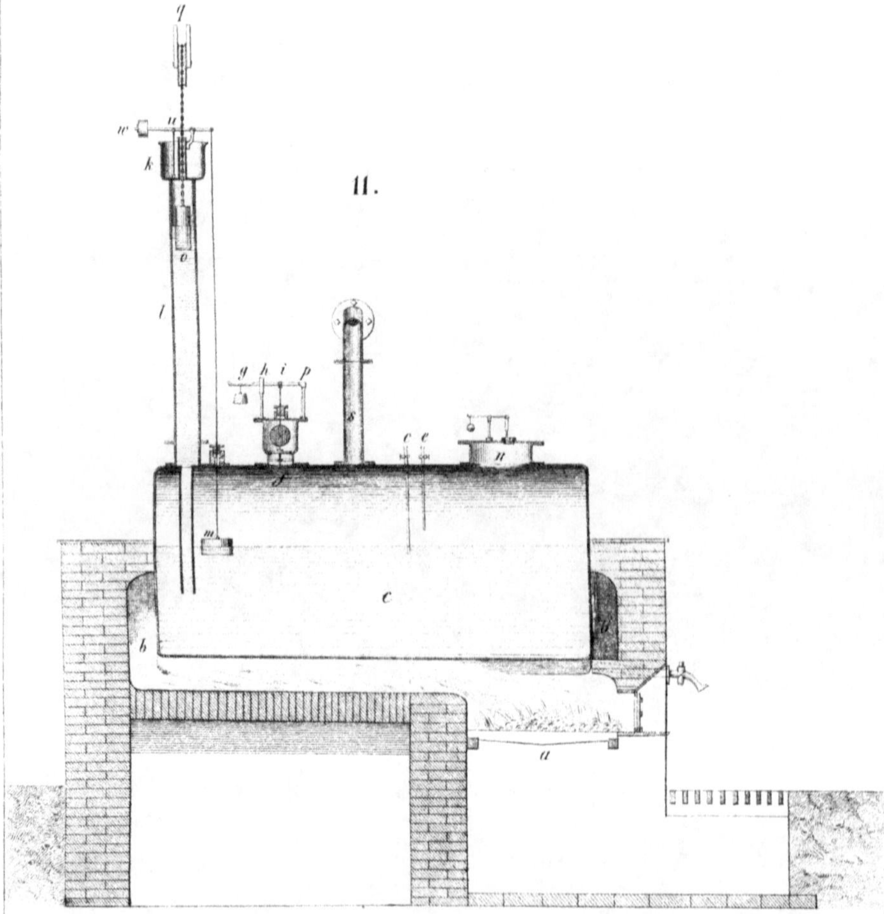

12.

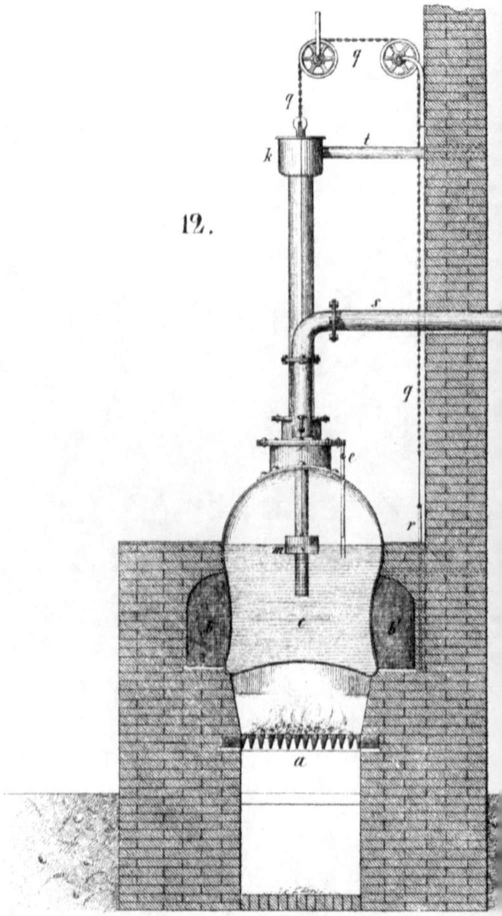

13.

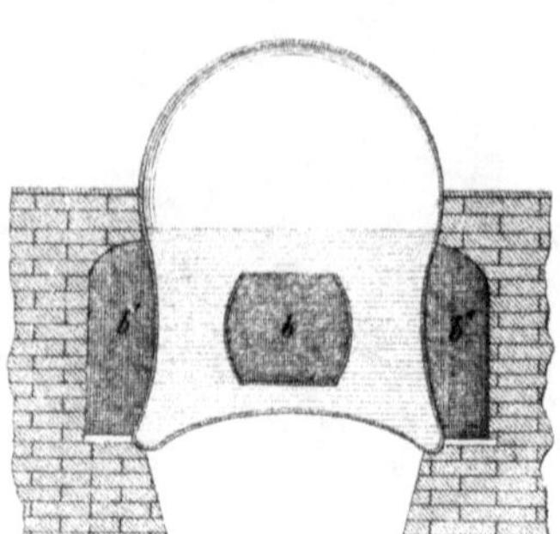

14.

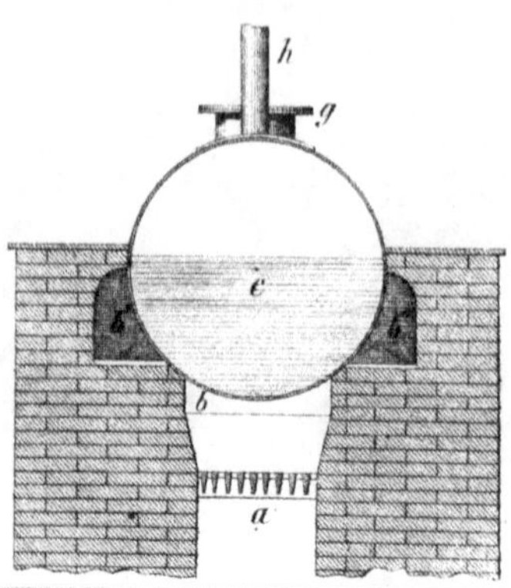

15.

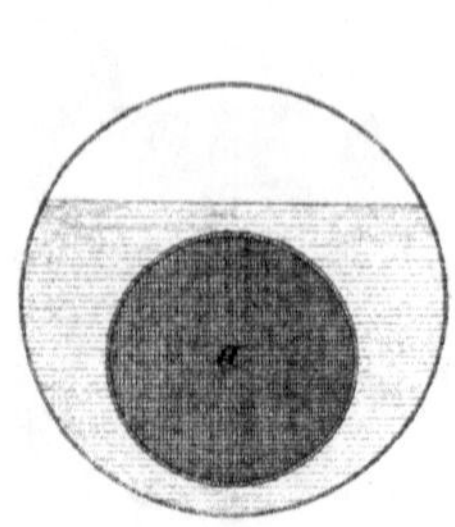

16.

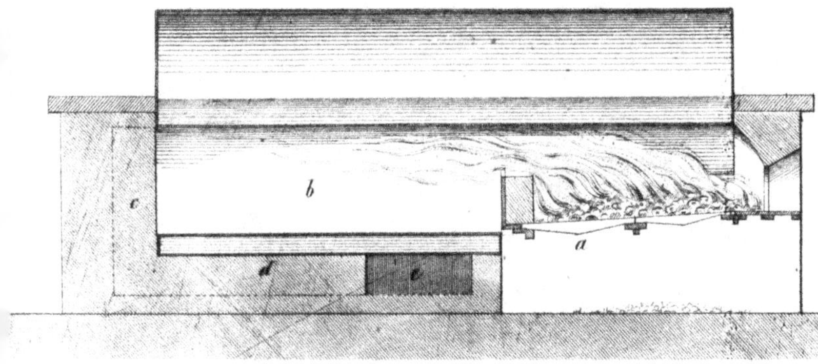

17.

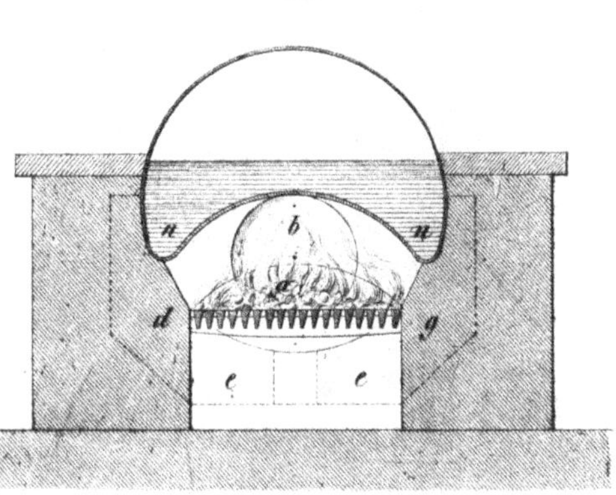

18.

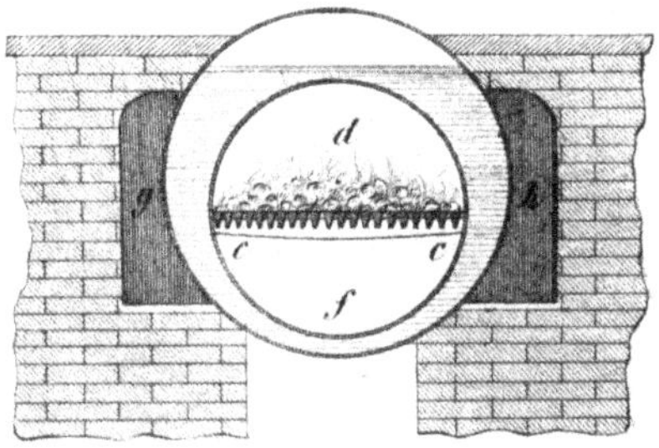

19.

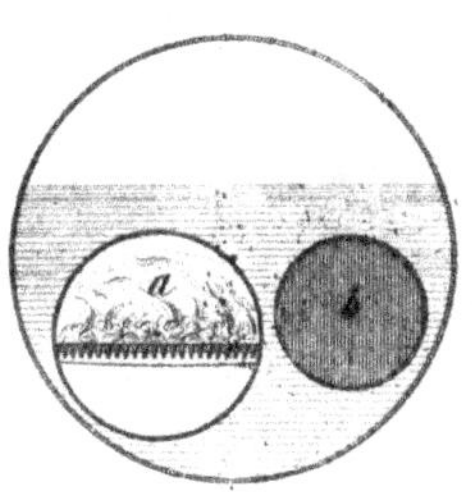

20.

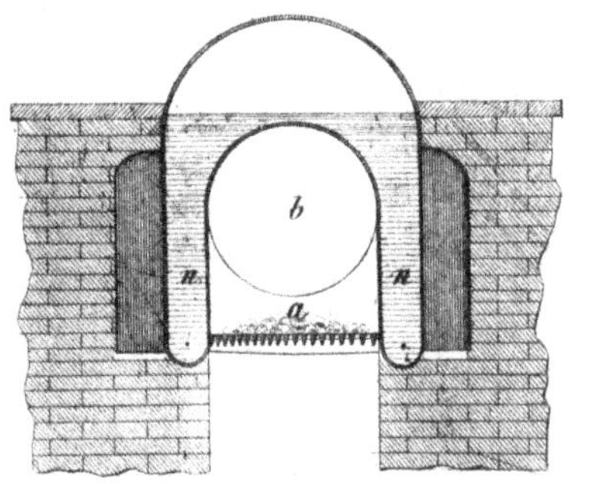

21.

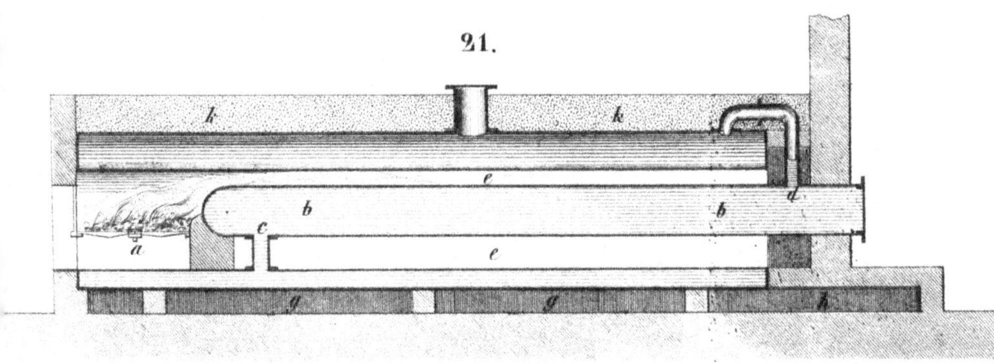

22.

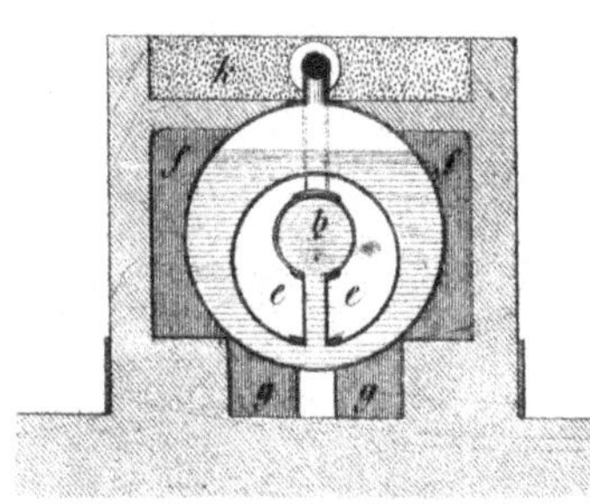

23.

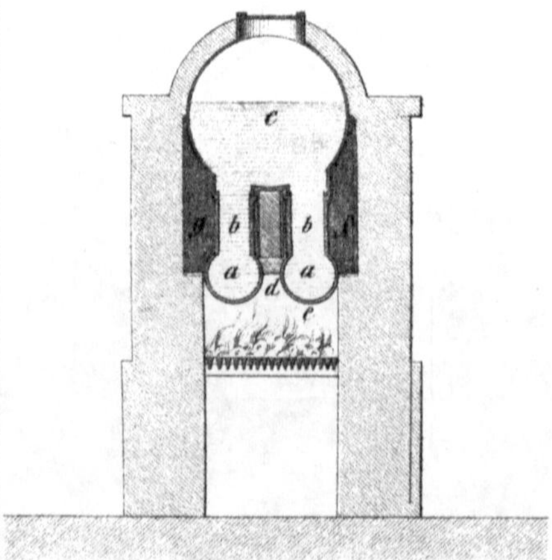

24.

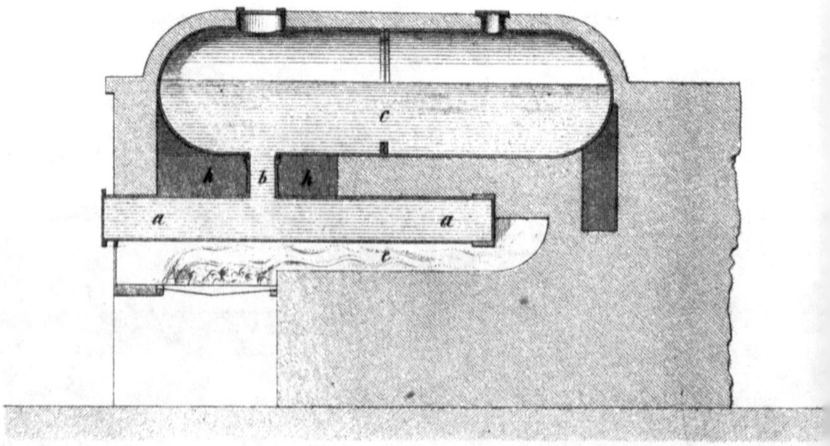

25.

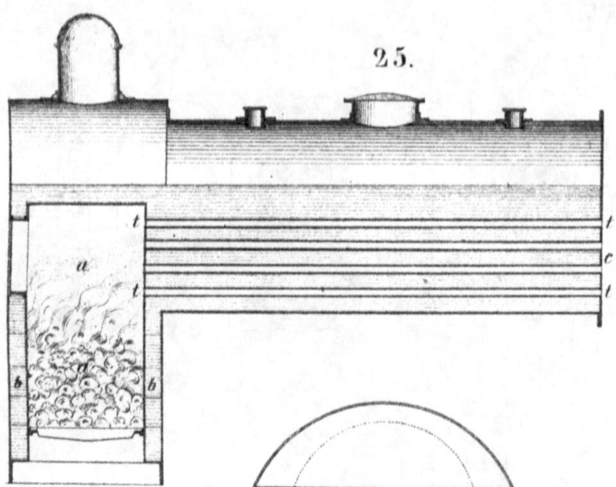

27.

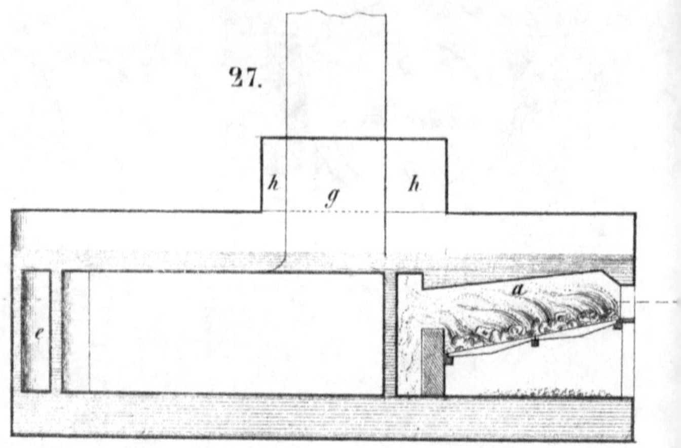

26.

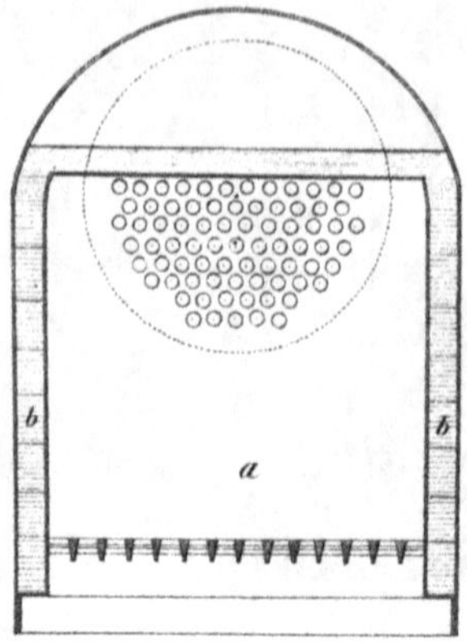

28.

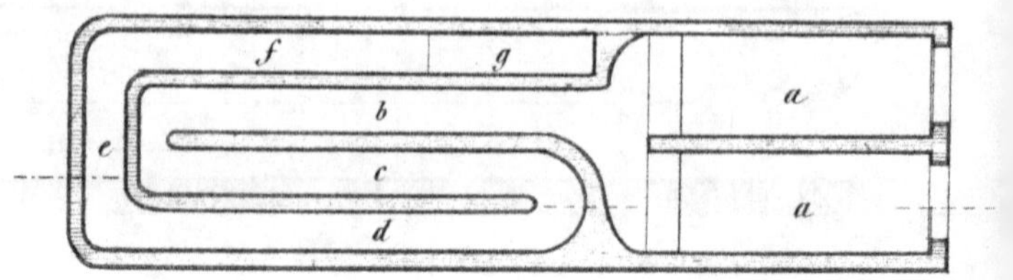

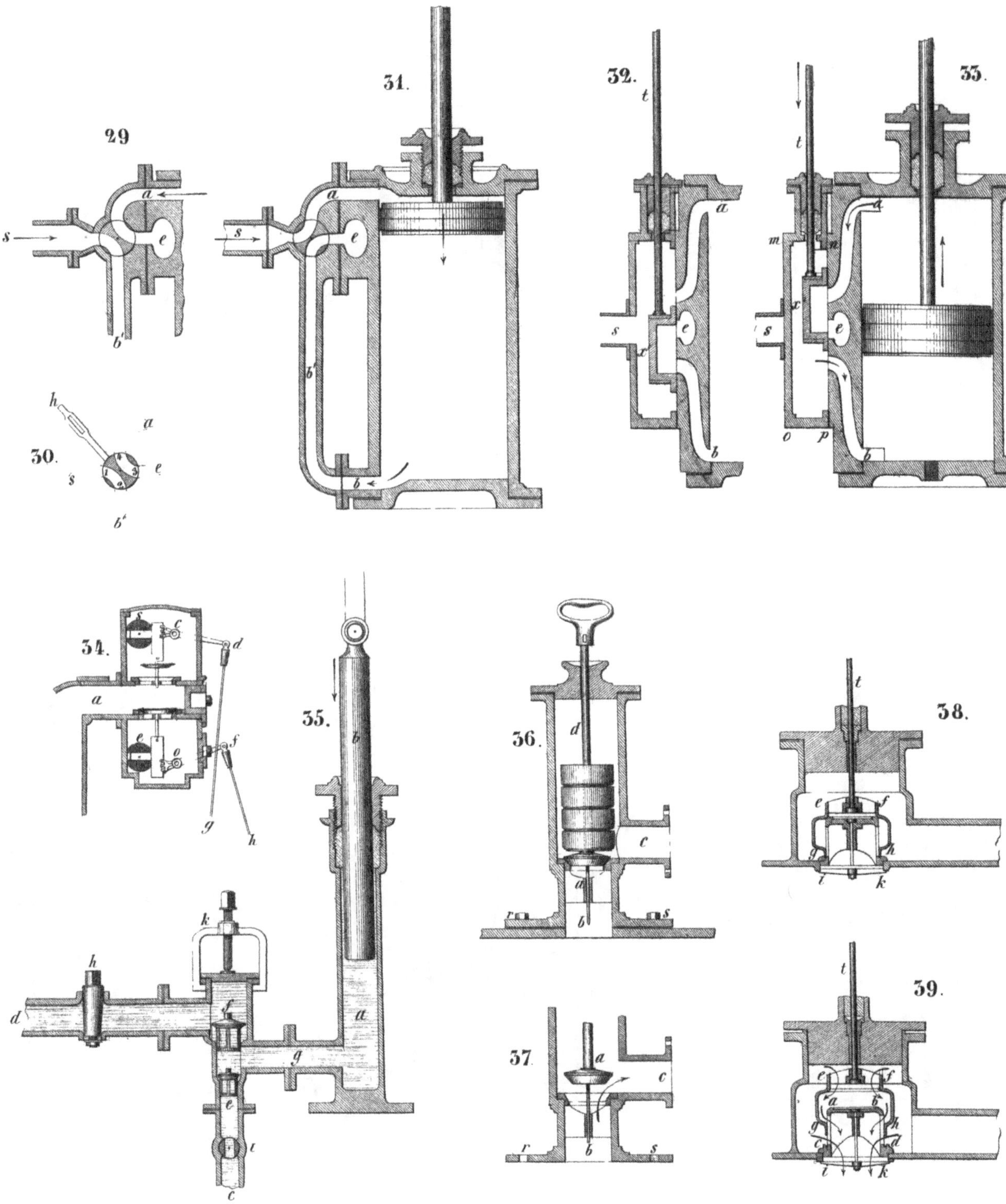
29
30.
31.
32.
33.
34.
35.
36.
37.
38.
39.

40.

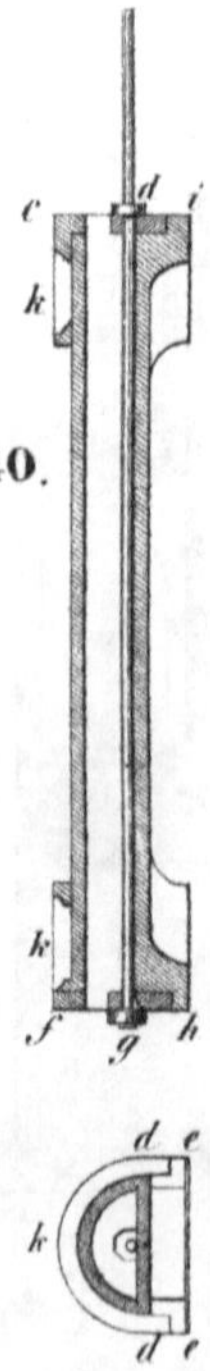

41.

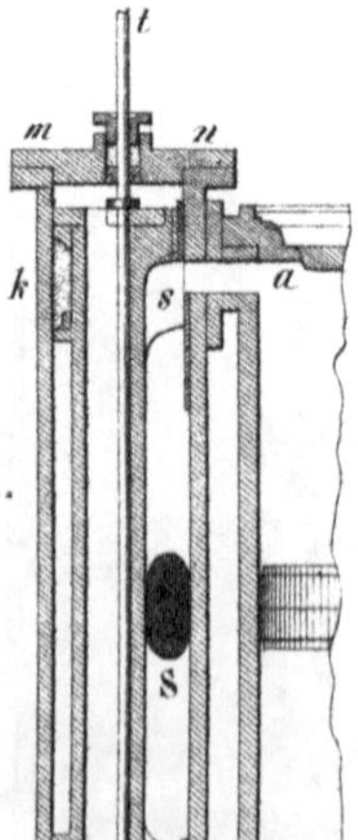

42.

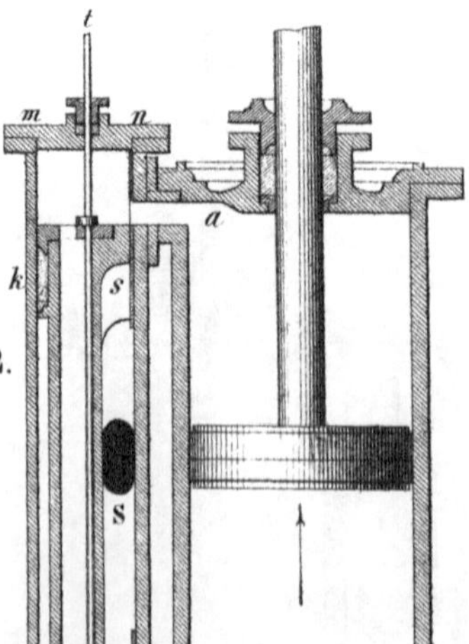

43.

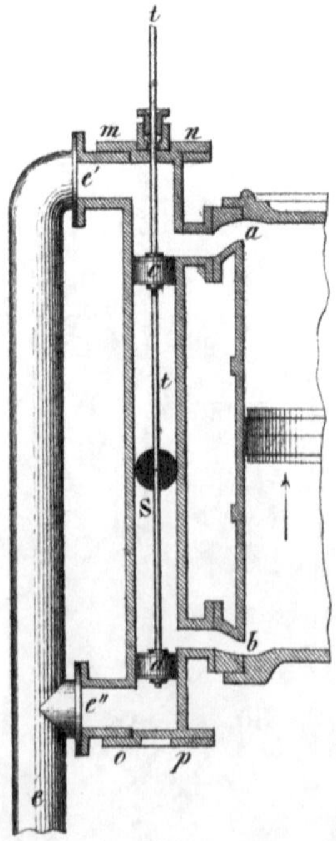

44.

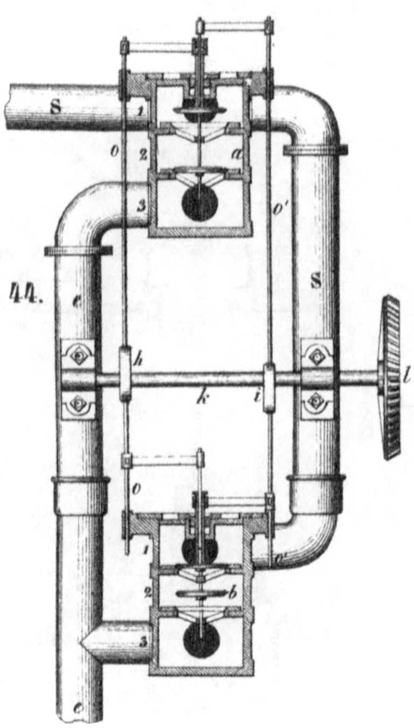

45.

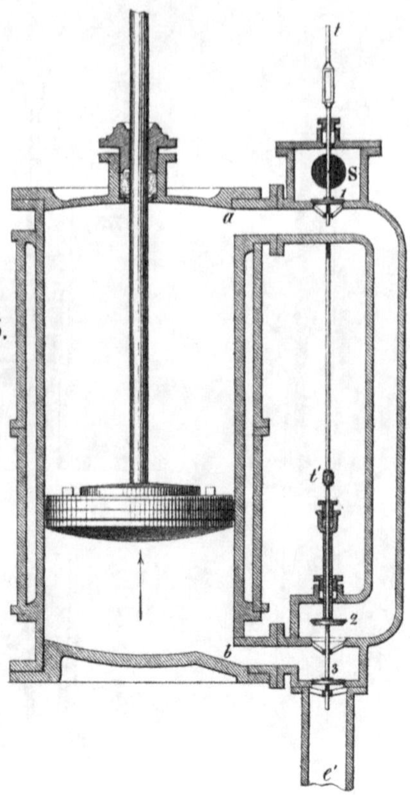

46.

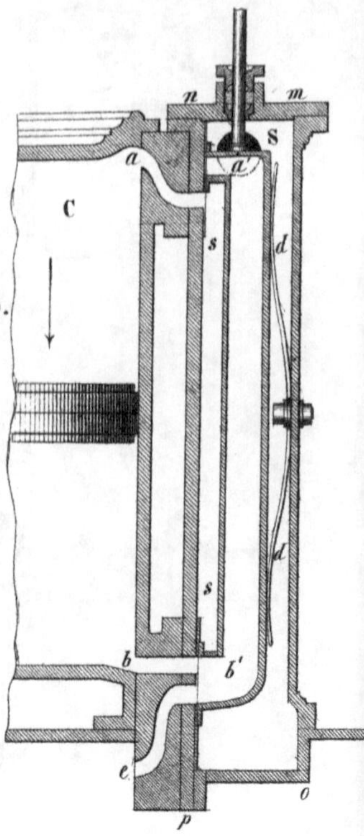

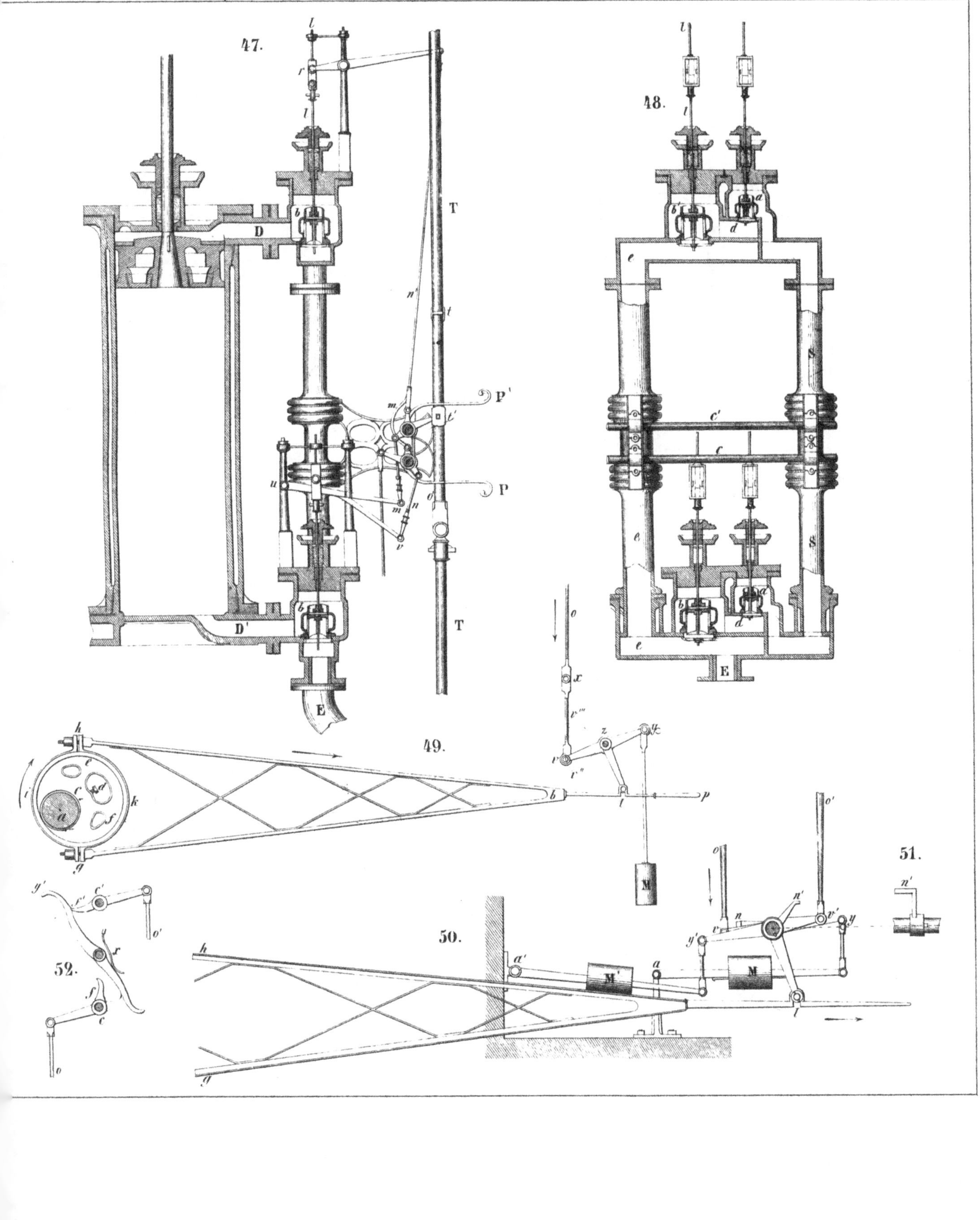
47.
48.
49.
50.
51.
52.

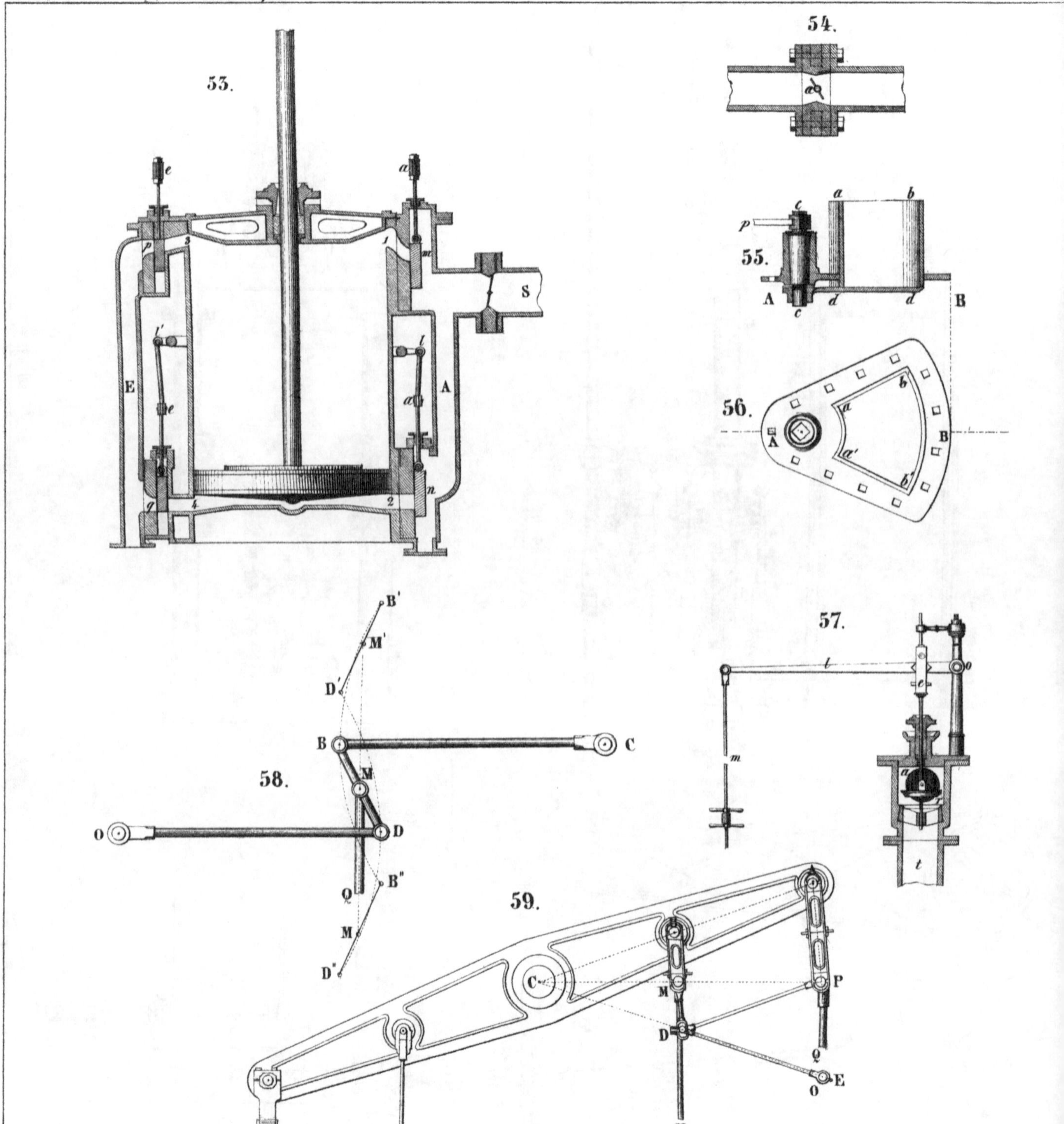
53.
54.
55.
56.
57.
58.
59.

60.

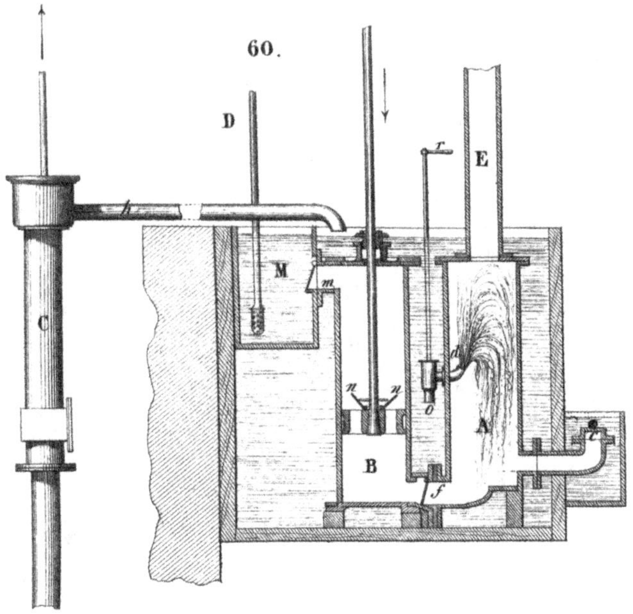

61.

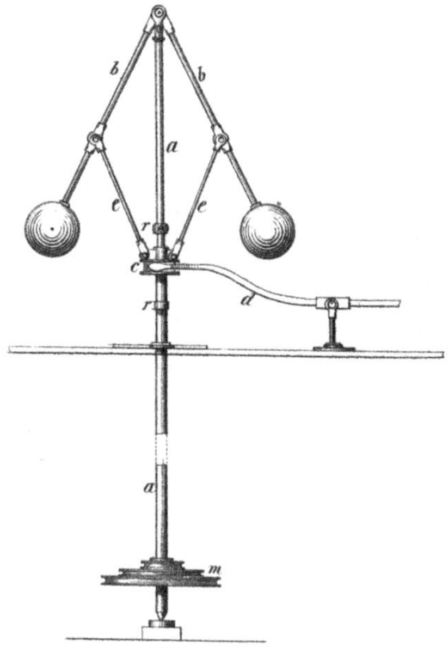

62.

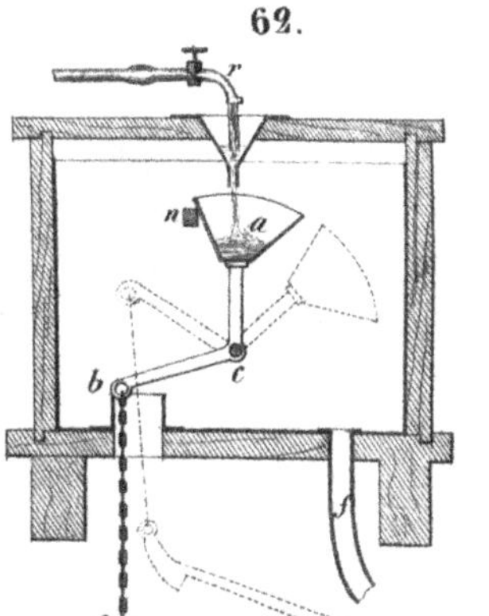

63.

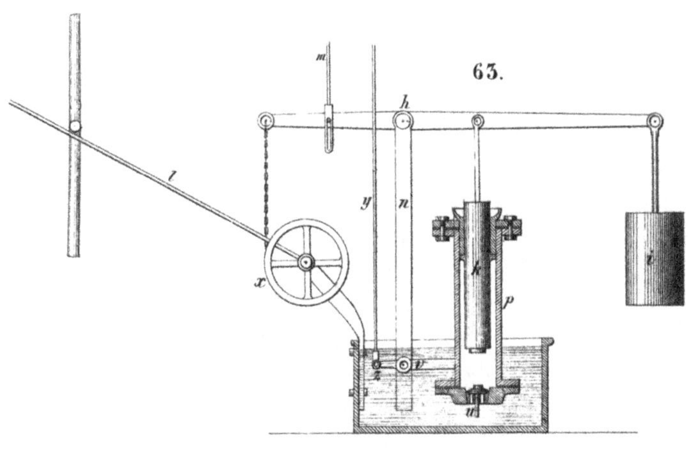

64.

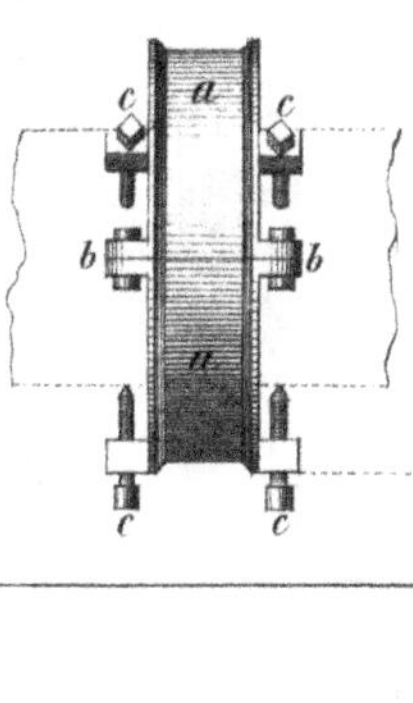

65.

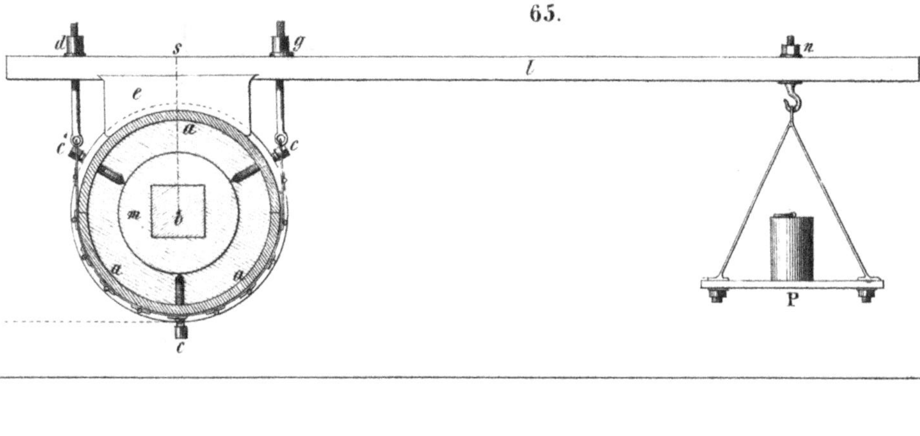

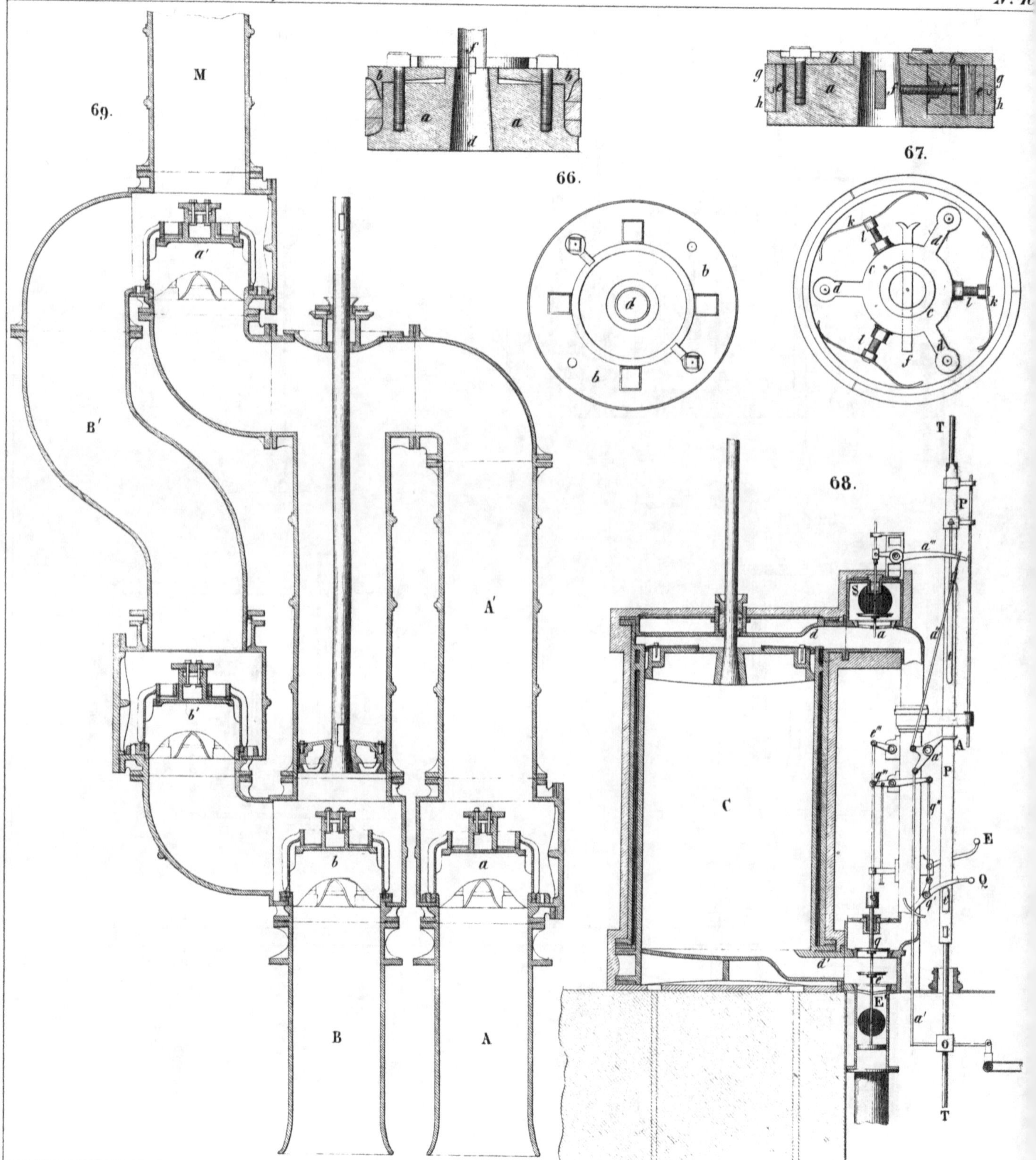
66.
67.
68.
69.
M
B'
A'
B
A
C

70.

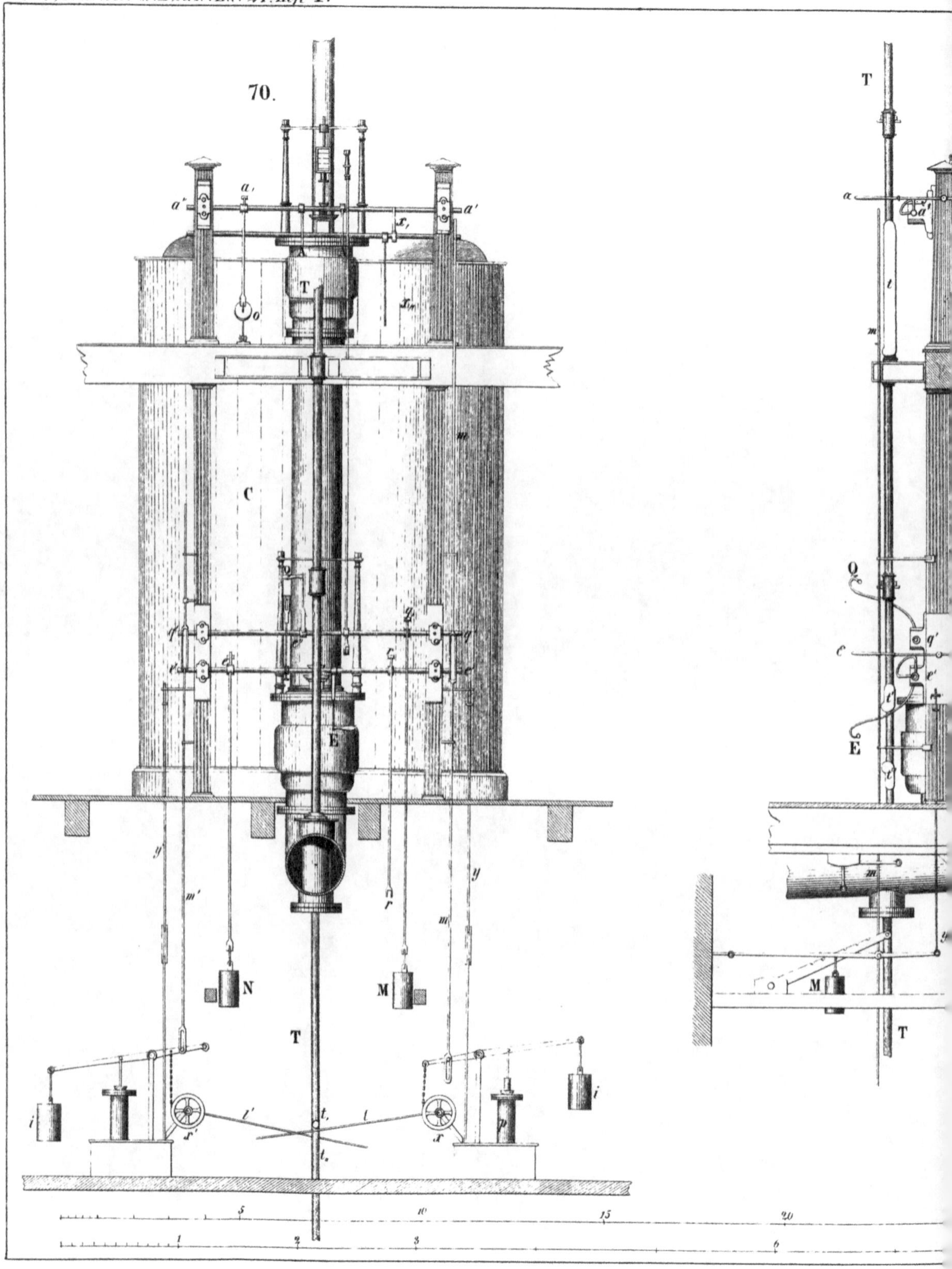

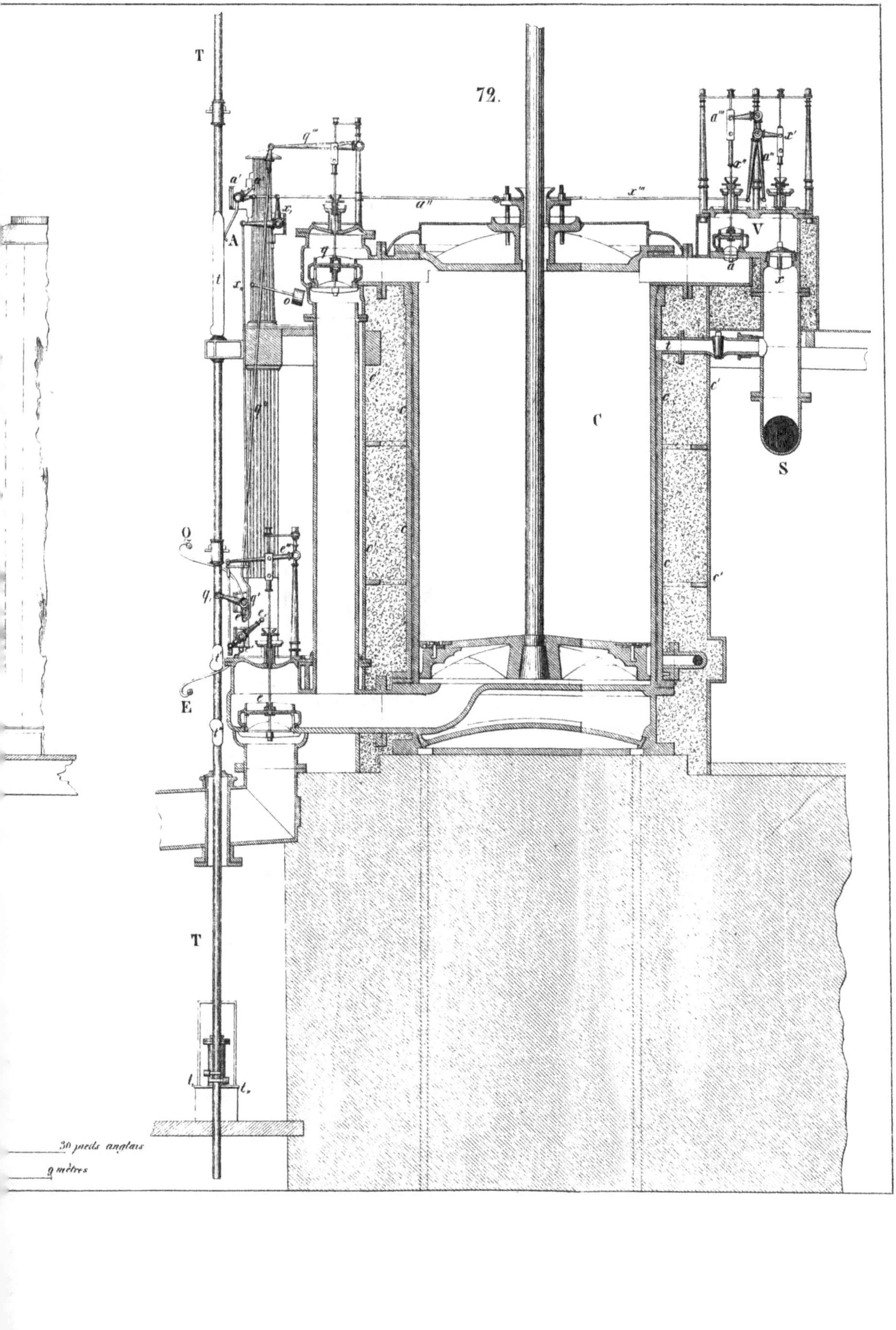
72.
T
A
C
V
S
Q
E
30 pieds anglais
9 mètres

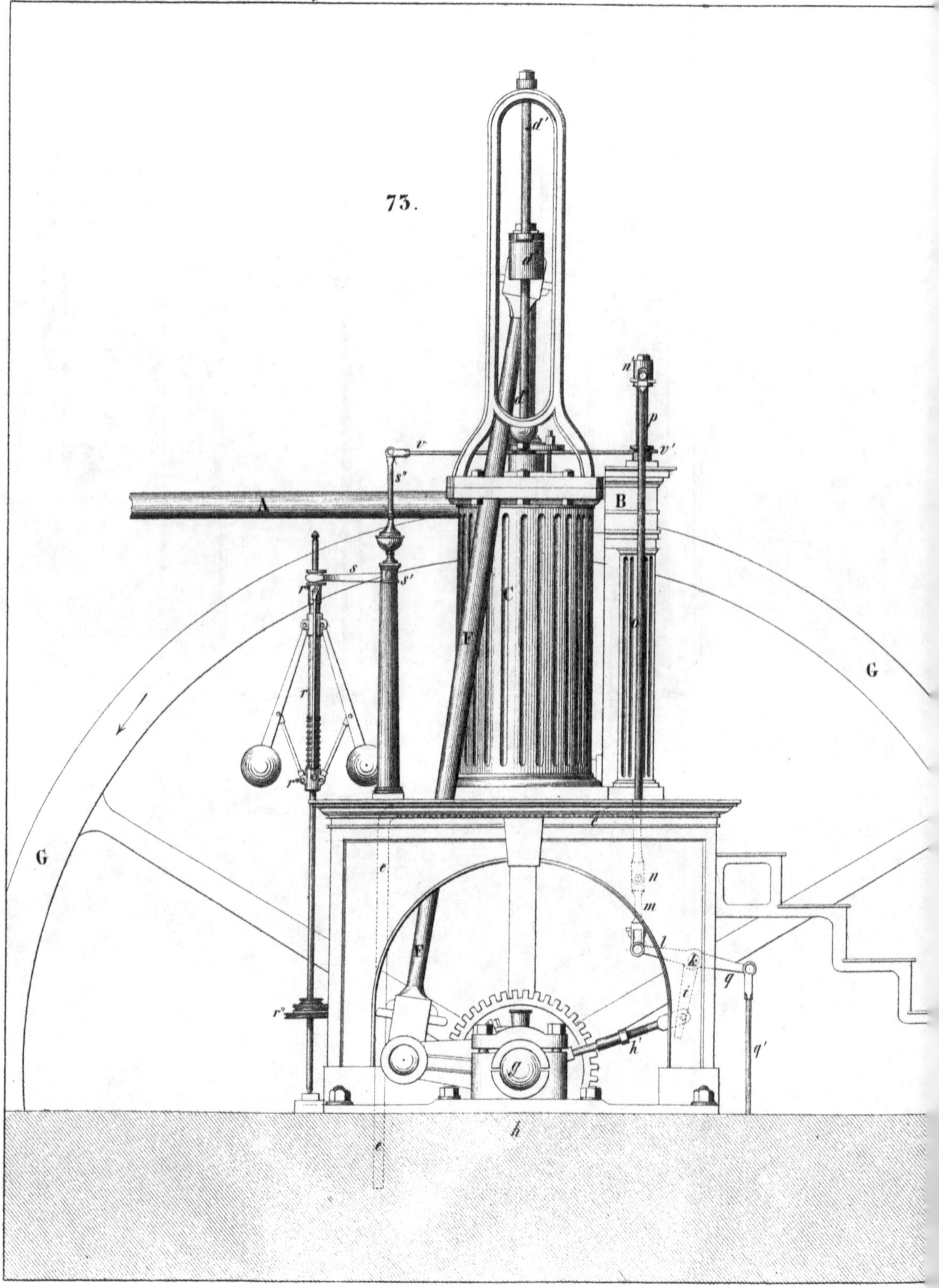
73.
d'
d'
d'
v
v'
s''
A
B
s
s'
r
C
F
o
G
r
r'
G
e
n
m
l
k
q
F
i
r''
h'
g
q'
h
e

74.

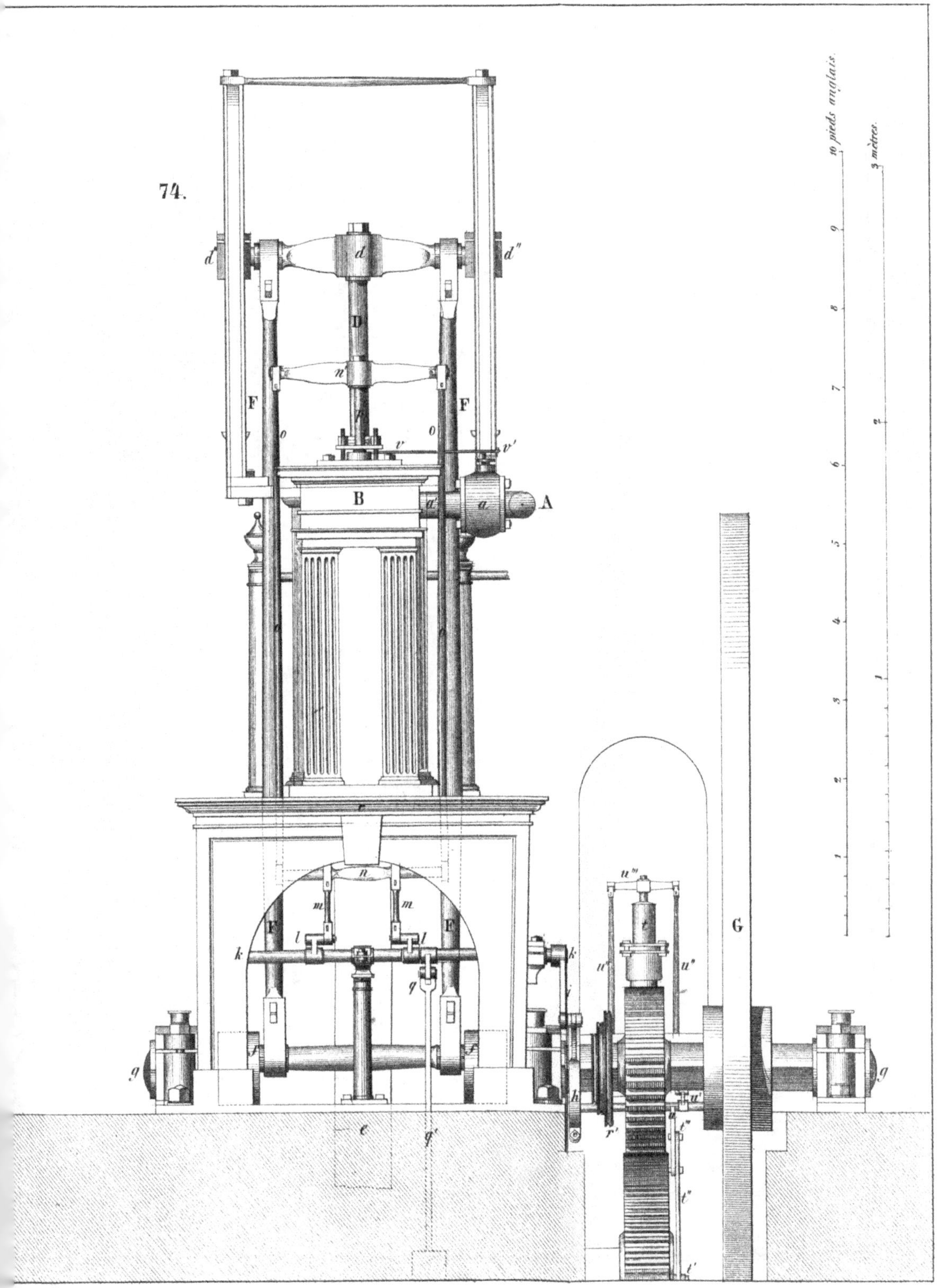
d'
d
d''
D
n
F
F
o
o
v
v'
B
a'
a
A
G
10 pieds anglais
3 mètres
n
m
m
l
l
k
k
F
F
q
u'''
u'
u''
g
g
f
f
h
e
q'
r'
t''
t'

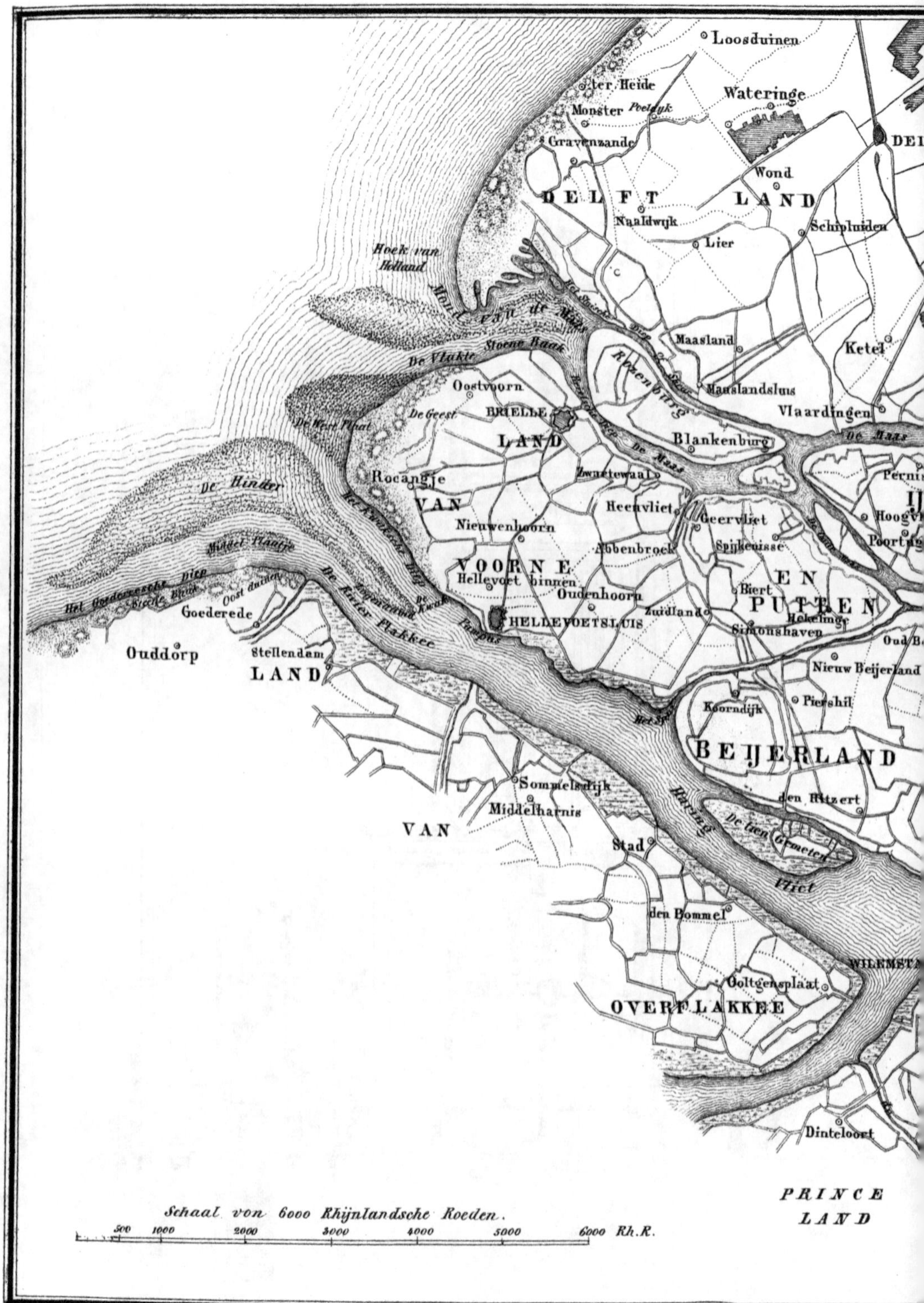
Loosduinen
ter Heide
Monster
Wateringe
Gravenzande
DELFT LAND
Wond
Naaldwyk
Lier
Schipluiden
Hoek van Holland
Maasland
Ketel
Oostvoorn
Maaslandsluis
Vlaardingen
De Geest
BRIELLE
LAND
Blankenburg
De Maas
Zwartewaal
Rocangje
VAN
Heenvliet
Geervliet
Nieuwenhoorn
Abbenbroek
Spijkenisse
VOORNE
EN
Hellevoet binnen
Biert
Oudenhoorn
PUTTEN
Zuidland
HELLEVOETSLUIS
Heekelinge
Simonshaven
Goederede
Ouddorp
Stellendam
LAND
Nieuw Beijerland
Koorndijk
Piershil
BEIJERLAND
Sommelsdijk
den Hitzert
Middelharnis
VAN
Stad
Haring
Vliet
den Bommel
WILLEMSTAD
Ooltgensplaat
OVERFLAKKEE
Dinteloort
PRINCE LAND
Schaal von 6000 Rhijnlandsche Roeden.
500
1000
2000
3000
4000
5000
6000 Rh. R.

Zoetermeer en Zegwaart
Moerkapel
Waddinxveen
Sluipwijk
Papekop
MONTFOORT
Heeswyk
Blokland
Snelderwaard
Willeschop
IJSSELSTEIN
Goejanverwelle
Haastrecht
OUDEWATER
Benschop
Zevenhuizen
GOUDA
Hoenkop
Bergschenhoek
KRIMPENER
WAARD
Lopik
Kapel
Moordrecht
Gouderak
Stolwijk
Polsbroek
Jaarsveld
Nieuwerkerk
Thienhoven
Ameijden
Berkenwoude
SCHOONHOVEN
Kralingen
Ouderkerk
Berg Ambacht
Langerak
Ammerstol
NIEUWPOORT
Kapelle
Meerkerk
ROTTERDAM
Groot Ammers
Goudriaan
Nieuwland
Krimpen
Lekkerkerk
Streefkerk
Brandwijk
Ottoland
IJsselmonde
Nieuw Lekkerland
ALBLASSER
Hoornaar
Oosterwijk
Bleskeis Graaf
Molenaars Graaf
Ridderkerk
Hoog Blokland
Kedichem
Alblasserdam
Rijsoort
Oud Alblas
Wijngaarden
WAARD
Arkel
Spijk
Hendrik Ida Ambacht
Heer Jansdam
Giesen Oudekerk
Giesen Nieuwkerk
Schelhuynes
Papendrecht
GORINCHEM
Dalem
Rijsoord
Sliedrecht
Giessendam
Hardinxveld
De Merwede
Heer Oudelands Ambacht
Lind
Sleeuwijk
Werkendam
Puttershoek
DORDRECHT
Dubbeldam
Werk
WOUDRICHEM
Loevestein
Munniken Land
Rijswijk
LAND
Maasdam
S'Gravendeel
LAND
Giessen
Uitwijk
Neer Andel
Op Andel
Poederoijen
Almkerk
Waardhuizen
Cillershoek
VAN
VAN ALTEN
Strijen
Babilonienbroek
STRIJEN
Eten
Genderen
Hill
Dussen
Meeuwen
HEUSD
Heesbe
Bakkers Kil
Steene Gat
Noorder Gat
De Amer
Oude Maas
Deongelen
Lage Zwaluwe
Moerdijk
Diep
GEERTRUIDENBERG
Raamsdonk
Grevel
duin
Waalwijk
Waspik
Besoijen
Hooge Zwaluwe
Made
Sprang
Zevenbergsche Hoek
Stuwenzand
's Gravenmoer
Terheide
Zevenbergen
OOSTERHOUT
F.t de Warande
Dongen
Loon op Zand
Teteringen
Standdaar buiten
Beek
Heuzelhout
BREDA
Prinsenhage

Odijk
Jupthaas
Houten
Werkhoven
Starkenburg
Doorn
Hardenbroek
Neer Langbroek
Zandenburg
Leersum
Amerongen
Elst
Veenendaal of 't Rhenensche Veen
't Waal
Het Gein
Kothen
Overlangbroek
VIANEN
Hagestein
Schalkwijk
Honswijk
Rhenenmerden
Eck
WIJK BIJ DUURSTEDE
Maurick
Ingen
RHENEN
Everdingen
Beuzichem
Rijswijk
Lienden
Ommeren
De Grebbe
KULENBURG
Zijderveld
Raveswaaij
Zoelmond
NEDER BETUWE
Kesteren
Op Heusden
Asch
Schoonrewoerd
BUUREN
Echteld
Ochten
Erichem
Zoelen
IJsendoorn
Dodewaard
Drumpt
THIEL
LEERDAM
Ackoij
Buurmalsen
Geldermalsen
Kapel Avezaat
Deijl
Enspijk
Rumpt
Gellicum
Whamel
Leeuwen
Afferden
Druten
TUSSCHEN MAAS EN WHAAL
Meteren
Wadenoijen
Drummel
Est
Ophemert
Horssen
Altforst
Appeltern
WAARD
Neerijnen
Opijnen
Waardenburg
Tuil
Varik
Heesselt
Herwijnen
Haaften
Alphen
Batenburg
Den Whaal
De Maas
BOMMEL
Hurwenen
Rossum
Lith
Macharen
Dennenburg
MEGEN
Dieden
Demen
Zuilichem
Nieuwaal
Gameren
St. Andries
Teffelen
Deursen
RAVESTEIN
BOMMELER WAARD
Bruchem
Maaren
Alem
Huisseling
Ooverlangel
Aalst
Kerkwijk
Driel
MAASLAND
Osch
Herpen
Wijk
Hemert
Ammerzoden
Well
Hedel
Geffen
Heesch
Schaijk
Bokhoven
CREVECOEUR
Empel
Nuland
Herp
Oud Heusden
Engelen
Orten
Rosmalen
Nistelrode
Baardwijk
Vlijmen
Zeeland
Berlicum
S'HERTOGENBOSCH
Dungen
Middelrode
Kromvoirt
Vugt
Uden
Vorstenbosch
Heeswijk
Dinter
Helvoirt
Schijndel
Vechtel
Udenhout
Erp
Haaren
Boxtel
Oisterwijk

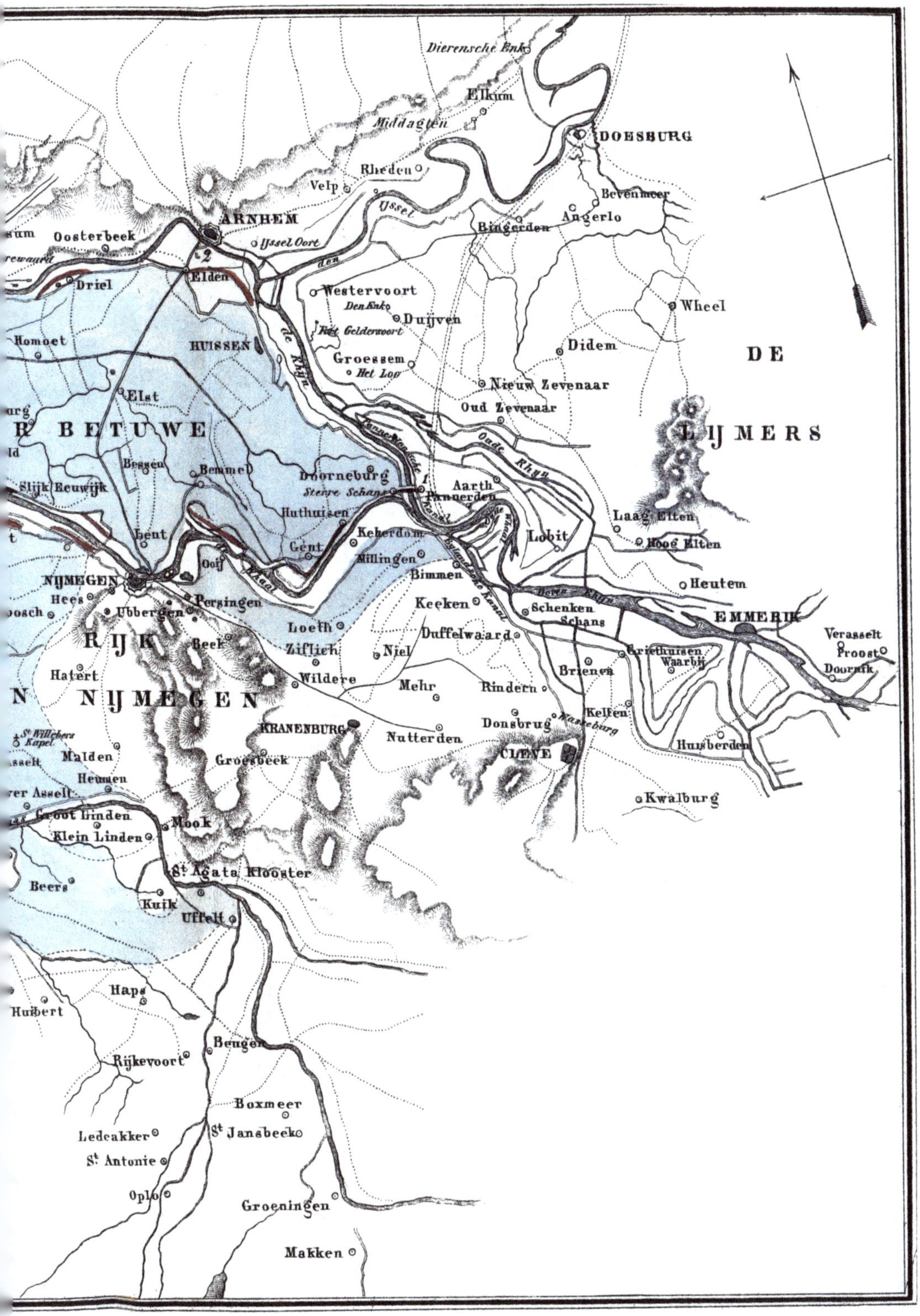
Dierensche Enk
Elkum
Middagten
DOESBURG
Rheden
Velp
Ijssel
Bevenmeer
Angerlo
ARNHEM
Oosterbeek
Ijssel Oort
Bingerden
Driel
Elden
Westervoort
Den Enk
Duijven
Wheel
Homoet
HUISSEN
Fort Gelderwoort
Groessem
Het Loo
Didem
DE
de Rhijn
Nieuw Zevenaar
Oud Zevenaar
Elst
BETUWE
LIJMERS
Oude Rhijn
Bessen
Bemmel
Doorneburg
Sterre Schans
Aarth
Pannerden
Slijk Ewijk
Huthuisen
Laag Elten
Lent
Keherdom
Lobit
Hoog Elten
Gent
Millingen
Ooij
NIJMEGEN
Waal
Bimmen
Heutem
Hees
Persingen
Keeken
Schenken Schans
EMMERIK
Ubbergen
Loeth
Verasselt
RIJK
Beek
Duffelwaard
Proost
Ziflich
Niel
Griethuisen
Waarbij
Doornik
Hatert
Brienen
Wildere
Mehr
Rindern
NIJMEGEN
Kelfen
KRANENBURG
Donsbrug
Hasselburg
Huisberden
St. Willebers Kapel
Nutterden
Malden
CLEVE
Groesbeek
Heumen
Kwalburg
Groot Linden
Mook
Klein Linden
St. Agata Klooster
Beers
Kuik
Uffelt
Haps
Huibert
Beugen
Rijkevoort
Boxmeer
Ledeakker
St. Jansbeek
St. Antonie
Oplo
Groeningen
Makken

1.

Durchschnitt nach A B. Fig. 4.

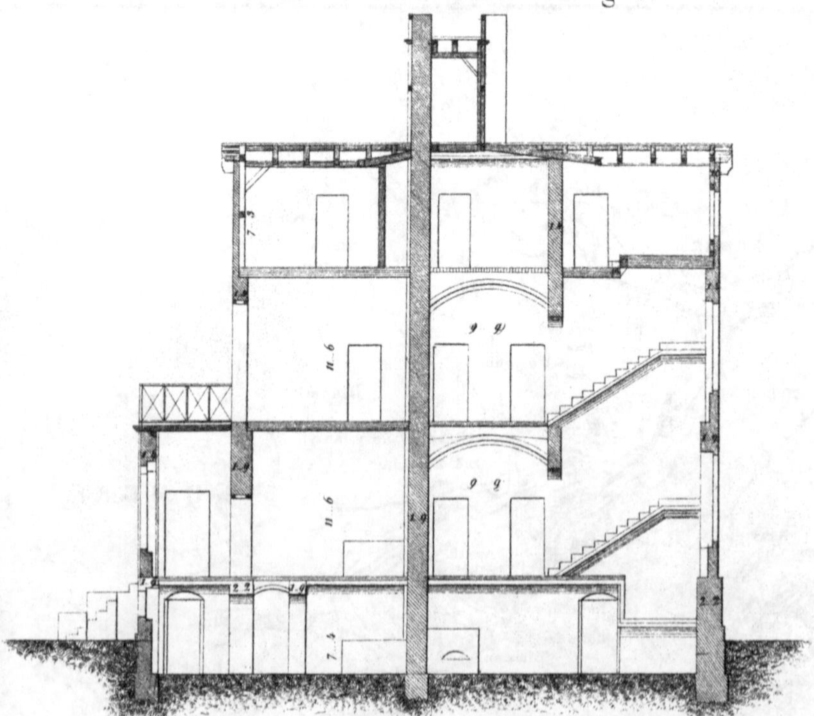

4.

Kellergeschoss.

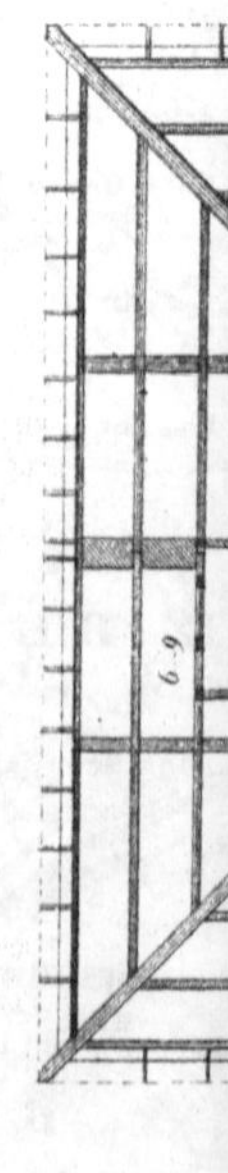

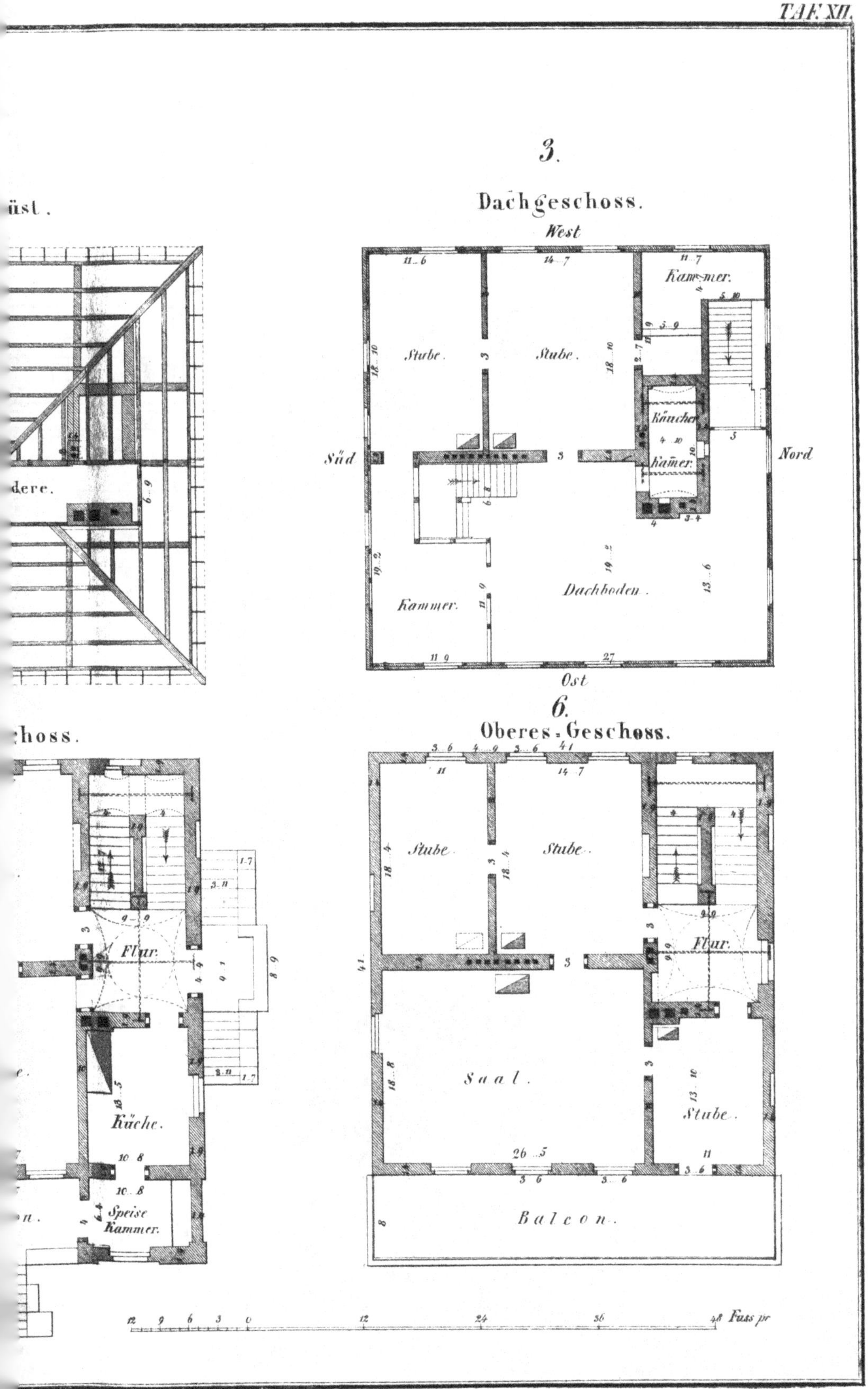
3.
Dachgeschoss.
West
Süd
Nord
Ost
Stube.
Stube.
Kammer.
Räucher Kamer.
Kammer.
Dachboden.
6.
Oberes-Geschoss.
Stube.
Stube.
Flur.
Saal.
Stube.
Balcon.
üst.
dere.
choss.
Flur.
Küche.
Speise Kammer.
Fuss pr.
Herwig, lithe.

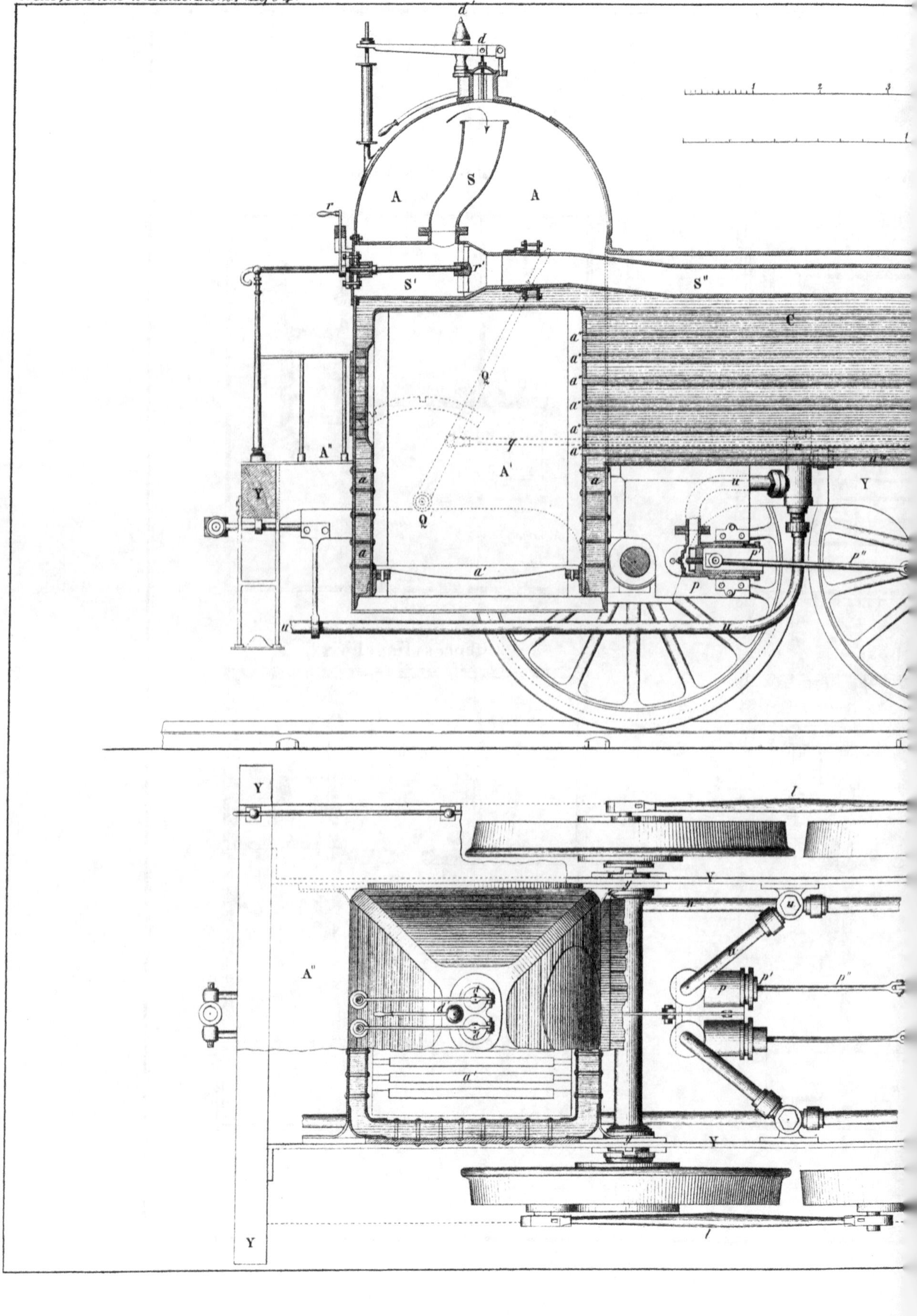
d'
d
S
A
A
r
r'
S'
S"
C
a"
a"
a"
a"
a"
a"
Q
q
A"
A'
Y
Y
a
a
a
Q'
a'
u
u
u
u"
p'
p"
p
Y
l
Y
y
u
u
A"
p
p'
p"
d
a'
Y
y
l
Y

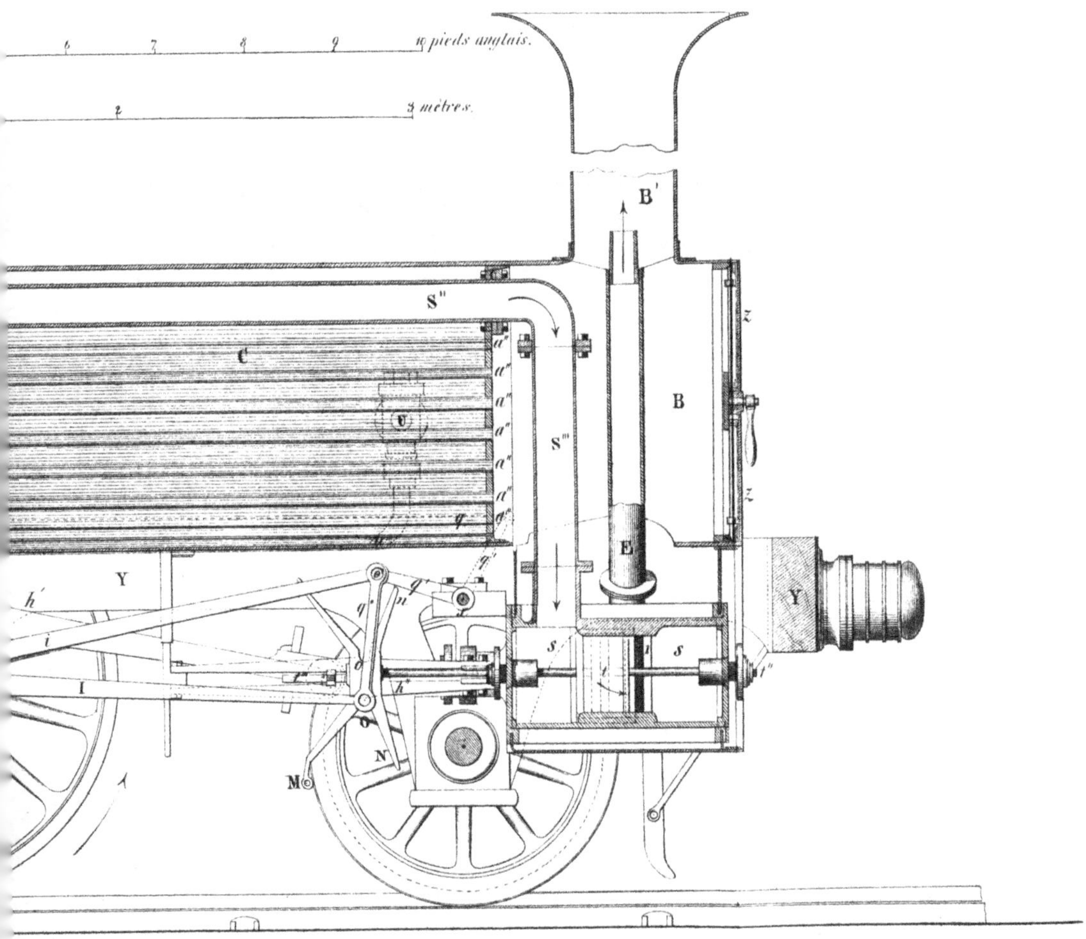

76.

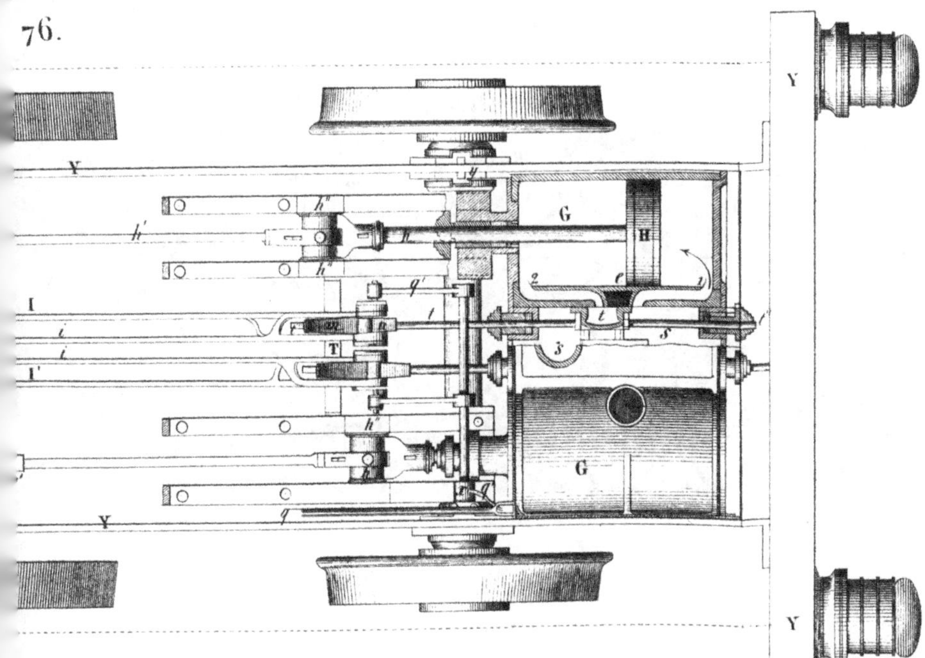

EISEN-BAHN-KAR

und den

gezeic

THEO

von DEUTSCHLAND
den Ländern
en von
OENIG.

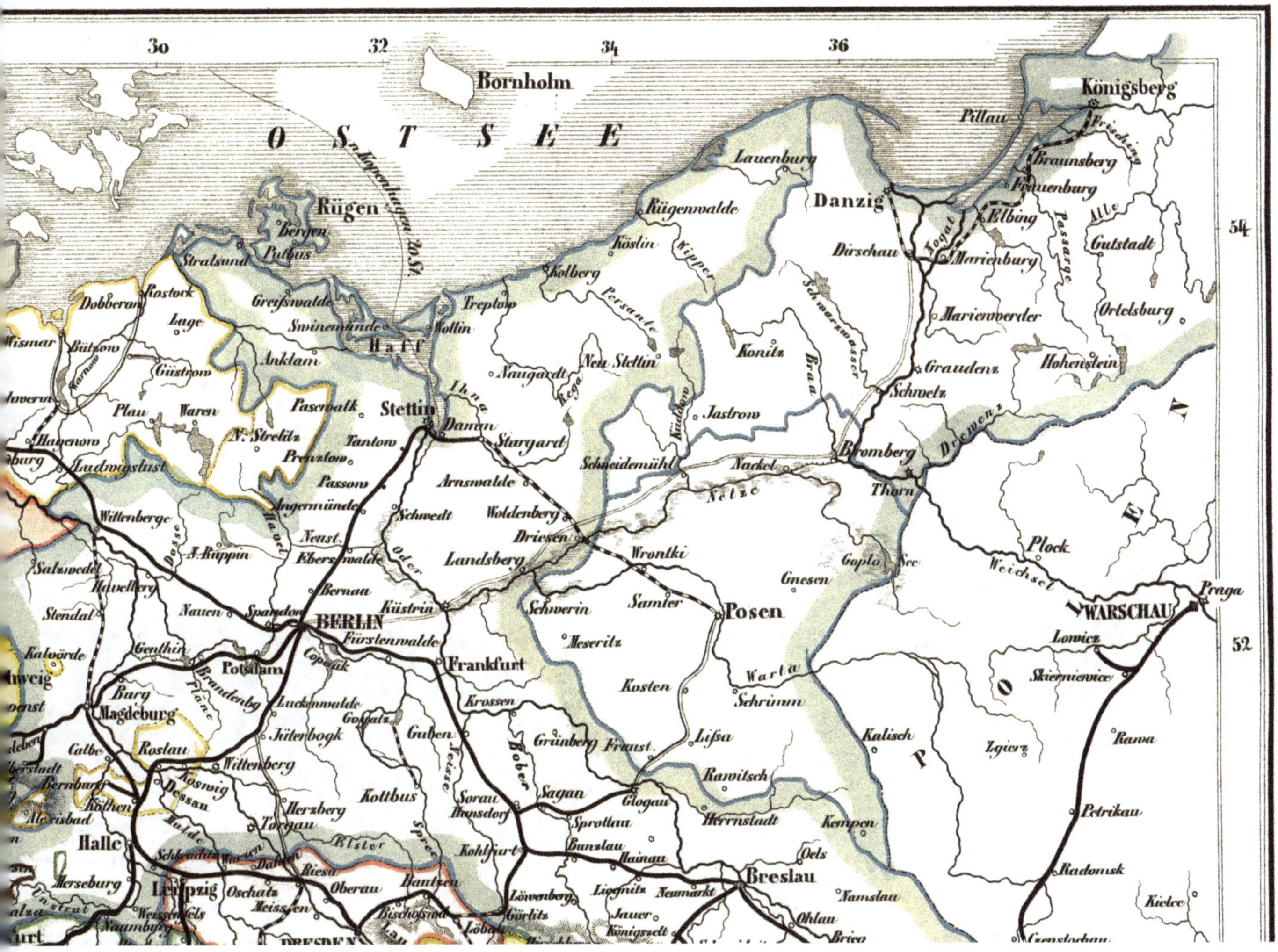

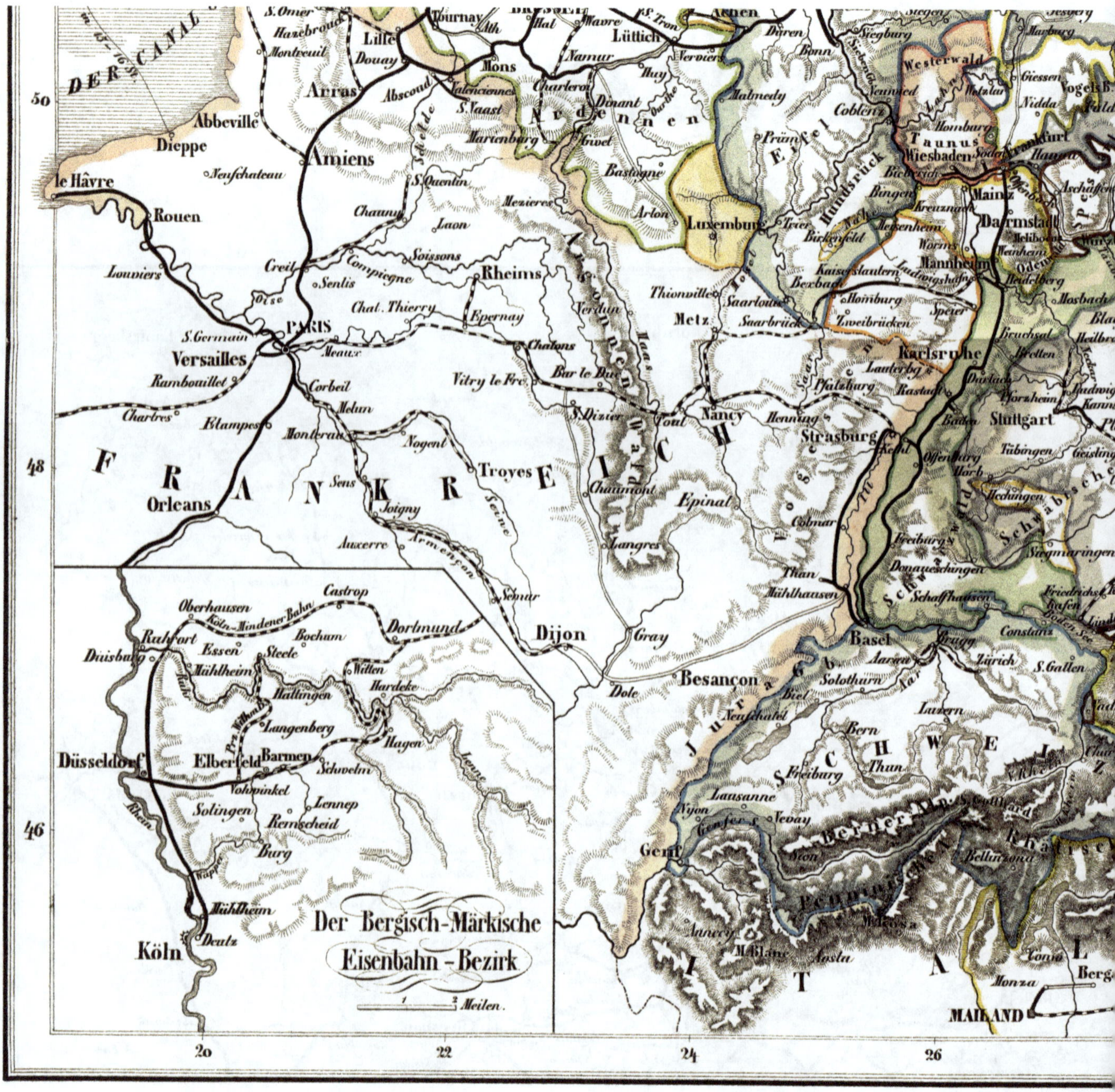

Der Bergisch-Märkische
Eisenbahn-Bezirk
1 2 Meilen.
F R A N K R E I C H
S C H W E I Z
I T A L
Ardennen
Vogesen
Jura Geb.
Schwarzwald
Eyfel
Hundsrück
Taunus
Westerwald
Berner Alpen
Pennin. Alpen
Ardennen Wald
Arras
Amiens
Abbeville
Dieppe
le Hâvre
Rouen
Louviers
Creil
Senlis
Compiegne
Soissons
Laon
Chauny
S. Quentin
Rheims
Chat. Thierry
Epernay
PARIS
S. Germain
Versailles
Rambouillet
Chartres
Etampes
Orleans
Meaux
Corbeil
Melun
Montereau
Nogent
Troyes
Sens
Joigny
Auxerre
Chalons
Bar le Duc
Vitry le Frc.
S. Dizier
Toul
Nancy
Chaumont
Langres
Epinal
Dijon
Gray
Besançon
Dole
Metz
Thionville
Saarlouis
Saarbrück
Verdun
Luxemburg
Arlon
Bastogne
Mezieres
Lille
Douay
Montreuil
Hazebrouck
S. Omer
Tournay
Ath
Mons
Hal
Wavre
Namur
Charleroi
Dinant
Givet
Huy
Lüttich
Verviers
Aachen
Düren
Bonn
Siegburg
Coblenz
Neuwied
Malmedy
Prüm
Trier
Birkenfeld
Bingen
Mainz
Wiesbaden
Frankfurt
Hanau
Darmstadt
Worms
Mannheim
Heidelberg
Speier
Zweibrücken
Homburg
Kaiserslautern
Bexbach
Kreuznach
Meisenheim
Karlsruhe
Lauterburg
Rastadt
Durlach
Pforzheim
Bruchsal
Bretten
Baden
Stuttgart
Tübingen
Hechingen
Sigmaringen
Strasburg
Kehl
Offenburg
Colmar
Freiburg
Donaueschingen
Schaffhausen
Mühlhausen
Than
Basel
Aarau
Brugg
Zürich
Constanz
S. Gallen
Solothurn
Biel
Neufchatel
Luzern
Bern
Thun
Freiburg
Lausanne
Vevay
Nyon
Genf
Genfer S.
Sion
M. Blanc
Annecy
Aosta
M. Rosa
S. Gotthard
Bellinzona
Como
Monza
MAILAND
Oberhausen
Castrop
Köln-Mindener Bahn
Dortmund
Bochum
Ruhrort
Essen
Steele
Duisburg
Mühlheim
Witten
Hattingen
Hardeke
Langenberg
Hagen
Düsseldorf
Elberfeld
Barmen
Schwelm
Vohwinkel
Solingen
Lennep
Remscheid
Burg
Mühlheim
Deutz
Köln
Rhein
Ruhr
Wupper
Lenne
Oise
Seine
Schelde
Mosel
Maas
Saar
Nahe
Ill
Aar
50
48
46
20
22
24
26

Oesterreichische Länder
Preussische "
Königr. Hannover
" " Sachsen
" " Baiern
" " Würtemberg
" " Belgien
Kurfürstenth. Hessen
Grosshrzgth "
" " Baden
" " Mecklenburg
" " Oldenburg
Herzgth. Nassau
" Holstein-Lauenbg
" Braunschweig
Sächsische Herzgth.
Fürstl. Schwarzbg. Länder
" Reussische "
" Lippische "
" Hohenzolln. "
Fürstenth. Waldek
Herzogl. Anhaltische Länder
Befahrene Eisenbahnen.
in Bau genommene Eisenb.
zur Ausführung gesicherte Eisenb.
Dampfschiffahrt Verbindungen.
U N G A R N
WIEN
Prag
Brünn
Olmütz
Linz
MÜNCHEN
Salzburg
Presburg
Ofen
Pesth
Krakau
Grätz
Triest
VENEDIG
ADRIA M.
Padua
Vicenza
Mestre
Treviso
Innsbruck
Nürnberg
Regensburg
Passau
Budweis
Donau
Kaiser Ferdi. Nordbahn
Platten See
Bakony Wald
Schütt
48
46
32
34
36

www.ingramcontent.com/pod-product-compliance
Lightning Source LLC
LaVergne TN
LVHW080751300926
849162LV00008BA/1795